工业和信息化部“十二五”规划教材
高等学校工程创新型“十二五”规划教材
电子信息科学与工程类

电磁兼容基础

(第2版)

刘培国　覃宇建　周东明　卢中昊　黄纪军　编著

電子工業出版社
Publishing House of Electronics Industry
北京·BEIJING

内容简介

本书从电磁兼容基本概念切入，介绍了电磁兼容的基本概念、标准和规范、发展现状与趋势以及相关术语；介绍相关的电磁基本原理，电磁辐射与散射，传导耦合以及瞬态干扰；阐述了电磁兼容预测技术，主要在系统级层面上进行干扰源、敏感器及耦合途径的建模与分析；介绍接地、搭接、屏蔽、滤波等 4 种常规工程方法；对电路设计中的电磁兼容进行了阐述；讲述电磁兼容测量中的标准、设备、场地和方法，以及现场测量技术；介绍了电磁频谱管理的概念、日常和战时频管以及频率划分和指配技术；最后对电磁兼容的应用进行了扩展。

本书内容简明，条理清晰，可作为高等学校电气、电子工程专业的基础教材，也可供从事电子技术工作的工程技术人员学习参考。

图书在版编目(CIP)数据

电磁兼容基础/刘培国等编著. —2 版. —北京：电子工业出版社，2015.1
ISBN 978-7-121-25082-8

Ⅰ. ①电… Ⅱ. ①刘… Ⅲ. ①电磁兼容性 Ⅳ. ①TN03

中国版本图书馆 CIP 数据核字(2014)第 288425 号

策划编辑：陈晓莉
责任编辑：陈晓莉
印　　刷：北京捷迅佳彩印刷有限公司
装　　订：北京捷迅佳彩印刷有限公司
出版发行：电子工业出版社
　　　　　北京市海淀区万寿路 173 信箱　　邮编　100036
开　　本：787×1 092　1/16　印张：20.5　字数：538 千字
版　　次：2008 年 7 月第 1 版
　　　　　2015 年 1 月第 2 版
印　　次：2024 年 1 月第 9 次印刷
定　　价：46.00 元

第 2 版前言

电磁兼容是一门综合性交叉学科，与电子科学与技术、信息与通信工程、计算机科学与技术等学科相互渗透。其核心是电子、电磁理论，工程实践性强，是电子、电力、电气专业人员必须掌握的基础知识和技术。

随着科学技术的飞速发展，电磁环境日益复杂，电子电气设备面临着越来越多的干扰，造成性能降低、功能丧失的概率显著增加。一方面，为了实现众多设备的兼容工作，产品从设计、制造到使用都必须符合电磁兼容规范和标准，实行电磁兼容认证，加强电磁兼容测试和管理；另一方面，必须对相关人员进行培训，增加对电磁兼容的认识，掌握电磁兼容的技术手段。

本书在第一版的基础上做了大量修改，融合了电磁兼容领域最新的理论成果，对多章进行了重新排序，并对内容进行修正。第 1 章扩展了内容。第 3 章从编排和内容上都进行了大的调整，以反映当前预测技术的发展。从系统级预测的角度，阐述了天线集合、线缆集合电磁干扰的建模与分析，电子设备的射频收发特性以及无意发射源建模，并且详细介绍了国内外的电磁兼容预测软件。原书第 5 章中的电路设计中的电磁兼容单独成章，并扩充内容。原书第 7 章测量提前为第 6 章，并在内容上作了极大扩充。结合当前技术水平对仪器设备和场地进行了详细介绍；增加了发射和抗扰度测量的内容；最后结合作者科研工作对现场条件下的电磁兼容测量方法进行了阐述。原书第 6 章频谱管理改为第 7 章，整理了行文条理，增加了日常频管和战时频管两个方面的内容。新增第 8 章应用是在原书第 5 章后半部分的基础上增加雷电防护、强电磁脉冲防护、信息泄露防护和生物电磁效应的内容形成的。同时还对原书存在的格式、文字和图表错误进行了修正。

本书适用于电子、通信、信息工程专业的本科电磁兼容课程，也可作为专业工程技术人员的参考书。学习本书之前需要预修电路、信号与系统、电磁场与微波技术等基础课程。

本书由刘培国、覃宇建、周东明、卢中昊、黄纪军等同志编写，刘培国同志统编全稿。

编写过程中得到国防科学技术大学电子科学与工程学院刘继斌副教授、李高升副教授、薛国义讲师的帮助和支持，博士生余定旺、硕士生刘晨曦、张洪波等校稿，对他们的辛勤劳动表示诚挚的感谢。在本书编写过程中，作者参阅和部分引用了国内外许多专家学者的论文和著作，因数量众多不一一列举，在此一并表示感谢。

电磁兼容学科内容丰富，发展迅速，本书不能面面俱到。由于作者水平有限，书中不当和错误之处在所难免，衷心希望广大读者批评指正。

作 者

2014 年 12 月于湖南长沙

目　　录

第 1 章　电磁兼容概述

1.1　电磁兼容基本概念

自从麦克斯韦建立电磁理论、赫兹发现电磁波一百多年来，电磁波得到了充分利用。在科学发达的今天，广播、电视、通信、导航、雷达、遥测遥控及计算机等迅速发展，尤其是信息、网络技术以爆炸性方式增长，电磁应用与开发快速扩张，产生电磁能量的源不断增长，各种电磁能量通过辐射和传导的途径，以电波、电场和电流的形式，影响着电磁敏感设备正常工作，带来了越来越严重的电磁污染与电磁干扰。电磁污染和电磁干扰不仅对电磁敏感设备、产品的安全性与可靠性产生危害，还会对人类及生态产生不良影响。电磁兼容(Electromagnetic Compatibility，EMC)技术的目的就是减小环境电磁污染、控制电磁干扰以保障电子设备正常工作。

1.1.1　电磁兼容概念

什么是电磁兼容呢？从概念上讲，电磁兼容是指设备在共同的电磁环境中能一起执行各自功能的共存状态和能力，即该设备不会由于受到处于同一电磁环境中其他设备的电磁发射导致不允许的降级；也不会因其发射导致同一电磁环境中其他设备产生不允许的降级。这个定义的前一半体现的是设备的电磁干扰特性，即不对其他设备产生电磁干扰，不对环境构成电磁污染；后一半体现的是设备的电磁敏感特性，即不受其他设备的电磁干扰，不对电磁环境产生敏感反应。

符合电磁兼容的不同电子设备可以在一起正常工作，它们是相互兼容的，否则就是不兼容的。电磁兼容有时又称作电磁兼容性，某些场合两者通用，但是显然电磁兼容含义更广，电磁兼容性更偏重于从性能方面描述。

电磁兼容研究范围非常广泛，几乎涵盖所有现代化领域，如电力、通信、交通、航天、军工和医疗等。研究内容主要包括电磁干扰源特性、电磁能量传输、电磁干扰效应、电磁干扰抑制、电磁频谱利用和管理、电磁兼容性标准与规范、电磁兼容性测量与试验、电磁泄漏与静电放电等，涉及电磁干扰控制、测量、分析预测等方面。

从技术角度看，电磁兼容技术研究紧密围绕干扰源、耦合途径和敏感源三个要素展开的，即研究干扰产生的机理、干扰源的发射特性以及如何抑制干扰的发射；研究干扰以何种方式、通过什么途径传播，以及如何切断这些传播通道；研究敏感设备对干扰产生何种响应，以及如何降低其干扰敏感度，增强抗干扰能力。

从学科角度看，电磁兼容学是一门综合性学科，以电气和无线电基本理论为基础，并与微波、微电子、计算机、通信和网络以及新材料等学科密切相关。电磁兼容学也是一门技术与管理并重的实用工程学，开展电磁兼容工程需要投入大量的人力和财力。为了保障电磁兼容工程的有序进行，国际标准化组织已经制定相当数量的电磁兼容标准和规范，涉及面非常广泛，并不断补充新的标准、完善已有标准，这项工作将会持续不断。从世界范围看，基本上各个国家都制定相关政策，要求所有电子产品都必须进行电磁兼容检验，合格后方能进入市场。因此，我国政府和相关部门越来越关注产品和生产过程中的电磁兼容，不断制定相关电磁兼容标准,建立了不同规模的电磁兼容实验室、检测中心和电磁兼容认证机构。

研究电磁兼容必须了解电磁环境,有观点认为电磁兼容学科应称为环境电磁学。所谓电磁环境是指特定区域内各种电磁信号特性和信号密度的总和,其中信号特性包括频率特性、脉冲串特性、天线扫描特性、极化特性和功率电平特性等,信号密度主要指辐射源的数目或在接收动态范围之内电子系统可以接收到的每秒脉冲数。1988年美军将电磁环境定义为"军队、系统或平台在预定工作环境中执行任务时可能遇到的在各种频率范围内电磁辐射或传导辐射的功率和时间的分布状况,是电磁干扰、电磁脉冲、电磁辐射对人体、兵器和材料的危害以及闪电和天电干扰等自然现象效应的总和"。电磁环境对军队、设备、系统和平台的影响归结为电磁环境效应,即电磁环境对军事力量、设备、系统和平台工作能力的影响,包含所有电磁学科,如电磁兼容、电磁干扰、电磁易损性、电磁脉冲、反电子干扰等。电磁环境的构成主体是电磁波,不同的电磁波具有不同的电磁频谱分布,虽然人类开发利用的可利用电磁资源频段在不断扩展,但是电磁频谱是一种有限电磁资源,电磁资源本身是不可再生的。电磁环境与自然环境一样,是我们无法回避、必须时刻面对的一种客观存在。在某种程度上,可以认为电磁环境对电磁设备的效应如同自然环境环境对我们人类的影响一样。

自从人们认识到电磁兼容问题以后,开始对电磁兼容问题产生的机理、预测和解决方法等进行研究,电磁兼容问题越来越受到重视并日益扩大,现已不只限于电子设备本身,还涉及到电磁污染、电磁饥饿等一系列生态效应问题以及其他多方面的问题,电磁兼容一词似已不能包含目前电磁兼容研究的全部内容。最近,日本文献对电磁兼容做了如下定义:"电磁兼容是一门独立的学科,随着电磁能量利用的发展,它将研究,预测并控制变化着的地球和天体周围的电磁环境、为了协调环境所采取控制方法、各项电气规程的制定以及电磁环境的协调和电磁能量的合理应用等"。电磁兼容学科涉及范围也会越来越宽,包括工程学、自然科学、医学、经济学、社会学等基础科学。

1.1.2 电磁兼容三要素

1.1.2.1 电磁兼容三要素

任何电磁兼容研究都是围绕电磁干扰源、耦合路径(耦合途径)、敏感设备三个要素进行的,所以称之为电磁兼容三要素。因为它们也是形成电磁干扰的三个要素,所以也称之为电磁干扰三要素。电磁干扰源是指产生电磁干扰的元件、器件、设备或自然现象;耦合途径或称耦合通道是指把能量从干扰源耦合到敏感设备上并使该设备产生响应的媒介和通道;敏感设备是指对电磁干扰产生响应的设备。

所有电磁干扰都是由上述三个因素的组合而产生的,因此把它们称为电磁干扰三要素。由电磁干扰源发出的电磁能量,经过某种耦合通道传输到敏感设备,导致敏感设备出现某种形式的响应并产生效果。当电磁干扰超过敏感设备的敏感度时,就会产生电磁干扰。这一作用过程及其效果,称为电磁干扰效应,作用机理如图1-1所示。

图1-1 电磁干扰三要素

电磁活动产生电磁干扰的方式和途径不一,其中电磁辐射、传导是产生电磁干扰的主要电磁活动方式或途径。有的电磁干扰既以辐射方式也以传导方式传播。

为了分析研究电磁干扰的性质、影响等，必须确定电磁干扰的空间、时间、频率、能量、信号形式等特性。因此通常采用以下参数进行电磁干扰描述：频率宽度、频谱幅度或电平幅度、干扰波形、出现率、极化特性、方向特性等。这些特性与电磁干扰三要素密切相关。

电磁干扰可以存在，这三个要素缺一不可，因此，只要消除其中任何一个要素，电磁干扰问题也就解决了。作为电磁兼容工程师的主要任务就是决定哪一个是最容易消除的。以产品设计为例，电磁兼容性要求有两方面：降低辐射或传导的电磁能量、降低进入封装内的电磁能量或降低对进入封装能量的敏感。两者都与辐射和传导有关系。

当处理电磁干扰时，需要建立的意识是：频率越高，越可能是辐射耦合；频率越低，越可能是传导耦合。分析电磁干扰时，可以从以下5个方面入手。

➢ 频率：产生问题的频率有哪些？
➢ 强度（幅度）：电磁干扰有多强，引起的后果会多严重？
➢ 时间：是连续的还是只存在一定的时间段？
➢ 阻抗：干扰源和敏感设备的阻抗各为多大？两者之间传输电路阻抗多大？
➢ 几何尺寸：辐射体的几何尺寸如何？射频电流的传输线路多长？

1.1.2.2 干扰源分类

电磁干扰按照来源分为内部干扰源和外部干扰源两大类，分别列于表1-1和表1-2中。外部干扰源包括自然干扰源和人为干扰源。如果不特别指明，干扰源一般是指外部干扰源。

表1-1 内部干扰源

固有噪声	热噪声
	接触噪声
人为噪声	计算机
	开关
	电源
	反射
	静电放电
	非线性互调

表1-2 外部干扰源

自然干扰源		大气干扰
		雷电干扰、沉降静电
		电离层干扰
		宇宙干扰
		热噪声
人为干扰源	无意发射干扰源	交通设备
		电力系统
		照明器具
		电动机械
		家用电器
		办公设备
		工业、医用射频设备
	有意发射干扰源	广播
		电视
		通信
		雷达
		导航
		核爆炸

自然干扰源主要来源于大气层的天电噪声、地球外层空间的宇宙噪声。自然干扰源既是地球电磁环境的基本要素组成部分，又是对无线电通信和空间技术造成干扰的干扰源。自然噪声会对人造卫星和宇宙飞船的运行产生干扰，也会对运载火箭发射产生干扰。

人为干扰源是指能产生电磁干扰能量的机电或其他人工装置，包括有意发射干扰源和无意发射干扰源。有意发射干扰源是指专门用来发射电磁能量的装置，如广播、电视、通信、雷达和导航等设备；无意发射干扰源是指本质上并不需要产生电磁能量、但是完成自身功能时会附带产生电磁能量发射的装置，如交通车辆、架空输电线、照明器具、电动机械、家用电器以及其他工业、医用设备等。

干扰源的分类方法很多，除了上述分类方法外，如按照传播路径、辐射干扰的产生原因、不同设备的工作原理、频率范围划等原则进行划分。例如，按照电磁干扰发生性质可分为突发干扰、脉冲干扰、周期性干扰、瞬时干扰、随机干扰、跳动干扰等；按照电磁干扰信号频谱宽度可以分为宽带干扰源和窄带干扰源，干扰信号带宽大于指定敏感器带宽的称为宽带干扰源，反之称为窄带干扰源。

各类干扰的性质千差万别，表1-3列举了几类干扰的特征。电磁干扰既产生于电气电子设备，又干扰电气电子设备，造成设备的故障，带来经济和人员伤害。为了使各种设备能够互不干扰，正常工作，电磁兼容应运而生。

表1-3　干扰源特性

干扰类型	干扰特征
电力主干线干扰	上升时间小于1ms，下降时间数十毫秒，峰值可达数十千伏
开关和继电器	上升时间纳秒，峰值可达数千伏
整流器电机	频率达数百MHz，重复频率达数十千赫兹
人体静电放电	上升时间1～10纳秒
半导体开断	上升时间从纳秒至微秒，重复频率从千赫兹至数十兆赫兹，峰值达数百伏
开关电源	频谱覆盖1kHz～100MHz
数字逻辑电路	频谱覆盖1kHz～500MHz
工业和医疗设备	频率从数百兆赫兹至吉赫兹，功率数百瓦

需要注意，同一个敏感设备对不同干扰会有不同响应，因此特定的敏感设备就会对某些或某一类干扰比较敏感。例如，数字电路比较敏感的干扰有电源干扰、电路反射、振铃(LC共振：上冲、下冲)、状态翻转干扰、串扰干扰(相互干扰、串音)、直流电压跌落等；开关电源比较敏感的干扰包括出现在输出输入端子上电流交流声、尖峰脉冲噪声、回流噪声等干扰，以及影响内部工作的开关干扰、振荡、再生噪声等干扰；交流电源比较敏感的干扰有高次谐波干扰、保护继电器或开关的震颤干扰、雷电浪涌、尖峰脉冲干扰等。

1.1.2.3　电磁干扰耦合途径

任何电磁干扰的发生都必然存在干扰能量耦合途径。电磁能量传输有传导和辐射(空间)两种方式，因此干扰耦合途径分为传导耦合和辐射耦合两大类，如表1-4所示。

表1-4　电磁干扰耦合途径

<table>
<tr><td rowspan="6">电磁干扰耦合途径</td><td rowspan="3">传导耦合</td><td>电路性耦合</td></tr>
<tr><td>电容性耦合</td></tr>
<tr><td>电感性耦合</td></tr>
<tr><td rowspan="3">辐射耦合</td><td>天线耦合</td></tr>
<tr><td>场线耦合</td></tr>
<tr><td>孔缝耦合</td></tr>
</table>

传导耦合是指干扰能量以电压、电流形式通过电路传导形成的耦合。传导耦合分为电路性耦合、电容性耦合和电感性耦合。

辐射耦合是指干扰能量以电磁波形式通过空间传播形成的耦合。辐射耦合分三类：甲天线发射的电磁波被乙天线接受，称为天线对天线耦合；空间电磁场经导线感应而耦合，称为场线耦合；空间电磁场经孔缝感应而耦合，称为孔缝耦合。

实际设备间发生的电磁干扰通常包含多种电磁耦合，如图1-2所示。正是由于多种耦合同时存在，并反复交叉耦合，才使电磁干扰变得难以分析和控制。

1. 辐射耦合

干扰源和敏感设备间的距离可以很近也可以很远，因此辐射耦合分为近场耦合和远场耦合。干扰源辐射的电磁能量通过天线、线缆、机壳等接收或感应进入敏感设备。

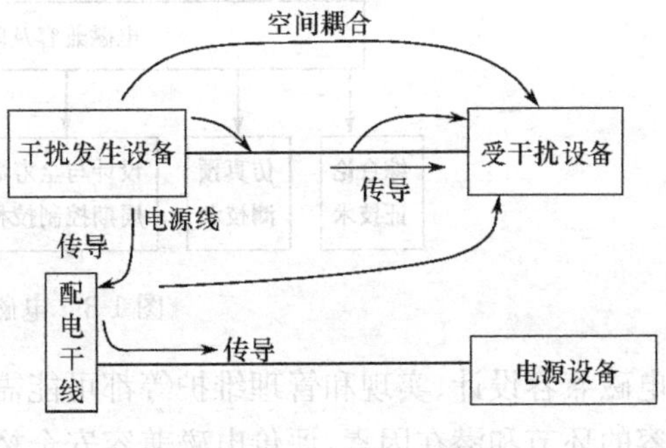

图 1-2 电磁干扰示意图

(1) 天线对天线耦合

在实际工程中，存在大量的天线电磁耦合。除了常规天线本身的耦合，还存在许多等效的天线耦合，例如信号线、控制线、输入和输出引线等，它们不仅可以向空间辐射电磁波，也可以接收空间来波，从而具有天线效应，形成天线辐射耦合。

(2) 场线耦合

电缆线一般由信号线、供电线以及地线等构成，其中每一根电缆导线都由输入端阻抗、输出端阻抗和返回导线构成回路。这些线缆受到干扰源辐射场照射时会感应产生电压或电流，并沿导线传输进入设备形成干扰。

(3) 孔缝耦合

当电磁波照射到孔缝时，如非金属设备外壳、金属设备外壳上的孔缝、电缆的编织金属屏蔽体等，会感应产生电压或电流并进入设备形成干扰。

2. 传导耦合

能形成传导耦合，干扰源和敏感设备之间必然有完整的电路连接，干扰能量沿着这个连接电路传递到敏感设备，并使之性能降级或发生故障。连接电路可能是导线、设备的导电构件、供电电源、公共阻抗、接地平板、电阻、电感、电容和互感元件等。

(1) 电路性耦合

电路性耦合是最常见、最简单的传导耦合方式，包括直接传导耦合和共阻抗耦合两种形式。直接传导耦合是指导线经过存在电磁能量的环境时，拾取部分电磁能量并沿导线传导对电路形成干扰的耦合方式；共阻抗耦合是由于多个电路有公共阻抗而形成的，当一个电路的电流流经公共阻抗，如电源输出阻抗、接地线公共阻抗等，形成的电压就会影响到另一个电路。

(2) 电容性耦合

电容性耦合也称为电耦合，是由两个电路间的电场相互作用引起的。如果两个电路间存在电容，一个电路的电荷通过电容将影响另一电路。

(3) 电感性耦合

电感性耦合也称为磁耦合，是由两电路间的磁场相互作用引起的。如果两个电路之间存在互感，一个电路的电流通过互感耦合影响另一电路。

1.1.3 电磁兼容技术

电磁兼容技术可归结七个方面：综合论证技术、仿真预测技术、设计与全寿命周期控制技术、试验与评估技术、电磁防护技术、技术标准、新技术与新材料，如图 1-3 所示。下面主要介绍一下仿真预测技术、设计技术以及实验评估技术的含义。

1.1.3.1 仿真预测技术

电磁兼容仿真预测技术是指通过理论计算对武器装备电磁兼容性进行分析评估的方法。

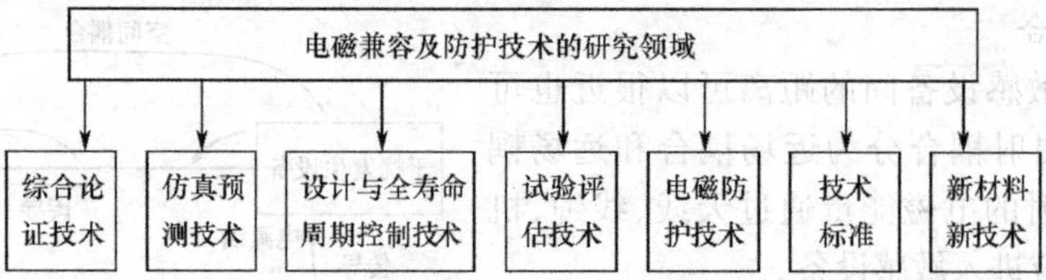

图 1-3 电磁兼容研究领域的分类

电磁兼容设计、实现和管理维护等都可能需要进行电磁兼容预测,通过预测分析确定电磁不兼容的环节和潜在因素,评价电磁兼容安全裕度的合理性,为方案实施、修改和防护措施采用提供依据。

电磁兼容预测主要采用仿真技术,根据预测对象的具体状态,用数学模型描述电磁干扰特性、传输特性和敏感度特性,进行仿真计算获得电磁兼容性结果。因此,电磁兼容预测必须建立干扰源模型、耦合途径模型和敏感设备模型。电磁兼容预测分析的数学方程往往是一组微分方程或积分方程,求解时必须根据边界条件对结果进行限定,这称为边值问题。电磁场的边值问题求解归纳起来有三种方法:第一种是严格解析法或解析法;第二种是近似解析法或近似法;第三种方法是数值法。

电磁兼容预测一般在三个级别上进行,第一个级别是芯片的电磁兼容预测。传统的芯片设计一般不考虑电磁兼容问题,当芯片工作在低速或低频时一般不会出现显著的电磁兼容问题。但当芯片工作在高频时,电磁兼容问题十分突出,它直接影响到芯片的质量,因此必须在芯片的设计时就考虑电磁兼容问题。目前,美国和其他一些西方国家的半导体芯片生产厂家把电磁兼容设计、预测作为生产的第一个主要过程。第二个级别是部件的电磁兼容预测,例如印制电路板、多芯线、驱动器等电子电气部件本身的电磁兼容预测,以及部件与部件之间的电磁兼容预测。据报道,美国 IBM 公司正投入了许多优秀的科技人员进行电磁兼容研究与设计,以使他们的产品性能更加优越,更具竞争力,其他公司纷纷效仿。第三个级别是系统的电磁兼容预测,这是对一个诸如飞机、舰船、导弹、飞船等装有多种复杂电子电气设备的系统进行电磁兼容预测。

1.1.3.2 设计与全寿命周期控制技术

电磁兼容设计是通过科学分配指标、合理系统布局、有效的线路设计和加固手段实现系统兼容的设计过程。科学、合理的电磁兼容设计不仅使系统兼容成为可能(避免欠设计),而且可以有效的保持系统作战性能、缩短研制周期、降低研制/使用/维护成本(避免过设计)。电磁兼容设计与系统/分系统/设备设计同步进行,以预测分析结果作为设计输入,主要进行如下工作:系统设计、指标分配、设备电磁兼容性评估与设计、系统再设计。从上面的分析可以看出,电磁兼容性分析预测的准确性是系统电磁兼容性设计成败的关键,而电磁兼容性指标分配的科学性、合理性是衡量系统电磁兼容设计水平的重要指标。

电磁兼容设计自下向上可以分为如下三个层次:芯片级电磁兼容设计、设备和分系统级电磁兼容设计、系统级电磁兼容设计。

全寿命周期电磁兼容控制技术是指贯穿于论证、设计、生产、使用、维护等各个阶段的干扰控制技术,全寿命周期的电磁兼容控制对于保证电磁兼容性能十分必要。科学、合理的论证与设计是实现电磁兼容的前提,而生产、使用、维护过程中的电磁兼容性控制,则是保证电磁兼容指标实现的关键。全寿命周期电磁兼容控制包括(不限于)如下主要工作内容:生产过程中严格的工艺流程和质量控制、电磁兼容性维护与质量保障。

1.1.3.3　测量试验与评估技术

电磁兼容与防护试验及评估贯穿于设备、系统的电磁兼容性分析、建模、开发、检测和干扰诊断等各个环节。由于电磁兼容性测试的对象主要是干扰和噪声，不同于一般有用信号的测试，因此噪声的拾取、噪声的衡量和误差分析等都有自己的特点。对测试方法、测试仪器设备、测试场所和测试过程自动化的研究是电磁兼容性测试和试验技术研究的基本内容。

电磁兼容性测试包括干扰源的辐射发射和传导发射特性的测试，电子设备的辐射敏感度和传导敏感度的测试。由于干扰源和敏感设备种类繁多，用途不一，有军用、民用的，所占频带很宽，从几 Hz 到几十 GHz，所以测试方法必须分频段并根据用途归类进行研究。

电磁兼容测试可以分为标准测量与现场测量。标准测量是指按照电磁兼容标准的规定进行的测量、测试或试验，多数是在实验室条件下进行的测量，所以有的文献也称之为实验室测量。标准测量应该在规定的场所进行，例如室外开阔场地、屏蔽室、屏蔽半暗室、混响室、横电磁波小室(TEM Cell)、角锥型横电磁波小室(GTEM Cell)等。如果由于设备物理方面的限制(尺寸、功率、服务需要等)无法在实验室按照基础标准的规定进行测试，那么唯一有效的方法就是在非标准的测试环境下对设备进行电磁兼容测试和评估，以确定其是否满足保护电磁环境的要求，这就是现场测量。现场测量是指由于测量场地、设施、测量项目等无法满足电磁兼容相关标准要求而进行的电磁兼容测量、测试或试验等。

标准测量可以依据相关标准在定标实验室、按照规定的测量流程和要求进行测量，而现场测量则是无法或者很难、甚至根本没有可以依据的标准进行的测量，且现场测量具有在线测量、被测对象与其他设备和系统无法分离而同时工作、在复杂电磁环境下进行测量等特点，两者差别显著，表 1-5 总结了标准测量与现场测量的主要区别。

表 1-5　现场测量与标准测量的区别

因素	标准测量	现场测量
测量场地	标准场地	多数在开放、空间
电磁环境	干净，可控	复杂，不可控
测量对象尺寸	尺寸受限	尺寸不受限
测量对象背景	测量对象独立存在	测量对象可以是独立存在，多数情况下测量对象处于复杂系统、平台上或与其他系统共处
测量设备安放	测量点基本可以任意	测量点受限
测量对象工作状态	独立工作或工作参数可控运行	难以独立运行或工作参数难以可控运行，多数情况下是测量对象与其他相关或不相关系统共同工作(包括电气、机械等)，属于在线测量
测量数据	可重现	难以重现
评判依据	按照规范要求	参考规范

从原则上看，由于测试环境、条件的不同，现场测量与标准测量的最大差别在于：现场测量是在测量对象真实工作环境下的现场、在线测量，因此现场测量很难保证测量和测量数据的一致性和可重复性，而标准测量则相反。为了保证现场测量的价值和意义，需要保证通过测量数据分析后所得结果的一致性，否则就不必进行现场测量，因此带来的最大困难是测量数据的处理及其评判。因此，现场测量时为了获取有效、可靠、可信的反映测量对象电磁兼容性能的参数，需要考虑电磁环境干扰和其他设备的影响，处理、分析测量数据时需要根据测量场景、测量

环境、测量条件等因素考虑所测得数据的具体含义。当然,电磁现场测量最好能够按照相关电磁兼容标准进行,即使是无法或者没有可以依据的电磁兼容测量标准,电磁兼容现场测量流程、测量项目等也要尽量参考、借鉴可以利用的相关标准。

电磁兼容性测试和试验中使用的专门仪器通常有干扰场强测量仪、带预选器和准峰值适配器的频谱分析仪、数字或模拟存储示波器等,用于进行干扰的频域和时域测量。由于绝大部分认为无线电干扰都是脉冲性的宽带干扰,所以要求这些仪器具有良好的脉冲响应。与这些仪器配合使用的专用设备有各种天线、各种探头、功率吸收钳、人工电源网络、模拟产生辐射和传导干扰信号的各种干扰脉冲信号模拟器等。这些仪器设备的研究、开发、使用和自动测试系统的组建及测试软件开发等是测试仪器设备研究的主要内容。

自动测试系统(Auto Test System,ATS)是以计算机为核心,能自动完成某种测试任务的测量仪器组合和其他设备的有机整体。它将计算机技术、软件技术、智能仪器、总线与接口技术等有机地结合在一起。现在EMC测试中获得的测量数据基本上是表征单项电磁干扰参数的数据。随着数据融合技术和综合性多参数测试技术的发展,今后将采用多传感器、多参数测量和处理手段来获取单个的或综合的电磁兼容性参数指标,使测试系统的集成化、自动化程度越来越高。

1.1.4 电磁干扰现象

电磁能量传播是通过无形的空间辐射以及线缆传导进行的,所以电磁干扰往往不易觉察。实际上电磁干扰问题非常普遍,只是程度不同。可以说只要包含供电、开关的设备,不管其电压高低都会产生电磁干扰。220V交流电源供电的设备存在电磁干扰,用1.5V电池工作的儿童玩具也会产生电磁干扰。电磁干扰如果没有对设备造成明显的后果则称之为电磁骚扰。

在进入信息化社会的今天,电磁波作为一种资源,已在0～400GHz宽频范围内广泛地应用于信息技术产品中,如汽车、通信、计算机、家电等,大量地进入社会和家庭,伴之而来的电磁干扰也从甚低频扩展到微波、毫米波、亚毫米波、THz波段,给设备、系统以及生态带来危害。

1. 数字设备的电磁干扰

过去认为像电子计算机这类数字设备或系统,受自身和外来电磁干扰影响不会很大。尽管在系统设计和工程实现中,也自觉或不自觉地进行着防止和消除各种干扰的工作,但是实际上这类设备产生的电磁干扰仍然十分普遍。而且随着微电子技术的发展,计算机速度、灵敏度、集成度和功能等快速扩展,高速电子元器件和电路以及高密度的空间结构,大大加重系统的辐射,同时低压、高灵敏度使系统的抗扰度降低,因此,电磁环境以及系统自身的电磁干扰严重地威胁着计算机和数字系统的稳定性、可靠性和安全性,电磁干扰就是计算机经常出现莫明其妙死机问题的主要原因之一。

2. 信息设备的电磁泄漏

计算机的键盘、显示屏等都会使信息辐射泄漏出去,如果泄漏的信息被敌方截获,将会造成巨大损失。美国不仅是最早利用电磁辐射泄漏获取情报的国家,也是最早重视防信息泄漏的国家。美国曾在纽约做过试验,将辐射信号截获设备“数据扫描器”装在汽车上,从曼哈顿南端的贝特利公园沿华尔街缓行,对沿途的海关大楼、联邦储备银行、世界贸易中心、市政厅、警察总局、纽约电话局以及联合国总部等单位正在工作的计算机进行辐射信号监测,获取到的信息达到惊人的量级。截获技术发展迅速,数年已经实现在1km之内获取清晰的屏幕图像。在通信网络方面,信号传播方式主要是电缆、光缆和无线电波,因此既可以电磁泄漏截获信息,也可以利用传导泄漏截获信息，而且网络时代传导形式的泄密更严重。在20世纪70年代，美国在前苏联鄂霍次克海120m深的海底军事通信电缆上安装了一个6m长的窃听设备，大量记录了电缆的通信信号，由于前苏联没有采取任何加密措施，致使大量军事通信情报轻易地落在了美国人手中。美国在信息泄露的抑制技术方面也很先进，美国国家安全局和美国国防部从20世纪60年代开始，就研究制定并逐步完善防电磁泄漏标准。用于计算机及信息设备防信息泄露的研究被称作Tempest技术，IBM开发的Tempest个人计算机、打印机、显示器等产品具有明显的市场竞争力。网络时代，信息泄露被认为是对网络安全的最大威胁。所以，防信息泄露已不再只是对军事领域才有意义，在经济领域及各行各业都应引起足够重视。

3. 雷电干扰

雷电和静电放电危害也属电磁干扰范畴。雷电不但对人类生存造成很大威胁，对树木、森林、建筑以及电气设备也会造成很大损害和破坏。据统计，地球每一秒钟就有100多次闪电，每次闪电产生的能量可供一个100W的灯泡点亮3个月；在雨季，平均每6分钟就有一个人被雷电击中；每年有成千上万的人因雷电击中，大片森林因雷电击中而起火烧毁；雷电还经常使高压电网以及通信出现故障，使供电和通信中断，引起城市交通失控。20世纪50年代，白金汉宫就是因一块窗帘布被雷电击中而起火燃烧；上海电视台平均每年要遭受33次大的雷击，每次雷击都会使电子设备遭受不同程度的损坏；1992年6月22日，北京国家气象中心多台计算机接口因感应雷击被毁，损失2000多万元；1992年8月23日，赣州市60%的有线电视和50%闭路电视遭受过雷击，其中91台电视机因感应雷击而毁于一旦；2006年6月9日，韩国一架大型客机在空中遭受雷击，幸好没有人员伤亡。

4. 交通运输系统

在飞机上不允许使用笔记本电脑、手机和听CD片等，原因就在于避免这些设备产生电磁干扰。一旦这些设备的电磁辐射通过机舱线缆藕合到飞机敏感仪器上形成干扰，就可能对飞机航行带来危险；如果这些电磁辐射透过机舱传播到空间，无论是被飞机自身传感器或天线接受，还是地面导航控制设备接收，就可能因此而增加飞机偏离航线或造成其他事故的可能性。

现代交通工具越来越多的依赖于电子系统。如果车(机)载接收、监控和定位等电子系统电磁抗扰度不够，就很容易受空间电磁环境干扰而不能正常工作，甚至失控造成事故，如气囊的保护失灵、定位错误等。如果铁路道岔的信号自动控制因电磁干扰造成误控，将会给列车带来不堪设想的灾难。

5. 微波射频系统

卫星地面站、雷达等都可能会受到高频波段电磁信号、核爆电磁波等干扰。美国正在研制新一代大功率微波武器，频率覆盖1～100GHz范围。可以想象，越来越强的微波辐射将会给电子设备或系统以及生物带来严重的破坏和杀伤。

日常生活中，手机的使用非常普遍。手机的电磁辐射是窄带微波辐射，在手机与基站建立通信信道时最大，第一声铃响后逐渐减小。因为人的大脑和眼睛对电磁辐射是比较敏感的，所以在手机接通后的最初几秒内，最好不要马上将手机贴耳接听，以免造成伤害。通话过程中，声调高低、声音大小、信道好坏不同手机辐射也有所不同。另外，不同类型手机，手机天线内置还是外置，手机的电磁辐射也有差别。

6. 医疗设备

医疗设备的电磁兼容性以及医疗单位的电磁环境值得关注。现在许多医疗器械都采用了先进的电子信息技术，抗扰度如何直接关系到病人的生命安危，如心脏起搏器容易受到计算机、手机等电磁干扰而影响其功能。

7. 军事领域

在军事领域,由于电磁干扰而引发的事故也屡见不鲜。1967 年 7 月,在美国航空母舰"福莱斯特"号上,一枚机载火箭弹受电源浪涌的影响而发射,引发了一系列爆炸,造成该舰上 134 人丧生、27 架飞机被毁。在英阿马岛海战中,当时英军先进的"谢菲尔德"号导弹驱逐舰,由于没有很好地解决卫星通信和雷达系统的电磁兼容问题,以至于卫星通信与警戒雷达两个系统不能同时工作,该舰在与上级进行卫星通信时关闭了雷达系统,导致装有先进雷达系统的"谢菲尔德"号,未能及时发现来袭的阿根廷战机及所发射的"飞鱼"导弹而被其击沉。在海湾战争中,以美军为首的多国部队凭借强大的频谱管理力量,依靠先进的频谱管理手段,每天管理超过 3.5 万个频率,确保了多国部队不同体制的电子设备的相互兼容,使超过 1.5 万部电台构成的无线电网正常运作,为战争的最终取胜发挥了关键作用。

1.1.5 电磁兼容作用

1. 电子设备可靠性要求

电磁干扰不仅影响电子设备的正常工作,甚至造成电子设备中的某些元件损害,因此对电子设备的电磁兼容技术要给予充分的重视。既要注意电子设备不受周围电磁干扰而能正常工作,又要注意电子设备本身不对周围其他设备产生电磁干扰,影响其他设备正常运行。据统计,美国每年由于电磁干扰引起的电子设备故障占到所有故障的四分之一。

2. 电磁兼容认证

电磁兼容性达标认证已由一个国家范围向全球地区发展,使电磁兼容性与安全性、环境适应性处于同等重要的地位。欧盟将产品的电磁兼容性要求纳入技术法规,强制执行 89/336/EEC 指令,从 1996 年 1 月 1 日起电气和电子产品必须符合电磁兼容性要求,并加贴 CE 标志后才能在市场销售。

为了与国际接轨,我国于 1999 年 1 月起对个人计算机、显示器、打印机、开关电源、电视机和音响设备实施电磁兼容性强制检测。国家技术监督局规定从 2002 年 10 月起陆续对电视广播设备、信息技术设备、家用电器、电动工具、电源、照明电器、电点火驱动装置、金融结算电子设备、安防电子产品和低压电器实施电磁兼容性强制性认证。

3. 人身安全保证

电磁干扰也可能影响电爆装置控制电路的正常工作,从而引起电爆装置爆炸。因此 GJB786 中规定,电引爆器导线上的电磁干扰感应电流和电压必须小于最大不发火电流和电压的 15%。在强电磁场的作用下(直接照射、电火化、静电放电),燃油有发生燃烧和爆炸的危险,人体组织产生有害的生理效应。因此,为了保证人身和某些特殊材料的安全,GJB786 中规定,电子设备的连续波电磁辐射平均功率密度不允许超过 $4mW/cm^2$,脉冲波平均功率密度不允许超过 $2mW/cm^2$。

4. 电磁武器防护

核爆炸时产生非常强的电磁脉冲,以光速向外辐射传播,其电场强度可达 105V/m,磁场强度可达 260A/m,脉冲宽度为 20ns 量级,电磁脉冲峰值频率为 10kHz。这种电磁脉冲作用于电子设备时,轻者造成电子设备性能恶化,重者造成电路元件损坏。当今和未来战争中,已经应用的电磁脉冲弹和高功率微波武器都具有类似核爆炸时产生的电磁脉冲辐射,将对电子设备构成致命威胁。电磁兼容可以为对抗这种威胁提供技术指导。

1.2 电磁兼容标准和规范

电磁干扰不仅造成电子设备、系统的性能下降乃至无法工作，甚至产生事故、损坏设备，对居民的日常生活甚身体健康会造成一定影响和危害。因此保护电磁环境、防止电磁干扰、解决电磁兼容的问题，引起世界各国及相关国际组织的普遍关注。20世纪90年代以来，许多国家都相继颁布相关法令、管理规范及标准，纷纷采取措施加强对产品的电磁兼容认证。如欧盟规定所有进入欧盟的电子、电器产品必须符合CE认证的要求；而进入北美地区的电子产品，必须满足美国联邦通信委员会(FCC)认证要求。从2003年8月1日开始，中国也对强制性产品认证进行执法监督，对于属于《第一批实施电磁兼容安全认证的产品目录》内的产品，没有通过电磁兼容认证的不得出厂销售、进口或在经营性活动中使用。

1.2.1 电磁兼容标准化组织

1.2.1.1 国际电磁兼容标准化组织

电磁兼容在国际上受到普遍关注，许多国际组织、机构从事电磁兼容的标准化工作，例如，国际电工委员会(IEC)、国际大电网会议(CIGRE)、国际发供电联盟(UNIPEDE)、国际电报电话咨询委员会(CCITT)、国际无线电咨询委员会(CCIR)、国际电信联盟(ITU)以及跨国的美国电气电子工程师学会(IEEE)等诸多组织，如表1-6所示。另外，还有一些地区性的标准化组织。

表1-6 国际上主要标准化组织和标准

国家或组织	制定单位	标准名称
IEC	CISPR	CISPRPub. XX
	TC77	IECXXXXX
欧共体	CENELEC	ENXXXXX
美国	FCC	FCCPartXX
	MIL	MIL-STD. XXX
德国	VDE	VDEXXX
日本	VCCI	VCCI

1. IEC/CISPR

IEC成立于1960年，现有93个技术委员会(TC)、100个分技术委员会(SC)。IEC有两个平等的组织制定EMC标准，即国际无线电干扰特别委员会(CISPR)和第77技术委员会(TC77)。其他相关的技术委员会也设有电磁兼容工作组，如第65工业过程控制技术委员会(TC65)的WG4工作组。

CISPR最初从事广播频段的无线电骚扰及标准制定，逐步发展为开展电磁兼容研究和标准制度制定，C1SPR有7个分技术委员会。

- A分会从事无线电骚扰和抗扰度测量设备及测量方法研究，有两个工作组。
- B分会从事工业、科学、医疗射频设备的电磁兼容研究，有一个工作组。
- C分会从事架空线电力线路和高压设备的电磁兼容研究，有一个工作组。
- D分会从事车辆、机动船和火花点火发动装置电磁兼容研究，有两个工作组。

- E分会从事无线电接收设备的电磁兼容研究,有两个工作组。
- F分会从事家用电器、电动工具及荧光灯和照明电器的电磁兼容研究。
- G分会从事信息技术设备的电磁兼容研究,有3个工作组。
- H分会从事对无线电业务进行保护的发射限值研究。

2002年在新西兰召开的C1SPR年会上,决定将C分会并入B分会,G分会并入E分会,成立1分会。目前,CISPR将其保护频率范围扩展到0Hz~4000GHz,实际开展的保护频率范围为9kHz~18GHz。过去,C1SPR主要制定无线电骚扰限值和测量方法、合格评定标准,现在对抗扰度标准也进行研究,制定、出版了一部分标准。

2. IEC/TC77

TC77成立于1973年6月,主要从事抗扰度标准制定和电磁发射标准制定。TC77有3个分技术委员会:

- TC77A低频现象,从事连接低压供电系统设备的电磁兼容研究。
- SC77B高频现象,从事工业和其他非公共网络及其相连设备的电磁兼容研究。
- SC77C高空核电磁脉冲,从事高空核电磁脉冲技术研究。

TC77除设有上述3个分技术委员会外,还设立了术语、通用电磁兼容标准等4个直属工作组。

TC77的分技术委员会与CISPR的分技术委员会一样也设立工作组,但TC77的SC工作组不是常设工作组,工作完成后自行解散。

3. ACEC

国际电工委员会电磁兼容顾问委员会(Advisory Committee on Electromagnetic Compatibility),在国际电工委员会中协调CISPR、TC77及其他TC和国际组织在电磁兼容领域的协作关系。ACEC为CISPR、TC77确定了以下两个基本原则。

- CISPR主要负责频率高于9kHz的所有无线电通讯保护设备的产品发射标准,低于9kHz的发射主要由TC77负责。确定限值时,C1SPR和TC77要考虑特定产品的特性或安装。IEC各产品委员会以C1SPR和TC77制定的限值为依据制定产品标准时应向CISPR和TC77咨询。
- 产品抗扰度标准由相关的产品委员会负责制定,TC77只负责制定抗扰度的基础标准。

4. CENELEC

欧洲电工标准化技术委员会(CENELEC)成立于1973年,是欧洲地区从事电磁兼容工作最重要的一个区域性组织。CENELE不但负责协调各成员国在电气领域(包括电磁兼容)的所有标准,同时制定欧洲标准(EN)。

CENELEC从事电磁兼容工作的技术委员会是TC210,专门负责欧洲范围的电磁兼容标准制定和转化工作,设有一个分技术委员会TC210A和5个工作组。

CENELEC与IEC的合作始于1996年9月。在德国签署德累斯顿协议,合作方式包括电磁兼容新工作项目的共同策划和标准,CENELEC/IEC平行投票的内容有以下两方面。

- 如果EMC的IEC标准已经存在,则CENELEC的标准将采用IEC标准,而不重新考虑制定,CENELEC的标准编号与IEC的标准编号相对应。例如,EN61000对应于IEC61000,EN550xx对应于CISPRxx。EN50xxx是欧洲自行制定的标准,无国际标准对应。
- IEC考虑将已经存在的欧洲标准转化为国际标准。

5. 其他

FCC主要制定民用标准，关于电磁兼容的标准主要包括在FCCPart15和FCCPart18中。MIL-STD是美国军用标准。

德国电气工程师协会(VDE)是世界上最早建立电磁兼容标准的组织之一。

日本干扰自愿控制委员会(VCCI)是民间机构，其标准与CISPR和IEC标准一致。

1.2.1.2 中国电磁兼容标准化组织

我国的电磁兼容测试及标准化工作始于20世纪60年代，当时国内的一些院所建立了相对简陋的试验室，开展无线电干扰(骚扰)测试研究，同时参考前苏联和欧美国家标准制定我们国家自己的电磁兼容标准和技术条件。1986年成立了全国无线电干扰标准化委员会后，我国才开始有组织、有系统地对应CISPR/IEC开展国内电磁兼容标准化工作。国家标准化管理委员会所属的从事电磁兼容标准化技术工作的组织有：全国无线电干扰标准化技术委员会和全国电磁兼容标准化技术委员会，分别对应CISPR和TC77。

1. 全国无线电干扰标准化技术委员会

全国无线电干扰标准化技术委员会从事我国无线电干扰标准的组织制定、修订和审查，设立8个分技术委员会(SC)，其中A、B、C、D、E、F和G分会与CISPR相应分会对应；S分会则是根据我国无线电通讯工作的需要而设立，从事无线电系统与非无线电系统的电磁兼容标准化技术工作。

2. 全国电磁兼容标准化技术委员会

全国电磁兼容标准化技术委员会成立于2002年2月，是在1996年7月成立的全国电磁兼容标准化联合工作组的基础上组建而成的。从事对应于IEC61000系列及有关的国家标准制定、修订和审查工作，对应IEC/TC77的技术工作。目前暂未成立分技术委员会和工作组。

1.2.2 电磁兼容标准制定与内容

1.2.2.1 电磁兼容标准内容

电磁兼容性标准对设备电磁骚扰发射和电磁抗扰度做出了规定和限制。电磁兼容性标准是进行电磁兼容性设计的指导性文件，也是电磁兼容性试验的依据，因为试验项目、测试方法和极限值等都是标准给定的。

电磁兼容标准对设备的技术要求有两个方面，一个是设备工作时不会对外界产生不良的电磁干扰影响，另一个是不能对外界的电磁干扰过度敏感。前一个方面的要求称为干扰发射要求，后一个方面的要求称为敏感度或抗扰度要求。

1. 内容分类

尽管电磁兼容标准文件繁多，内容复杂，但从对设备的要求方面看，无非是从以下几个方面进行划分。

传播途径有传导干扰和辐射干扰，因此，对设备的电磁兼容要求分为：传导发射、辐射发射、传导敏感度(抗扰度)、辐射敏感度(抗扰度)。

按照干扰特性划分。干扰信号的波形有不同的种类，电磁场也有不同的种类，干扰注入的方式也有不同的种类，按照这些不同进一步划分就得到了全部的要求项目。

静电放电试验是一类特殊的试验，它对设备的干扰途径可以是传导性的，也可以是辐射性的，取决于静电放电发生的部位和试验的方法。

2. 标准分类

电磁兼容标准可以分为:基础标准、通用标准、产品类标准和专用标准。

基础标准是制定其他电磁兼容标准的基础,它描述了电磁兼容现象,规定了电磁骚扰发射和抗扰度的测试方法、测试设备和布置,同时定义了试验等级和性能判据,但并不涉及到具体的产品,例如:IEC61000XX系列标准。

通用标准是按照产品使用的环境来分类的,规定了设备应该在哪些端口作发射和抗扰度试验,包括设备的交/直流电源端口、信号和数据线端口、机壳、接地点等,同时也规定了可以依据的基础标准。如:EN50082—1是关于居民区、商业区和轻工业区环境抗扰度通用标准;EN50082—2是关于工业区环境抗扰度通用标准;EN50081—1是关于居民区、商业区和轻工业区环境发射通用标准;EN50081—2是关于工业环境的发射通用标准。

产品类标准和专用标准是针对某种产品系列和专用产品的电磁兼容测试而制定的。它往往引用了基础标准的内容,同时根据产品的特殊性对测试做出更加详细的规定。对于骚扰发射测试,它规定了产品的骚扰发射限值。对于抗扰度试验,它规定了产品应该达到的试验等级和性能判据。如:CISPR11EN55011是关于ISM医疗设备的发射要求;CISPR22EN55022是关于ITE信息技术设备的发射要求;CISPR24EN55024是关于ITE信息技术设备的抗扰性要求;GB6833是关于电子测量仪器的电磁兼容试验规范。

通常专用的产品电磁兼容标准包含在某种特定产品的一般用途标准中,而不形成单独的电磁兼容标准。例如,GB9813－88是关于微型数字电子计算机通用技术条件的标准,其中包括电磁兼容检测项目要求按GB6833.2～GB6833.6、GB9254进行。

3. 标准遵循原则

产品依照标准的原则依照如此的顺序:专用产品类标准→产品类标准→通用标准。即一个产品如果有专用产品类标准,则产品的电磁兼容性应该满足该专用产品类标准的要求;如果没有专用产品类标准,则应该采用产品类标准进行电磁兼容试验;如果没有产品类标准,则用通用标准进行电磁兼容试验,以此类推。

1.2.2.2 主要电磁兼容性国家标准

我国电磁兼容标准以GB、GB/T开头,绝大多数引进国际标准,来源包括国际无线电干扰特别委员会出版物,如GB/T6113,GB14023;国际电工委员会,例如GB4365,GB/T13926;部分引自美国军用标准,如GB15540;部分引自国际电信联盟有关文件,例如GB/T15658;综合国外先进标准,如GB6833;根据我国自己的科研成果制定的标准,如GB/T15708。

为了世界贸易需要,我国很多电磁兼容标准都采用了CISPR和IEC标准,如表1-7所示。实际上,世界上大多数国家都采用CISPR和IEC的标准。

表1-7 电磁兼容性国家标准一览表

序号	标准编号	标准名称	类别	对应国际标准
1	GB/T43651995	电磁兼容术语	基础	IEC50(161)1990
2	GB/T6113.11995	无线电干扰和抗扰度测量设备规范	基础	CISPR1611993
3	GB/T6113.21998	无线电干扰和抗扰度测量方法	基础	CISPR1621993
4	GB390783 *	工业无线电干扰基本测量方法	基础	CISPR161977
5	GB485984 *	电气设备的抗干扰特性基本测量方法	基础	
6	GB/T156581995	城市无线电噪声测量方法	基础	

续表

序号	标准编号	标准名称	类别	对应国际标准
7	GB/T17624.11998	电磁兼容基本术语和定义的应用与解释	基础	IEC6100011
8	IEC6100011	低压电气及电子设备发出的谐波电流限值(设备每相输入电流≤16A)	基础	IEC6100032
9	GB17625.21999	对额定电流大于16A设备在低压供电系统中产生的电压波动和闪烁的限制	基础	IEC6100033
10	GB/T17626.11998	抗扰性测试综述	基础	IEC6100041
11	GB/T17626.21998	静电放电抗扰性试验	基础	IEC6100042
12	GB/T17626.31998	辐射(射频)电磁场抗扰性试验	基础	IEC6100043
13	GB/T17626.41998	快速瞬变电脉冲群抗扰性试验	基础	IEC6100044
14	GB/T17626.51998	浪涌(冲击)抗扰性试验	基础	IEC6100045
15	GB/T17626.61998	射频场感应的传导骚扰抗扰性试验	基础	IEC6100046
16	GB/T17626.71998	供电系统及所联设备的谐波和中间谐波的测量仪器通用导则	基础	IEC6100047
17	GB/T17626.81998	工频磁场抗扰性试验	基础	IEC6100048
18	GB/T17626.91998	脉冲磁场抗扰性试验	基础	IEC6100049
19	GB/T17626.101998	衰减振荡磁场抗扰性试验	基础	IEC61000410
20	GB/T17626.111999	电压暂降、短时中断和电压变化抗扰性试验	基础	IEC61000411
21	GB/T17626.121998	振荡波抗扰性试验	基础	IEC61000412
22	GB87021988	电磁辐射防护规定	通用	
23	GB/T13926.11992	工业过程测量和控制装置的电磁兼容性总论	通用	IEC8011
24	GB/T13926.21992	静电放电要求	通用	IEC8012
25	GB/T13926.31992	辐射电磁场要求	通用	IEC8013
26	GB/T13926.41992	电快速瞬变脉冲群要求	通用	IEC8014
27	GB/T144311993	无线电业务要求的信号/干扰保护比和最小可用场强	通用	
28	GB43431995	家用和类似用途电动、电热器具、电动工具以及类似电器无线电干扰特性测量方法和允许值	产品类	CISPR14—1993
29	GB48241996 (替代GB4824.11984)	工业、科学和医疗(ISM)射频设备电磁干扰特性的测量方法和限值	产品类	CISPR11—1990
30	GB68331987 *	电子测量仪器电磁兼容性试验规范	产品类	
31	GB73431987 *	无源无线电干扰滤波器和抑制元件抑制特性的测量方法	产品类	CISPR17—1981
32	GB73491987 *	高压架空输电线、变电站无线电干扰测量方法	产品类	CISPR18—1986
33	GB92541988	信息技术设备的无线电干扰限值和测量方法	产品类	CISPR22—1997
34	GB/T176181998	信息技术设备抗扰度限值和测量方法	产品类	CISPR24—1997
35	GB93831995	声音和电视广播接收机及有关设备传导抗扰度限值及测量方法	产品类	CISPR20—1990
36	GB138371992	声音和电视广播接收机及有关设备无线电干扰特性限值和测量方法	产品类	CISPR13—1996

续表

序号	标准编号	标准名称	类别	对应国际标准
37	GB/T138381992	声音和电视广播接收机及有关设备辐射抗扰度特性允许值和测量方法	产品类	CISPR20—1990
38	GB/T138391992	声音和电视广播接收机及有关设备内部抗扰度允许值和测量方法	产品类	CISPR20—1990
39	GB/T138361992	30MHz～1GHz声音和电视信号的电缆分配系统设备与部件辐射干扰特性允许值和测量方法	产品类	IEC7281—1986
40	GB159491995	声音和电视信号的电缆分配系统设备与部件抗扰度特性限值和测量方法	产品类	IEC7281—1986
41	GB167871997	30MHz～1GHz声音和电视信号的电缆分配系统辐射测量方法和限值	产品类	IEC7281—1986
42	GB167881997	30MHz～1GHz声音和电视信号的电缆分配系统抗扰度测量方法和限值	产品类	IEC7281—1986
43	GB134211992	无线电发射机杂散发射功率电平的限值和测量方法	产品类	
44	GB155401995	陆地移动通信设备电磁兼容技术要求和测量方法	产品类	
45	GB140231992	车辆、机动船和由火花点火发动机驱动装置的无线电干扰特性的测量方法和允许值	产品类	CISPR12—1990
46	GB157071995	高压交流架空输送电线无线电干扰限值	产品类	CISPR18—1986
47	GB/T157081995	交流电气化铁道电力机车运行产生的无线电辐射干扰测量方法	产品类	
48	GB/T157091995	交流电气化铁道接触网无线电辐射干扰测量方法	产品类	
49	GB157341995	电子调光设备无线电骚扰特性限值及测量方法	产品类	
50	GB177431999	荧光灯和照明装置无线电骚扰特性的测量方法和限值	产品类	CISPR15—1995
51	GB/T176191998	汽车用电子装置的抗扰度试验方法及限值	产品类	欧标72/245/EEC
52	GB/T166071996	微波炉在1GHz以上辐射干扰测量方法	产品类	CISPR19—1983
53	GB63641986	航空无线电导航台电磁环境要求	系统间	
54	GB68301986	电信线路遭受强电线路危险影响的容许值	系统间	
55	GB74321987 *	同轴电缆载波通信系统抗无线电广播和通信干扰的指标	系统间	
56	GB74331987 *	对称电缆载波通信系统抗无线电广播和通信干扰的指标	系统间	
57	GB74341987 *	架空明线载波通信系统抗无线电广播和通信干扰的指标	系统间	
58	GB74951987	架空电力线路与调幅广播电台的防护间距	系统间	
59	GB136131992	对海中远程无线电导航台电磁环境要求	系统间	
60	GB136141992	短波无线电测向台站电磁环境要求	系统间	
61	GB136151992	地球站电磁环境保护要求	系统间	
62	GB136161992	微波接力站电磁环境保护要求	系统间	
63	GB136171992	短波无线电收信台站电磁环境要求	系统间	
64	GB136181992	对空情报雷达站电磁环境防护要求	系统间	
65	GB/T136191992	微波接力通信系统干扰计算方法	系统间	

续表

序号	标准编号	标准名称	类别	对应国际标准
66	GB/T136201992	卫星通信地球站与地面微波站之间协调区的确定和干扰计算方法	系统间	
67		额定电流大于 16A 的低压供电系统的电压波动和闪变限值		IEC6100035
68	GB16916.11997			IEC10081—1990
69	GB16917.11997			IEC10091—1990
70	YD10322000	900/1800MHz TDMA 数字蜂窝移动通信系统电磁兼容性限值和测量方法第一部分:移动台及其辅助设备		ETS300342－1

1.3 电磁兼容发展现状与趋势

虽然电磁干扰问题由来已久,但电磁兼容学科却是近代形成的。1822 年安培提出了磁现象的根源是电流的假说,1831 年法拉第发现了变化的磁场在导线中产生感应电动势的规律,1864 年麦克斯韦全面论述了电磁相互作用,提出了位移电流理论,总结出麦克斯韦方程,预言电磁波的存在,麦克斯韦的电磁场理论是研究电磁兼容的基础。1881 年英国科学家希维塞德发表了"论干扰"的文章,标志着电磁兼容性研究的开端。1888 年德国科学家赫兹首创了天线,第一次把电磁波辐射到自由空间,同时又成功地接收到电磁波,从此开始了电磁兼容性的实验研究。1889 年英国邮电部门研究了通信中的干扰问题,使电磁兼容性研究开始走向工程化。1944 年德国电气工程师协会制定了世界上第一个电磁兼容性规范 VDE0878,1945 年美国颁布了第一个电磁兼容性军用规范 JAN-1-225。20 世纪 40 年代提出了电磁兼容性概念,电磁干扰问题由单纯的排除干扰逐步发展成为从理论和技术上全面控制电气设备在其电磁环境中正常工作能力保证的系统工程。60 年代以来,现代科学技术向高频、高速、高灵敏度、高安装密度、高集成度、高可靠性方向发展,其应用范围的越来越广,渗透到了社会的每一个角落,正由于大规模集成电路的出现把人类带入信息时代,近年来信息高速公路和高速计算机技术成为人类社会生产和生活水平主导技术,同时也由于航空工业、航天工业、造船工业以及其他国防军事工业的需要,使得电磁兼容获得空前的大发展。70 年代以来,电磁兼容技术逐渐成为非常活跃的学科领域之一,美国、德国、日本、前苏联、法国等经济发达国家在电磁兼容研究和应用方面达到很高的水平。建立了相应的电磁兼容标准和规范,电磁兼容设计成为民用电子设备和军用武器设备研制中必须严格遵循的原则和步骤,电磁兼容性成为产品可靠性保证中的重要组成部分。1989 年欧洲共同体委员会颁发了 89/336/EEC 指令,明确规定,自 1996 年 1 月 1 日起,所有电子、电气产品须经过电磁兼容性能的认证,否则将禁止其在欧共体市场销售。此举在世界范围内引起较大反响,电磁兼容成为影响国际贸易的一项重要指标。目前电磁兼容性工程以事后检测处理发展到预先分析评估、预先检验、预先设计。

我国电磁兼容技术起步很晚,无论是理论、技术水平,还是配套产品(屏蔽材料、干扰滤波器等)制造,与发达国家都存在相当差距。直到 20 世纪 80 年代之后才组织系统地研究并制定国家级和行业级的电磁兼容性标准和规范。随着国民经济和高科技产业的形迅速发展,在航空、航天、通信、电子等部门,电磁兼容技术受到格外重视。

近年来,电磁兼容技术的重要性日益增加,这有两个方面的原因:第一,电子设备日益复杂,特别是模拟电路和数字电路混合的情况越来越多、电路的工作频率越来越高,这导致了电路之间的干扰更加严重,设计人员如果不了解有关的设计技术,会导致产品开发周期过长,甚至开发失败。第二,为了保证电子设备稳定可靠的工作,减小电磁污染,越来越多的国家开始强制执行电磁兼容标准,特别是在美国和欧洲国家,电磁兼容指标已经成为法制性的指标,是电子产品厂商必须通过的指标之一,设计人员如果在设计中不考虑有关的问题,产品最终将不能通过电磁兼容试验,无法走上市场。而与此形成强烈反差的是,加入 WTO 以后,我们面对的是公平的国际竞争,各国之间唯一的贸易壁垒就是技术壁垒,而电磁兼容指标往往又是众多技术壁垒中最难突破的一道。

1.3.1 电磁兼容发展阶段

电磁兼容技术是随着电子技术、信息技术和装备制造技术的快速发展和广泛应用逐渐发展起来的,在军事领域的应用极大地推动了该领域的迅速发展。电磁兼容研究及电磁干扰解决大体经历了三个发展阶段:

研究初期采用"问题解决法"。由于缺乏设计经验和标准规范指导,在设备试验和使用中发生了严重的电磁兼容问题,引起了有关方面的重视,有针对性地开展了治理工作,通过对出现的电磁兼容性问题进行研究治理,使设备的电磁兼容性得到了一定程度的改善。

第二阶段采用"标准规范法"和"问题解决法"相结合,利用标准规范指导设备的电磁兼容性设计,并开始对电子设备的电磁兼容性进行约束;开始用缩比模型试验方法对大型设备的电磁环境进行摸底试验,并在设备试验过程中,有针对性地解决出现的电磁兼容问题,使设备电磁兼容性较第一阶段又有了一定的改善。

到 20 世纪 90 年代,电磁兼容问题的解决已从研制后检测处理发展到研制前分析预测、预先检验和预防性设计,即"系统设计法"阶段,同时综合运用"标准规范法"和"问题解决法",从设计、仿真、试验、考核等方面系统解决设备的电磁兼容问题,一定程度上满足了使用要求。但是,许多关键技术问题并未解决。

1.3.2 电磁兼容发展现状

1.3.2.1 仿真预测技术

从历史发展来看 EMC 预测可分为两大类:一类是实验预测,包括对研究对象的实验模型测试,缩比模型试验等进行预测;另一类则是对研究对象建立数学模型,利用计算机开展仿真计算以实现预测。前者(实物或实物模型)具有投资大、研究周期长和设备实验模型有局限性等缺点。近年来计算机技术的高速发展使其计算性能大大提高,加之计算电磁学的迅猛发展,使得第二类预测法备受青睐,逐渐发展壮大,占据了 EMC 预测的主导地位。在条件允许的情况下,以计算仿真预测为主,辅之以实验预测,以达到两者互为映射,相互补充的目的,使 EMC 预测研究更为完善和可靠。

美国在 20 世纪 70 年代研发的大型系统间 EMC 预测分析软件(IEMCAP)已成为 EMC 工程软件的典范。除了进行 EMC 工程设计,美军在频谱管理、作战指挥中也依赖电磁仿真软件进行预测分析,其中最有代表性的是以 SpectrumXXI 为代表的一系列软件工具。SpectrumXXI 是一个准实时的频谱管理自动化工具,将所有频谱指配和受限的频谱信息并入一个数据库,可以改变频率指配、分隔有冲突的用户、安排分时共享等,是电子战的核心工具之一。

联合 E3 评价工具(JEET)用于检查研发或运行的设备与其潜在的电磁环境的相互作用,其电磁环境数据库包含近 40000 个武器系统的电磁特性。其他一些软件还包括军械 E3 风险评价数据库(JOERAD)、全区域全平台传播分析(ARAPP)系统、共址分析模型(COSAM)、电磁环境图形分析工具(GATE)等。

美、俄等西方军事强国的电磁兼容技术处于国际领先水平,模型仿真预测和预设计技术比较成熟,同一平台系统级电磁兼容性预测和分析技术已达到实用阶段,而且还可分析多平台多系统电磁兼容性问题。据美国国防科技报告报道,2007 年美国在飞机电磁兼容性预测方面的成功率已达到 99.8%。但是,由于技术保密,武器系统电磁兼容设计技术的研究内容未见详细的文献报道。

1. *仿真预测数值算法*

目前用于 EMC 仿真预测的数值算法主要有部分单元等效电路方法(Partial Element Equivalent Circuit,PEEC)、传输线矩阵法(Transmission Line Matrix Method,TLM)、矩量法(Method of Moment,MOM)、有限元法(Finite Elements Method,FEM)、有限时域差分法(Finite Difference Time Domain,FDTD)、一致性绕射理论/几何绕射理论(Uniform Theory of Diffraction/Geometrical Theory of Diffraction,UTD/GTD)和时域积分方程法(Time Domain Integral Equation,TDIE)等。

2. *电磁兼容软件*

(1) 专业软件

早在 20 世纪 50 年代,美国、前苏联等工业发达国家根据武器装备研制需要,开始了复杂系统电磁兼容性仿真预测的研究,在系统总体设计阶段将电磁兼容性作为顶层控制指标,通过仿真分析与试验相结合的研究方法,促进了电磁兼容技术的迅猛发展。电磁兼容性仿真预测研究非常活跃,在天线方向图仿真、天线隔离度分析、线缆耦合建模等方面形成了一批研究成果,陆续开发了 SEMCAP(Specifications and EMC Analysis Program)、IEMCAP(Intrasystem EMC Analysis Program)、IPP－1(Interference Prediction Process One)等一大批分析预测软件,并已成功用于阿波罗载人飞船、民兵Ⅱ导弹系统、B－1 轰炸机等装备的电磁兼容设计和研制工作中。到 20 世纪 80 年代已经形成较成熟的分析软件,且算法得到了不断改进,分析精度得到不断提高。随着计算机图形技术的应用,预测技术得到了进一步发展。电磁兼容预测技术与测试技术相结合,在系统方案论证阶段、设计阶段、研制阶段及事后电磁干扰故障分析阶段均发挥了极大的作用。

美国罗姆航空发展中心研制的电磁干扰预测程序 IPP-1 主要用于分析和预测发射机和接收机之间的潜在干扰。美国在 20 世纪 70 年代开发的电磁兼容性预测分析程序除 IPP-1 外,还有 SEMCAP,IEMCAP,ISCAP,CDSAM,ECAC 和 SIGNCAP 等。其中,SEMCAP 用于分析系统的电磁兼容性,IEMCAP 用于分析系统内部电磁兼容性分析。美国的这些电磁兼容分析程序,能比较准确的进行电磁兼容性预测和分析。

由俄罗斯国家系统科学研究院开发研制的航空机载设备电磁兼容性评估计算软件主要用于分析计算和评估航空机载设备在外部电磁干扰作用下的电磁兼容性和可靠性。它分成三个部分,由三个独立的程序模块组成:飞行器机载设备对人工电磁脉冲作用的稳定性计算评估,飞行器机载设备抗电磁作用的保护性计算分析,航空装备火工品和危险线路在电磁场作用下的安全性评估和防护计算。

欧洲航天局开发的 TDAS-EMC(Test Data Analysis System for Electromagnetic

Compatibility),曾经用于多个空间项目,例如 SOHO 卫星的电源总线 EMC 仿真,COLUMBUS 空间站的 APM-LAN 网络的 EMI 预测等等。

美国 Defense Advanced Research Projects Agency 开发的 Airborne Communication Node(CAN)可用于飞行器通信系统的 EMC 仿真分析,曾经为"全球鹰"无人侦察机机载设备进行 EMC 分析。

其他的相关领域 EMC 分析软件还有:Antenna-to-Antenna Plus Graphics(AAPG),General EM Model for the Analysis of Complex Systems(GEMACS),Transmitter and Receiver Equipment Development(TRED)等。

(2) 商业软件

主要有美国 ANSOFT 公司的 HFSS、美国 Agilent 公司的 ADS、美国 Applied Simulation Technology 公司的 Apsim、南非 EMSS 公司的 FEKO(Feldberechnung bei Korpern mit beliebier Oberflache,任意形状电磁场计算)、意大利 IDS 公司 Ship EDF、法国 EMC2000、美国军方研制 XPATCH 软件等。它们大多基于某几种数值算法的混合,比如 MoM、FEM、物理光学法(Physical Optical,PO)等。它们的优点是通用性强,精度高,界面友好。

国外电磁兼容预测仿真分析软件和系统基本上包括了当前国际流行的主要数值算法,一般可分为两大类:综合类和单一类。前者的含意是在仿真软件中包含了两种以上的算法(例如 Ship EDF、EMC2000 及 FEKO+Cable Mod);后者的含意是只包括了一种算法,而且主要是基于 FDTD 或 MoM。这两种算法是世界公认的全波精确算法,特别适用于基础预研和产品开发中细节的精确计算。综合类在处理复杂平台电磁问题时,针对不同问题的电磁特性采用不同的分析方法,较适应于型号工程中的电磁设计;单一类较适应预研和电子产品的电磁设计。

1.3.2.2 设计与全寿命周期控制技术

目前国内外比较先进的电磁兼容设计与控制技术有:电磁兼容顶层设计思想、自顶向下全系统电磁兼容量化预设计和全寿命周期系统级电磁兼容量化控。

1. 电磁兼容顶层设计思想

电磁兼容顶层设计思想,电磁兼容顶层设计思想包括以下几个方面内容。

(1) 电磁频谱规划

在设备预先研究和确定研制方案时,针对该设备的用频特性,对比现有设备和在研设备频谱分布情况,按照无线电频谱管理规定,规划设备使用的电磁频段,确定工作频率以及射频带宽限制、射频频率容差、杂散谐波发射限制等频谱特性要求。设备研制时应遵守频谱规划要求,并采取必要技术措施提高设备自身的抗同频等干扰能力。

频谱规划的目的是尽可能减少不同电磁收发设备到同一系统上时出现频谱冲突,或者在发生冲突时减少电磁兼容控制难度,以降低设备总体电磁兼容设计负担。

(2) 设备选型

新设备研制时,论证及总体设计单位根据系统的使用要求,经过综合论证,确定电磁收发设备的配置、功能及指标之后,应优先选择符合电磁频谱规划要求的设备。如果需新研设备则要对该设备提出电磁兼容顶层设计要求。

(3) 电磁干扰分析

根据设备上电磁收发设备的具体配置和布置方案,总体电磁兼容设计单位需要进行电磁干扰源辐射特性分析、敏感设备接收特性分析、电磁干扰耦合途径分析以及电磁干扰量化计算，预测可能存在的电磁干扰情况。

（4）系统总体电磁兼容性优化设计和电磁兼容管理设计

对预测可能存在的电磁干扰问题，总体电磁兼容性设计单位应优先采用空间隔离、天线集成设计、天线分区辐射设计、收发天线瞬态分时工作等电磁兼容性优化设计方法解决。在优化设计方法不能完全解决的情况下，可通过频域管理、空域管理、时域管理和功率管理等电磁兼容管理手段解决。

（5）使用设计

无论采用什么电磁兼容设计方法和手段，都难于完全解决设备上电磁收发设备之间的电磁干扰问题。因此，在设备建造完毕使用前，设备总体电磁兼容设计单位应对可能发生的电磁干扰进行试验，通过试验，针对存在的电磁干扰确定电磁兼容自动化管理的优化设置或者需人工干预的电磁兼容控制措施，并形成设备电磁兼容使用规程或者操作手册，供操作人员使用，确保使用时即使出现电磁干扰现象操作人员也能正确应对。

2. 自顶向下全系统电磁兼容量化预设计

针对传统电磁兼容设计工作忽视预设计、缺乏系统性，解决后期暴露问题的难度大等问题，采取自顶向下全系统电磁兼容量化预设计方法，可以比较好的解决复杂电磁兼容设计问题，其主要步骤为：在方案论证阶段充分考虑系统集成电子设备的数量、功能、设计性能、设备预布局等特性，通过数值仿真、行为级仿真、等效推算、模拟测试、数据统计等手段，评估全系统的电磁兼容性；根据评估结果，对系统集成的各分系统性能指标进行量化分解和重新分配，其中包括频率指配、设备布局、发射功率、发射带外衰减、接收灵敏度、接收带外抑制、屏蔽性能、电缆布局、电磁环境分布、舱体谐振特性、系统分系统及设备降级状况、设备安全性优先级等；然后对分系统指标指配之后的系统重新进行电磁兼容性评估；根据评估结果对各分系统指标、设备布局等进行再调整和优化，直至全系统达到良好的电磁兼容状态。

在进行系统电磁兼容预设计时，必须对每个设计状态进行电磁兼容性评估，评估的流程包括：首先由系统内设备的布局特征、系统内辐射源参数和舱体的屏蔽性能等，可以得到系统内辐射源发射关联矩阵，分析系统内电磁环境；通过建立基于电磁场方法的系统模型、基于分布效应的“场—路”耦合模型、基于电路分析方法的行为级仿真模型，分析收发设备间的耦合等，得到敏感设备受扰的关联矩阵进一步分析设备的安全性。在自顶向下全系统量化电磁兼容预设计过程中，为了实现全系统干扰关系关联矩阵各元素的求解和全机电磁兼容性评估及优化等，需要解决的主要技术包括：构建复杂武器系统的电磁仿真模型、构建复杂武器系统几何模型、电磁环境分析、舱体屏蔽性能分析、辐射源定位、敏感点选择、耦合通道模型建模、构建干扰关系关联矩阵、设备布局优化、行为级仿真、半实物仿真、频率规划、全系统电磁兼容性评估与指标分配、全系统电磁兼容试验和仿真数据交互迭代等。

1.3.2.3 试验与评估技术

20世纪90年代以来，电磁兼容测试技术呈现出迅猛发展的趋势。美军对于电磁兼容性和电磁环境效应测试制定了较完善的标准规范和工作手册，对系统的电磁兼容性安全裕度、系统内电磁兼容性、系统间电磁兼容性、雷电效应、电磁脉冲效应、分系统和设备电磁干扰、静电荷控制、电磁辐射危害、全寿命期电磁环境效应加固、电搭接、外部接地、防信息泄漏、电磁发射控制、电子防护等提出了一系列的电磁兼容性要求和评估方法。

目前，以美国为代表的军用电磁兼容实验设施处于国际领先水平，拥有多个用于不同试验目的的电磁兼容实验室，可以开展从设备级、系统级到总体级的电磁兼容性研究和检测，可以有效解决验证、评估、验收问题。如美国海军航空兵作战中心,其规模最大的电波暗室体积为:55m×55m×18m,可容纳波音飞机进行整机试验。此外,还建有技术先进的混响室,其测试频率20MHz~40GHz,产生的辐射场强高达1000V/m。这种大规模的实验室拥有对复杂电磁环境效应进行研究、开发测试和评估的能力。美国军方至少建有20个大型电磁环境效应实验场,包括陆军7个、海军8个、空军5个,其中6个实验场具有上述全部试验测试能力。

电磁兼容试验与评估贯穿于设备电磁兼容性分析、建模、开发、检测和干扰诊断等各个环节。电磁兼容性测试的对象主要是干扰和噪声,不同于一般有用信号的测试,因此噪声的拾取、噪声的衡量和误差分析等都有自己的特点。对测试方法、测试仪器设备、测试场所和测试过程自动化的研究是电磁兼容性测试和试验技术研究的基本内容。

1. 测试测量方法标准取得进展

美国国防部在新颁布的第6版《试验鉴定管理指南》中,将电磁环境效应的测试评估问题作为装备试验与鉴定的重要考核内容。与上一版不同,此次新颁布的《试验鉴定管理指南》将E3测试问题作为独立一章,对试验与鉴定的内容、方法及其与装备研制、采办的关系进行了详细的规定,为武器装备计划管理人员尤其是试验与鉴定管理人员提供重要参考。

美国商务部国家电信与信息管理局(NTIA)发布技术备忘录《用于电磁兼容分析的天线模型》,用于电磁兼容分析的天线模型,备忘录涵盖两类数据的汇编:一是权威机构发布有关天线电磁兼容分析的规则、制度以及建议,涉及天线增益值、参考辐射图、旁瓣需求等;二是电磁兼容分析任务中的天线参数。

国际标准化组织国际材料试验协会(ASTM)近期提出了一项新的标准——ASTM-WK41897,帮助制造商选择玻璃材料具备所需的EMI屏蔽能力和通信透射率。标准中包含相关测试方法,用以评估玻璃覆盖材料对电磁频率的屏蔽能力。

2. 武器装备电磁兼容性测试持续开展

武器装备的电磁兼容性一直是外军武器装备研发的重要考核内容。

美海军X-47B无人空战系统的第一次海上测试已在2013年12月份完成,该测试旨在评估X-47B与杜鲁门号航空母舰的电子系统和物理结构的兼容性。通过试验,美军对X-47B与航母飞行甲板、机库和通信系统的兼容程度有了更多的认识。试验中,对可能受电磁环境影响的数字引擎控制系统进行了测试。

此前,美海军在位于马里兰州帕图克森特河海军航空站的微波暗室里已进行高强度EMI测试,要求X47B飞机通过强度相当于2000V/m的EMI测试。而大多数飞机在交付给运营商之前的电磁干扰(EMI)测试强度仅为200V/m的。该测试已证明X-47B能完全不受其多种指挥/控制链路的电磁波影响,其中包括测试中使用的控制显示装置(CDU)。

针对美海军设施工程司令部(NAVFAC)牵头研发的海岸线入侵检测系统雷达(SLiMS),美国家电信与信息管理局电信科学研究所(NTIAITS),与美海军水面战中心(NSWC)合作,在2011年10至2012年6月对系统电磁兼容性进行了测试,以确保辐射EIRP水平处于国家电信与信息管理局/联邦通信委员会指定的范围以内,确保SLiMS对现有的电子、通信和导航设备的不产生干扰,同时评估雷达保护罩材料的辐射模式。

2013年3月,BAE系统公司对其第三代"台风"单座战斗机进行了持续大约8周的电磁兼容性能测试,重点对"台风"战机的飞行、武器和燃料等易受射频发射系统干扰(如地面雷达、电视及无线电台发射塔等)的子系统进行测试。此次电磁兼容测试采用了通用的直接电流注入方式,即将模拟干扰信号直接输入到战机尾翼、机头和翼尖上的相关指定部件上。

2012年11月，在加利福尼亚州的爱德华兹空军基地，由国防承包商ITT Exelis公司负责开发的先进综合防御电子战系统（AIDEWS）完成了电磁兼容测试。此次电磁兼容测试是对巴基斯坦F-16战机升级项目的相关认证工作之一。在为期6周的测试过程中，测试小组始终保持多个射频系统的同时运作，以确保AIDEWS系统不会与集成在飞机上的其他电子系统相互干扰。测试中还测量了AIDEWS系统的天线图以及与ALR-69雷达预警接收机、火控雷达的兼容能力。

3. 电磁兼容现场测试技术

进行现场测试时，大量信号具有突发、瞬态、密集和非平稳的特点。要评估现场电子设备的电磁兼容状态，必须检测其发射信号的频率、幅度和调制参数在短期和长期内的特征。频域EMI测试接收机虽然能够提供大动态范围的精确测量，但在现场测试时，其存在很大不足：首先，对于宽带信号，采用频点扫描的方式使得测试时间过长，受试设备需要现场长时间开机，测试成本大大增加。例如，对30MHz到1GHz频带进行测量，通常需要测量30分钟。若为了提高测试精度，将驻留时间为100ms，则扫描20万个频点所需的时间将超过55小时。其次，长时间的测量使得测试精度受到其他设备干扰的概率增大；再次，频域测量通常不能提供足够的信息，导致重要信息丢失，无法描述动态信号。最后，受试设备的信号常常是突发的、瞬时的非平稳信号，这类信号并不适宜于频域测量方式。

随着现代信号处理技术的飞速发展，宽带时域测试与分析技术在现场电磁发射测试上具有较大的优势。时域现场测试能在较短的测量时间内提取大量精确的信息，基于傅里叶变换的数字化处理方式，能对信号的幅度和相位信息有效进行并行处理，可快速获取频率、幅度和调制参数，测量时间至少可以缩短一个甚至数十个量级。

时域现场测量一方面研究被测信号的"幅度—时间"特性，以时间作为自变量的电信号测量，如信号波形和系统的脉冲响应分析。采用时域测试方法，将输入信号通过水平时基控制进行取样、量化、存储，然后在存储器中取出量化值进行信号参数分析。能够捕捉瞬变信号，进行波形显示和多波形参数的测量，以及进行诸如平均叠加、峰值检测、包络检测等。另一方面研究信号频率与时间的关系，是对频域测量技术的补充和完善，其依靠动态测试技术以捕捉和处理各种动态信息。采用实时FFT处理器对宽带数字信号进行实时的时频变换，根据信号的频域信息和功率信息进行实时触发，采集和存储时域数据并进行各种信号分析，如时域分析，频域分析、幅值谱分析、时频分析等。

电磁兼容现场测量的特殊性决定了现场测量与实验室测量的不同，现场测量面临着比实验室测量更多的困难，每种或每次测量都会具有各自的特殊性。所以，现场测量也就难以与实验室测量一样可以遵循一定标准进行。这一点可以从有关电磁兼容测量的标准可以看出来。目前我国主要的电磁兼容测量标准，除《YDT1633—2007电磁兼容性现场测试方法》外全部是实验室测量条件下的标准，《YDT1633—2007电磁兼容性现场测试方法》是目前关于电磁兼容现场测量的唯一标准。虽然《YDT1633—2007电磁兼容性现场测试方法》规定了在设备安装现场进行测试时的性能判据、骚扰和抗扰度等的电磁兼容测量方法，但是这个标准主要是针对设备级的，而对于设备级电磁兼容测量来说，多数情况下也可以在实验室进行。电磁兼容现场测量的难点和重点问题，如大型系统、复杂平台电磁兼容测量，以及复杂电磁环境、复杂工作状态下的电磁兼容测量，都没有涉及，也没有提供测量数据的处理方法和一般性的电磁兼容性能分析方法，因此，《YDT1633—2007电磁兼容性现场测试方法》虽然可以适用于部分电磁兼容现场测量，但是难以满足各式各样、各种条件下的电磁兼容测量要求。

4. 电磁兼容测试仿真设备

电磁兼容性测试和试验中使用的专门仪器通常有干扰场强测量仪、带预选器和准峰值适配器的频谱分析仪、数字或模拟存储示波器等,用于进行干扰的频域和时域测量。由于绝大部分认为无线电干扰都是脉冲性的宽带干扰,所以要求这些仪器具有良好的脉冲响应。与这些仪器配合使用的专用设备有各种天线、探头、功率吸收钳、人工电源网络、模拟产生辐射和传导干扰信号的各种干扰脉冲信号模拟器等。这些仪器设备的研究、开发、使用和自动测试系统的组建及测试软件开发等是测试仪器设备研究的主要内容。美国的Tektronix公司、Agilent公司,德国的Rohde & Schwarz公司,日本的Anritsu公司一直致力于测试仪器设备研究。近几年来,专门针对电磁兼容性测试的仪器设备不断涌现,比较有特色的有Tektronix公司的RSA3000B和RSA6100A实时频谱仪,Rohde & Schwarz(R&S)公司的EMC测试系统和EMC测试软件,Agilent公司PNA-X系列微波矢量网络分析仪等等。

为了提高武器装备电磁兼容测试评估的效率,积极开发适用于复杂环境的新型仿真和测试软件与设备。2012年,美空军签约诺格公司,在丁克尔空军基地的航空电子设备集成支撑设施(AISF)中,用"战场电磁环境模拟器系统"(CEESIM),替代已使用了14年的"先进多环境模拟器",用于E-3预警机平台的作战环境场景和电磁脉冲环境模拟。

安捷伦技术公司2013年6月发布其最新的电磁频谱专业3D模拟软件(EMPro2013),帮助工程技术人员识别和解决复杂的电磁干扰问题。该软件能够模拟得到电子电路、元器件的辐射发射,并确定其发射水平是否符合如CISPR22、MIL-STD-461等通用EMC标准。该软件提升了大型设计中有限元方法的性能和鲁棒性;采用了新的有限元方法混合边界条件以提升仿真速度和精度等。

2013年5月,Welkin科技公司、Arnold工程开发复杂测试技术公司共同开发完成军用卫星通信大气层闪烁仿真器(MASS)。MASS是美国空军的新型军用卫星测试设备,可对高辐射进行模拟,用以测试美军最先进的卫星在极端空间环境下的耐用性,从而应对自然和人造的电磁干扰。

5. 电磁兼容测试场所

电磁兼容性测试应该在规定的场所进行,例如,室外开阔场地、屏蔽室、电波暗室、混响室、横电磁波小室(TEM Cell)、角锥型横电磁波小室(GTEM Cell)等各种场地。欧、美开展混响室研究近30年,并将混响室测试法列入设备电磁兼容试验标准中(如MIL-STD-461E、IEC-61000-4-21等)。

6. 自动化电磁兼容测试

自动测试系统是以计算机为核心,能自动完成某种测试任务的组合测量仪器和其他设备的有机整体。它将计算机技术、软件技术、智能仪器、总线与接口技术等有机地结合在一起。现在EMC测试中获得的测量数据基本上是表征单项电磁干扰参数的数据。随着数据融合技术和综合性多参数测试技术的发展,今后将采用多传感器、多参数测量和处理手段来获取单个的或综合的电磁兼容性参数指标,使测试系统的集成化、自动化程度越来越高。在电磁兼容测量系统方面,德国斯图加特大学研制了快速时域测量系统,慕尼黑工业大学研制了宽带时域测量系统,时域测量系统可以在保持测量项目和测量精度的基础上,测量时间仅为传统的频域测量的1/100~1/10。

1.3.2.4 电磁防护

美、俄等十分重视电磁防护加固技术研究,不仅要对军用电路、器件进行电磁环境效应和防护技术研究，而且要对整个系统进行电磁环境效应实验和防护技术研究，俄罗斯的武器系统一般都有电磁兼容性、抗静电和抗电磁脉冲场的技术指标。

1. 防护实验

20世纪90年代，美军已经把各种电磁辐射源的破坏效应归纳为武器系统在现代战争中遇到的电磁环境效应问题，包括电磁兼容性、电磁干扰、电磁易损性、电磁脉冲、电磁辐射对人员、军械和挥发性材料的危害以及雷电和沉积静电等自然现象效应，并于1993年完成了“强电磁干扰和高功率微波辐射下集成电路的防护方法”研究。目前对各种电子设备的EMP防护能力已经建立了系统的国家军用标准。俄罗斯也在20世纪末完成了EMP对微电子电路的效应实验和相关防护技术研究。国外相关防卫研究部门专门针对未来战场中电磁炸弹的破坏效应和防护技术进行了相关研究，并有公开报道。如在2003年IEEE Spectrum中发表了一篇有关“电磁炸弹”的论文(Dawn of the E-Bomb)，该文专门针对高功率微波和超宽带EMP的工作原理和它对集成电路中半导体器件的破坏效应做了初步介绍。在2004年IEEE EMC汇刊中出版了“有意电磁干扰”专刊，该专刊中特别介绍了德国、英国、瑞典和美国科学家在EMP破坏效应方面的研究进展，包括对各种军用电子设备(元器件、模块、主板、整机到系统网络)的电、热击穿破坏过程和效应研究，物理模型的建立、快速模拟和诊断软件的开发、系统的实验验证等。

美国海军航空兵作战中心具备完成MIL-STD-464A所有要求的试验设施，如图1-4所示，它是一个试验设施群。主要从事E3研究、开发、试验和评估工作，包括E3工程分析、试验计划、传导试验、故障诊断、推荐切实可行的解决方法以及研究与改进试验技术等，处于国际领先地位。其中海军可移动的电磁辐射设施除开阔试验场外，功率放大器包括可移动的200W行波管放大器，1GHz～34.8GHz磁控管发射机，能产生满足MIL-HDBK-235要求的，脉冲场强高达20kV/m高强度射频辐射场，频率覆盖通信、雷达频段，并具备用于监测火工品感应电流的感应探头及光电转换器，除能对飞机、导弹等带点火装置的大型武器系统进行自动或手动电磁环境模拟外，还能对数据进行电磁易损性分析，确认武器系统在整个任务周期的安全性、可靠性。此外还能完成大型武器包括飞机的雷电、静电、电磁脉冲模拟试验及信息泄露的测试等，其大型系统综合实验室(ASIL)，可为大型系统(飞机)开展E3试验提供空战射频环境及E3评估手段。图1-5～图1-7为该中心进行静电放电试验、雷电试验和强电磁脉冲试验的图片。

图1-4　E3试验场

图1-5　300kV静电放电模拟试验

图1-6　2MV/20kA雷电模拟器

德国Greading联邦武装部队技术中心所属的EMC测试中心是欧洲最大和最现代化的电磁环境效应和EMC测试中心，该中心1989年正式投入使用。其电波暗室的主要技术指标为：工作区域$2000m^2$；$45m\times20m\times18m(L\times W\times H)$大型屏蔽无反射暗室；屏蔽效能100dB；

图 1-7　E-6A 飞机和陆军战车在水平极化试验场上进行强电磁脉冲试验

承重 60 吨旋转升降平台；控制转台发动机功率 100kW。另外，该中心还拥有核电磁脉冲实验、静电放电实验场地。

2. 高功率微波源

瑞典微波测试装置(MTF)主要用于飞机高强度辐射场(HIRF)测试，如图 1-8 所示。这个系统的总要求是在 5 个频率点产生歼击机最恶劣的工作环境，根据需要的灵活性和移动性，MTF 被安装在一个 12m 标准集装箱中，由一个屏蔽控制拖车遥控，由 AC 柴油发电机供电。系统的微波能力由 L、S、C、X、Ku 波段内固定频率的 5 个微波源构成。主要性能如表 1-8 所示，表中所有最大参数不是都可以同时达到的，如在最大脉宽时就不能达到最大重复频率。

图 1-18　瑞典微波测试设施(MTF)

表 1-8　MTF 特性参数

雷达频段	L	S(PCS)	C	X	Ku
频率(GHz)	1.30	2.86	5.71	9.30	15.00
最大平均功率(kW)	49	20	5	1	0.28
最大功率(MW)	25	20(140)	5	1	0.25
最大脉冲重复频率(Hz)	1000	1000	1000	1000	2100
最大脉冲持续时间(μs)	5	5(0.4)	5	3.8	0.53
15m 处的电场峰值(kV/m)	30	30(80)	17	10	6

法国的 HPM 测试装置 Hyperion 主要用于系统比如飞机的高电平试验。对 Hyperion 的要求是用巨大的微波束照射一个运动的系统。如图 1-9 所示，Hyperion 产生的 HPM 辐射到一个暗室中，受试设备(DUT)位于暗室中一个塔架上。为此，Hyperion 用两个反射器来形成辐射波束。第一个是一个固定的抛物线的反射器，它将辐射的球面波转换成圆柱波。可调金属平面上的第二次反射允许照射 DUT 的入射波束的仰角在 100～300 之间。Hyperion 可以产生 0.72～3GHz 之间频率连续可调的 HPM 辐射。这是借助两个可调 reltron(覆盖低于 1.44GHz 的频段)和两个频段分别在 1.3～1.8GHz 和 2.4～3.0GHz 的磁控管来实现的(表 1-9)。辐射脉冲的参数，如重复频率，脉冲长度和输出功率，都可以根据源的类型进行改变(磁控管或 reltron)。

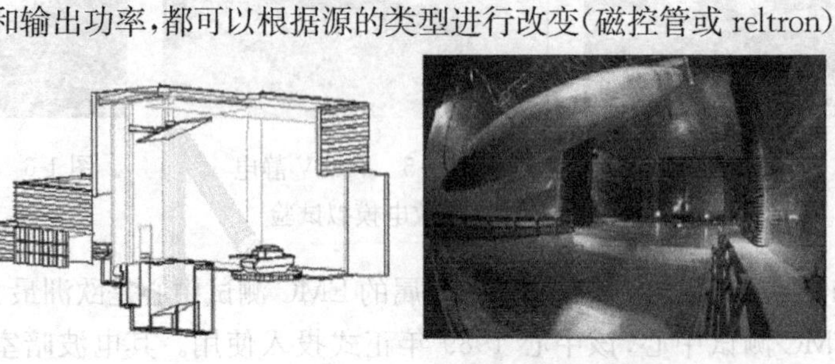

图 1-9　Hyperion 装置及飞机辐照效应测试

WIS的高功率微波测试装置Supra是一种室内装置，如图1-10所示。完全屏蔽的暗室(大约20m×4m×4m)安装了阻燃的雷达吸波材料。暗室可容纳的DUT尺寸包括全尺寸的汽车，小型坦克或掩体。全部由计算机控制的微波系统包含一个40kJ/s的充电单元，一个重复闸流管开关1.4MVPFN-MARX发生器，4个真空系统的超级Reltron管，两个不同的波导系统和喇叭天线。在一个特级Reltron管中，电子(束)的一个调制波束由间歇虚阴极振荡器产生。后加速是通过减少调制电子的能量扩散来提高电子管的效率。因此，管子内部不需要任何外加磁场以聚焦电子束。每个超级Reltron有一个自动化、在中心频率±10%左右的机械可调性，在频率覆盖中没有间隙，在表1-10中列了出来。频率覆盖的增加(最高到3GHz)在2005年完成。

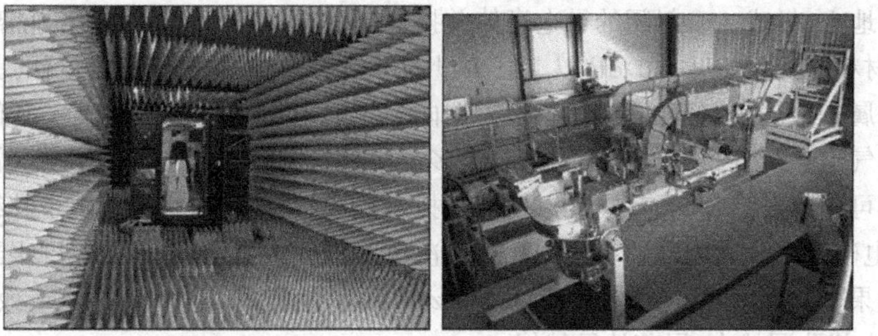

图1-10 SupraHPM发生器(系统放置在一个坑井中)

表1-9 **Hyperion特性参数**

参 数	特 性
HF源	磁控管
频率	1.3～1.8GHz
	2.4～3.0GHz
脉冲持续时间	100ns
峰值场强	60kV/m
HF源	Reltron
频率	0.72～1.44GHz
脉冲持续时间	200ns
脉冲重复频率	1Hz
峰值场强	40kV/m

表1-10 **SUPRA的特性参数**

参 数	特 性
HF源	4个特级Reltron管(8)**
频率	0.675～1.44GHz(3GHz)**
脉冲持续时间	>300ns
15m处的峰值场强	70kV/m(45kV/m)**
射频峰值功率	400～200MW(100MW)**
脉冲重复频率	10Hz
最多瞬发/猝发	100
3dB照射区域	$12m^2(9m^2)$**

**为2005年更新数据

3. *防护方法与技术*

防护方法在传统的屏蔽、滤波、接地基础上，强电磁防护新技术新方法如电磁自适应防护技术、多功能射频系统(Multi-Functions RF Systems，MRFS)、自适应电磁干扰对消技术、旁瓣匿影技术、演化硬件技术等方面突飞猛进，新型防护材料、电磁防护器件以及防护装置也日新月异，不断取得进展。这方面内容请参考下一节及第八章内容。

1.3.2.5 电磁兼容与防护材料

1. *电磁屏蔽材料*

电磁屏蔽技术是电磁防护技术中重要的研究内容，屏蔽方法很多，导电良好的金属是最佳屏蔽材料。

近年来，电子仪器向着“轻、薄、短、小”和多功能、高性能及成本低方向发展。塑料机箱、塑料部件或面板广泛地应用于电子仪器上，于是外界电磁波很容易穿透外壳或面板，对仪器的正常工作产生有害的干扰，而仪器所产生的电磁波，也非常容易辐射到周围空间，影响其他电子仪器的正常工作。为了使这种电子仪器能满足电磁兼容性要求，人们在实践中，研究出塑料金属化处理的工艺方法，如溅射镀锌、真空镀(AL)、电镀或化学镀铜、粘贴金属箔(Cu或AL)和涂覆导电涂料等。经过金属化处理之后，使完全绝缘的塑料表面或塑料本身(导电塑料)具有金属那样反射。吸收、传导和衰减电磁波的特性，从而起到屏蔽电磁波干扰的作用。实际应用中，导电涂料以其低成本和中等屏蔽效果目前仍占据电磁屏蔽材料的主要市场，它们的应用将大大加快以工程塑料取代金属材料制作电子仪器设备壳体的进程。而填充复合型屏蔽材料由于其成型加工和屏蔽的一次完成便于大批量生产，因此是电磁屏蔽材料的一个发展方向。在需要屏蔽的地方，做成一个封闭的导电壳体并接地，把内外两种不同的电磁波隔离开。实践表明，若屏蔽材料能达到(30～40)dB以上衰减量的屏蔽效果时，就是实用、可行的。

发泡金属是金属和空气的复合材料，根据内部气泡形态发泡金属分成气泡独立存在的独立气泡型和气泡连续分布的连续气泡型。许多金属材料如碳钢、不锈钢、铝、铜、铅、铁、银、镍、超合金等都可制成发泡金属，其中又以发泡铝技术最成熟、应用最广泛。由于其结构上多孔的特点，使得电磁波在金属内部的吸收损耗和多次反射损耗大大增加，因此厚度很薄就可起到很好的屏蔽效果。试验表明，在100～1000MHz的频率范围内，泡沫铝的屏蔽效能可达65～90dB，而且内部孔洞越小，屏蔽效果越好。

传统单一材料的电磁屏蔽有着诸多的缺点，而多重屏蔽作为目前一种新的屏蔽手段，能够对宽频带内的高能量电磁脉冲进行有效地防护。其原则是：各层的填充材料不应相同，并且各屏蔽层之间不能连接在一起，彼此之间应该隔开空气或者填充其他介质。

2. 电磁吸波材料

吸波材料按其功能可分为涂覆型和结构型。结构型吸波材料是将吸收剂分散在特种纤维(如玻璃纤维、石英纤维等)增强的结构材料中所形成的结构复合材料，而涂覆型吸波材料是将吸收剂和粘结剂混合后涂覆于目标表面形成吸收涂层。

电磁吸波材料具有吸收宽频带电磁辐射能量的独特能力，通过降低电磁波从介质表面的反射，特别适用于对相邻电子设备的去耦。吸波材料主要由吸波剂和基体材料构成，吸波剂是吸收电磁波的物质，常用的有铁氧体、碳基铁、导电炭黑、石墨等；基体材料是吸收剂载体，能够承载并分散吸收剂，本身具有一定机械性能，常用的有软质聚氨醋泡沫剂、硬质苯乙烯泡沫塑料等，吸收剂的研制与开发是吸波材料领域重要的研究。

手性吸波材料能够在雷达波段具有像在光波的旋转色散特性，通过在普通的介质中加入具有手性特征的微体，便可制得具有良好吸波性能的手性吸波材料。同普通材料相比，手性材料使材料通过调节手性参数使材料无反射，而手性参数的调节比电磁参数的调节更容易。另外，它还具有频率敏感性小，易实现阻抗匹配及宽频吸收等特点，手性材料研究和发展对未来吸波材料的发展将具有重大意义。

3. 新材料

(1) 手性材料

手性是指物体在与其镜像不存在几何对称性，而且不能使用任何方法使物体与镜像相重合。目前的研究表明，手性材料能够减少入射电磁波的反射并能吸收电磁波。与其他吸波材料相比，手性材料具有两个优势：一是调整手性参数比调节介电常数和磁导率更容易，绝大多数吸波材料的介电常数和磁导率很难满足宽频带的低反射要求；二是手性材料的频率敏感性比介电常数和磁导率小，易于拓宽频带。手性材料在实际应用中主要可分为本征手性材料和结构手性材料，本征手性材料物体自身的几何形状(如螺旋线等)就使其成为手性物体，结构手性物体通过其各向异性的不同部分与其他部分形成一定高度关系而产生手性行为。由于手性材料的研究还处于研究的起步阶段，还有很多技术难点有待突破，但是手性材料是新材料发展的一个重要方向。

(2) 纳米材料

纳米材料是指材料组分的特征尺寸处于纳米量级的材料，结构独特使其具有量子尺寸效应、宏观量子隧道效应、小尺寸和界面效应，从而呈现出奇特的电、磁、光热以及化学等特性，已收到美、德、日等国的高度重视。目前被称作“超黑色”纳米材料的吸收率高达99%。法国最近研制出一种宽频微波吸收涂层，其厚度约为8nm，复磁导率的实部和虚部在0.1～18GHz频率范围内均大于6，在50MHz～50GHz频率范围内吸收性能较好。

2012年，美国防部和航空航天局与纳米技术公司签约，大规模生产碳纳米管薄片、导线，以提高装备的防静电放电和电磁干扰屏蔽性能。同时，业界还开展了大量应用性研究，如具有高屏蔽性能的环氧基多壁碳纳米管复合物在航空中的应用，工程碳纳米管复合材料以及纳米结构复合材料多层屏蔽体的优化方案等，都取得了一定进展。

(3) 多频谱吸波材料

先进探测设备的相继问世(如俄罗斯的“高王”米波探测雷达，荷兰的“翁鸟”毫米波雷达以及先进的红外探测雷达)，对目前仅针对厘米波而研制的吸波材料提出新的挑战。在不久的将来，将出现集吸收米波、厘米波、毫米波以及红外、激光等多波段电磁波于一体的多频谱吸波材料，只具有单一固定吸波频段的吸波材料将会失去用武之地，这是吸波材料发展的趋势。

(4) 隐身材料

俄罗斯于2012年11月批准的《2013－2025年俄航空工业发展国家规划》将等离子体隐身作为航空技术发展重点，标志着俄等离子体隐身的机理研究已经突破，目前正在开展实用化研究。此外，俄罗斯军工综合体网站2011年5月也曾报道，俄下一代轰炸机将可能采用等离子体隐身技术。

2012年9月，美海军通过“小企业创新研究”计划，开发一种称为“金属水”的潜艇覆层隐身技术。该技术主要对金属铝材料进行切割和处理，使其具有“弹性”。这种六角形晶体结构的“声映射负折射率”铝材料，将被集成到潜艇艇壳外覆盖的静音材料内，显著提升潜艇对声纳探测的隐身能力。

2013年3月，美国德克萨斯大学成功开发出一种只有微米厚的“隐身斗篷”，可使三维物体在自然环境下实现微波波段的隐身。该斗篷的超薄层称为“超屏风”，厚度仅为166μm，由66μm厚的铜带附着在100μm厚的弹性聚碳酸酯薄膜上，编制成斜纹网眼图案而成，是目前类似研究中厚度最薄的。实验中，超屏风被套在长约18厘米的圆柱管上，再用微波照射圆柱管，由于避开了能量谱中的微波光线而达到“隐身”效果。微波频率为3.6GHz时会表现出最佳的功能。

智能隐身材料是一种同时具备感知功能、信息处理功能、自我指令并对信号作出最佳响应功能的材料系统或结构。目前这种新兴的智能材料和结构已在隐身飞行器设计中得到越来越广泛的应用。同时，它根据外界环境变化调节自身结构和性能，并对环境做出最佳响应的特点，也为吸波材料的设计提供了一种新的思路。

5. 超材料

美国IBM公司已研制出首块基于石墨烯的集成电路,运行频率最高达10GHz。2012年,该公司研究中心又利用几层石墨烯制成新的防护材料,可对兆赫兹频率的辐射和微波的电磁辐射进行有效防护,显著降低敏感电子设备中的外部电磁干扰。此举进一步推进了石墨烯芯片在电磁防护领域的实用化。

1.3.2.6 电磁生物效应

美国犹他大学1992年仿真了平面波暴露下基于解剖结构的人体模型中的SAR和感应电流,1996年分析了移动通信835MHz和1900MHz的收发设备在基于解剖结构的仿真人体模型头部和颈部的SAR,仿真了人体头部对6GHz手持无线收发设备的电磁吸收。2003年通过阻抗方法仿真了经颅磁刺激在人脑内产生的感应电流分布。

加拿大Manitoba大学1985年进行了人体模型在远场和近场暴露情况下的对比;分析了对于人体模型中能量存储的频率影响;分析了在远区场暴露情况下各向同性人体模型中RF能量的存储;总结了高压输电线甚低频对人体的影响;后期做了建模仿真导论和仿真优化方面的研究。

日本名古屋大学2003年对比和评估了暴露在900MHz移动电话辐射下仿真的成人和儿童头部模型中的电磁吸收特性;2004年基于消息传递界面(MPI)搭建了8节点的并行FDTD计算平台,计算了便携电话对人体的电磁吸收。通过射线跟踪和FDTD混合方法计算了基站对人体的影响;基于FDTD方法仿真了便携电话在人头部产生的温度升高;2006年研究了不同平均方案和平均质量情况下最高温度升高和SAR峰值之间的关系;对蜂窝电话近场暴露下生物活体测量的不确定度进行了估计;分析了天线接近人体躯干情况下最高空间平均SAR和温度升高之间的关系;用FDTD计算了偶极天线辐射儿童和成人头部温度升高和峰值SAR之间的关系;对比了仿真移动电话产生的SAR在SAM中的结果和人头部解剖模型中的SAR值的区别;分析了年龄影响下的组织参数不同对移动电话产生的SAR值差别等等。

美国芝加哥大学在生物电磁学领域做了很广泛的重要研究,主要包括:分析了交叉极化的电磁波和哺乳动物头颅结构的相互影响,估计和验证了随机的神经模型;研究了电磁脉冲对哺乳动物头颅结构的影响;研究了全部血液的光散射特性;鼠头部电磁波照射下的温度时间函数的包络;新鲜哺乳动物的脑组织在体温下的电磁特性。微波对于中枢神经系统的温度影响。2005年他还在IEEE微波杂志上讨论了移动电话产生的脑瘤风险等。

1.3.2.7 电磁兼容与防护标准

近年来,各国不断完善各级电磁兼容标准。

2012年,电磁干扰特别委员会(CISPR)正式发布CISPR32标准,全称《多媒体设备的电磁兼容——发射要求》,适用于额定交流或直流电压不超过600V的多媒体设备,以确立能提供射频频谱防护的足够电平要求。

2012年,国际组织对混波室、天线校准场地等测试场的标准进行了修订。混波室联合工作组对16项测试内容进行调整和规范,比如明确接收天线在腔体中的位置、根据加载系数对被测系统进行分类等。

美军于2013年6月完成MIL-STD-461G草案,并于2014年正式发布,解决由于机身复合材料不能传导雷击电流所导致的超高压和大电流破坏飞机上设备的验证问题。美国众议院于2013年6月提出了一项“保护电力高压基础设施免遭致命打击”(SHIELD)的法案,鼓励工业界制定必要的标准以保护电力基础设施免遭自然和人为两种电磁脉冲攻击，以有效应对太阳耀斑活动或恶意攻击导致电网故障和瘫痪。

欧洲议会 2013 年 6 月批准了“电磁场暴露防护”指令，进一步明确、更新和完善了对在工作场所暴露于电磁场中的人员的保护要求。

1.3.3　电磁兼容发展趋势

1.3.3.1　仿真预测对象规模更大更复杂

电磁兼容仿真预测技术不仅应用于设备研制过程，也可以应用于已使用的设备改装和增加新设备的兼容性分析。目前，美国、意大利、西班牙、俄罗斯、德国、英国、法国等世界先进国家的电磁兼容预测和分析技术已经形成一整套数字仿真和优化设计软件系统。在电磁兼容仿真预测方面，国外的发展趋势主要体现为如下三个方面：解决更大规模的问题，挑战目前硬件计算能力的极限；目标更复杂，这个复杂既包括目标形体的复杂，也包括目标材料的构成复杂；目标所处的背景复杂，不再局限于理想的自由空间，而是目标处在真实的作战环境如丛林、山丘、海面等复杂环境下的目标电磁特性的计算。

1.3.3.2　设计与控制技术精确化智能化

随着电磁兼容设计技术的不断发展，其内容越来越多，设计手段也越来越多，经典的接地、屏蔽、滤波等技术已不再是电磁兼容设计的全部。基于复杂网络理论，对复杂电子系统的电磁兼容性进行分析、设计和优化，将神经网络等人工智能算法和经典电磁兼容设计手段相结合将大大提高设计的准确性，这也是未来电磁兼容设计技术发展的新趋势。

电磁兼容设计智能化是电磁兼容设计与全寿命周期控制技术一个最重要的趋势。系统电磁兼容设计是一个复杂过程，且设计又必须与设备、系统本身的功能设计紧密结合进行，前者对后者有较强依赖性，因此现在的 EMC 设计基本上是人工设计加模拟仿真。随着人们对电磁干扰机理认识的加深和干扰控制技术的提高，以及数学建模技术、计算机技术、人工智能技术的进步，将可逐步实现 EMC 设计的智能化、程序化。

1.3.3.3　试验与评估技术高速、智能、集成化

纳米技术成为新世纪研究热点，从材料到元器件甚至组件运行机理、检测方法都会有根本性的变化，对这类元器件的 EMC 设计需要重新认识，要寻求新的测试手段。

EMC/EMI 的测试使用天线或探头，在近区弱场测量中，已有的场强仪都存在探头扰动待测场的问题，很难定量消除引入的测量误差，需要开发新的光电探头。探头的小型化和微型化及智能化也需进一步开发。

EMC 测试自动化是 EMC 测试与试验技术的一个重要发展方向，现在 EMC 测试中获得的测量数据基本上是表征单项电磁干扰参数的数据。随着数据融合技术和综合性多参数测试技术的发展，今后将采用多传感器、多参数测量和处理手段来获取单个的或综合的电磁兼容性参数指标，使测试系统的集成化、自动化程度越来越高。

发展趋势主要体现为三个方面：建立电磁环境效应检测与评估系统，实现对目标环境进行实时监测与分析，结合电磁兼容仿真平台，完善系统级电磁兼容试验方法，提高系统级电磁兼容检测的效率和自动控制能力；结合电磁兼容数据库专家系统的建设，使电磁兼容自动测试系统具备系统间电磁兼容问题的快速分析与定位能力，并能自动给出排故建议；扩展电磁兼容测试系统的能力范围，频率扩展至 400GHz，覆盖电磁兼容标准中定义的全部频率范围。

1.3.3.4 防护技术体系化

电磁脉冲武器朝着超大功率和超宽带两个方向发展,远程投送技术的进步将把超大功率和超宽带电磁脉冲近距离攻击变为现实,其威力和破坏力迫使军事强国积极开展电子信息设备对强电磁脉冲的适应性及其防护加固技术研究。通过研究电子设备信号线路、电源线路和接地网络等所有可能途径的电磁易损性,确定电磁场对武器平台的作用规律,结合武器装备的的重要性或遭受 EMP 攻击后的生存需求,从元器件、电路到系统总体采取全方位综合防护技术成为发展趋势。

潜在性失效具有不可预测性,潜在性失效又是电磁脉冲效应的重要形式,必须从损伤机理出发,从微观角度深入研究潜在性失效的形成过程,并提出检测方法与防护原则。

为了有效地抵御武器装备可能受到的强电磁脉冲威胁,必须制定适当的标准和防护规范,将电磁防护技术指标纳入武器系统考核体系,以便按照这些标准、规范进行设计、验收和维护。

1.3.3.5 标准规范国际化法规化

随着科学技术的飞速发展,电气、电子和通信设备越来越多,电磁环境越来越复杂,单凭过去的 EMC 标准远远无法满足要求,因此随着产品设计技术和工作方式的革新,EMC 标准应当随之变化,以适应新技术的发展需求。

电磁兼容及防护标准国际化是世界各国经济全球化、一体化发展的必然要求。由于电磁兼容研究对象(主要指电磁噪声)无论是时域特性还是频域特性都十分复杂,频谱范围宽,电路中集中参数与分布参数、近场与远场、传导与辐射等同时存在,为了在国际上对这些电磁现象有统一的评价标准和对研究的数据的全球共享,对测量设备与设施的特性以及测量方法等均予以严格统一的规定是首要条件。

EMC 标准要求法规化是世界各国贸易朝着全球化、一体化发展的必然要求。自从欧共体 1989 年 5 月颁布电磁兼容指令(89/336/EEC),特别是 1996 年 1 月开始强制执行这一指令以来,在世界各国掀起了电磁兼容要求法规化的热潮。各国政府都开始从商业贸易的角度考虑 EMC 问题,并纷纷采取措施加强 EMC 标准和认证及其有关法规的制定、贯彻和实施工作,切实加强电磁兼容管理。可以预见,EMC 认证将成为世界范围内产品认证领域的新热点,将会像安全认证一样重要和普及。

1.3.3.6 新材料新器件功能复合化

电磁防护新材料、新器件、新技术是解决武器装备电磁干扰、电磁损伤的技术基础,其发展水平制约着武器装备在恶劣电磁环境中的生存能力。

适应武器装备发展需要,研制新型复合功能电磁防护材料和手性材料,在保证宽频带、高屏效技术指标的前提下,解决电磁屏蔽材料的降低密度问题、抗恶劣环境问题和综合防护问题。“薄(厚度)、轻(重量)、宽(频带)、高(屏蔽性能)”和功能复合化是电磁防护材料的发展趋势。

2003 年超宽带(UWB)电磁脉冲上升沿减为 0.1ns,窄带源输出峰值电平增加到 6MV,未来的电磁脉冲武器上升沿更小、功率更大,为适应电磁脉冲防护需要,研制快速反应、大功率脉冲吸收的新型 ps 级抑制器件成为电磁防护器件的发展趋势。

1.3.3.7 频谱竞争更加激烈

信息化飞速发展,由于频谱使用导致的电磁干扰问题凸显,频谱资源的竞争更加激烈。2013 年 5 月,美国 X-47B 因卫星与飞机的频谱共享问题暂停试飞。美国海军利用试飞中心的地面设施控制X-47B无人机进行舰上测试。在实验过程中，由于与美国国家海洋气象局的GOES-13卫星的地面控制系统存在频谱争用问题，导致试飞暂停。GOES的数据传输通道和美国海军的X-47B遥测数据传输通道，都是采用的是S波段的频段。GOES-13卫星的接收天线非常敏感，而X-47B的通信功率较强。美国家海洋气象局担心X-47B在与地面控制站进行传输时，会对GOES-13卫星的接收天线造成损坏，要求暂停试飞。2013年1月，美国联邦通信委员会(FCC)批准商业用户分享美国军方无线频谱。目前，3.5GHz频段被用于大功率军用雷达服务，因此，该频段历来不在移动宽带的选择范围。根据FCC的建议，3.5GHz频段的100MHz带宽以及3.6GHz频段的50MHz带宽将用于商业宽带服务。军用雷达用户仍将保持对共享频带的最高级优先使用权，并利用频带占用数据库保护其不受干扰。包括医院和公共安全机构等用户将获得次高级优先使用权，其他商业用途用户优先使用权最低，其对共享频带的使用将受到其他两类用户的干扰。2013年2月，美陆军发布陆军条令5-12，为美陆军在参与包括军种联合行动以及国际行动中的频谱管理提供依据，为陆军各司令部、业务局、行动指挥官以及用户指定了与频谱相关的政策和职责，以确保美陆军基于频谱的系统高效应用频谱资源，保障其在网络中心行动中免受电磁干扰影响。

消除频谱使用引起的电磁干扰问题，必须积极探索频谱共享技术。美国防部高级研究计划局(DARPA)于2013年初开始举办"频谱挑战"智能无线电竞赛，主要目的是探索、开发解决频谱资源争用的更好技术方法。该项竞赛的目的是要找到新技术、新方法开发能够允许最大数量的用户在使用繁忙、拥挤的频谱环境的同时，还不中断优先流量传输的无线电技术。2013年8月，美国海军对军用频谱共享潜力进行了测试，此举是军用频谱对商用开放迈出的重要一步，将为医院、电视台等机构在军用频谱上使用4GLTE通信网络带来希望。在测试中，海军使用AN/SPY1雷达(即宙斯盾)进行导弹目标扫描的同时，研究人员在相同的频率上使用便携式无线发射机发射4GLTE信号，测试的初步结论是同频率的无线通信信号并未对军用雷达造成大的干扰。

1.4 电磁兼容相关术语

为了描述电磁骚扰与电磁兼容性，需要引入许多名词术语，国家军用标准《GJB72A—2002电磁干扰和电磁兼容性术语》有详细的内容，这里选其中的一部分介绍，并对几个主要电磁兼容概念和技术的联系与区别进行分析。

1.4.1 电磁兼容常用术语

1.4.4.1 名词术语

电磁干扰(Electromagnetic Interference，EMI)：电磁骚扰导致电子设备相互影响，并引起不良后果的一种电磁现象。也指任何能中断、阻碍，降低或限制通信电子设备有效性能的电磁能量。

辐射发射(Radiated Emission，RE)：通过空间传播的、有用的或不希望有的电磁能量。

传导发射(Conducted Emission，CE)：沿电源或信号线传输的电磁发射。

电磁敏感性(Electromagnetic Susceptibility，EMS)：设备暴露在电磁环境下所呈现的不希望有的响应程度。即设备对周围电磁环境敏感程度的度量。电磁敏感意味着电磁环境已经造成设备性能的降低。

辐射敏感度(Radiated Susceptibility,RS):对造成设备性能降级的辐射骚扰场的度量。

传导敏感度(Conducted Susceptibility,CS):当引起设备性能降级时,对从传导方式引入的骚扰信号电流或电压的度量。

电磁环境(Electromagnetic Environment,EME):指存在于给定场所的所有电磁现象的总和。给定场所即空间,所有电磁现象包括全部时间与全部频谱。

电磁噪声(Electromagnetic noise,EN):是指不带任何信息,即与任何信号都无关的一种电磁现象。它可能与有用信号叠加或组合。在射频频段内的电磁噪声,称为无线电噪声;由机电或其他人为装置产生的电磁现象,称为人为噪声;来源于自然现象的电磁噪声,称为自然噪声。

无用信号(unwanted signal,undesired signal):可能损害有用信号接收的信号。

干扰信号(interfering signal):损害有用信号接收的信号。

电磁骚扰 EMD(Electromagnetic Disturbance):任何可能引起装置、设备或系统性能降低或者对有生命或无生命物质产生损害作用的电磁现象。电磁骚扰可能是电磁噪声、无用信号或传播媒介自身的变化。

电磁发射(electromagnetic emission):从源向外发出电磁能的现象。

电磁辐射(electromagnetic radiation):①能量以电磁波形式由源发射到空间的现象;②能量以电磁波形式在空间传播。电磁辐射有时也引申将电磁感应现象也包括在内。

无线电环境(radio environment):①无线电频率范围内的电磁环境;②在给定场所内所有处于工作状态的无线电发射机产生的电磁场总和。

无线电噪声(radio noise):具有无线电频率分量的电磁噪声。

无线电骚扰(radio disturbance):具有无线电频率分量的电磁骚扰。

无线电频率干扰(Radio Frequency Interference,RFI):由无线电骚扰引起的有用信号接收性能的下降。

系统间干扰(inter-system interference):由其他系统产生的电磁骚扰对一个系统造成的电磁干扰。

系统内干扰(intra-system interference):系统中出现的由本系统内部电磁骚扰引起的电磁干扰。

自然噪声(natural noise):来源于自然现象而非人工装置产生的电磁噪声。

人为噪声(man-made noise):来源于人工装置的电磁噪声。

(对骚扰的)抗扰性(immunity to a disturbance):装置、设备或系统面临电磁骚扰不降低运行性能的能力。

静电放电(Electrostatic Discharge,ESD):具有不同静电电位的物体相互靠近或直接接触引起的电荷转移。

机壳辐射(cabinet radiation):由设备外壳产生的辐射,不包括所接天线或电缆产生的辐射。

内部抗扰性(internal immunity):装置、设备或系统在其常规输入端或天线处存在电磁骚扰时能正常工作而无性能降低的能力。

外部抗扰性(external immunity):装置、设备或系统在电磁骚扰经由除常规输入端或天线以外的途径侵入的情况下,能正常工作而无性能降低的能力。

骚扰限值(允许值)(limit of disturbance):对应于规定测量方法的最大电磁骚扰允许

电平。

干扰限值(允许值)(limit of interference):电磁骚扰使装置、设备或系统最大允许的性能降低。

电磁兼容电平(electromagnetic compatibility level):预期加在工作于指定条件的装置、设备或系统上的规定的最大电磁骚扰电平。(实际上电磁兼容电平并非绝对最大值,而可能以小概率超出。)

(骚扰源的)发射电平(emission level of a disturbance source):用规定方法测得的由特定装置、设备或系统发射的某给定充磁骚扰电平。

(来自骚扰源的)发射限值(emission limit from a disturbing source):规定的电磁骚扰源的最大发射电平。

发射裕量(emission margin):装置、设备或系统的电磁兼容电平与发射限值之间的差值。

抗扰性电平(immunity level):将某给定电磁骚扰施加于某一装置、设备或系统而其仍能正常工作并保持所需性能等级时的最大骚扰电平。

抗扰性限值(immunity limit):规定的最小抗扰性电平。

抗扰性裕量(immunity margin):装置、设备或系统的抗扰性限值与电磁兼容电平之间的差值。

(电磁)兼容裕量(electromagnetic compatibility margin):装置、设备或系统的抗扰性电平与骚扰源的发射限值之间的差值。

耦合系数(coupling factor):给定电路中,电磁量(通常是电压或电流)从一个规定位置耦合到另一规定位置,目标位置与源位置相应电磁量之比即为耦合系数。

耦合路径(coupling path):部分或全部电磁能量从规定源传输到另一电路或装置所经由的路径。

骚扰抑制(disturbance suppression):削弱或消除电磁骚扰的措施。

干扰抑制(interference suppression):削弱或消除电磁干扰的措施。

电磁屏蔽(electromagnetic screen):用导电材料减少电磁场向指定区域穿透的屏蔽。

1.4.1.2 电磁参量描述

1. 分贝

在电磁领域,电磁场强度、能量经常采用分贝(deciBel)形式给出。分贝的起源与贝尔(Bel)密切相关,贝尔定义为两个功率电平的对数。

$$\text{Bel}=B=\log_{10}(P_2/P_1) \tag{1-1}$$

式中,P_1 为参考功率值(W);P_2 为考察的功率值(W)。

为了较好的描述两个参量的相对等级,后来人们又采用了分贝(十分之一贝尔)。

$$\text{deciBel}=\text{dB}=10\log_{10}(P_2/P_1) \tag{1-2}$$

当然,电压、电流、场强等也经常用分贝来描述。应为 $P=V^2/Z$,所以

$$\text{dB}=10\log_{10}(P_2/P_1)=20\log_{10}(V_2/V_1)+10\log_{10}(Z_2/Z_1) \tag{1-3}$$

如果 $Z_2=Z_1$,则有

$$\text{dB}=10\log_{10}(P_2/P_1)=20\log_{10}(V_2/V_1) \tag{1-4}$$

同理,

$$\text{dB}=10\log_{10}(P_2/P_1)=20\log_{10}(I_2/I_1) \tag{1-5}$$

通常情况下，参考值一般都取单位值。如果将 $P_1=1W$、$V_1=1V$、$I_1=1A$ 分别代入前式，则有，

$$\begin{aligned}dBW&=10\log_{10}(P)\\dBV&=20\log_{10}(V)\\dBA&=20\log_{10}(I)\end{aligned}\tag{1-6}$$

分别表示以 1W、1V、1A 为零分贝的功率电平，需要注意式中 P、V、I 单位应当是 W、V、A。

同理，如果将 $P_1=1mW$、$V_1=1mV$、$I_1=1mA$ 分别代入前式，则有，

$$\begin{aligned}dBmW&=dBm=10\log_{10}(P)\\dBmV&=20\log_{10}(V)\\dBmA&=20\log_{10}(I)\end{aligned}\tag{1-7}$$

分别表示以 1mW、1mV、1mA 为零分贝的功率电平，式中 P、V、单位应当是 ImW、mV、mI。

分贝的常用单位有：

- 功率：dBW，dBm
- 电压：dBV，dBmV，dBμV
- 电流：dBA，dBmA，dBμA
- 电场：dBV/m，dBmV/m，dBμV/m
- 磁场：dBA/m，dBmA/m，dBμA/m

因为 1W=1000mW，所以，

$$0dBW=30dBmW\tag{1-8}$$

同理，

$$\begin{aligned}0dBV&=60dBmV=120dB\mu V\\0dBA&=60dBmA=120dB\mu A\\0dBW&=60dB\mu W\end{aligned}\tag{1-9}$$

表 1-11 常见数值分贝转换

比值	V 或 I(dB)	P(dB)
1e6	120	60
10	20	10
8	18.06	9.03
4	12.04	6.02
3	9.54	4.77
2	6.02	3.01
1	0	0
0.1	−20	−10

为什么要用分贝表示功率、电压和电流呢？答案是动态范围很大。如电场值可从 1μV/m 到 200V/m，达 1e8 数量级，用分贝表示能够压缩范围，1e8 的范围为 160dB，即能够将较大的数量压缩成较小数量的特性。

2. 电尺寸

电尺寸也是一个相对值，是物体的几何尺寸与电磁波波长的比值，

$$电长度(点尺寸)l_e=l/\lambda\tag{1-10}$$

式中，l 为物体的几何尺寸，λ 为波长。

通常描述某个目标或物体所说的"电大"就是指 l_e 较大；"电小"就是指 l_e 较小。电尺寸的一般分类如下。

- 电小尺寸：<0.1λ
- 电中尺寸：>0.1λ 且<50λ
- 电大尺寸：>50λ 且<500λ
- 超电大尺寸：>500λ

当讨论电磁干扰时，电尺寸是物理尺寸与骚扰源波长的相对值。一个固定的物体尺寸相对于不同频率的骚扰源，该物体可以看成是小尺寸或大尺寸；确定骚扰源对敏感设备的耦合能力时，物体本身的物理尺寸是不太重要的，而电尺寸显得更为重要。

3. 带宽

频带宽度可以用绝对带宽，也经常用相对带宽，相对带宽是一个百分比带宽 B_{wp}：

$$B_{wp}=200\times\frac{f_h-f_l}{f_h-f_l}(\%) \tag{1-11}$$

式中，f_h 是频率的上限；f_l 是频率的下限。

窄带百分比带宽小于 1%，中频带的百分比带宽为 1%～25%，而宽带的百分比带宽大于 25%。

1.4.2 电磁兼容概念的关系

1.4.2.1 电磁骚扰与电磁干扰

电磁骚扰是指任何可能引起设备性能降低或对有生命物质产生损害作用的电磁现象，由机电或其他人为装置产生的电磁骚扰称为人为骚扰；来源于自然现象的电磁骚扰称为自然骚扰。电磁干扰则是指由电磁骚扰引起的设备或传输通道性能的下降。骚扰和干扰的含义不同。从概念上讲，骚扰是一种电磁能量，干扰是骚扰产生的结果或后果。电磁干扰产生于骚扰源；大量骚扰源的存在造成电磁环境污染，导致电磁兼容性问题尖锐化。

1.4.2.2 电磁敏感和电磁兼容

电磁敏感是指由于电磁能量造成设备性能下降的难易程度。为了通俗易懂，可以将电子设备比喻为人，将电磁能量比做感冒病毒，敏感度就是是否易患感冒。如果不易患感冒说明免疫力强，即抗电磁干扰性强，称为电磁不敏感。而电磁兼容是指设备具有既不对其他设备产生干扰、也不受其他设备的干扰的能力。同时，电磁兼容这个术语含义非常广，包含电磁能量的检测、抗电磁干扰性试验、检测结果的统计处理、电磁能量辐射抑制技术、雷电和地磁等自然电磁现象、电场磁场对人体的影响、电场强度的国际标准、电磁能量的传输途径、相关标准及限制等，根据 2007 年美国国防部颁布的军用术语描述，电磁兼容还包括了电磁频谱管理的应用。

1.4.2.3 传导干扰与辐射干扰

当开空调时室内的荧光灯会出现瞬间变暗的现象，这是因为大量电流流向空调，电压急速下降，利用同一电源的荧光灯受到影响所致。使用吸尘器时收音机会出现啪啦啪啦的杂音，原因是吸尘器的马达产生的微弱（低强度高频的）电压、电流变化通过电源线传递进入收音机，以杂音的形式放了出来。这种由一个设备中产生的电压、电流通过电源线、信号线传导并影响其他设备时，将这个电压、电流的变化叫做传导干扰。所以通常采用的抑制方法是给发生源及被干扰设备的电源线等安装滤波器，阻止传导干扰的传输。另外，当信号线上出现噪声时，将信号线改为光纤，也可隔断传输途径。

当摩托车从附近道路通过时，电视会出现雪花状干扰。这是因为摩托车点火装置的脉冲电流产生了电磁波，被附近的电视天线、电路感应，产生了干扰电压或电流。这种通过空间传播，并对其他设备电路产生无用电压、电流，造成危害的干扰称为辐射干扰。由于传播途径是空间，解决辐射干扰的方法除前面所讲的滤波之外，还可以对设备进行屏蔽、隔离。

干扰可以通过不同途径形成，包括传导干扰和辐射干扰。但是干扰并不能简单区分这两种方式，许多干扰是复合式的，既存在传导干扰也存在辐射干扰。例如，文字处理机或计算机等计算设备的干扰源，虽然是在设备内部电路上流动的数字信号的电压、电流，但这些干扰不仅以传导干扰方式通过电源线或信号线泄漏，直接传递给其他设备，同时这些导线产生的电磁波以辐射干扰形式危及附近的设备。

根据天线原理,如果导线长度与波长可以比拟,则容易产生较强的电磁波辐射。例如,数米长的电源线会产生 VHF 频带(30～300MHz)的辐射干扰;在较低的频率上,因波长增大,即使电源线中流过同样的电流,辐射的电磁波也会减弱,所以在 30MHz 以下的低频带主要是传导干扰。但是伴随着传导干扰会在电源线周围产生干扰磁场,因此在 VHF 频带内由于电源线泄漏的干扰能转变成电磁波扩散到空间,辐射干扰成为比传导干扰更主要的问题。依此类推,在更高的频率上,比电源线尺寸更小的设备内部电路也会产生辐射干扰,危害其他设备。

一般而言,当设备和导线的长度比波长短时,电磁干扰问题以传导方式为主,当它们的尺寸比波长大时,干扰问题以辐射方式为主。

1.4.2.4 电子对抗与电磁兼容

电子对抗是指使用电磁能、定向能、水声能等的技术手段,确定、扰乱、削弱、破坏、摧毁敌方电子信息系统、电子设备等,保护己方电子信息系统、电子设备的正常使用而采取的各种战术技术措施和行动,亦称电子战、电子斗争、无线电电子斗争等。电子对抗主要包括电子侦察、电子攻击和电子防护三个部分。

电子对抗是敌我双方在电磁频谱领域内的斗争,是与军用无线电电子装备(通信、导航、雷达、敌我识别、计算机、制导武器等)一起诞生、成长,在相互对抗的斗争中发展起来的。随着电子信息技术的迅速发展,借助于电磁波传播工作的武器系统和军事电子信息系统大量应用于现代战争,电磁波波段包含了长波、中波、短波、超短波、微波、毫米波、红外光波、可见光波和紫外光波,几乎充满了电磁波的各个波段,电磁领域的对抗活动也日益激烈,电子对抗已经成为了战场电磁环境日趋复杂的根本因素。

电子对抗与电磁兼容研究本质都是电磁波,核心是用频设备的电磁干扰,所以遵循的电磁原理和方法是一样的,采用的技术有很多相通甚至相同之处,特别是从消除电磁干扰来看,不管电磁干扰是自扰互扰还是对方施加的恶意干扰,两者是一致的。

但是两者研究的出发点是有区别的。从进攻角度看,电子对抗是有意使对方的电子设备产生干扰,而且越严重越好;从防御角度看,电子对抗是尽量能够消除对方的电子干扰。电磁兼容研究对象是己方设备或自然现象,目的是尽量避免产生自扰互扰。

1.4.2.5 电磁环境与电磁兼容

电子设备的电磁兼容性要求是随着电子技术的应用与之俱来的,在日益复杂电磁环境下电磁兼容的难度显著提高。

随着电子设备与系统的大量使用,它们所辐射的电磁波覆盖了极宽的电磁频段,波形复杂多变,电子设备与系统使用的突然性、随机性,设备位置的运动性,地形地貌的多变性,使得电磁环境更为复杂。

辐射范围内电磁波频率、能量和数量不断增加,使电磁环境更复杂,形成电磁干扰的几率大大提高,电磁兼容措施要更加精细、准确。例如为了提高雷达测速或测距精度,常将雷达信号波形设计成线性调频脉冲波形;为了探测隐身目标,将雷达设计成超宽带雷达;为了攻击敌方目标,使用无载频单一脉冲的高功率微波武器;为了增加雷达的探测距离或通信距离,往往要增加其发射功率,电磁功率密度增加。因此,要确保电子设备与系统的电磁兼容性能越来越困难,为电磁兼容付出的代价也越来越大。

同样,设备电磁兼容性能不良使电磁环境更加复杂化。如果电子设备电磁兼容设计不好,比如天线旁瓣过高，设备本身有高次谐波辐射、杂散辐射，屏蔽接地不好，系统隔离不好等，就有可能使它周围的电子设备所处电子环境更加复杂和险恶，甚至可使它周围的电子设备效能下降或丧失，带来严重的后果。因此，在复杂电磁环境下要避免自扰和互扰，实现电磁兼容，必须在各个阶段采取电磁兼容措施，消除干扰。例如，在研制阶段，技术指标和电磁兼容指标并行设计，并采取有效的电磁兼容工程手段；在使用阶段，严格遵守电磁兼容维护要求和规范；在使用阶段时，要了解电磁环境态势，合理采取电磁兼容手段措施。只有时刻保持设备良好电磁兼容性能，才不会对周边电磁环境造成影响。

1.4.2.6　电磁频谱管理与电磁兼容

电磁频谱管理是指对电磁频谱和卫星轨道资源的使用进行规划和控制的活动，主要包括无线电频率管理、用频台站管理、用频装备管理、卫星频率/轨道管理和非用频装备的电磁辐射管理等方面。电磁频谱管理主要包含无线电频率管理、用频台站管理、用频装备频率管理、航天器频率/轨道管理和非用频装备的电波辐射管理等方面。一言以蔽之，电磁频谱管理就是有条理地管理使用无线电频谱的全过程，其目标是使频谱发挥最大效益而干扰最小。电磁频谱管理的主体和重点是无线电频率管理。

对无线设备进行频率管理的目标就是通过合理的频率指配使得各种设备之间能够协调工作并且不会产生相互干扰，目前使用无线电提供的业务包括陆地和空间通信、监视、定位、定向和导航以及射电天文等，有效的频谱管理能够使得这些无线设备保持正常工作而不至于发生干扰。

传统意义的电磁兼容主要集中研究近场区设备之间和设备内部各种信号之间的干扰控制和消除的方法，合理的频率配置可以使得一些干扰信号降低到可接受的水平，而频率管理的目标就是保证设备之间能够协调工作并且不会产生干扰，因此无线频率管理是实现设备间电磁兼容的重要手段之一。

无线电频率管理是指对无线电频谱资源的使用进行规划与控制的活动，是电磁频谱管理的核心。通过划分、分配、规划和指配无线电频率，使得用频科学、合理、有序、节省。无线电频率的管理最终要落实到频率指配。无线电频率指配的目的是：使频率得到科学、合理、充分、有效的利用，避免有害干扰，在满足任务的前提下尽量节省频率。指配的依据一是无线电频率的划分、分配和规划的规定，二是无线电装备的功能、带宽、作用距离、工作方式、业务容量、地形条件、电磁环境及不同频段无线电的传播特性，这与电磁兼容研究是重合或一致的。

第2章 电磁兼容的电磁原理

电磁兼容的目的是预防和降低电磁干扰，而电磁干扰是电磁活动的直接后果，因此研究电磁兼容的本质就是研究电磁活动规律，掌握电磁干扰产生的机理，寻求解决电磁干扰的措施。

传导耦合与辐射耦合是产生电磁干扰的最主要方式，电磁散射可以等效为电磁辐射，所以，电磁散射产生的骚扰也可以看作是辐射耦合产生的。本章将介绍有关传导和辐射的基本电磁原理。

电磁活动包含了静态电磁场和时变电磁场。虽然静态电磁场也会产生干扰，如静电干扰，但是产生电磁干扰的最主要因素是时变电磁场，因此本章仅介绍有关时变电磁场的基本概念。

时变电磁场活动的本质是电磁场与空间媒质相互作用。在电磁场的作用下，媒质发生极化、磁化、感应、传导等效应，并产生等效电荷、电流、磁荷、磁流等新的电磁场源，这些新的电磁场源又会产生新的电磁活动，其结果是使得电磁场发生幅度、相位、极化、方向、频率、波形等发生变化，电磁场更加复杂、难以控制和预测，电磁环境也更加复杂，产生电磁干扰的可能性更大，产生的途径和方式更复杂。

瞬态电磁场是一类比较特殊的电磁现象，由于瞬态电磁场的时域瞬态、频域宽带以及瞬态功率一般较大等独特性质，因此本章也作简单介绍。

2.1 电磁基本原理

本节简要介绍分析时变电磁场的基本原理，这些原理也是分析电磁干扰的基础。

2.1.1 麦克斯韦方程

麦克斯韦(Maxwell)方程是分析所有电磁活动的基础，原则上一切电磁活动可以通过求解满足电磁边界条件的麦克斯韦方程得到答案。

麦克斯韦方程建立了场和源的关系，在均匀无耗各向同性媒质中时谐场的麦克斯韦方程为：

$$\nabla\times\boldsymbol{H}=\mathrm{j}\omega\varepsilon\boldsymbol{E}+\boldsymbol{J} \tag{2-1-a}$$

$$\nabla\times\boldsymbol{E}=-\mathrm{j}\omega\mu\boldsymbol{H} \tag{2-1-b}$$

$$\nabla\cdot\boldsymbol{E}=\rho/\varepsilon \tag{2-1-c}$$

$$\nabla\cdot\boldsymbol{H}=0 \tag{2-1-d}$$

连续性方程为：

$$\nabla\cdot\boldsymbol{J}+\mathrm{j}\omega\rho=0 \tag{2-1-e}$$

式中，ω 为源的角频率；ε 和 μ 为媒质的介电常数和磁导率，在自由空间中 $\varepsilon=\varepsilon_0=\frac{1}{36\pi\times10^9}$ (F/m)，$\mu_0=4\pi\times10^{-7}$(H/m)；$\boldsymbol{J}$ 和 ρ 分别为电流密度(A/m^2)和电荷体密度(C/m^3)。由于存在

连续性方程，$\boldsymbol{J}$ 和 ρ 有确定关系，因而可将 $\boldsymbol{J}$ 视作唯一的源。

若场源分布在一个有限区域 V 内，如图 2-1 所示，则此方程在无源区域中的解为：

$$\boldsymbol{E}_P=-\frac{\mathrm{j}\omega\mu}{4\pi}\int_V\boldsymbol{J}\Phi\mathrm{d}v+\frac{1}{4\pi\mathrm{j}\omega\varepsilon}\nabla\nabla\cdot\int_V\boldsymbol{J}\Phi\mathrm{d}v \tag{2-2-a}$$

$$\boldsymbol{H}_P=\frac{1}{4\pi}\nabla\times\int_V\boldsymbol{J}\Phi\mathrm{d}v \tag{2-2-b}$$

式中，$\Phi=\mathrm{e}^{-\mathrm{j}kR}/R$，$R=|\boldsymbol{r}-\boldsymbol{r}'|=\sqrt{(x-x')^2+(y-y')^2+(z-z')^2}$，$\boldsymbol{r}$ 为观测点（场点）P 的坐标矢量，$\boldsymbol{r}'$ 为源中某点 Q（源点）的坐标矢量，$\boldsymbol{R}$ 为 P、Q 间距离。$k=\omega\sqrt{\mu\varepsilon}$ 为电磁波的传播常数，在自由空间中，$k=\omega\sqrt{\mu_0\varepsilon_0}=2\pi/\lambda$，$\lambda$ 为自由空间波长。

式(2-2)中，积分运算是针对源点 $Q(x',y',z')$ 的坐标进行的，而所有的 ∇ 算符的微分运算则是针对观测点 $P(x,y,z)$ 的坐标进行的，故它们的运算次序可以交换。另外，$\boldsymbol{J}$ 仅是 (x',y',z') 的函数。

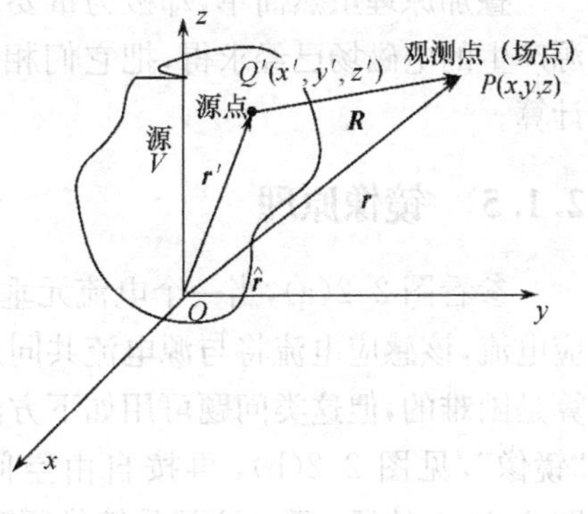

图 2-1　空间场的计算

仅由电流源便能解出一般的电磁问题，但在有些问题中，若引进新的场源：虚拟的磁流、磁荷，则更为方便。换言之，虚拟的磁流、磁荷的作用可等效于某种实际的电流、电荷分布。

以磁流、磁荷为源的场解为：

$$\boldsymbol{E}=-\nabla\times\boldsymbol{F} \tag{2-3-a}$$

$$\boldsymbol{H}=-\mathrm{j}\omega\varepsilon\boldsymbol{F}+\frac{1}{\mathrm{j}\omega\mu}\nabla(\nabla\cdot\boldsymbol{F}) \tag{2-3-b}$$

式中，$\boldsymbol{F}$ 为矢量电位（磁流矢量位），在无源区域中的解为：

$$\boldsymbol{F}(\boldsymbol{r})=\frac{1}{4\pi}\int_V\boldsymbol{M}(\boldsymbol{r}')\frac{\mathrm{e}^{-\mathrm{j}kR}}{R}\mathrm{d}v \tag{2-4}$$

2.1.2　边界条件

在两种媒质的分界面上，电磁场必须满足一定的边界条件。电磁场边界条件为：

$$\hat{n}\times(\boldsymbol{E}_1-\boldsymbol{E}_2)=0 \tag{2-5-a}$$

$$\hat{n}\times(\boldsymbol{H}_1-\boldsymbol{H}_2)=\boldsymbol{J}_{\mathrm{s}} \tag{2-5-b}$$

$$\hat{n}\cdot(\boldsymbol{D}_1-\boldsymbol{D}_2)=\rho_{\mathrm{s}} \tag{2-5-c}$$

$$\hat{n}\cdot(\boldsymbol{B}_1-\boldsymbol{B}_2)=0 \tag{2-5-d}$$

式中，$\hat{n}$ 为边界的法向单位矢量，下标 1 的场量代表媒质 1 中的电磁场，下标 2 的场量代表媒质 2 中的电磁场，ρ_{s} 和 $\boldsymbol{J}_{\mathrm{s}}$ 代表边界上的表面电荷和表面电流。

2.1.3　唯一性定理

电磁场唯一性定理：如果两个电磁问题具有相同的边界条件，那么它们具有相同的解。它决定了麦克斯韦方程有唯一解的条件。

具体讲，由封闭面 S 包围的空间 V 中，电磁场可由 V 中的源加上其边界上电磁场的切向分量唯一确定。唯一性定理保证了电磁场与源的一一对应关系。

2.1.4 叠加原理

麦克斯韦方程组为线性方程组,当空间媒质为线性媒质时,源和场满足叠加原理。即如果

$$\boldsymbol{J} = \sum_{k=1}^{N} \boldsymbol{J}_k$$

则有

$$\boldsymbol{E} = \sum_{k=1}^{N} \boldsymbol{E}_k \tag{2-6}$$

式中,$\boldsymbol{E}_k$ 为 $\boldsymbol{J}_k$ 单独存在时的场。

叠加原理虽然简单,却极为重要。由于复杂电磁系统都是由许多源组成的,因而只要每个源产生的电磁场已经求得,把它们相加就可得到复杂的总场,而不必每次均从基本公式开始计算。

2.1.5 镜像原理

参看图 2-2(a),当一个电流元垂直放置在无限大理想导电平面之上时,导电平面上将感应电流,该感应电流将与源电流共同产生上半空间的场。感应电流的分布及其所产生的场的计算是困难的,但这类问题可用如下方法求解:取走理想导电平面,代之以在对称位置上的源的"镜像",见图 2-2(b),再按自由空间计算源和镜像共同产生的场,则上半空间的场将与图 2-2(a) 的场一致。这就是镜像原理。

图 2-2(b) 中镜像电流的方向、大小均与源电流一样,不难得出在 PP' 平面上仍维持切向电场为零的边界条件(见本章基本电振子部分)。这与图 2-2(a) 的边界条件一致,根据唯一性定理,上半空间的场也将与图 2-2(a) 的场相同。由此可以看出镜像原理的本质是用镜像源代替导体平面上的感应电流,建立一个与源问题等效但是易于求解的问题。镜像的理论依据是唯一性定理。用镜像原理求解问题的关键是确定镜像源的位置、大小和方向,应用边界条件可以解决这个问题。

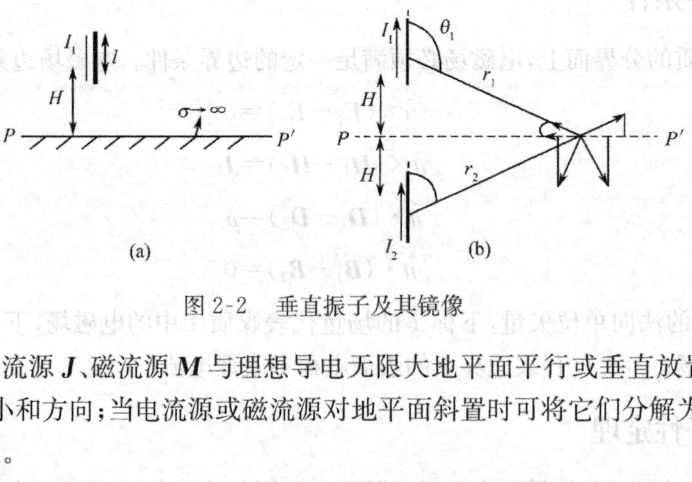

图 2-2 垂直振子及其镜像

图 2-3 给出电流源 $\boldsymbol{J}$、磁流源 $\boldsymbol{M}$ 与理想导电无限大地平面平行或垂直放置时,其镜像电流、镜像磁流的大小和方向;当电流源或磁流源对地平面斜置时可将它们分解为平行与垂直两个分量后予以判定。

2.1.6 等效原理

场的等效原理的广义提法是:一个场的边值问题的解可用另一个边值问题的解来替代。对

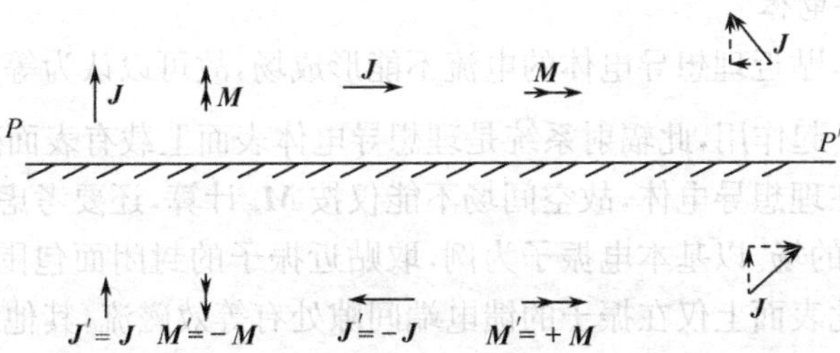

图 2-3　电流源、磁流源及其镜像

偶性原理和镜像原理等均属于场的等效原理范畴。这里所述的等效原理系指用假想的表面场源代替区域内的真实场源，而区域外的场则保持不变，一般又称它为 Love 场等效原理。它在绕射和散射问题计算中非常有用。

如图 2-4(a) 所示，在各向同性媒质空间中，V_1 是源所在区域，它的边界是闭合表面 S，源所产生的场为 $\boldsymbol{E}_1$、$\boldsymbol{H}_1$，现在只关心无源区域 V_2 内的场。用图 2-4(b) 的新系统代替原系统：V_1 内的源和场用任一组满足麦克斯韦方程的无源场 $\boldsymbol{E}$、$\boldsymbol{H}$ 代替；V_2 内的场不变。显然，新系统中表面 S 两侧的场不连续，按照电磁场边界条件，在 S 上将存在表面电流 $\boldsymbol{J}_s$ 和表面磁流 $\boldsymbol{M}_s$ 以支持上述场的不连续性，即

$$\begin{cases}\boldsymbol{J}_s = \hat{\boldsymbol{n}} \times [\boldsymbol{H}_1(+0) - \boldsymbol{H}(-0)] \\ \boldsymbol{M}_s = -\hat{\boldsymbol{n}} \times [\boldsymbol{E}_1(+0) - \boldsymbol{E}(-0)]\end{cases} \tag{2-7}$$

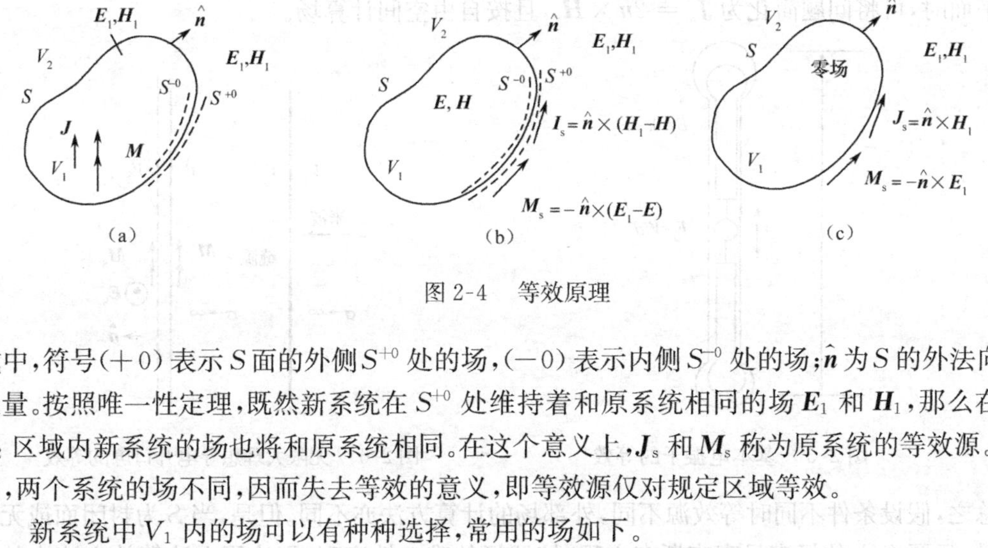

图 2-4　等效原理

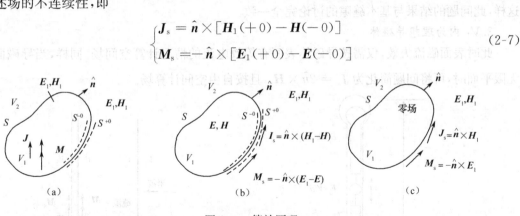

式中，符号(+0) 表示 S 面的外侧 S^{+0} 处的场，(−0) 表示内侧 S^{-0} 处的场；$\hat{\boldsymbol{n}}$ 为 S 的外法向单位矢量。按照唯一性定理，既然新系统在 S^{+0} 处维持着和原系统相同的场 $\boldsymbol{E}_1$ 和 $\boldsymbol{H}_1$，那么在整个 V_2 区域内新系统的场也将和原系统相同。在这个意义上，$\boldsymbol{J}_s$ 和 $\boldsymbol{M}_s$ 称为原系统的等效源。在 V_1 内，两个系统的场不同，因而失去等效的意义，即等效源仅对规定区域等效。

新系统中 V_1 内的场可以有种种选择，常用的场如下。

1. V_1 内为零场

V_1 内为零场，即 $\boldsymbol{E} = \boldsymbol{H} = 0$，而媒质与 V_2 内媒质相同，如图 2-4(c) 所示。此时

$$\boldsymbol{J}_s = \hat{\boldsymbol{n}} \times \boldsymbol{H}_1(+0) \tag{2-8-a}$$

$$\boldsymbol{M}_s = -\hat{\boldsymbol{n}} \times \boldsymbol{E}_1(+0) \tag{2-8-b}$$

对于计算 V_2 内的场来说，这就是在均匀空间中存在表面源 $\boldsymbol{J}_s$ 和 $\boldsymbol{M}_s$ 的情况，故可将 $\boldsymbol{J}_s$ 和 $\boldsymbol{M}_s$ 代入一般公式(2-2) 和式(2-3)，即可求得空间场。

2. V_1 内为理想导电体

由镜像原理可知，贴近理想导电体的电流不能形成场，故可以认为等效电流失效而仅有等效磁流 $\boldsymbol{M}_s = -\hat{\boldsymbol{n}} \times \boldsymbol{E}$ 起作用，此辐射系统是理想导电体表面上载有表面磁流。

应注意，由于存在理想导电体，故空间场不能仅按 $\boldsymbol{M}_s$ 计算，还要考虑到导电体上受 $\boldsymbol{M}_s$ 激励的感应电流所产生的场。以基本电振子为例，取贴近振子的封闭面包围该振子，并将其内部换为理想导电体，则此表面上仅在振子的馈电端间隙处有等效磁流，其他地方的等效磁流处为零，如图 2-5 所示。如果仅按等效磁流计算场，将得出场与振子长度无关的结论。这显然是错误的，所以必须计算振子上被激励的感应电流的辐射，然而这却回到了原先的由电流计算场的矢量位法。至于等效磁流本身的辐射，实际它仅代表了电流的连接导线及振子内端面的电流的作用，由于振子内端面间隙很小，这一段的直接辐射是很弱的。

由上述可见，这种假设一般并不会给分析计算带来方便，但是在讨论无限大理想导电开口屏的辐射时，此假设将使问题简化。如图 2-6 所示，按理想导电体假设，屏将完全封闭，仅在原开口处有等效磁流为 $\boldsymbol{M}_s = -\hat{\boldsymbol{n}} \times \boldsymbol{E}$，利用镜像原理，本问题中 $\boldsymbol{M}_s$ 与其镜像是重合的，因此可按自由空间的磁流计算 V_2 区域的场，此时该磁流为

$$\boldsymbol{M}_s = -2\hat{\boldsymbol{n}} \times \boldsymbol{E} \tag{2-9}$$

这样，此问题的结果与基本缝隙的讨论完全一致。

3. V_1 内为理想导磁体

此时表面磁流失效，仅需按导磁体表面有等效电流的情况计算空间场。同样，当导磁面为无限平面时，可将问题简化为 $\boldsymbol{J}_s = 2\hat{\boldsymbol{n}} \times \boldsymbol{H}_s$，且按自由空间计算场。

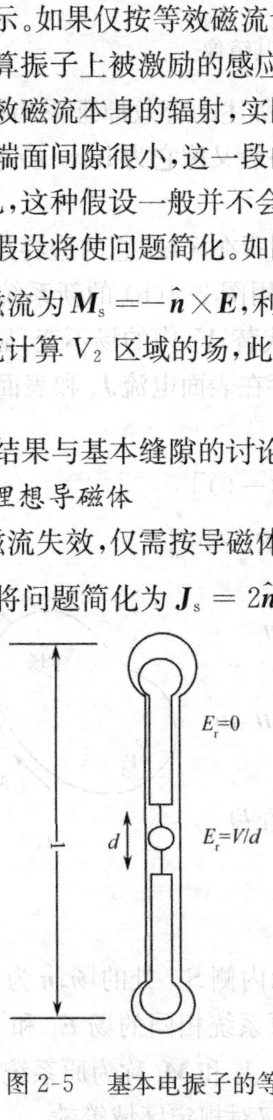

图 2-5 基本电振子的等效

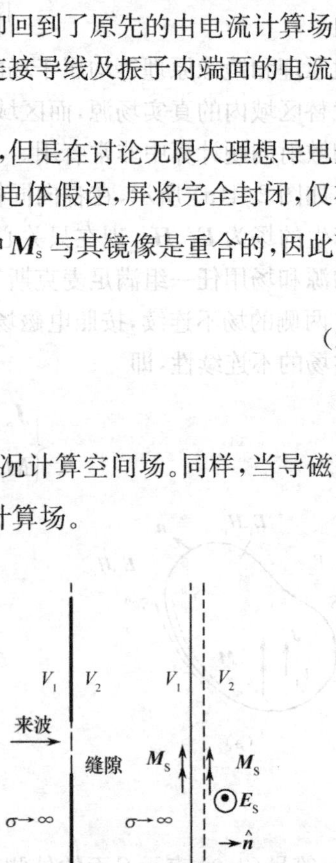

图 2-6 无限大理想导电开口屏的等效

总之，假设条件不同时等效源不同，外部场的计算方法亦不同。但是，当 S 为封闭面或无限平面时，只要 S 上的场满足麦克斯韦方程，按照场的唯一性定理，无论用上述等效方法中的哪一种方法，计算出的空间场均相同。不过工程计算往往只取有限表面，且 S 上的场也是近似的，因此，不同方法将会得到不同的解，并且都是近似的。

2.1.7 互易定理

电磁场互易定理是关于两组源及其产生的电磁场的定理。在各向同性的线性媒质中，如果存在两组频率相同的源($\boldsymbol{J}_1$、$\boldsymbol{M}_1$)、($\boldsymbol{J}_2$、$\boldsymbol{M}_2$)，假设它们各自独立产生的电磁场为($\boldsymbol{E}_1$、$\boldsymbol{H}_1$)、($\boldsymbol{E}_2$、$\boldsymbol{H}_2$)，那么互易定理就是：

$$\int_V (\boldsymbol{E}_1 \cdot \boldsymbol{J}_2 - \boldsymbol{H}_1 \cdot \boldsymbol{M}_2)\mathrm{d}v = \int_V (\boldsymbol{E}_2 \cdot \boldsymbol{J}_1 - \boldsymbol{H}_2 \cdot \boldsymbol{M}_1)\mathrm{d}v \tag{2-10}$$

等式左边可以看作是第 1 组的场与第 2 组的源的相互反应，等式右边可以看作是第 2 组的场与第 1 组的源的相互反应。互易定理说明，两个反应相等。

特别有意义的是，对于天线来讲，天线参数在天线发射和接收时是一致的，或者说收发天线具有互易性。这一事实使得许多设备的收发可以共用一个天线。当然，接收天线亦有其区别于发射天线的特殊性，如承受功率大小，结构上的不同特点，以及噪声问题等。

2.2　电磁辐射

辐射耦合是通过辐射途径造成的骚扰耦合，电磁能量以电磁场的形式从骚扰源经空间传输到接收器。

辐射源的作用相当于天线作用，因此本节主要介绍电磁辐射的几个基本理论模型：基本电振子、基本磁振子和惠更斯元。基本电振子和基本磁振子是分析线性分布电磁源辐射的基本模型，惠更斯元是分析面分布电磁源辐射的基本模型。

2.2.1　基本电振子

基本电振子，亦称电流元或电偶极子，是指长度 $l \ll \lambda$ 而其上电流等幅同相分布的线电流单元。

赫兹电偶极子是与理想基本电振子相接近的实际振子，它是用细导线将两个金属小球连接起来的系统。这时在两球间呈现很大的电容，于是这个偶极子可看成端接电容的交流闭合回路，当导线长度远小于波长时，沿导线的电流基本上是等幅同相的。

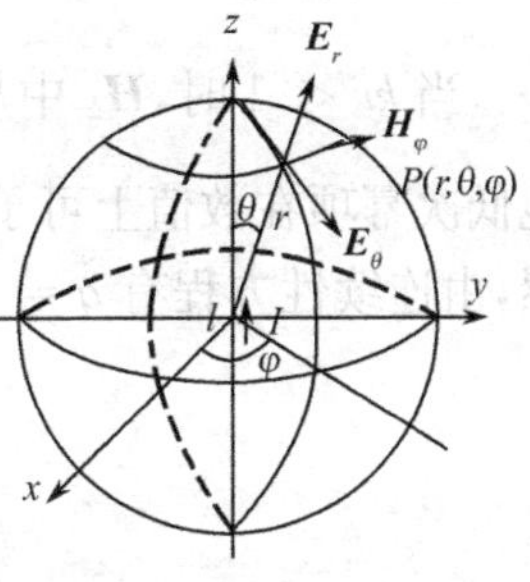

图 2-7　基本电振子

2.2.1.1　基本电振子的空间场

如图 2-7 所示，基本电振子置于 z 轴上，电流为 $i = I\mathrm{e}^{\mathrm{j}\omega t}$，电流矩 $Il = Il\hat{z}$。基本电振子的空间场为：

$$\begin{cases} E_r = \dfrac{Il\cos\theta}{2\pi}\sqrt{\dfrac{\mu_0}{\varepsilon_0}}k^2\left[-\mathrm{j}\left(\dfrac{1}{kr}\right)^3 + \left(\dfrac{1}{kr}\right)^2\right]\mathrm{e}^{-\mathrm{j}kr} \\ E_\theta = \dfrac{Il\sin\theta}{4\pi}\sqrt{\dfrac{\mu_0}{\varepsilon_0}}k^2\left[-\mathrm{j}\left(\dfrac{1}{kr}\right)^3 + \left(\dfrac{1}{kr}\right)^2 + \mathrm{j}\left(\dfrac{1}{kr}\right)\right]\mathrm{e}^{-\mathrm{j}kr} \\ H_\varphi = \dfrac{Il\sin\theta}{4\pi}k^2\left[\left(\dfrac{1}{kr}\right)^2 + \mathrm{j}\left(\dfrac{1}{kr}\right)\right]\mathrm{e}^{-\mathrm{j}kr} \\ E_\varphi = H_r = H_\theta = 0 \end{cases} \tag{2-11}$$

从式(2-11) 可见，即使最简单的基本电振子所产生的场也有比较复杂的表示式。为了分析场的性质，可把振子周围空间按距离划分为三个区域；$kr \ll 1$ 称为近区，$kr \gg 1$ 称为远区，二者之间的区域为中间区。显然，这种区域的划分并无绝对的界限，在各区域的交界面上场也没有突变。

1. 远区场

当 $kr \gg 1$,式(2-11)中 $\left(\frac{1}{kr}\right)^2$、$\left(\frac{1}{kr}\right)^3$ 项与 $\left(\frac{1}{kr}\right)$ 项相比较,可以忽略不计。从而求得远区场表达式为

$$\begin{cases} E_\theta = \mathrm{j}\dfrac{W_0 Il}{2\lambda r}\sin\theta\,\mathrm{e}^{-\mathrm{j}kr} \\ H_\varphi = \mathrm{j}\dfrac{Il}{2\lambda r}\sin\theta\,\mathrm{e}^{-\mathrm{j}kr} \end{cases} \tag{2-12}$$

远区的电场与磁场有如下关系:

$$\boldsymbol{H} = \frac{1}{W_0}[\hat{\boldsymbol{r}} \times \boldsymbol{E}] \tag{2-13}$$

式中,$W_0 = \sqrt{\mu_0/\varepsilon_0} = 120\pi$,为自由空间波阻抗。

$\boldsymbol{E}_\theta$ 与 $\boldsymbol{H}_\varphi$ 同相,故能流密度 $\boldsymbol{p}$ 为正实数,即

$$\boldsymbol{p} = \frac{1}{2}[\boldsymbol{E} \times \boldsymbol{H}^*] = \frac{1}{2}(E_0 H_\varphi^*)\hat{\boldsymbol{r}} = \hat{\boldsymbol{r}}\frac{W_0}{8}\left(\frac{Il\sin\theta}{\lambda r}\right)^2 \tag{2-14}$$

这说明,与 $\frac{1}{r}$ 成正比的场量携带能量沿矢径 $\hat{\boldsymbol{r}}$ 的方向传播,故称远区场为辐射场。

2. 近区场

当 $kr \ll 1$ 时,$\boldsymbol{H}_\varphi$ 中与 $\left(\frac{1}{kr}\right)^2$ 成正比的项,以及 $\boldsymbol{E}_\theta$、$\boldsymbol{E}_r$ 中与 $\left(\frac{1}{kr}\right)^3$ 成正比的项是主要项,其他低次幂项在数值上可予忽略,且 $\mathrm{e}^{-\mathrm{j}kr} \approx 1$;此外,设 q 表示振子两端电流突变引起的电荷积累,由连续性方程有 $q = I/\mathrm{j}\omega$,则近区场为

$$\begin{cases} \boldsymbol{E}_r = Il\cos\theta/2\pi\mathrm{j}\omega\varepsilon_0 r^3 = ql\cos\theta/2\pi\varepsilon_0 r^3 \\ \boldsymbol{E}_\theta = Il\sin\theta/4\pi\mathrm{j}\omega\varepsilon_0 r^3 = ql\sin\theta/4\pi\varepsilon_0 r^3 \\ \boldsymbol{H}_\varphi = Il\sin\theta/4\pi r^2 \end{cases} \tag{2-15}$$

磁场 $\boldsymbol{H}_\varphi$ 的表示式和按毕奥-沙伐尔定律计算的载流导线元在周围空间产生的感应磁场相同,故称近区磁场为感应场;电场 $\boldsymbol{E}_\theta$、$\boldsymbol{E}_r$ 和两带电荷为 $\pm q$、相距 l 的静电偶极子所产生的电场一致,故称近区电场为静电场。总之,近区的电磁场尽管是交变的,但它的电场具有静电场的特性,磁场具有恒定磁场的特征,所以称近区场为"准静态场"。另外,由于 $\boldsymbol{H}_\varphi$ 和 $\boldsymbol{E}_\theta$ 在时间相位上相差 $\pi/2$,所以 $\hat{\boldsymbol{r}}$ 向平均能流密度 $\boldsymbol{p}_{av} = \frac{1}{2}\mathrm{Re}(\boldsymbol{E} * \boldsymbol{H}^*) = 0$,这说明近区电磁场能量仅在场与源之间相互交换而没有向外辐射,所以近区场又称为"电抗场"或"束缚场"。当然,上述性质是近似的,因为忽略了 $\left(\frac{1}{kr}\right)$ 项。实际上近区内仍有辐射场,只是电抗场比辐射场占有更显著的地位。

2.2.1.2 基本电振子远区辐射场特性

1. 球面波的特性

由式(2-12)说明,当 $r \to \infty$ 时:

(1) $\boldsymbol{E}$、$\boldsymbol{H}$ 与波传播方向 $\hat{\boldsymbol{r}}$ 三者之间是互相正交的，呈右手螺旋关系；

(2) $\boldsymbol{E}$、$\boldsymbol{H}$ 同相，其幅度比等于自由空间波阻抗 120π；

(3) 场量幅度正比于 $\frac{1}{r}$；

(4) 场相位取决于 kr，等相面是以 r 为半径的球面。

这些都是球面波的特征，即基本电振子的辐射场是 TEM 型球面波。除第(4) 点要稍作修改外，上述各点适用于任何天线。第(1)、(2)、(3) 点通常称为辐射条件或无限远条件。

2. 方向性

由式(2-12) 可见，场幅度还与方向有关，$\boldsymbol{E}$、$\boldsymbol{H}$ 均正比于 $\sin\theta$，即有方向性，因此，基本电振子的辐射场是不均匀的 TEM 波。图 2-8(a) 是它的三维方向图，在振子轴向($\theta = 0°$，$\theta = 180°$) 场强为零，在垂直振子轴的方向($\theta = 90°$) 场强有最大值。图 2-8(b) 为其 E 面(子午面) 方向图，$2\theta_{0.5E} = 90°$；图 2-8(c) 为 H 面(赤道面) 方向图，是无方向性(或称全向性) 的。

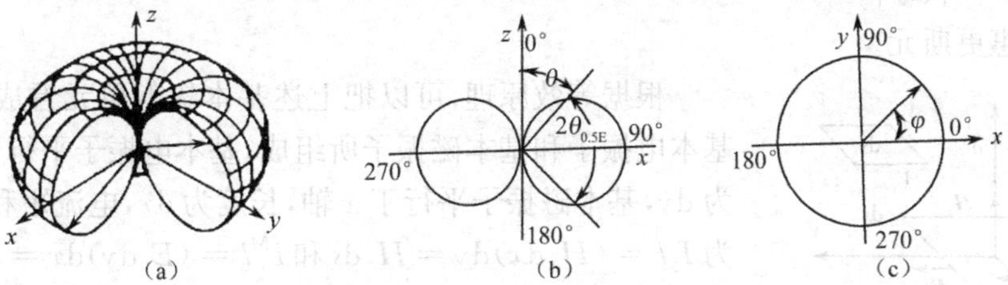

图 2-8　基本电振子方向图

像基本电振子这么最基本的天线，空间辐射是有方向性的，由它组成的复杂天线也必将有方向性，因而理想的全空间均匀辐射的全向天线是很难做到的。

任何载有不均匀电流的天线均可分成无数个微分元，每个微分元($\Delta l \ll \lambda$) 上的电流可近似认为等幅同相，因而可以看成是一个基本电振子，这就是"电流元" 名称的来源，也是解决天线的基础。

2.2.2　基本磁振子

长度 $l \ll \lambda$、分布有等幅同相磁流 $i^M = I^M e^{j\omega t}$ 的辐射单元，称为基本磁振子，或称为磁流元。沿 z 轴放置的基本磁振子的空间场表示式：

$$\begin{cases} H_r = \dfrac{I^M l\cos\theta}{2\pi W_0}k^2\left[-j\left(\dfrac{1}{kr}\right)^3 + \left(\dfrac{1}{kr}\right)^2\right]e^{-jkr} \\ H_\theta = \dfrac{I^M l\sin\theta}{4\pi W_0}k^2\left[-j\left(\dfrac{1}{kr}\right)^3 + \left(\dfrac{1}{kr}\right)^2 + j\left(\dfrac{1}{kr}\right)\right]e^{-jkr} \\ E_\varphi = \dfrac{I^M l\sin\theta}{4\pi}k^2\left[\left(\dfrac{1}{kr}\right)^2 + j\left(\dfrac{1}{kr}\right)\right]e^{-jkr} \\ H_\varphi = E_\theta = E_r = 0 \end{cases} \tag{2-16}$$

相应于式(2-12)，对于远区辐射场有：

$$\begin{cases} H_\theta = \mathrm{j}\,\dfrac{I^M l}{2\lambda r}\dfrac{1}{W_0}\sin\theta\,\mathrm{e}^{-\mathrm{j}kr} \\ E_\varphi = -\mathrm{j}\,\dfrac{I^M l}{2\lambda r}\sin\theta\,\mathrm{e}^{-\mathrm{j}kr} \end{cases} \tag{2-17}$$

可见基本磁振子也辐射球面波,其方向性与基本电振子相同,子午面方向图为 ∞ 形,赤道面方向图为圆;只是对于基本磁振子而言子午面是 H 面,赤道面为 E 面。

2.2.3 惠更斯元

如同基本电振子和基本磁振子是分析线天线的基本辐射单元一样,惠更斯元是分析面天线的基本辐射单元。如图 2-9 所示,微分面元 $\mathrm{d}s = \mathrm{d}x\mathrm{d}y$ 上分布有场 $\boldsymbol{E}_y$ 和 $\boldsymbol{H}_x$,它们的振幅和相位都是均匀的,$\left|\dfrac{\boldsymbol{E}_y}{\boldsymbol{H}_x}\right| = W_0 = 120\pi$,此面元位于 xy 平面内,这一微面元就是面天线的基本辐射单元,即惠更斯元。

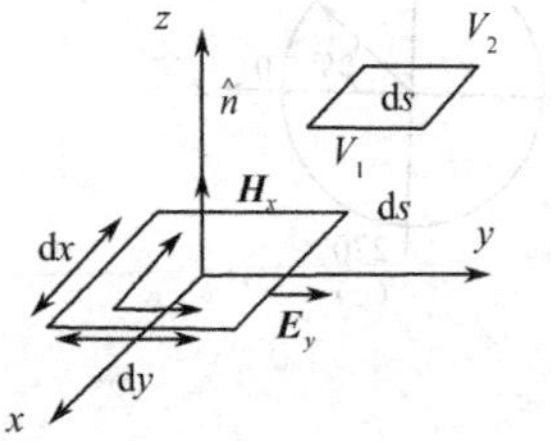

图 2-9 惠更斯元

根据等效原理,可以把上述基本辐射单元看成是由正交的基本电振子和基本磁振子所组成。基本电振子平行于 y 轴,长度为 $\mathrm{d}y$,基本磁振子平行于 x 轴,长度为 $\mathrm{d}x$,电流矩和磁流矩分别为 $I_y l = (H_x \mathrm{d}x)\mathrm{d}y = H_x \mathrm{d}s$ 和 $I_x^M l = (E_y \mathrm{d}y)\mathrm{d}x = E_y \mathrm{d}s$。惠更斯元的辐射场可求得:

$$\boldsymbol{E} = \mathrm{j}\,\frac{(1+\cos\theta)E_y\mathrm{d}s}{2\lambda r}\mathrm{e}^{-\mathrm{j}kr}[\hat{\boldsymbol{\theta}}\sin\varphi + \hat{\boldsymbol{\varphi}}\cos\varphi] \tag{2-18}$$

惠更斯元的归一化方向图为:

$$F(\theta) = (1+\cos\theta)/2 \tag{2-19}$$

面分布电流的辐射是符合波动光学原理的。著名的惠更斯(Huygens)原理说明,波在传播过程中任一等相面(波前)上的各点都可视为新的次级波源,在任一时刻,这些次级波源的子波的包络就是新的波阵面。

费涅耳(Fresnel)发展了惠更斯原理。他进一步指出,空间某点 P 的场强大小等于各次级波源在该点产生场强的叠加。这些次级波源不一定要在同一等相面上,只要计及它们各自的相位即可。显然这种由次级波源求场的问题就是外部问题。

惠更斯 - 费涅耳原理是对波传播的定性说明,回顾等效原理,可以看出只要确定了包围天线的封闭面上的场,这些场就可看作等效源。

$$\begin{cases} \boldsymbol{J}_s = \hat{\boldsymbol{n}} \times \boldsymbol{H}_s \\ \boldsymbol{M} = -\hat{\boldsymbol{n}} \times \boldsymbol{E}_s \end{cases} \tag{2-20}$$

式中,$\boldsymbol{H}_s$、$\boldsymbol{E}_s$ 分别为包围面上的磁场、电场;$\hat{\boldsymbol{n}}$ 为包围面的外法向单位矢量。在包围天线的封闭面上每个微分面积 $\mathrm{d}s$ 都可以看成是具有 $\boldsymbol{J}_s$ 和 $\boldsymbol{M}_s$ 的惠更斯元。应用叠加原理在包围天线的封闭面上积分就能求出天线的外部场。

面天线的源分布在一定的口面上,根据叠加原理,口面可以分解为无数的微分面元,即无数惠更斯元,空间任一点的电磁场就是每个惠更斯元辐射电磁场的和。因此,面天线辐射问题可以通过惠更斯模型和惠更斯原理解决。

2.2.4　电磁散射

电磁散射的实质是电磁波在媒质不均匀处产生的二次或多次辐射。在媒质的不连续处，电磁场必须满足边界条件，就会产生新的源，并向边界的两边辐射。在边界上的新的源可以通过边界条件确定或通过等效原理确定。一旦源确定，那么二次辐射电磁场便可以求出。可见散射问题与辐射问题的本质是相同的。

2.2.4.1　雷达目标散射截面

雷达目标散射面积 σ(简称为雷达截面，RCS) 是在给定方向上返回或散射功率的一种量度，并用入射场的功率密度归一化。形式上，目标散射截面是：

$$\sigma = 4\pi \lim_{R\to\infty} R^2 \frac{|\boldsymbol{E}^s|^2}{|\boldsymbol{E}^i|^2} = 4\pi \lim_{R\to\infty} R^2 \frac{|\boldsymbol{H}^s|^2}{|\boldsymbol{H}^i|^2} \tag{2-21}$$

式中，$\boldsymbol{E}^s$、$\boldsymbol{H}^s$ 分别为散射电场和散射磁场，而 $\boldsymbol{E}^i$、$\boldsymbol{H}^i$ 则分别为入射电场和入射磁场。散射场是由于目标的存在而引起的，雷达目标散射截面的单位是面积，常用平方米表示，但有时也用平方波长来表示。

定义了目标散射截面后，可以计算出单站雷达波接收到的目标散射功率 P_r。如图 2-10 所示。假定雷达发射机输出功率 P_t，位于雷达主波束内、与雷达相距为 r 的目标处的功率密度简单地表示为：

$$p_2 = P_t G_t / 4\pi r^2 \tag{2-22}$$

散射截面为 σ 的目标所截获的功率为：

$$P'_r = P_t G_t \sigma / 4\pi r^2 \tag{2-23}$$

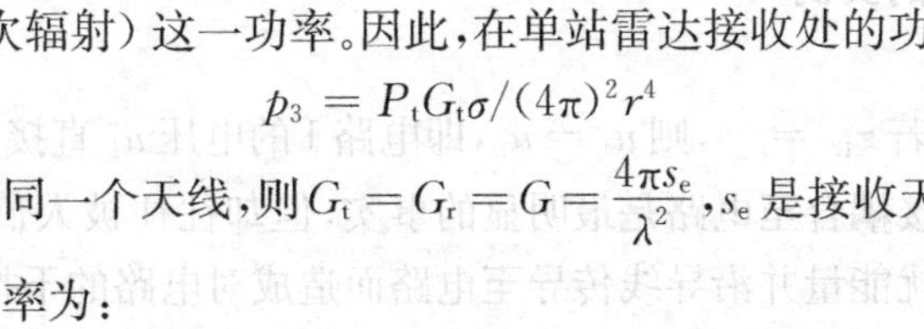

图 2-10　雷达探测示意图

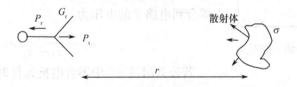

目标各向同性散射(二次辐射) 这一功率。因此，在单站雷达接收处的功率密度是：

$$p_3 = P_t G_t \sigma / (4\pi)^2 r^4 \tag{2-24}$$

假定接收和发射用同一个天线，则 $G_t = G_r = G = \frac{4\pi s_e}{\lambda^2}$，$s_e$ 是接收天线的有效接收面积。于是被雷达天线接收的功率为：

$$P_r = s_e p_3 = P_t G^2 \lambda^2 \sigma / (4\pi)^3 r^4 \tag{2-25}$$

这就是雷达方程的最简单的形式，它忽略了在雷达性能分析中可能起关键作用的很多因素。尽管如此，在粗略的性能估算中，这个方程仍很重要。并且，在估计由于给定的散射截面变化而引起的雷达性能预期变化时，它是特别方便的。

2.2.4.2　电磁散射

电磁散射即散射截面是下列因素的函数：目标结构、频率、入射场极化形式、接收天线极化形式、目标对于来波方向的角向位置和入射场脉宽 γ 的函数。因此，σ 一般表示为：

$$\sigma_{ij}(\theta,\varphi)$$

式中，i 和 j 表示入射场和接收天线的极化方向，例如水平极化和垂直极化，而 (θ,φ) 表示球坐标下的视角。散射截面通常以平方米为单位给出，并常表达为对数形式，即相对于一平方米的分贝数：

$$\sigma_{\mathrm{dBsm}} = 10\lg\sigma \tag{2-26}$$

2.3　传导耦合

传导耦合是指通过导体传输的电磁干扰。当电磁干扰源的波长远大于敏感设备的长度时，可以利用电路理论建立传导模型（“低频”方法）；当电磁干扰源的波长远小于敏感设备的长度时，电磁波的传播效应增强，根据电路理论建立传导模型失效，原则上必须采用电磁场理论进行分析（“高频”方法）。

2.3.1　电路性耦合

电路性耦合是最常见、最简单的传导耦合方式，由第1章可知电路性耦合又分为：直接传导耦合和共阻抗耦合。

2.3.1.1　电路性传导耦合的模型

最简单的电路性传导耦合模型如图2-11所示。

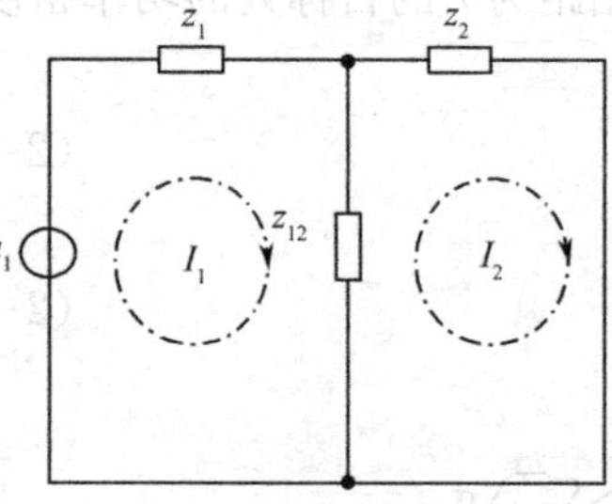

图2-11　电路性耦合的一般形式

图2-11中，z_1、u_{12}，及 z_{12} 组成电路1，z_2、z_{12} 组成电路2，z_{12} 为电路1与电路2的公共阻抗。当电路1有电压 u_1 作用时，该电压经 z_1 加到公共阻抗 z_{12} 上。当电路2开路时，电路1耦合到电路2的电压为

$$u_2 = \frac{z_{12}}{z_1 + z_{12}} u_1 \tag{2-27}$$

若公共阻抗 z_{12} 中不含电抗元件时为共电阻耦合，简称为电阻性耦合。

2.3.1.2　电路性耦合的实例

1. 直接传导耦合

由式(2-27)可知，若 $z_{12} = \infty$，则 $u_1 = u_2$，即电路1的电压 u_1 直接加至电路2，形成直接传导耦合。骚扰经导线直接耦合至电路是最明显的事实，但却往往被人们忽视。导线经过存在骚扰的环境时，即拾取骚扰能量并沿导线传导至电路而造成对电路的干扰。

2. 共阻抗耦合

当两个电路的电流流经一个公共阻抗时，一个电路的电流在该公共阻抗上形成的电压就会影响到另一个电路，这就是共阻抗耦合。形成共阻抗耦合骚扰的有：电源输出阻抗（包括电源内阻、电源与电路间连接的公共导线）、接地线的公共阻抗等。图2-12为地电流流经公共地线阻抗的耦合。图中地线电流1和地线电流2流经地线阻抗，电路1的地电位被电路2流经公共地线阻抗的骚扰电流调制，因此，一些骚扰信号将由电路2经公共地线阻抗耦合至电路1。消除的方法是将地线尽量缩短并加粗，以降低公共地线阻抗。

图2-13为地线阻抗形成的耦合骚扰。在设备的公共地线上存在各种信号电路的电流，并

由地线阻抗变换成电压。当这部分电压构成低电平信号放大器输入电路的一部分输入信号时，公共地线上的耦合电压就被放大并成为干扰输出。采用一点接地就可以防止这种耦合干扰。

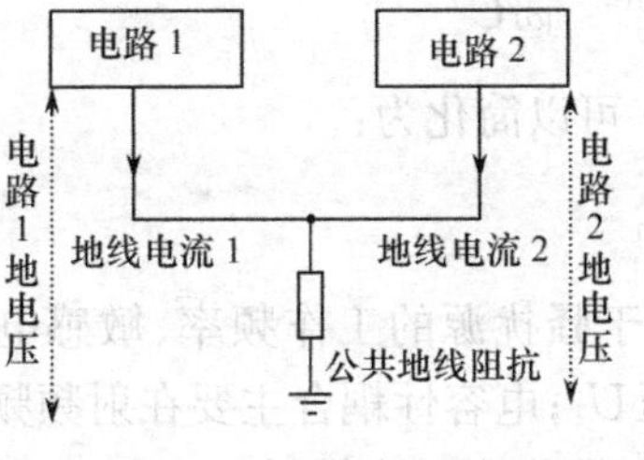

图 2-12　地电流流经公共地线阻抗的耦合

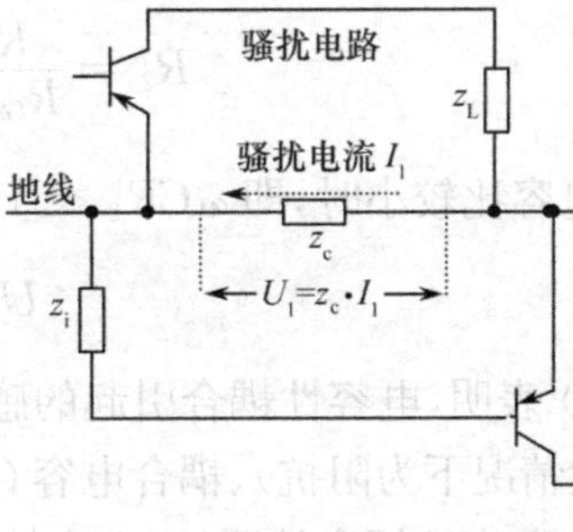

图 2-13　地线阻抗形成的骚扰电压

3. 电源内阻及公共线路阻抗形成的耦合

图 2-14 中电路 2 的电源电流的任何变化都会影响电路 1 的电源电压。这是由两个公共阻抗造成的：电源引线是一个公共阻抗，电源内阻也是一个公共阻抗。将电路 2 的电源引线靠近电源输出端可以降低电源引线的公共阻抗耦合。采用稳压电源可以降低电源内阻，从而降低电源内阻的耦合。

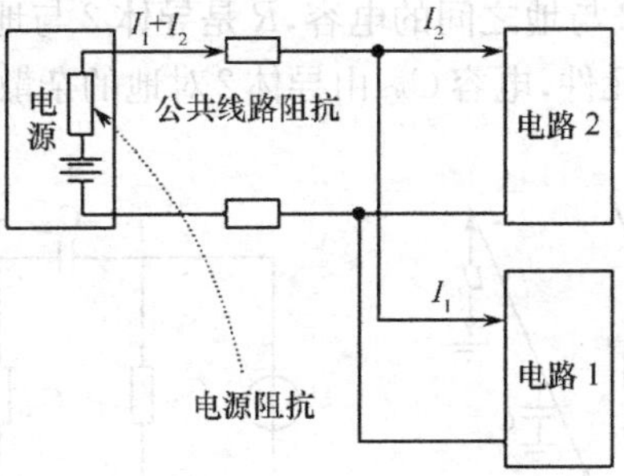

图 2-14　电源内阻及公共线路阻抗形成的耦合

2.3.2　电容性耦合

电容性耦合也称为电耦合，是由两电路间的电场相互作用所引起。由于两个电路间存在寄生电容，使得一个电路的电荷通过寄生电容影响到另一条支路。

图 2-15 表示一对平行导线所构成的两电路间的电容性耦合模型及其等效电路。

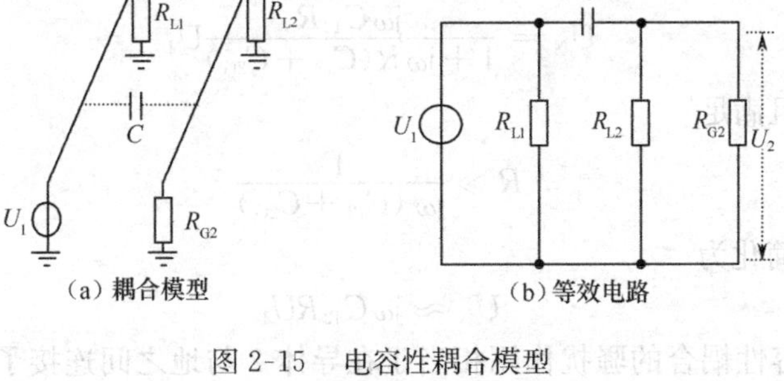

（a）耦合模型　　（b）等效电路

图 2-15　电容性耦合模型

假设电路 1 为骚扰源电路，电路 2 为敏感电路，两电路间的耦合电容为 C。根据等效电路图 2-15(b)，可以计算出骚扰源电路在电路 2 上耦合的骚扰电压为：

$$U_2 = \frac{R_2}{R_2 + X_C} U_1 = \frac{j\omega C R_2}{1 + j\omega C R_2} U_1 \tag{2-28}$$

$$R_2 = \frac{R_{G2} R_{L2}}{R_{G2} + R_{L2}}, \quad X_C = \frac{1}{j\omega C}$$

当耦合电容比较小时,即 $\omega C R_2 \ll 1$ 时,式(2-28) 可以简化为:

$$U_2 \approx j\omega C R_2 U_1 \tag{2-29}$$

式(2-29) 表明,电容性耦合引起的感应电压正比于骚扰源的工作频率、敏感电路对地的电阻 R_2(一般情况下为阻抗)、耦合电容 C、骚扰源电压 U_1;电容性耦合主要在射频频率形成骚扰,频率越高,电容性耦合越明显;电容性耦合的骚扰作用相当于在电路 2 与地之间连接了一个幅度为 $I_n = j\omega C U_1$ 的电流源。

一般情况下,骚扰源的工作频率、敏感电路对地的电阻 R_2(一般情况下为阻抗)、骚扰源电压 U_1 是预先给定的,所以,抑制电容性耦合的有效方法是减小耦合电容 C。

下面分析另一个电容性耦合模型。该模型是在前一模型的基础上除了考虑两导线(两电路) 间的耦合电容外,还考虑每一电路的导线与地之间所存在的电容。地面上两导体之间电容性耦合的简单表示如图 2-16 所示。图中,C_{12} 是导体 1 与导体 2 之间的杂散电容,C_{1G} 是导体 1 与地之间的电容,C_{2G} 是导体 2 与地之间的电容,R 是导体 2 与地之间的电阻。电阻 R 出自于连接到导体 2 的电路,不是杂散元件,电容 C_{2G} 由导体 2 对地的杂散电容和连接到导体 2 的任何电路的影响组成。

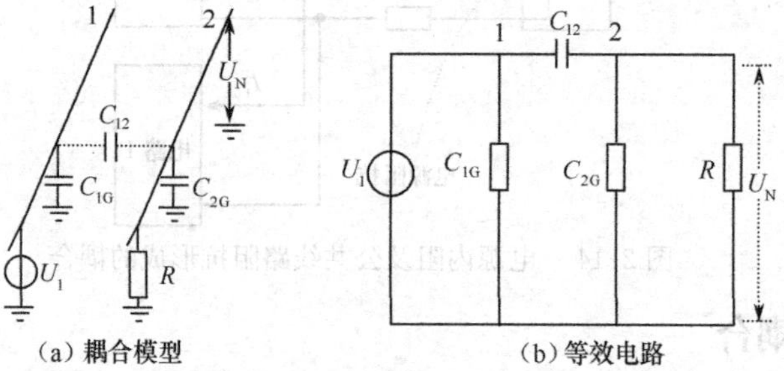

(a) 耦合模型　　(b) 等效电路

图 2-16　地面上两导线间电容性耦合模型

作为骚扰源的导体 1 的骚扰源电压为 U_1,受害电路为电路 2。根据图 2-16(b) 的等效电路,导体 2 与地之间耦合的骚扰电压 U_N 能够表示为

$$U_N = \frac{j\omega C_{12} R}{1 + j\omega R (C_{12} + C_{2G})} U_1 \tag{2-30}$$

如果 R 为低阻抗,且满足

$$R \gg \frac{1}{j\omega (C_{12} + C_{2G})}$$

那么,式(2-30) 可简化为

$$U_N \approx j\omega C_{12} R U_1 \tag{2-31}$$

上式表明,电容性耦合的骚扰作用相当于在导体 2 与地之间连接了一个幅度为 $I_n = j\omega C_{12} U_1$ 的电流源。式(2-31) 是描述两导体之间电容性耦合的最重要的公式,它清楚地表明了拾取(耦合) 的电压依赖于相关参数。假定骚扰源的电压 U_1 和工作频率 f 不能改变,这样减小电容性耦合的参数只有 C_{12} 和 R。减小耦合电容的方法是导体合适的取向、屏蔽导体、分隔导体、

增加导体间的距离等。

如果 R 为高阻抗，且满足

$$R \gg \frac{1}{j\omega(C_{12}+C_{2G})}$$

那么，式(2-30)可简化为

$$U_N \approx \frac{C_{12}}{C_{12}+C_{2G}} U_1 \tag{2-32}$$

式(2-32)表明，在导体 2 与地之间产生的电容性耦合骚扰电压与频率无关，且在数值上大于式(2-31)表示的骚扰电压。

图 2-17 给出了电容性耦合骚扰电压 U_N 的频率响应。它是式(2-30)的骚扰电压 U_N 与频率的关系曲线图。

正如前面已经分析的那样，式(2-32)给出了最大的骚扰电压 U_N。图 2-17 也说明，实际的骚扰电压 U_N 总是小于或等于式(2-31)给出的骚扰电压 U_N。当频率满足关系

$$\omega = \frac{1}{R(C_{12}+C_{2G})} \tag{2-33}$$

时，式(2-31)就给出了是实际骚扰电压 U_N[式(2-30)的值]的 $\sqrt{2}$ 倍的骚扰电压值。在几乎所有的实际情况中，频率总是小于式(2-33)所表示的频率，式(2-31)表示的骚扰电压 U_N 总是适合的。

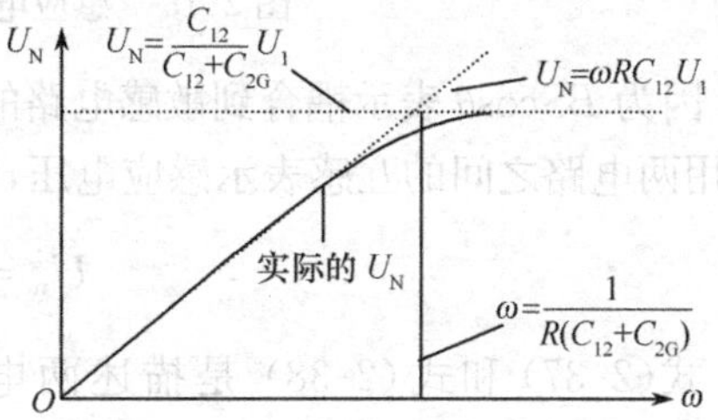

图 2-17　电容性骚扰耦合与频率的关系

2.3.3　电感性耦合

电感性耦合也称为磁耦合，是由两电路间的磁场相互作用所引起。两个电路之间存在互感时，当干扰源是以电源形式出现时，此电流所产生的磁场通过互感耦合对邻近信号形成干扰。

当电流 I 在闭合电路中流动时，该电流就会产生与此电流成正比的磁通量 Φ。I 与 Φ 的比例常数称为电感 L，由此能够写出：

$$\Phi = LI \tag{2-34}$$

电感的值取决于电路的几何形状和包含场的媒质的磁特性。

当一个电路中的电流在另一个电路中产生磁通时，这两个电路之间就存在互感 M_{12}，其定义为：

$$M_{12} = \frac{\Phi_{12}}{I_1} \tag{2-35}$$

式中，Φ_{12} 表示电路 l 中的电流 I_1 在电路 2 产生的磁通量。

由法拉第定律(Faraday Law)可知，磁通密度为 B 的磁场在面积为 S 的闭合回路中感应的电压为：

$$U_n = \frac{d}{dx}\int_S B \cdot dS \tag{2-36}$$

如果闭合回路是静止的，磁通密度随时间作正弦变化但在闭合回路面积上是常数，那么式(2-36)可简化为：

$$U_n = j\omega BS\cos\theta \tag{2-37}$$

如图 2-18 所示，S 是闭合回路的面积，B 是角频率为 ω (rad/s) 的正弦变化磁通密度的有效值(The RMS Value)，θ 是 B 与 S 法向的夹角，U_n 是感应电压的有效值。

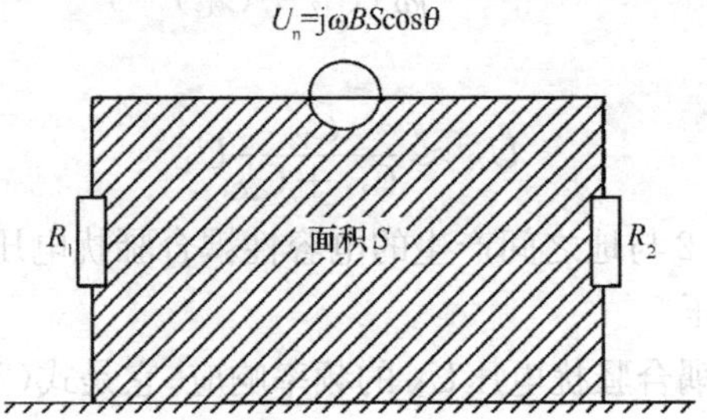

图 2-18 感应电压取决于骚扰电路围成的面积 S

因为 $BS\cos\theta$ 表示耦合到敏感电路的总磁通量，所以能够把式(2-35) 和式(2-36) 结合起来，用两电路之间的互感表示感应电压，即

$$U_n = j\omega MI_1 = M\frac{di_1}{dt} \tag{2-38}$$

式(2-37) 和式(2-38) 是描述两电路之间电感性耦合的基本方程。图 2-19 表示由式(2-35) 描述的两电路之间的电感性耦合。I_1 是干扰电路中的电流，M 是两电路之间的互感。式(2-37) 和式(2-38) 中出现的角频率为 ω (rad/s)，表明耦合与频率成正比。为了减小骚扰电压，必须减小 B、S、$\cos\theta$。采用两电路的物理分隔或者采用双绞线(假定电流在双绞线中流动且没有流过接地面)，可以减小 B；把导体靠近接地面放置(如果回路电流通过接地面)，或者采用两个粘在一起的导体(如果回路电流是在两导体之一，而不在接地面中流动)，可以减小敏感电路的面积 S；调整骚扰源电路与敏感电路的取向，可以减小 $\cos\theta$。

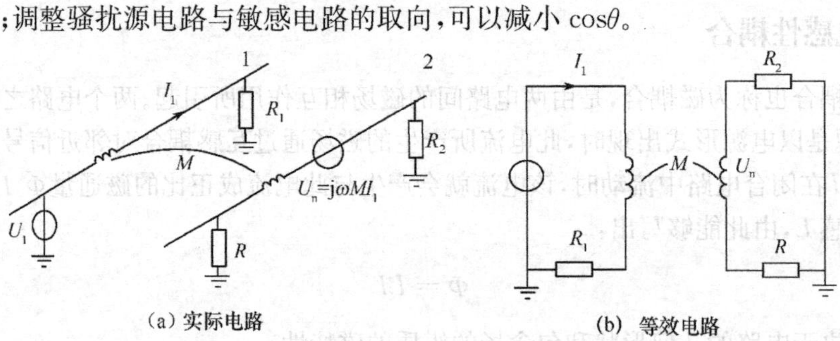

图 2-19 两电路之间的电感性耦合

根据图 2-19 可知，电路 1 中的干扰电流 I_1 在电路 2 的负载电阻 R 和 R_2 上产生的骚扰电压分别为

$$U_{n1} = j\omega MI_1\frac{R}{R+R_2}$$

$$U_{n2} = j\omega MI_1\frac{R}{R+R_2}$$

注意电容性耦合与电感性耦合之间的差异也许有益。对于电容性耦合，在敏感电路(导体 2) 与地之间并联了一个骚扰电流源，如图 2-20(a) 所示；然而，对于电感性耦合，产生一个与敏感电路(导体 2) 串联的骚扰电压(感应电压)，如图 2-20(b) 所示。实际工作中可以采用下述方法来

鉴别电容性耦合和电感性耦合：当减小电缆（导体 2）一端的阻抗时，测量跨接于电缆另一端的阻抗上的骚扰电压，如果所测的骚扰电压减小，则为电容性耦合；如果所测的骚扰电压增加，则为电感性耦合。

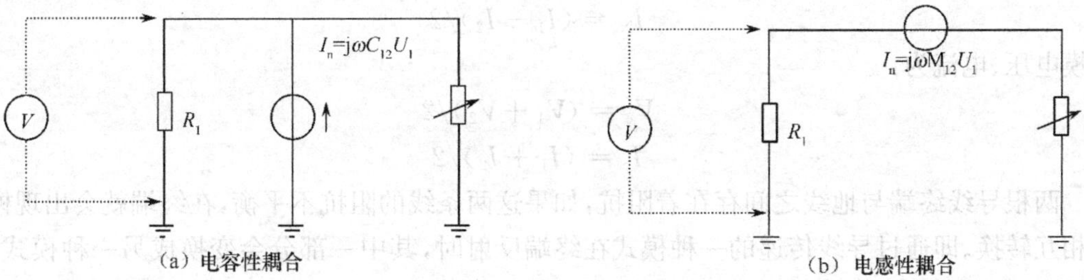

图 2-20　电容性与电感性耦合的骚扰等效电路

2.3.4　传导干扰

2.3.4.1　传导干扰存在形式

设备的电源线、电话等的通信线、与其他设备或外围设备相互交换的通信线路，至少有两根导线，这两根导线作为往返线路输送电力或信号。但在这两根导线之外通常还有第三导体，这就是"地线"。干扰电压和电流分为两种：一种是两根导线分别作为往返线路传输；另一种是两根导线做去路，地线做返回路传输。前者叫"差模"，后者叫"共模"。

如图 2-21 所示，电源、信号源及其负载通过两根导线连接。流过一边导线的电流与另一边导线的电流幅度相同，方向相反，即差模电流。但是干扰源并不一定连接在两根导线之间。由于噪声源有各种形态，所以在两根导线与地线之间存在着电压。其结果是流过两根导线的干扰电流幅度不同。

如图 2-22 所示，在加在两线之间的干扰电压的驱动下，两根导线上有幅度相同但方向相反的电流（差模电流）。但如果同时在两根导线与地线之间加上干扰电压，两根线就会流过幅度和方向都相同的电流，这些电流（共模）合在一起经地线流向相反方向。

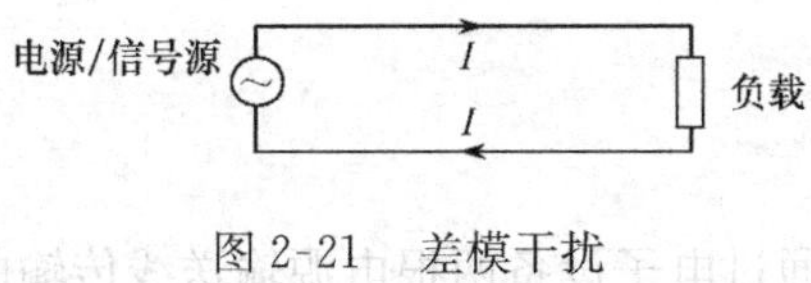

图 2-21　差模干扰

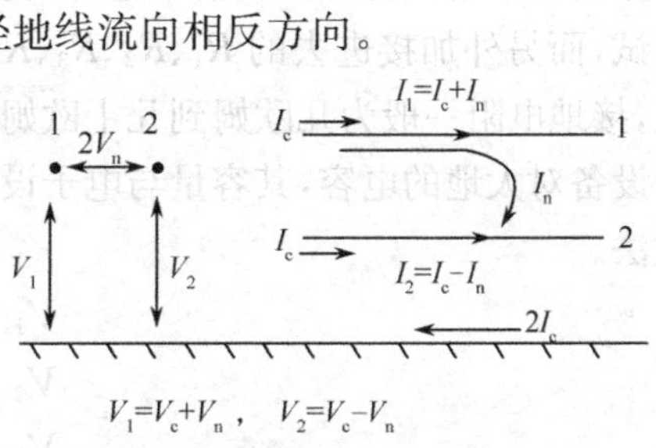

图 2-22　对地电压 / 电流与差模、共模电压 / 电流之间的关系

现在，我们来考察流过两根导线的电流。一根导线上的差模干扰电流与共模干扰同向，因此相加；另一根导线上的差模噪声与共模噪声反向，因此相减。所以，流经两根导线的电流具有不同的幅度。

再来考虑一下对地线的电压。如图 2-22 所示，对于差模电压，一根导线上是线间电压的一半，而另一根导线上是负的线间电压的一半，因而是平衡的。但共模电压两根导线上相同。所以当两种模式同时存在时，两根导线对地线的电压也不同。

因此，当两根导线对地线电压或电流不同时，可通过下列方法求出两种模式的成分。差模电压、电流为：

$$V_N = (V_1 - V_2)/2$$
$$I_N = (I_1 - I_2)/2$$

共模电压、电流为：

$$V_c = (V_1 + V_2)/2$$
$$I_c = (I_1 + I_2)/2$$

两根导线终端与地线之间存在着阻抗，如果这两条线的阻抗不平衡，在终端就会出现模式的相互转换。即通过导线传递的一种模式在终端反射时，其中一部分会变换成另一种模式。由于导线的分布电容、电感，信号导线阻抗不连续，以及信号回流路径流过了意料之外的通路等，差模电流会转换成共模电流。

另外，通常两根导线之间的间隔较小，导线与地线导体之间距离较大。所以若考虑导线辐射的干扰，共模电流产生的辐射与差模电流产生的辐射相比，强度会较大。因此设备对外的干扰多以共模为主，差模干扰虽然存在，但是共模干扰强度常常比差模强度的大几个数量级。

与此相反，外部电磁场干扰在导线上产生的干扰电压/电流，或附近的导线等产生的静电感应、电磁感应等耦合是一样的。

外来的干扰也多以共模干扰为主，共模干扰本身一般不会对设备产生危害，但是如果共模干扰转变为差模干扰，干扰就严重了，因为电路中有用信号基本上是差模形式。

2.3.4.2 传导干扰实例

1. 测试设备产生的传导干扰

传导干扰一般是通过电压或电流的形式在电路中进行传播的，图 2-21 是测试电子设备产生传导干扰的基本方法，或表示传导干扰通过电源线传输的几种方式。

图 2-21 中，电子设备表示干扰信号源，I_C 表示共模干扰信号，I_D 表示差模干扰信号；V_1、V_2、V_3 分别表示用仪表对干扰信号进行测量的连接方法，低通滤波器是为了便于对 V_1、V_2、V_3 进行测试，而另外加接进去的 R_1、R_2、R_3、R_4 分别为各电子设备的接地电阻，也包括大地之间的电阻，接地电阻一般为几欧姆到几十欧姆，其阻值与地线的安装和地表面土壤结构有关；C_1 为电子设备对大地的电容，其容量与电子设备的体积还有地面距离有关，一般为几微微法到几千微微法。

$$V_1 = I_C - I_D$$
$$V_2 = I_C + I_D$$
$$V_3 = I_D$$

从图 2-23 中我们还可以看出，差模干扰信号 I_D 是通过电子设备两根电源输送线传输的，因此，必须用低通滤波器对它进行隔离；而共模干扰信号 I_C 是通过电子设备对大地的电容 C_1 传输的，由于 C_1 的容量一般都非常小，C_1 对低频共模干扰信号的阻抗很大，因此，在低频段，共模干扰信号一般很容易进行抑制，但在高频段对共模干扰信号进行抑制，难度要比抑制差模干扰信号的难度大得多。

2. 开关电源电路回路电流产生传导干扰

图 2-24 是一个开关电源电路的几个主要部分，图中，C_1、C_2、C_3、C_4 是各主要部分的对地电容或对机壳的电容，R_1、R_2、R_3 是地电阻或机壳的电阻(机壳接地)；i_1、i_2、i_3、i_4 是开关电源电

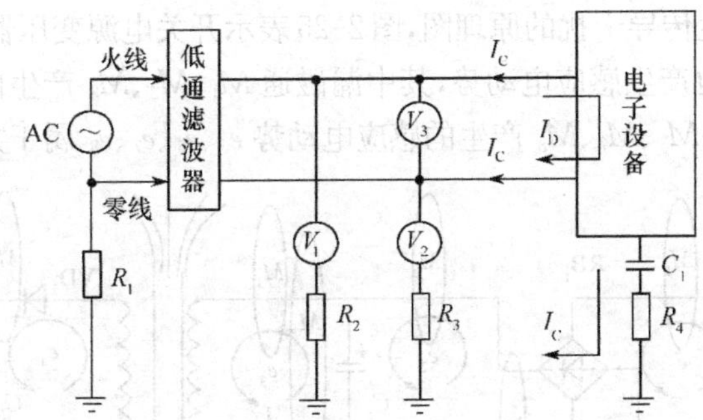

图 2-23　测试电子设备产生传导干扰的基本方法

路中几个主要部分的回路电流，i_1 是交流输入回路电流，i_2 是整流回路电流，i_3 是开关回路电流，i_4 是输出整流回路电流。在这 4 个电流之中，i_3 的作用是最主要的，因为它受开关管 VQ_1 控制，其他电流全部都受它牵动而发生变化。

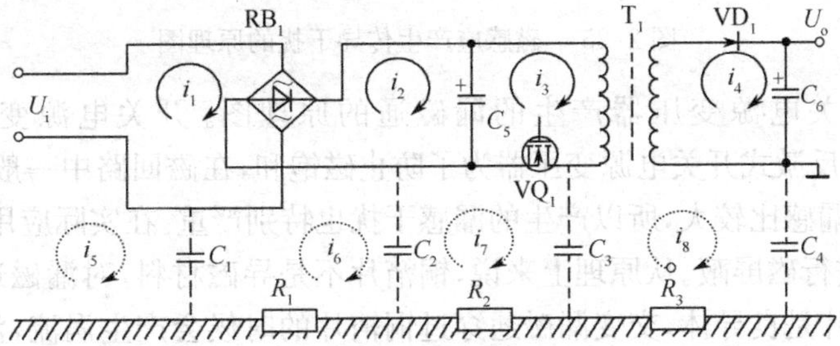

图 2-24　开关电源电路回路电流产生的传导干扰

从电路中我们可以看出，i_1、i_2、i_3 所属的三个回路都是相互连接的，根据回路电流定律，i_1、i_2、i_3 之间具有代数和的关系，因此，只要三个电流中有一个电流的高频谐波对其他电路产生干扰，那么，三个电流都会对其他电路产生干扰，并且这种干扰主要是差模信号干扰。

i_4 与变压器初级的三个回路电流没有直接关系，它是通过磁感应产生的，因此它不会产生差模信号干扰，但它会产生共模信号干扰，i_4 产生共模信号干扰的主要回路一个是通过对地电容 C_4，另一个是变压器 T_1 初、次级之间的电容（图中没有画出）。

另外，还有 4 个回路电流 i_5、i_6、i_7、i_8，这 4 个回路电流一般人是不会太注意的。因为这 4 个电流与前面的三个电流 i_1、i_2、i_3 基本没有直接联系，它们都是通过电磁感应（电场与磁场感应）产生的。在这几个电流中，其中以 i_7 最严重，因为，变压器初级线圈产生的反电动势一端正好通过 C_3 与大地相连，另一端经过其他三个回路与交流输入回路相连。

这里特别指出，凡是经过电容与大地相连回路的电流都是属于共模信号干扰电流，因此，i_5、i_6、i_7、i_8 全部都属于共模信号干扰电流。

3. 开关电源变压器电磁感应产生传导干扰

我们知道，在开关电源里面，开关电源变压器是最大的磁感应器件。反激式开关电源变压器，就是通过把流过变压器初级线圈的电流转换成磁能，并把磁能存储在变压器铁芯之中，然后，等电源开关管关断的时候，流过变压器初级线圈的电流为零，开关电源变压器才把存储在变压器铁芯之中磁能转换成电能，通过变压器次级线圈输出。开关电源变压器在电磁转换过程中，工作效率不可能 100%，因此，也会有一部分能量损失，其中的一部分能量损失就是因为产生漏磁。这些漏磁穿过其他电路的时候，也会产生感应电动势。

图2-25是磁感应产生传导干扰的原理图，图2-25表示开关电源变压器产生的漏磁通穿过其他电路时，在其他电路中也产生感应电动势，其中漏磁通 M_1、M_2、M_3 产生的感应电动势 e_1、e_2、e_3 属于是差模干扰信号；M_5、M_6、M_7、M_8 产生的感应电动势 e_5、e_6、e_7、e_8 属于共模干扰信号。

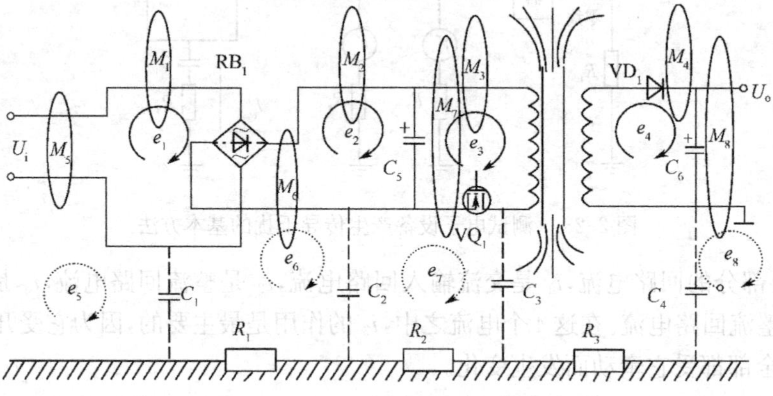

图2-25　磁感应产生传导干扰的原理图

图2-26是开关电源变压器产生的漏磁通的原理图。开关电源变压器的漏磁通在5％～20％之间，反激式开关电源变压器为了防止磁饱和，在磁回路中一般都留有气隙，因此漏磁通比较大，即漏感比较大，所以产生的漏感干扰也特别严重。在实际应用中，一定要用铜箔片在变压器外围进行磁屏蔽。从原理上来说，铜箔片不是导磁材料，对漏磁通是起不到直接屏蔽作用的，但铜箔片是良导体，交变漏磁通穿过铜箔片的时候会产生涡流，涡流产生的磁场方向正好与漏磁通的方向相反，使部分漏磁通被抵消，因此，铜箔片也可以起到磁屏蔽的作用。

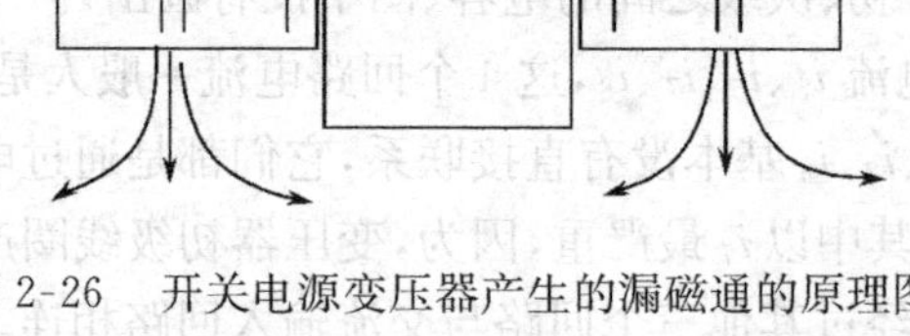

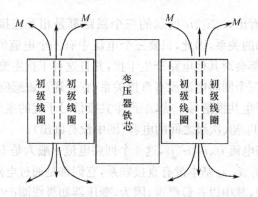

图2-26　开关电源变压器产生的漏磁通的原理图

检测漏磁通干扰的简便方法是用示波器探头接成一个小短路环进行测量，就是把探头与地线端短路连在一起，相当于一个磁感应检测线圈。把磁感应检测线圈靠近变压器或干扰电路，很容易看到干扰信号的存在。

值得一提的是，开关电源变压器初级线圈的漏感产生的反电动势 ε_t，在所有干扰信号之中是最不容忽视的，如图2-27所示。当电源开关管关断的时候，开关电源变压器初级线圈的漏感产生的反电动势 ε_t 几乎没有回路可释放，一方面，它只能通过初级线圈的分布电容进行充电，并让初级线圈的分布电容与漏感产生并联谐振；另一方面，它只能通过辐射向外进行释放，其中通过对地的 C_3 与大地相连，也是反电动势 ε_t 释放能量的一个回路，因此，它对输入端也会产生共模信号干扰。

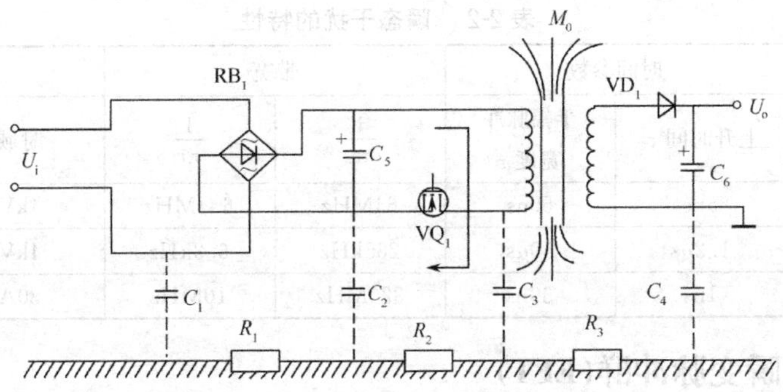

图 2-27　漏感产生的反电动势

2.4 瞬态场

环境中存在一些短暂的高能脉冲式瞬态干扰，这类干扰具有显著的特征：时间上瞬态、频域上宽带、幅度上较大、骤发性等，对设备的危害性较大。解决这类干扰需要一些特殊处理。

瞬态干扰是指时间较短、幅度较大的电磁干扰。常见的瞬态干扰（设备需要通过试验验证其抗扰度）有三种：电快速瞬变脉冲群（Electrical Fast Transient，EFT）、浪涌（Surge）、静电放电（Electrostatic Discharge，ESD）。

1. 电快速瞬变脉冲群

由电路中的感性负载断开时产生。其特点不是单个脉冲，而是一连串的脉冲。因为一连串的脉冲可以在电路的输入端产生累计效应，使干扰电平的幅度最终超过电路的噪声门限，因此它对电路的影响较大。从这个机理上看，脉冲串的周期越短，对电路的影响越大。因为，当脉冲串中的每个脉冲相距很近时，电路的输入电容没有足够的时间放电，又开始新的充电，容易达到较高的电平。

2. 浪涌

浪涌主要是由雷电在电缆上感应产生的，功率很大的开关也能产生浪涌。其特点是能量很大，室内浪涌电压幅度可以达到 10kV，室外往往会超过 10kV。浪涌虽然不像电快速瞬变脉冲群那么普遍，但是一旦发生、危害是十分严重的，往往导致电路的损坏。核电磁脉冲也会在电缆中感应浪涌，其上升时间很短，在纳秒量级。

3. 静电放电

实际环境中的另一类主要现象是人体接触设备时的静电放电。但在一些标准中增加了比人体放电更严酷的装置放电。这些静电放电对设备造成的影响从本质上讲以辐射干扰为主。雷电现象实际也是一种静电放电现象。

抑制瞬变干扰的常用器件是瞬变骚扰吸收器，主要有气体放电管（避雷管）、压敏电阻和硅瞬变电压吸收管。具体参数对比参见表 2-1、表 2-2。

表 2-1　瞬态干扰比较

瞬态干扰特性	电快速瞬变脉冲群	浪涌	静电放电
脉冲上升时间	很快，约 5ns	慢，μs 量级	极快，小于 1ns
能量	中等（单个脉冲）	高	低
电压（高负载阻抗）	10kV 以下	10kV 以下	15kV 以上
电流（低负载阻抗）	数十安培	数千安培	人体放电数十安培 装置放电达数百安培

表 2-2 瞬态干扰的特性

瞬态干扰	时间参数		带宽		最大幅度	
	上升时间 τ_r	半幅脉冲宽度 τ	$\frac{1}{\pi\tau_r}$	$\frac{1}{\pi\tau}$	时域	频谱域
电快速瞬变脉冲群	5ns	50ns	64MHz	6.4MHz	4kV	400V/MHz
浪涌	1.2μs	50μs	265kHz	6.3kHz	4kV	0.4V/MHz
静电放电	1ns	30ns	320MHz	10MHz	30A	1.8μA/MHz

2.4.1 电快速瞬变脉冲群(EFT)

此类干扰往往从系统内部产生，在电气设备中比较普遍存在，通常由继电器、电动机、变压器等电感元件等产生。

电感负载开关系统断开时，如果开关触点被击穿，会发生辉光放电(气体电离)和弧光放电(金属汽化)，电路被导通，从而在电路中形成瞬时的电流，断开点处产生瞬态骚扰，这种瞬态骚扰由大量脉冲组成。由于电源阻抗的存在，这些脉冲电流在电源两端形成了脉冲电压，从而对共用这个电源的其他电路造成影响。

EFT 的机理是：在电感负载的电路中，当开关断开时，根据电感的特性，电感上的电流不能突然消失，为了维持这个电流，电感上会产生一个很高的反电动势，当达到一定程度时将触电击穿，形成导电回路，继而在电源回路产生很大的脉冲电流，负载电感的寄生电容开始放电，电压开始下降，下降到一定程度通路断开，继续重复以上过程。

由于击穿电压的上升时间在纳秒级，因此干扰的带宽可以达到数百兆。这种脉冲群的幅值在百伏至数千伏之间，具体大小由开关触电的机电特性决定，脉冲重复频率在 1kHz ~ 1MHz 之间。对于单个脉冲而言，其上升沿在纳秒级，脉冲持续期在几十纳秒至数毫秒之间。可见这种骚扰信号的频谱分布非常宽，数字电路对它较为敏感，容易受到骚扰。

抑制频带宽、幅值很大的 EFT 骚扰不是一件容易的事。仅用滤波器来抑制难以达到目的，通常需要用几种方法配合使用方能取得较好的效果。大量实验表明，EFT 的骚扰能量不像浪涌那样大，一般不会损害元器件，它只会使受试设备工作出现“软”故障，如程序混乱、数据丢失等，换句话说，就是产品性能下降或功能丧失，一旦对产品进行人工复位，或数据重新写入，在不加 EFT 的情况下，产品能正常工作。

抑制 EFT 的方法有：

(1) 减小 PCB 接地线公共阻抗；

(2) 在电感上跨接一些电阻、电容等元器件形成抑制网络；

(3) 使用 EFT 滤波器；

(4) 将干扰源远离敏感电路；

(5) 正确使用接地技术；

(6) 在软件中加入抗扰指令；

(7) 安装瞬变骚扰吸收器。

通常上述方法结合使用，可以达到较为理想的抗 EFT 效果。

2.4.2 雷击浪涌

2.4.2.1 雷击浪涌的特点

此类干扰是指由雷电在电缆上电击或感应产生的瞬变电压脉冲，它通常从电源线或信号线等途径窜入电气、电子设备，并损害设备。

雷击是人们熟知的一种自然现象，全球每年平均发生 1600 万次闪电，每年数千人死于雷击事故，造成数十亿美元的经济损失。据统计，在一处电网中每 8 分钟便有一个雷击引起的瞬态脉冲电压产生，相当于每 14 个小时就有一次具有破坏性的冲击；在欧美国家 20%～30% 的电脑故障是因为感应雷引起的。

雷击一般分为直击雷击和感应雷击。直击雷击是指雷电直接击中物体。由于雷电发生时能量巨大，平均可达 250kJ，温度可 30000K，所以如果有介质成为雷击放电的通路，必然会化为灰烬，因此直击雷击破坏力极大。感应雷击又称二次雷击，是指闪电放电在其通路附近的架空线路、埋地线路等传导体上产生感应电压，并传导到设备。感应雷击对微电子设备，特别是通信、计算机等危害最大。

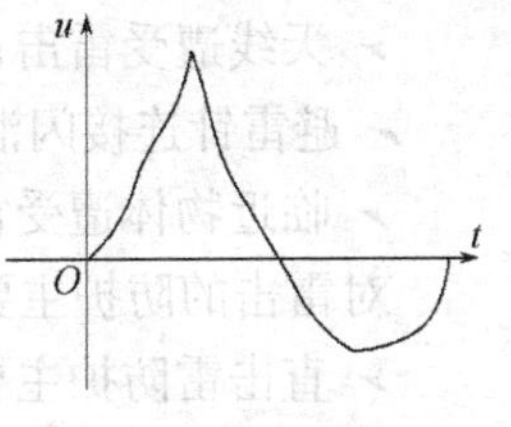

图 2-28 雷击瞬变脉冲电压

雷击在电源线、信号线或数据线上产生的瞬变脉冲电压如图 2-28 所示。

虽然每次雷击产生的脉冲维持时间、幅度等都不同，但是国际标准 IEEE—587、IEC1024 等用于测试防雷器性能的雷电模拟脉冲是由规定的，如图 2-29 所示。

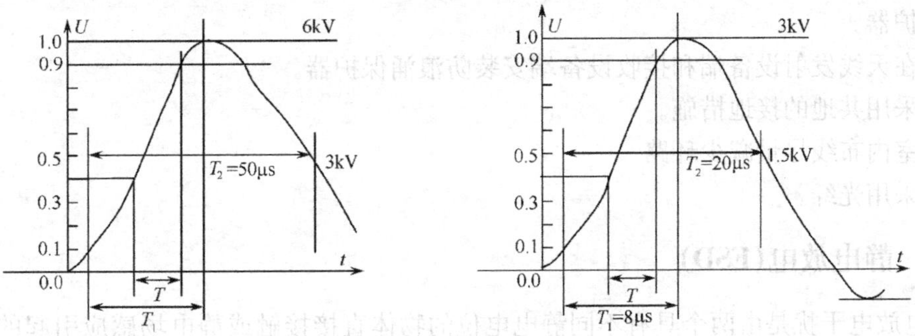

图 2-29 雷电模拟脉冲

通常把雷电在电缆上的电击或感应产生的瞬态过电压成为涌浪，不过涌浪也可以由其他因素产生。详情参见表 2-3。

表 2-3 浪涌类型及其产生原因

类型		产生浪涌的原因
雷击	直击雷	雷击直接电击电源或信号线
	感应雷	静电感应
		电磁感应
线路浪涌	故障浪涌	相线与地短路引起的过电压
		一相开路引起的过电压
	系统开关	无负载时开关
		切断电流
	过电压	容性或感性负载开关
		整流
电磁感应		使用电吹风、无绳电话等
静电感应		人体静电、摩擦静电等
核电磁脉冲		核爆

2.4.2.2 雷击产生干扰的途径与防护方法

雷击浪涌对机房电子设备造成损害的主要途径有:

- 网络线、有线通信线、供电线在远端遭受雷击或感应雷击,沿线进入设备;
- 建筑物内部线路感应雷击进入设备;
- 地电压过高,反击进入设备;
- 天线遭受雷击;
- 避雷针连接闪泄放雷电流时产生闪电电磁脉冲辐射;
- 临近物体遭受雷击产生的闪电电磁脉冲辐射。

对雷击的防护主要有以下措施:

- 直击雷防护主要是避雷针、导地体和接地网。
- 感应雷防护主要是在各种线路的进出端口安装防雷器。
- 电源系统采用分级防雷保护:第一级在供电系统入口进线各相和大地之间连接大容量的电源防浪涌保护器;第二级在重要或敏感用电设备的分路配电设备处安装电源防浪涌保护器;第三级在用电设备电源部分安装内置式电源防浪涌保护器。
- 信号线传输采用屏蔽电缆或穿管埋地引入,在线缆和信号接收器之间安装防浪涌保护器。
- 在天线发射设备端和接收设备端安装防浪涌保护器。
- 采用共地的接地措施。
- 室内布线尽量减少环路。
- 采用光纤。

2.4.3 静电放电(ESD)

静电放电干扰是由两个具有不同静电电位的物体直接接触或静电场感应引起的,通常发生在对地短接的物体暴露在静电场时。它通常会产生强大的尖峰脉冲电流,这种电流中包含丰富的高频成分,上限频率取决于空间相对湿度、物体靠近速度、放电物体形状等,可以超过1GHz。在高频时,设备电缆甚至印制板上的走线会变成非常有效的接收天线。因而,对于典型的模拟或数字电子设备,ESD一般会产生高电平的噪声,导致电子设备严重的损害或操作失常。

ESD对电路的干扰有两种机理:一种是静电放电电流直接流过电路,对电路造成损坏;另一种是静电放电电流产生的电磁场通过电容耦合、电感耦合或空间辐射耦合等途径对电路造成干扰。

ESD具有如下特性:当电压相对较低时,脉冲窄且上升沿陡峭;随着电压的增加,脉冲变成具有长拖尾的衰减振荡波。

ESD电流产生的场可以直接穿透设备,或通过孔洞、缝隙、通风孔、输入/输出电缆等耦合到敏感电路。其脉冲所导致的辐射波长从几厘米到数百米,这些辐射能量产生的电磁噪声将损坏电子设备或骚扰它们的运行,如图2-30所示。

其造成破坏的主要机制是由于ESD电流产生热量导致设备的热失效,或由于ESD感应出高的电压导致绝缘击穿。这两种破坏可能在一个设备中同时发生,例如绝缘击穿可能激发大的电流,这又会进一步导致热失效。

为减小ESD的影响,通常在设备危险点,例如输入端和地之间设置保护电路,这些电路仅

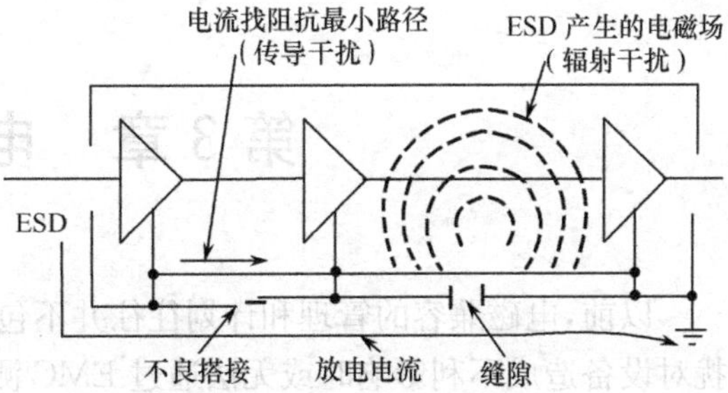

图2-30　ESD对电路的干扰

仅在ESD感应电压超过限值时发挥作用。它们提供低阻抗的切换通道，系统存储的电荷可以由这些通道安全地流入地。保护电路可以包括多个电流分流单元，在工作期间，其中的一个单元能迅速打开，当电流过大，其他单元会相继被激活，起到保护电路的作用。

PCB设计在提高系统的ESD抗骚扰特性中起着重要的作用，电路板上的走线会成为ESD产生EMI的发射天线。为了把这些天线的耦合降低，要求走线尽可能短，包围的面积尽可能小。如果元件没有均匀的遍布一块大板的整个区域时，共模耦合得到了加强。使用多层板或地线网格减小耦合，也能抑制共模辐射造成。

外壳设计是另一个阻止ESD辐射及传导耦合的关键。一个完整的封闭金属壳能在辐射噪声中起屏蔽作用，但由于从电路到屏蔽壳体可能产生传导耦合，因而一些外壳设计使用绝缘体，在绝缘壳中，放置一个金属的屏蔽体。大多外壳在保持完整性的基础上还有孔洞、排气口、镙杆等，如果用几个小孔代替一个大孔，从EMI抑制的角度来说更好。一个正确设计的电缆保护系统可能是提高系统非敏感性的关键，通过合理软件设计防止EMI也是一个必须考虑的环节。

习题与思考题

1. 分析Maxwell方程中源与场的关系。
2. 试分析电灯开关对电视机产生干扰的源的特性及其电磁辐射特性。
3. 试分析电灯开关对电视机产生干扰的电磁模型和分析步骤。
4. 请采用等效原理，分析孔缝耦合的机理。
5. 试举例说明镜像原理在分析电磁干扰中的应用。
6. 基本电振子的辐射特性是什么？
7. 试分析近区场与远区场的联系和区别。
8. 试举例说明辐射耦合中哪些耦合类型或环节属于近区场，哪些属于远区场？
9. 请采用天线辐射模型，分析场线耦合的机理。
10. 试解释飞机上禁止旅客使用手提电脑、游戏机等电子产品的理由。
11. 为什么说设备对外的干扰多以共模为主，共模干扰强度常常比差模强度的大几个数量级？
12. 以图2-14为模型，分析家庭中照明灯之间的耦合问题。
13. 分析瞬态干扰的特性和危害。
14. 试分析电快速瞬变脉冲群与浪涌的区别。
15. 静电放电产生干扰的机理。
16. 防雷电主要措施有哪些？
17. 防静电干扰的措施有哪些？

第3章　电磁兼容预测

以前，电磁兼容的管理和计划往往并不包括在电子设备或系统的设计中。只有当电磁干扰对设备造成不利影响时或无法通过EMC测试时，制造商才不得不考虑：要么对产品重新设计，要么做出某些修改以满足EMC。过去大约20年的实践证明，EMI问题的影响范围及程度都已大大增加。这可归结为电磁环境电平的不断增加，通信频谱占有率的迅速提高，电子产品的数量剧增，逻辑和开关电源的速度倍增，以及其他的一些因素。所以，在产品设计过程中必须考虑EMC的相关因素。

由于EMI会带来严重的后果。所以人们面临的只有两种选择：要么在设计中就将EMC考虑在内；要么在设计完成后，付出更大的代价来解决出现的EMI问题。

电磁兼容预测(Electromagnetic Compatibility Prediction)是一种通过理论计算对用电设备或系统的电磁兼容程度进行分析评估的方法。其定义是：在设计阶段通过计算的方法对电气、电子元件、设备乃至整个系统的电磁兼容特性进行分析。

电磁兼容预测的方法是采用计算机数字仿真技术，将各种电磁干扰特性、传输函数和敏感度特性全都用数学模型描述编制成程序，然后根据预测对象的具体状态，运行预测程序来获得潜在的电磁干扰计算结果。

电磁兼容性预测的主要作用有4个方面：

① 在已知设备电气特性参数情况下，预测分析系统内部所有设备的电磁兼容程度。

② 当修改某个设备的特性参数时，分析电磁干扰的变化。

③ 对各种电磁防护设计的评估计算。

④ 制定干扰极限和敏感度规范。

这项技术通常应用在系统或设备研制的方案设计阶段。因为其目的是为了分析不兼容的薄弱环节，评价系统或设备兼容的安全裕度，为方案修改、防护设计提供依据。同时在研制定型之前通过预先测知发现干扰问题，采取抑制和防护干扰措施，可以收到事半功倍的效果，因此电磁兼容预测技术是一项具有很高经济效益的工程技术方法。

电磁兼容预测要求全面地、系统地考虑众多的因素，如与关键子系统、接收机或敏感部件相关的干扰源的存在；“前门”和“后门”耦合路径；时变的可能引发电磁干扰的工作状态等。换句话说，应该对系统、子系统及部件进行必须和足够的电磁兼容预测分析，以便识别高优先级的电磁干扰问题。

电磁兼容预测分析技术具有广泛的应用前景，是电磁理论与计算电磁学的一个主要应用方向。无论是军用还是民用产品，电磁兼容性已经成为衡量其性能的一个重要标志，并且在很多领域成为重要的考虑因素。随着电子技术的飞速发展，快速提升系统电磁兼容预测分析技术已经是当务之急。

从层次上，电磁兼容预测性分析可以分为系统级、设备级和电路板级三个层次(也有更为细致的分法，如分系统级、器件级、芯片级，等等，但均能归类于这三个层次当中)，因为各层次对象的针对性较强，其分析方法也会有较为明显的区分。第一个层次是电路板级的电磁兼容预测。工作在低速或低频时一般不会出现显著的电磁兼容问题；但当工作在高频时，电磁兼容问题就会变得十分突出，它直接影响到产品的质量，因此必须在电路板及芯片的设计时就考虑电磁兼容问题。目前，美国和其他一些西方国家的半导体芯片生产厂家把电磁兼容设计、预测作为生产的第一个主要过程。第二个层次是设备的电磁兼容预测，例如器件本身的电磁兼容行为、屏蔽效能预测。第三个层次是系统级的电磁兼容预测，这一层次针对例如飞机、舰船、导弹、飞船等装有多种复杂电子电气设备的系统进行电磁兼容预测，主要包括天线和线缆网络的电磁兼容预测。

根据对象和层次的不同，也因为目标、先验数据、需求的差别，电磁兼容预测的方法也存在着极大的差异。在系统的设计中，电磁兼容设计者最关心的有如下几个方面的问题：

- 天线的电磁兼容性；
- 线缆网络的电磁兼容性；
- 无线设备的射频收发特性；
- 电子设备的“无意”发射。

因为篇幅的原因，本章只针对上述几种预测需求进行阐述。

3.1 原理和基本方法

3.1.1 电磁兼容预测基本原理

干扰源产生的干扰信号通常可以描述为时间 t 和频率 f 以及方位 θ 的函数，表示为 $G(t,f,\theta)$。传播途径对干扰信号的影响用传输函数来描述，写为 $T(t,f,\theta,r)$，其中包含时间延迟 t，频率 f，传播方向损耗 θ 以及距离 r 的影响，因此电磁干扰传播到 r 处的信号函数可表示为 $P(t,f,\theta,r)=G(t,f,\theta)+T(t,f,\theta,r)$，单位为对数单位。敏感设备的特性通常用敏感度阈值(susceptibility threshold) $S(t,f,\theta)$来描述，它也是时间 t，频率 f 和方位 θ 的函数，单位为对数单位。

当作用到敏感设备上的电磁干扰大于设备敏感度阈值时，敏感设备将发生干扰，不兼容，表示为

$$P(t,f,\theta,r)>S(t,f,\theta) \tag{3-1}$$

当干扰信号作用到敏感设备上，由于设备抗干扰能力强，敏感度阈值大于干扰作用值，不影响它的正常工作，因此这是兼容的情况，表示为

$$P(t,f,\theta,r)<S(t,f,\theta) \tag{3-2}$$

为了定量表达兼容和不兼容的程度，可以表示为

$$\mathrm{IM}=P(t,f,\theta,r)-S(t,f,\theta) \tag{3-3}$$

式中 IM 称为干扰裕度(Interference Margin)，当 IM>0 时，表示发生干扰，干扰源和敏感设备不兼容，且按 IM 值大小表明干扰的严重程度；当 IM<0 时，表示两者兼容，IM 越小，安全裕度越大。

上式称为电磁兼容性预测基本方程，它是预测技术的理论基础。

3.1.2 常用的电磁场数值计算方法

下面简要介绍现阶段在电磁兼容领域应用较为广泛的电磁计算方法。

3.1.2.1 时域有限差分法

时域有限差分法(Finite Difference Time Domain, FDTD)是一种典型的时域全波分析方法,从完美匹配层(Perfectly Matched Layer, PML)提出后得到广泛的应用,是近年来发展最迅速的数值方法。其迭代公式是在包括时间在内的四维空间中,对 Maxwell 旋度方程对应的微分方程进行二阶中心差分近似得到的。近年来,围绕着提高计算精度、模拟复杂结构以及加速等方面,出现了多种 FDTD 方法的新发展。如交替方向隐式算法(Alternating-Direction Implicit Method, ADI)与 FDTD 方法的结合产物 ADI-FDTD,局部一维(Locally one-dimensional, LOD)时域有限差分法 LOD-FDTD;旋成体(Body of Revolution, BOR)时域有限差分法 BOR-FDTD;2001 年出现一种降维的时域有限差分法(Reduced Finite Difference Time Domain Method, R-FDTD),通过特定的空间递推顺序,把所须存储的电磁场分量由 6 个降为 4 个,能够节省 33%的存储量。还有一些混合方法,如 ADI-BOR-FDTD,LOD-BOR-FDTD,ADI/R-FDTD 等。

因为 FDTD 理论相对简单,易编程,且容易处理介质问题,已成为电磁兼容领域应用范围最广泛的数值方法。

3.1.2.2 矩量法

矩量法(Method of Moment, MoM)是最经典的电磁场数值方法,它通过格林函数直接表述求解域中的任意两个离散未知量的相互作用,拥有极高的精度。为了解决极大的内存需求和计算量问题,近年来,人们在加速方法上做了很多工作。例如,特殊设计的基函数和权函数;基于快速多极子方法(Fast Multipole Method, FMM)的方法;基于快速傅里叶变换(Fast Fourier Transform, FFT)的方法;区域分解技术(DDM)和并行求解,等等。其中基于 FFT 的方法主要有共轭梯度法(Conjugate Gradient FFT, CG-FFT)、自适应积分方法(Adaptive Integral Method, AIM)和预校正的 FFT(Precorrected-FFT, p-FFT)方法。另外还有高频方法同矩量法的混合,如一致性绕射方法(Uniform Geometrical Theory of Diffraction, UTD)和矩量法的混合(UTD-MoM),物理光学(Physical Optics, PO)和矩量法的混合(PO-MoM)等。

矩量法在电磁兼容领域中的应用十分广泛,但作为频域方法,计算宽频带问题的计算量是非常巨大的。

3.1.2.3 有限元方法

有限元方法(Finite Element Method, FEM)最初主要是利用变分原理将微分方程变为等价的变分方程,经改进的 Ritz 法,变为代数方程来求解问题。因为并非任意的微分方程都有等价的变分形式,所以后来又出现由 Galerkin 法直接从微分方程出发构造 FE 方程,突破了变分原理的限制。前者称为 Ritz 有限元法,后者称为 Galerkin 有限元法。FEM 方法的最突出优点是离散单元的灵活性,所以对复杂几何结构的模拟会更精确;另外,其系数矩阵是稀疏的、对称的,非常有利于代数方程组的求解。

用传统节点基单元来表示矢量电磁场时,会出现非物理解、不方便在媒质分界面强加边界条件和难以处理导体和介质边缘以及棱角等问题。而 20 世纪 80 年代末至 90 年代初出现的矢量有限元技术则不存在这些问题,它将自由度赋予单元棱边而不是单元节点,用设置在单元棱边上的矢量基函数表示电磁场,因此也称做棱边元(edge element),逐渐成为计算电磁学中最有力的有限元形式。

另外,在 FEM 的基础上发展起来的时域有限元方法(Finite Element Time Domain,

FETD)也是现阶段的研究热点,但直到 PML 和正交基函数的引进,FETD 才得到较大的发展。总体来说,现在 FETD 方法的发展仍旧处于初级阶段。

3.1.2.4 传输线矩阵法

传输线矩阵法(Transmission Line Matrix, TLM)根据电磁场波动方程和电报方程的相似性,基于 Huygens 原理,用传输线网络分布等效所要计算的目标,用开放的双线系统构成正交网格,用电压和电流代替电场和磁场,进行时间和空间的离散,从而确定网络的响应。TLM 最早由 Johns 于 1971 年提出,模拟二维问题,随后该方法推广到三维,并加入介质和损耗问题的处理。之后又出现了对称凝结节点(Symmetrical Condensed Node, SCN)的 TLM 方法、混合对称凝结节点(HSCN)的 TLM 方法、对称超凝结节点(SSCN)的 TLM 方法以及通用对称凝结节点(GSCN)的 TLM 方法。TLM 方法也有其频域形式,但应用不多。该方法的发展远不及与其几乎同时期出现的 FDTD,主要原因是运用较为复杂,且计算效率相对较低,但该方法的优势在于数值稳定性好、边界的设置较为简单。

3.1.2.5 部分单元等效电路法

部分单元等效电路法(Partial Element Equivalent Circuit, PEEC),由 Ruehli 提出,最初用于三维导体组合结构的电磁建模。该方法将电路分割成为部分电感和部分电容,并形成一个等效的复杂电路网络,使用电路分析的方法计算该等效电路。但因为采用了似稳场方程,在频率过高时不适用。1992 年引入了延时修正、外场激励和介质体的考虑后,突破了频率的限制,能够完整地描述电磁场的行为,成为一种全波分析方法。因为理论的特殊性,该方法一般应用于 PCB 板和芯片等互联封装结构的 EMC 分析中。

3.1.2.6 时域积分方程方法

时域积分方程(Time Domain Integral Equation, TDIE)的时间递推方法(Marching-On in Time, MOT)出现于 20 世纪 60 年代,但由于方法的不稳定性和极低的计算效率,并且因为同为时域方法的 FDTD 受到的广泛关注,早期 MOT 方法的发展十分缓慢,直到 RWG(Rao-Wilton-Glisson)基函数的应用之后,MOT 方法才开始快速发展。20 世纪末期,很多学者对 MOT 方法的不稳定性进行了深入的研究,采用了空间和时间滤波、隐式迭代方案、构造混合场方程、新的时间和空间基函数、精确计算阻抗矩阵元素、预条件技术求解线性方程组等方案,理论上可以确保 MOT 方法的数值稳定性。

MOT 方法的效率问题也是研究的热点。传统 MOT 方法的计算量需求为 $O(N_t N_s^2)$,其中 N_t 和 N_s 分别为时间和空间自由度,不适合对电大尺寸目标进行求解。在此需求下,20 世纪末至今,TDIE 的快速算法得到了系统和深入的研究。主要有:近似原理加速的 MOT;时域平面波(Plane Wave Time Domain, PWTD)加速的 MOT;时域自适应积分方法(Time Domain Adaptive Integral Method, TD-AIM)加速的 MOT;物理光学和时域积分方程的混合(PO-TDIE)以及并行处理。

随着稳定性和计算效率的提高,近年时域积分方程方法在电磁兼容分析中的应用也逐渐增多,对于 PCB 板辐射及受扰分析和加载线天线的电大尺寸平台电磁兼容分析等方面都有涉及。

3.1.2.7 BLT 方程

BLT(Baum-Liu-Tesche)方程基于电磁拓扑理论和传输线理论,最早于 1978 年由 Baum, Liu, Tesche 三人提出,用以分析传输线网络的节点响应。因为原始的 BLT 方程只能对均匀多导体传输线进行分析,在接下来的几十年中,人们做了大量的工作,对BLT方程进行扩展,主要包括:BLT方程的一般化;BLT方程向空间传输的扩展;BLT方程解决非均匀传输线;BLT方程的时域化等等。BLT方程方法已广泛应用于飞机、汽车、舰船等复杂大系统的线缆网布局分析中。

3.2 天线的电磁兼容预测

随着通信、雷达技术的快速发展,越来越多的电子设备被集成到一个平台当中。复杂系统(预警机、作战舰艇等)的天线多集中于狭窄的有限空间,大功率发射常与高灵敏度接收共存。为了适应大容量和多功能服务要求,有时需采用多种复用技术,特别是考虑到每副天线由于安装平台及其相邻天线的加载效应会使得天线的电性能指标不同程度地变化。以载人飞船为例,单平台就拥有测控、通信、遥感、数传、侦察等不同功能,以及VHF、UHF、L、S、X、Ku、Ka等不同波段的无线系统等多达十几套的设备,还有20多副天线分布在不到十米长的平台之上。若天线的电磁兼容性不好,则很可能出现相互间的电磁干扰,轻则部分功能丧失,重则危害到主要任务的完成。因此,天线的电磁兼容问题已成为复杂系统设计的关键问题,成为直接关系到系统质量保证的中心环节。

天线的电磁兼容预测目的是得到天线间的隔离度。根据设计的阶段、要求,以及天线复杂度、载体复杂度,电尺寸不同,分析的方法也不同,难易程度也有很大区别。在设计的最初始阶段,设计者只获取了天线的形式、增益等最基本参数,在这种情况下就只能进行基于增益的简单预测,误差较大;在系统为电大尺寸的情况下,也可以用高频近似算法快速计算天线隔离度;在分系统的设计已经完成,天线的物理结构已知的情况下,为了追求预测的精度,需要应用数值方法作全波分析,以辅助进行频点分配、天线布局的设计。

3.2.1 简单预测

简单预测的目的是要获取天线之间的传输损耗。

传输损耗的定义:对某一具体传输系统,定义发射天线输入功率 P_t 与接收天线输出功率 P_r(匹配状态下)之比为该传输系统的传输损耗 L_{sm}。

$$L_{sm}=\lg(P_t/P_r)=P_t(\text{dBW})-P_r(\text{dBW}) \tag{3-4}$$

当离开发射天线的距离为 d 时,接收点的场强 E(有效值)的表示式为

$$E=E_0A=\frac{\sqrt{30P_t(W)G_t}}{d}A(\text{V/m}) \tag{3-5}$$

接收点的功率流密度 S(坡印亭矢量值)及接收天线传递给接收机的最大有用功率 P_r 分别为

$$S=\frac{P_tG_t}{4\pi d^2}A^2(\text{W/m}^2) \tag{3-6}$$

$$P_r=\left(\frac{\lambda}{4\pi d}\right)^2A^2P_tG_tG_r(\text{W}) \tag{3-7}$$

上列式中,E_0 为自由空间接收点场强;A 为电路的衰减因子;G_t、G_r 分别为发射天线与接收天线的增益;d 为收发天线间的距离;λ 为电波波长。

将式(3-7)代入式(3-4),得

$$L_{sm}=20\lg\left(\frac{4\pi d}{\lambda}\right)-A-G_t-G_r(\text{dB}) \tag{3-8}$$

一般衰减因子 A 通常小于 1，故 A(dB)为负值，$-A$(dB)则为正值，体现了媒质对电波作用引起的传输损耗。

若令 $G_t=G_r=0$，所得关系式为

$$L_b=20\lg\left(\frac{4\pi d}{\lambda}\right)-A(\text{dB}) \tag{3-9}$$

从上式看，L_b 与天线增益无关，仅决定于传输损耗，故称为基本传输损耗或称路径损耗。

在自由空间内传播，由于假设实际介质是无耗的，因此，可认为 $A=1$，代入式(3-8)，可得自由空间传输损耗 L_{bf}

$$L_{bf}=20\lg\left(\frac{4\pi d}{\lambda}\right)=32.45+20\lg f(\text{MHz})+20\lg d(\text{km}) \tag{3-10}$$

式(3-10)是自由空间传输损耗的重要公式，其含义是指球面波在传播过程中，随着传播距离的增加，能量的自然扩散而引起的损耗。当频率提高 1 倍或者距离扩大 1 倍，L_{bf} 分别增加 6dB。

再看收发天线在频率 f_E 上的传输损耗，此时可写作

$$L(f_E,t,d,p)=L_{bf}+\text{SF}+L_p \tag{3-11}$$

式中，L_{bf} 为自由空间传输损耗；SF 为机体遮挡系数；L_p 为媒质损耗。

假设所有的耦合都是在自由空间中进行的，所以媒质损耗这一项可认为 $L_p=0$。

天线模型的建立需要考虑增益、方向图、极化、驻波等因素。最主要的因素是方向图或者近场分布。

3.2.1.1　远场天线模型

在电磁兼容预测分析中，天线的方向图通常用简化的版本，也就是钥匙型平面方向图。如图 3-1 所示。

天线辐射图主波束截面叫主瓣，主瓣部分叫有意辐射区，副波束的截面叫旁瓣，所有非主瓣部分的区域叫非有意辐射区。

在图 3-1 中，主瓣简化形状由实测方向图主瓣的最大增益 G_m 决定，在无意辐射区，以实测副瓣增益的平均值 G_0 作圆弧构成旁瓣。

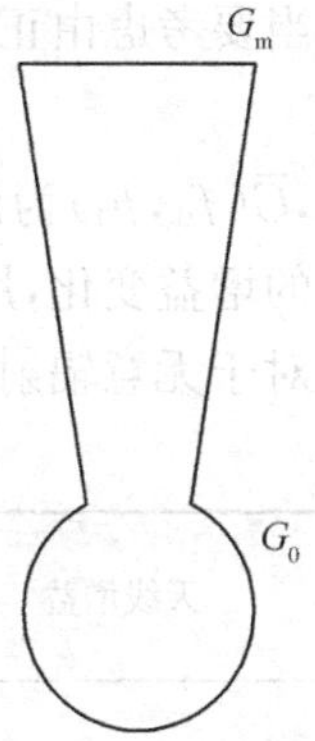

图 3-1　天线的钥匙型方向图

若没有方向图实测值，则可根据经验公式来建立天线的方向图模型。

设在有意辐射区，对于设计的频率和极化，平均功率增益与方向无关，其数值比最大功率增益小 3dB(半功率角)。

$$\overline{G}(\theta,\varphi)=G_{max}-3\left(|\theta|\leqslant\frac{\alpha_V}{2},|\varphi|\leqslant\frac{\alpha_H}{2}\right) \tag{3-12}$$

式中，α_V，α_H 为有意辐射区垂直面和水平面的宽度。

如果未给出 α_V、α_H 的宽度，只要得知最大增益值，则可由下式求得

$$\frac{\alpha_V}{2}\cdot\frac{\alpha_H}{2}\approx\frac{30000}{10^{\frac{G_{max}}{10}}} \tag{3-13}$$

在电磁兼容预测技术中，对于设计频率和极化下的主瓣增益，服从正态分布，其标准差 $\sigma_0(\theta,\varphi)$ 由实验确定，也可令 $\sigma_0(\theta,\varphi)=2$dB 作为参考。

表 3-1 有意辐射区的通用定向天线模型

天线类型	工作条件		区的宽度		平均增益	σ_0	C	D	ΔG
	频率	极化	α_H	α_V					
高增益 $G_{max}>25dB$	设计的	设计的	α_{H0}	α_{V0}	$\overline{G}=G_{max}-3$	2	0	0	0
	设计的	正交的	$10\alpha_{H0}$	$10\alpha_{V0}$	$\overline{G}-20$	3	0	0	−20
	非设计	任意的	$4\alpha_{H0}$	$4\alpha_{V0}$	$\overline{G}-13$	3	0	−13	0
中增益 $10dB\leqslant G_{max}\leqslant 25dB$	设计的	设计的	α_{H0}	α_{V0}	$\overline{G}=G_{max}-3$	2	0	0	0
	设计的	正交的	$10\alpha_{H0}$	$10\alpha_{V0}$	$\overline{G}-20$	3	0	0	−20
	非设计	任意的	$3\alpha_{H0}$	$3\alpha_{V0}$	$\overline{G}-10$	3	0	−10	0
低增益 $G_{max}<10dB$	设计的	设计的	α_{H0}	α_{V0}	$\overline{G}=G_{max}-3$	1	0	0	0
	设计的	正交的	$6\alpha_{H0}$	$6\alpha_{V0}$	$\overline{G}-16$	2	0	0	−16
	非设计	任意的	360°	180°	$\overline{G}-10$	2	0	$-\overline{G}$	0
非谐振			α_{H0}	α_{V0}	$\overline{G}$	3	0	0	0

在设计频率以外，增益 G 与频率 f 的关系如下：

$$\overline{G}(f)=\overline{G}(f_0)+C\left|\lg\frac{f}{f_0}\right|+D \tag{3-14}$$

$$\sigma_0(f)=\sigma_i \quad f_i\leqslant f\leqslant f_{i+1} \tag{3-15}$$

式中，$\overline{G}(f_0)$为设计频率 f_0 处功率增益平均值；$\overline{G}(f)$为频率 f 上的功率增益平均值；$\sigma_0(f)$为增益均方差；σ_i 为频带 f_i 到 f_{i+1} 内的均方差值；C、D 为给定天线型号的常系数，一般可由实验确定，在缺乏资料时，可从统计的数据表 3-1 查出。

当要考虑由正交极化辐射引起的干扰时，天线模型可假设为

$$\overline{G}(f_0,p)=\overline{G}(f_0,p_0)+\Delta G(p) \tag{3-16}$$

式中，$\overline{G}(f_0,p_0)$为设计频率 f_0 和设计极化 p_0 下的平均功率增益；$\Delta G(p)$是因为极化失配而引起的增益变化，用 dB 表示。

对于无意辐射区的天线模型，见表 3-2 所示。

表 3-2 无意辐射区的天线模式参数

天线增益	工作条件		平均增益(dB)	标准偏差(dB)
	频率	极化		
高增益 $G_{max}>25dB$	设计的	设计的	−10	14
	设计的	正交的	−10	14
	非设计的	任意的	−10	14
中增益 $10dB\leqslant G_{max}\leqslant 25dB$	设计的	设计的	−10	11
	设计的	正交的	−10	13
	非设计的	任意的	−10	10
低增益 $G_{max}<10dB$	设计的	设计的	$\overline{G}-3$	6
	设计的	正交的	$\overline{G}-3$	8
	非设计的	任意的	$\overline{G}-3$	0

对于定向天线的非有意辐射区，需要规定在偏轴情况下的非有意辐射区中的天线特性。在此区中的辐射，特别是远离天线轴的地方，是孔径照射的函数，它取决于天线的结构。即使

同样的天线型号，样品不同，辐射方向图都有很大的变化。因此在电磁兼容分析中非有意辐射可以假设是各向同性的。在高增益天线情况下，主瓣宽度可以忽略(很窄)，那么非有意辐射在整个球面可以认为是均匀分布。例如，设 90% 的功率都集中在有意辐射区中(对于一个设计得很好的高增益天线来说，这种假设是正确的)，那么在非有意辐射区的平均增益为 −10dB。

3.2.1.2 近场天线模型

天线的近场分布一般不会给出，分布函数与天线的极化等因素有极其密切的关系。

近场特性比远场复杂得多，一般不能由单一方向图表示，因为近场是角位置和天线距离的函数。

(1) 过渡距离(R)

近场到远场过渡是渐变的。在规定天线远场方向图的误差前提下，可获得具体的过渡距离。

一般决定过渡距离的一个判据是限定路径误差在 $\lambda/8$ 内，相应于在任意远场所获得增益的 1dB 左右。

$$R>2l^2/\lambda \tag{3-17}$$

$$R>3\lambda \tag{3-18}$$

上两式需要同时保证。

对于低增益天线，当偏离主轴时，近场到远场过渡距离大大减小。因而许多电磁干扰预测问题中可利用偏离轴的近场近似。

(2) 近场增益的瞄准波瓣近似

对于需要考虑轴上近场情况的场合，可以假设所有的发射功率包含在围绕天线轴线的圆柱内，其截面积等于天线口径，这是瞄准波瓣效应，当采用这种保守近似时，合成的天线近场增益(离天线的距离为 R)为

$$G=\frac{4\pi R^2}{A} \quad G<G_{EF} \tag{3-19}$$

换成 dB 为

$$G_{dB}=11+20\lg R-10\lg A \tag{3-20}$$

式中，G_{EF} 为远场增益；A 为天线口径面积。

在其他方向上，增益由下式确定

$$G_\theta=\frac{1+2\cos\theta}{3}G_0 \tag{3-21}$$

式中，G_0 等同于上式中的 G_{dB}；θ 为偏离轴线的角度。

因为极化等因素的影响，此式并不准确，但是在资料不详尽的情况下，此公式可以接受。

3.2.1.3 天线区域的确定

发射机—接收机对(或者说干扰源天线—干扰敏感体对)的配置，直接影响电磁兼容性。干扰源对干扰敏感体的影响程度主要取决于方向图宽度，旁瓣电平，主波束相互取向，扫描方式和扫描扇形区范围，如果干扰敏感体配置在干扰源天线的主瓣内(有意辐射区)，且两者的主瓣相互对准，干扰源对干扰敏感体的影响将是最大的。

图 3-2 所示是发射机—接收机的天线配置示意图。

(1) 发射区

当接收机位于发射机天线有意辐射区内，应满足如下要求。

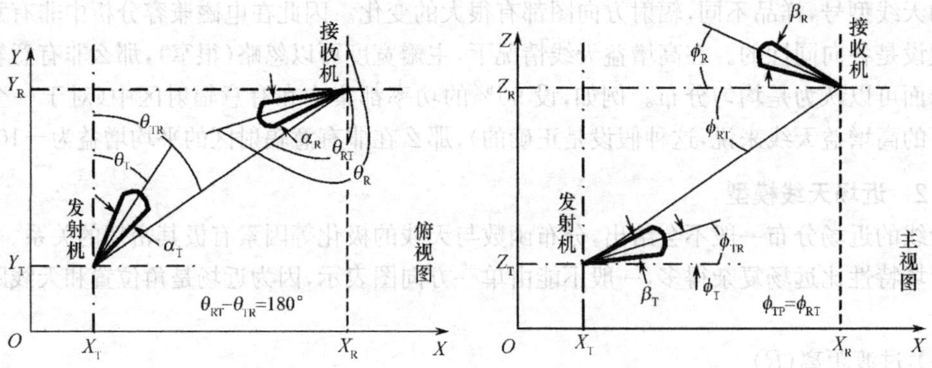

图 3-2 发射机－接收机天线配置示意图

方位角：

$$|\theta_T-\theta_{TR}|\leqslant\frac{\alpha_T}{2} \tag{3-22}$$

高低角：

$$|\varphi_T-\varphi_{TR}|\leqslant\frac{\beta_T}{2} \tag{3-23}$$

式中，θ_T、φ_T 为所希望发射的方位角和高低角中心；θ_{TR}、φ_{TR} 为由干扰发射到接收机的方向角；α_T、β_T 为发射天线的方位角和高低角波束宽度(即设计频率和极化的 10dB 宽度)。

(2) 接收区

当发射机处于接收机天线有意辐射区内，应满足如下条件。

方位角：

$$|\theta_R-\theta_{RT}|\leqslant\frac{\alpha_R}{2} \tag{3-24}$$

高低角：

$$|\varphi_R-\varphi_{RT}|\leqslant\frac{\beta_R}{2} \tag{3-25}$$

或者

方位角：

$$|\theta_R-\theta_{RT}-180|\leqslant\frac{\alpha_R}{2} \tag{3-26}$$

高低角：

$$|\varphi_R+\varphi_{RT}|\leqslant\frac{\beta_R}{2} \tag{3-27}$$

式中，θ_R、φ_R 为所希望发射的方位角和高低角中心，θ_{RT}、φ_{RT} 为由干扰发射到接收机的方向角，α_R、β_R 为接收天线的方位角和高低角波束宽度(即设计频率和极化的 10dB 宽度)。

如果发射机和接收机的位置是在直角坐标内标定的，各角度应由下式确定。

方位角：

$$\theta_{TR}=\arctan\left(\frac{x_R-x_T}{y_R-y_T}\right) \tag{3-28}$$

高低角：

$$\varphi_{TR}=\arctan\left(\frac{z_R-z_T}{\sqrt{(x_R-x_T)^2+(y_R-y_T)^2}}\right) \tag{3-29}$$

当式(3-22)、式(3-23)不满足时，接收机会受到发射机天线方向图非主瓣的照射；当式(3-24)～式(3-27)不满足时，发射机不在接收机天线方向图主瓣内，而从接收机天线方向图的旁瓣或后瓣方向上，接收到非有意辐射的电磁干扰。

当天线扫描时，发射机对接收机的影响，由相应事件出现概率来估计。

3.2.2　基于高频近似算法的预测

在载体外形确定且设备的工作频率较高时，可采用高频近似算法进行天线电磁兼容预测。本节介绍基于几何绕射理论的预测。

3.2.2.1　几何绕射理论

几何绕射理论(Geometrical Theory of Diffraction，GTD)是20世纪50年代提出的，其基本概念可以归纳如下：

① 根据广义费马原理得到绕射定律，绕射场沿绕射射线传播，绕射射线是从源点经绕射点至场点的取极值传播路径。

费马原理：两点间射线的实际轨迹就是使光程取极值的曲线。广义费马原理则把绕射射线也包括在内，并认为绕射射线也是沿最短路程传播的。所谓光程，就是两点间沿某一曲线的积分。这里 n 是媒质的折射率。

$$D=\int n\mathrm{d}s \tag{3-30}$$

式中，n 为媒质的折射率；D 为短程线。

② 根据局部性原理，高频绕射和反射一样，是一种局部现象，也就是说，绕射只取决于物体上绕射点领域内的物理特性和几何特性。

③ 离开绕射点后的绕射射线仍遵循几何光学定律，即沿直线传播，在绕射射线管内能量守恒，绕射场相位延迟等于媒质的传播常数与传播距离的乘积。

在均匀媒质中几何光学射线遇到物体的不连续性时，一般会出现几种典型绕射现象：曲面绕射、尖顶绕射、边缘绕射，如图3-3所示。

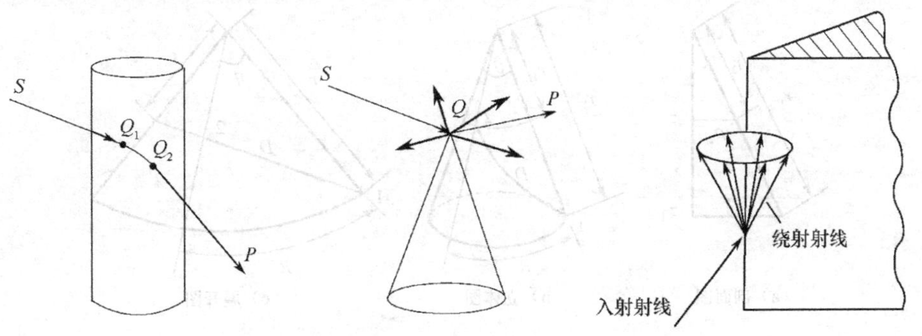

图3-3　典型绕射现象

将GTD应用于工程计算，原则上不难。由于辐射和散射问题的高频近似解就是直射、反射和绕射射线对场的总贡献，所以首先要找出对给定场点的场有贡献的所有射线及其轨迹，即用费马原理确定反射点和绕射点，并求出源点经反射点或绕射点的极值路径，这一过程称为射线寻迹。射线寻迹在物体几何形状复杂或者有遮挡时比较复杂,只能用数值计算方法求解。找出了反射线和绕射线后,即可通过叠加方法求出场点处的总场。

GTD方法的缺陷也是很明显的。从本质上讲,GTD只求解标量波动方程,它们很难准确描述三维电磁散射中复杂的矢量/极化关系,往往不能准确计算目标近场、表面电流分布、极化散射特性、相位特性等一些重要的电磁参数。

然而,由于其计算速度快,且对某些特定场合也有一定适用性(比如神舟飞船这样的旋转对称航天器),因此在设计阶段仍可采用并作为设计参考。下面以此为例说明应用GTD进行传播损耗的计算。

对于航天器的这种旋成体的形状来说,其上天线之间能够直接照射的情况极少,所以可以近似地认为所有的耦合全都是通过机身爬行波来实现的。这种近似可以大大减少计算的复杂度。所以机体遮挡系数也仅限于爬行波的遮挡系数,边缘绕射所产生的遮挡暂不考虑。

爬行波的遮挡系数SF由下列各式表示:

$$\mathrm{SF}=\frac{-A}{\eta A+\xi} \tag{3-31}$$

$$A=\rho_{\mathrm{f}}\cdot\theta_{\mathrm{s}}^{2}\sqrt{\frac{2\pi}{\lambda D_{\mathrm{cy}}}} \tag{3-32}$$

$$\eta=\begin{cases}5.478\times10^{-3} & (A<26)\\ 3.340\times10^{-3} & (A\geqslant26)\end{cases} \tag{3-33}$$

$$\xi=\begin{cases}0.5083 & (A<26)\\ 0.5621 & (A\geqslant26)\end{cases} \tag{3-34}$$

式(3-32)中,θ_{s}为爬行线两端点θ之差;R_{f}为射线曲率半径;ρ_{f}为射线曲率半径;D_{cy}为爬行线长度。

3.2.2.2 短程线的计算

要求得传输损耗,短程线的计算无疑是关键。上节已经假设短程线均为旋成体上的爬行线。在爬行线计算中,分为圆锥、圆柱、球以及直线4种。

1. 圆锥上爬行线的计算

如图3-4所示,1、2为圆锥表面上两个不同的点,求两点间在圆锥表面的最短距离D,即短程线。

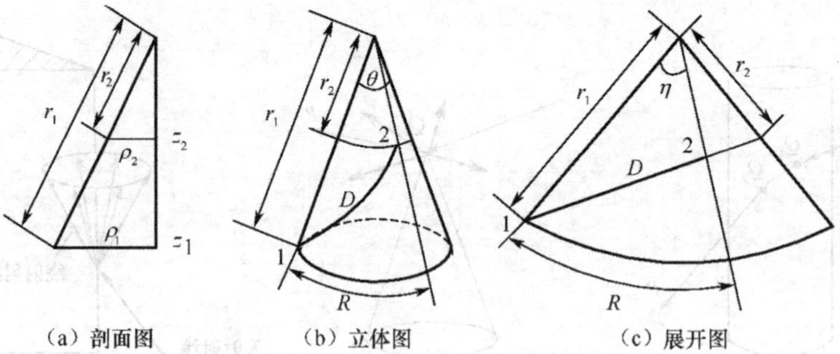

图3-4 圆锥爬行线计算示意图

由几何上的关系可以求得短程线为

$$D=\sqrt{r_1^2+r_2^2-2r_1r_2\cos\eta} \tag{3-35}$$

式中,

$$r_1=\frac{\rho_1\sqrt{(\rho_1-\rho_2)^2+(z_2-z_1)^2}}{\rho_1-\rho_2}$$

$$r_2=\frac{\rho_2\sqrt{(\rho_1-\rho_2)^2+(z_2-z_1)^2}}{\rho_1-\rho_2}$$

$$\eta=\frac{\theta(\rho_1-\rho_2)}{\sqrt{(\rho_1-\rho_2)^2+(z_2-z_1)^2}}$$

式中，ρ_1、ρ_2、z_1、z_2、θ 为位置参数，可由设备的参数数据库中读出。

上面讨论的是 $\rho_1>\rho_2$ 的情况，对于 $\rho_1<\rho_2$ 的情况，同理可得。在编程实现中，还要考虑一个问题就是 θ，数据库中 θ 的值从 $0\sim2\pi$，但是 θ 始终是小于 π 的，所以在两个设备的角度相减时，要做一个判断。

2. 圆柱上爬行线的计算

如图 3-5 所示，1、2 为圆柱表面上两个不同的点，不难求得两点间在圆锥表面的短程线 D 为

$$D=\sqrt{r^2\theta^2+z^2} \tag{3-36}$$

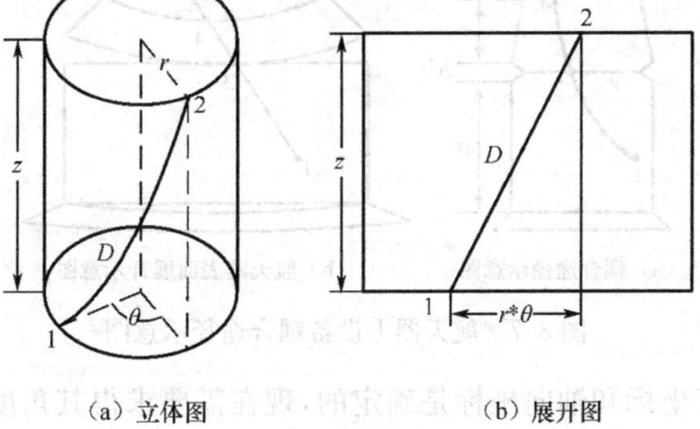

图 3-5　圆柱爬行线计算示意图

3. 球上爬行线的计算

如图 3-6 所示，1、2 为球表面上两个不同的点，在球面上连接这两点的最短线是由球心 O 点和 1、2 两点所确定平面与球面的交线，也就是大圆的圆弧。由几何关系可以求出短程线 D。需要注意的是，在本课题中采用柱坐标系，所以在计算前要进行坐标转换。

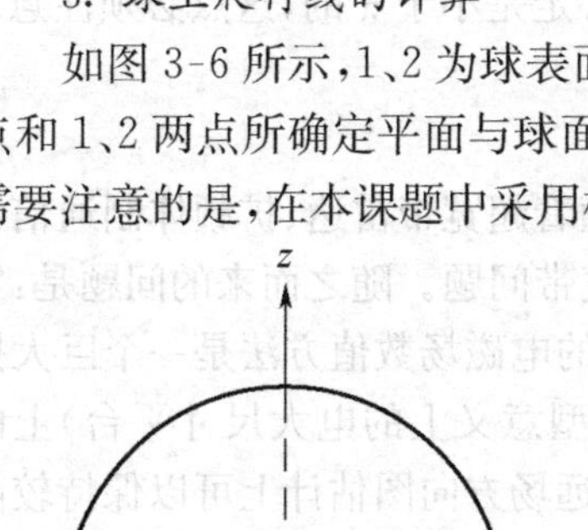

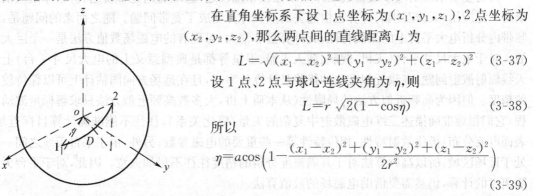

图 3-6　球面爬行线计算示意图

在直角坐标系下设 1 点坐标为 (x_1,y_1,z_1)，2 点坐标为 (x_2,y_2,z_2)，那么两点间的直线距离 L 为

$$L=\sqrt{(x_1-x_2)^2+(y_1-y_2)^2+(z_1-z_2)^2} \tag{3-37}$$

设 1 点、2 点与球心连线夹角为 η，则

$$L=r\sqrt{2(1-\cos\eta)} \tag{3-38}$$

所以

$$\eta=a\cos\left(1-\frac{(x_1-x_2)^2+(y_1-y_2)^2+(z_1-z_2)^2}{2r^2}\right) \tag{3-39}$$

则短程线 D 为

$$D=r\cdot\eta \tag{3-40}$$

上列式中，$r=\sqrt{x_1^2+y_1^2+z_1^2}=\sqrt{x_2^2+y_2^2+z_2^2}$为球半径。

4. 两点间直线距离

设两设备的位置参数在柱坐标下分别为(ρ_1,φ_1,z_1)，(ρ_2,φ_2,z_2)，则两点间最短距离 D 为

$$D=\sqrt{\rho_1^2+\rho_2^2-2\rho_1\rho_2\cos(\varphi_1-\varphi_2)+(z_1-z_2)^2} \tag{3-41}$$

3.2.2.3 绕射点的确定

在航天器上，收发两点跨过两个以上的不同几何形体时，确定所跨过几何形体的边缘点便成为关键。如图3-7所示，有1和2两个设备，它们之间跨过了4个舱段分别是：a 段为圆柱，b、c 段为圆台，d 段为球台。其中 b 段因为太小，忽略不计。也就是在舱段之间有两个交点3和4。求得这两点的坐标，整条短程线也就知道了。

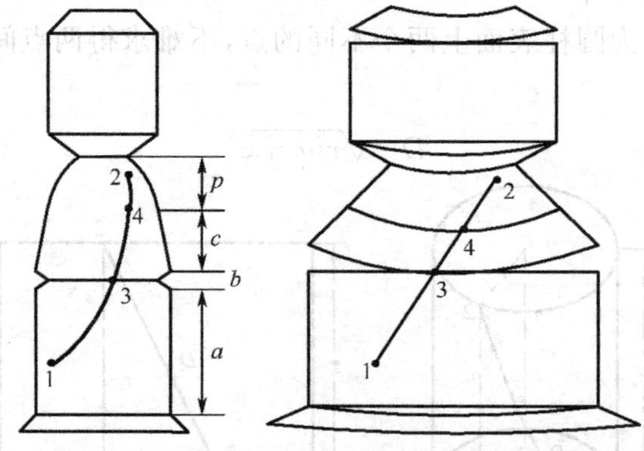

(a) 耦合途径示意图　　(b) 航天器表面展开示意图

图3-7 航天器上设备耦合途径示意图

3点和4点的高度坐标和轴向坐标是确定的，现在需要求得其角度坐标。将整个形体展开到角度、高度平面上，则可近似地将1、2点连成一条直线，那么此直线和各边界的交点则是3点和4点，其横坐标就是角度值。

设备的角度值是在 $0\sim2\pi$ 变化的，但是两点间的角度差必定是小于 π 的，这点必须注意。

3.2.3 基于全波算法的预测

因为复杂系统的电子设备的工作频段往往相距较远，且随着超宽带雷达、扩频体制通信系统的广泛应用，天线互耦的计算也由过去的点频计算变成了宽带问题。随之而来的问题是：宽频带内分析电大平台上的天线特性，其计算量非常大，对现有的电磁场数值方法是一个巨大挑战。对于电大尺寸平台(飞机、舰艇、载人飞船、卫星等都是典型意义上的电大尺寸平台)上的天线辐射散射问题，高频近似方法的优势是计算效率高，且在远场方向图估计上可以保持较高的精度。但因为高频近似方法的局限性(从本质上讲，大多数高频近似方法只求解标量波动方程，它们很难准确描述三维电磁散射中复杂的矢量/极化关系)，往往不能准确计算目标近场、表面电流分布、极化散射特性、相位特性等一些重要的电磁参数；另外，由于平台天线之间一般处于近场区域，所以高频算法对于其隔离度分析的精度往往不尽如人意。因此，对于平台天线隔离度的计算，仍然需要借助电磁场的数值算法。

本节选用前文描述的一种很有发展潜力的方法——时域积分方程方法进行介绍。与频域方法相比，在时域求解目标的电磁特性不仅可以直观地揭示目标与电磁波作用的机理，而且通

过少量计算就可以获得目标的宽频带信息，这在宽带电磁问题、瞬态电磁问题分析中具有特别的优势。此外，时域方法容易处理非线性问题，而且时域方法的时间递推特点使其更容易实现大规模的并行计算。

同基于微分方程的方法相比，如FDTD、FETD等，基于积分方程的方法在求解的未知数数量上具有明显的优势。这是因为对于均匀媒质的目标，积分方程方法仅仅需要离散目标的表面，而基于微分方程的方法不仅需要离散整个目标的体积，而且目标的周围区域也需要进行离散，因此产生的离散单元数量远大于积分方程面离散单元的数量，导致求解的未知数急剧增加。其次，积分方程方法自动满足Sommerfeld辐射边界条件，不需要强加吸收边界，而吸收边界是基于微分方程的方法所必需的。另外，对于电磁兼容问题，不可避免会遇到线天线的求解。线天线在结构上具有大的纵横比，这对于基于微分方法的有限元、时域有限差分等方法而言，由于精确分析中网格划分时必须考虑细线，从而导致网格数量较大，求解实现起来比较困难，但对于矩量法、时域积分方程法则可以进行快速而精确地处理。

因为具有时域方法和积分方法的双重特性，时域积分方程在理论上十分适合分析电磁兼容问题。

3.2.3.1 时域积分方程方法

假设一理想导体置于介电常数为 ε_0、磁导率为 μ_0 的自由空间中，其外表面为 s，$\hat{\boldsymbol{n}}$ 为表面的外法向单位矢量，受到外来入射波$\{\boldsymbol{E}^i(\boldsymbol{r},t),\boldsymbol{H}^i(\boldsymbol{r},t)\}$激励，其表面将产生感应电流 $\boldsymbol{J}(\boldsymbol{r},t)$，令 $\boldsymbol{J}(\boldsymbol{r},t)=0(t<0)$。

根据麦克斯韦方程和边界条件，能够推导出电场时域积分方程、磁场时域积分方程如下：

$$\hat{\boldsymbol{n}}\times\hat{\boldsymbol{n}}\times\boldsymbol{E}^i(\boldsymbol{r},t)=\hat{\boldsymbol{n}}\times\hat{\boldsymbol{n}}\times\left[\frac{\mu_0}{4\pi}\int_s\frac{1}{R}\frac{\partial\boldsymbol{J}(\boldsymbol{r}',\tau)}{\partial t}\mathrm{d}s'-\frac{1}{4\pi\varepsilon_0}\nabla\int_s\mathrm{d}s'\int_{-\infty}^{\tau}\frac{\nabla'\cdot\boldsymbol{J}(\boldsymbol{r}',t')}{R}\mathrm{d}t'\right]$$

$$\doteq L_e\{\boldsymbol{J}(\boldsymbol{r}',t)\}\qquad \boldsymbol{r},\boldsymbol{r}'\in s \tag{3-42}$$

$$\hat{\boldsymbol{n}}\times\boldsymbol{H}^i(\boldsymbol{r},t)=\frac{\boldsymbol{J}(\boldsymbol{r},t)}{2}-\hat{\boldsymbol{n}}\times\frac{1}{4\pi}\int_{s_0}\nabla\times\frac{\boldsymbol{J}(\boldsymbol{r}',\tau)}{R}\mathrm{d}s'$$

$$\doteq L_m\{\boldsymbol{J}(r',t)\} \tag{3-43}$$

式中，$L_e\{\cdot\}$定义为时域电场积分算子；$L_m\{\cdot\}$定义为时域电场积分算子；∇ 作用于场 $\boldsymbol{r}$ 上；∇'作用于源 $\boldsymbol{r}'$ 上；s'表示电流源分布表面；$\tau=t-R/c$ 表示时间延迟。

需要求解的物理量为感应电流 $\boldsymbol{J}(\boldsymbol{r},t)$。但该物理量处于积分内部，对于实际问题很难得到解析解，只有通过数值方法求解(用求和的方法来求解积分)。

为了进行算法的计算机实现，必须将积分方程离散。首先需要将表面电流表示成时间基函数和空间基函数的级数和形式：

$$\boldsymbol{J}(\boldsymbol{r},t)\approx\sum_{i=0}^{N_t}\sum_{n=1}^{N_s}I_{n,i}\boldsymbol{f}_n^q(\boldsymbol{r})T_i(t)\quad q=s,w,sw \tag{3-44}$$

式中，$\boldsymbol{f}_n^q(\boldsymbol{r})$分别对应3种结构($s$线、$w$面、$sw$线面结合)上的空间基函数；$T(t)$为时间基函数，并有 $T_i(t)=T(t-i\Delta t)$，且 $t\geqslant 0$；$I_{n,i}$为电流展开系数；N_s 为空间自由度；N_t 为时间自由度。

将电流展开式(3-44)代入TDIE各式，在空间上进行Galerkin检验，同时在时刻 $t_j=j\Delta t$ 处对方程实施点匹配，并利用算子的线性性质可得如下形式的一组方程：

$$\langle\boldsymbol{f}_m^q(\boldsymbol{r}),V_l\{\boldsymbol{E}^i(\boldsymbol{r},t),\boldsymbol{H}^i(\boldsymbol{r},t)\}\rangle\big|_{t=t_j}=\langle\boldsymbol{f}_m^q(\boldsymbol{r}),\sum_{n=1}^{N_s}\sum_{i=0}^{j}I_{n,i}L_l\{\boldsymbol{f}_n^q(\boldsymbol{r})T_i(t)\}\rangle\big|_{t=t_j} \tag{3-45}$$

式中,$\langle \cdot \rangle$表示取内积;$l=e$、h、c 分别代表电场、磁场与混合场积分方程。

式(3-45)左端表示当前时刻激励对场点的作用,为已知量;右端表示目标表面当前时刻和历史所有时刻的电流源对场点的作用,当前时刻电流展开系数为未知量。通过适当的变量代换,将所有含当前时刻电流系数的部分移到方程左端,所有历史时刻电流系数部分及激励部分移到方程右端。式(3-45)可写成如下形式:

$$\boldsymbol{Z}_0 \boldsymbol{I}_j = \boldsymbol{V}_j - \sum_{i=1}^{j} \boldsymbol{Z}_i \boldsymbol{I}_{j-i} \quad j = 1,\cdots,N_t \tag{3-46}$$

式中,$\boldsymbol{I}_j$ 为第 j 时刻电流系数向量;$\boldsymbol{V}_j$ 为第 j 时刻激励向量;$\boldsymbol{Z}_i$ 为阻抗矩阵。

其元素分别表示为

$$\boldsymbol{V}_{j,m} = \langle \boldsymbol{f}_m^q(\boldsymbol{r}), V_l\{\boldsymbol{E}^i(\boldsymbol{r},t), \boldsymbol{H}^i(\boldsymbol{r},t)\}\rangle|_{t=t_j} \tag{3-47}$$

$$Z_{l,mn} = \langle \boldsymbol{f}_m(r), L_l\{\boldsymbol{f}_n^q(\boldsymbol{r}) T_{j-l}(t)\}\rangle|_{t=t_j} \tag{3-48}$$

若初始时刻的电流系数 $\boldsymbol{I}_0$ 为已知,则可以通过式(3-46)求解时刻1的电流系数 $\boldsymbol{I}_1$,然后再通过 I_0、$\boldsymbol{I}_1$ 求解时刻2的电流系数 $\boldsymbol{I}_2$,如此递推下去通过求解 N_t 个 N_s 阶矩阵线性方程组就可以求得所有时刻的电流系数,进而求得电流。式(3-46)就是经典的求解时域积分方程的时间递推方法(MOT)。

时域积分方程方法基函数和权函数的选择、矩阵的计算等具体的理论和技术,不在本书的讨论范围之内,有兴趣的同学可以查阅相关参考文献。

总的来讲,应用时域积分方程求解电磁问题的步骤是:

- 根据最高求解频率选取离散单元的大小;
- 将求解对象表示为一组合适的空间基函数和时间基函数的线性组合,并代入算子方程;
- 选择合适的检验函数(权函数)对方程取矩量,建立矩阵方程(线性代数方程组);
- 求解阻抗矩阵;
- 求解电流,并据此求得其他物理量,如 S 参数、RCS、远场、方向图等。

3.2.3.2 天线隔离度的描述

在微波网络理论里面,天线间的耦合度可以用网络散射参数(S 参数)来确定。

一个 N 端口微波网络常用 S 参数来进行描述,如图3-8所示。

定义:归一化入射波

$$a = \frac{1}{2}\left(\frac{U}{Z_0} + I\sqrt{Z_0}\right) \tag{3-49}$$

归一化反射波

$$b = \frac{1}{2}\left(\frac{U}{Z_0} - I\sqrt{Z_0}\right) \tag{3-50}$$

式中,U 和 I 分别为端口电压和电流;Z_0 为在网络的特性阻抗。

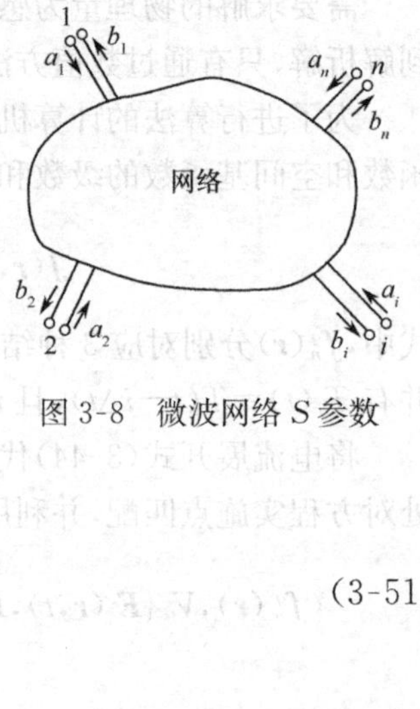

图3-8 微波网络 S 参数

则 N 端口微波网络的 $\boldsymbol{S}$ 参数可以写为 N 个端口间反射波 b 和入射波 a 之间的线性关系:

$$\begin{bmatrix} b_1 \\ b_2 \\ \vdots \\ b_n \end{bmatrix} = \begin{bmatrix} S_{11} & S_{12} & \cdots & S_{1n} \\ S_{21} & S_{22} & \cdots & S \\ \vdots & \vdots & \ddots & \vdots \\ S_{n1} & S_{n2} & \cdots & S_{nn} \end{bmatrix} \begin{bmatrix} a_1 \\ a_2 \\ \vdots \\ a_n \end{bmatrix} \tag{3-51}$$

在复杂系统中的各个设备天线可视为一个多端口网络。各个天线之间的耦合度，用该网络的 S 参数表征和计算。

入射波功率

$$P_{\text{in}}=\frac{1}{2}|a_i|^2 \tag{3-52}$$

反射波功率

$$P_{\text{ref}}=\frac{1}{2}|b_i|^2 \tag{3-53}$$

假设端口 1 与发射天线连接，端口 2 与接收天线连接，天线与端口负载阻抗匹配，根据天线耦合度的概念，2 端口接收天线接收到的功率为 $P_{\text{r}}=|b_2|^2/2$。端口 1 发射天线的输入功率 $P_{\text{t}}=|a_1|^2/2-|b_1|^2/2$；由于端口 2 接收天线匹配，$b_2=S_{21}a_1$，$b_1=S_{11}a$。

$$\frac{P_{\text{r}}}{P_{\text{t}}}=\frac{\frac{1}{2}|b_2|^2}{\frac{1}{2}|a_1|^2-\frac{1}{2}|b_1|^2}=\frac{|S_{21}|^2}{1-|S_{11}|^2} \tag{3-54}$$

1 端口到 2 端口的耦合度为

$$C=-10\lg\left(\frac{P_{\text{r}}}{P_{\text{t}}}\right)=-10\lg\left(\frac{|S_{21}|^2}{1-|S_{11}|^2}\right) \tag{3-55}$$

当 1 端口天线也匹配时，有 $S_{11}=0$ 从而 1 端口到 2 端口的耦合度为

$$C=-10\lg\left(\frac{P_{\text{r}}}{P_{\text{t}}}\right)\approx-10\lg(|S_{21}|) \tag{3-56}$$

C 越大表示耦合干扰越大。故，当 S 参数越小时，耦合度越大。

有 3 个概念需要说明："天线耦合度"、"天线隔离度"、"S_{21} 参数"。这三个概念都是在描述能量从一个天线传到另一个天线的过程，"天线耦合度"是指 B 天线的接收到的实际功率与 A 天线的实际发射功率比值；"天线隔离度"是"天线耦合度"的倒数；隔离度越好，耦合度越差；S_{21} 参数是指微波网络中，2 端口接收到的来自 1 端口的能量的大小（端口 2 匹配时）。当我们在计算阻抗匹配的天线耦合度时，S_{21} 参数可以用来直接表示天线耦合度。

但事实上发射天线与发射机、接收天线与接收机之间实现理想阻抗匹配是困难的，很多情况下天线与端接设备间都会存在能量反射。因此，需要分析在阻抗失配时如何准确计算天线间的耦合度。

由于这种阻抗失配使得发射机的输入功率并不等于发射天线的净输入功率（发射天线发射的功率），接收天线接收的功率也不等于接收天线的净输出功率（接收机接收的功率）。所以运用式(3-56)来计算天线间的耦合度是不准确的，而必须充分考虑到阻抗失配引起的能量反射问题，将天线及其端接设备作为一个整体即天线系统来考虑。因为天线之间的耦合干扰其实是发射天线系统对接收天线系统产生的一种电磁干扰，该干扰最终作用于接收天线端接负载（接收机）。如无线电系统之间的互调干扰就是多个信号通过接收天线混入接收机后由接收机的非线性特性所产生的，当该干扰信号的电平超过接收机的敏感度门限时接收机就会受到干扰。因此对于系统电磁干扰尤其是复杂运载平台上电子设备的电磁兼容性来说，天线互耦问题应该作为发射天线系统和接收天线系统的耦合干扰问题来研究。

根据上面的分析，在通信系统电磁兼容性研究中，更加适用于通信系统互耦研究的耦合度定义如下：

$$C=P_{1\text{r}}/P_{\text{a}} \tag{3-57}$$

式中，P_{1r}为接收天线负载吸收的功率；P_a为发射机的资用功率。

该耦合度的定义考虑了发射和接收天线系统之间的相互干扰，将干扰源及受扰设备都纳入研究范围以内，而不是孤立地计算天线之间的耦合效应。式中P_{1r}为接收天线负载吸收的功率，这个功率能够反映出经过接收天线混入接收机的干扰信号强度，对于准确判断接收机是否受扰及受扰程度提供依据；P_a为发射机资用功率，该功率表征了发射机的最大输出功率，反映了发射机的工作特性。当掌握了发射机的工作参数及该通信系统的耦合度后，就可以直接由上式求得接收机接收到的干扰信号强度，将该干扰信号与接收机敏感度门限进行比较可以直接判断出接收机的受扰情况。

通过上面的讨论，可以得到在系统电磁兼容背景下适合系统互扰问题研究的耦合度定义。下面利用微波网络理论说明其计算方法。不失一般性，以两天线组成的一个系统为例，如图3-9所示。假设天线1为发射天线，天线2为接收天线，可将该通信系统等效为二端口微波网络模型，如图3-10所示。发射机等效为一内阻Z_g和源E_g，接收机等效为一负载阻抗Z_L。其中Γ_g为源反射系数，Γ_{in}为端口1的输入反射系数，Γ_L为负载反射系数。

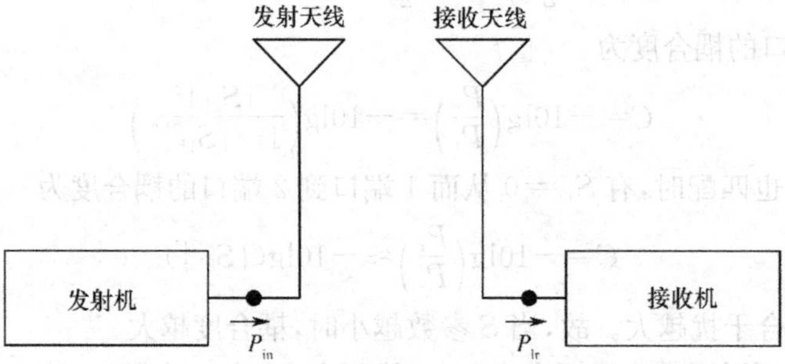

图3-9　发射及接收天线系统

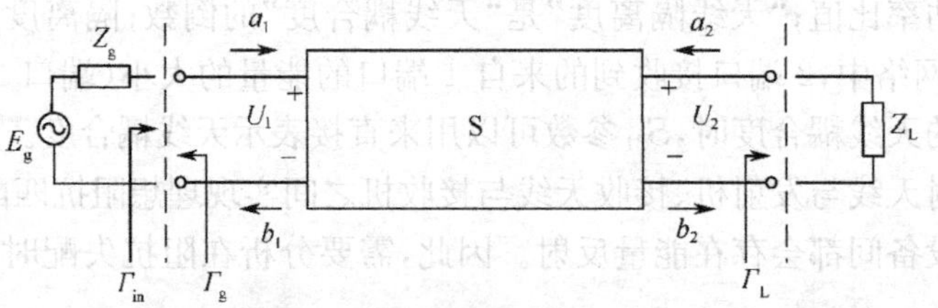

图3-10　等效二端口网络

根据二端口网络理论负载吸收的功率为

$$P_{1r}=\frac{1}{2}|b_2|^2(1-|\Gamma_L|^2) \tag{3-58}$$

由于$\tilde{U}_1=a_1+b_1=a_1(1+\Gamma_{in})=\dfrac{\tilde{E}_g}{\tilde{Z}_g+\tilde{Z}_{in}}\tilde{Z}_{in}$，将$\tilde{Z}_{in}=\dfrac{1+\Gamma_{in}}{1-\Gamma_{in}}$和$\tilde{Z}_g=\dfrac{1+\Gamma_g}{1-\Gamma_g}$代入$\tilde{U}_1$得

$$a_1=\frac{1-\Gamma_g}{2(1-\Gamma_g\Gamma_{in})}\tilde{E}_g \tag{3-59}$$

由式(3-58)、式(3-59)并考虑到$\Gamma_L=a_2/b_2$可以得到

$$b_2=\frac{S_{21}}{1-S_{22}\Gamma_L}a_1=\frac{S_{21}(1-\Gamma_g)}{2(1-S_{22}\Gamma_L)(1-\Gamma_g\Gamma_{in})}\tilde{E}_g \tag{3-60}$$

将式(3-60)代入式(3-58)得

$$P_{1r}=\frac{1}{8}\frac{|S_{21}|^2|1-\Gamma_g|^2(1-|\Gamma_L|^2)}{|1-S_{22}\Gamma_L|^2|1-\Gamma_g\Gamma_{in}|}|\widetilde{E}_g|^2 \tag{3-61}$$

考虑到式(3-59),则输入功率为

$$P_{in}=\frac{1}{2}|a_1|^2(1-|\Gamma_{in}|^2)=\frac{1}{8}\frac{|1-\Gamma_g|^2(1-|\Gamma_{in}|^2)}{|1-\Gamma_g\Gamma_{in}|^2}|\widetilde{E}_g|^2 \tag{3-62}$$

信号源资用功率 P_a 为网络的输入阻抗 Z_{in} 与信号源内阻 Z_g 共轭匹配时的最大输出功率,此时有 $\Gamma_g=\Gamma_{in}^*$,代入式(3-62)可得

$$P_a=\frac{|\widetilde{E}_g|}{8}\frac{|1-\Gamma_g|^2}{(1-|\Gamma_g|^2)} \tag{3-63}$$

由式(3-61)及式(3-63)得到系统间耦合度为

$$C=\frac{P_{1r}}{P_a}=\frac{|S_{21}|^2(1-|\Gamma_g|^2)(1-|\Gamma_L|^2)}{|1-S_{22}\Gamma_L|^2|1-\Gamma_g\Gamma_{in}|^2} \tag{3-64}$$

从式(3-64)可以看出,通信系统间的耦合度不仅和等效二端口网络的 S_{21} 有关,还与 S_{22}、Γ_{in}、Γ_g 及 Γ_L 有关。值得注意的是,当 $\Gamma_L=\Gamma_g=0$ 时,式(3-64)就退化为式(3-56)。$\Gamma_g=0$ 表示发射天线与信号源(发射机)阻抗匹配,$\Gamma_L=0$ 表示接收天线与其负载(接收机)阻抗匹配,此时接收天线接收功率就等于接收天线的净功率。

该耦合度从系统电磁兼容性的角度出发,针对系统设备与设备之间通过天线耦合引起的电磁干扰进行分析。系统耦合度不仅考虑到了系统内部的失配损耗问题,而且能够直观的反映敏感设备的受扰等级,比传统天线耦合度更适于运用到系统电磁兼容性的预测与评估中。设备电磁干扰余量定义为接收机接收的来自发射机的信号功率 P_R 与接收机灵敏度门限 S_R 之差为

$$\mathrm{ISM}=P_R-S_R \tag{3-65}$$

由式(3-64)及式(3-65)可以看出,在对系统进行电磁干扰评估时,计算得到系统耦合度后,根据式(3-64)就能直接掌握接收机受干扰的情况。因此,系统耦合度对于复杂系统内各无线电分系统间辐射干扰的计算与预测具有更好的实际工程意义。

3.2.3.3 算例

载人航天器是一个国家尖端科技的集中体现。航天器上电子设备品种繁多,工作频带宽,结构密集,与地面有关的通信、指挥、控制、遥测等系统共同构成了复杂的庞大系统。为了使航天器上的电子设备能在各种复杂的条件下十分可靠而精确协调的工作,必须解决整个系统的电磁兼容性。本例以俄罗斯"联盟 TM"飞船为平台,提取两台关键设备,对通过天线产生的耦合进行分析。

为了在返回地球后标明位置和与地面保持联络,载人飞船返回舱会装载带有热备份的243 信标机和 VHF 通信机,243 信标机的工作频点为 243MHz,VHF 通信机的工作频点为260MHz。其中 243 信标机为发射设备,VHF 通信机为收发共用设备。两台设备之间存在同时工作的情况,且频点较为接近,可能存在 VHF 通信机接收到 243 信标机的杂散发射的情况,所以,有必要在设计阶段对两台设备的电磁兼容性进行分析。

243 信标机天线处于返回舱舱顶,VHF 通信机天线处于舱体侧壁,两副天线均为弹出式天线,形式均为振子天线。以返回舱大底中心点为坐标原点,大底指向舱顶的方向为 $+z$ 轴,243 信标天线的坐标为(0,0,2500),指向 $+z$ 轴,长 600mm,VHF 通信机天线的坐标为(1050,0,1822),指向为 $+z$ 轴偏 $+x$ 轴 60°,长 305mm。返回舱从大底到舱顶高约 2500mm,最宽处

直径约为2500mm,采用三角面元剖分后的结构如图3-11所示。

以243信标机为干扰设备,VHF通信机为接收设备,计算两天线的隔离度。以Delta-gap电压源激励,形式为高斯脉冲,脉宽1.7lm(光米,light meter),最高频率350MHz,剖分共产生3015条内边。通过FFT变换将结果变换到频域以得到天线隔离度。本例假设天线端口均匹配。

提取150～350MHz的天线端口传输参数 S_{21},并与Ansoft HFSS的计算结果相比较,如图3-12所示。

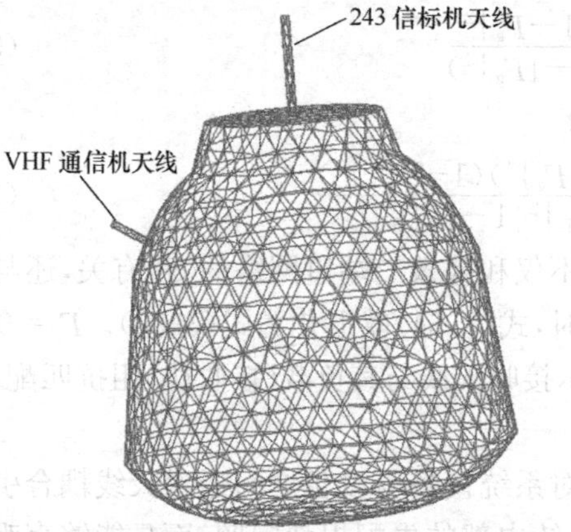

图3-11 加载243信标天线和VHF通信机天线的俄罗斯"联盟TM"飞船返回舱

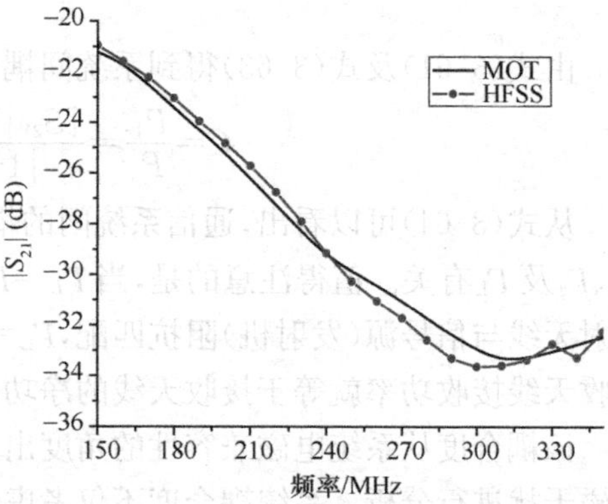

图3-12 飞船船载天线间的 S_{21}

3.3 线缆网络的电磁兼容预测

在系统级电磁兼容预测中,线缆耦合干扰预测具有基础性和极大的重要性。线缆是构成各类系统设备以及高频、微波元器件的基础,通常也是用于传递电磁能量与信息的载体。早在19世纪中叶,基于双导体传输线网络就已出现,并实现了相距几十千米地区之间的电报通信。与此同时,人类历史上的第一条海底电报电缆也在英法之间铺设成功,这种电缆由铜质芯线外加绝缘橡胶构成,其外导体为采用镀锌铁丝制成的"铠甲"层。

随着"电报通信"的合理延续,在19世纪晚期,美国科学家贝尔发明了基于硬铜线传输的电话,开始传输比电报信号频率高得多的语音频率。随后大量关于高频传输技术的研究,使得基于同轴线等一类双导体导波系统得到快速发展。而同轴电缆信号的传输是以"束缚场"的方式进行,即将信号电磁场"束缚"在外屏蔽层内表面和芯线外表面之间的介质空间内。这种方式与外界环境没有直接的电磁交换或"耦合"关系,因而具有优异的屏蔽性能。

为了研究电磁能量在线缆中传输的机理,19世纪中叶,英国开尔文根据电传播与热传导的相似性,提出了经典电报方程,并据此指导解决了海底电报电缆的重要技术问题。随后,亥维塞在此基础上引入单位长电感、电导参数,对初始方程进行了改进,从而得到今天所熟悉的传输线理论方程。这一方程常用于平行双导线和同轴线,在电信工程学中具有神圣地位。

基于线缆耦合分析的传输线理论,在20世纪取得了长足的进步。值得指出的是,真正在电磁兼容领域开展线缆耦合理论的研究始于20世纪50年代。到60年代,线缆耦合分析已出现一批理论成果,这类理论主要集中在频域分析线缆间的串扰;70年代,受核脉冲以及雷电袭击等影响，线缆的耦合分析开始转入评估瞬态恶意电磁场对线缆所连设备的影响；在 20 世纪末期，电子科技的日新月异，学者关注焦点开始更多的集中于瞬时脉冲信号在传输线中的传输情形，因而能够方便得到宽带电磁信息的线缆耦合时域分析方法进入视野；进入新世纪以后，线缆问题研究发展已步入两个领域：

1. 宏观领域

一方面集中于电气工程，这类电缆有个共同特点，即电缆跨域铺设，长度通常在 10km 以上，且长期暴露在外。而随着电网规模增大，输电线路电压等级的提高，包括特高压、超高压输电线路的建设与运行，铺设的电缆所处电磁环境复杂。主要包括高压隔离开关操作、闪电雷击、核电磁脉冲、静电放电等持续时间短、幅值高的瞬态电磁脉冲。因而准确评估瞬态电磁场对组建电网的电力线的耦合干扰，仍然是电气工程领域亟需解决的问题。另一方面集中于通信网络和通信系统，广泛使用的各种线缆。包括电源电缆、信号电缆以及控制电缆等，需要研究线缆间信号的串扰以及线缆在外界电磁场辐射时，激励起的瞬态干扰电流电压。

2. 微观领域

集中于芯片级的信号传输系统，采用微带线、三板线以及亚毫米波传输线等进行能量传递，当传输系统传播时延大于 1/2 驱动端数字信号的上升时间，则该系统需要考虑其中的分布参数效应，此时连接线应视为传输线来进行分析，需要研究信号畸变、反射引起的信号完整性以及线间串扰等问题。

系统中线缆网络构成非常复杂，既有多层屏蔽的控制线、信号线，又有传输参数随线位置或频率变化的互联线；既有被系统屏蔽舱室包围的线缆，又有暴露在系统结构外部的线缆；既有端接简单线性负载的传输线，又有终端集成有源/无源、线性/非线性子电路模块（包含数字、模拟、射频、微波及毫米波电路模块）的传输线，图 3-13 所示为汽车研发阶段的线缆网布局试验，可见，实际的传输线网络是相当复杂的。对这些线缆的耦合机理进行建模和快速分析涉及频域、时域分析方法，以及电磁场、各类线缆、复杂电路等多方面的耦合计算，需要综合考虑，才能建立较为准确的数理模型，为深刻理解电磁能量在线缆不同层面间（线—线、场—线、场—线—路等）的耦合交互过程打下基础。

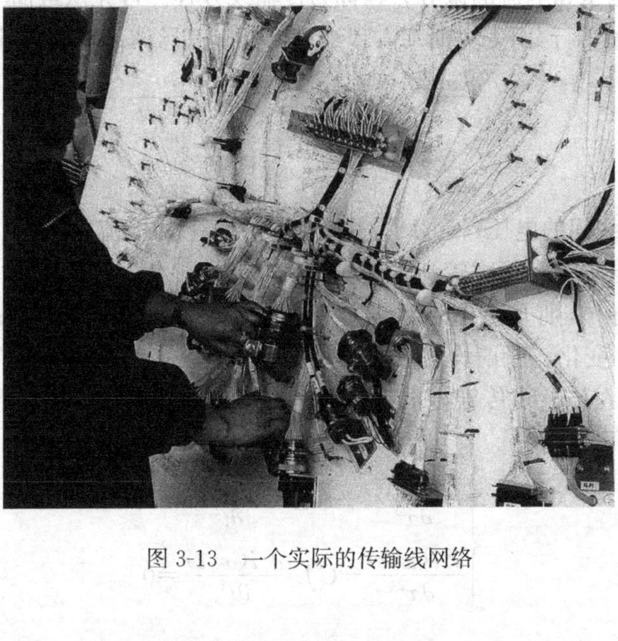

图 3-13　一个实际的传输线网络

在低频情况下,线缆网络的分析可以用电路模型进行建模;而对于高频情况,因为线缆长度可与波长相比拟,信号的相位会出现延迟和周期性的变化,电路模型已经不再适合,只能够使用全波算法或传输线模型进行建模。但全波分析步骤繁琐、计算量大、且求解相对困难。所以基于传输线模型的方法是最合适的。所谓传输线模型,即用一组频域和时域的微分方程组来描述传输线的分布参数,进而在给定的边界条件和初始条件(时域)下求解这些方程,本节介绍其中最为常用的方法——BLT 方程方法。

3.3.1 多导体传输线理论

传输线是把电磁能量从一处传送到另一处的导行电磁波装置。按传输线上导行波的类型,可以将传输线分为三类:①TEM 波和准 TEM 波传输线,包括双导线、同轴线、带状线和微带线等;②TE 波和 TM 波传输线,包括矩形波导、圆波导和脊波导等;③混合波传输线,包括介质波导、介质镜像线等。

若构成传输线的导体有损耗,或导体所处环境由两种以上介质组成(如微带线),它所导引的电磁波必有电场的纵向分量,严格地说,该传输线所导引的电磁波不再是 TEM 波,但由于导体一般是良导体,导行波中电场的横向分量远大于纵向分量,两者相比,纵向分量可以忽略不计。因此可近似看成是 TEM 波,即准 TEM 波。

在电磁兼容分析中所涉及到的传输线,一般为 TEM 波和准 TEM 波传输线,虽然其中也有 TE 模和 TM 模,但对于频率不是特别高的情况,我们假设只有 TEM 传播模式的存在。

本章中的传输线均做如下假设:

(1) 导线间的间距 d 远大于导体半径 a。在此假设下,可忽略由电荷积聚在导线周围产生的准静态场。

(2) 导线长度远大于导线间的间距。如若不然,则更像是一个环天线,而不是传输线。在此假设下,传输线模型才有效。

3.3.1.1 传输线方程

约束传输线上电压和电流的微分方程称为传输线方程。首先从最简单的双导体传输线出发。假定轴线与 x 轴平行,由麦克斯韦方程组可以推出双导体传输线方程,即

$$\begin{cases}\dfrac{\partial v(x,t)}{\partial x}=-R'i(x,t)-L'\dfrac{\partial i(x,t)}{\partial t}\\[2ex]\dfrac{\partial i(x,t)}{\partial x}=-G'v(x,t)-C'\dfrac{\partial v(x,t)}{\partial t}\end{cases}\tag{3-66}$$

式中,$v(x,t)$为两导线间的电压;$i(x,t)$为其中一根导线上的电流;R'、G'、C'、L'分别为单位长阻抗、电导、电容和电感。当频率较高时,R'为复数。

若导线为理想导体,则 $R'=0$;若导线周围介质为理想介质,则 $G'=0$;若传输线是均匀的,则 C'、L'不随坐标 x 变化。所谓均匀传输线,是指:①构成传输线的导线(包括参考导体)相互平行;②周围的介质在传输线传导方向上是平移对称的(如自由空间中绝缘介质包裹的平行线)。此时式(3-66)可写为

$$\begin{cases}\dfrac{\partial^2 v(x,t)}{\partial x^2}-C'L'\dfrac{\partial^2 v(x,t)}{\partial t^2}=0\\[2ex]\dfrac{\partial^2 i(x,t)}{\partial x^2}-C'L'\dfrac{\partial^2 i(x,t)}{\partial t^2}=0\end{cases}\tag{3-67}$$

这表明传输线上的电压和电流将以波的形式传播，式(3-67)又称为传输线的波动方程。

式(3-66)的频域表达式为

$$\begin{cases}\dfrac{\mathrm{d}V(x)}{\mathrm{d}x}+Z'I(x)=0\\[2ex]\dfrac{\mathrm{d}I(x)}{\mathrm{d}x}+Y'V(x)=0\end{cases}\tag{3-68}$$

式中，$Z'=R'+\mathrm{j}\omega L'$为单位长阻抗；$Y'=G'+\mathrm{j}\omega C'$为单位长导纳。

对于由$N+1$个导体组成的多导体传输线(包含参考导体)，其分布参数模型如图3-14所示，相对于双导体的情况，还有互电感和互电容的存在。频域传输线方程(3-68)可写为矩阵形式

$$\begin{cases}\dfrac{\mathrm{d}\boldsymbol{V}(x)}{\mathrm{d}x}+\boldsymbol{Z}'\boldsymbol{I}(x)=0\\[2ex]\dfrac{\mathrm{d}\boldsymbol{I}(x)}{\mathrm{d}x}+\boldsymbol{Y}'\boldsymbol{V}(x)=0\end{cases}\tag{3-69}$$

式中，$\boldsymbol{V}(x)$和$\boldsymbol{I}(x)$是电压和电流向量；$\boldsymbol{Z}'$和$\boldsymbol{Y}'$分别是$N\times N$的单位长阻抗矩阵和单位长导纳矩阵，因为互电感和互电容的存在，它们为满阵。

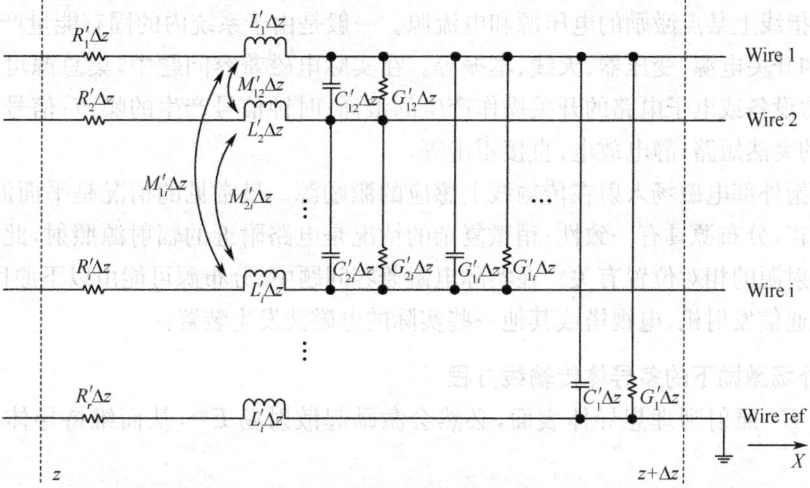

图3-14　多导体传输线分布参数模型

将式(3-69)中的两式分别对x求导并作简单数学变换，可得

$$\begin{cases}\dfrac{\mathrm{d}^2\boldsymbol{V}(x)}{\mathrm{d}x^2}+\boldsymbol{P}\cdot\boldsymbol{V}(x)=0\\[2ex]\dfrac{\mathrm{d}^2\boldsymbol{I}(x)}{\mathrm{d}x^2}+\boldsymbol{R}\cdot\boldsymbol{I}(x)=0\end{cases}\tag{3-70}$$

式中，$\boldsymbol{P}=\boldsymbol{Z}'\cdot\boldsymbol{Y}'$；$\boldsymbol{R}=\boldsymbol{Y}'\cdot\boldsymbol{Z}'$。

对于无耗传输线，有

$$\begin{cases}\boldsymbol{Z}'=\mathrm{j}\omega\boldsymbol{L}'\\\boldsymbol{Y}'=\mathrm{j}\omega\boldsymbol{C}'\end{cases}\tag{3-71}$$

式中，$\boldsymbol{L}'$、$\boldsymbol{C}'$分别为$N\times N$的单位长电感矩阵和单位长电容矩阵。

3.3.1.2　传输线的激励源

在传输线分析中涉及到的激励源分为集总源与分布源两类,如图3-15所示。

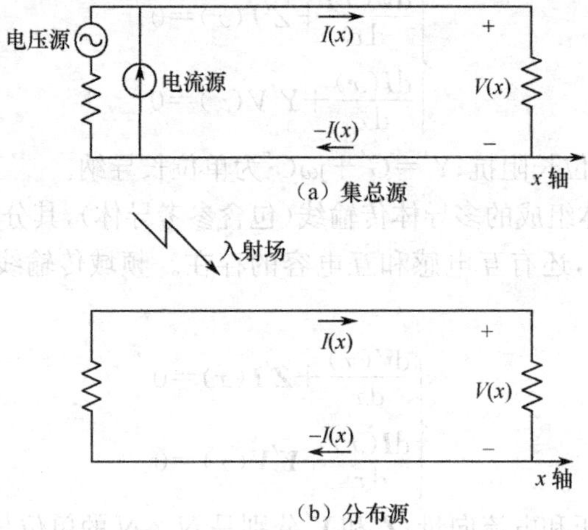

图3-15　传输线激励源示意图

集总源指线上某点激励的电压源和电流源。一般是由于系统内的固有能量产生装置所产生的激励,如开关电源、变压器、天线、本振等。在实际电磁兼容问题中,集总源可能由以下原因产生:电力设备或电子电路的开关操作产生的浪涌;时钟信号产生的噪声;信号线间的相互干扰;电路的突然短路;静电放电;直接雷击等。

分布源指外部电磁场入射在传输线上感应的激励源。最常见的情况是平面波入射,对均匀传输线而言,分布源具有一致性;稍微复杂的情况是电路附近的辐射源照射,此时分布源与传输线和辐射源的相对位置有关。在实际电磁兼容问题中,分布源可能由以下原因产生:间接雷击;雷达、通信发射机、电视塔或其他一些实际的电磁波发生装置。

3.3.1.3　外场激励下的多导体传输线方程

入射场 E^{inc} 照射到理想导体表面,必然会激励起散射场 E^{sca},从而维持导体表面的边界条件

$$\hat{\boldsymbol{n}}\times(\boldsymbol{E}^{inc}+\boldsymbol{E}^{sca})=0 \tag{3-72}$$

式中,$\hat{\boldsymbol{n}}$ 表示理想导体表面法向单位矢量。

虽然一般意义上求解此类问题的严格理论是从麦克斯韦方程组出发的散射理论。但对于传输线,则可以从传输线理论出发得到近似解。对于外场激励下的传输线响应,一般有以下三种不同的模型:

① 磁通量、电通量产生分布电压源和分布电流源。这被称为 Taylor 模型。

② 沿导体的切向入射电场产生分布电压源。这被称为 Agrawal 模型。

③ 入射磁场分量产生分布电流源。这被称为 Rashidi 模型。

3种方法在理论上是共通的,只要运用得当都能够得到同一个解。实际应用中,Taylor 模型与 Agrawal 模型较为常见,所以本节对这两个模型进行分析。

外场激励下的传输线响应可被分解为传输线模(又称“差模”)和天线模(又称“共模”)两部分,如图3-16所示。

天线模由等幅同向的电流组成,传输线向外辐射能量的绝大部分是由天线模电流产生的;

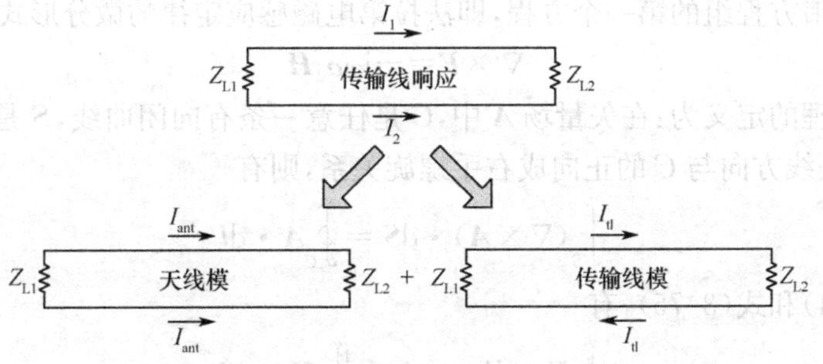

图 3-16 传输线响应的传输线模和天线模

传输线模由等幅反向的电流组成，它产生 TEM 波，即线上没有纵向的场分量，虽然也辐射能量，但因为反向电流的抵消，只占总辐射能量的极少一部分。天线模电流与传输线模电流之和组成传输线的实际响应，式(3-73)表示了这种关系。

$$\begin{cases} I_1 = I_{ant} + I_{tl} \\ I_2 = I_{ant} - I_{tl} \end{cases} \tag{3-73}$$

若要分析传输线的电流响应，必须同时考虑天线模与传输线模，这就需要通过麦克斯韦方程组，结合边界条件进行分析，较为复杂。不过，在很多实际的电磁兼容问题中，只需要关注传输线的负载响应。因为天线模电流在负载端附近十分小，并且，对于以理想导体地为公共回路的传输线，天线模电流几乎为零。所以，只需要考虑传输线模电流的贡献，这就极大地简化了分析的过程。

多导体传输线的传输线模响应分析要更为复杂一些。根据导体半径、包裹介质的不同，可能会存在数个不同的传输线模电流，但最终必须满足线的任意横截面上的总电流 $I_{total}=0$ 这个条件。

1. 第一电报方程

入射场照射下的平行双线结构如图 3-17 所示。

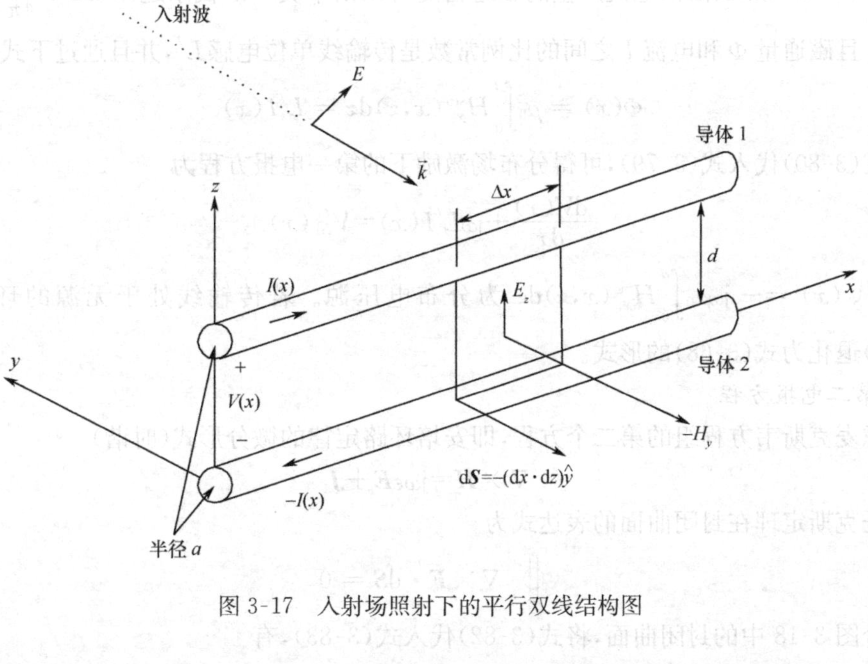

图 3-17 入射场照射下的平行双线结构图

考虑麦克斯韦方程组的第一个方程,即法拉第电磁感应定律的微分形式(时谐)

$$\nabla \times \boldsymbol{E} = -\mathrm{j}\omega\mu_0 \boldsymbol{H} \tag{3-74}$$

斯托克斯定理的定义为:在矢量场 **A** 中,C 是任意一条有向闭曲线,S 是以 C 为边界的任意有向曲面,正法线方向与 C 的正向成右手螺旋关系,则有

$$\int_S (\nabla \times \boldsymbol{A}) \cdot \mathrm{d}\boldsymbol{S} = \oint_C \boldsymbol{A} \cdot \mathrm{d}\boldsymbol{l} \tag{3-75}$$

结合式(3-74)和式(3-75),有

$$\oint_C \boldsymbol{E} \cdot \mathrm{d}\boldsymbol{l} = -\mathrm{j}\omega\mu_0 \iint_S \boldsymbol{H} \cdot \mathrm{d}\boldsymbol{S} \tag{3-76}$$

以图 3-17 中的微分面积为准,可将式(3-76)分解为如下形式:

$$\int_0^d [E_z(x+\Delta x, z) - E_z(x,z)]\mathrm{d}z - \int_x^{x+\Delta x} [E_x(x,d) - E_x(x,0)]\mathrm{d}x$$
$$= -\mathrm{j}\omega\mu_0 \int_0^d \int_x^{x+\Delta x} (-H_y)\mathrm{d}x\mathrm{d}z \tag{3-77}$$

因为 $d \ll \lambda$,所以线间电压定义为($z=d$ 处的电位为 0)

$$V(x) = -\int_0^d E_z(x,z)\mathrm{d}z \tag{3-78}$$

对 x 求微分,有

$$\frac{\mathrm{d}V(x)}{\mathrm{d}x} = -\mathrm{j}\omega\mu_0 \int_0^d H_y(x,z)\mathrm{d}z$$
$$= -\mathrm{j}\omega\mu_0 \int_0^d H_y^{\mathrm{inc}}(x,z)\mathrm{d}z - \mathrm{j}\omega\mu_0 \int_0^d H_y^{\mathrm{sca}}(x,z)\mathrm{d}z \tag{3-79}$$

式中,$H_y^{\mathrm{inc}}(x,z)$ 为入射磁场分量;$H_y^{\mathrm{sca}}(x,z)$ 为散射磁场分量,且散射场由导线的电流 $I(x)$ 产生。

由于 $d \gg a$,故我们可以假设电流 $I(x)$ 是均匀分布在导线上的,并假设传输线间的距离是充分的小($d \ll \lambda$),那么由该电流产生的磁通密度可以由毕奥—萨伐尔定律($\mathrm{d}\boldsymbol{B} = \frac{\mu_0}{4\pi} \cdot \frac{I\mathrm{d}\boldsymbol{l} \times \boldsymbol{r}}{r^3}$)来计算。且磁通量 Φ 和电流 I 之间的比例常数是传输线单位电感 L',并且通过下式来定义

$$\Phi(x) = \mu_0 \int_0^d H_y^{\mathrm{sca}}(x,z)\mathrm{d}z = L'I(x) \tag{3-80}$$

将式(3-80)代入式(3-79),可得分布场激励下的第一电报方程为

$$\frac{\mathrm{d}V(x)}{\mathrm{d}x} + \mathrm{j}\omega L' I(x) = V'_{S1}(x) \tag{3-81}$$

式中,$V'_{S1}(x) = -\mathrm{j}\omega\mu_0 \int_0^d H_y^{\mathrm{inc}}(x,z)\mathrm{d}z$ 为分布电压源。若传输线处于无源的环境中,则式(3-81)退化为式(3-68)的形式。

2. 第二电报方程

考虑麦克斯韦方程组的第二个方程,即安培环路定律的微分形式(时谐)

$$\nabla \times \boldsymbol{H} = \mathrm{j}\omega\varepsilon \boldsymbol{E} + \boldsymbol{J} \tag{3-82}$$

斯托克斯定理在封闭曲面的表达式为

$$\oiint_S \nabla \times \boldsymbol{F} \cdot \mathrm{d}\boldsymbol{S} = 0 \tag{3-83}$$

结合图 3-18 中的封闭曲面,将式(3-82)代入式(3-83),有

$$\oiint_S (j\omega\varepsilon \boldsymbol{E} + \boldsymbol{J}) \cdot d\boldsymbol{S} = j\omega\varepsilon \oiint_S \boldsymbol{E} \cdot d\boldsymbol{S} + \oiint_S \boldsymbol{J} \cdot d\boldsymbol{S} = 0 \tag{3-84}$$

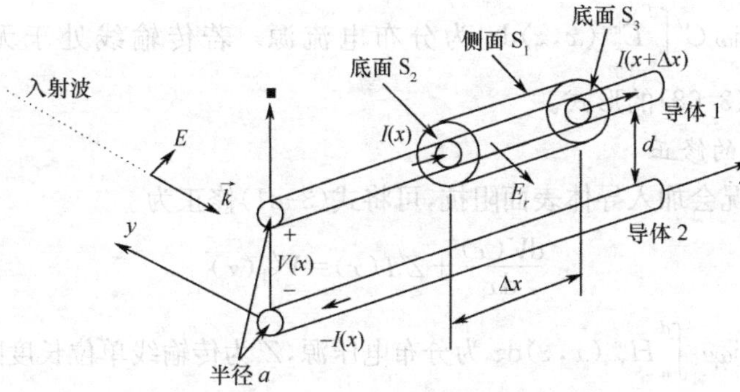

图 3-18　围绕传输线的封闭曲面

因为 $\boldsymbol{J}$ 的流向为 x 方向，它与侧面法向正交，而与两个底面法向处于同一直线，所以

$$\oiint_S \boldsymbol{J} \cdot d\boldsymbol{S} = \int_{S_2+S_3} \boldsymbol{J} \cdot d\boldsymbol{S} = I(x+\Delta x) - I(x) \tag{3-85}$$

而

$$j\omega\varepsilon \oiint_S \boldsymbol{E} \cdot d\boldsymbol{S} = j\omega\varepsilon \left(\int_{S_2+S_3} E_x dr + \iint_{S_1} E_r r d\varphi dx \right) \tag{3-86}$$

因为平面波入射，且 S_2S_3 的法线方向相反，所以上式可重写为

$$j\omega\varepsilon \oiint_S \boldsymbol{E} \cdot d\boldsymbol{S} = j\omega\varepsilon \int_0^{2\pi} \int_x^{x+\Delta x} E_r a d\varphi dx \tag{3-87}$$

类似于第一电报方程的推导，将式(3-85)和式(3-87)代入式(3-84)，并令 $r=a$，且对 x 求微分，那么式(3-84)可重写为

$$\frac{dI(x)}{dx} + j\omega\varepsilon \int_0^{2\pi} E_r^{sca} a d\varphi + j\omega\varepsilon \int_0^{2\pi} E_r^{inc} a d\varphi = 0 \tag{3-88}$$

式中，E_r^{sca} 为散射场；E_r^{inc} 为入射场，且 $E_r = E_r^{sca} + E_r^{inc}$。

因为 $d \gg a$，所以可近似认为辐射场与 φ 无关，所以上式中 $j\omega\varepsilon \int_0^{2\pi} E_r^{sca} a d\varphi$ 一项可重写为

$$j\omega\varepsilon \int_0^{2\pi} E_r^{sca} a d\varphi = j\omega\varepsilon \cdot 2\pi a E_r^{sca} = j\omega q'(x) \tag{3-89}$$

式中，$q'(x)$ 是沿传输线的线电荷密度。

而入射场为均匀平面波，所以式(3-88)中的第二项积分恒为零，由此可得

$$\frac{dI(x)}{dx} + j\omega q'(x) = 0 \tag{3-90}$$

引入传输线的单位长电容 C'，电荷密度可由单位长电容表示为

$$q'(x) = C' V^{sca}(x) \tag{3-91}$$

所以

$$\frac{dI(x)}{dx} + j\omega C' V^{sca}(x) = 0 \tag{3-92}$$

又因为传输线电压是入射电压和散射电压之和，即

$$V(x) = V^{inc}(x) + V^{sca}(x) = -\int_0^d E_z^{inc}(x,z) dz + V^{sca}(x) \tag{3-93}$$

将式(3-93)代入式(3-92)，得到分布场激励下的第二电报方程为

$$\frac{\mathrm{d}I(x)}{\mathrm{d}x}+\mathrm{j}\omega C'V(x)=I'_{\mathrm{S1}}(x) \tag{3-94}$$

式中，$I_{\mathrm{S1}}(x)=-\mathrm{j}\omega C'\int_0^d E_z^{\mathrm{inc}}(x,z)\mathrm{d}z$ 为分布电流源。若传输线处于无源的环境中，则式(3-94)退化为式(3-68)的形式。

3. 非理想导体的修正

非理想导体情况会加入导体表面阻抗，可将式(3-81)修正为

$$\frac{\mathrm{d}V(x)}{\mathrm{d}x}+Z'I(x)=V'_{\mathrm{S1}}(x) \tag{3-95}$$

式中，$V'_{\mathrm{S1}}(x)=-\mathrm{j}\omega\mu_0\int_0^d H_y^{\mathrm{inc}}(x,z)\mathrm{d}z$ 为分布电压源，Z' 为传输线单位长度阻抗，其表达式为

$$Z'=\mathrm{j}\omega L'+2Z'_f(x) \tag{3-96}$$

因为存在两根导线，所以式(3-96)中有2倍关系。

4. 电报方程的变形

一般用得最多的电报方程的变形有两种：Taylor 公式和 Agrawal 公式。Taylor 公式是总电压公式，需要对入射电场和入射磁场进行积分；Agrawal 公式是散射电压公式，只需要对入射电场进行积分。

(1) 总电压公式(Taylor 公式)

将式(3-95)和式(3-94)写成矩阵的形式，有

$$\frac{\mathrm{d}}{\mathrm{d}x}\begin{bmatrix}V(x)\\I(x)\end{bmatrix}+\begin{bmatrix}0 & Z'\\Y' & 0\end{bmatrix}\begin{bmatrix}V(x)\\I(x)\end{bmatrix}=\begin{bmatrix}V'_{\mathrm{S1}}\\I'_{\mathrm{S1}}\end{bmatrix} \tag{3-97}$$

式中，$Y'=\mathrm{j}\omega C'$；其中的源项为

$$\begin{cases}V'_{\mathrm{S1}}(x)=-\mathrm{j}\omega\mu_0\int_0^d H_y^{\mathrm{inc}}(x,z)\mathrm{d}z\\I'_{\mathrm{S1}}(x)=-\mathrm{j}\omega C'\int_0^d E_z^{\mathrm{inc}}(x,z)\mathrm{d}z\end{cases} \tag{3-98}$$

一般实际应用中，已知的传输线边界条件为两终端负载阻抗 Z_1 和 Z_2，定义了传输线边界条件之后，就可由上式求出传输线的终端响应。需要注意的是，在电流正方向已经确定的情况下，两终端伏安特性表达式应该反号。如下式所示：

$$\begin{cases}V(0)=-Z_1I(0)\\V(L)=Z_2I(L)\end{cases} \tag{3-99}$$

(2) 散射电压公式(Agrawal 公式)

重新回到第一电报方程的推导中，将式(3-77)中的电场分解为入射场和散射场，有

$$\begin{aligned}&\int_0^d[E_z^{\mathrm{inc}}(x+\Delta x,z)-E_z^{\mathrm{inc}}(x,z)]\mathrm{d}z+\int_0^d[E_z^{\mathrm{sca}}(x+\Delta x,z)-E_z^{\mathrm{sca}}(x,z)]\mathrm{d}z-\\&\int_x^{x+\Delta x}[E_x(x,d)-E_x(x,0)]\mathrm{d}x\\&=-\mathrm{j}\omega\mu_0\int_0^d\int_x^{x+\Delta x}(-H_y^{\mathrm{inc}})\mathrm{d}x\mathrm{d}z-j\omega\mu_0\int_0^d\int_x^{x+\Delta x}(-H_y^{\mathrm{sca}})\mathrm{d}x\mathrm{d}z\end{aligned} \tag{3-100}$$

结合式(3-78)和式(3-80)，将 Δx 趋向于0，且两边同时除以 Δx，有

$$\frac{\mathrm{d}V^{\mathrm{sca}}(x)}{\mathrm{d}x}+\mathrm{j}\omega L'I(x)$$

$$=-\mathrm{j}\omega\mu_0\int_0^d H_y^{\mathrm{inc}}(x,z)\mathrm{d}z+\lim_{\Delta x\to 0}\int_0^d \frac{[E_z^{\mathrm{inc}}(x+\Delta x,z)-E_z^{\mathrm{inc}}(x,z)]}{\Delta x}\mathrm{d}z \tag{3-101}$$

应用斯托克斯定理，式(3-101)可化为

$$\frac{\mathrm{d}V^{\mathrm{sca}}(x)}{\mathrm{d}x}+\mathrm{j}\omega L'I(x)=E_x^{\mathrm{inc}}(x,d)-E_x^{\mathrm{inc}}(x,0) \tag{3-102}$$

令

$$V'_{S2}=E_x^{\mathrm{inc}}(x,d)-E_x^{\mathrm{inc}}(x,0) \tag{3-103}$$

则得到与第一电报方程相同的形式

$$\frac{\mathrm{d}V^{\mathrm{sca}}(x)}{\mathrm{d}x}+\mathrm{j}\omega L'I(x)=V'_{S2} \tag{3-104}$$

对于损耗线的情况，有

$$\frac{\mathrm{d}V^{\mathrm{sca}}(x)}{\mathrm{d}x}+Z'I(x)=V'_{S2} \tag{3-105}$$

式中，Z'由式(3-96)给出。

在第二电报方程中，将$V^{\mathrm{inc}}(x)$的部分去掉，有

$$\frac{\mathrm{d}I(x)}{\mathrm{d}x}+\mathrm{j}\omega C'V^{\mathrm{sca}}(x)=0 \tag{3-106}$$

将式(3-105)和式(3-106)写成矩阵形式，有

$$\frac{\mathrm{d}}{\mathrm{d}x}\begin{bmatrix}V^{\mathrm{sca}}(x)\\ I(x)\end{bmatrix}+\begin{bmatrix}0 & Z'\\ Y' & 0\end{bmatrix}\begin{bmatrix}V^{\mathrm{sca}}(x)\\ I(x)\end{bmatrix}=\begin{bmatrix}V'_{S2}\\ 0\end{bmatrix} \tag{3-107}$$

式中，$Y'=\mathrm{j}\omega C'$；唯一的源V'_{S2}由式(3-103)给出。

为了求得特解，必须要给出传输线的边界条件，但为了不引入新的源，将式(3-93)代入式(3-99)，变形为下式

$$\begin{cases}V^{\mathrm{sca}}(0)=-Z_1I(0)+\int_0^d E_z^{\mathrm{inc}}(0,z)\mathrm{d}z\\ V^{\mathrm{sca}}(L)=Z_2I(L)+\int_0^d E_z^{\mathrm{inc}}(L,z)\mathrm{d}z\end{cases} \tag{3-108}$$

式(3-108)中的积分项可以认为是两终端的附加集总电压源产生的。如式(3-78)定义，令

$$\begin{cases}V_1=-\int_0^d E_z^{\mathrm{inc}}(0,z)\mathrm{d}z\\ V_2=-\int_0^d E_z^{\mathrm{inc}}(L,z)\mathrm{d}z\end{cases} \tag{3-109}$$

所以在Agrawal公式中，激励源由沿线的分布电压源V'_{S2}和终端附加电压源V_1,V_2组成。

3.3.2 求解多导体传输线的BLT方程

3.3.2.1 平行双线的BLT方程

BLT(Baum-Liu-Tesche)方程是求解多导体传输线网络节点响应的经典方程，于1978年由Carl E. Baum, T. K Liu, Fredric M. Tesche三人共同提出。假设传输线长为L，特性阻抗为Z_c，两端负载阻抗为Z_{L1},Z_{L2}，线上的传播常数为γ。在x_s处加载集总激励源$V(s)$、$I(s)$，如图3-19所示。

令V_1、V_2为两终端电压，I_1、I_2为两终端电流，ρ_1、ρ_2为电压反射系数，且$\rho_i=\dfrac{Z_{Li}-Z_c}{Z_{Li}+Z_c}(i=1,2)$，则两端负载的总电压BLT方程为

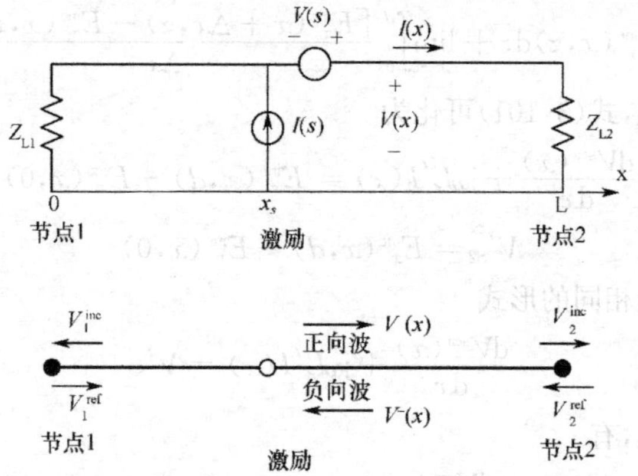

图 3-19 集总源加载的平行双线系统和波传播示意图

$$\begin{bmatrix} V_1 \\ V_2 \end{bmatrix} = \begin{bmatrix} 1+\rho_1 & 0 \\ 0 & 1+\rho_2 \end{bmatrix} \cdot \begin{bmatrix} -\rho_1 & \mathrm{e}^{+\gamma L} \\ \mathrm{e}^{\gamma L} & -\rho_2 \end{bmatrix}^{-1} \cdot \begin{bmatrix} \dfrac{V_S + I_S Z_c}{2} \mathrm{e}^{\gamma x_s} \\ -\dfrac{V_S - I_S Z_c}{2} \mathrm{e}^{\gamma (L - x_s)} \end{bmatrix} \tag{3-110}$$

外部场照射下的平行双线电压 BLT 方程为

$$\begin{bmatrix} V_1 \\ V_2 \end{bmatrix} = \begin{bmatrix} 1+\rho_1 & 0 \\ 0 & 1+\rho_2 \end{bmatrix} \cdot \begin{bmatrix} -\rho_1 & \mathrm{e}^{+\gamma L} \\ \mathrm{e}^{\gamma L} & -\rho_2 \end{bmatrix}^{-1} \cdot \begin{bmatrix} S_1 \\ S_2 \end{bmatrix} \tag{3-111}$$

式中

$$\begin{bmatrix} S_1 \\ S_2 \end{bmatrix} = \frac{1}{2} \begin{bmatrix} \int_0^L \mathrm{e}^{\gamma x_s} V'_S \mathrm{d}x_s + V_1 - V_2 \mathrm{e}^{\gamma L} \\ -\int_0^L \mathrm{e}^{\gamma (L - x_s)} V'_S \mathrm{d}x_s - V_1 \mathrm{e}^{\gamma L} + V_2 \end{bmatrix} \tag{3-112}$$

3.3.2.2 BLT 方程的一般形式

多导体传输线网络可表示为节点与管道的组合,其中节点表示负载,而管道表示传输线。对于管道 i 上的节点 j,出射波向量和入射波向量的关系可由散射参数来表示:

$$\boldsymbol{V}_{i,j}^{\mathrm{ref}} = \boldsymbol{S}_{i,j} \cdot \boldsymbol{V}_{i,j}^{\mathrm{inc}} \tag{3-113}$$

式中,$\boldsymbol{S}_{i,j}$为 j 节点相对于管道 i 的散射矩阵,对于有物理阻抗的节点有

$$\boldsymbol{S}_{i,j} = (\boldsymbol{Z}_{Lj} - \boldsymbol{Z}_{ci}) \cdot (\boldsymbol{Z}_{Lj} + \boldsymbol{Z}_{ci})^{-1} \tag{3-114}$$

式中,$\boldsymbol{Z}_{Lj}$为节点的负载阻抗矩阵;$\boldsymbol{Z}_{ci}$为管道 i 的特性阻抗矩阵。

对于没有物理阻抗的节点,即电缆的分支节点,称为理想节点(Ideal Junction)。

管道 i 中传输的电压波为

$$\boldsymbol{V}_{i,j}^{\mathrm{inc}} = \boldsymbol{V}_{i,k}^{\mathrm{ref}} \cdot \boldsymbol{\Gamma}_i + \boldsymbol{V}_{Si} \tag{3-115}$$

式中,j、k 为管道 i 两端的节点;$\boldsymbol{V}_{Si}$为管道 i 上的激励源矩阵;$\boldsymbol{\Gamma}_i = \mathrm{e}^{-\gamma \cdot L}$为管道 i 的传输矩阵;γ、L 分别为管道 i 的传输常数矩阵和长度。

由此,多导体传输线网络中的各节点和管道的关系为

$$\bar{\boldsymbol{V}} = [\bar{\bar{\boldsymbol{I}}} + \bar{\bar{\boldsymbol{S}}}] \cdot [\bar{\bar{\boldsymbol{\Gamma}}} - \bar{\bar{\boldsymbol{S}}}]^{-1} \cdot \bar{\boldsymbol{V}}_S \tag{3-116}$$

式中,$\bar{\boldsymbol{V}}$为节点总电压(入射波与出射波之和)超向量;$\bar{\boldsymbol{V}}_S$为激励源超向量;$\boldsymbol{I}$为单位超矩阵;$\bar{\bar{\boldsymbol{\Gamma}}}$为传输超矩阵,代表网络中所有管道的传输参数,若节点的响应按照管道排序,则$\bar{\bar{\boldsymbol{\Gamma}}}$为分块对角矩阵,每个子矩阵对应各自的管道;$\bar{\bar{\boldsymbol{S}}}$为散射超矩阵,代表网络中所有节点的散射参数,若节

点的响应按照管道排序，则$\overline{\overline{S}}$为稀疏矩阵，但不一定是分块对角矩阵，这由节点在网络中的连接状态决定。

式(3-116)即为多导体传输线网络 BLT 方程的一般表示式。

3.3.2.3 算例

1. 平面波照射下的有耗传输线的终端响应

以平面波照射下的有耗传输线的终端响应说明 BLT 方程在求解传输线响应中的应用。

假设入射平面波为单位幅度的双指数波形，其表达式为

$$E(t) = 1.05(e^{-4\times10^{6}t} - e^{-4.76\times10^{8}t}) \tag{3-117}$$

波形如图 3-20 所示，当这种波形的幅值达到 50kV/m 时，一般用来模拟核电磁脉冲。

算例的基本设置为：导体半径 $a=1.5$mm；线间距 $d=200$mm；导线长度 $L=30$m；入射场参数为 $\alpha=0,\psi=60^\circ,\varphi=0^\circ$。

假设传输线无耗，其特性阻抗为 $Z_c=578.136\Omega$，为了使波形更为直观，令两终端负载失配，设为 $Z_{L1}=Z_{L2}=\dfrac{Z_c}{2}=289.068\Omega$。两终端电流频谱分布如图 3-21(a)所示，图 3-21(b)是通过 FFT 逆变换到时域的瞬态分布，并与 CST Microwave Studio 时域求解器的仿真相比较，二者结果吻合得较好。

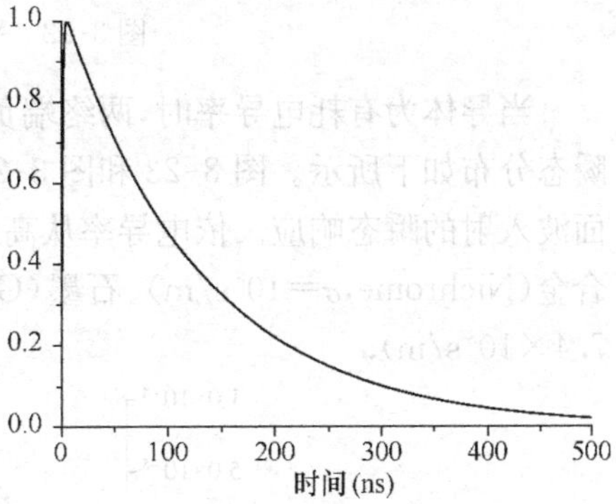

图 3-20 双指数场的时域波形

对节点 1 电流 i_1 的瞬态响应进行分析，如图 3-22 所示。当 $t=0$ 时刻，平面波到达 $x=0$ 处，节点 1 产生电流突变；当 $t=50$ns 时，平面波到达节点 2($x=L$)，当 $t=150$ns 时，由节点 2 处反射的电流到达节点 1，使 i_1 产生突变；$t=200$ns 时，节点 1 产生的初始电流经节点 2 后沿传输线返回，使 i_1 产生突变……

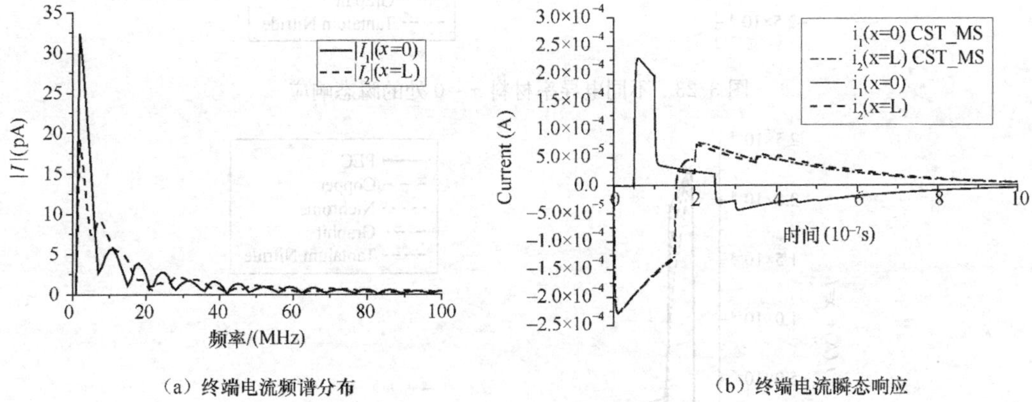

(a) 终端电流频谱分布 (b) 终端电流瞬态响应

图 3-21 理想均匀传输线两终端电流频谱分布与瞬态响应

同样可对节点 2 电流 i_2 的瞬态响应进行分析。当 $t=50$ns 时，平面波到达 $x=L$ 处，节点 2 产生电流突变；$t=100$ns 时，i_1 到达节点 2；$t=250$ns 时，节点 2 产生的初始电流经节点 1 后沿传输线返回；$t=300$ns 时，节点 1 产生的电流第 2 次到达节点 2……

以上的分析说明了图 3-21(b)电流瞬态分布的物理含义。

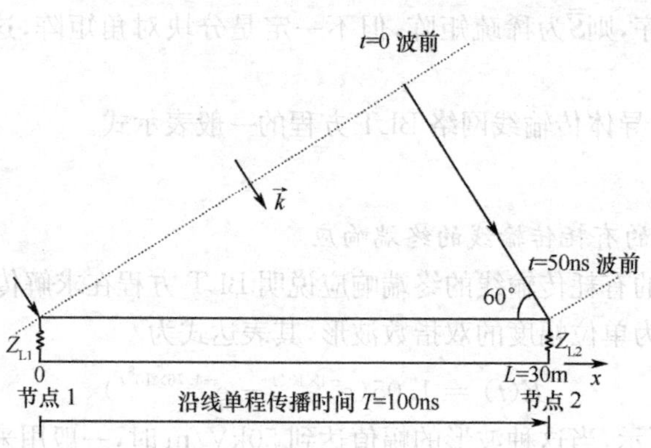

图 3-22　平面波激励下的传输线响应分析

当导体为有耗电导率时，两终端负载阻抗仍设为 $Z_{L1}=Z_{L2}=289.068\Omega$，电流频谱分布与瞬态分布如下所示。图 3-23 和图 3-24 为不同电导率材料的传输线在 $x=0$ 和 $x=L$ 处对平面波入射的瞬态响应。依电导率从高到低为理想导体、紫铜(Copper，$\sigma=5.8\times10^7$ s/m)、镍铬合金(Nichrome，$\sigma=10^6$ s/m)、石墨(Graphit，$\sigma=7\times10^4$ s/m)、氮化钽(Tantalum Nitride，$\sigma=7.4\times10^3$ s/m)。

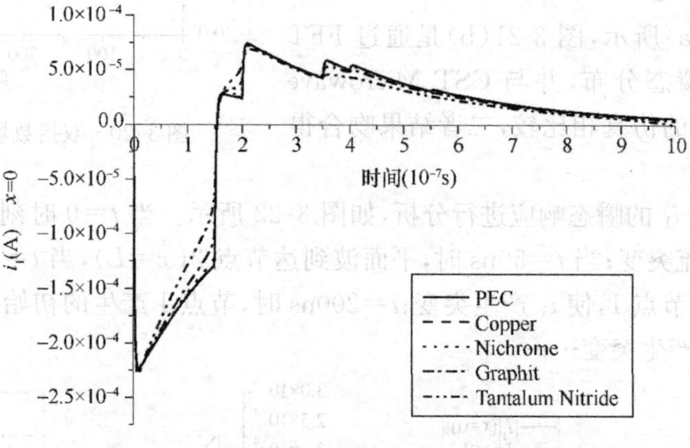

图 3-23　不同电导率材料 $x=0$ 处的瞬态响应

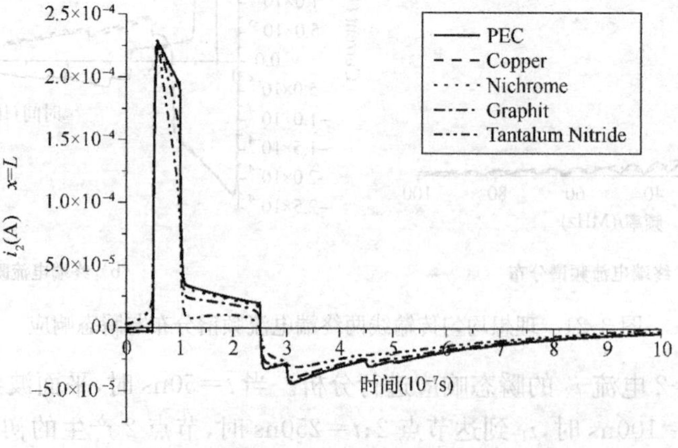

图 3-24　不同电导率材料 $x=L$ 处的瞬态响应

对比图 3-23 和图 3-24 中各条曲线，因为导线损耗的存在，不同导体终端瞬态响应存在比较明显的差距,因为有耗导体对能量的吸收,电流的下降速率要远大于理想导体。很明显,电导率越小,电流的衰减越大。

2. 传输线串扰分析

串扰(crosstalk)是指当信号在传输线上传输时,因电磁场作用而对相邻的传输线产生的不期望的干扰电压或电流噪声,按产生机理分为电感性耦合和电容性耦合。按串扰在受扰线上产生的位置又可以分为近端串扰(near-end crosstalk, NEXT)与远端串扰(far-end crosstalk, FEXT)。产生串扰信号的线缆叫做干扰线(Aggressor),受到干扰的线缆叫做受扰线(Victim)。图3-25给出了干扰线上有3.3V矩形波时,受扰线接收到的噪声,该噪声峰值大于300mV。

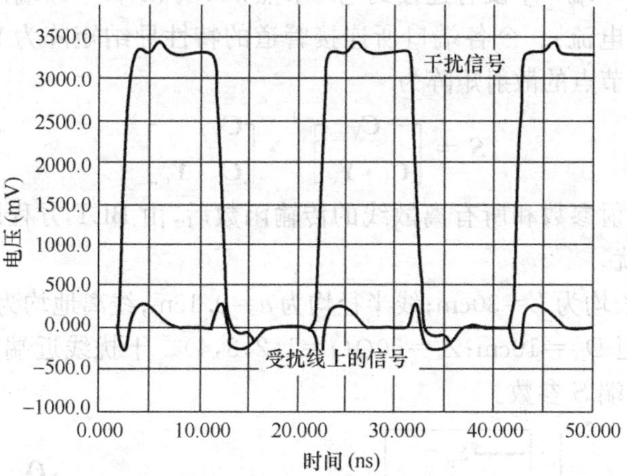

图3-25 串扰示例

串扰的强弱主要由信号线间的距离、线缆的相对位置、媒质的特性以及干扰信号本身的幅频特性所决定的。

(1) 非平行线情况

考虑如图3-26(a)所示情况,以参考地(可以为理想地,也可以有损耗)为公共回路的两根传输线,离地高度分别为h_1,h_2,线半径分别为a_1,a_2,两线不平行,夹角为2θ。

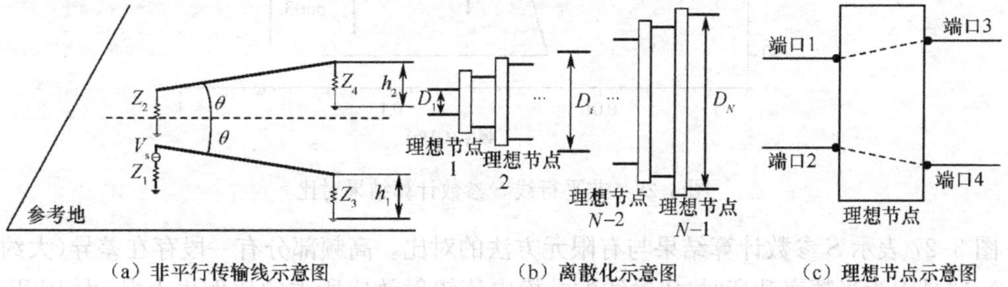

图3-26 非平行传输线及其离散化示意图

图3-26(b)为非平行传输线的离散化示意图,两线近端相距D_1,远端相距D_N,线长为L。将线离散为N段,则第i段间距$D_i = D_1 + \frac{i}{N}(D_N - D_1)$。离散化参数$N$的选取需要确定一个收敛标准,对于$2\theta < 60°$的情况,一般取$N=20$可以满足要求。

为了使离散化后的传输线连续,人为地在各离散线段连接处引入节点,称此节点为理想节点,如图3-26(c)所示,在理想节点中,端口1与端口3直接相连,端口2与端口4直接相连。因为不存在任何物理阻抗,所以理想节点的散射参数不能像真正的节点那样通过阻抗矩阵的计算得来。由基尔霍夫电流定律,流入理想节点 n 的总电流为零。可表示为 $\sum_j I_j^n = 0$,I_j^n 为节点 n 第 j 个端口的电流。将其写为矩阵形式

$$\boldsymbol{C}_\text{I} \cdot \boldsymbol{I} = 0 \tag{3-118}$$

式中,$C_\text{I}(n,j)=0$(端口 j 没有连接到电流节点 n);$C_\text{I}(n,j)=1$(端口 j 连接到电流节点 n)。

同理,由基尔霍夫电压定律,可写出与上式相对的电压矩阵形式

$$\boldsymbol{C}_\text{V} \cdot \boldsymbol{V} = 0 \tag{3-119}$$

式中,$C_\text{V}(n,j)=0$(端口 j 没有连接到电压节点 n);$C_V(n,j)=1$(端口 j 流入电流);$C_\text{V}(n,j)=-1$(端口 j 流出电流)。令各端口所连接管道的特性导纳矩阵为 $\boldsymbol{Y}_\text{c}$,结合式(3-118)和式(3-119),可得理想节点的散射矩阵为

$$\boldsymbol{S} = \begin{bmatrix} -\boldsymbol{C}_\text{V} \\ \boldsymbol{C}_\text{I} \cdot \boldsymbol{Y}_\text{c} \end{bmatrix}^{-1} \cdot \begin{bmatrix} \boldsymbol{C}_\text{V} \\ \boldsymbol{C}_\text{I} \cdot \boldsymbol{Y}_\text{c} \end{bmatrix} \tag{3-120}$$

求出所有节点散射参数和所有离散线的传输函数后,由BLT方程即可得到各节点的电压,进而求出线间串扰。

参数设置为:线长均为 $L=30\text{cm}$;线半径均为 $a=0.1\text{cm}$;线离地均为 $h=1\text{cm}$;近端线间距 $D_1=1\text{cm}$;远端线间距 $D_N=10\text{cm}$;$Z_i=50\Omega(i=1,2,3,4)$。干扰线近端加高斯脉冲集总电压源。计算受扰线近远端 S 参数。

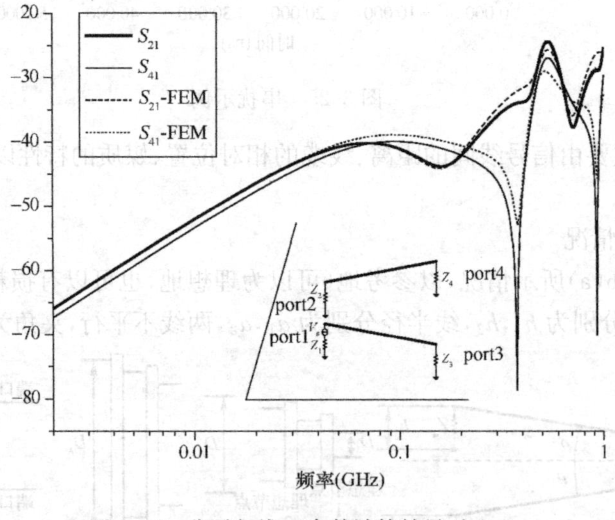

图3-27 非平行线 S 参数计算结果对比

图3-27表示 S 参数计算结果与有限元方法的对比。高频部分有一段存在差异(大约3dB左右),这是因为当频率升高时,传输线的共模电流辐射效应所占的比例也上升,而BLT方程方法基于传输线理论,忽略了共模电流,所以会在高频段有一些误差。

图3-28表示通过FFT变换到时域的不同角度下受扰线近远端电压波形。平行线相对于非平行线情况的串扰要大得多,特别在第一尖峰处;且随着角度的增加,感应电压峰值也变小。另一方面,随着角度的逐渐增加,近远端电压峰值比也逐渐增大。

(2) 交叉线情况

交叉线不同于普通非平行线,并不是整条线都必须考虑互耦,这是因为距交叉点一定距离

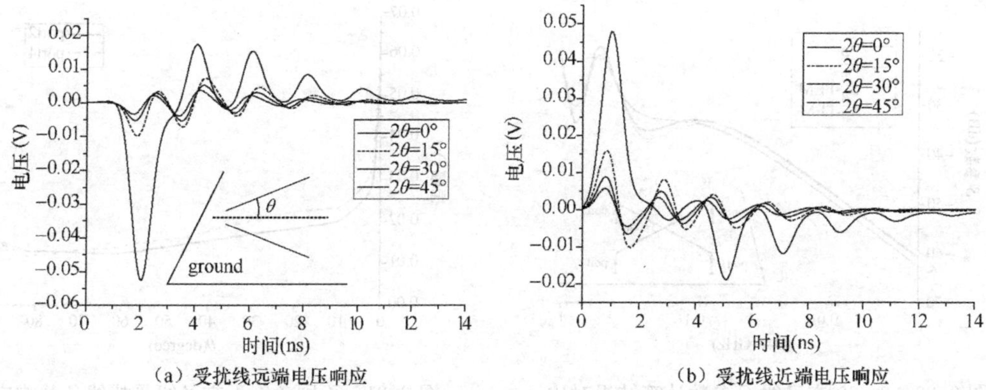

图 3-28　不同角度下非平行线受扰线终端负载响应

以外的区域耦合是极小的,可以确定一个耦合区域来进行描述。区域内,看作非平行多导体传输线,处理方法同上;区域外则不考虑互耦。需要注意的是,节点 0 的端口连接状态与其他节点是相反的。如图 3-29 所示,设两线在地平面上投影夹角为 θ,交点为 $z_1=z_2=0$ 点。确定一个收敛标准 R,令交点处两线单位长互电感为 M_0,$|z_1|=|z_2|=d$ 处两线单位长互电感为 M_d,当 $20\lg(M_d/M_0)=R$ 时,可认为 $|z_1|=|z_2|\leqslant d$ 的区域为耦合区。耦合区与非耦合区的连续性仍然由理想节点保证。一般取收敛标准 $R=-40\text{dB}$ 时,可以得到比较好的结果。然而,当 $45°<\theta<90°$ 时,结果的误差会比较大,这是因为受扰线近远端的区分变得模糊。此时需要做数值上的修正处理:按两端分别离散,分别计算,然后取两次结果的平均值,则可以得到较满意的结果。经过大量的数值实验,发现离散化参数 $N=20$ 一般可满足要求。

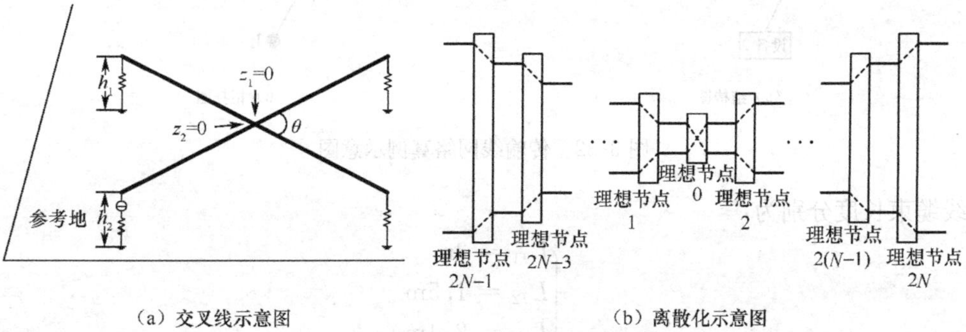

图 3-29　交叉线及其离散状态示意图

参数设置为:线长均为 $L=30\text{cm}$;线半径均为 $a=1\text{mm}$;干扰线离地为 $h_1=2\text{cm}$,终端负载分别为 $Z_1=Z_3=75\Omega$;受扰线离地为 $h_2=1\text{cm}$;终端负载分别为 $Z_2=Z_4=50\Omega$。两线交叉角 $\theta=30°$,激励源同上一例。计算受扰线两端 S 参数与 FEM 方法的计算结果对比如图 3-30 所示。低频部分比较吻合,高频处差异相对较大,最大在 5dB 左右,原因如上一算例。

图 3-31 表示了不同交叉角度情况下受扰线近(port2)远(port4)端的电压幅度峰值变化,激励为峰值 1V 的高斯脉冲。在传输线长度一定的情况下,平行线状态产生的串扰要远大于交叉状态;随着交叉角度的增大,受扰线近远端的电压响应越小,不过这种变化是平缓的,处于垂直线状态时,受扰线两端响应相同。

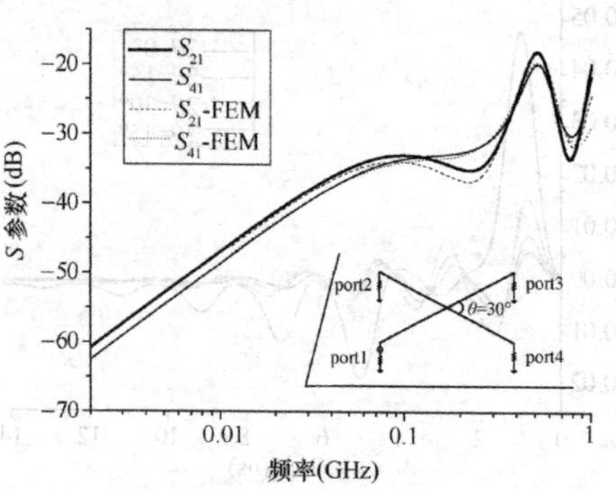

图3-30　$\theta=30°$交叉线S参数计算结果对比

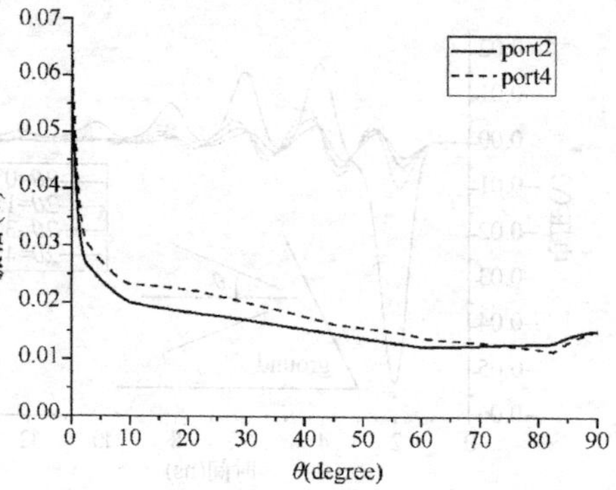

图3-31　不同角度下交叉线受扰线负载响应

3. 传输线网络耦合特性分析

在算例的设置中,假设传输线是无耗的,且处于自由空间中。

图3-32(a)表示了一个实际的传输线网络,电源通过电缆束分别接到4个不同的用电设备上。其拓扑结构如图3-32(b)所示,J_1表示电源,J_2,J_4表示线缆街头,J_3、J_5、J_6、J_7表示4个用电设备,其中J_2,J_4为理想节点,其他为物理节点。

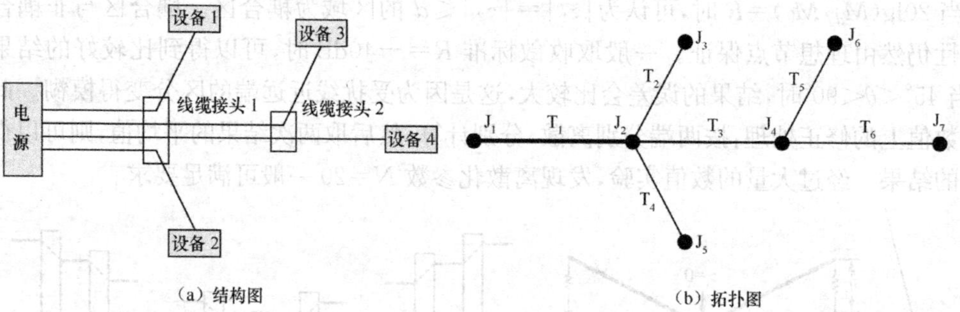

图3-32　传输线网络算例示意图

线缆束长度分别为:

$$\begin{cases} L_{T1}=3\text{m} \\ L_{T2}=1.5\text{m} \\ L_{T3}=2.4\text{m} \\ L_{T4}=0.9\text{m} \\ L_{T5}=4.5\text{m} \\ L_{T6}=6\text{m} \end{cases} \tag{3-121}$$

物理节点负载阻抗分别为:

$$\begin{aligned} Z_{L1}&=\begin{bmatrix} 50 & 0 & 0 & 0 \\ 0 & 50 & 0 & 0 \\ 0 & 0 & 50 & 0 \\ 0 & 0 & 0 & 50 \end{bmatrix} \\ Z_{L3}&=75 \\ Z_{L5}&=75 \\ Z_{L6}&=150 \\ Z_{L7}&=150 \end{aligned} \tag{3-122}$$

激励为集总源，加载于电源节点与设备 1 相连的端口，模拟电源浪涌。因为通用的浪涌波形（表示振荡型浪涌的振铃波形、表示高能浪涌的混合波形）一般拖尾较长，为了使结果便于分析，激励选择峰值 5000V、时延 5ns、脉宽 2ns 的高斯脉冲。

图 3-33 所示为算例中各管道的电缆横截面图，单位为 mm。其中图(a)为管道 1 横截面；图(b)为管道 3 横截面；图(c)为管道 2,4 横截面；图(d)为管道 5 横截面；图(e)为管道 6 横截面。

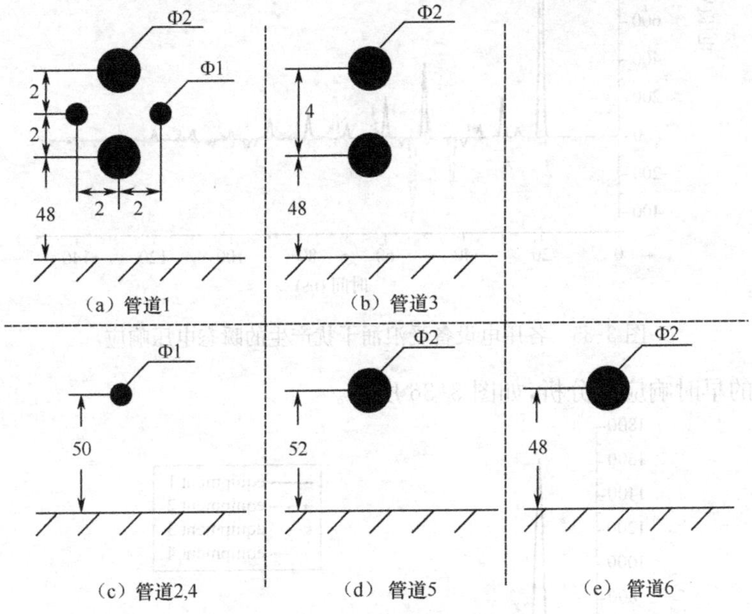

图 3-33　线缆横截面示意图

经计算得到 4 台用电设备的频域电压响应幅值如图 3-34 所示。因为浪涌直接作用于设备 1，所以设备 1 的响应要远大于其他三台设备。为了更直观地观察浪涌对用电设备的作用，应用 FFT 逆变换将结果转换到时域，如图 3-35 所示，设备 1 的第一个电压峰值为 1620.23V，远大于其他三台设备；因为各负载的不匹配性，能量在 MTLN 中不断振荡，直到 200ns 之后基本被负载吸收。

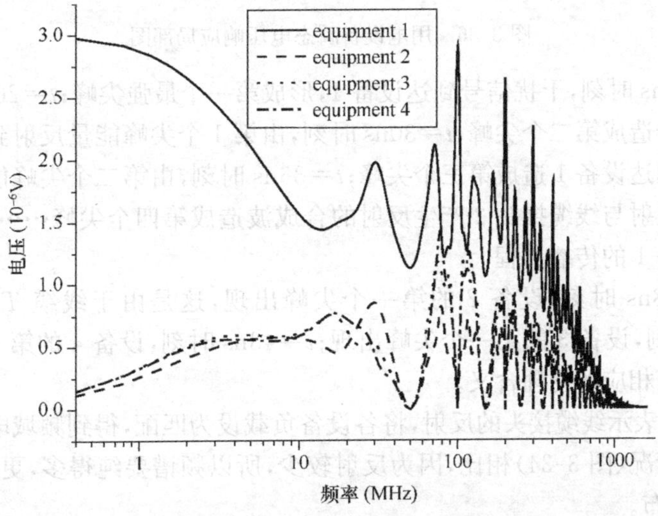

图 3-34　各用电设备受浪涌干扰产生的频域电压响应幅值

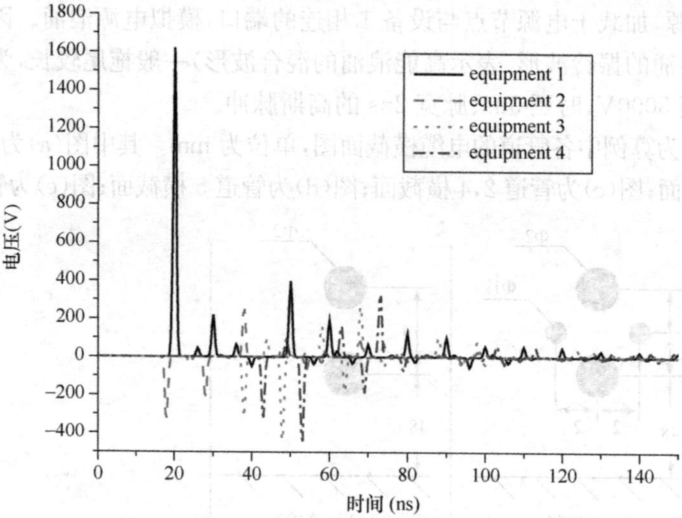

图 3-35 各用电设备受浪涌干扰产生的瞬态电压响应

提取其中的早时响应做分析,如图 3-36 所示。

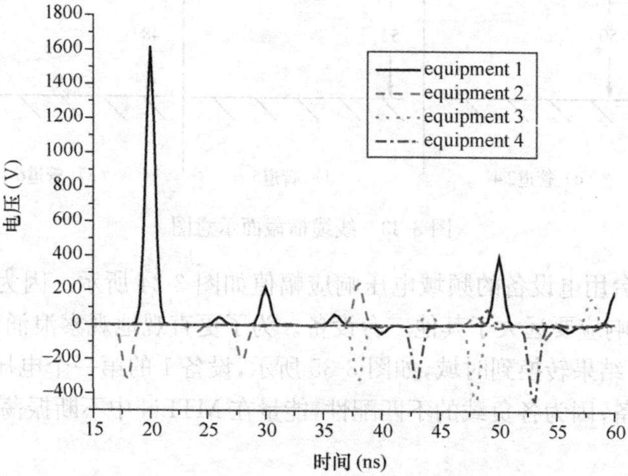

图 3-36 用电设备瞬态电压响应局部图

设备 1:$t=20$ns 时刻,干扰信号到达设备 1,形成第一个最强尖峰;$t=26$ns 时刻,由设备 2 反射回的干扰信号造成第二个尖峰;$t=30$ns 时刻,由第 1 个尖峰能量反射到线缆接头 1 产生的二次反射再次到达设备 1 造成第三个尖峰;$t=36$ns 时刻,由第二个尖峰能量反射到线缆接头 1 产生的二次反射与线缆接头 2 产生反射的合成波造成第四个尖峰……图 3-37 明确地标识了能量到达设备 1 的传播过程。

同样的,$t=18$ns 时刻,设备 2 的第一个尖峰出现,这是由于线缆 T_4 要比线缆 T_2 短 0.6m;$t=38$ns 时刻,设备 3 的第一个尖峰出现;$t=43$ns 时刻,设备 4 的第一个尖峰出现。其后的各个振荡均有相应的物理含义。

为了更清晰地表示线缆接头的反射,将各设备负载设为匹配,得到频域电压响应如图 3-38 所示。与不匹配情况(图 3-34)相比,因为反射较少,所以频谱要纯得多,更接近激励信号(高斯脉冲)的频谱分布。

经 FFT 逆变换的瞬态电压响应如图 3-39 所示。干扰信号在 5ns 处产生,$t=34$ns 时刻,

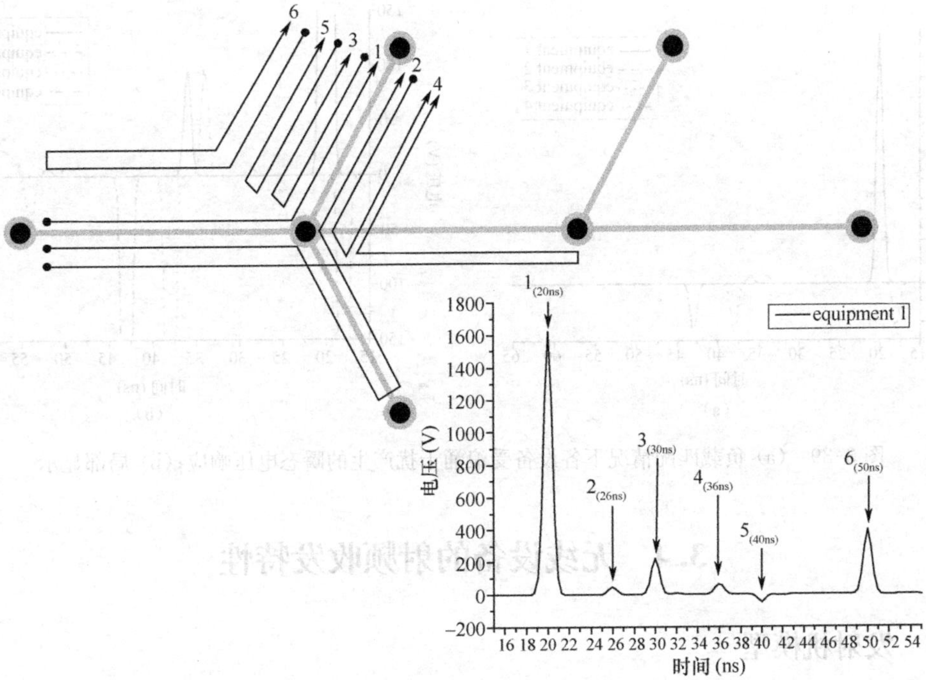

图 3-37　设备 1 瞬态电压响应分析

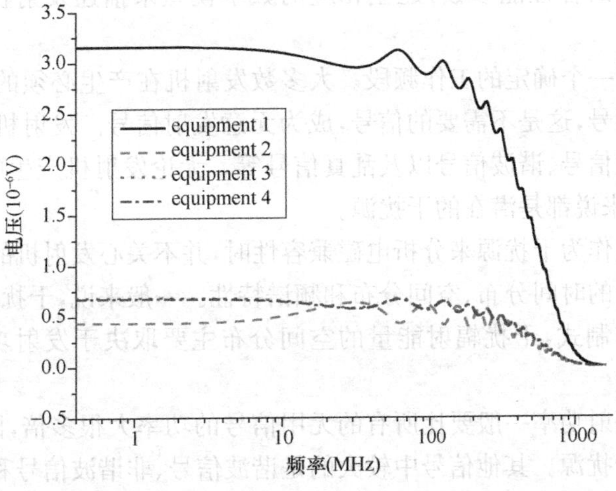

图 3-38　各用电设备匹配时受浪涌干扰产生的频域电压响应幅值

干扰经接头 2 反射，并通过接头 1 到达设备 2，造成设备 2 的第二个尖峰；这是因为信号在网络中共传播 $T_1+2\times T_3+T_4=8.7\text{m}$，耗时 29ns。

$t=36\text{ns}$ 时刻，干扰经接头 2 反射，并通过接头 1 到达设备 1，造成设备 1 的第二个尖峰；这是因为信号在网络中共传播 $T_1+2\times T_3+T_2=9.3\text{m}$，耗时 31ns。

同理，设备 3 和设备 4 的第二个尖峰也是由于两个线缆接头之间的反射造成的。本例中的接头是理想情况，因此图 3-39 表示出线缆接头的反射相对于直接传输的干扰信号是极小的。然而，实际的线缆接头会因为介质、插接件阻抗不完全匹配等原因形成相对大的反射，从而造成负载信号的波动和能量的损耗，所以这也是线缆网设计必须考虑的电磁兼容因素。

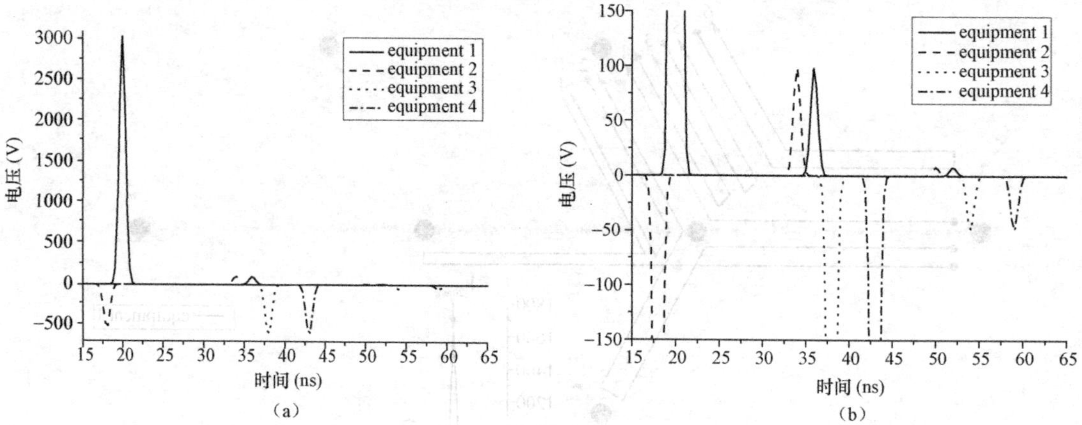

图 3-39 (a) 负载匹配情况下各设备受浪涌干扰产生的瞬态电压响应;(b) 局部显示

3.4 无线设备的射频收发特性

3.4.1 发射机模型

无线电发射机的基本功能是产生能够传递信息的电磁波,并把它发射到特定的空间区域中去。根据数据库中的各性能参数,建立相应的数学模型来描述发射机发射天线发射的电磁波。

每台发射机都有一个确定的工作频段。大多数发射机在产生必须的电磁波的同时,还产生一些寄生的乱真信号,这是不需要的信号,成为无意发射信号。发射机输出的频率特性里,含有确定频率的基波信号、谐波信号以及乱真信号等。无论发射机产生的有用信号和无用信号,对于其他接收机来说都是潜在的干扰源。

把发射机的输出作为干扰源来分析电磁兼容性时,并不关心发射机的结构和形状,只关注它所产生的电磁能量的时间分布、空间分布和频谱特性。一般来说,干扰辐射能量的时间分布取决于发射机的工作制式,干扰辐射能量的空间分布主要取决于发射功率和发射天线的方向图。

发射机的基波辐射功率一般要比所有的无用信号的功率大很多倍,因此可以认为基波辐射信号是最主要的干扰源。其他信号中较大的是谐波信号、非谐波信号和宽带噪声三部分,它们通常是必须分析的干扰源。

发射机产生的干扰有四种成分:基波、谐波、非谐波以及宽带噪声发射。

3.4.1.1 基波发射模型

发射机的基波输出实际上不限于单一频率,而是分布在基波附近的频段内,在基波附近功率分布特性主要由发射机的基带调制特性决定,合成的频谱成分称为调制边带。给定发射机的发射中心频率(基波)、带宽、调制方式、发射功率等,就可以确定基波发射功率谱。

由于现代无线系统普遍采用的是数字信号,因此用方波信号为基础信号,在频域经变换为 sinc 函数。图 3-40 所示即为 sinc 函数的图像。

下面列出的是常见的基波信号,按种类分为通信、导航信号和雷达信号。

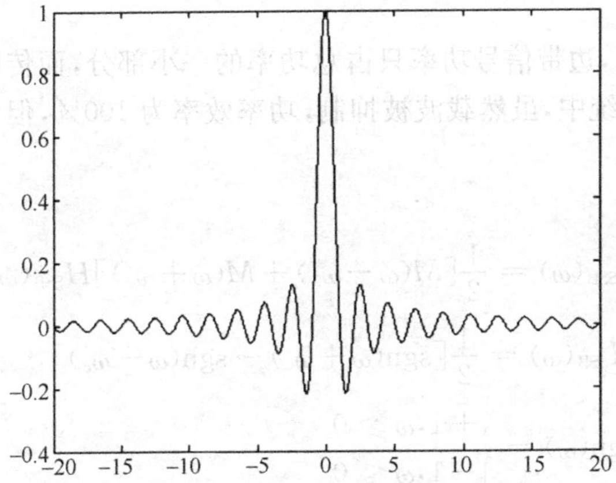

图 3-40 sinc 函数图像

1. AM 信号

振幅调制信号，指在调制端通过非线性的器件，将载波与射频信号结合，从而改变射频包络幅度，使之与信息信号强度成正比的广播方法。现在应用最广泛的就是收音机的 AM 无线电广播。其频谱表达式为

$$\psi_{\mathrm{AM}}(\omega)=\pi A_0\delta(\omega-\omega_0)+\frac{1}{2}A_{\mathrm{m}}[M(\omega-\omega_0-\omega_{\mathrm{c}})+M(\omega-\omega_0+\omega_{\mathrm{c}})] \qquad (3\text{-}123)$$

式中：ω_{c}为载波频率，信号一般用 sinc 函数表示；ω_0 为调制频率。AM 信号功率谱如图 3-41 所示。

2. DSB 信号

DSB 信号是抑制载波双边带调制信号。在 AM 信号中，载波分量并不携带信息，但仍占据了大部分功率，如果将载波进行抑制后再发送，就能提高效率。

频谱表达式为

$$\psi_{\mathrm{DSB}}(\omega)=\frac{1}{2}[F(\omega-\omega_0)+F(\omega+\omega_0)] \qquad (3\text{-}124)$$

式中：ω_0 载波频率。DSB 信号功率谱如图 3-42 所示。

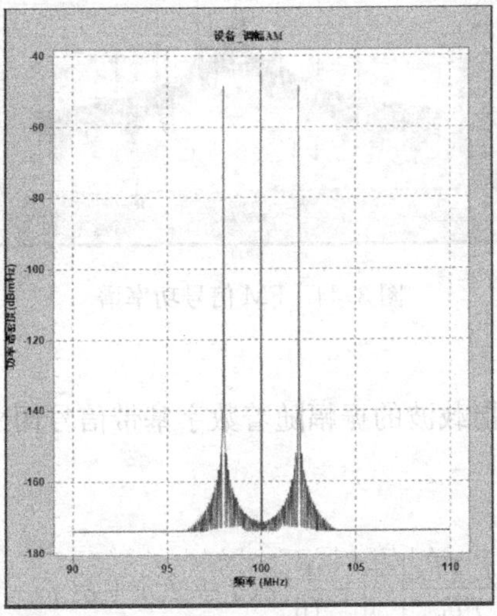

图 3-41 AM 信号功率谱

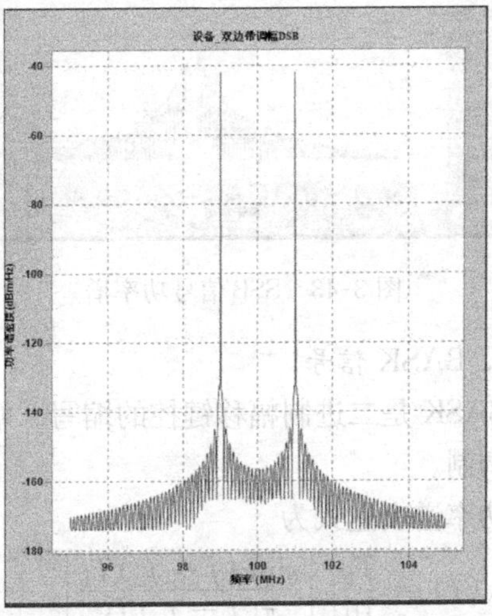

图 3-42 DSB 信号功率谱

3. SSB 信号

在 AM 调制系统中,边带信号功率只占总功率的一小部分,而传输带宽却是基带信号的两倍。在双边带调制系统中,虽然载波被抑制,功率效率为 100%,但其传输的带宽仍是基带信号的两倍。

功率谱表达式为

$$
\begin{aligned}
S_{\mathrm{SSB}}(\omega) &= \frac{1}{2}[M(\omega-\omega_0)+M(\omega+\omega_0)]H_{\mathrm{SSB}}(\omega) \\
H_{\mathrm{SSB}}(\omega) &= \frac{1}{2}[\mathrm{sgn}(\omega+\omega_c)-\mathrm{sgn}(\omega-\omega_c)] \\
\mathrm{sgn}(\omega) &= \begin{cases} +1, \omega \geqslant 0 \\ -1, \omega \leqslant 0 \end{cases}
\end{aligned}
\tag{3-125}
$$

式中 ω_c载波频率。SSB 信号功率谱如图 3-43 所示(上边带)。

4. FM 信号

在模拟信号调制中,除了调幅,还有调频,即使高频载波的频率按调制信号的规律变化而振幅保持恒定。全国大部分的收音机就采用此信号进行 FM 广播。功率谱为:

$$
S_{\mathrm{FM}}(\omega) = \frac{\pi A^2}{2}\sum_{-\infty}^{\infty} J_n^2(m_f^2)[\delta(\omega-\omega_c-n\omega_m^2)+\delta(\omega+\omega_c+n\omega_m^2)] \tag{3-126}
$$

式中,A 为信号振幅;ω_m 为相邻频率间隔;ω_c载波频率;m_f 为调频指数,一般在 1~100 之间,表示调制深度。FM 信号功率谱如图 3-44 所示。

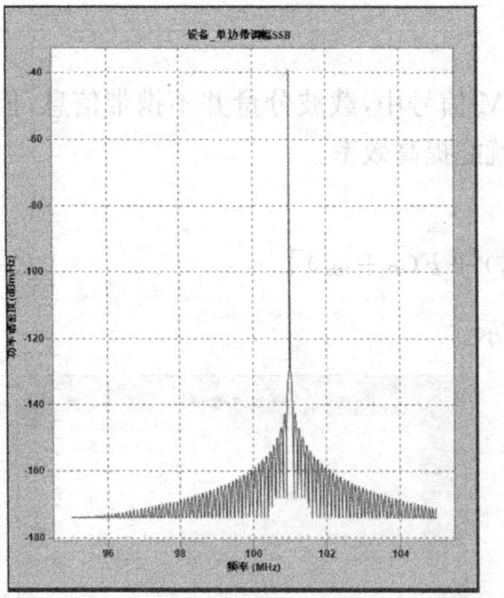

图 3-43 SSB 信号功率谱

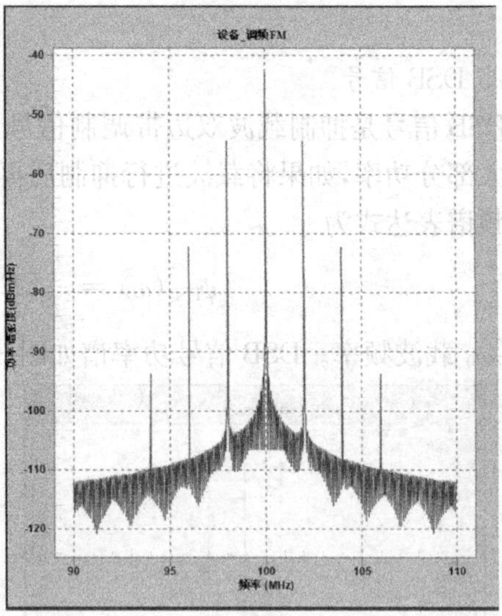

图 3-44 FM 信号功率谱

5. BASK 信号

BASK 是二进制幅移键控的缩写。幅移键控是指载波的振幅随着数字基带信号而变化的数字调制。

功率谱表达式为

$$
\Phi_{\mathrm{2ASK}}(f) = \frac{T_b}{16}\left[\left|\frac{\sin\pi(f+f_c)T_b}{\pi(f+f_c)T_b}\right|^2+\left|\frac{\sin\pi(f-f_c)T_b}{\pi(f-f_c)T_b}\right|^2\right]+\frac{1}{16}[\delta(f+f_c)+\delta(f-f_c)] \tag{3-127}
$$

$$B_{2ASK}=2f_b=2/T_b$$

式中，f_0 为载波频率；T_b为二进制码元间隔。BASK 信号功率谱如图 3-45 所示。

6. BFSK 信号

BFSK 是二进制频移键控的缩写，它是载波的频率随着二进制数字基带信号而变化。它的调制方法有两种：一个是利用模拟信号电路来实现；另一个是利用不归零矩阵脉冲序列控制的开关电路对两个独立的载波发生器进行选通。

功率谱表达式为

$$\Phi_{2FSK}(f)=\frac{T_b}{16}\begin{bmatrix}\left|\dfrac{\sin\pi(f+f_1)T_b}{\pi(f+f_1)T_b}\right|^2+\\ \left|\dfrac{\sin\pi(f-f_1)T_b}{\pi(f-f_1)T_b}\right|^2+\\ \left|\dfrac{\sin\pi(f+f_2)T_b}{\pi(f+f_2)T_b}\right|^2+\\ \left|\dfrac{\sin\pi(f-f_2)T_b}{\pi(f-f_2)T_b}\right|^2\end{bmatrix}+\frac{1}{16}\begin{bmatrix}\delta(f+f_1)+\\ \delta(f-f_1)+\\ \delta(f+f_2)+\\ \delta(f-f_2)\end{bmatrix} \tag{3-128}$$

$$B_{2FSK}\approx|f_2-f_1|+2f_b$$

f_1、f_2 为载波频率；T_b为二进制码元间隔。BFSK 信号功率谱如图 3-46 所示。

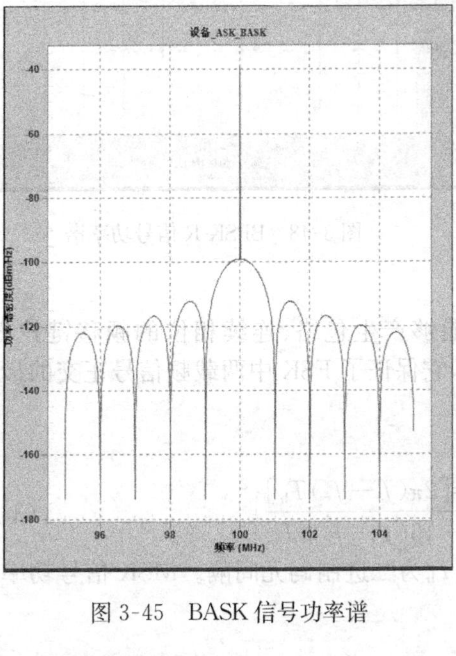

图 3-45　BASK 信号功率谱

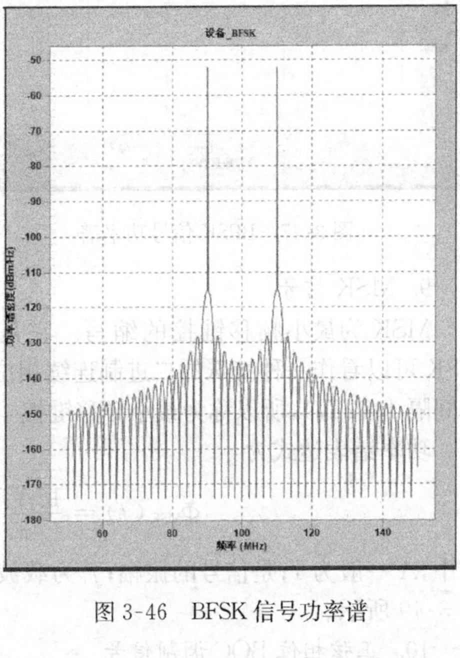

图 3-46　BFSK 信号功率谱

7. BPSK 信号

BPSK 是二进制相移键控的简称。它是载波的相位随着二进制数字系带信号而变化，而振幅和频率保持不变。

功率谱表达式为

$$\Phi_{2PSK}(f)=\frac{T_b}{4}\left[\left|\frac{\sin\pi(f-f_c)T_b}{\pi(f-f_c)T_b}\right|^2+\left|\frac{\sin\pi(f+f_c)T_b}{\pi(f+f_c)T_b}\right|^2\right] \tag{3-129}$$

$$B_{2PSK}=2f_b=2/T_b$$

式中，f_c为载波频率；T_b为二进制码元间隔。BPSK 信号功率谱如图 3-47 所示。

8. BPSK-R 信号

BPSK-R 信号实际上是直序扩频(DSSS)信号的一种,在GPS技术中,通常我们将具有矩形码片的BPSK调制产生的DSSS信号称为BPSK-R信号。

其功率谱为

$$S_{\mathrm{BPSK\text{-}R}}=T_c\operatorname{sinc}^2(\pi f T_c) \tag{3-130}$$

式中,T_c为二进制码元间隔。BPSK-R信号功率谱如图3-48所示。

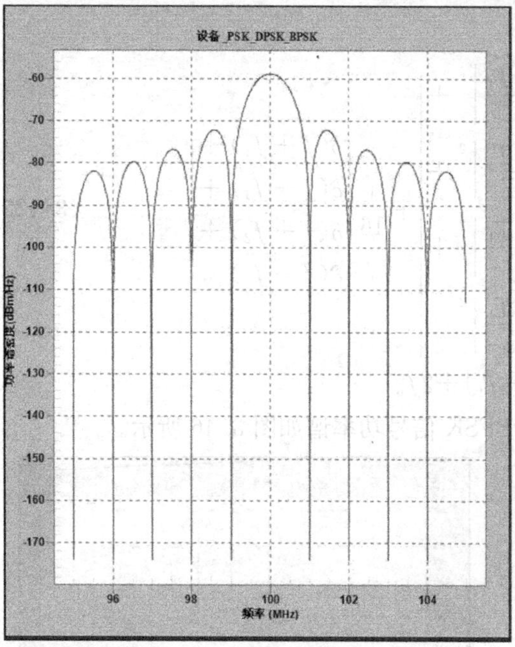

图3-47 BPSK信号功率谱

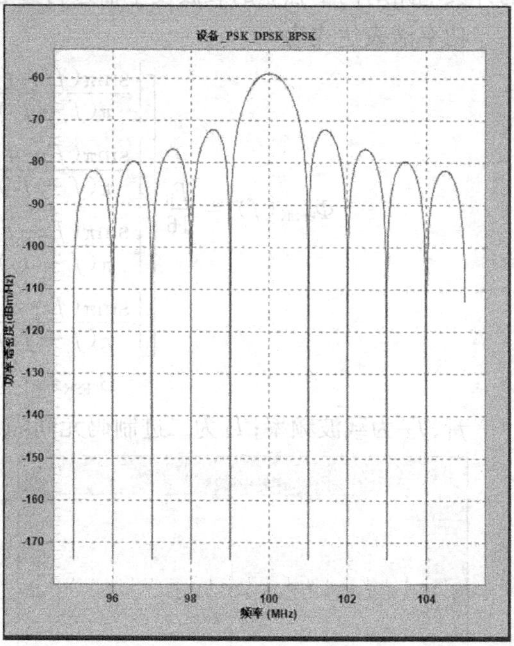

图3-48 BPSK-R信号功率谱

9. MSK 信号

MSK为最小频移键控的缩写。它是一种能够产生包络、连续相位的频移键控方式。MSK可以看作一种特殊的二进制连续相位FSK,它保证了FSK中两载频信号正交的最小频率间隔$1/(2T_b)$,所以称为最小频移键控。

功率谱表达式为

$$\Phi_{\mathrm{MSK}}(f)=\frac{16A^2T_b}{\pi^2}\left\{\frac{\cos[2\pi(f-f_c)T_b]}{1-16(f-f_c)^2T_b^2}\right\}^2 \tag{3-131}$$

式中,A一般为1;是信号的振幅;f_c为载波频率;T_b为二进制码元间隔。MSK信号功率谱如图3-49所示。

10. 正弦相位BOC调制信号

正弦相位BOC调制与下面的余弦相位BOC调制、MBOC调制都是导航信号中常见的形式,与BPSK-R信号不同,这些信号为波形设计者提供了更多的附加设计参数。在GPS信号中,针对不同用户(军用、民用),可采用不同的调制方式。

正弦相位BOC调制信号功率谱表达式为

$$S_{\mathrm{BOC_s}}(f)=\begin{cases}T_c\operatorname{sinc}^2(\pi f T_c)\tan^2\left(\dfrac{\pi f}{2f_s}\right), k\text{ 为偶数}\\ T_c\dfrac{\cos^2(\pi f T_c)}{(\pi f T_c)^2}\tan^2\left(\dfrac{\pi f}{2f_s}\right), k\text{ 为奇数}\end{cases} \tag{3-132}$$

式中，$k=\frac{T_c}{T_s}$；$T_s=1/2f_s$；是频率为 f_s 的方波的半周期；T_c 为二进制码元间隔。正弦相位 BOC 信号功率谱如图 3-50 所示。

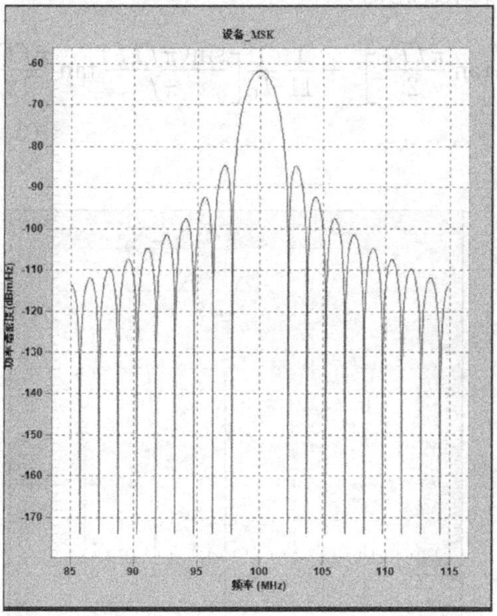

图 3-49　MSK 信号功率谱

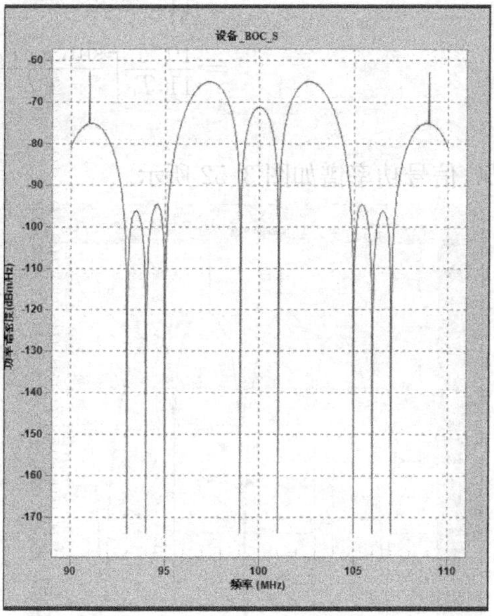

图 3-50　正弦相位 BOC 调制信号功率谱

11. 余弦相位 BOC 调制信号

功率谱表达式为

$$S_{BOC_c}(f)=\begin{cases}4T_c\mathrm{sinc}^2(\pi fT_c)\left[\dfrac{\sin^2\left(\dfrac{\pi f}{4f_s}\right)}{\cos\left(\dfrac{\pi f}{2f_s}\right)}\right]^2, & k \text{ 为偶数}\\ 4T_c\dfrac{\cos^2(\pi fT_c)}{(\pi fT_c)^2}\left[\dfrac{\sin^2\left(\dfrac{\pi f}{4f_s}\right)}{\cos\left(\dfrac{\pi f}{2f_s}\right)}\right]^2, & k \text{ 为奇数}\end{cases} \tag{3-133}$$

余弱相位 BOC 信号功率谱图像如图 3-51 所示。

12. MBOC 调制信号

GPS 和 Galileo 工作组确定采用 MBOC (6,1,1/11)作为双方最优化的调制方式，MBOC (6,1,1/11)中的"1"表示基线复合信号是正弦相位的 BOCs(1,1)，"6"表示另一个复合信号是正弦相位的 BOCs(6,1)，"1/11"是指数据和导频通道中所含的 BOC(6,1)信号的功率之和占信号总功率的 1/11，也就是说数据和导频通道中所含的 BOC(1,1)信号的功率之和占信号总功率的 10/11。而 BOC(m,n)则表示信号是由一个 $m\times1.023$MHz 的方波频率和一个 $n\times1.023$MHz 的码片速率产生的 BOC 的简略表示。

在实际 GPS 信号中，常采用 TMBOC 方式，其中数据通道是 BOC(1,1)，导航通道是 TM-BOC(6,1,4/33)，所做的功率谱函数就是 MBOC (6,1,1/11)，表达式为

$$G_{MBOC(6,1,1/11)}(f)=\frac{3}{4}G_{Pilot}(f)+\frac{1}{4}G_{Data}(f)$$

$$
\begin{aligned}
&= \frac{3}{4} \times \left[\frac{29}{33} G_{\mathrm{BOC}(1,1)}(f) + \frac{4}{33} G_{\mathrm{BOC}(6,1)}(f) \right] + \frac{1}{4} \times G_{\mathrm{BOC}(1,1)}(f) \\
&= \frac{10}{11} G_{\mathrm{BOC}(1,1)}(f) + \frac{1}{11} G_{\mathrm{BOC}(6,1)}(f) \\
&= \frac{10}{11} \frac{1}{T_{\mathrm{C}}} \left[\frac{\sin(\pi f T_{\mathrm{C}})}{\pi f} \tan \frac{\pi f T_{\mathrm{C}}}{2} \right]^2 + \frac{1}{11} \frac{1}{T_{\mathrm{C}}} \left[\frac{\sin(\pi f T_{\mathrm{C}})}{\pi f} \tan \frac{\pi f T_{\mathrm{C}}}{12} \right]^2
\end{aligned} \tag{3-134}
$$

MBOC 信号功率谱如图 3-52 所示。

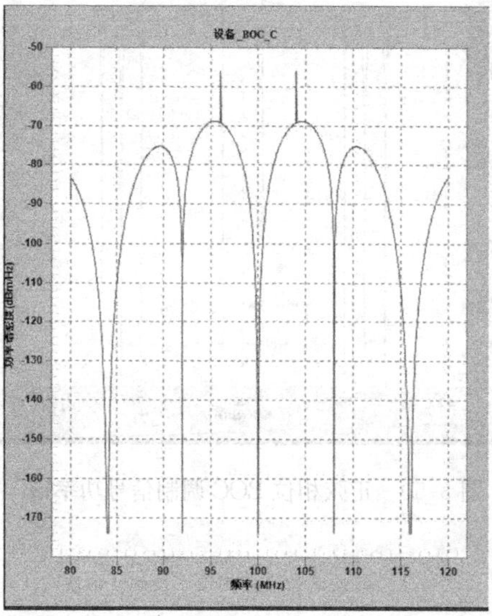

图 3-51 余弦相位 BOC 调制信号功率谱

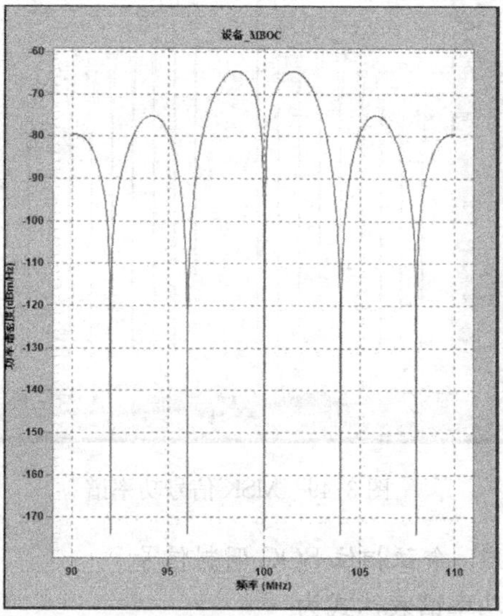

图 3-52 MBOC 调制信号功率谱

13. CWLFM 线性调频信号

线性调频信号是指频率随时间而线性改变的信号。在雷达中,为了能测量长距离又保留分辨率,需要短时间的脉冲,但又是持续发射信号,线性调频信号就能满足需要。CWLFM 的主要应用有:声呐、雷达、多普勒效应。

频谱为:

$$
S(\omega) = \begin{cases} A\sqrt{2\pi/\mu}\exp\left\{\mathrm{j}\left[-\dfrac{(\omega-\omega_0)^2}{2\mu} + \dfrac{\pi}{4}\right]\right\}, & |\omega-\omega_0| \leqslant \pi B \\ 0, & |\omega-\omega_0| > \pi B \end{cases} \tag{3-135}
$$

式中:B 为信号带宽;μ 是调频斜率;$\mu=\dfrac{\Delta f}{T}$;A 是信号幅度。实际的线性调频信号不会如图 3-53所示这么纯净,边缘会有振荡和毛刺,但从预测的角度出发,图 3-53 所示的频谱是合适的。

14. sinFM 正弦调频信号

正弦调频信号是一种典型的非线性调频信号,能反映目标的旋转和振动等微观多普勒信息,具有抑制泄漏和近区干扰等特性,因此广泛应用在声呐、雷达和通信等领域。其频谱为

$$
G(f) = 2\pi A \sum_{\infty}^{\infty} \mathrm{J}_n(m_{\mathrm{f}})\delta(f - f_0 - nf_{\mathrm{m}}) \tag{3-136}
$$

式中,$\mathrm{J}_n(m_{\mathrm{f}})$为第一类 n 阶 Bessel 函数 A 为信号振幅,f_{m} 为相邻频率间隔,m_{f} 为调频指数,一般在 1~100 之间,表示调制深度。sinFM 信号功率谱如图 3-54 所示。

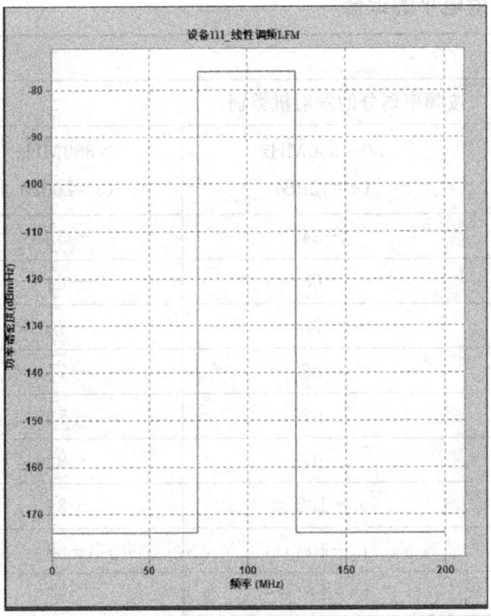

图 3-53　线性调频信号频谱

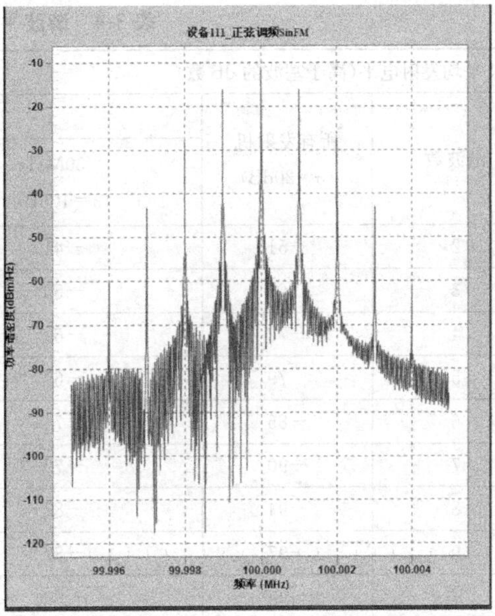

图 3-54　sin*FM* 信号频谱

3.4.1.2　谐波波发射模型

1. 通用谐波发射模型

通用谐波辐射模型可以用式(3-137)表示：

$$P_{\mathrm{T}}(f_{\mathrm{NT}}) = P_{\mathrm{T}}(f_{\mathrm{OR}}) + A\lg N + B \tag{3-137}$$

式中，N 为谐波次数，$N \geqslant 2$；A、B、σ 可由测量数据模型得到。在没有具体数据的时候，采用统计综合谐波幅度模型。如表 3-3 所示。

表 3-3　由现成数据的统计综合模型得到的发射机谐波模型的常数

按基波频率划分的发射机模型	在谐波幅度模型中常数的综合值		
	A(dB/十倍频)	B(高于基波的 dB)	$\sigma_{\mathrm{T}}(f_{\mathrm{NT}})$(dB)
所有发射机	−70	−30	20
<30MHz	−70	−20	10
30～300MHz	−80	−30	15
>300MHz	−60	−40	20

表 3-3 中第一行给出了由所有发射机统计数据导入的 A、B、$\sigma_{\mathrm{T}}(f_{\mathrm{NT}})$值，在二、三、四行给出了按基频分类统计的各组发射机的 A、B、$\sigma_{\mathrm{T}}(f_{\mathrm{NT}})$值。可根据基频的不同用适当的 A、B、$\sigma_{\mathrm{T}}(f_{\mathrm{NT}})$代入式 3-6 模拟发射机谐波幅度。在所指出的每一频段内发射机的最后平均谐波输出电平在表 3-4 中列出，表中 σ 为统计的正态分布方差。

2. 基于国军标的谐波发射模型

传统电磁兼容预测分析中的谐波模型是基于统计学原理给出的，准确度不高。GJB 151A—97《军用设备和分系统电磁发射和敏感度要求》对发射机的谐波和乱真辐射也做了规定，可作为一种补充详见表 3-5。

表 3-4 谐波平均发射电平的综合

谐波平均发射电平(高于基波的 dB 数)				
谐波数	所有发射机 (σ=20dB)	按频率划分的发射机类别		
		<30MHz (σ=10dB)	30~300MHz (σ=15dB)	>300MHz (σ=20dB)
2	−51	−41	−54	−55
3	−64	−53	−68	−64
4	−72	−62	−78	−70
5	−79	−69	−86	−75
6	−85	−74	−92	−79
7	−90	−79	−97	−82
8	−94	−83	−102	−85
9	−97	−87	−106	−88
10	−100	−90	−110	−90

(1) CE106

① 适用范围:本要求适用于发射机和接收机天线端子,不适用于不能拆卸的固定式天线的设备。本要求对受试发射机(发射状态)必要的带宽内或其基频的±5%范围内不适用。依据受试设备(Equipment Under Test, EUT)工作频率范围,试验起始频率如表 3-6 所示。

表 3-5 GJB 151A—97 中对发射机谐波和乱真辐射的规定

项目	名　称
CE106	10kHz~40GHz 天线端子传导发射
RE103	10kHz~40GHz 天线谐波和乱真输出辐射发射

表 3-6 EUT 频率范围

工作频率范围(EUT)	试验起始频率
10kHz~3MHz	10kHz
3~300MHz	100kHz
300MHz~3GHz	1MHz
3~40GHz	10MHz

试验上限频率为 40GHz 或 EUT 最高工作频率的 20 倍,取其较小者。对于使用波导的设备,当频率低于波导截止频率的 0.8 倍时,本要求不适用。对于带工作天线的受试发射机,可以使用 RE103 要求来代替 CE106。

② 极限:EUT 天线端子传导发射不应超过下面给定值。

a. 接收机:34dBμV;

b. 发射机(待发状态):34dBμV;

c. 发射机(发射状态):除二次和三次谐波以外的所有谐波发射和乱真发射均应至少低于基波电平 80dB;二次和三次谐波应抑制 $50+10\lg P$(P 为基波峰值输出功率,单位为 W)或 80dB,取抑制要求较小者。

(2) RE103

① 适用范围:当试验带有固定天线的发射机时,本要求可用来替代 CE106。除非设备和分系统设计特性妨碍其使用,否则优先使用 CE106 要求。本要求不适用于 EUT 必要的带宽内或其基频的±5%范围内(取其较宽者)。依据 EUT 的工作频率范围,试验起始频率如表 3-7所示。

表 3-7　EUT 频率范围

工作频率范围(EUT)	试验起始频率
10kHz～3MHz	10kHz
3～300MHz	100kHz
300MHz～3GHz	1MHz
3～40GHz	10MHz

试验上限频率为 40GHz 或 EUT 最高工作频率的 20 倍，取其较小者。对于采用波导的设备，当频率低于波导截止频率的 0.8 倍时，本要求不适用。

② 极限：除二次和三次谐波以外的所有谐波发射和乱真发射均应至少低于基波电平 80dB。二次和三次谐波应抑制 50＋10lg*P*（*P* 为基波峰值输出功率，单位为 W）或 80dB，取抑制要求较小者。

3.4.1.3　非谐波及宽带噪声

发射机输出特性中，除了基波以及谐波辐射以外，还有非谐波信号和热噪声等干扰信号。

非谐波辐射式发射机产生的乱真信号，一般情况下，它们所辐射的功率电平都低于基频谐波的功率，但在个别情况下，也会产生很严重的非谐波辐射，例如，采用磁控管的无线电雷达，可能有频率低于基频的非谐波辐射信号，也可能产生功率电平较大的干扰。

这种非谐波输出的频率很难找到与基频的规律性关系，通常用一定频率区间可能出现的概率来描述。在距基频 f_{OT} 有一定间隔 Δf 的特定频率区间 ΔB 中，出现非谐波干扰的概率表示为

$$P = W\frac{B}{f_{OT}} \tag{3-138}$$

式中，W 为随发射机种类而定的常数；B 为可能存在非谐波输出的带宽范围；f_{OT} 为发射机的基波频率。

发射机的噪声干扰一般是很小的，除非额定功率超过 1000W 的大功率发射机，需要分析噪声干扰，对于 1000W 以下的发射机，其噪声干扰可以忽略不计。当需要分析噪声干扰时，可将噪声的平均功率加到基频调制包络特性的功率值上。对于与其它各频率，噪声电平可以用与非谐波辐射相同的方法来进行描述。

3.4.2　接收机模型

接收的质量取决于接收机输出端的有用信号与干扰信号的功率比值或电压比值，这个参数叫“信号－干扰比”，通常用 dB 表示。

从电磁兼容性的观点看，理想的无线电接收机应该仅在特定的必需频带范围内，通过天线输入端接收有用信号。然而，任何实际接收机都不是理想的通带，都具有接收带外信号的能力。除接收机端信号或干扰侵入方式之外，接收质量还与接收机的非线性和类型、信号的调制方式、信号和干扰的频谱有关。

一个理想的接收机，其选择性曲线如图 3-55(a)所示，只有当干扰频率包含在选择曲线的基本信道的通带内，干扰才可能达到接收机输出端。实际接收机的选择性曲线如图 3-55(b)所示，它表明干扰影响程度取决于其频率特性。干扰和接收机调谐频率 f_0 间的频率间隔 Δf 越大，对接收质量影响越小。

对接收机而言，潜在干扰信号有三种：同频道干扰、邻近频道干扰及带外干扰。此外由于接收机的非线性，多个干扰信号可能会产生减敏、互调、交调等作用。

同频道干扰是指：包括存在于最窄的检波前通道（超外差接收机为中频带宽）内的潜在干扰发射。此信号将与希望信号以相同的方式被放大、处理，可能使接收机减敏或淹没希望信

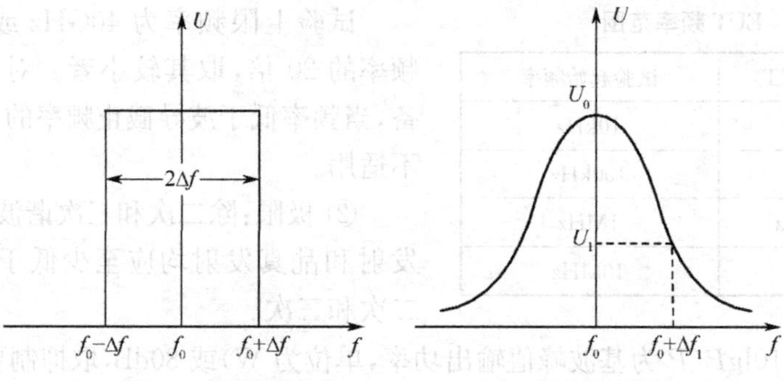

（a）接收机的理想选择特性　　（b）接收机的实际选择特性

图 3-55　接收机选择曲线

号，或产生严重失真。对幅度筛选规定接收机对同频信号的敏感度阈值，同频道敏感度阈值取为接收机噪声电平，即 $S=N$。

邻频干扰是指：存在于或接近于最宽的接收机通带内的频率的发射。它应足够偏离接收机的调谐频率，以致不落在最窄的接收机通带内。此干扰能在接收机内产生各种效应，如减敏、交调、互调等。减敏是接收机对所希望信号增益的降低，是干扰产生自动增益控制作用或引起一级、多级非线性工作的结果。互调指两个或多个输入信号的非线性组合产生不希望的信号，其频率为输入信号或谐波的和或差。交调指非希望信号的调制转移到希望信号上，是由于非希望信号使接收机的一级或多级非线形而产生的。

带外干扰是指：频率大大高于接收机带宽（射频带宽）的信号。强的带外干扰能产生接收机内的乱真响应。超外差接收机对那些与本振谐波混频后能产生中频信号的带外干扰最敏感，在这样的接收机内，乱真响应发生在特定的频率。射频调谐或直检波式接收机对那些未被射频选择性抑制的带外干扰是敏感的。

减敏是指：当接收机接收在邻近接收机调谐频率的频道内一个或多个强的不希望信号时，接收机前端中的非线性导致希望信号的增益下降，此效应称为减敏。

互调是指：多个信号由于器件非线性效应而产生新的频率的过程。

交调是指：不希望信号对希望信号进行了调制。

3.4.2.1　同频道敏感度阈值模型

同频道敏感度阈值采用接收机噪声电平，对电磁干扰来说，接收机敏感度阈值表示为统计参数，等于接收在标称噪声算法的平均值 P_R。

假定同频道敏感度是正态分布随机变量，在没有现成数据时，标准差 σ 采用经验值 2dB。

噪声电平可由噪声功率式(3-8)计算，并作为同频道敏感度门限值，式(3-139)为线性单位。

$$P_R = FKTf_{Br}D \tag{3-139}$$

式中，P_R 为接收机同频道敏感度阈值；F 为噪声系数；$K=1.38\times10^{-23}$ J/K 是玻尔兹曼常数；T 为热力学温度；f_{Br} 为接收机带宽，D 为识别系数，及接收机输出端所允许的最小信噪比，通常规定接收机检波器输出端的信噪比为 1。此时的灵敏度称为接收机最小可辨信号灵敏度。

在噪声系数未知的情况下，也可以将接收机的灵敏度作为同频道敏感度门限值。

3.4.2.2　邻近频道敏感度阈值模型

邻近频道干扰是指存在于或接近于最宽的接收机通带内（射频带宽）的频率的发射。它应足够偏离接收机的调谐频率，以致不落在最窄的接收机通带（中频带宽）内。

接收机的中频选择性有两种模型，一种是通用模型，一种是综合模型。

接收机中频选择性通用模型的数学函数可用频率间隔 Δf 的分段线性函数来表示：$S(\Delta f)=S(\Delta B_i)+A_i\lg\left(\frac{\Delta f}{\Delta B_i}\right)$，其中，$S(\Delta f)$为用 dB 表示的敏感电平，$\Delta f$ 为偏离中心频率 f_{r0} 的区段内频率变量，ΔB_i 为所在频率区段的频率宽度，$S(\Delta B_i)$为所在频段内的敏感特性的常数，A_i 为各频率区段的选择性曲线斜率。如果以选择性特性相差 3dB、20dB、60dB 来决定相应的频率偏移 Δf，可画出邻近频道敏感特性如图 3-56 所示。

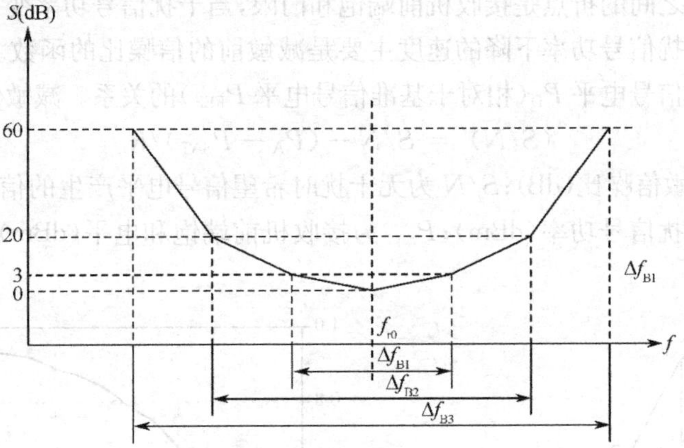

图 3-56　邻近频道敏感特性

因此，给定 3dB、20dB、60dB 的带宽，则可以确定如图 3-56 的中频选择性。

接收机中频选择性综合模型采用形状系数 SF 描述，即

$$S(\Delta f)=60\,\frac{\lg(\Delta f/\Delta f_1)}{\lg \mathrm{SF}} \tag{3-140}$$

式中，Δf_1 为 3dB 带宽（即中频带宽）。因此，给定接收机形状系数和中频带宽，就可以确定中频选择性。

接收机临近频道敏感度阈值 P_{RG2} 由中频选择性和同频道敏感度阈值共同确定，即 $P_{\mathrm{RG2}}=P_{\mathrm{RG1}}+S(\Delta f)$。由于中频选择性有两种模型，因此临近频道敏感度阈值也相应地有两种。系统优先选用基于中频选择性通用模型的阈值，没有 3dB、20dB、60dB 的带宽和 SF 输入参数时，根据经验规则选取形状系数，形状系数的经验值为 2～8。

3.4.2.3　带外敏感度阈值模型

敏感度阈值 $P_{\Omega}(f)$应该为频率的连续函数，如式(3-141)所示

$$P_{\Omega}(f)=P_{\mathrm{R}}(f_0)+I\cdot\lg(f/f_0)+J \tag{3-141}$$

式中，$P_{\Omega}(f)$为带外敏感度阈值；$P_{\mathrm{R}}(f_0)$为同频道敏感度阈值；I、J 见表 3-8 所示。

表 3-8　不同类别接收机的 I,J,σ

频率	I(dB/频程)	J(dB)	σ
＜30MHz	25	85	15
30～300MHz	35	85	15
＞300MHz	40	60	15
中频	35	75	20

表中，σ 为均方差。此表从实际数据统计处理结果中获得。

3.4.2.4 减敏模型

图3-57所示为减敏的通用数学模型,恒定 S/N 区(线段1)表示当无干扰时的信噪比。无干扰的信噪比为

$$S/N = P_D - P_{REF} + (S/N)_{REF} \tag{3-142}$$

式中,P_D 为希望信号电平(dBm);P_{REF} 为基准信号电平(dBm);$(S/N)_{REF}$ 为基准信号电平信噪比。

在线段1和2之间的折点是接收机前端饱和门限,当干扰信号功率变得大于门限时,信噪比开始下降。随干扰信号功率下降的速度主要是减敏前的信噪比的函数。图3-58示出第二线段的斜率与希望信号电平 P_D(相对于基准信号电平 P_{REF})的关系。减敏信噪比可计算如下:

$$(S/N)' = S/N - (P_A - P_{SAT})/R \tag{3-143}$$

式中,$(S/N)'$ 为减敏信噪比(dB);S/N 为无干扰时希望信号电平产生的信噪比(dB);P_A 为在接收机输入端的干扰信号功率(dBm);P_{SAT} 为接收机前端饱和电平(dBm);R 为减敏率(按图3-58)。

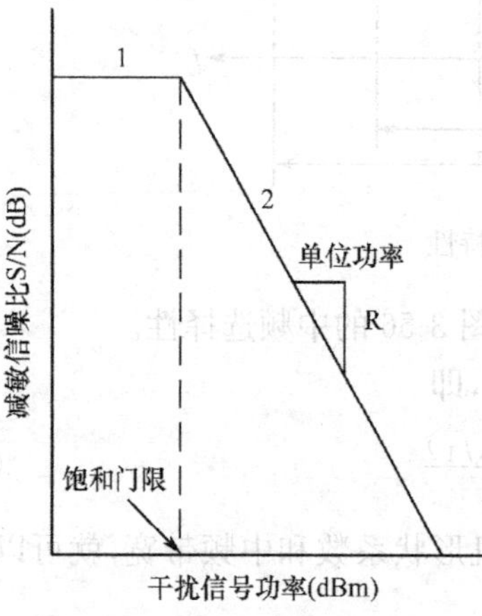

图3-57 减敏模型

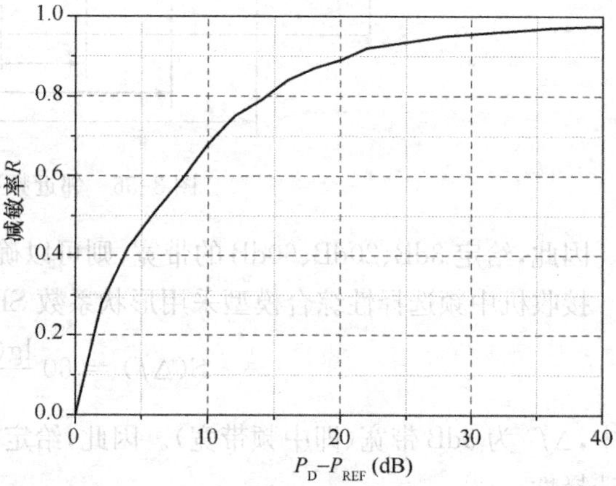

图3-58 减敏率

如果在接收机输入端出现多于一个的非希望信号,则应在计算减敏中考虑合成信号,在这种情况下,式(3-143)中的 $P_A - P_{SAT}$ 项应由下式代替

$$P_{EQ} = 10\lg\sum_{K}^{T}\{\lg^{-1}[(P_{AK} - P_{SATK})/10]\} \tag{3-144}$$

式中,P_{EQ} 为合成有效干扰信号功率(dBm);P_{AK} 为由第 K 个发射机在接收机输入端产生的干扰信号功率(dBm);P_{SATK} 为在第 K 个发射机频率时接收机的饱和电平(dBm);T 为非希望信号总数。

如果设计书中没有给出接收机饱和功率电平,则可采用下式来提供估算值

$$P_{SAT} = P_B + 10\lg(\Delta f / f_{OR}) \tag{3-145}$$

式中,$\Delta f / f_{OR}$ 为相对接收机调谐频率的干扰发射频率间隔;P_B 为由图3-59得出的基准值(dBm)。

3.4.2.5 互调敏感度阈值模型

互调是指多个信号由于器件非线性效应而产生新的频率的过程。其产生机理可分为有源互调和无源互调两种,有源互调又分为发射机互调和接收机互调。本文不讨论无源互调,而根

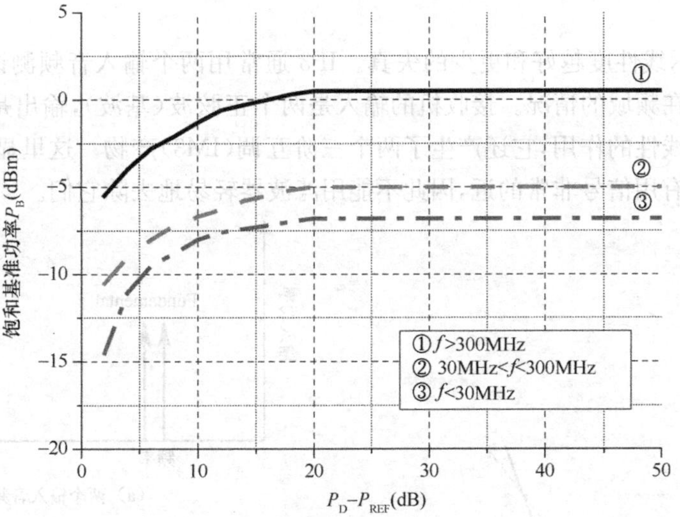

图 3-59　饱和基准功率

据经验，有源互调中，接收机互调最为严重。所谓接收机互调，即两个或两个以上信号同时进入接收机，由于接收机内部器件的非线性（放大器、混频器等）而产生的互调。

对于超外差接收机来说，当两个或多个干扰信号混频产生的新频率足够靠近接收机调谐频率，那么它们就有可能被放大和检波，对设备产生干扰。

完成互调预测的目的是区分在电磁环境中的发射机对，它们发射的频率可能引起特定接收机内的这种干扰，然后计算最终的信号－干扰比。

描述接收机输入输出信号之间的非线性关系可以用幂级数来表达，略去三次方以上较小的项，公式如下：

$$y = a_0 + a_1 x + a_2 x^2 + a_3 x^3 \tag{3-146}$$

式中，y 为输出信号；x 为输入信号；a_n 为接收机的传输系数。a_0 为直流系数；a_1 为线性电压增益系数；a_2 为二阶非线性失真系数；a_3 为三阶非线性失真系数，一般为负值。a_n 随着 n 的增大而迅速减小。

假设输入信号为 $A\cos\omega_A t$ 和 $B\cos\omega_B t$。因为选择性的作用，能够进入接收机的信号频率（ω_A，ω_B）不会离其通带太远，所以二阶失真的频率（$\omega_A+\omega_B$ 和 $\omega_A-\omega_B$）必然远离接收机通带而受到很大抑制，不易形成互调干扰。同理，偶数阶产生的组合频率都具有类似性质。

对于三阶失真频率（$2\omega_A+\omega_B$，$\omega_A+2\omega_B$，$2\omega_A-\omega_B$，$2\omega_B-\omega_A$），前两项类似于偶数阶互调失真信号，忽略不计，但对于后两项，很容易就落在接收机通带之内，并能够与有用信号一同进入信号通道，形成干扰。五阶以上的奇数阶互调失真信号也能够进入接收机通带，但是 a_n 阶数越高，互调产物幅度越小，产生互调干扰的可能性也越小。实践证明，对于接收机互调来说，三阶互调干扰的影响最大。

接收机的非线性程度是用 IP3 和 P1dB 来表示的。在输入端输入两个等幅音频信号，不断增加其功率值，在输出端测得其线性输出功率与三阶互调频率上的功率值，绘出这两条功率增长曲线，得到的理论交点为 IP3。随着输入功率的增加，当增益下降到比线性增益低 1dB 时，对应的输出功率值为 P1dB。如图 3-60 所示，对应横轴为输入三阶截断点（Input Intercept Point 3，IIP3），纵轴为输出三阶截断点（Output Intercept Point 3，OIP3），即

$$\text{OIP3} = \text{IIP3} + G \tag{3-147}$$

式中,G 为增益。

IP3 越高表示线性度越好和更少的失真。IP3 通常用两个输入音频测试,图 3-61 所示为双音频 IP3 测试在频域的情况。接收机的输入是两个正弦波(基波),输出是两个欲得到的有用信号。因为非线性的作用,它还产生了两个三阶互调(IM3)产物。这里显示的 IM3 失真产物在频率上距离有用信号非常的近,因此不能用滤波器轻易地去除它们。

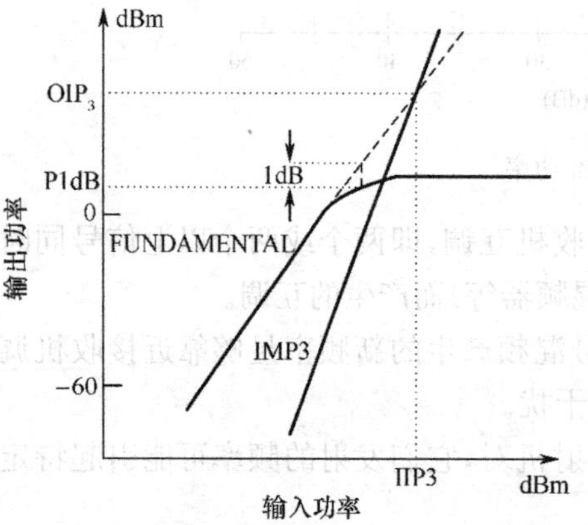

图 3-60 三阶截断点示意图

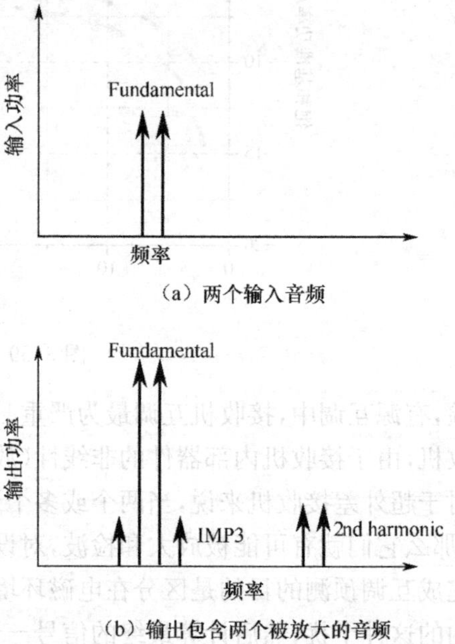

图 3-61 双音频 IP3 测试 IM3 产物和谐波失真

对于系统级的 EMC 预测分析,仅仅知道 IP3 是不够的,还必须知道三阶互调产物(Third-order Intermodulation Product, IMP3),其定义是输出三阶互调分量的功率值。三阶互调产物功率与基波输出功率之比(signal to third-order intermodulation ratio)称作三阶互调抑制比(IMR3)。

令输入干扰信号为 $A\cos\omega_A t+B\cos\omega_B t$,输入有用信号为 $C\cos\omega_C t$,代入式(3-146),将级数展开后,三阶互调产物频率为 $2\omega_A-\omega_B$ 和 $2\omega_B-\omega_A$。以 $2\omega_A-\omega_B$ 为例,其输出为 $3a_3A^2B\cos(2\omega_A-\omega_B)t/4$,输出有用信号为 $C\left(a_1+\frac{3}{4}a_3C^2\right)\cos\omega_C t$,则三阶互调抑制比 IMR3 为

$$\text{IMR3}=20\lg\left(\left|\frac{3a_3A^2B}{4a_1C+3a_3C^3}\right|\right) \tag{3-148}$$

为了引入 IP3 值,将式(3-148)按照 IP3 的测试条件进行改写。令 $A=B=C$,$\cos\omega_A t=\cos\omega_C t$,因为 IP3 是有用信号的线性输出与三阶互调产物的理论交点,所以忽略有用信号的高次项,有

$$\text{IMR3}=20\lg\left(\left|\frac{3a_3A^2}{4a_1}\right|\right)=20\lg\left(\left|\frac{3a_3}{4a_1}\right|\right)+40\lg(A) \tag{3-149}$$

在图 3-60 中交点处有

$$\begin{cases}\text{IMR3}=20\lg\left(\left|\dfrac{3a_3}{4a_1}\right|\right)+40\lg(A)=0\\ 10\lg\dfrac{A^2}{R}=\text{IIP3}\end{cases} \tag{3-150}$$

式中，R 为接收机特性阻抗。令 $\mathrm{UP}=20\lg\left(\left|\frac{3a_3}{4a_1}\right|\right)$，由式(3-150)得

$$\mathrm{UP}=-20\lg R-2\mathrm{IIP3} \tag{3-151}$$

实际情况中，产生互调干扰的信号功率远远大于有用信号功率，忽略小项，并将式(3-151)代入，式(3-148)可改写为

$$\mathrm{IMR3}=40\lg A+20\lg B-20\lg C-20\lg R-2\mathrm{IIP3} \tag{3-152}$$

将输入信号写为功率形式，令 $I_1=10\lg\frac{A^2}{R}$，$I_2=10\lg\frac{B^2}{R}$，$U=10\lg\frac{C^2}{R}$，得

$$\begin{cases}\mathrm{IMP3}=2I_1+I_2+G-2\mathrm{IIP3}\\ \mathrm{IMR3}=2I_1+I_2-U-2\mathrm{IIP3}\end{cases} \tag{3-153}$$

式中，I_1 为干扰信号1的功率；I_2 为干扰信号2的功率；U 为有用信号功率；G 为接收机增益。

令接收机增益为 G，当干扰信号功率与有用信号功率相等时，即 $I_1=I_2=U=I_{\mathrm{in}}$，则输出功率 $I_{\mathrm{out}}=I_{\mathrm{in}}+G$。则式(3-153)则退化为经典三阶互调产物公式

$$\begin{cases}\mathrm{IMP3}=3I_{\mathrm{out}}-2\mathrm{OIP3}\\ \mathrm{IMR3}=2I_1-2\mathrm{IIP3}=2I_{\mathrm{out}}-2\mathrm{OIP3}\end{cases} \tag{3-154}$$

若IP3未知，可由P1dB作近似导出。根据定义，令P1dB处输入信号为 C_1，IP3处输入信号幅度为 C_3，有

$$\begin{cases}10\lg\left[\frac{(C_1a_1)^2}{R}\right]-10\lg\left[\frac{\left(C_1a_1+\frac{3}{4}a_3C_1^3\right)^2}{R}\right]=1\\ 20\lg\left(\left|\frac{3a_3}{4a_1}\right|\right)+40\lg(C_3)=0\end{cases} \tag{3-155}$$

并可得到

$$\frac{C_1}{C_3}=\sqrt{\frac{10^{0.05}-1}{10^{0.05}}} \tag{3-156}$$

因为 $\mathrm{IIP}_3=10\lg\left(\frac{C_3^2}{R}\right)$，$\mathrm{P1dB}=10\lg\left(\frac{C_1^2}{R}\right)$，代入式(3-156)，有

$$\mathrm{IIP3}-\mathrm{P1dB}=9.64(\mathrm{dB}) \tag{3-157}$$

式(3-153)可改写为

$$\begin{cases}\mathrm{IMP3}=2I_1+I_2+G-19.28-2\mathrm{P1dB}\\ \mathrm{IMR3}=2I_1+I_2-U-19.28-2\mathrm{P1dB}\end{cases} \tag{3-158}$$

此公式能够在不需要复杂接收机电路模型的情况下对互调干扰做出预测分析。因为IP3和P1dB作为基础，所以能够基本反映接收机的非线性程度，满足EMC预测分析的工程需求。

一般的，接收机P1dB比前端饱和电平低3～4dB。

3.4.2.6 交调敏感度阈值模型

所谓交调干扰，即不希望信号对希望信号进行了调制。一般由在接收机邻近频道区中的强信号产生。交调产生于接收机的非线性效应，并要求干扰源具有幅度变化，即调幅。不是通过调幅来传输信息的接收机不受非线性交调的影响。

形成交调干扰的频率要求不像互调那样严格，在邻近频道区内任意频率的单一干扰信号可能产生交调是比较严重的问题，然而交调产物幅度对希望信号的影响只可能抑制信噪比，使

交调不如互调那样严重。

由调幅双边带干扰产生的交调可表示为

$$S/I = -2P_A + \text{CM} \tag{3-159}$$

式中,S/I 为输出信噪比(dB);P_A 为有效干扰信号功率(dBW);CM 为交调参数。

交调干扰产生的条件一般只限于大功率的调幅发射机。

3.5 电子设备的无意发射源

3.5.1 数字电路产生的无意发射

3.5.1.1 方波/梯形波的频谱

数字电路中最重要的波形是代表时钟和数据信号的波形,理论上是周期性的方波脉冲串,如图 3-62 所示。图中 A 为脉冲的幅度,T 为脉冲周期,τ 为脉冲宽度。

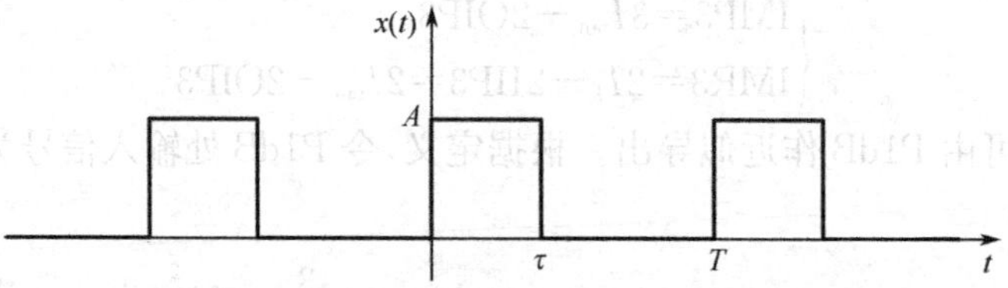

图 3-62 周期性方波脉冲串

周期函数的傅里叶展开式为

$$x(t) = \sum_{-\infty}^{\infty} c_n e^{jn\omega_0 t} \tag{3-160}$$

对于方波这种信号,可变形为

$$x(t) = c_0 + \sum_{n=1}^{\infty} 2 \mid c_n \mid \sin(n\omega_0 t + \angle c_n + \pi/2) \tag{3-161}$$

式中,

$$c_n = \frac{A\tau}{T} e^{\frac{-jn\omega_0\tau}{2}} \frac{\sin\left(\frac{n\omega_0\tau}{2}\right)}{\frac{n\omega_0\tau}{2}} \tag{3-162}$$

有,

$$\mid c_n \mid = \frac{A\tau}{T} \left| \frac{\sin\left(\frac{n\omega_0\tau}{2}\right)}{\frac{n\omega_0\tau}{2}} \right| \tag{3-163}$$

可以很明显地看出,这是一个 sinc 函数($\sin x/x$)的形式。其单边谱如图 3-63 所示。

实际的数字信号波形不是纯方波,而是带有上升沿和下降沿的梯形波,如图 3-64 所示。

图中 A 为脉冲的幅度,T 为脉冲周期,τ 为脉冲宽度,τ_r 为上升时间,τ_f 为下降时间。τ 脉冲宽度一般定义为两个 $A/2$ 之间的宽度,上升时间和下降时间一般定义为 0.1A~0.9A 之间的宽度。

对于梯形波,其解析的傅里叶展开系数为

$$c_n = -j \frac{A}{2\pi n} e^{-jn\omega_0(\tau+\tau_r)/2} \left[\frac{\sin\left(\frac{n\omega_0\tau_r}{2}\right)}{\frac{n\omega_0\tau_r}{2}} e^{jn\omega_0\tau/2} - \frac{\sin\left(\frac{n\omega_0\tau_f}{2}\right)}{\frac{n\omega_0\tau_f}{2}} e^{-jn\omega_0\tau/2} \right] \tag{3-164}$$

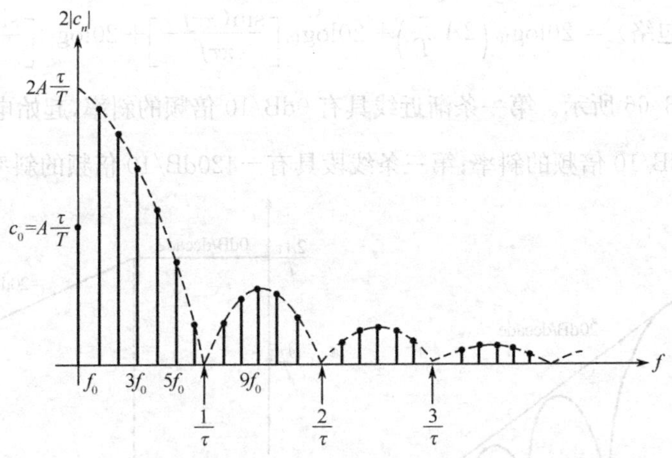

图 3-63　方波单边谱

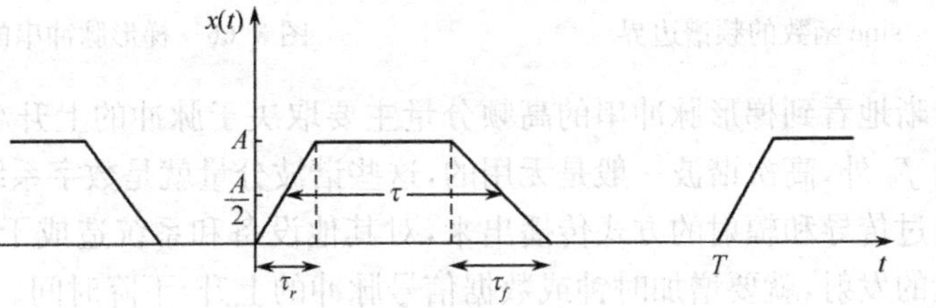

图 3-64　梯形周期脉冲串

当 $\tau_r = \tau_f$ 时，有

$$c_n = \frac{A\tau}{T} \frac{\sin\left(\frac{n\omega_0 \tau}{2}\right)}{\frac{n\omega_0 \tau}{2}} \frac{\sin\left(\frac{n\omega_0 \tau_r}{2}\right)}{\frac{n\omega_0 \tau_r}{2}} \mathrm{e}^{-\mathrm{j}n\omega_0(\tau+\tau_r)/2} \tag{3-165}$$

其单边谱的幅值为

$$2\mid c_n \mid = 2\frac{A\tau}{T}\left|\frac{\sin\left(\frac{n\omega_0 \tau}{2}\right)}{\frac{n\omega_0 \tau}{2}}\right|\left|\frac{\sin\left(\frac{n\omega_0 \tau_r}{2}\right)}{\frac{n\omega_0 \tau_r}{2}}\right| \tag{3-166}$$

3.5.1.2　频谱边界

对于电磁兼容，关注的不是每一根孤立的谱线，而是频谱的上边界(最恶化的情况)。首先看 $\sin x/x$，可近似为

$$\left|\frac{\sin x}{x}\right| \leqslant \begin{cases} 1 & (x\text{ 很小}) \\ \dfrac{1}{x} & (x\text{ 很大}) \end{cases} \tag{3-167}$$

其边界如图 3-65 所示。第一条渐近线斜率为 0dB/10 倍频，第二条渐近线随着 x 以 -20dB/10倍频的斜率线性减小。两条渐近线在 $x=1$ 处相交。

将 $f=n/T$ 代入式(3-166)，梯形波的包络为 $2\frac{A\tau}{T}\left|\frac{\sin(\pi\tau f)}{\pi\tau f}\right|\left|\frac{\sin(\pi\tau_r f)}{\pi\tau_r f}\right|$，将其作对数运算，有

$$20\log_{10}(\text{包络}) = 20\log_{10}\left(2A\frac{\tau}{T}\right) + 20\log_{10}\left[\frac{\sin(\pi\tau f)}{\pi\tau f}\right] + 20\log_{10}\left[\frac{\sin(\pi\tau_r f)}{\pi\tau_r f}\right] \quad (3\text{-}168)$$

其边界如图 3-66 所示。第一条渐近线具有 0dB/10 倍频的斜率,起始电平为 $2A\frac{\tau}{T}$;第二条线段具有 −20dB/10 倍频的斜率;第三条线段具有 −420dB/10 倍频的斜率。

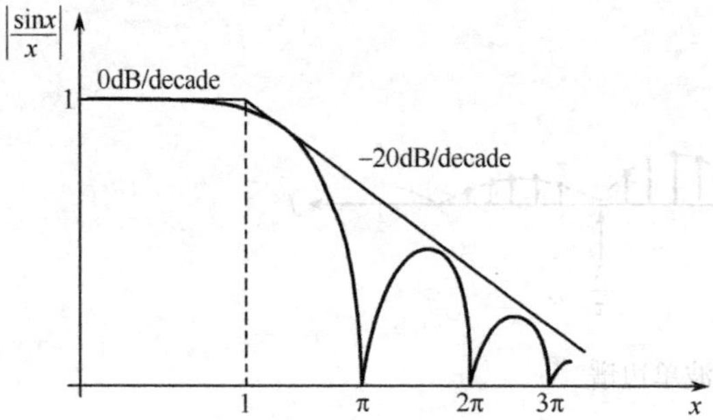

图 3-65 sinc 函数的频谱边界

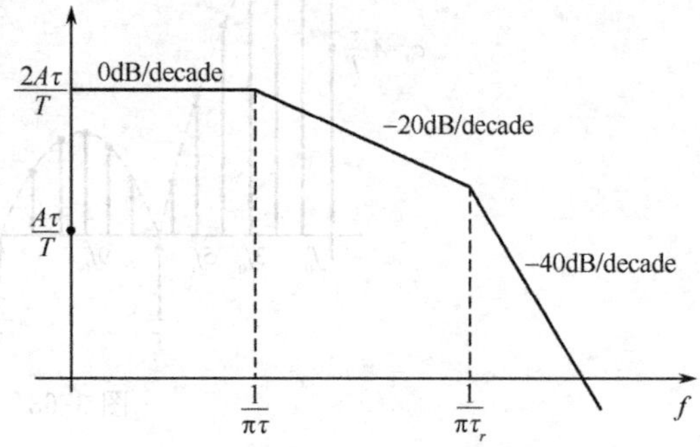

图 3-66 梯形脉冲串的单边谱边界

从图中可清晰地看到梯形脉冲串的高频分量主要取决于脉冲的上升/下降时间 τ_r。数字信号除工作频点 f_0 外,高次谐波一般是无用的,这些谐波分量就是数字系统主要的噪声来源。这些噪声能够通过传导和辐射的方式传播出来,对其他设备和系统造成干扰。为了减小高频分量以降低干扰的发射,就要增加时钟或数据信号脉冲的上升/下降时间。

举例说明。幅度为 1V,上升下降沿为 0.5ns,脉冲宽度为 2ns,脉冲周期为 20ns 的梯形脉冲串如图 3-67 所示。

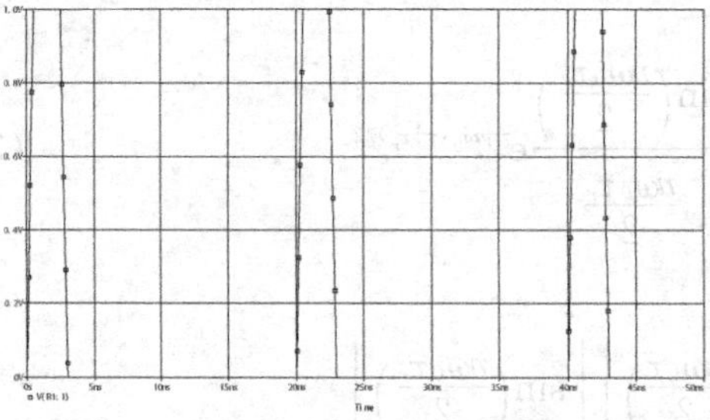

(a) 波形

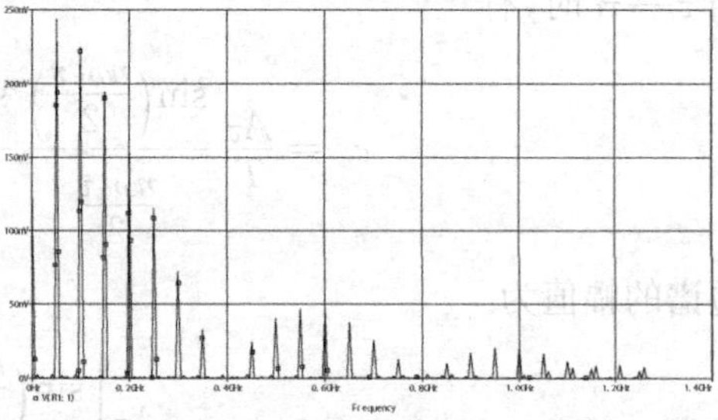

(b) 频谱

图 3-67 上升下降沿为 0.5ns 的梯形脉冲串

幅度为 1V,上升下降沿为 2ns,脉冲宽度为 2ns,脉冲周期为 20ns 的梯形脉冲串如图 3-68 所示。

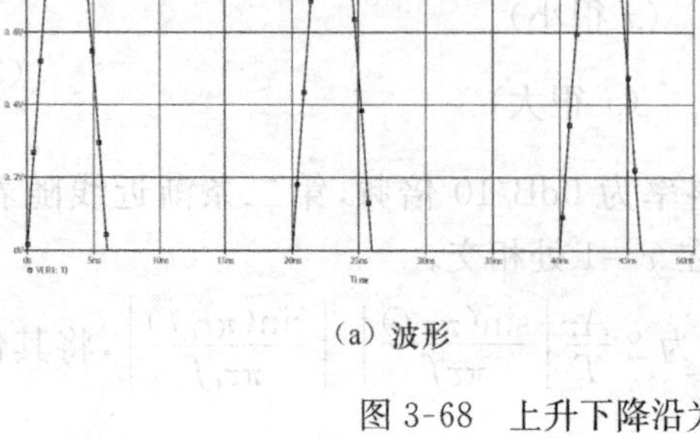

(a) 波形

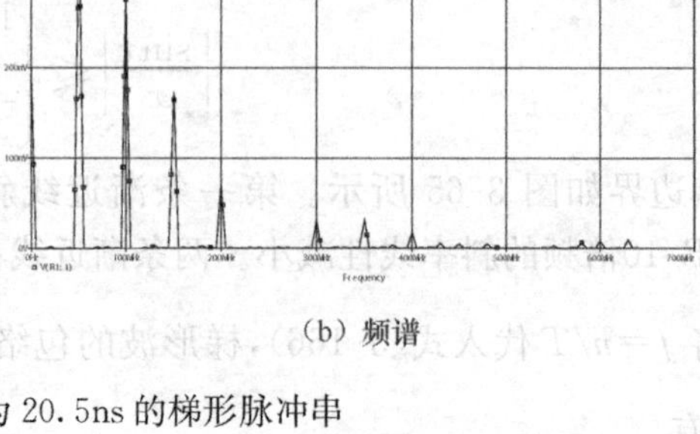

(b) 频谱

图 3-68 上升下降沿为 20.5ns 的梯形脉冲串

很明显，上升下降沿越陡（τ_r 越短），高频分量越少，产生的干扰越小。但是这就与功能的实现存在矛盾，因为从功能的角度上，需要短的 τ_r，以使信号在逻辑 0 和 1 之间的“灰色”区域停留的时间短，如图 3-69 所示。

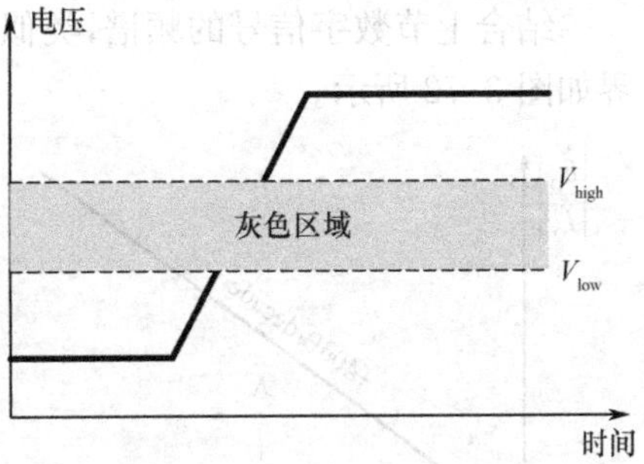

图 3-69　数字信号波形的“灰色”区域

3.5.2　“无意天线”的辐射

电子系统中的“无意天线”可以是导线、机壳或其他工作时本不需要辐射信号的结构。只要在这些结构上有较高频的时变电流存在就会有无意辐射。根据前文所述，电流可分为差模电流和共模电流，共模电流又叫“天线电流”，对电子系统的功能而言是没有必要存在的。一般情况下，共模电流会远远小于差模电流，但是其产生的辐射往往会比差模电流大。例如，1m 长的带状线，导线间距为 50mil，30MHz，20mA 的差模电流产生的辐射发射与 8μA 共模电流产生的辐射发射是相同的，此时差模电流的大小是共模电流的 2500 倍。本小节讨论简易的差模电流和共模电流辐射模型，能够根据电流值快速计算产生的辐射，精度能够满足工程需要。

首先假设导体的位置如图 3-70 所示。两导体沿 x 轴放置，方向沿 z 轴方向，导体间距为 s，导体长 1。只求解 XY 平面内电场的最大值。

3.5.2.1　差模电流辐射模型

基于如下假设，把每根导线简化为一个电偶极子天线：

- 场点处于远场且足够远（导线上的每个点到场点的距离矢量平行）；
- 导线长度足够短，导线上的电流分布（幅度和相位）沿导线是常数。

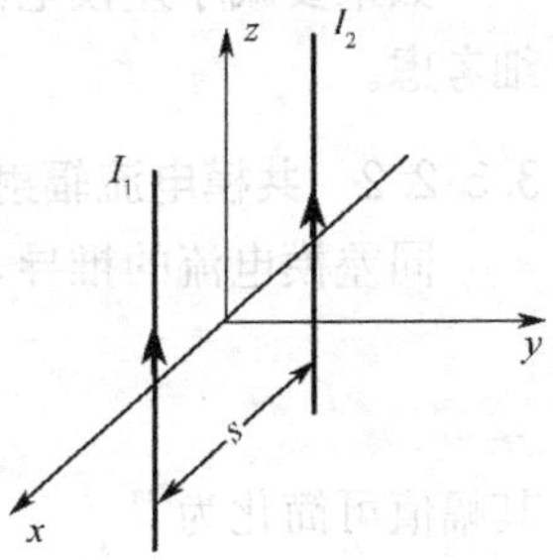

图 3-70　导体位置

根据天线理论，每个电偶极子的远场为

$$E_\theta = \mathrm{j}\frac{f\mu_0}{2} Il\sin\theta\frac{\mathrm{e}^{-\mathrm{j}\beta_0}}{r} \tag{3-169}$$

式中，$\beta_0=\dfrac{2\pi}{\lambda_0}$；$\lambda_0$ 为波长。

对于图 3-70 所示情况，有

$$\boldsymbol{E}_\theta = \mathrm{j}\frac{f\mu_0}{2} l\frac{\mathrm{e}^{-\mathrm{j}\beta_0 r}}{r}(\boldsymbol{I}_1\mathrm{e}^{\mathrm{j}\beta_0 s\cos\varphi/2}+\boldsymbol{I}_2\mathrm{e}^{-\mathrm{j}\beta_0 s\cos\varphi/2}) \tag{3-170}$$

差模电流的情况下，两导体电流幅度相同，方向相反，$\boldsymbol{I}_1=-\boldsymbol{I}_2$，代入上式，有当 $\varphi=0$ 时得到电场辐射最大值为

$$E_{\max}=-\frac{\mu_0 f I_D l}{r}\mathrm{e}^{-\mathrm{j}\beta_0 r}\sin\left(\frac{\beta_0 s}{2}\right) \tag{3-171}$$

式中，I_D 为电流值。其幅值可简化为

$$|E_{D,\max}| = 1.316\times10^{-14}\,\frac{I_D f^2 ls}{r} \tag{3-172}$$

式中下标 D 为差模(differential)的意思。可以看出，电场的值与电流 I，场点的距离 r，环路面积 ls 相关。且 $\dfrac{|E_{D,\max}|}{I_D}$ 正比于频率的平方，以对数表示即为每 10 倍频 40dB，如图 3-71 所示。

结合上节数字信号的频谱,类似图 3-66,能够画出数字信号由差模电流辐射出的频谱边界如图 3-72 所示。

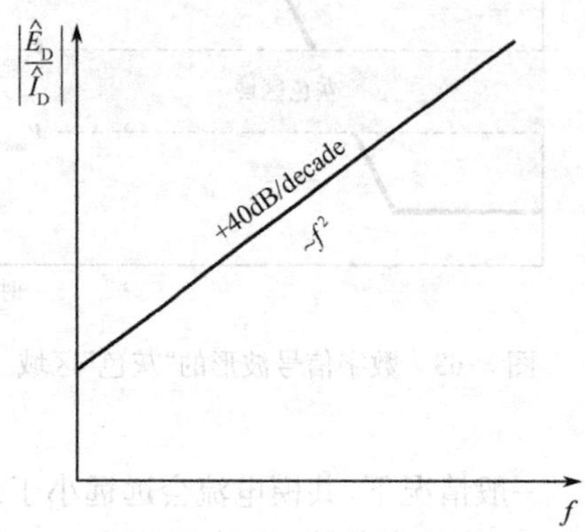

图 3-71 $\frac{|E_{D,max}|}{I_D}$与频率的关系

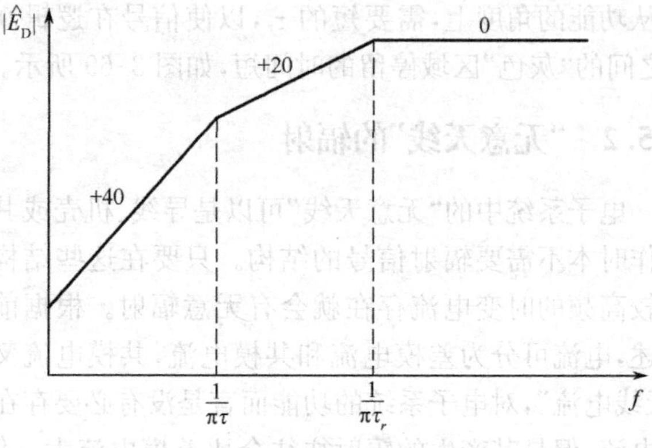

图 3-72 数字信号的差模电流所产生的辐射发射频谱边界

假设占空比为 50%,上升/下降时间为 2.5ns 的 10MHz 脉冲串,$\frac{1}{\pi\tau}=6.37\text{MHz}$,$\frac{1}{\pi\tau_r}=127.3\text{MHz}$。由差模电流引起的辐射发射问题主要集中在频率的高端。

如果要减小差模电流的辐射,最好的方法是减小环路面积,在进行电路或系统设计时要仔细考虑。

3.5.2.2 共模电流辐射模型

同差模电流的推导,得到其辐射电场为

$$E_{C,max}=j\mu_0\frac{fI_Cl}{r}e^{-j\beta_0 r}\cos\left(\frac{\beta_0 s}{2}\right) \tag{3-173}$$

其幅值可简化为[11]

$$|E_{C,max}|=1.257\times10^{-6}\frac{I_Cfl}{r} \tag{3-174}$$

式中下标 C 为共模(Common)的意思。可以看出,电场的值与电流 I,场点的距离 r,导线长度 l 相关。且$\frac{|E_{C,max}|}{I_C}$正比于频率,以对数表示即为每 10 倍频 240dB,如图 3-73 所示。

结合上节数字信号的频谱,类似图 3-66,能够画出数字信号由共模电流辐射出的频谱边界如图 3-74 所示。

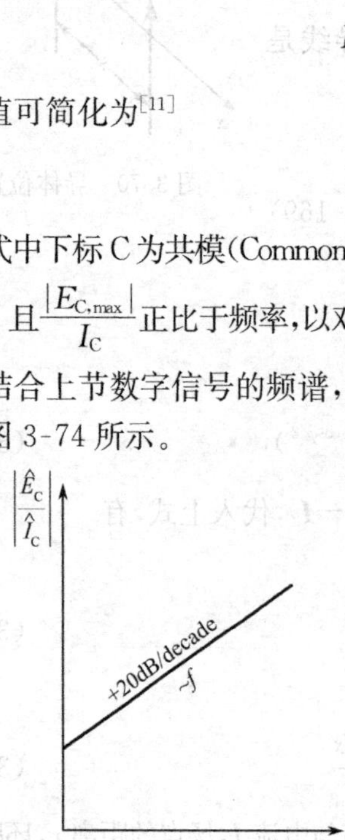

图 3-73 $\frac{|E_{C,max}|}{I_C}$与频率的关系

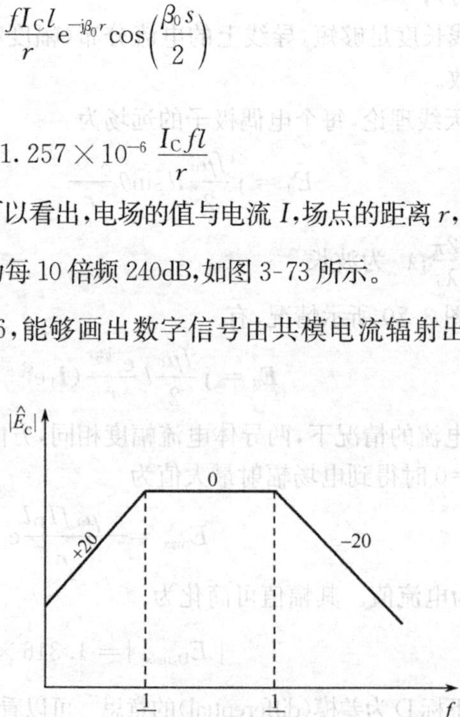

图 3-74 数字信号的共模电流所产生的辐射发射频谱边界

假设占空比为50%，上升/下降时间为1ns的100MHz脉冲串，$\frac{1}{\pi\tau}=63.7\text{MHz}$，$\frac{1}{\pi\tau_r}=318.3\text{MHz}$。由差模电流引起的辐射发射问题主要集中在频率的低端。

如果要减小差模电流的辐射，除了减小导线长度，最好的方法是用磁环或者共模扼流圈来进行抑制，在进行电路或系统设计时要仔细考虑。

3.6 电磁兼容预测软件介绍

3.6.1 国外电磁兼容相关软件

国际上电磁兼容分析相关的成果，比较著名的有美国麦道公司1971年推出的世界上第一个电磁兼容分析预测软件IEMCAP（Intrasystem Electromagnetic Compatibility Analysis Program），用于系统内部电磁兼容性分析，可以同时处理200个以上的干扰源和敏感设备，能够对飞机、航天器、导弹、地面系统等复杂系统的电磁兼容性进行评估。美国罗姆航空发展中心也在20世纪70年代开发研制了电磁干扰预测程序IPP-1（Interference Prediction Process One），主要用于分析和预测发射机和接收机之间的潜在干扰。除此之外，还有SEMCAP，ISCAP，CDSAM，ECAC和SIGNCAP等。

欧洲航天局开发的TDAS-EMC（Test Data Analysis System for Electromagnetic Compatibility）（参考文献[18]），曾经用于多个空间项目，如SOHO卫星的电源总线EMC仿真，COLUMBUS空间站的APM-LAN网络的EMI预测等。

20世纪90年代，法国ONERA（Office National d'Etudes et de Recherches Aérospatiales，一个进行航空航天方面应用研究的组织）的研究人员开发了分析电缆网响应的CRIPTE（Calculsur Reseaux des Interactions Perturbatrices en Topologie Electromagnetique）软件（参考文献[19]）。英国专业射频仿真软件公司KCC公司开发的Flo-EMC（1999年被Flomerics公司收购，2008年并入德国CST公司，作为MS工作室出现在CST 2009工作室套装中）是针对系统级电磁兼容分析的一款专业软件，以冲击脉冲为激励源，一次求解可得到系统整个频域的响应，并有基于统计分析的精简模型（compact models），能够处理风扇、屏蔽栅网、燕尾槽等复杂结构，最适合于机箱机柜的屏蔽效能的分析。德国Simlab软件公司的EMC Simulation Software（主要包括PCBMod、CableMod、RaidaSim三种产品），针对板级和线缆的EMC设计开发。美国EMCoS公司研发的EMC Studio可进行场、路及混合模式的多种EMC分析，号称涵盖了实际能够遇到的大部分EMC问题。瑞士SPEAG公司推出的SEMCAD软件基于FDTD，擅长复杂环境的近场分析。意大利国防部下属IDS公司开发的Ship EDF软件可进行舰船系统级EMC预测，现已广泛应用于北约国家的舰船EMC设计和RCS预估。法国EADS（European Aeronautic Defense and Space company）公司开发的EMC2000基于矩量法和物理光学法，主要用于航天产品的系统级电磁兼容分析。

其他的相关领域EMC分析软件还有：Antenna-to-Antenna Plus Graphics（AAPG），General EM Model for the Analysis of Complex Systems（GEMACS），Transmitter and Receiver Equipment Development（TRED）。

目前，以美国为首的西方军事强国的电磁兼容分析技术处于国际领先水平，模型仿真预测和预设计技术比较成熟，同一平台系统级电磁兼容性预测和分析技术已达到实用阶段，而且还

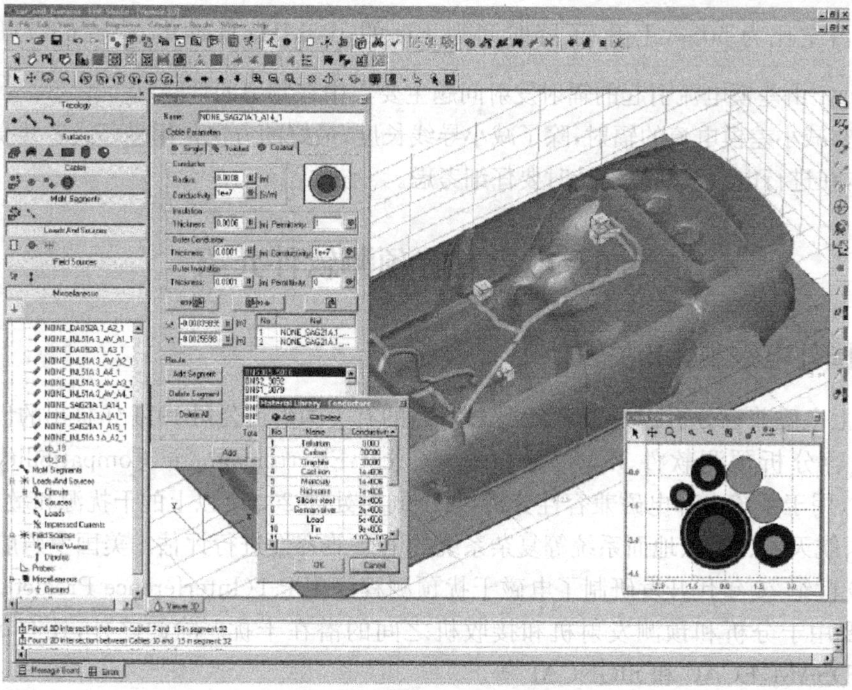

图 3-75 EMC Studio 软件进行汽车电缆网络分析

可分析多平台多系统电磁兼容性问题。据美国国防科技报告的描述，2007 年美国在飞机电磁兼容性预测方面的成功率已达到 99.8%。但是，由于技术保密，武器系统电磁兼容分析与设计技术的研究内容未见详细的文献报道。

除去以上提到的这些专业化的软件，一些商业通用电磁场计算软件，也可应用于 EMC 领域。比如美国 ANSOFT 公司以 HFSS(High Frequency Structure Simulator)为代表的系列产品；德国 CST(Computer Simulation Technology)公司的 CST 套装系列，2009 版包括微波工作室、PCB 工作室、电缆工作室、MS 工作室、电磁工作室、粒子工作室以及设计工作室；美国 Agilent 公司的 ADS(Advanced Design System)；美国 Applied Simulation Technology 公司的 Apsim；南非 EMSS 公司的 FEKO(Feldberechnung bei Korpern mit beliebier Oberflache)；美国 REMCOM 公司的 XFDTD 和 XGTD 等。

以上国外主要的电磁兼容方面的成果基本上囊括了当前主要电磁场的计算方法，可粗略地分为综合类和单一类。所谓综合类指包含了不止一种计算方法，如 Ship EDF 包含了矩量法、时域有限差分法、一致性绕射方法、物理光学法、弹跳射线法等；CST 微波工作室包含了有限积分方法(Finite Integration Technique，FIT，其时域标准形式为 FDTD)、有限元法、快速多极子方法等；FEKO 包含了矩量法和物理光学法；EMC Studio 包含了矩量法和 SPICE 模型。单一类指基于一种计算方法，如 HFSS 基于有限元法、Flo-EMC 基于传输线矩阵法、XFDTD 基于 FDTD。综合类在处理复杂平台电磁兼容问题时，可针对不同问题的电磁特性采用不同的分析方法，适于型号工程中的电磁兼容分析与设计；单一类适于预先研究和单产品的电磁兼容分析与设计。

随着系统电磁兼容需求的不断增长，对电磁兼容分析软件的要求也越来越高。在巨大的市场需求下，Ansoft、CST 这样的电磁计算界的巨头，已经开始整合其拥有的众多产品，构造较为完整的 EMC 解决方案。

Ansoft 公司在其产品系列的基础上提出一种面向系统总体的仿真与实测相结合的“自顶向下”的 EMC 解决方案。采用旗下的 Designer、HFSS、SIwave 三种主要产品相结合，能够解决机箱/机柜的屏蔽效能、平台系统天线间的互耦影响及天线布局评估、高速互联系统中数字和模拟信号之间的相互干扰等问题，并能够将电磁兼容分析三个级别（系统级、设备级、部件级）的仿真通过基于惠更斯等效原理的场链接（Data Link）技术链接在一起，考察整个系统的 EMI 指标。特别是在将其最新的区域分解技术（Domain Decomposition Method，DDM）加入到 HFSS 之后，极大地提高了计算效率，能够应用于电大尺寸目标的计算上。

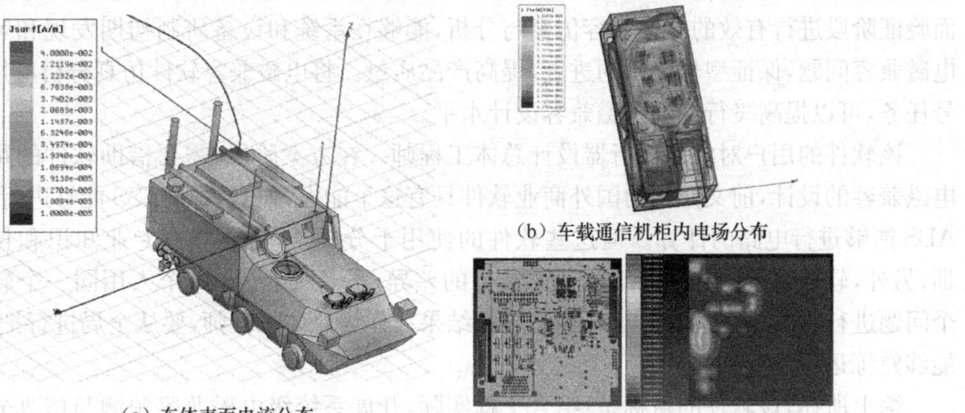

(a) 车体表面电流分布　(b) 车载通信机柜内电场分布　(c) 机柜内电路板表面电场分布

图 3-76　HFSS 软件进行装甲车电磁兼容预测

德国 CST 公司也推出了板级部件级系统级 EMC 解决方案，能够进行 PCB 板、电缆缆线以及整车整机系统级 EMC 分析和优化。以 CST 设计工作室、微波工作室、线缆工作室和 MS 工作室间协同仿真为主要实现途径。

3.6.2　国内电磁兼容预测软件

近年来，国内多家高校及科研院所依托项目自行开发了系统级电磁环境预测、天线布置性能预测、系统内和系统间电磁干扰预测、频谱管理、试验数据分析、电磁场预测、电缆耦合预测等方面的分析预测程序，并应用于武器系统的设计与制造过程中，取得了较好的效果。

但是，大型武器系统电尺寸大，结构极其复杂。数值方法和技术的应用会遇到各种各样的问题，在舰船等大型武器平台电磁兼容预测与仿真方面还需较大的投入和深入的研究。以舰船电磁环境的仿真和预测为例，传统的精确数值方法——MoM 总体上仍局限于在战车、导弹、小型飞机及小型舰船等武器平台上的应用，并且基本上局限于 HF（小型平台可到 VHF）频段，这是由其巨大的内存需求量所决定的。因此，高精度 EMC 数值计算技术及大型平台尤其是舰船平台电磁兼容性综合仿真技术是 21 世纪国内急需突破的难题。

针对上述问题，国内学者近年来致力于采用快速算法来解决舰船等复杂平台的电磁兼容仿真和预测难题，同时在低频和高频领域开展研究工作，已发展形成一些软件。以西安电子科技大学、东南大学、电子科技大学、北京航空航天大学、北京邮电大学、南京理工大学、国防科学技术大学等高校为代表的研究机构也在不断地跟踪计算电磁学技术、计算机图形学技术、快速和混合的数值计算方法等的发展，开展电磁兼容性仿真预测技术的研究，陆续开发自己的电磁仿真工具和软件系统。

下面介绍一种典型的国内电磁兼容预测软件。

3.6.2.1 背景

飞行器系统构造复杂,内部空间狭小,仪器设备密集,电源分系统布局特殊,系统内天线间、电缆间、设备间、电缆与设备间等各种耦合干扰现象几乎随处存在。飞行器的体积、重量、功耗等约束使得设备布局、电缆布局、天线布局设计更加困难,系统电磁兼容问题更加突出。

借助软件手段对飞行器的电磁干扰和电磁兼容问题进行仿真分析,是电磁兼容分析预测的实现途径之一,也应成为飞行器电磁兼容工程中一个必不可少的环节。在飞行器设计和地面验证阶段进行有效的电磁兼容仿真与分析,能够在系统和设备研制初期发现和解决出现的电磁兼容问题,保证型号研制的进度,提高产品质量。将电磁兼容软件仿真分析应用于具体型号任务,可以提高飞行器的电磁兼容设计水平。

该软件的用户对象是飞行器设计总体工程师。在方案阶段,需要借助软件的帮助来进行电磁兼容的设计,前文介绍的国外商业软件具有这个能力,如CST、HFSS能够进行场的计算,ADS能够进行电路的计算。但这些软件的使用十分复杂,需要具有专业知识和长时间的培训;另外,软件设置的改动会导致计算结果的差异,不夸张地说,10个人用同一个软件对同一个问题进行仿真,有可能得出10种不同的结果。作为总体工程师,要从全局进行把握,不一定能够熟练运用商业软件。

综上所述,该软件的目标是:结合工程实际,开展系统级电磁兼容预测与仿真分析方法研究,形成一套完整的电磁兼容预测方法及工作流程,并在其基础之上搭建系统级电磁兼容预测与分析平台。依托CST、HFSS和ADS软件的计算内核进行二次开发和系统集成,指导系统电磁兼容预测分析相关工作,得出系统电磁兼容定量分析结论,为各分系统和设备的电性能指标分配及天线、线缆布局优化等工作提供依据或参考意见,为系统电磁兼容相关试验提供指导。

3.6.2.2 软件功能和架构

软件的功能是:对飞行器进行电磁兼容预测和分析;从全系统的角度考虑各分系统、各设备的电性能指标及天线和线缆的布局对系统电磁兼容性能的影响;对可能产生电磁干扰的分系统或设备进行电磁兼容的优化设计。能够为系统设计人员提供电磁兼容性能方面的理论指导和参考意见。

功能可细分为以下5个部分:

- 系统多天线隔离度分析;
- 系统线缆网耦合特性分析;
- 设备发射及敏感特性分析;
- 系统频谱规划;
- 系统电磁兼容性能分析及优化。

软件的架构如图3-77所示。

软件对CST、HFSS和ADS在电磁兼容计算中的应用作了参数优化,使用者不需要直接对其进行操作。

软件的主界面如图3-78所示。

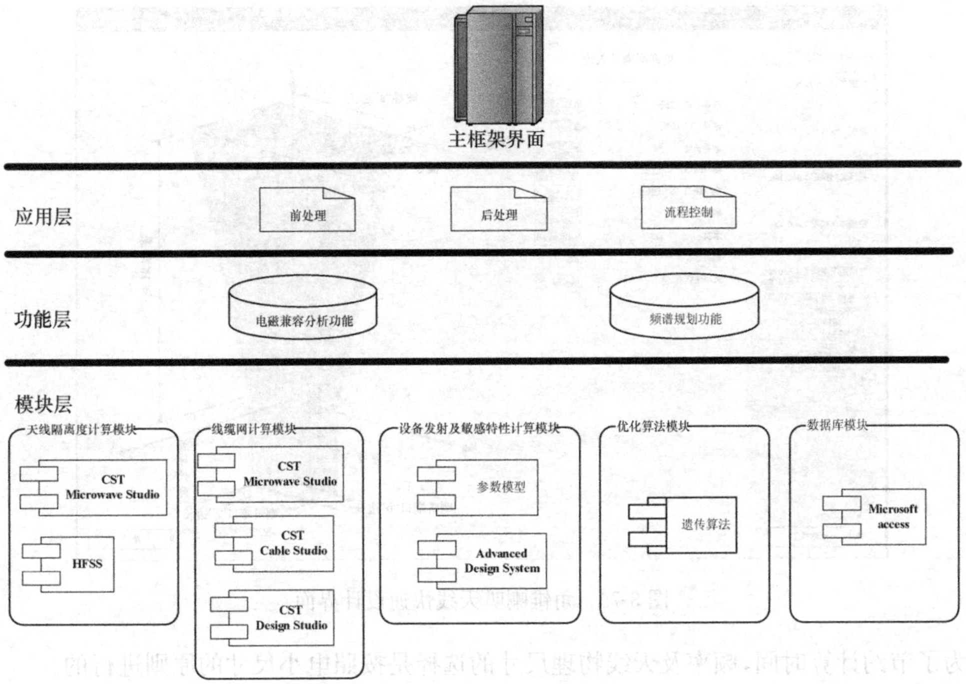

图 3-77　软件架构

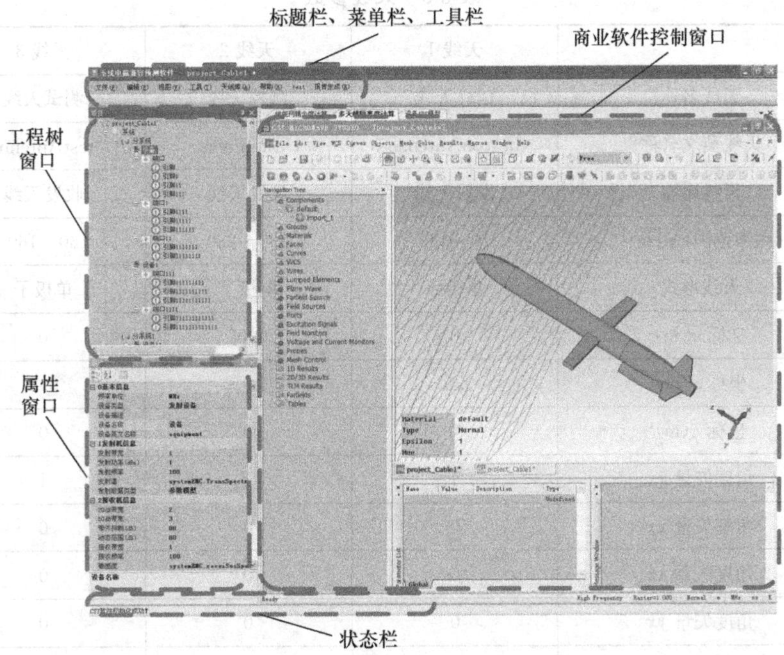

图 3-78　软件主界面

3.6.2.3　算例

1. 多天线隔离度分析

软件有天线快速建模功能，如图 3-79 所示。选择天线形式、增益等参数，软件能够快速建立天线模型并计算。

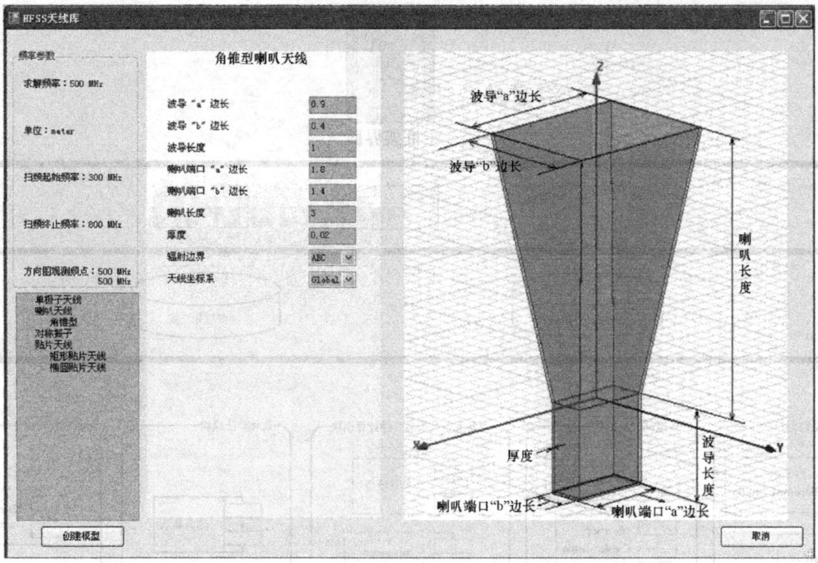

图 3-79　角锥喇叭天线快速设计界面

为了节约计算时间，频率及天线物理尺寸的选择是按照电小尺寸的原则进行的。3幅天线参数如表3-9所示。

表 3-9　天线参数

	天线 1	天线 2	天线 3
天线名称	信标天线	测控天线	测试天线
天线英文名称	beaconAntenna	USBantenna	testAntenna
天线属性	发射天线	收发天线	收发天线
频率范围(MHz)	70～130	130～230	60～160
天线形式	单极子	单极子	单极子
坐标 x(m)	0	0.05	0
坐标 y(m)	0.05	0	0.2
坐标 z(m)	0	0	0
角度矢量 ***xx***	1	1	1
角度矢量 ***xy***	0	0	0
角度矢量 ***xz***	0	0	0
角度矢量 ***yx***	0	0	0
角度矢量 ***yy***	1	1	1
角度矢量 ***yz***	0	0	0

HFSS软件长度单位设置为m，频率单位设置为MHz。

为检验优化效果，设置一种能够达到的优化目标，一种不能达到的优化目标。

➢ 能够达到目标的设置：信标天线的 y 坐标上下限设置为 $-0.1\sim0$，所有隔离度优化目标均设置为 0dB；

- 不能达到目标的设置：测控天线的 z 坐标上下限设置为 0.05～0.5，测试天线的角度矢量 **yz** 上下限设置为 0～1（天线绕 x 轴旋转），测控天线对测试天线的隔离度优化目标设置为 −2000dB。为降低计算量，最大优化步数设置为三步。

此测试任务的步骤为：

- 工程树中建立三副天线并保存；
- 建立基于 HFSS 的天线隔离度计算任务，并全选需要计算的隔离度；
- 启动 HFSS，并进行初始化设置（自动完成）；
- 开始计算，计算完毕后导出所需要的隔离度（自动完成）；
- 在任务窗口中查看隔离度；
- 进行优化；
- 按上文优化设置进行两次不同的优化（分别自动完成）。

图 3-80 为该测试任务的界面，图中已按照输入条件建立了三副天线的模型。

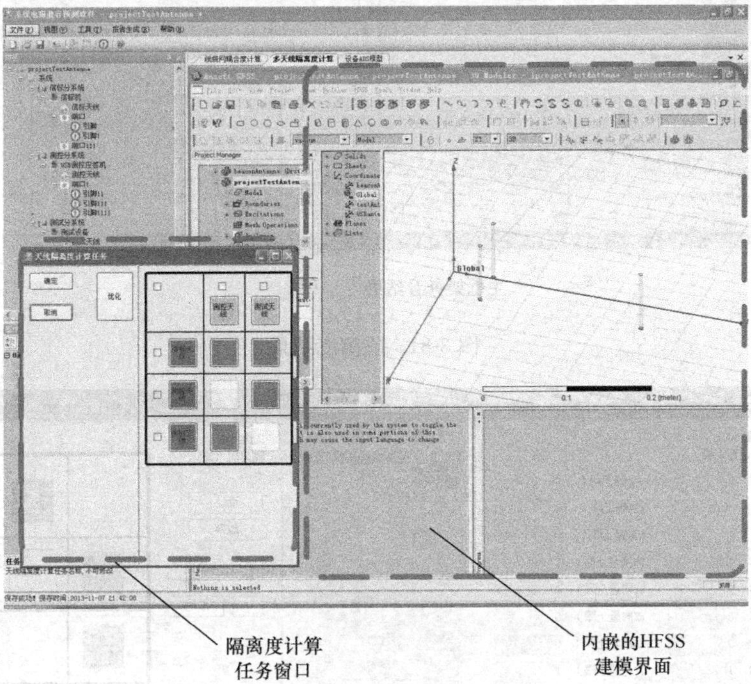

图 3-80　计算任务界面

图 3-81 为信标天线对测试天线的隔离度结果，可见 HFSS 计算结果已正确导入到主框架中。

图 3-82 为按照第一种优化设置（能够满足要求）得到的优化结果，图中左下角为优化过程，可见第一次迭代即达到目标（所有天线间隔离度＜0dB），与预设结果一致。

图 3-83 为按照第二种优化设置（不能满足要求）得到的优化结果，图中左下角为优化过程，可见经过 3 次迭代都不能达到目标（测控天线对测试天线的隔离度优化不能＜−2000dB），达到最大步数而中止。

2. 线缆网耦合度分析

假设系统共 3 台设备：电源、用电设备 1、用电设备 2，其配置如表 3-10 所示。

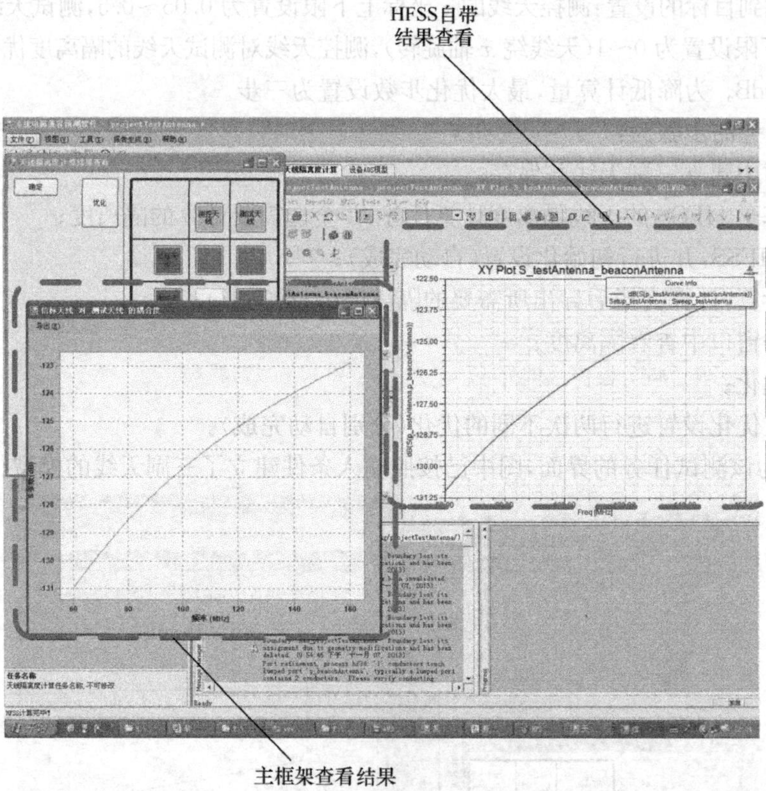

图 3-81 隔离度结果

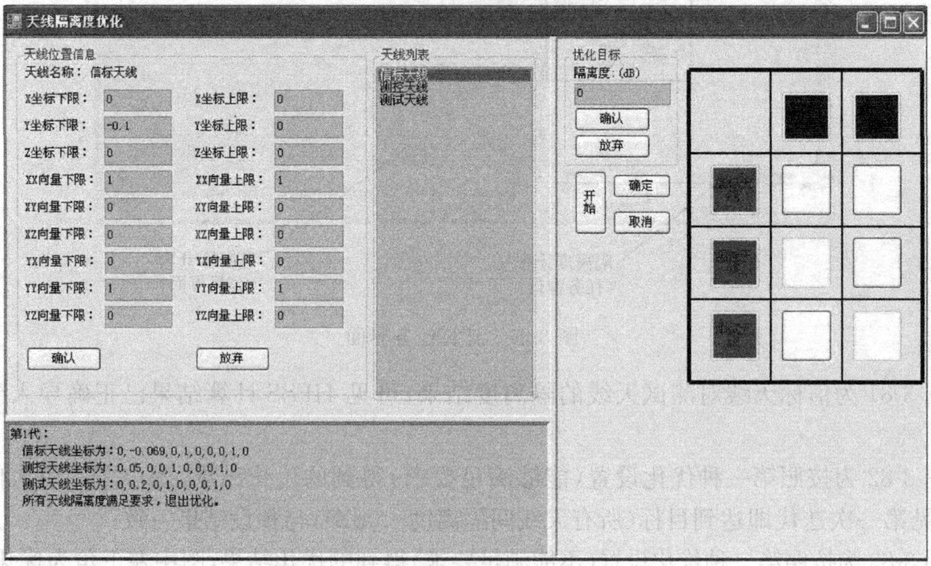

图 3-82 隔离度优化满足要求

端口间的连接关系如图 3-84 所示，表示设备 1 和设备 2 之间有数据传输关系，电源对这两台设备分别供电。电缆的具体走线如表 3-11 所示。

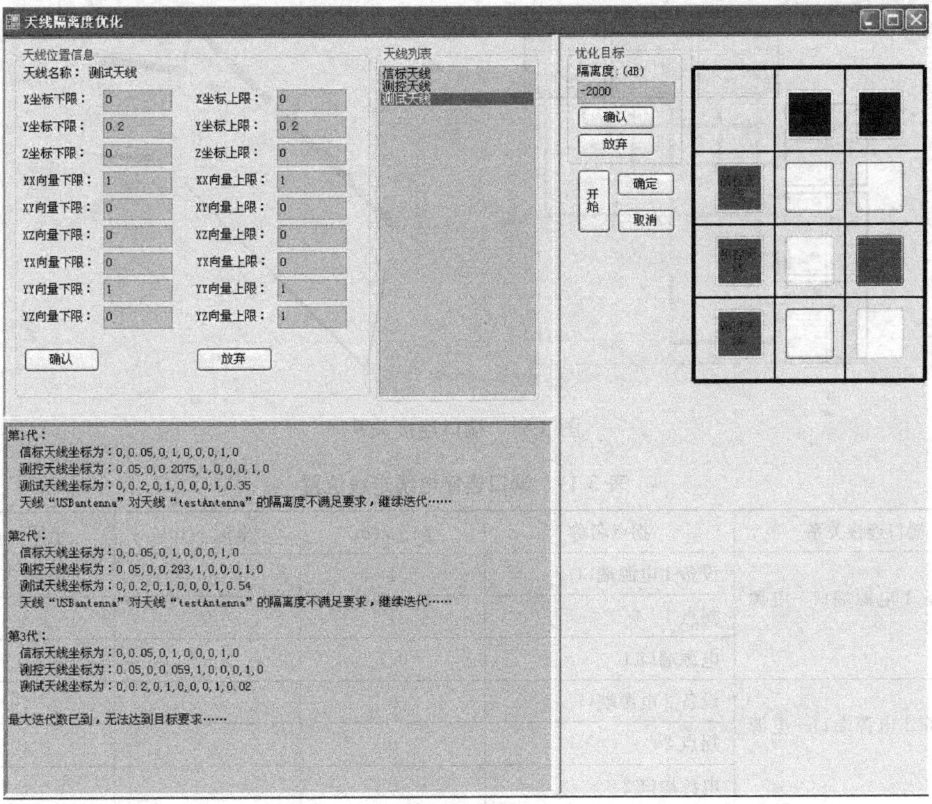

图 3-83　隔离度优化不满足要求

表 3-10　设备配置

设备名称	端口名称	坐标 x(m)	坐标 y(m)	坐标 z(m)	引脚名称
设备 1	设备 1 电源端口	1	0	0.2	设备 1 电源正引脚
					设备 1 电源地引脚
	设备 1 数据端口	1	0	0.3	数据 11 引脚
					数据 12 引脚
					数据 13 引脚
设备 2	设备 2 电源端口	0	0.5	0.1	设备 2 电源正引脚
					设备 2 电源地引脚
	设备 2 数据端口	0	0.5	0.2	数据 21 引脚
					数据 22 引脚
					数据 23 引脚
电源	电源端口 1	0.1	0	0	电源 1 正引脚
					电源 1 地引脚
	电源端口 2	0	0.1	0	电源 2 正引脚
					电源 2 地引脚

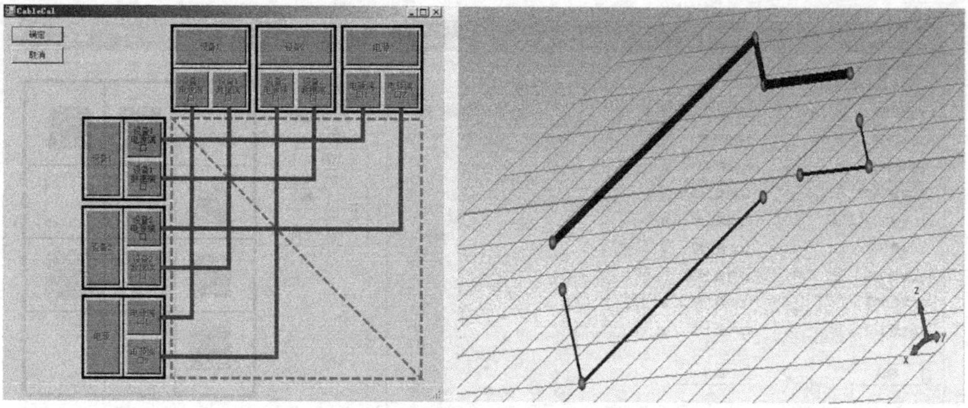

图 3-84 端口连接关系

表 3-11 端口连接电缆走线位置

端口连接关系	拐点名称	坐标 x(m)	坐标 y(m)	坐标 z(m)
设备 1 电源端口—电源端口 1	设备 1 电源端口	1	0	0.2
	拐点 1	1	0	0
	电源端口 1	0.1	0	0
设备 2 电源端口—电源端口 2	设备 2 电源端口	0	0.5	0.1
	拐点 2	0	0.5	0
	电源端口 2	0	0.1	0
设备 1 数据端口—设备 2 数据端口	设备 1 数据端口	1	0	0.3
	拐点 3	0	0	0.3
	拐点 4	0	0	0.2
	设备 2 数据端口	0	0.5	0.2

不失一般性，所有引脚的阻抗均设置为 50Ω，引脚连接关系及线型如表 3-12 所示，电源线用单线，数据线用双绞线。

表 3-12 引脚连接关系

电缆束名称	电缆线型	始端	终端
设备 1 电源电缆	单线 LIFY_0qmm50	设备 1 电源正引脚	电源 1 正引脚
	单线 LIFY_0qmm50	设备 1 电源地引脚	电源 1 地引脚
设备 2 电源电缆	单线 LIFY_0qmm50	设备 2 电源正引脚	电源 2 正引脚
	单线 LIFY_0qmm50	设备 2 电源地引脚	电源 2 地引脚
数据传输电缆	双绞线 UTP LIFY 1qmm	数据 11 引脚	数据 21 引脚
	双绞线 UTP LIFY 1qmm	数据 12 引脚	数据 22 引脚
	双绞线 UTP LIFY 1qmm	数据 13 引脚	数据 23 引脚

软件分析的频率范围设置为 500kHz～200MHz。线缆网耦合度的步骤是：

- 工程树建立设备、端口、引脚对象；
- 建立分析任务并设置端口连接关系；
- 设置电缆走线、设置引脚连接关系和线型；
- 进行 SPICE 模型抽取；

➢ 进行端口赋值并求解电路；

➢ 导出 S 参数并将其读入到分析任务中。

分析完成之后形成如图 3-85 所示的结果，图中矩阵绿色图标表示已有结果。

根据输入条件的设置，直接连接的引脚间的耦合度理论上应该接近 0dB(有极小能量耦合到其他线上)，实际计算结果如图 3-86 所示，与理论值相符；相近电缆之间(同一电缆束内或相近电缆束之间)应该有一定程度的串扰，给出设备 1 数据 12 引脚和设备 2 数据 21 引脚间的耦合度如图 3-87 所示，可见其有一定能量耦合；不相邻电缆间因距离较远，理论上耦合度极小，图 3-88 给出电源线与数据线之间的实际计算结果(无结果表示耦合度极小，在 －200dB 以下)，与理论相符。

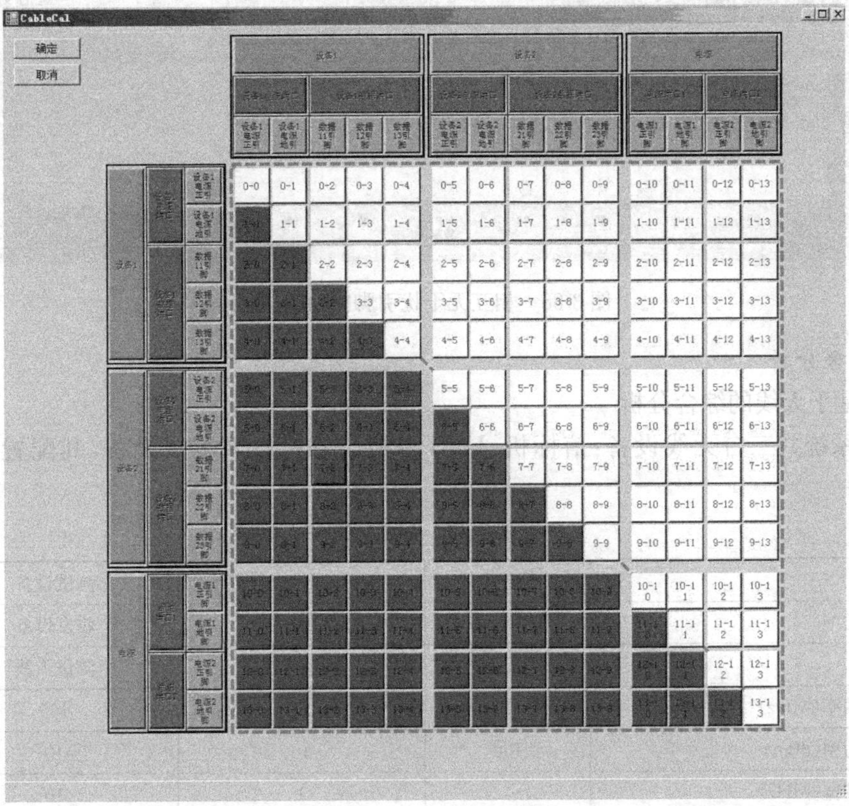

图 3-85　线缆网耦合度计算结果界面

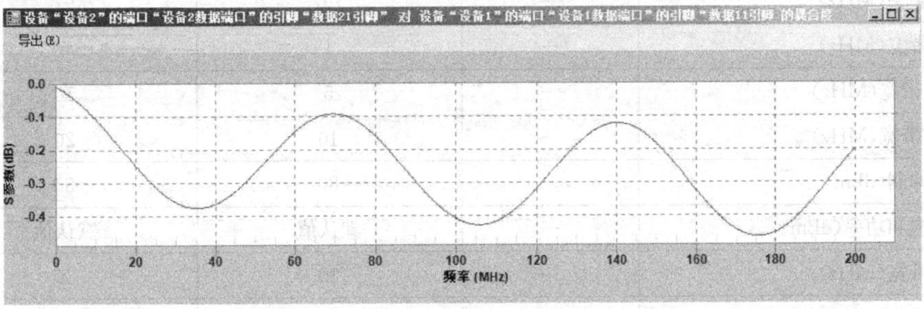

图 3-86　直接连接引脚间的耦合度

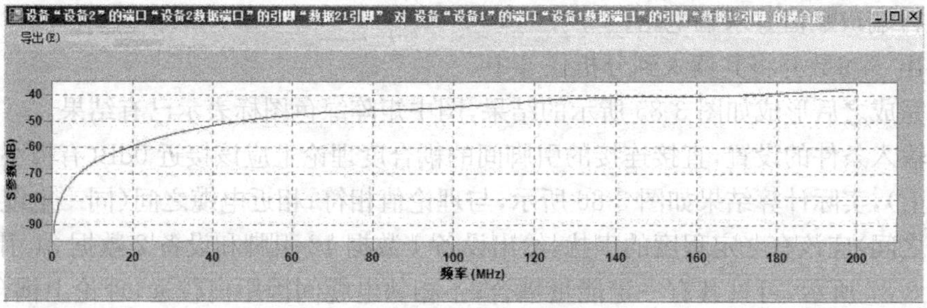

图 3-87 存在串扰引脚间的耦合度

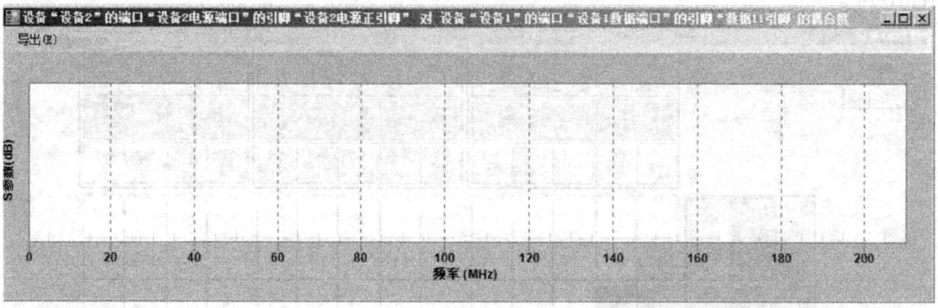

图 3-88 相互无干扰引脚间的耦合度

3. 综合分析

(1) 基于天线的综合分析

假设系统共三台无线设备:信标机、USB 测控应答机以及测试设备,其配置如表 3-13 所示。

表 3-13 系统配置

	信标机	USB 测控应答机	测试设备
设备类型	发射设备	收发设备	收发设备
天线	信标天线	测控天线	测试天线
发射频率(MHz)	100	210	105
发射功率(dBm)	100	10	10
发射带宽(MHz)	1	1	10
谐波数据	GJB	GJB	GJB
接收频率(MHz)	—	197	97
接收带宽(MHz)	—	1	5
20dB 带宽(MHz)	—	5	10
60dB 带宽(MHz)	—	10	20
带外抑制(dBm)	—	80	80
前端饱和功率(dBm)	—	默认值	默认值
射频带宽(MHz)	—	30	30
最小接收噪声功率(dBm)	—	−80	−50

注:频率及功率等参数的配置是假定的,目的是为了达到有干扰的效果。

3 台设备的发射谱及敏感谱如图 3-89～图 3-93 所示。

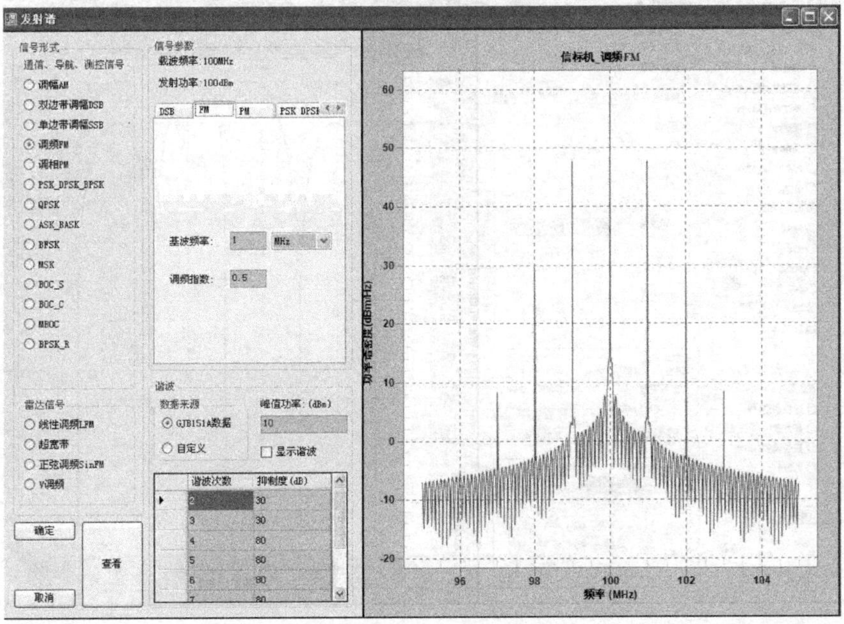

图 3-89　信标机发射谱

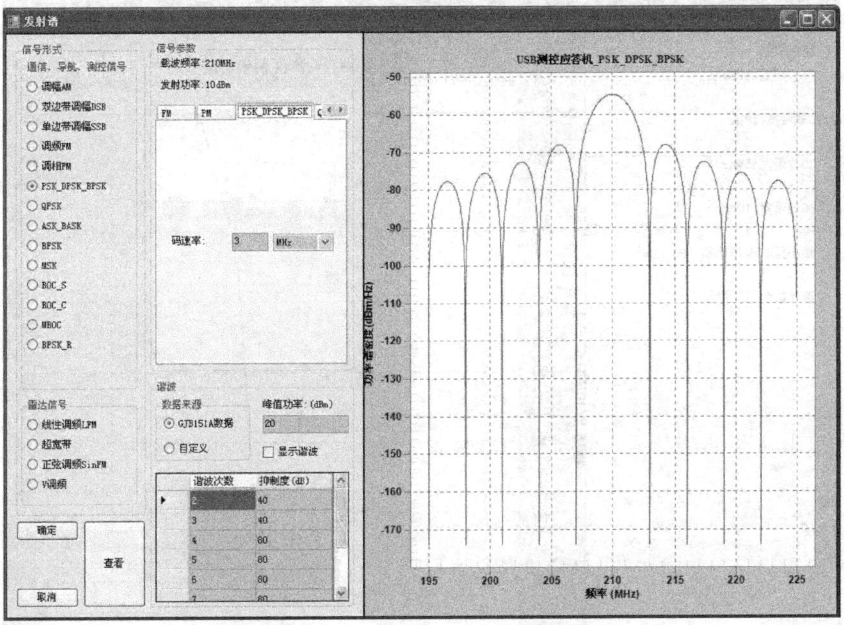

图 3-90　USB 测控应答机发射谱

多天线隔离度计算结果以前节的计算为输入条件。

输入条件的设置在频率上有意将信标机的发射频率与测试设备的接收频率隔得很近，USB 测控应答机接收频率处于信标机发射频率的二次谐波附近；在带宽上保证干扰信号能够落在敏感设备邻频；在功率上将信标机发射功率设置为 100dBm（为了抵消天线隔离度的衰减）。理论上，信标机应该对这两台设备都会产生影响。分析的结果如图 3-94 所示，验证了理论的分析。

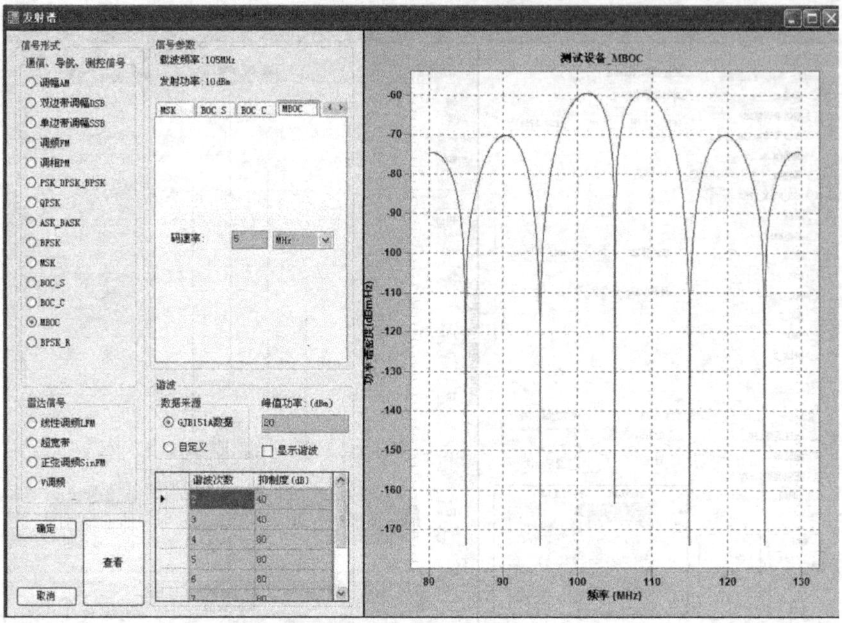

图 3-91　测试设备发射谱

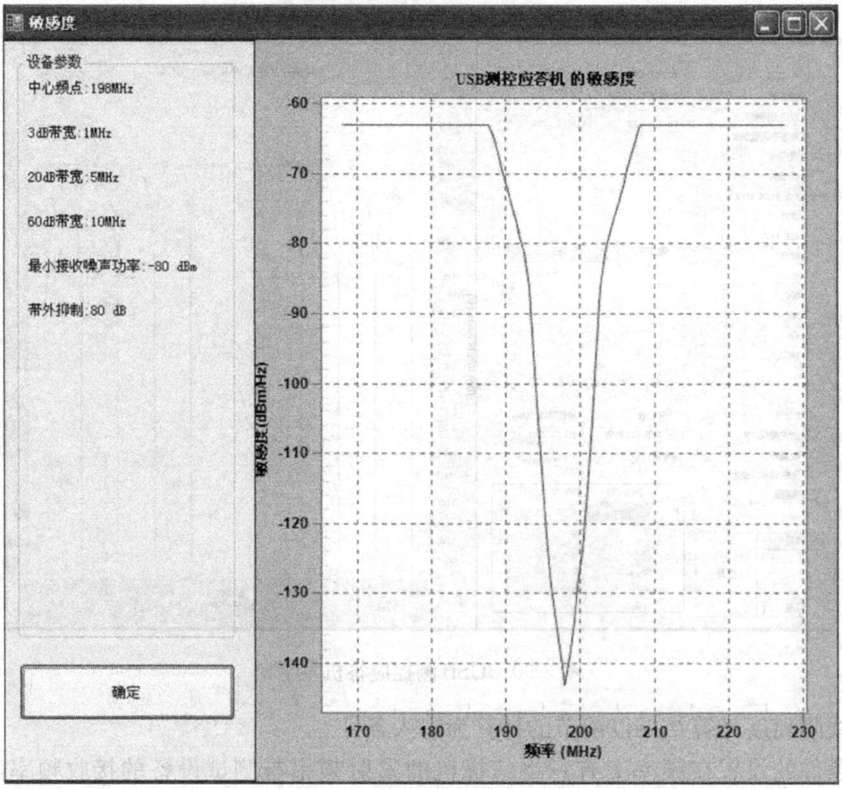

图 3-92　USB 测控应答机敏感谱

进行优化，调整收发设备频点，以消除可能存在的干扰。优化的隔离度目标均设置为－12dB，优化的频率限值设置如表 3-14 所示。发射频点不变，敏感频点设置一个范围进行优化。

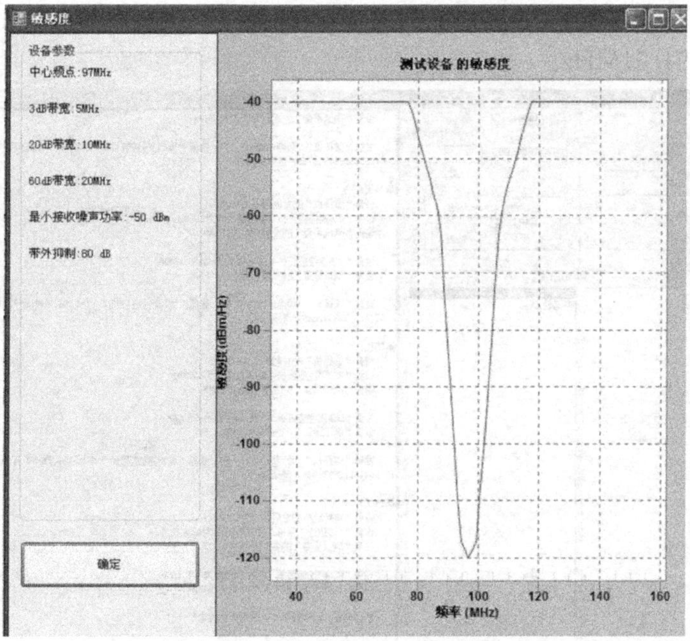

图 3-93　测试设备敏感谱

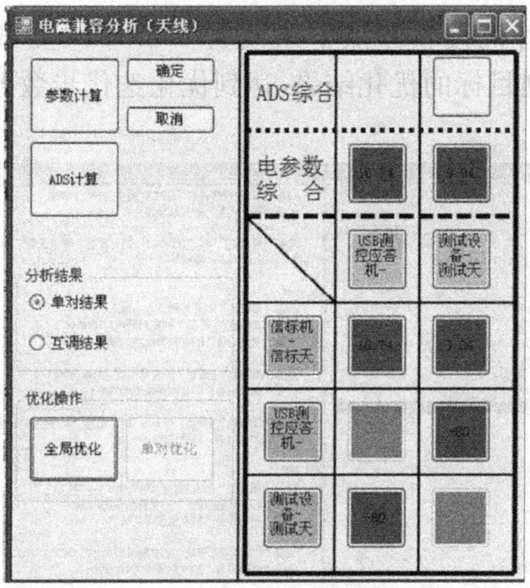

图 3-94　EMC(天线)分析结果

表 3-14　优化频率限值设置

	信标机	USB 测控应答机	测试设备
发射原始频点(MHz)	100	210	105
发射频点上限(MHz)	100	210	105
发射频点下限(MHz)	100	210	105
接收原始频点(MHz)	—	197	97
接收频点上限(MHz)	—	200	100
接收频点下限(MHz)	—	194	94

优化结果如图 3-95 所示，兼容情况下的 USB 测控应答机接收频点为 194. 54MHz，测试设备接收频点为 94. 54MHz。

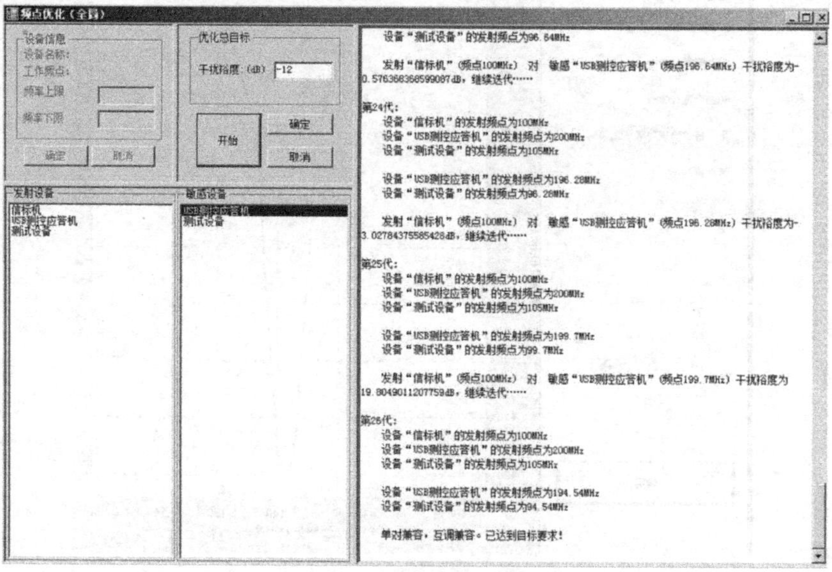

图 3-95 成功优化结果

如果将 USB 测控应答机接收频点下限改为 195MHz，测试设备接收频点下限改为 95MHz，就会出现无法达到目标的优化结果，达到优化迭代步数上限而退出优化的情况，如图 3-96所示。

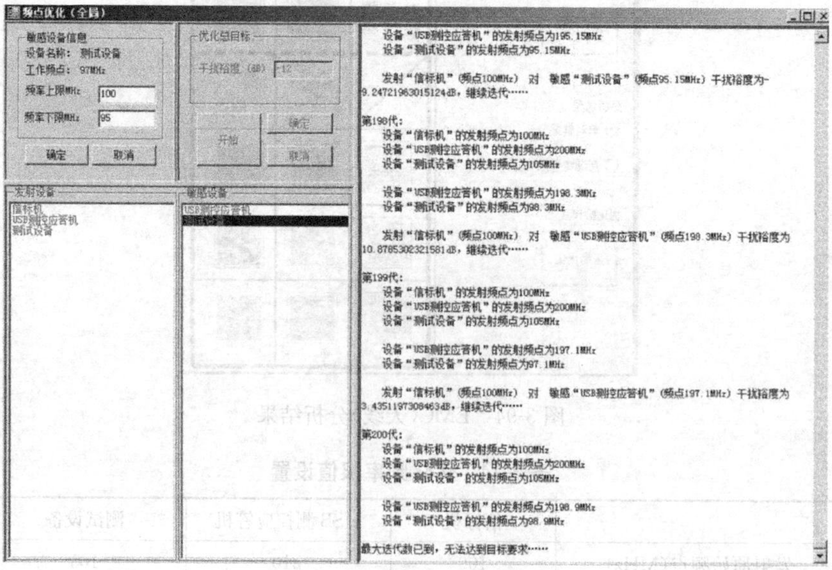

图 3-96 无法达到目标结果

(2) 基于线缆的综合分析

设备及端口、引脚的连接关系由前节给出。此处给出各引脚的收发特性如表 3-15 所示，均基于 GJB151A 的规范。

表 3-15　引脚收发特性

	传导发射特性	传导敏感特性
设备 1 电源正引脚	CE102 基准曲线限值	CS114 曲线 3 限值
数据 11 引脚	CE102 基准曲线限值	CS114 曲线 3 限值
数据 12 引脚	CE102 基准曲线限值	CS114 曲线 3 限值
数据 13 引脚	CE102 基准曲线限值	CS114 曲线 3 限值
设备 2 电源正引脚	CE102 基准曲线限值	CS114 曲线 3 限值
数据 21 引脚	CE102 基准曲线限值	CS114 曲线 3 限值
数据 22 引脚	CE102 基准曲线限值	CS114 曲线 3 限值
数据 23 引脚	CE102 基准曲线限值	CS114 曲线 3 限值
电源 1 正引脚	CE102 基准曲线限值	CS114 曲线 3 限值
电源 2 正引脚	CE102 基准曲线限值	CS114 曲线 3 限值

线缆网耦合度结果采用前节计算的结果。

分析结果如图 3-97 所示，所有设备间兼容。

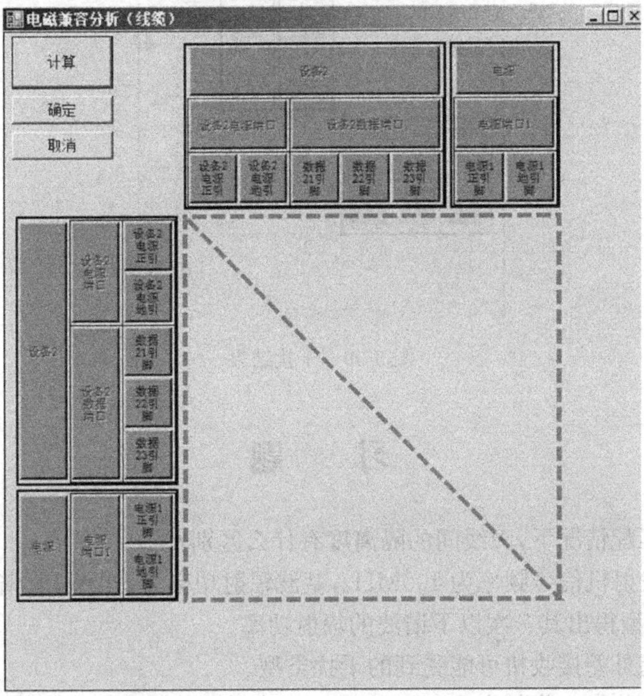

图 3-97　兼容结果

作为对比，需要给出不兼容的结果。为了计算方便，设置两台设备，各有一个端口，每个端口一个引脚。引脚间的耦合度通过导入获取。导入的数据特意设置为高耦合数据(数百 dB)，以形成干扰结果，如图 3-98 所示。

分析结果如图 3-99 所示，很明显，两台设备不兼容。

注：软件所用到的 CST、HFSS 和 ADS 均为正版软件，所有算例中的参数均为公开资料或作者假定。

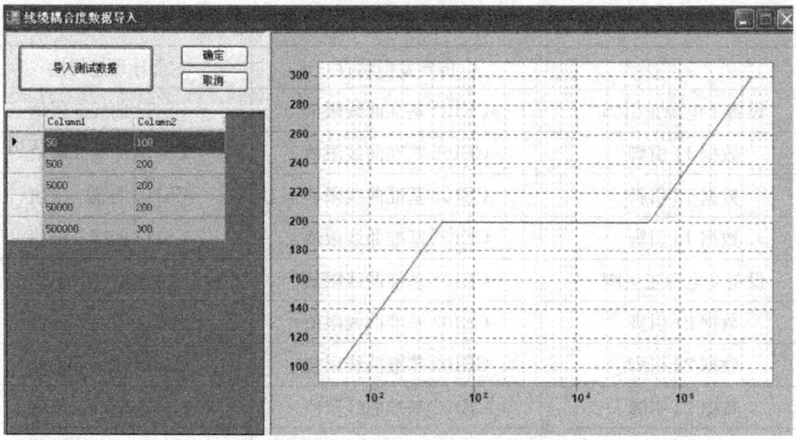

图 3-98　导入结果

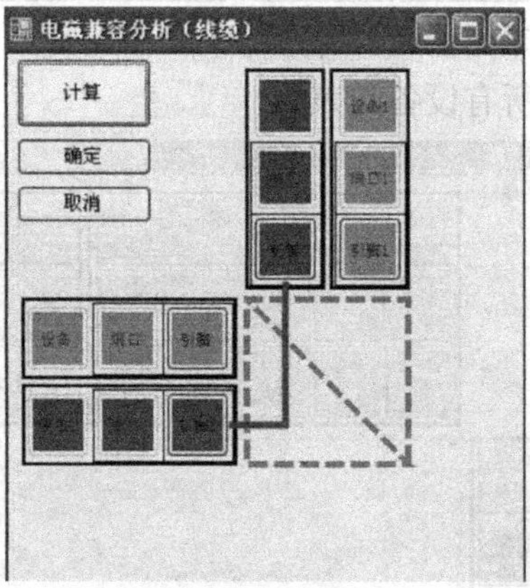

图 3-99　干扰结果

习　　题

1. 匹配与不匹配情况下，天线间的隔离度有什么区别？

2. 某无线电发射机信号频率为 400MHz，基波辐射功率为 5dBW，其谐波参数未知。请根据通用谐波幅度模型得出其 7 次以下谐波的辐射功率。

3. 详细论述超外差接收机可能受到的干扰类型。

4. 某超外差接收机工作频率为 900MHz，3dB 带宽为频率的 1%，整机噪声系数为 2dB，工作在常温下(17℃)，接收机所允许的最小信噪比为 1，求此接收机的灵敏度。

5. 某超外差接收机工作频率为 1575MHz，射频 20dB 带宽为 80MHz，本振频率为 1400MHz，现外部侦测到两个干扰信号 a，b 频率和强度分别为 1560MHz、－50dBm，1555MHz、－60dBm。试问这两个干扰信号能够在接收机中频放大器产生互调效应吗？为什么？

6. 假设占空比为 50%，上升/下降时间为 10ns 的 200MHz 脉冲串，通过共工模电流辐射的干扰主要集中在哪一段频率？

7. 假设占空比为 50%，上升/下降时间为 5ns 的 100MHz 脉冲串，通过差工模电流辐射的干扰主要集中在哪一段频率？

第4章　电磁兼容工程方法

实现电磁兼容的技术关键在于有效的控制电磁干扰，只有掌握电磁干扰的抑制技术，并在系统或设备的设计、生产过程中合理应用，才能实现电磁兼容。因此，干扰的抑制技术是电磁兼容领域的重要课题。

有若干技术及工艺可有效地控制电磁干扰，并达到电磁兼容。但是没有一项技术或措施可以解决所有的干扰问题。在很多实际情况中，为解决一个单一的电磁干扰问题常需要采用许多措施。以下是实际工程中常用的几种抑制电磁干扰的技术。

接地：接地是电子设备工作中所必需的措施。同时接地也引入接地阻抗及地回路干扰，事实证明接地设计对各种干扰的影响是很大的，因此，在电磁干扰领域中，接地技术至关重要，其中包括接地点选择，电路组合接地的设计和抑制接地干扰措施的合理应用等。

搭接：搭接是指导体间的低阻抗连接，只有良好的搭接才能使电路完成其设计功能，使干扰的各种抑制措施得以发挥作用，而不良搭接将向电路引入各种电磁干扰，因此在电磁兼容设计中，必须考虑搭接技术，以保证搭连的有效性、稳定性及长久性。

滤波：滤波是抑制信号回路干扰频谱的一种方法，当干扰频谱成分不同于有用信号的频带时，可用滤波器将干扰信号滤去。滤波器对于与有用信号频率不同的那些频率成分有良好的抑制作用，借助滤波器可明显地减小干扰电平，滤波器把有用信号和干扰信号的频谱隔离的越完善，对减少有用信号回路内的干扰信号的效果就越好，因此恰当地设计、选择和正确地使用滤波器对抑制干扰是非常重要的。

屏蔽：屏蔽是通过各种屏蔽材料吸收及反射外来的电磁能量来防止外来干扰的侵入（被动屏蔽），或将设备辐射的电磁能量限制在一定的区域内，以防止干扰其他设备（主动屏蔽）。屏蔽不仅对辐射干扰有良好的抑制效果，而且对静电干扰和干扰的电容性耦合、电感性耦合均有明显的抑制作用，因此，屏蔽是抑制电磁干扰的重要技术，在实际工程设计中，必须在保证通风、散热的条件下，实现良好的电磁屏蔽。

除了上述措施之外，抑制电磁干扰还可采用对消与限幅，电路去耦，阻尼，阻抗匹配，合理布线和捆扎，以及应用各种抑制干扰的电路和器件等技术。

4.1　接　地

接地是抑制电磁干扰、保证设备电磁兼容性、提高其可靠性的重要手段之一。正确的接地既能抑制干扰影响，又能抑制设备向外发射干扰；反之，错误的接地反而会引入严重干扰，甚至使电子设备无法正常工作。

4.1.1　接地的含义和分类

电子设备中的“地”通常有两种含义：一种是“大地”，另一种是“系统基准地”。具体分类如图4-1所示。接地就是指在系统的某个选定点与某个电位基准面之间建立低阻抗的导电通路。“接大地”，就是以地球的电位作为基准，并以大地作为零电位，把电子设备的金属外壳、线路选定点等通过接地线、接地极等组成的接地装置与大地相连接。“系统基准地”是指信号回路的基准导体(电子设备通常以金属底座、机壳、屏蔽罩或粗铜线、铜带等作为基准导体),并设该基准导体电位为相对零电位,而不是以大地为零电位,简称为系统地。此时所谓接地就是指线路选定点与基准导体间的连接。

- 接地
  - 安全接地
    - 设备安全接地
    - 接零保护接地
    - 防雷接地
  - 信号接地
    - 单点接地
    - 多点接地
    - 混合接地
    - 悬浮接地

图4-1 接地分类

通常,电路、用电设备的接地按其作用可分为“安全接地”和“信号接地”两大类。其中安全接地又有设备安全接地、接零保护接地和防雷接地;信号接地又分为单点接地、多点接地、混合接地和悬浮接地。

4.1.2 安全接地

安全接地就是采用低阻抗的导体将用电设备的外壳连接到大地上,使操作人员不致因为设备外壳漏电或故障放电而发生触电危险。安全接地还包括建筑物、输电线铁架、高压电力设备的接地,目的是为了防止累积放电造成设施破坏和人身伤亡。

4.1.2.1 设备安全接地

任何高压电气设备及电子设备的机壳、底座都需要安全接地,以避免高电压直接接触外壳或避免由于内部绝缘损坏造成漏电打火使机壳带电,避免人体触及机壳而触电。

图4-2中显示了机壳带电的原因。

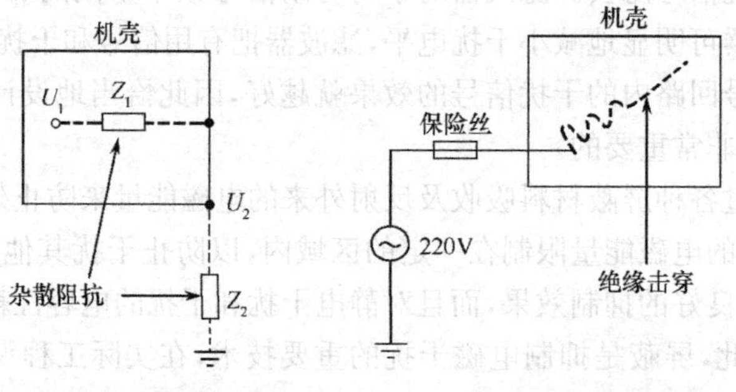

(a) 机壳通过杂散阻抗带电　　(b) 机壳因绝缘击穿而带电

图4-2 电气设备机壳带电的原因

在图4-2(a)中,机壳通过杂散阻抗带电。其中,U_1 为电子设备中电路的电压,Z_1 为电路与机壳间的杂散阻抗,Z_2 为机壳与地之间的杂散阻抗,U_2 为机壳与地之间的电压,是由机壳对地阻抗 Z_2 上的分压形成的,即

$$U_2=\frac{Z_2}{Z_1+Z_2}U_1 \tag{4-1}$$

当机壳与地绝缘,即 $Z_2 \gg Z_1$ 时,则 $U_2 \approx U_1$。如果 U_1 足够大,人触及机壳时就会发生电击的危险。若机壳作了接地的设计,即 $Z_2 \to 0$,由式(4-1)可知,$U_2 \to 0$。此时人若触及已接地的机壳,因人体的阻抗远大于0,则大部分电流将经地线流入地端,因此不会有电击的危险。

图4-2(b)中,机壳因绝缘击穿带电。图中显示了带有保险丝的电流经电力线引入封闭机壳内的情况。如果电力线触及机壳,机壳能提供保险丝所能承受的电流至机壳外。若人员触及机壳,电力线的电流将直接经人体进入地端。如果实施了接地措施,当发生绝缘崩溃或电力

线触及机壳时，会因接地而使电力线上有大量电流流动，而烧掉保险丝，使机壳不再带电，也就不会有电击的危险。

一般来讲，如果人体触及机壳，相当于机壳与大地之间连接了一个人体电阻。人体电阻变化范围很大，人体皮肤处于干燥洁净、无破损情况时，人体电阻可高达 40～100kΩ，而当人体处于出汗、潮湿状态时，人体电阻将降至 1000Ω 左右。通常流经人体的安全交流电流值为 15～20mA，安全直流电流值为 50mA，而当流经人体的电流高达 100mA 时，就可能导致死亡发生。因此，我国规定的人体安全电压为 36V 和 12V。一般家用电器的安全电压为 36V，以保证触电时流经人体的电流小于 40mA。为保证人体安全，应该将机壳接地，这样当人体触及带电机壳时，人体电阻与接地导线的阻抗并联，人体电阻远大于接地导线的阻抗，大部分漏电电流经接地导线旁路流入大地。通常规定接地电阻值为 5～10Ω，所以流经人体的电流将减小为原来的 1/200～1/100。

4.1.2.2　接零保护接地

设备的金属外壳除了正常接地以外，还应与供电电网的零线相连接，称之为接零保护接地。接零保护应用很广，如配电箱、电缆线金属外皮或穿引金属管、厂房的配电柜等，都需要进行接零保护接地。

“接零保护”的原理如图 4-3 所示，其中用电设备通常采用 220V(单相三线制)或者 380V(双相四线制)电源提供电力。当用电设备外壳接地后，一旦人体与机壳接触，人体便处于与接地电阻并联的位置，因接地电阻远小于人体电阻，使漏电电流绝大部分从地线中流过。但是，接地电阻与电网中性点接地的接触电阻相比，在数量上是相当的，故接地线上的电压降几乎为电压 220V 的一半。这一电压超过了人体能够承受的安全电压，使接触设备外壳的人体上流过的电流超过安全限度，从而导致触电的危险。因此，即使外壳良好接地，也不一定能够保证安全。为此，应该把金属设备外壳接到供电电网的零线(中线)上，才能保证用电安全。

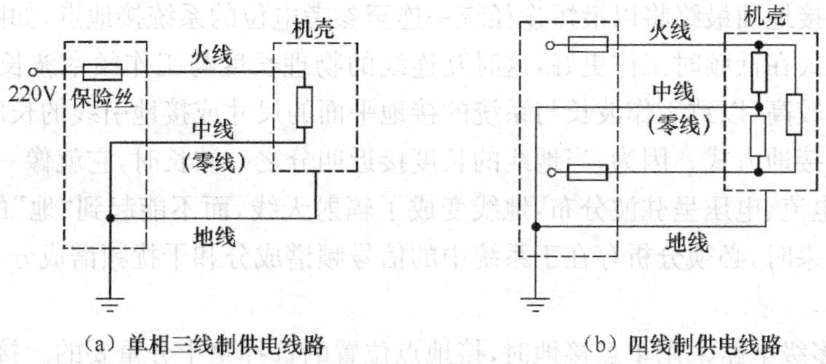

图 4-3　接零保护接地

室内交流配线可采用如图 4-3(a)所示的接法。图中“火线”上接有保险丝，负载电流经“火线”至负载在经“零线”返回，还有一根线是安全的“地线”，该地线与设备机壳相连并与“零线”连接于一点。因而，地线上平时没有电流，所以没有压降，与之相连的机壳都是地电位。只有发生故障，即绝缘击穿时，安全地线上才会有电流，但该电流是瞬时的，因为保险丝或电流断路器在发生故障时会立即将电路切断。

4.1.2.3　防雷接地

防雷接地就是将建筑物等设施和电气设备的外壳与大地连接，将雷电电流引入大地，从而保护设施、设备和人身安全,使之免遭雷击,同时消除雷击电流窜入信号接地系统,避免影响电气设备的正常工作。

4.1.3　信号接地

理想的信号地被定义为一个作为参考点的等电位平面,也被称为接地平面。信号接地就是通过信号地为电流回流到信号源提供一个低阻抗通路。信号接地的目的除了用于防止内部高压回路与外壳相接以保证工作安全外,更重要的是为电子设备内部提供一个作为电位基准的理想导体作为接地面,以保证设备的工作稳定。

理想的基准导体(或称接地平面)必须是一个零电位、零阻抗的物理实体,其上各点之间不应存在电位差,它可以作为系统中所有信号电路的参考点。一个理想的接地平面,可以为系统中的任何位置的信号提供公共的电位参考点。或者说,在一个系统中,各个理想接地点之间不存在任何电位差。当然,理想的接地平面是不存在的,因为即使是电阻率接近于零的超导,其表面两点之间也会呈现出某种电抗效应。因此,所谓理想接地平面仅是近似而已。即使如此,这个概念仍然是很有用的,因为接地平面以及接到接地平面上的接地线的实际电阻和电抗数值,对设计要求兼容的电路和系统有重要影响。

工程实践中,常采用模拟信号地和数字信号地分别设置,直流电源地和交流电源地分别设置,大信号地与小信号分别设置,以及干扰源器件、设备(如电动机、继电器、开关等)的接地系统与其他电子、电路系统的接地系统分别设置的方法来抑制电磁干扰。

信号接地可以分为单点接地、多点接地、混合接地和悬浮接地(简称浮地)。

4.1.3.1　单点接地

单点接地是指整个电路系统中,只有一个物理点被定义为接地参考点(系统接地点),每一个子系统都接到互相隔开的接地面上(建筑地、信号地、屏蔽地、交流初级及次级电源地)。这些子系统的单独接地面最终将以最短途径统一连至参考电位的系统接地点,如图4-4所示。

单点接地方式在低频时工作更好,这时互连线的物理长度与工作频率波长相比很小。若系统的工作频率较高,以致工作波长与系统的接地平面的尺寸或接地引线的长度相比拟时,就不能再采用单点接地方式。因为,当地线的长度接近四分之一波长时,它就像一根终端短路传输线,地线上的电流、电压呈驻波分布,地线变成了辐射天线,而不能起到"地"的作用。因此,考察单点接地效果时,必须分析存在于系统中的信号频谱成分和干扰频谱成分,特别要注意对脉冲频谱的分析。

必须指出,多级电路采用单点接地时,接地点位置的选择是十分重要的。接地点应选在低电平电路的输入端,使该端最接近于基准电位,这样输入级的接地线也可缩短,使受干扰的可能性尽量减小。反之,若把接地点选在高电平端,则会使输入级的地相对于基准电位有大的电位差,接地线也最长,更容易受到干扰。

4.1.3.2　多点接地

多点接地是指电子设备(或系统)中各个接地点都直接接到距离它最近的接地地面上,以使接地引线的长度最短,如图4-5所示。这里所说的接地平面可以是设备的底板,也可以是贯通整个系统的接地母线。在比较大的系统中,还可以是设备的结构框架。

多点接地的优点是电路结构比单点接地简单,而且由于采用了多点接地,接地线上可能出现的高频驻波现象就显著减少。但是,采用多点接地以后,设备内部就形成了许多地线回路,它们对设备内较低的频率会产生不良影响。

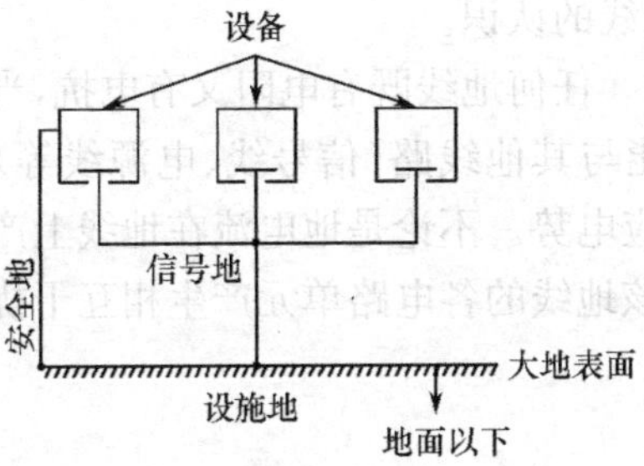

图 4-4　单点接地

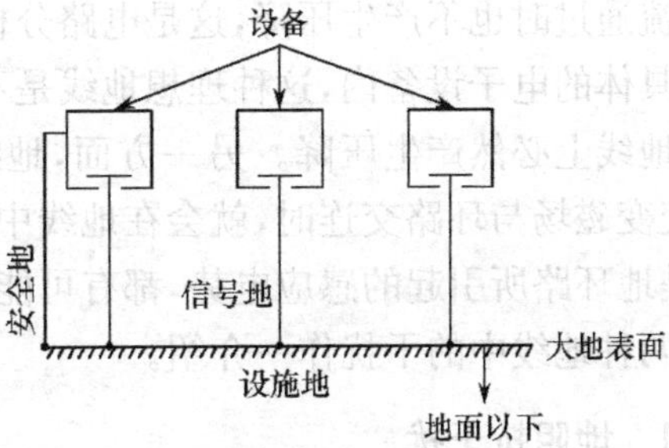

图 4-5　多点接地

4.1.3.3　浮地

对电子设备而言，浮地是指设备地线系统在电气上与大地相绝缘，以免除接地系统中存在的噪声电流耦合环，不让它们在信号电路中流动，这样可以减小由于地电流引起的电磁干扰。

图 4-6 表示系统地悬浮的情形，各个电路的系统与地连通，但与大地绝缘。

浮地方式存在以下缺点：

(1)浮地的有效性取决于实际对地的悬浮程度，浮地方式不能适应复杂的电磁环境。研究结果表明，一个较大的电子系统因有较大的对地分布电容，因而很难保证真正的悬浮，当系统基准电位因受干扰而不稳定时，通过对地分布电容出现位移电流，使设备不能正常工作。

(2)发生雷击或静电感应时，在电路与金属箱体之间会产生很高的电位差，可能使绝缘较差的部位击穿，甚至引起电弧放电.

低频、小型电子设备，容易做到真正的绝缘，随着绝缘材料的发展和绝缘技术的提高，比较普遍地采用浮地方式，大型及高频电子设备则不宜采用浮地方式。

4.1.3.4　混合接地

如果电路的工作频带很宽，在低频情况需采用单点接地，而在高频时又需要采用多点接地，此时，可以采用混合接地方法。图 4-7 为这种接地方式的图示电路。

从图 4-7 中可以看出：激励电路与传感电路的底壳一定要接地，而同轴电缆的屏蔽体应在两端连至底壳接地，并将那些只需要高频接地的点使用串联电容器把它们和接地平面连接起来。此处的对地电容可免除低频电流环路，而在高频时电容产生低阻抗使得电缆屏蔽体被接地。因此，这一电路结构可同时实现低频时单点接地及高频时的多点接地。

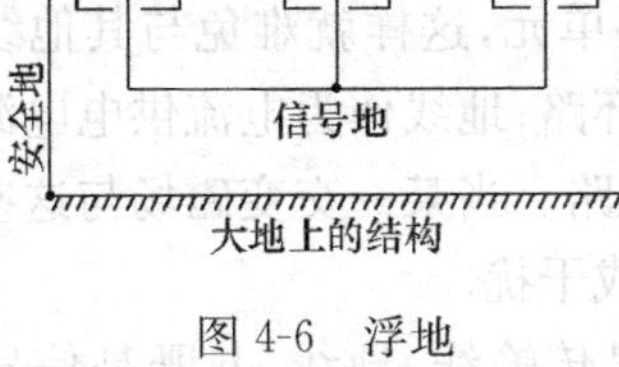

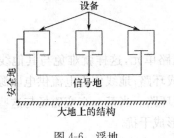

图 4-6　浮地

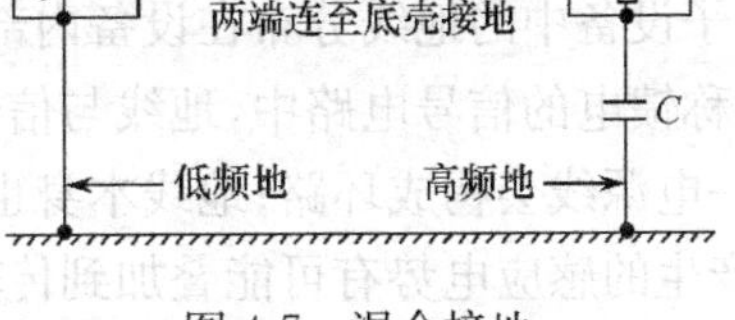

图 4-7　混合接地

4.1.4　地线中的干扰

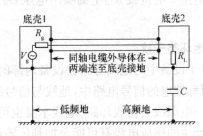

本节所讨论的地线是指电子设备中各种电路单元电位基准的连接线，即信号地线。理想

的地线是一个零阻抗、零电位的物理实体,它不仅是各相关电路中所有信号电平的参考点,而且当电流通过时也不产生压降,这是电路分析中对地线的认识。

在具体的电子设备内,这种理想地线是不存在的。任何地线既有电阻又有电抗,当有电流通过时地线上必然产生压降。另一方面,地线还可能与其他线路(信号线、电源线等)形成环路,当交变磁场与环路交连时,就会在地线中产生感应电势。不论是地电流在地线上产生的压降,还是地环路所引起的感应电势,都有可能使共用该地线的各电路单元产生相互干扰。以下就对这两种地线中的干扰作一介绍。

4.1.4.1 地阻抗干扰

由地电流在地线阻抗上引起的干扰可用图 4-8 说明。图中 U_1 表示为干扰电路 1 中的干扰源电压,U_2 为受干扰电路 2 中的信号电压,两电路之间具有公共阻抗 Z_g。下面分析干扰电压 U_1 在受干扰电路负载 R_{L2} 上所产生的干扰响应电压。

根据电路 1 和电路 2 两个回路可写出下列方程:

$$U_1=I_1(R_{i1}+R_{L1})+(I_1+I_2)Z_g \tag{4-2}$$

$$U_g=(I_1+I_2)Z_g \tag{4-3}$$

式中,U_g 为地电流在地线阻抗 Z_g 上的压降;Z_g 为公共地线阻抗。

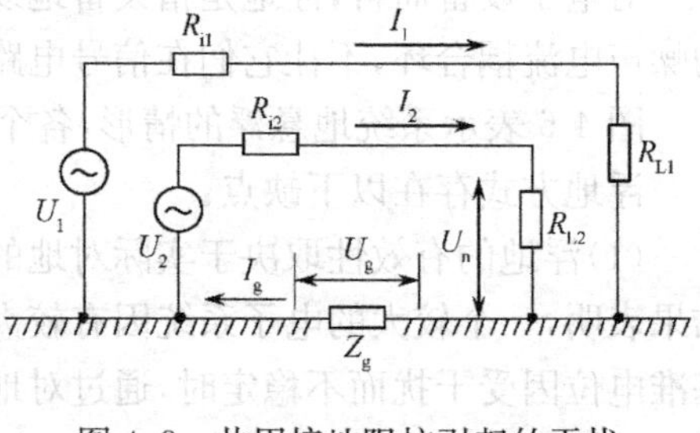

图 4-8 共用接地阻抗引起的干扰

由于仅讨论电路 1 对电路 2 的干扰,上式中的 I_2 在公共阻抗 Z_g 上的作用不予考虑,可简化为:

$$U_1=I_1(R_{i1}+R_{L1}+Z_g) \tag{4-4}$$

$$U_g=I_1Z_g \tag{4-5}$$

可得到:

$$U_g=Z_gU_1/(R_{i1}+R_{L1}+Z_g) \tag{4-6}$$

一般情况$(R_{i1}+R_{L1})\gg Z_g$,则:

$$U_g\approx Z_gU_1/(R_{i1}+R_{L1}) \tag{4-7}$$

U_g 在电路 2 负载 R_{L2} 上所形成的噪声电压 U_n 为:

$$U_n=R_{L2}/(R_{i2}+R_{L2})U_g \tag{4-8}$$

将式(4-7)代入式(4-8)中可得:

$$U_n=Z_gR_{L2}U_1/(R_{i1}+R_{L1})(R_{i2}+R_{L2}) \tag{4-9}$$

可见,电路 2 的负载 R_{L2} 上的噪声电压 U_n 是干扰电压 U_1、公共地线阻抗 Z_g 及负载 R_{L2} 的函数。

4.1.4.2 地环路干扰

通常电子设备中的地线分布在设备内部的各级电路单元,这样就难免与其他线路构成环路。在不对称馈电的信号电路中,地线与信号线可构成环路;地线作为电流供电电源的馈线之一时,与另一电源线会构成环路;地线本身也可能构成环路。当某一交变磁场与这些环路交连时,环路中产生的感应电势有可能叠加到传输信号上形成干扰。

图 4-9 所示为两个级连的电路单元,其中 cd 是信号传输线,地线 ab 既是信号的返回通路,又是电源馈线之一。由图可见,电源的正极馈线与地线在电路 1 和电路 2 间构成一个环路 aa′b′b,信号线 cd 与地线在电路 1 和电路 2 间构成另一个环路 cdba。当交变磁场穿过这些环路,环路中产生的感应电势为:

$$e_i = -\mathrm{d}\Phi/\mathrm{d}t = -S\mathrm{d}B/\mathrm{d}t \qquad (4\text{-}10)$$

式中，e_i 为环路中的感应电势(V)；S 为环路在磁场垂直方向上的投影面积(m^2)；B 为穿过环路的磁通密度($1V \cdot s/m^2 = 1T$)。

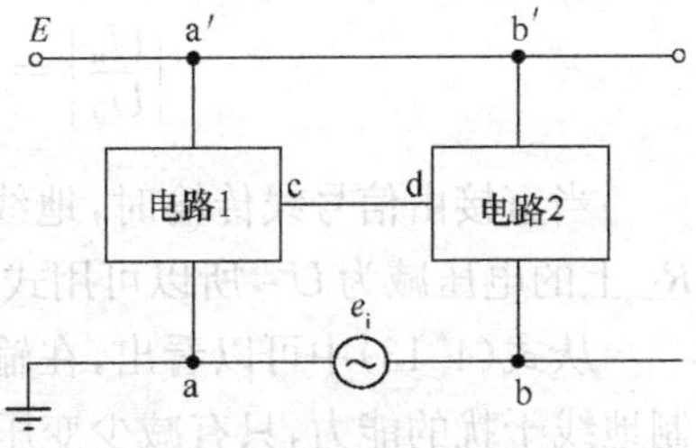

图 4-9　级连的两电路单元

由图 4-9 可见，地环路中的感应电势 e_i 与传输信号电压串联后输送到下一级电路的输入端，从而构成干扰。为减少地环路干扰，就要减小地环路面积，最好在线路布局时避免构成地环路，在实际操作中，通常采用树叉状地线来达到此目的。

4.1.4.3　地线中的等效干扰电势

从以上对地阻抗干扰和地环路干扰的的论述中可以看出：从电磁兼容的角度出发，地线不能看成是等电位的。假设某一段地线的电阻为 R_g，电感为 L_g，流过的电流为 I_g，则在这段地线上产生的压降为：

$$U_g = I_g(R_g + \mathrm{j}\omega L_g) \qquad (4\text{-}11)$$

假设这段地线与电源正极馈线(或信号线)构成的环路面积为 S，则在这段地线上产生的总的干扰电势为：

$$e_g = U_g + e_i = I_g(R_g + \mathrm{j}\omega L_g) - S\frac{\mathrm{d}B}{\mathrm{d}t} \qquad (4\text{-}12)$$

可见，在分析地线给电路造成的干扰时，只需在地线中加一等效干扰电势 e_g，如图 4-10 中所示。

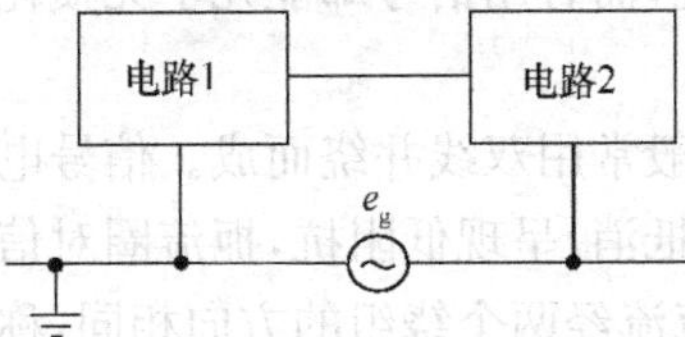

图 4-10　地线中的等效干扰电势

总之，地线干扰是造成设备(或系统)内部各单元之间耦合的重要因素之一，根据地线中干扰的形成机理，减小地线干扰的措施可归纳为：减小地线阻抗和电源馈线阻抗；正确选择接地方式和阻隔地环路等。

4.1.5　减小地线干扰的措施

4.1.5.1　变压器耦合

图 4-11 中显示了两电路单元之间采用变压器耦合减小地线干扰的方法及其等效电路。

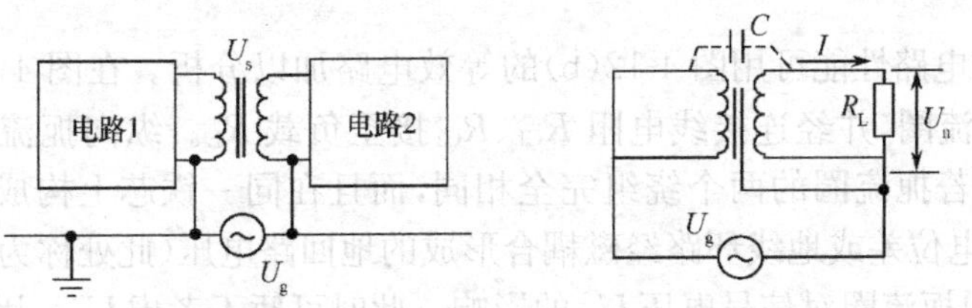

(a) 变压器耦合　　(b) 等效电路

图 4-11　采用变压器阻隔地环路干扰

图 4-11(a)中，电路 1 的信号经变压器耦合至电路 2，而地线干扰电压 U_g 的回路被变压器隔断。图 4-11(b)的等效电路中，假定电路 1 的内阻为 0，变压器绕组间的分布电容为 C，电路 2 的输入内阻为 R_L，U_g 在 R_L 上的响应电压为 U_n。由于仅分析变压器阻隔地环路的能力，根据叠加原理，可以不考虑信号电压 U_s，即将信号电压短路。则由交流电路的欧姆定律可得：$U_n = IR_L$，进而可以得到：

$$\left|\frac{U_n}{U_g}\right| = \left|\frac{R_L}{R_L - j\dfrac{1}{2\pi f C}}\right| = \frac{1}{\sqrt{1+(2\pi f C R_L)^2}} \tag{4-13}$$

当直接由信号线传输时，地线中干扰电压 U_g 将全部加到 R_L 上；而采用变压器后，加到 R_L 上的电压减为 U_n，所以可用式(4-13)表示变压器减小干扰的能力。

从式(4-13)中可以看出，在输入内阻和地线干扰频率已定的情况下，若要提高变压器抑制地线干扰的能力，只有减少变压器绕组间的分布电容 C，或减小电路2的输入电阻 R_L。

由式(4-13)可以确定使用变压器抑制地环路干扰的频率范围：$0<f<1/(2\pi R_L C)$。

总之，由于变压器只能传输交流信号，不能传输直流信号，因而对地线中的低频干扰具有较好的抑制能力。此外，由于电路单元传输的信号电流值在变压器绕组连线中流过，不流经地线，因此可避免对其他电路的干扰。

4.1.5.2 纵向扼流圈

当传输的信号中含有直流分量时，就不能采用变压器耦合来传输信号，而应采用图4-12所示的纵向扼流圈(中和变压器)，它能有效地抑制地线中的干扰，而有用信号却能几乎无损耗的传输。

纵向扼流圈是由两个绕向相同、匝数相同的绕组所构成，一般常用双线并绕而成。信号电流在两个绕组流过时方向相反，称为差模电流，产生的磁场相互抵消，呈现低阻抗，扼流圈对信号电流不起扼流作用，并且不切断直流回路。地线中的干扰电流流经两个绕组的方向相同，称为共模电流，产生的磁场同向相加，扼流圈对地回路干扰电流呈现高阻抗，起到抑制地回路干扰的作用。

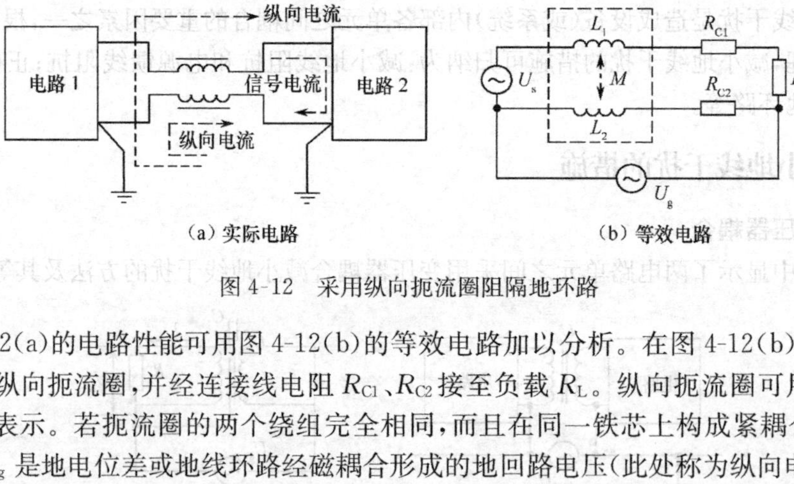

图4-12 采用纵向扼流圈阻隔地环路

图4-12(a)的电路性能可用图4-12(b)的等效电路加以分析。在图4-12(b)中，信号源电压 U_s 通过纵向扼流圈，并经连接线电阻 R_{C1}、R_{C2} 接至负载 R_L。纵向扼流圈可用电感 L_1、L_2 及互感 M 表示。若扼流圈的两个绕组完全相同，而且在同一铁芯上构成紧耦合，则有 $L_1=L_2=M$。U_g 是地电位差或地线环路经磁耦合形成的地回路电压(此处称为纵向电压)。

首先分析纵向扼流圈对信号电压 U_s 的影响。此时可暂不考虑 U_g。因为 R_{C1} 与 R_L 串联，且 $R_{C1} \ll R_L$，故 R_{C1} 可忽略不计。这样图4-12(b)的等效电路可简化成图4-13的形式。

信号电流 I_s 流经负载 R_L 后就分成两路：一部分(I_g)直接入地，另一部分 I_s-I_g 流经 R_{C2}、L_2 后入地。由流经 R_{C2}、L_2 入地的回路可得：

$$(I_s-I_g)(R_{C2}+j\omega L_2)-I_s j\omega M=0 \tag{4-14}$$

用 $M=L_2=L$ 代入式(4-14)，并经整理得：

$$I_g=\frac{I_s}{1+\dfrac{j\omega L}{R_{C2}}}$$

或
$$|I_g|=\frac{|I_s|}{\sqrt{1+\left(\frac{\omega L}{R_{C2}}\right)^2}}=\frac{|I_s|}{\sqrt{1+\left(\frac{\omega}{\omega_c}\right)^2}} \tag{4-15}$$

式中，取 $\omega L=R_{C2}$ 时的角频率为 ω_c，即

$$\omega_c=\frac{R_{C2}}{L} \tag{4-16}$$

ω_c 称为扼流圈的截止角频率。当时 $\omega=\omega_c$，$|I_g|=0.707|I_s|$；当 $\omega=\omega_c$ 时，只有小部分信号流经地线。一般认为，当 $\omega\geqslant 5\omega_c$ 时，$I_g\to 0$，这时绝大部分信号电流经 R_{C2}、L_2 入地。

根据图 4-13 中上面的回路，可列出方程：

$$U_s=I_s(j\omega L_1+R_L-j\omega M)+(I_s-I_g)(R_{C2}+j\omega L_2-j\omega M) \tag{4-17}$$

用 $M=L_1=L_2$ 代入上式，并经整理得：

$$I_s=\frac{U_s-I_gR_{C2}}{R_L+R_{C2}} \tag{4-18}$$

因为 $R_{C2}\ll R_L$，且当 $\omega\geqslant 5\omega_c$ 时，$I_g\to 0$，所以，式(4-18)可以简化为：

$$I_s\approx\frac{U_s}{R_L} \tag{4-19}$$

上式说明，流经负载 R_L 的信号电流 I_s 相当于没有接入纵向扼流圈时的电流。因此，当扼流圈的电感足够大，使信号频率 $\omega\geqslant 5\omega_c(\omega_c=R_{C2}/L)$ 时，可以认为加入扼流圈对信号传输没有影响。

现在再分析纵向扼流圈对地回路电压 U_g 的抑制作用。此时可不考虑信号电压(即将 U_s 短路)，等效电路如图 4-14 所示。

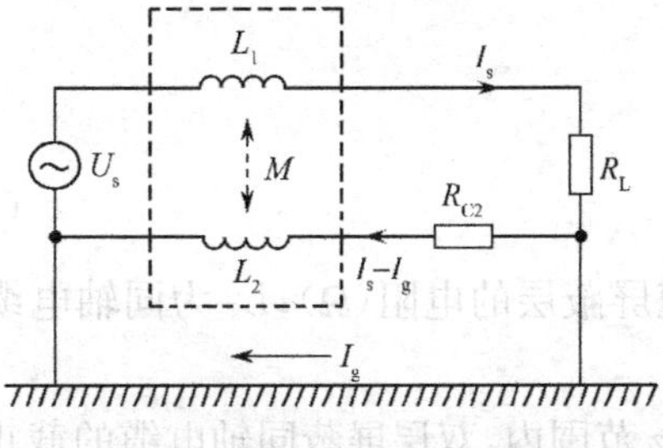

图 4-13　纵向扼流圈对信号电压 U_s 的影响

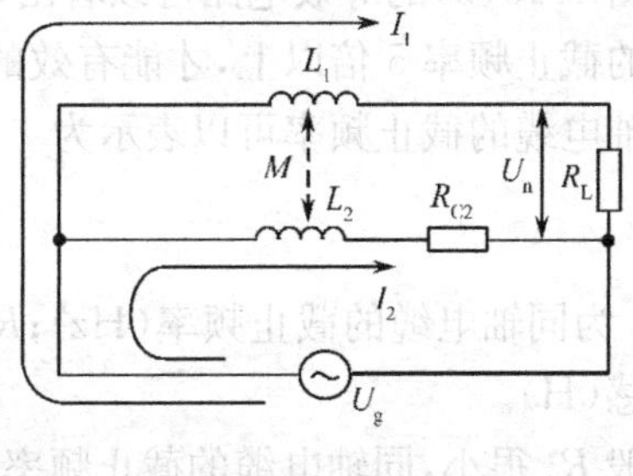

图 4-14　纵向扼流圈对地环路电压 U_g 的影响

未加扼流圈时，地回路干扰电压 U_g 全部加到 R_L 上。加扼流圈后，流经扼流圈两个绕组的干扰电流分别为 I_1、I_2，在负载 R_L 上的干扰电压 $U_n=I_1R_L$。

由 I_1 回路得：

$$U_g=j\omega L_1I_1+j\omega MI_2+I_1R_L \tag{4-20}$$

由 I_2 回路得：

$$U_g=j\omega L_2I_2+j\omega MI_1+I_2R_{C2} \tag{4-21}$$

由式(4-21)得：

$$I_2=\frac{U_g-j\omega MI_1}{j\omega L_2+R_{C2}} \tag{4-22}$$

因 $M=L_1=L_2=L$，将式(4-22)代入式(4-20)得：

$$I_1=\frac{U_g R_{C2}}{j\omega L(R_L+R_{C2})+R_L R_{C2}} \tag{4-23}$$

由 $U_n=I_1R_L$，$R_{C2}\ll R_L$，可知 $R_{C2}+R_L\approx R_L$，所以，式(4-23)可写成：

$$U_n=\frac{U_g R_{C2}}{j\omega L+R_{C2}}$$

或

$$\left|\frac{U_n}{U_g}\right|=\frac{1}{\sqrt{1+\left(\frac{\omega L}{R_{C2}}\right)^2}} \tag{4-24}$$

设 $\omega_c=R_{C2}/L$ 为扼流圈的截止角频率，则有

$$\left|\frac{U_n}{U_g}\right|=\frac{1}{\sqrt{1+\left(\frac{\omega}{\omega_c}\right)^2}} \tag{4-25}$$

由式(4-25)可得，当时 $\omega\geqslant 5\omega_c$，$|U_n/U_g|\leqslant 0.197$。可见，扼流圈能很好地抑制地回路的干扰。干扰的角频率 ω 愈高，扼流圈的电感 L 愈大，扼流圈的绕组及导线的电阻 R_{C2} 愈小，则抑制干扰的效果愈好。为此，扼流圈的电感应具有如下关系：$L\gg\frac{R_{C2}}{\omega}$。

纵向扼流圈的铁芯截面应足够大，以便当有一定数量的不平衡直流流通时不致发生饱和。

4.1.5.3 同轴电缆传输信号

当两电路单元间的信号传输采用同轴电缆时，也能有效地抑制地环路干扰。图4-15便是同轴电缆传输信号的示意图及其等效电路。

由图4-15(b)的等效电路可以看出，用同轴电缆传输信号时，只有当地线干扰频率高于同轴电缆的截止频率5倍以上，才能有效的进行抑制。

同轴电缆的截止频率可以表示为

$$f_c=R_s/2\pi L_s \tag{4-26}$$

式中，f_c 为同轴电缆的截止频率(Hz)；R_s 为同轴电缆屏蔽层的电阻(Ω)；L_s 为同轴电缆屏蔽层的电感(H)。

一般 R_s 很小，同轴电缆的截止频率在0.6～2kHz范围内，双层屏蔽同轴电缆的截止频率在0.5～0.7kHz。注意，这里讨论的截止频率与同轴电缆应用在超高频段产生高阶模、且损耗迅速增加时的截止频率是不同的，后者是指同轴电缆的最高使用频率。

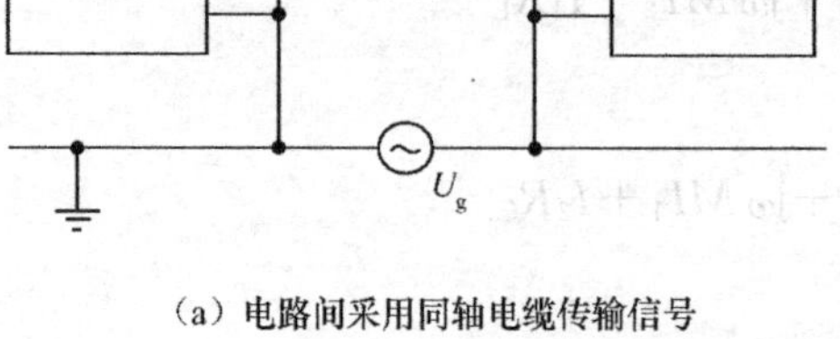

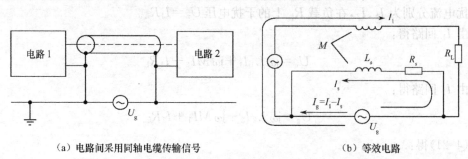

(a) 电路间采用同轴电缆传输信号

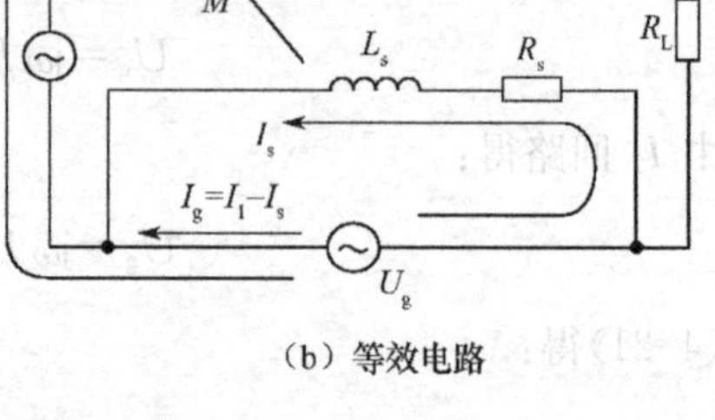

(b) 等效电路

图4-15 同轴电缆传输信号及其等效电路

从电磁场的观点来讲，由于高频时的集肤效应，信号电流只沿同轴电缆内导体的外表面和

外导体的内表面流通，因此理想同轴电缆在传播高频电磁信号时不应向外泄漏能量。而实际同轴电缆屏蔽层存在电气上的不连续，难免会有少量能量外泄，外界干扰同样可能有部分串入同轴电缆内。从总体上看，同轴电缆在传输信号时，既不易干扰其他电路，又抑制了地线干扰和外界电磁干扰传输信号的影响。

由式(4-26)可知：增大屏蔽层电感 L_s 可降低截止频率 f_c。因此，如在同轴电缆上套装高磁导率的磁环便可降低 f_c，这种措施简便易行，在实际操作中被广泛采用。如将同轴电缆绕在高磁导率的磁芯上，可大幅度的降低 f_c，但这将导致体积增大，故只有在特殊场合才被采用。

4.1.5.4 光耦合器

切断两电路单元间的环路最有效的方法是在两电路间采用光耦合器。如图 4-16 所示，电路 1 的信号电流通过发光二极管后，发光二极管的发光强弱随通过它的电流变化，这样就把电路 1 的信号电流变成强弱不同的发光信号，再由光电三极管把强弱不同的光转化为相应的电流，从而实现了电路间的信号传输。

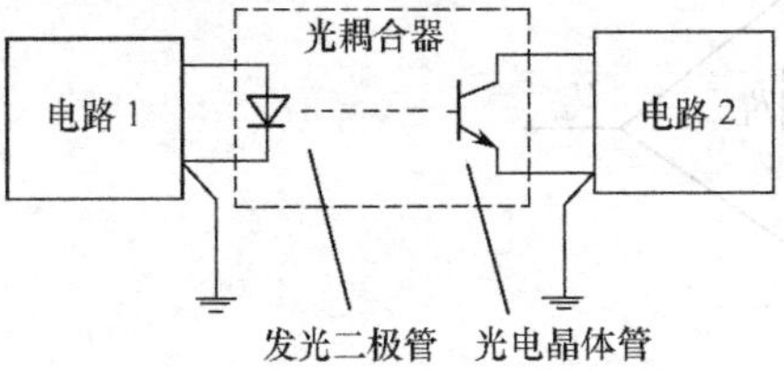

图 4-16 用于断开地环路的光耦合器

通常发光二极管和光电三极管封装在一起，构成一个光耦合器。这种光耦合器可把两电路间的地环路完全隔断，有效地抑制地线干扰。由于光耦合器中电流与发光强度的线性关系较差，传输模拟信号时会产生较大的失真，所以应受到限制。但它对数字信号传输非常实用，如在固态继电器中用以隔离拖动电机对控制信号的干扰。

使用光耦合器时，电路 1 和电路 2 必须分别馈电，以防止电源馈线在同一电源变压器中构成新的干扰耦合途径。

4.1.5.5 用差分放大器减小由地电位差引起的干扰

由于地线具有一定的阻抗，地线中的电流会在信号电路的两接地点之间产生电位差 U_g。该电位差将在非平衡输入的差分放大器负载上输出一个放大了的干扰电压，而在具有平衡输入的差分放大器负载上，U_g 所引起的干扰电压将被大大减小。

图 4-17 为一差分放大器及其等效电路。图中 U_g 为两接地点间的电位差，即地线中的干扰电压；R_g 为地线电阻；R_{C1} 和 R_{C2} 为信号传输线电阻；R_{L1} 和 R_{L2} 为差分放大器的输入电阻；R_s 为信号源内阻。

由等效电路可知，U_g 加到差分放大器的输入电压为 (U_1-U_2)，因为 $R_{L1}(R_{L2})\gg R_g$，所以输入电压为：

$$U_n=U_1-U_2=\left[\frac{R_{L1}}{R_{L1}+R_{C1}+R_s}-\frac{R_{L2}}{R_{L2}+R_{C2}}\right]U_g \tag{4-27}$$

在差分放大器负载上的输出电压为：

$$U_{on}=K(U_1-U_2)=K\left[\frac{R_{L1}}{R_{L1}+R_{C1}+R_s}-\frac{R_{L2}}{R_{L2}+R_{C2}}\right]U_g \tag{4-28}$$

式中，K 为差分放大器的放大倍数。

一般在差分放大器中，$R_{L1}=R_{L2}$，$R_{C1}=R_{C2}$。

由式(4-28)可以得到，提高差分放大器的输入电阻 R_{L1}、R_{L2} 或减小信号源的内阻 R_s，都可以降低 U_g 所引起的干扰。

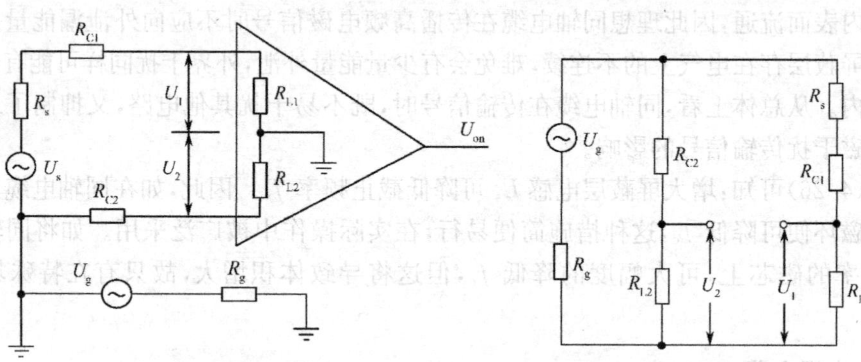

(a) 差分放大器　　　　(b) 等效电路

图4-17　差分放大器其等效电路

对于非平衡输入的放大器，可用变压器把它改成平衡输入，如图4-18所示。

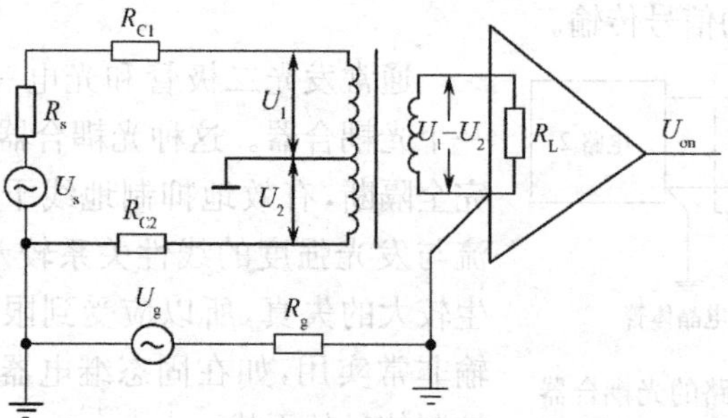

图4-18　变压器平衡输入的单端放大器

4.2 搭　接

电气搭接是指用低阻抗导体将装置、设备或电子系统的元件或微型组件进行电气连接。

4.2.1 搭接的目的和分类

1. 搭接的目的

搭接的目的是在两金属间为电流的流动建立低阻抗的通路，以避免在相互连接的两金属之间形成电位差，因为这种电位差会产生电磁干扰。通过搭接可保证系统电气性能的稳定，有效地防止由雷电、静电放电和电冲击造成的危害，实现对射频干扰的抑制。可以这样说，搭接使屏蔽、滤波等设计目标得以实现。

2. 搭接的分类

搭接有各种不同的分类方法。基本的搭接方式有两种：直接搭接和间接搭接。

直接搭接，是在互连的元件之间不用辅助导体，而是直接建立一条有效的电气通路。它是通过熔焊、硬钎焊、软钎焊把两金属搭接在一起，也可以利用螺栓、铆钉或夹箍在搭接表面间保持高压力来获得电气连续性。

直接搭接可能是永久的或半永久的。大多数搭接，应采用可拆卸式搭接，拆卸时不应损坏或显著地改变搭接元件。而由于位置关系，不容易接近的搭接点，应进行永久性搭接，并要采取适当的措施来保护接头,以防损坏。

间接搭接,是利用中间过渡导体(搭接条或搭接片)把欲搭接的两金属构件连接在一起。优先的搭接方法是不用另外的导体把物体搭接在一起,但在某些情况,由于操作要求或者设备的位置关系,往往不能直接进行搭接,这时就必须引入辅助导体作为搭接条或搭接片,来进行间接搭接。

4.2.2 搭接的方法和原则

4.2.2.1 搭接的方法

有许多方法可以实现两金属体之间的永久性接合,譬如,熔接、钎焊、熔焊、低温焊接、冷锻、螺栓连接、导电胶等。搭接的首选方法是熔焊,其次是铜焊和锡焊。若能在搭接之前预先对欲搭接的金属表面进行机械加工处理,并清除接触面上各种非金属覆盖层,则采用螺栓、铆钉等紧固件对两金属进行半永久性接合,也可得到满意的效果。

4.2.2.2 实现良好搭接的一般原则

搭接的使命是为了减小金属部件间产生的电位差,而良好的搭接是实现这一使命的重要基础。图4-19显示了不良搭接造成的后果。

在图4-19中,由于不良搭接所产生的接触电阻对电源干线的干扰电流不能提供所需的地阻抗通路,而使滤波电路失效。图中,在干扰源与敏感设备之间接一Π型滤波器,该滤波器的作用是使来自干扰源的电流流经图中的路径①,而不影响敏感设备的工作。但是由于B处搭接不良而形成了搭接电感和电阻,当该搭接阻抗大到一定值时,将有干扰电流流经图中回路②,而到达敏感设备,致使滤波器失去隔离干扰的作用。如果B点搭接良好,则干扰电流将不会流经敏感设备,从而使干扰受到抑制。

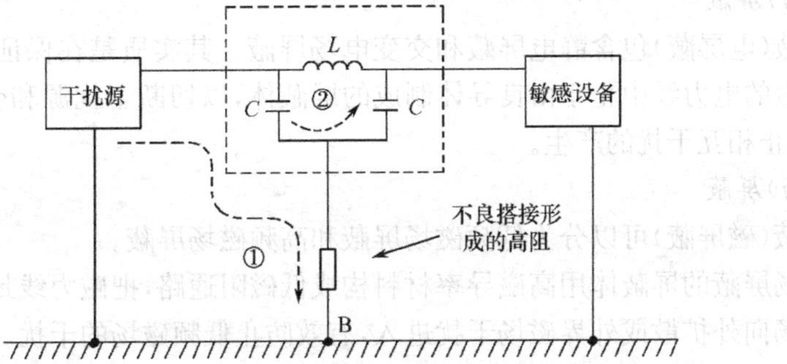

图4-19 不良搭接的影响

要实现良好搭接,就要想办法减小搭接条本身的阻抗和搭接条与所接触的金属面之间的接触电阻,在实际操作中一般采取以下措施来实现良好搭接。

(1) 良好搭接的关键在于金属表面之间的紧密接触。被搭接表面的接触区应光滑、清洁、没有非导电物质,紧固方法应保证有足够的压力将搭接处压紧,以保证即使在受到机械扭曲、冲击和振动时表面仍接触良好。

(2) 尽可能采用相同的金属材料进行搭接,若必须使用两种不同金属搭接时,应选用在电化序表中位置相距较近的两种金属进行搭接,以减小电化腐蚀。此外,可在两种不同类金属搭接的中间插入可更换的垫片,一旦受腐蚀可定期更换。

(3) 要保证搭接处或搭接条(片)能够承受预料的电流,以免因出现过载而熔断。

(4) 搭接条(片)应尽量短、粗(宽)、直,以保证搭接低电阻和小电感。

(5) 对搭接处应采取防潮和防其他腐蚀的保护措施。譬如,搭接后涂上环氧树脂填逢剂、密封混合剂等。

4.3 屏　蔽

屏蔽是利用屏蔽体来阻挡或减小电磁能传输的一种技术,是实际工程应用中广泛采用的抑制电磁干扰的有效方法之一。本节将讨论各种屏蔽的工作原理和分析方法,讨论屏蔽效果的定量计算以及工程实用的屏蔽技术。

4.3.1 屏蔽的作用和分类

4.3.1.1 屏蔽的目的和作用

屏蔽有两个目的,一是限制内部辐射的电磁能量泄漏出该内部区域,二是防止外来的辐射干扰进入某一区域。屏蔽作用是通过一个将上述区域封闭起来的壳体实现的,这个壳体可做成板式、网状式,以及金属编织带式等,其材料可以是导电的、导磁的、介质的,也可以是带有非金属吸收填料的。

电磁屏蔽的作用原理是利用屏蔽体对电磁能流的反射、吸收和引导作用,而这些作用是与屏蔽结构表面上和屏蔽体内感生的电荷、电流与极化现象密切相关的。

4.3.1.2 屏蔽的分类

屏蔽的分类方法有多种。根据屏蔽的工作原理,可将屏蔽分为电(场)屏蔽、磁(场)屏蔽和电磁屏蔽三大类。

1. 电(场)屏蔽

电场屏蔽(电屏蔽)包含静电屏蔽和交变电场屏蔽。其实质是在保证良好的接地条件下,将干扰源发生的电力线中止于由良导体制成的屏蔽体,以切断干扰源和受感器之间的电力线交连,从而防止相互干扰的产生。

2. 磁(场)屏蔽

磁场屏蔽(磁屏蔽)可以分为低频磁场屏蔽和高频磁场屏蔽。

低频磁场屏蔽的屏蔽体用高磁导率材料构成低磁阻通路,把磁力线封闭在屏蔽体内,从而阻挡内部磁场向外扩散或外界磁场干扰进入,有效防止低频磁场的干扰。

高频磁场屏蔽的屏蔽体采用低电阻率的良导体材料构成。其屏蔽原理是利用电磁感应现象在屏蔽体表面所产生的涡流的反磁场来达到屏蔽的目的,即利用涡流反磁场对于受骚扰磁场的排斥作用,来抑制和抵消屏蔽体外的磁场。

3. 电磁屏蔽

通常所说的屏蔽一般指的是电磁屏蔽。电磁屏蔽主要用于高频下,其原理是利用电磁波在导体表面上的反射和在导体中传播的急剧衰减来隔离时变电磁场的相互耦合,从而防止高频电磁场的干扰。

4.3.2 屏蔽的原理和分析

4.3.2.1 电场屏蔽

电场屏蔽是为了防止两个回路(或两个元件、部件)间电容性耦合引起的干扰。电屏蔽体由良导体制成，并有良好的接地（一般要求屏蔽体的接地电阻小于 2mΩ）。这样，电屏蔽体既可防止屏蔽体内部干扰源产生的干扰泄漏到外部，也可防止屏蔽体外部的干扰侵入内部。

1. 静电屏蔽

电磁场理论表明，置于静电场中的导体在静电平衡的条件下，具有下列性质：

(1) 导体内部任何一点的电场为零；

(2) 导体表面任何一点的电场强度矢量的方向与该点的导体表面垂直；

(3) 整个导体是一个等位体；

(4) 导体内部没有静电荷存在，电荷仅分布在导体的表面上。

即使其内部存在空腔的导体，在静电场中也有上述性质。因此，如果把有空腔的导体置入静电场中，由于空腔导体的内表面无静电荷，空腔空间中也无电场，所以该空腔导体起到了隔离外部电场的作用。

图 4-20 显示了静电屏蔽的机理。图(a)表示空间中的孤立导体（静电场源）A 上带有正电荷 $+Q$ 的电力线分布情况，此时，负电荷可认为是位于无限远的地方。

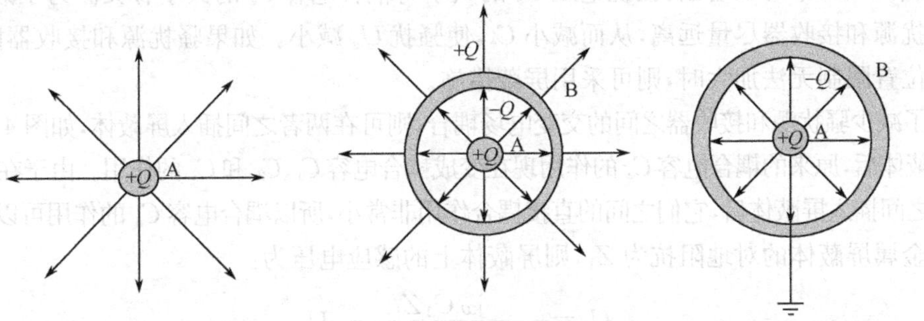

(a) 孤立带电导体A　(b) 空腔导体B包围A　(c) 接地空腔导体B屏蔽A

图 4-20　对电荷的静电屏蔽

图(b)表示用空腔屏蔽体包围导体 A 时的电力线分布情况。当空腔屏蔽体内部存在带有正电荷 $+Q$ 的带电体时，空腔屏蔽体 B 内表面会感应出等量的负电荷，而其外表面会感应出等量的正电荷，这种情形下的电力线始于屏蔽体外侧正电荷 $+Q$，终止于无限远处负电荷。显然，仅用空腔屏蔽体将静电场源包围起来，实际上根本起不到静电屏蔽的作用。

图(c)表示空腔屏蔽体 B 被接地的情况。在这种情况下，屏蔽体 B 的电位为零，导体 A 外部的电力线消失，即空腔屏蔽体外表面感应出的等量正电荷沿接地导线泄放进入接地面，所产生的外部静电场消失，静电场源 A 所产生的电力线封闭在空腔屏蔽体内部，这时屏蔽体 B 才能真正起到静电屏蔽的作用。

当空腔屏蔽体外部存在静电场骚扰时，由于空腔屏蔽导体为等位体，所以屏蔽体内部空间不存在静电场（见图 4-21），也不会出现电力线，从而实现了对外界场的屏蔽作用。空腔屏蔽导体外部存在电力线，且电力线终止在屏蔽体上。屏蔽体的两侧会出现等量反号的感应电荷。从原理上说，当屏蔽体完全封闭时，不论空腔屏蔽体是否接地，屏蔽体内部的外电场均为零。但是，实际的空腔屏蔽导体不可能是完全封闭的理想屏蔽体，如果屏蔽体不接

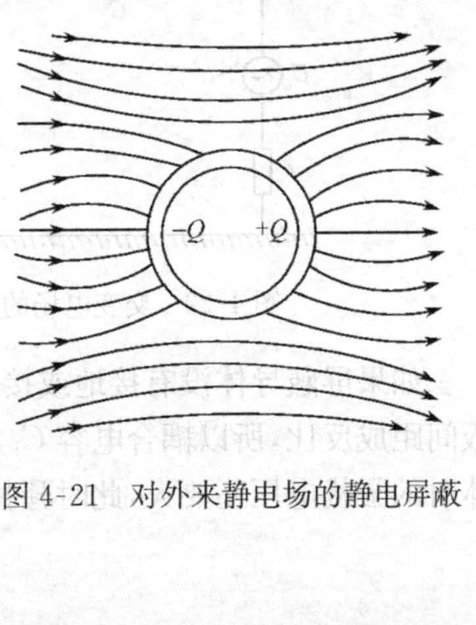

图 4-21　对外来静电场的静电屏蔽

地，就会引起外部电力线的入侵，造成直接或间接静电耦合。为了防止这种现象，此时空腔屏蔽导体仍需接地。

综上可见，静电屏蔽必须具有两个基本要点：完整的屏蔽导体和良好的接地。

2. 交变电场的屏蔽

交变电场的屏蔽原理采用电路理论加以解释较为直观、方便，因为干扰源和接收器之间的电场感应耦合可用它们之间的耦合电容进行描述。

设干扰源 g 上有一交变电压 U_g，在其附近产生交变电场，置于交变电场中的接收器 s 通过阻抗 Z_s 接地，干扰源对接收器的电场感应耦合可以等效为分布电容 C_e 的耦合，于是形成了由 U_g、Z_g、C_e 和 Z_s 构成的耦合回路，如图 4-22 所示。

接收器上产生的骚扰电压 U_s 为：

$$U_s = \frac{j\omega C_e Z_s}{1 + j\omega C_e (Z_s + Z_g)} U_g \tag{4-29}$$

从式(4-29)中可以看出：骚扰电压 U_s 的大小与耦合电容 C_e 的大小有关。为了减小骚扰，可使骚扰源和接收器尽量远离，从而减小 C_e，使骚扰 U_s 减小。如果骚扰源和接收器间的距离受空间位置限制无法加大时，则可采用屏蔽措施。

为了减少骚扰源和接收器之间的交变电场耦合，则可在两者之间插入屏蔽体，如图 4-23 所示。插入屏蔽体后，原来的耦合电容 C_e 的作用现在变成耦合电容 C_1、C_2 和 C_3 的作用。由于在干扰源和接收器之间插入屏蔽体后，它们之间的直接耦合作用非常小，所以耦合电容 C_3 的作用可以忽略。

设金属屏蔽体的对地阻抗为 Z_1，则屏蔽体上的感应电压为：

$$U_1 = \frac{j\omega C_1 Z_1}{1 + j\omega C_1 (Z_1 + Z_g)} U_g \tag{4-30}$$

从而接收器上的感应电压为：

$$U_s = \frac{j\omega C_2 Z_s}{1 + j\omega C_2 (Z_1 + Z_s)} U_g \tag{4-31}$$

由此可见，要使 U_s 比较小，则必须使 C_1、C_2 和 Z_1（Z_1 为屏蔽体阻抗和接地线阻抗之和）减小。从式(4-30)可知，只有 $Z_1 = 0$，才能使 $U_1 = 0$，进而 $U_s = 0$。也就是说：屏蔽体必须良好接地，才能真正将骚扰源产生的骚扰电场的耦合抑制或消除，保护接收器免受骚扰。

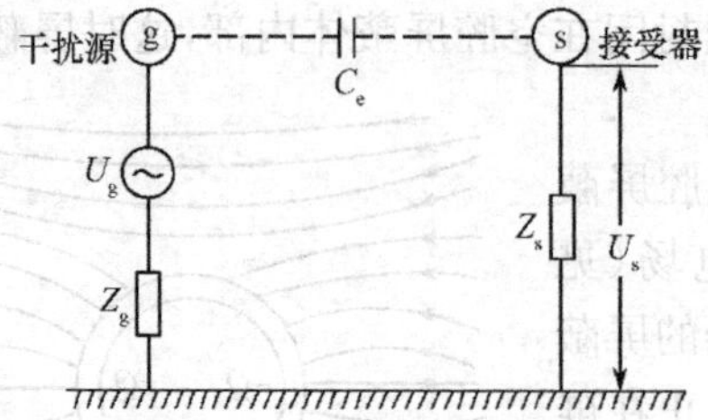

图 4-22　交变电场的耦合

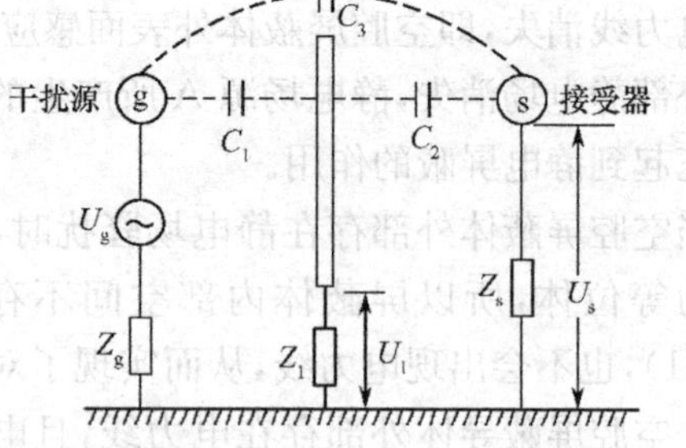

图 4-23　交变电场的屏蔽

如果屏蔽导体没有接地或接地不良（因为平板电容器的电容量与极板面积成正比，与两极板间距成反比，所以耦合电容 C_1、C_2 均大于 C_e），那么接收器上的感应骚扰电压比没有屏蔽导体时的骚扰电压还要大，此时骚扰比不加屏蔽体时更为严重。

从上面的分析可以看出：交变电场屏蔽的基本原理是采用接地良好的金属屏蔽体将骚扰源产生的交变电场限制在一定的空间内，从而阻断了骚扰源至接收器的传输路径。必须注意，交变电场屏蔽要求屏蔽体必须是良导体（例如金、银、铜、铝等），屏蔽体必须有良好的接地。

4.3.2.2　磁场屏蔽

在载有电流的导线、线圈或变压器周围空间都存在磁场。若电流是时变的，则磁场也是时变的，处在时变磁场中的其他导线或线圈就会受到干扰。另外，电子设备中的各种连接线往往会形成环路。这种环路会因外磁场的影响而产生感应电压，即受到外磁场干扰；若环路中有强电流，则会产生磁场发射，干扰其他设备。减小磁场干扰的方法，除在结构上合理布线、安置元部件外，就是采取磁场屏蔽。

1. 低频磁场的屏蔽

低频（100kHz 以下）磁场的屏蔽，是利用铁磁性材料（如铁、硅钢片、坡莫合金等）的磁导率高、磁阻小，对磁场有分路作用的特性来实现屏蔽。由磁通连续性原理可知，磁力线是连续的闭合曲线，这样我们可把磁通管所构成的闭合回路称为磁路，如图 4-24 所示。

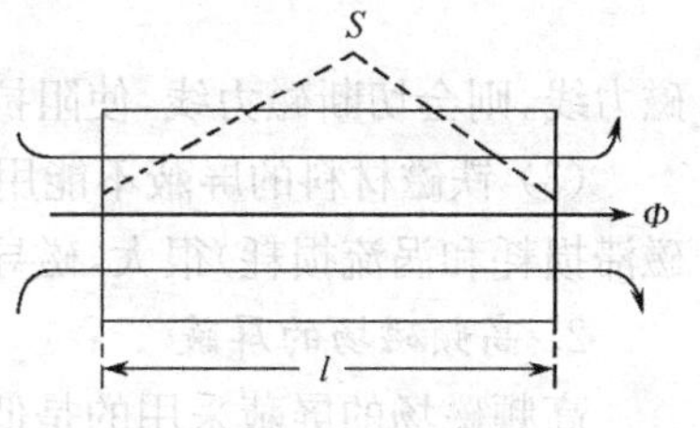

图4-24　磁路与磁阻

磁路理论表明：

$$U_m = R_m \cdot \Phi_m \quad (4\text{-}32)$$

式中，U_m 为磁路中两点间的磁路差；Φ_m 为通过磁路的磁通量，即

$$\Phi_m = \int_S B \cdot dS \quad (4\text{-}33)$$

R_m 为磁路中两点 a、b 间的磁阻：

$$R_m = \frac{\int_a^b H \cdot dl}{\int_S B \cdot dS} \quad (4\text{-}34)$$

如果磁路横截面是均匀的，且磁场也是均匀的，则式(4-34)可简化为

$$R_m = \frac{Hl}{BS} = \frac{l}{\mu S} \quad (4\text{-}35)$$

式中，μ 为铁磁材料的磁导率(H/m)；S 为磁路的横截面积(m^2)；l 为磁路的长度(m)。

显然，磁导率大磁阻小，此时磁通主要沿着磁阻小的途径形成回路。由于铁磁材料的磁导率比空气的磁导率大很多，所以铁磁材料的磁阻很小。将铁磁材料置于磁场中时，磁通主要通过铁磁材料，而通过空气的磁通将大为减小，从而起到磁场屏蔽作用。

图 4-25 所示的屏蔽线圈用铁磁材料作屏蔽罩。由于其磁导率很大，其磁阻比空气小得多，因此如图 4-25(a)所示，线圈所产生的磁通主要沿屏蔽罩通过，即被限制在屏蔽体内，从而使线圈周围的元件、电路和设备不受线圈磁场的影响或骚扰。同样如图 4-25(b)所示，外界磁通也将通过屏蔽体而很少进入屏蔽罩内，从而使外部磁场不至骚扰屏蔽罩内的线圈。

使用铁磁材料作屏蔽体时要注意下列问题。

(1) 由式(4-35)可知，所用铁磁材料的磁导率越高，屏蔽罩越厚(即 S 越大)，则磁阻 R_m 越小，屏蔽效果越好。为了获得更好的屏蔽效果，需要选用高磁导率材料，并要使屏蔽罩有足够的厚度，有时需要多层屏蔽。所以，效果良好的铁磁屏蔽往往即昂贵又笨重。

(2) 用铁磁材料做的屏蔽罩，在垂直磁力线方向不应开口或有缝隙。因为若缝隙垂直于

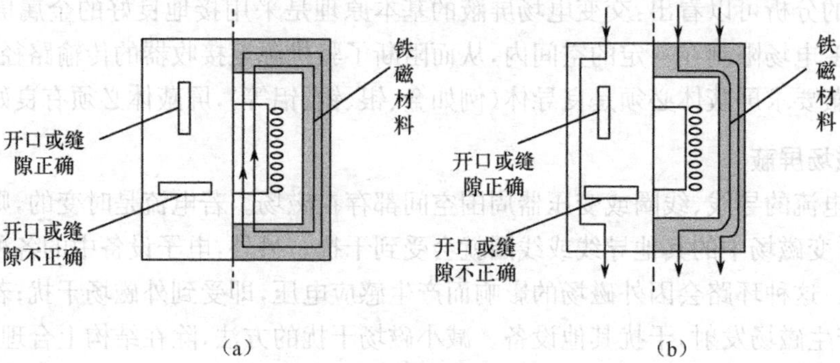

图 4-25　低频磁场屏蔽

磁力线，则会切断磁力线，使阻抗增大，屏蔽效果变差。

(3) 铁磁材料的屏蔽不能用于高频磁场屏蔽。因为高频时铁磁材料中的磁性损耗(包括磁滞损耗和涡流损耗)很大，磁导率明显下降。

2. *高频磁场的屏蔽*

高频磁场的屏蔽采用的是低电阻率的良导体材料，例如铜、铝等。高频磁场屏蔽原理是利用电磁感应现象在屏蔽体表面所产生的涡流的反磁场来达到屏蔽的目的。也就是说：利用了涡流反磁场对于原骚扰磁场的排斥作用，来抑制或抵消屏蔽体外的磁场。

根据法拉第电磁感应定律，闭合回路上所产生的感应电动势等于穿过该回路的磁通量的时变率。根据楞次定律，感应电动势引起感应电流，感应电流所产生的磁通要阻止原来的磁通的变化，即感应电流所产生的磁通方向和原来磁通的变化方向相反。应用楞次定律可以判断感应电流的方向。

如图 4-26 所示，当高频磁场穿过金属板时，在金属板中就会产生感应电动势，从而形成涡流。金属板中的涡流电流产生的反向磁场将抵消穿过金属板的原磁场。这就是感应涡流产生的反磁场对原磁场的排斥作用。同时感应涡流产生的反磁场增强了金属板侧面的磁场，使磁力线在金属板侧面绕行而过。

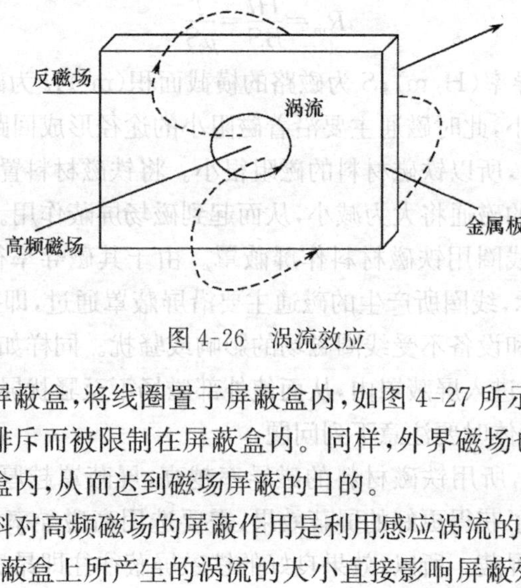

图 4-26　涡流效应

如果用良导体做成屏蔽盒，将线圈置于屏蔽盒内，如图 4-27 所示，则线圈所产生的磁场将被屏蔽盒的涡流反磁场排斥而被限制在屏蔽盒内。同样，外界磁场也将被屏蔽盒的涡流反磁场排斥而不能进入屏蔽盒内，从而达到磁场屏蔽的目的。

由于良导体金属材料对高频磁场的屏蔽作用是利用感应涡流的反磁场排斥原骚扰磁场而达到屏蔽的目的，所以屏蔽盒上所产生的涡流的大小直接影响屏蔽效果。屏蔽线圈的等效电路如图 4-28 所示。

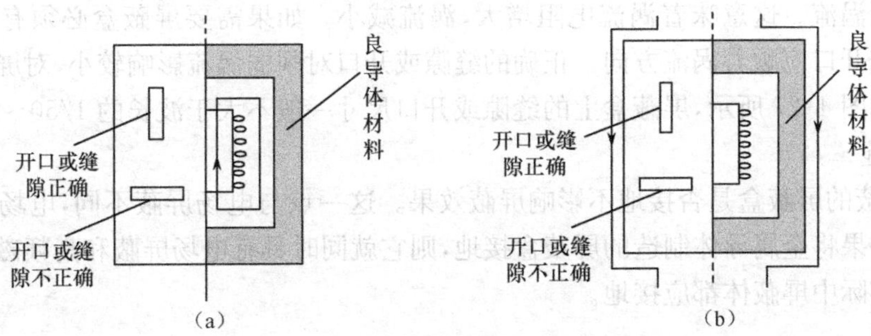

图 4-27　高频磁场屏蔽

把屏蔽盒看成是一匝的线圈，I 为线圈的电流，M 为屏蔽盒和线圈直接的互感，r_s、L_s 为屏蔽盒的电阻和电感，I_s 为屏蔽盒上产生的涡流。显然：

$$I_s=\frac{j\omega M}{r_s+j\omega L_s}I \tag{4-36}$$

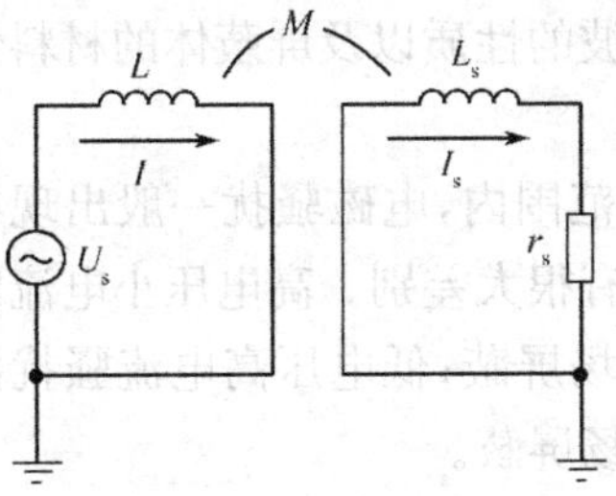

图 4-28　屏蔽线圈等效电路

现在我们对式(4-36)进行讨论：

(1) 频率

在频率高时，$r_s \ll \omega L_s$，这时 r_s 可忽略不计，则有：

$$I_s\approx\frac{M}{L}I\approx k\sqrt{\frac{L}{L_s}}i\approx k\frac{n}{n_s}=kni \tag{4-37}$$

式中，k 为线圈和屏蔽盒之间的耦合系数；n 为线圈的圈数，可以视为一匝。根据式(4-37)可见，屏蔽盒上产生的感应涡流与频率无关。这说明在高频情况下，感应涡流产生的反磁场已足以排斥原骚扰磁场，从而起到磁屏蔽作用，所以导电材料适用于高频磁场屏蔽。另一方面式(4-37)也说明，感应涡流产生的反磁场在任何时候都不可能比感应出这个涡流的原磁场还大，所以涡流随频率增大到一定程度后，频率继续升高涡流就不会再增大了。

在频率低时，$r_s \gg \omega L_s$，式(4-36)可以简化为：

$$I_s=\frac{j\omega M}{r_s}I \tag{4-38}$$

由此可见，低频时产生的涡流也小，涡流反磁场也就不能完全排斥原骚扰磁场。故利用感应涡流进行屏蔽在低频时效果是很小的，这种屏蔽方法主要用于高频。

(2) 屏蔽材料

由式(4-38)可知，屏蔽体电阻 r_s 越小，则产生的感应涡流越大，而且屏蔽体自身的损耗也越小。所以，高频磁屏蔽材料需用良导体，常用铝、铜及铜镀银等。

(3) 屏蔽体的厚度

由于高频电流的集肤效应，涡流仅在屏蔽盒的表面薄层流过，而屏蔽盒的内层被表面涡流所屏蔽，所以，高频屏蔽盒无需做得很厚。这与采用铁磁材料做低频磁场屏蔽体时不同。对于常用铜、铝材料的屏蔽盒，当频率 $f>1\text{MHz}$ 时，机械强度、结构及工艺上所要求的屏蔽盒厚度，总比能获得可靠的高频磁屏蔽时所需要的厚度大得多，因此高频屏蔽一般无需从屏蔽效能考虑屏蔽盒的厚度。实际中，一般取屏蔽盒的厚度为 0.2～0.8mm。

(4) 屏蔽盒的缝隙或开口

屏蔽盒在垂直于涡流的方向上不应有缝隙或开口。因为垂直于涡流的方向上有缝隙或开口时,将切断涡流。这意味着涡流电阻增大,涡流减小。如果需要屏蔽盒必须有缝隙或开口时,则缝隙或开口应顺着涡流方向。正确的缝隙或开口对削弱涡流影响较小,对屏蔽效果的影响也较小,如图4-27所示,屏蔽盒上的缝隙或开口尺寸一般不大于波长的1/50～1/100。

(5) 接地

磁场屏蔽的屏蔽盒是否接地不影响屏蔽效果。这一点与电场屏蔽不同,电场屏蔽必须接地。但是,如果将金属导体制造的屏蔽盒接地,则它就同时具有电场屏蔽和高频磁场屏蔽的作用。所以,实际中屏蔽体都应接地。

4.3.2.3　电磁屏蔽

通常所说的屏蔽,多半是指电磁屏蔽。所谓电磁屏蔽是指同时削弱电场和磁场。电磁屏蔽一般也是指高频交变电磁屏蔽。

电磁屏蔽是用屏蔽体阻止高频电磁能量在空间传播的一种措施,屏蔽体的材料是金属导体或其他对电磁波有衰减作用的材料。屏蔽效能的大小与电磁波的性质以及屏蔽体的材料性质有关。

交变场中,电场和磁场总是同时存在的,只是在频率较低的范围内,电磁骚扰一般出现在近场区。如前所述,近场随着骚扰源的不同,电场和磁场的大小有很大差别。高电压小电流骚扰源以电场为主,磁场骚扰可以忽略不计,这时就可以只考虑电场屏蔽;低电压高电流骚扰源以磁场骚扰为主,电场骚扰可以忽略不计,这时就可以只考虑磁场屏蔽。

随着频率增高,电磁辐射能力增加,产生辐射电磁场,并趋向于远场骚扰。远场骚扰中的电场骚扰和磁场骚扰都不可忽略,因此需要将电场和磁场同时屏蔽,即电磁屏蔽。高频时即使在设备内部也可能出现远场骚扰,需要进行电磁屏蔽。如前所述,采用导电材料制作的且接地良好的屏蔽体,就能同时起到电场屏蔽和磁场屏蔽的作用。

4.3.3　屏蔽效能和屏蔽理论

4.3.3.1　屏蔽效能

屏蔽体的性能用该屏蔽体的屏蔽效能(SE,Shielding Effectiveness)来度量。

屏蔽效能定义:对给定外来源进行屏蔽时,在某一点上屏蔽体安放前后的电场强度或磁场强度的比值,即

$$SE_E=\frac{E_0}{E_s} \tag{4-39}$$

或

$$SE_H=\frac{H_0}{H_s} \tag{4-40}$$

式中,$SE(SE_E,SE_H)$为屏蔽效能(倍数);E_0,H_0为无屏蔽体时某点的电磁强度与磁场强度;E_s,H_s为安放屏蔽体后某点的电磁强度与磁场强度。

由于屏蔽效能的数值范围很宽,用倍数表达及计算都不方便,因此在工程计算中,屏蔽效能常采用分贝(dB)来表示,其表示式为:

$$SE_E=20\lg\frac{E_0}{E_s} \tag{4-41}$$

或

$$SE_H=20\lg\frac{H_0}{H_s} \tag{4-42}$$

对于电路来说,屏蔽可用屏蔽前后电路某点的电压或电流之比来定义,由于电屏蔽能有效

地屏蔽电场耦合，而磁屏蔽能有效地屏蔽磁场耦合，对于辐射近场或低频场，由公式给出的 SE_E 和 SE_H 一般是不相等的；而对于辐射远场，电磁场是统一的整体电场强度，E 和磁场强度 H 的比值(波阻抗)为常数，此时两公式所计算的屏蔽效能结构是相同的，即 $SE_E = SE_H$。

应该指出，在最简单的情况下，屏蔽效能仅有一个数值。属于这种情况的有：用均匀无限大平面对平面电磁波的半空间屏蔽；用均匀球面对位于其中心的点源屏蔽；用均匀无限长圆柱形对位于其轴上的线源屏蔽。在电磁屏蔽理论中，首先研究的正是这些情况，即将实际情况变为理想化的情况。当然，这种理想化在相当程度上会影响评价的精确性。在特别复杂的情况下评价屏蔽效能时，需要采取一些假设。这样，评价的精确性将更加降低，在进行计算时，只能确定屏蔽效能可能最低的数量级。

4.3.3.2 屏蔽的传输理论

关于电磁屏蔽的机理有三种理论。

1. 感应涡流效应

用感应涡流效应理论解释电磁屏蔽机理比较形象、易懂，物理概念清楚，但是难于据此推导出定量的屏蔽效果表达式，且关于骚扰源特性、传播介质、屏蔽材料的磁导率等因素对屏蔽效能的影响也不能解释清楚。

2. 电磁场理论

严格说来电磁场理论是分析电磁屏蔽原理和计算屏蔽效能的经典学说，但是，由于需要求解电磁场的边值问题，所以分析复杂且求解烦琐。

3. 传输线理论

传输线理论是根据电磁波在金属屏蔽体中传播波的过程与行波在传输线中传输的过程相似，来分析电磁屏蔽机理，定量解算屏蔽效能。

下面我们就来介绍电磁屏蔽的传输理论。

屏蔽的传输理论适用于平面波入射到无限大的薄屏蔽板上的情况，所以也可称其为平面波屏蔽理论。

当使用这种理论计算屏蔽体屏蔽效能时，通常将屏蔽体看成是一个结构上完整的、电气上连续均匀的无限金属板，或全封闭壳体的一种屏蔽。虽然这是一种理想情况，但对无限大金属板屏蔽体的研究易于揭开关于屏蔽的各种现象的物理实质，容易引出一些重要公式。而这种屏蔽的效能将作为一个因子，被引入球形和圆柱形屏蔽体屏蔽效能的计算公式中。

图 4-29 表示无限大平面均匀屏蔽体对平面电磁波进行半空间屏蔽的情形。

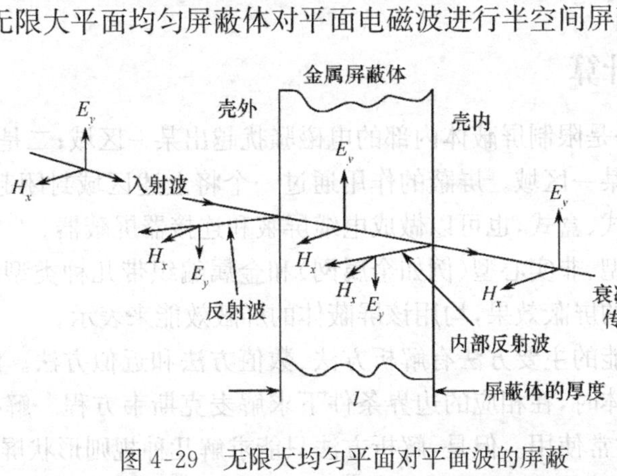

图 4-29 无限大均匀平面对平面波的屏蔽

图中,假如电磁波向厚度为 l 的金属良导体投射,金属平板左右两侧均为空气,因此电磁波在传输过程中在左右两个界面上出现波阻抗突变,入射电磁波在界面上就产生反射和透射。在左边的界面上,入射波的一部分被反射回空气。从电磁屏蔽的作用看,一部分电磁能量被反射,就是屏蔽体对电磁波衰减的第一种机理,称为反射损耗,用 R 表示。剩余部分就透射入金属板内继续传播,而电磁波在金属中传播时,其场量振幅要按指数规律衰减。从电磁屏蔽的作用来看,场量的衰减反映了金属板对透射入的电磁能量的吸收,就是屏蔽体对电磁波衰减的第二种机理,称为吸收损耗,用 A 表示。在金属板内尚未衰减掉的剩余能量达到金属板的右边界面上时,又要发生反射,并在金属板的两个界面之间来回多次反射。只有剩余的一小部分电磁能量透过右边界面近入被屏蔽的空间。从电磁屏蔽的作用来看,电磁波在金属板的两个界面之间的多次反射现象,就是屏蔽体对电磁波衰减的第三种机理,称为多次反射修正因子,用 B 表示。

因此,无限大平面均匀屏蔽体的屏蔽效能可用下式确定:

$$SE = R + A + B \quad (\mathrm{dB}) \tag{4-43}$$

电磁波在传输过程中,传输系数(或透射系数)T_E 是指存在屏蔽体时某处的电场强度 E_s 与不存在屏蔽体时同是一处的电场强度 E_0 之比,或存在屏蔽体时某处的磁场强度 H_s 与不存在屏蔽体时同是一处的电场强度 H_0 之比:

$$T_\mathrm{E} = \frac{E_\mathrm{s}}{E_0} \tag{4-44}$$

或

$$T_\mathrm{H} = \frac{H_\mathrm{s}}{H_0} \tag{4-45}$$

显然,此时传输系数(或透射系数)与屏蔽效能互为倒数关系,即

$$SE_\mathrm{E}(\mathrm{dB}) = 20\lg\left(\frac{1}{T_\mathrm{E}}\right) \tag{4-46}$$

或

$$SE_\mathrm{H}(\mathrm{dB}) = 20\lg\left(\frac{1}{T_\mathrm{H}}\right) \tag{4-47}$$

显然屏蔽传输理论的适用范围是一种十分理想的情况,与实际的工程应用存在很大的差别,实际的屏蔽效能取决于很多参数,如频率、干扰源于屏蔽墙的距离、场的极化方向、屏蔽体的不连续性等。但在实际的屏蔽效能计算中,也可以有分析的、合理近似的将传输理论用于非平面波照射到有限的、无规则形状的波屏壁板和壳体的情况,因此,传输理论被广泛的用来预测屏蔽壳体的特性。

4.3.4 屏蔽效能的计算

屏蔽有两个目的:一是限制屏蔽体内部的电磁骚扰越出某一区域;二是防止外来的电磁干扰(骚扰)进入屏蔽体内某一区域。屏蔽的作用通过一个将上述区域封闭起来壳体实现,这个壳体可以做成金属隔板式、盒式,也可以做成电缆屏蔽和连接器屏蔽器。

屏蔽体一般有实心型、非实心型(例如金属网)和金属编织带几种类型。后者主要用作电缆的屏蔽。各种屏蔽体的屏蔽效果,均用该屏蔽体的屏蔽效能来表示。

计算和分析屏蔽效能的主要方法有解析方法、数值方法和近似方法。解析方法是基于存在屏蔽体及不存在屏蔽体时,在相应的边界条件下求解麦克斯韦方程。解析方法求出的是严格解,在实际工程中也常常使用。但是,解析方法只能求解几种规则形状屏蔽体(例如球壳,柱壳和平板屏蔽体)的屏蔽效能,且求解比较复杂。随着计算机和计算机技术的发展,数值方法

显得越来越重要。从原理上讲，数值方法可以用来计算任意形状屏蔽体的屏蔽效能。然而，数值方法又可能成本过高。为了避免解析方法和数值方法的缺陷，各种近似方法在评估屏蔽体效能中就显得更为重要，在实际工程中获得了广泛的应用。

4.3.4.1 金属平板屏蔽效能的计算

这里，把图 4-29 作为计算金属平板屏蔽效能的示意图。经过理论分析得出，在屏蔽体两侧媒质相同时，总的磁场传输系数（或透射系数）T_H 与总的电场传输系数（或透射系数）T_E，即

$$T_H = T_E = T = t(1-\gamma e^{-2kl})^{-1} e^{(k_0-k)l} \tag{4-48}$$

式中，$t=\dfrac{4q}{(q+1)^2}$，$\gamma=\dfrac{(q-1)^2}{(q+1)^2}$，$q=Z_w/\eta$ 为入射波波阻抗与屏蔽材料特征阻抗之比。

由(4-47)式有

$$\begin{aligned} SE &= -20\lg|T| \\ &= 20\lg|e^{(k-k_0)l}| - 20\lg|t| + 20\lg|1-\gamma e^{-2kl}| \\ &= A+R+B(\text{dB}) \end{aligned} \tag{4-49}$$

式中，$A=20\lg|e^{(k-k_0)l}|$，是电磁波在屏蔽中的传输损耗（或吸收损耗）；$R=-20\lg|t|$，是电磁波在屏蔽体的表面产生的反射损耗；$B=20\lg|1-\gamma e^{-2kl}|$，是电磁波在屏蔽体内多次反射的损耗。

1. 传输损耗（吸收损耗）A 的计算

吸收损耗是电磁波通过屏蔽体所产生的热损耗引起的，电磁波在屏蔽体内的传播常数：

$$k=(1+j)\sqrt{\pi\mu f\sigma}=\frac{1}{\delta}+\frac{j}{\delta}=\alpha+j\beta \tag{4-50}$$

式中，$\delta=1/\sqrt{\pi\mu f\sigma}$ 为集肤深度，α 为衰减常数，β 为相移常数。

由于 $k_0 \ll \alpha$，因而吸收损耗可忽略 $e^{-k_0 l}$ 因子。所以，以 dB 为单位吸收损耗表达式为：

$$A=20\lg|e^{kl}|=0.131l\sqrt{f\mu_r\sigma_r}\quad(\text{dB}) \tag{4-51}$$

式中，f 为频率(Hz)；μ_r、σ_r 为屏蔽体材料相对于铜的相对磁导率和相对电导率（铜的磁导率为 $\mu_0=4\pi\times10^{-7}$ H/m，电导率为 $\sigma_0=5.82\times10^7/\Omega\cdot\text{m}$）；$l$ 为壁厚(mm)。

从式(4-51)可以看出，在频率较高时，吸收损耗是相当大的，表 4-1 给出了几种金属材料在吸收损耗分别为 A=8.68dB、20dB、40dB 时，所需的屏蔽平板厚度 l。

由表 4-1 可以看出：

(1)当 $f \geqslant$ 1MHz 时，用 0.5mm 厚的任何一种金属板制成的屏蔽体，能将场强减弱为原场强的 1/100 左右。因此，在选择材料与厚度时，应着重考虑材料的机械强度、刚度、工艺性及防潮、防腐等因素。

(2)当 $f \geqslant$ 10MHz 时，用 0.1mm 厚的铜皮制成的屏蔽体能将场强减弱为原场强的 1/100 甚至更低。因此，这时的屏蔽体可用表面贴有铜箔的绝缘材料制成。

(3)当 $f \geqslant$ 100MHz 时，可在塑料壳体上镀或喷以铜层或银层制成屏蔽体。

表 4-2 列出了常用金属材料对铜的相对电导率和相对磁导率。由式(4-51)，根据要求的吸收衰减量可求出屏蔽体的厚度，即

$$l=\frac{A}{0.131\sqrt{f\mu_r\sigma_r}} \tag{4-52}$$

表 4-1 几种金属的电导率 σ、磁导率 μ 和屏蔽厚度

金属	电阻率 $\rho=1/\sigma$ ($10^{-3}\Omega\cdot$mm)	相对磁导率 μ_r	频率 f (Hz)	所需材料厚度 l(mm)		
				透入深度 δ $A=8.68$dB	透入深度 2.3δ $A=20$dB	透入深度 4.6δ $A=40$dB
铜	0.0172	1	10^5	0.21	0.49	0.98
			10^6	0.067	0.154	0.308
			10^7	0.021	0.049	0.098
			10^8	0.0067	0.0154	0.0308
黄铜	0.06	1	10^5	0.39	0.9	1.8
			10^6	0.124	0.285	0.57
			10^7	0.039	0.09	0.18
			10^8	0.0124	0.0285	0.057
铝	0.03	1	10^5	0.275	0.64	1.28
			10^6	0.088	0.20	0.4
			10^7	0.0275	0.064	0.128
			10^8	0.0088	0.020	0.004
钢	0.1	50	10^5			
			10^6	0.023	0.053	0.016
			10^7	0.007	0.016	0.032
			10^8	0.0023	0.0053	0.0016
钢	0.1	200	10^2	1.1	2.5	5.0
			10^3	0.35	0.8	1.6
			10^4	0.11	0.25	0.5
			10^5	0.035	0.08	0.16
铁镍合金	0.65	12000	10^2	0.38	0.85	1.7
			10^3	0.12	0.27	0.54
			10^4	0.038	0.085	0.017
			10^5	0.012	0.027	0.054

表 4-2 常用金属材料对铜的相对电导率和相对磁导率

材料	相对电导率 σ	相对磁导率 μ	材料	相对电导率 σ	相对磁导率 μ
铜	1	1	白铁皮	0.15	1
银	1.05	1	铁	0.17	50～1000
金	0.70	1	钢	0.10	50～1000
铝	0.61	1	冷轧钢	0.17	180
黄铜	0.26	1	不锈钢	0.02	500
磷青铜	0.18	1	热轧硅钢	0.038	1500
镍	0.20	1	高导磁硅钢	0.06	80000
铍	0.1	1	坡莫合金	0.04	8000～12000
铅	0.08	1	铁镍合金	0.023	100000

2. 反射损耗 R 的计算

反射损耗是由屏蔽体表面处阻抗不连续引起的，计算公式为：

$$R=-20\lg|t|=20\lg\left|\frac{(Z_w+\eta)^2}{4Z_w\eta}\right| \tag{4-53}$$

$$\eta=(1+j)\sqrt{\frac{\pi\mu f}{\sigma}}\approx(1+j)\sqrt{\frac{\mu_r f}{2\sigma_r}}\times3.69\times10^{-7}(\Omega) \tag{4-54}$$

式中，Z_w 为干扰场的特征阻抗，即自由空间波阻抗；η 为屏蔽材料的特征阻抗。

通常 $|Z_w|\gg|\eta|$，则有：

$$R\approx20\lg\left|\frac{Z_w}{4\eta}\right| \tag{4-55}$$

自由空间波阻抗在不同类型的场源和场区中，其数值是不一样的。

(1)在远场 $\left(r\gg\frac{\lambda}{2\pi}\right)$ 平面波情况下：

$$Z_w=120\pi\approx377\ (\Omega) \tag{4-56a}$$

(2)在低阻抗磁场源的近场 $\left(r\ll\frac{\lambda}{2\pi}\right)$ 情况下：

$$Z_w=j120\pi\left(\frac{2\pi r}{\lambda}\right)\approx j8\times10^{-6}fr\ (\Omega) \tag{4-56b}$$

(3)在高阻抗电场源的近场 $\left(r\ll\frac{\lambda}{2\pi}\right)$ 情况下：

$$Z_w=-j120\pi\left(\frac{\lambda}{2\pi r}\right)\approx-j\,\frac{1.8\times10^{10}}{fr}\ (\Omega) \tag{4-56c}$$

式中，r 为场源至屏蔽体的距离(m)。

表 4-3 计算损耗的近似公式

	干扰源的性质	计算公式	应用条件
反射损耗(dB)	低阻抗磁场源	$R_H\approx14.6-20\lg\left(\sqrt{\frac{\mu_r}{fr^2\sigma_r}}\right)$	$r\ll\frac{\lambda}{2\pi}$
	高阻抗电场源	$R_E\approx321.7-20\lg\left(\sqrt{\frac{\mu_r f^3 r^2}{\sigma_r}}\right)$	$r\ll\frac{\lambda}{2\pi}$
	远场平面波	$R_w\approx168-20\lg\left(\sqrt{\frac{\mu_r f}{\sigma_r}}\right)$	$r\gg\frac{\lambda}{2\pi}$
吸收损耗(dB)	$A\approx0.131l\ \sqrt{f\mu_r\sigma_r}$		
多次反射修正因子	$B\approx10\lg[1-2\times10^{-0.1A}\cos0.23A+10^{-0.2A}]$		
注：f 为频率(Hz)；r 为干扰源至屏蔽体的距离；μ_r、σ_r 是屏蔽材料相对于铜的磁导率和电导率，l 为金属板厚度。			

表 4-3 列出了一些计算的近似公式。从中可以看出，屏蔽体的反射损耗不仅与材料自身的特性(电导率，磁导率)有关，而且与金属板所处的位置有关，因而计算反射损耗时，首先根据电磁波的频率及场源与屏蔽体间的距离确定所处的区域。如果是近区，还需要知道场源的特

性，若无法知道场源的特性及干扰的区域(无法判断是否为远、近场)时，为安全起见，一般选用只 R_H 的计算公式，因为 R_H、R_E、R_P 存在以下关系：$R_E > R_P > R_H$。

3. 多次反射损耗 B 的计算

多次反射损耗 B 计算为：

$$B = 20\lg|1-\gamma e^{-2kl}| = 20\lg\left|1-\left(\frac{\eta - Z_w}{\eta + Z_w}\right)^2 \times 10^{-0.1A}(\cos 0.23A - j\sin 0.23A)\right| \tag{4-57}$$

式中，Z_w 为干扰场的特性阻抗；η 为屏蔽材料的特性阻抗。

多次反射损耗是电磁波在屏蔽体内反复碰到壁面所产生的损耗。当屏蔽体较厚或频率较高时，导体吸收损耗较大，这样当电磁波在导体内径一次传播后到达屏蔽体的第二分界面时已很小，再次反射回金属的电磁波能量将更小。多次反射的影响很小，所以吸收损耗大于15dB时，多次反射损耗 B 可以忽略不计，但在屏蔽体很薄或频率很低时，吸收损耗很小，此时必须考虑多次反射损耗。

4.3.4.2 非实心型的屏蔽体屏效的计算

金属屏蔽体孔阵所形成的电磁泄漏，仍可采用等效传输线法来分析，其屏蔽效能表达式为：

$$SE = A_a + R_a + B_a + K_1 + K_2 + K_3 \tag{4-58}$$

式中，A_a 为孔的传输衰减；R_a 为孔的单次反射损耗；B_a 为多次反射损耗；K_1 为与孔个数有关的修正项；K_2 为由集肤深度不同而引入的低频修正项；K_3 为由相邻孔间相互耦合而引入的修正项。

式中各参数的单位均为分贝(dB)。式(4-58)前三项分别对应于实心型屏蔽体的屏蔽计算式中的吸收损耗、反射损耗和多次反射损耗。后三项式针对非实心型屏蔽引入的修正项。各项的计算公式如下。

1. A_a 项

当入射波频率低于孔的截至频率 f_c(按矩形或圆形波导孔截止频率计算)时，可按下述算式计算。

矩形孔：
$$A_a = 23.7(l/W) \tag{4-59a}$$

圆形孔：
$$A_a = 32(l/D) \tag{4-59b}$$

式中，A_a 为孔的传输衰减(dB)；l 为孔深(cm)；W 为与电场垂直的矩形孔宽度(cm)；D 为圆形孔的直径(cm)。

2. R_a 项

取决于孔的形状和入射波的波阻抗，其值由下式决定：

$$R_a = -20\lg\left|\frac{4p}{(p+1)^2}\right| \tag{4-60}$$

式中，p 为孔的特征阻抗与入射波的波阻抗之比，根据波导理论可知，在截止情况下矩形孔的特征阻抗为：

$$Z_{c1} = j\,\frac{2W}{\lambda}(120\pi) \tag{4-61a}$$

圆形孔的特征阻抗为：

$$Z_{c2} = j\,\frac{1.705D}{\lambda}(120\pi) \tag{4-61b}$$

各种入射波的波阻抗由式(4-56)给出，对于低阻抗的矩形孔有：

$$p=\frac{Z_{c1}}{Z_w}=\frac{j2W(120\pi)}{j120\pi\left(\frac{2\pi r}{\lambda}\right)}=\frac{W}{\pi r} \tag{4-62a}$$

对于低阻抗圆形孔有：

$$p=\frac{Z_{c2}}{Z_w}=\frac{j\frac{1.705D}{\lambda}(120\pi)}{j120\pi\left(\frac{2\pi r}{\lambda}\right)}=\frac{D}{3.68r} \tag{4-62b}$$

同理可得，对于高阻抗的矩形孔：

$$p=-4\pi Wr/\lambda^2 \tag{4-63a}$$

对于高阻抗的圆形孔：

$$p=-3.41\pi Dr/\lambda^2 \tag{4-63b}$$

对于平面波矩形孔：

$$p=j2W/\lambda=j6.67\times10^{-7}fW \tag{4-64a}$$

对于平面波圆形孔：

$$p=j1.705D/\lambda=j0.57\times10^{-8}fD \tag{4-64b}$$

式中，W 为矩形孔宽边长度(m)；D 为圆形孔直径(m)；r 是干扰源到屏蔽体的距离(m)，f 是频率(Hz)，λ 是波长(m)。

3. B_a 项

当 $A_a<15\text{dB}$ 时，多次反射修正项由下式决定：

$$B_a=20\lg\left|1-\frac{(p-1)^2}{(p+1)^2}10^{-A_a/10}\right| \tag{4-65}$$

式中，p 与式(4-60)中的 p 的意义相同；A_a 由式(4-59)给出。

4. K_1 项

当干扰源到屏蔽体的距离比孔间距大得多时，孔数的修正项由下式确定：

$$K_1=-\lg(an) \tag{4-66}$$

式中，a 表示单个孔的面积(cm^2)；n 为每平方厘米上的孔数。如干扰源非常靠近屏蔽体，则 K_1 可以忽略不计。

5. K_2 项

当集肤深度接近孔间距(或金属网丝直径)时，屏蔽体的屏效将有所降低，用集肤深度修正项表示这种效应的影响：

$$K_2=-20\lg(1+35P^{-2.3}) \tag{4-67}$$

式中，P 为孔间隔导体宽度与集肤深度之比。

6. K_3 项

当屏蔽体上各个孔眼相距很近，且孔深比孔径小得多时，由于相邻孔之间的耦合作用，屏蔽体将有较高的屏效。相邻孔耦合修正项由下式确定：

$$K_3=20\lg[\coth(A_a/8.686)] \tag{4-68}$$

4.3.4.3 多层屏蔽体屏蔽效能计算

在屏蔽要求很高的情况下，单层屏蔽往往难以满足要求，这就需要采用多层屏蔽，图 4-30 给出了三层屏蔽体的示意图。

理论分析得出，三层屏蔽的屏蔽效能为：

$$SE = \sum_{n=1}^{3}(A_n + B_n + R_n)(\text{dB}) \quad (4\text{-}69)$$

式中，A_n、R_n、B_n 分别为单层屏蔽的吸收损耗，反射损耗和多次反射损耗。其单位均为 dB。

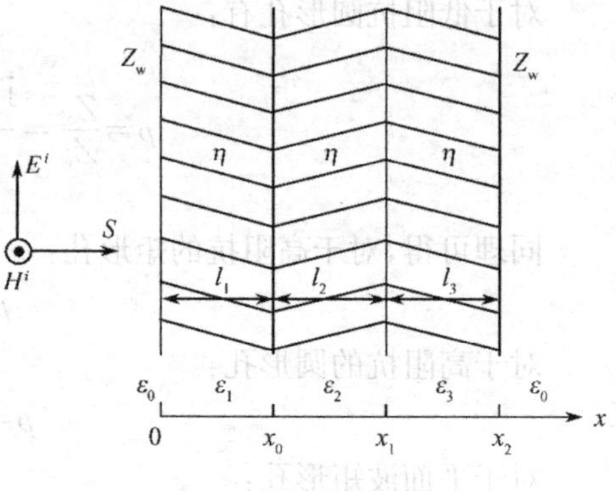

图 4-30 三层平板屏蔽

同理，可得出多层（N 层）屏蔽体的屏蔽效能为：

$$SE = \sum_{n=1}^{N}(A_n + B_n + R_n)(\text{dB}) \quad (4\text{-}70)$$

值得注意的是，一般多层屏蔽体大多是如图 4-31 所示的结构，其间夹层为空气，此时应用三层屏蔽体屏效的公式（设两个实体金属屏蔽体为同一金属，且厚度相等为 l）。则有：

$$A = 2\times 0.131 l\sqrt{f\mu_r\sigma_r} \quad (\text{dB}) \quad (4\text{-}71)$$

$$R = 2\times 20\lg\left|\frac{(Z_w+\eta)^2}{4Z_w\eta}\right| \quad (\text{dB}) \quad (4\text{-}72)$$

$$B = 2\times 20\lg|1 - r\mathrm{e}^{-2kl}| + 20\lg|1-\gamma_2\mathrm{e}^{-\mathrm{j}2\beta_0 l_2}| = 2B_1 + B_2 \quad (\text{dB}) \quad (4\text{-}73)$$

$$B_2 = 20\lg|1-\gamma_2\mathrm{e}^{-\mathrm{j}2\beta_0 l_2}| = 20\lg\left|1-\gamma_2\left[\cos\left(4\pi\frac{l_2}{\lambda_0}\right) - \mathrm{j}\sin\left(4\pi\frac{l_2}{\lambda_0}\right)\right]\right|(\text{dB}) \quad (4\text{-}74)$$

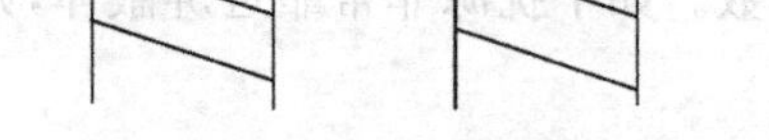

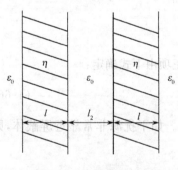

图 4-31 中间为空气夹层的双层屏蔽体

由于 B_2 在一定频率范围内为负值，说明采用图 4-31 所示的双层屏蔽体的屏蔽效能可能小于两个单层屏蔽体的屏效之和。这是由于穿透第一层的屏蔽体的电磁波在两壁之间的空间内多次反射后，仍会有相当一部分穿透第二层屏蔽体进入屏蔽空间，造成屏效降低。

同时还应注意到，在频率很高时，电磁波在两屏蔽层之间会产生谐振。当两屏蔽层间距 $l_2=(2n-1)\lambda/4(n=1,2,3,\cdots)$，即两层间距为 1/4 波长的奇数倍时，双层屏蔽具有最大的屏效，约为($2SE$+6dB)，其中 SE 为单层屏效。当 $l_2=2n\lambda/4$，即间距为 1/4 波长的偶数倍时，屏效最小，约为($2SE-R$)，其中 R 为单层屏蔽的反射损耗。

4.3.4.4 导体球壳屏蔽效能计算

上面所用的分析方法是将实际具有各种形状的屏蔽体作为无限大平板处理，所得屏蔽效能仅仅是屏蔽体材料、厚度以及频率的函数，而忽略了屏蔽体形状的影响。这种处理方法只用于屏蔽体的几何尺寸比干扰波长大以及屏蔽体与干扰源间距离相对较大的情况，即只适用于频率较高的情况。

当需要考虑屏蔽体的形状和计算低频情况的屏蔽效能时，上述等效传输线法往往不能满足要求。利用电磁场边值问题的各种解法，可求出屏蔽前后某点的场强，从而可以进行屏蔽效能计算。电磁场边值问题的解法很多，其中解析方法（分离变量法、格林函数法等）和数值解法（矩量法、有限差分法等），对求解导体球壳的屏蔽问题，可用严格解析法来计算，也可用似稳场法。首先求解出低频场的屏蔽效能公式。为了避免冗长的数学推导，这里直接给出，利用似稳场解法所求得的导体薄壁空心球壳在电屏蔽和磁屏蔽两种情况下的屏蔽效能公式：

（1）电屏蔽情况导体球壳在低频和高频的屏蔽效能 SE_{LFH} 和 SE_{HFH}，分别为：

$$SE_{\mathrm{LFH}}=-20\lg\left(\frac{3\omega\varepsilon_0 a}{2\sigma d}\right)\quad (d<\delta) \tag{4-75a}$$

$$SE_{\mathrm{HFH}}=-20\lg\left(\frac{3\sqrt{2}\omega\varepsilon_0 a\mathrm{e}^{-d/\delta}}{\sigma\delta}\right)\quad (d>\delta) \tag{4-75b}$$

（2）磁屏蔽情况导体球壳在低频和高频的屏蔽效能 SE_{LFH} 和 SE_{HFH}，分别为：

$$SE_{\mathrm{LFH}}=20\lg\left(1+\frac{2\mu_r d}{3a}\right)+20\lg\left|1+\mathrm{j}\frac{ad\omega\mu_r\sigma}{3}\right|(d<\delta) \tag{4-76a}$$

$$SE_{\mathrm{HFH}}=20\lg\left(1+\frac{2\mu_r d}{3a}\right)+20\lg\left|\frac{b\mathrm{e}^{d/\delta}}{3\sqrt{2}\delta}\right|(d>\delta) \tag{4-76b}$$

在上式中，a 为球壳的半径，d 为壳壁的厚度，且 $a\gg d$。σ 为导电率，δ 为集肤深度，μ_r 为屏蔽材料的相对磁导率。

4.3.5　几种实用的屏蔽技术

前面讲述了屏蔽的原理和分析以及屏蔽效能的计算，下面将介绍电子设备中常用到的几种屏蔽技术：双层屏蔽、薄膜屏蔽（两者皆实心型屏蔽）和通风孔洞的屏蔽（属非实心型屏蔽）。

4.3.5.1　双层屏蔽

如果要求屏蔽体有很高的屏蔽效能，可采用双层屏蔽来实现。图4-31为表示有间隔的双层屏蔽原理图。设两屏蔽层相互平行场源在第一屏蔽层的左半空间，被屏蔽区为第二屏蔽层的右半空间。

4.3.5.2　薄膜屏蔽

工程塑料机箱因其造型美观、加工方便、重量轻等优点，得到越来越广泛的应用，尤其是计算机等小型电子设备多使用工程塑料机箱，为使机箱具有屏蔽作用，通常用喷涂、真空沉积以及粘贴等技术在机箱上包覆一层导电薄膜。设该导电薄膜的厚度为 t，电磁波在导电薄膜中传播时的波长为 λ_t，若 $t<\lambda_t/4$ 满足薄膜屏蔽要求，则称这种屏蔽层为薄膜屏蔽。

表4-4　铜薄膜屏蔽层的屏蔽效能

屏蔽层厚度	105nm		1250nm		2196nm		21960nm	
频率	1MHz	1GHz	1MHz	1GHz	1MHz	1GHz	1MHz	1GHz
吸收损耗	0.014	0.44	0.16	5.2	0.29	9.2	2.9	92
反射损耗	109	79	109	79	109	79	109	79
修正因子	−47	−17	−26	−0.6	−21	−0.6	−3.5	0
屏蔽效能	62	62	83	84	88	90	108	171

由于薄膜屏蔽导电层很薄，吸收损耗可以忽略不计。薄膜屏蔽的屏蔽效能主要由反射损耗和多次反射修正因子确定，表4-4结出不同厚度的铜薄膜在频率为1MHz和1GHz时，屏

蔽效能的计算值。由表中数值可见,当$t<\lambda_t/4$满足时,薄膜的屏蔽效能几乎与频率无关。但当屏蔽层厚度$t>\lambda_t/4$时,(表中$t=21960\text{nm}$时),屏蔽效能将随频率升高而增加。这是因为薄膜厚度增大时,屏蔽层的吸收损耗增加,多次反射修正因子趋于零。

值得注意的是,薄膜屏蔽的屏蔽效能计算值与实测值之间可能存在较大差别。这是由于包覆导电薄膜的工艺过程中固有的质量控制问题,使得薄膜可能存在不充实区。

4.3.5.3 通风孔的屏蔽

大部分屏蔽外壳或在热密度较大的电子设备的机壳,需要空气自然对流或强迫风冷,因此需在外壳上开通风孔。这些孔将损害屏蔽结构的完整性,故必须对通风孔进行处理或安装适当的电磁防护罩,它将提供相当大的射频衰减但又不会显著妨碍空气流动。下面介绍三种屏蔽性能较好的通风孔形式。

1. 在通风孔上加金属丝网罩

加金属丝网是将大面积通风孔通过网丝构成的许多小孔来减少电磁泄漏。金属丝网的屏蔽作用主要靠反射损耗,实验结果表明,对于孔隙率≥50%时,且在所需衰减的电磁波的每个波长上有60根以上的金属网丝时,就可得到与金属板的反射损耗相近的值,但丝网的吸收损耗远小于金属板的吸收损耗,故丝网的屏蔽效能低于金属板。

丝网的网孔愈密、网丝愈粗、网丝的导电性愈好,丝网的屏蔽性能愈好,但网孔过密、网丝过粗,对空气的阻力就愈大。

在通风孔上加金属丝网,结构简单,便于和屏蔽体安装在同一平面,成本低,适用于屏蔽要求不太高的场合。

2. 用打孔金属板作通风孔

它是在金属板上打许多阵列小孔,达到既能通风散热,又不致过多泄漏电磁能量的目的。就结构形式而言,可以直接在屏壁体的壁上打孔,或将打好孔的金属板安装在屏蔽体的通风孔上。孔眼的形状常用的有方形和圆形,如图4-32所示。在垂直入射而且孔隙间隔$s<\lambda/2$的情况下,屏蔽效能近似为:

$$SE(\text{dB})=20\lg(\lambda/2d)-10\lg n \tag{4-77}$$

式中,n为孔隙的总数。

3. 蜂窝式通风孔

实际上,在进行电子设备的结构设计时,为获得足够大的通风流量,总是把很多根截止波导排列成一组截止波导通风孔阵(蜂窝形通风孔),如图4-33所示的单层蜂窝形通风板。为提高屏蔽效能,还可采用双层错位叠置纳蜂窝状通风板。通常蜂窝材料的深宽比约为4:1,而衰减可达100dB以上。

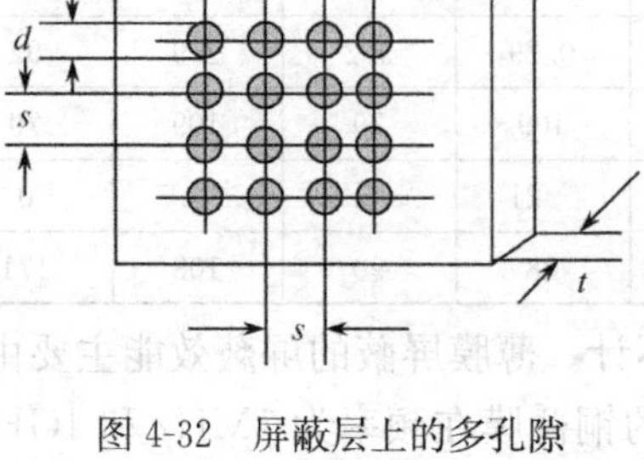

图4-32 屏蔽层上的多孔隙

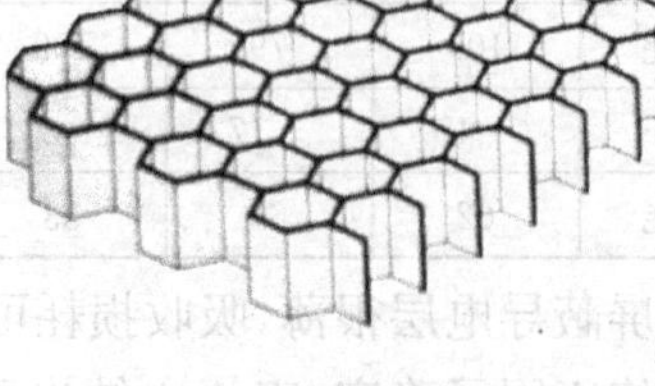

图4-33 单层蜂窝形通风板

蜂窝形通风板的优点是屏蔽效能高(设计、加工完善的蜂窝板在10GHz频率时屏效可达100dB),对空气阻力小,结构牢固。缺点是体积大、加工复杂、成本高,且难于实现在同一平面安装。通常用在屏蔽性能要求高,通风散热量大的屏蔽室或大设备的通风孔处。

4.3.6　电磁屏蔽设计要点

电磁屏蔽是抑制辐射干扰的重要手段,屏蔽设计也是电磁兼容性设计中的重要内容之一。电磁屏蔽设计要点如下。

1. 确定屏蔽对象,判断干扰源、感受器及其耦合方式

在采取有效的屏蔽措施以前,首先要弄清哪个是干扰源,那个是感受器,以及它们之间的耦合方式。一般来说高电平电路是干扰源,低电平电路是感受器。有时干扰产生的原因很复杂,可能有数个干扰源,通过不同的耦合途径同时作用于一个感受器。在这种情况下,通常首先要抑制较强的干扰,然后再对其他的干扰采取相应的抑制措施。

另外,为了抑制干扰,一般仅单独屏蔽干扰源或感受器,但在屏蔽要求特别高的场合,干扰源和感受器都需要屏蔽。

2. 确定屏蔽效能

设计之前,应根据设备和电路单元、部件未实施屏蔽时存在的干扰发射电平以及按电磁兼容性标准和规范允许的干扰发射电平极限值,或干扰辐射敏感度电平极限值,提出确保正常运行所必须屏蔽效能值。对于一些大、中功率信号发生器或发射机的功放级,可根据对这类设备的辐射发射电平极限值和其自身的辐射场强来确定对屏蔽效能的要求。

3. 确定屏蔽的类型

根据屏蔽效能要求,并结合具体结构形式确定采用哪种屏蔽才适合,一般,对屏蔽要求不高的设备,可以采用导电塑料制成的机壳来屏蔽,或者在工程塑料机壳上涂覆导电层构成薄膜屏蔽。若屏蔽要求较高,则采用金属板作单层屏蔽。为获得更高的屏蔽效能,一般应采用双层屏蔽,设计得好的双层屏蔽,可获得10dB以上的屏蔽效能。

4. 进行屏蔽结构的完整性设计

对屏蔽的要求往往与对系统或设备功能其他方面的要求有矛盾。譬如,通风散热需要有孔洞、加工时必然存在缝,等等,都会降低屏蔽效能。这就要应用有关非实心屏蔽的知识,采取相应措施来抑制因存在电气不连续性而产生的电磁泄漏,达到完善屏蔽设计的目的。

5. 检查屏蔽体谐振

检查屏蔽体是否存在谐振是一个需要注意的问题。这是因为在射频范围内,一个屏蔽体可能成为具有一系列固有频率的谐振腔。当干扰波频率与屏蔽体某一固有频率一致时,屏蔽体就产生谐振现象,引起屏蔽效能大幅度下降。

如在屏蔽体的工作频段内存在谐振点,可以据屏蔽体谐振频率计算公式来进行校核,或根据谐振所造成的影响采取相应的措施。不过对那些仅是屏蔽外来干扰的屏蔽体,谐振的影响通常可以忽略不计。

4.4　滤　　波

在保证电气设备或系统的电磁兼容性中,屏蔽和滤波都起着重要的作用。如果说屏蔽主要是为了防护辐射性电磁干扰,那么滤波则主要是为了抑制不需要的传导性电磁干扰。

4.4.1 滤波器的分类

滤波器的种类很多,从不同的角度,可分为不同的类别。根据滤波器的频率特性可分为:低通滤波器、高通滤波器、带通滤波器和带阻滤波器;根据滤波机理可分为:反射型滤波器和吸收型滤波器;根据工作条件可分为:有源滤波器和无源滤波器;根据滤波器的使用场合可分为:电源滤波器、信号滤波器、控制线滤波器,等等。

根据滤波器的应用特点,又可分为信号选择滤波器和电磁干扰(EMI)滤波器两大类。其中,在滤波器的设计、应用和安装时,主要考虑对所选择信号的幅度相位影响最小的这类滤波器即信号选择滤波器;而如果主要考虑对 EMI 有效抑制的,即 EMI 滤波器。

本节中,仅从抗干扰角度,讨论电磁干扰滤波器。

与常规滤波器相比,电磁干扰滤波器的显著特点是:电磁干扰滤波器往往工作在阻抗不匹配的条件下,源阻抗和负载阻抗均随频率变化而变化;干扰的电平变化幅度大,有可能使电磁干扰滤波器出现饱和效应,干扰的频率范围由赫(Hz)至吉赫(GHz),即存在难以实现宽频段范围滤波及与此有关的滤波困难。分析和设计电磁干扰滤波器时应注意到这些特点。

4.4.2 滤波器的频率特性

分离信号,抑制干扰是滤波器的基本应用,在这种应用中,它使所需要频率的信号顺利通过,而让不需要的频率衰减或对其进行抑制。

滤波器的性能特点可用其性能参数来描述,如额定电压、额定电流、输入/输出阻抗、插入损耗、通带衰减、可靠性等。其中作为频率函数的插入损耗是描述滤波器特性的最主要参量。

插入损耗的定义为:

$$IL(\mathrm{dB})=20\lg(U_1/U_2) \tag{4-78}$$

式中,IL 为插入损耗(dB);U_1 为信号源通过滤波器在负载阻抗上建立的电压(V);U_2 为未接滤波器时信号源在同一负载上建立的电压(V)。

滤波器的插入损耗随工作频率的不同而变化的特性称为滤波器的频率特性。

按其频率特性,滤波器大体可分为 4 种:低通滤波器、高通滤波器、带通滤波器和带阻滤波器。图 4-34 给出了各种滤波器的频率特性曲线。

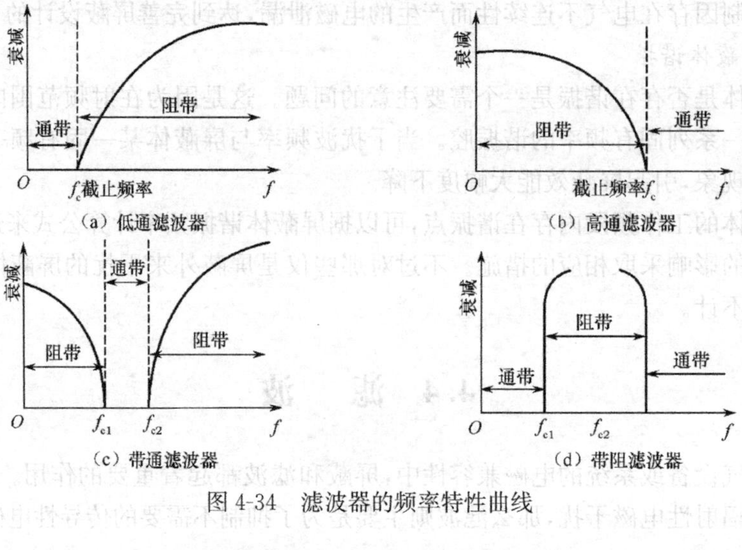

图 4-34 滤波器的频率特性曲线

4.4.3 几种常用电磁干扰滤波器的原理和构成

滤波器可以由无源元件(电阻、电感、电容)或有源器件组成选择性网络,它作为电路中的传输网络,有选择地阻止有用频带以外的其余成分通过,完成滤波作用,也可以由有损耗材料(譬如铁氧体材料)组成,它把不希望的频率成分吸收掉,以达到滤波的目的。

下面介绍几种常用的电磁干扰滤波器。

4.4.3.1 反射滤波器

反射滤波器通常由电抗元件如电感器和电容器组合构成(理想情况,这些元件是无耗的),也就是对干扰电流建立起一个高的串联阻抗和低的并联阻抗。反射滤波器是通过把不需要的频率成分的能量反射回信号源,而达到抑制的目的。

1. 低通滤波器

滤波器作为输入/输出两对端子的网络,被传输的信号频带称为通带,被衰减的信号频带称为阻带。所谓的低通滤波器,就是让低频信号几乎无衰减的通过,但阻止高频信号通过的一种滤波器。

在抗干扰技术中,使用最多的就是低通滤波器。它既可以用于交流、直流电源线路,也可用于放大器电路和发射机输入和输出电路,具有衰减脉冲噪声、尖峰噪声、减少谐波和其他杂波信号等多种功能。

低通滤波器有多种结构,按其电路形式可分为并联电容滤波器、串联电感滤波器及L型、Π型和T型滤波器等。

(1) 并联电容滤波器

最简单的低通电磁干扰滤波器是由单个电容构成的,如图4-35所示。一个并联电容连接在带干扰的导体与大地之间,它将高频能量旁路而使期望的低频电源/信号电流通过。其插入损耗为:

$$IL(\text{dB})=10\lg[1+(\pi f RC)^2] \tag{4-79}$$

式中,f 为频率,单位 Hz;R 为驱动电阻或终端电阻,单位 Ω;C 是滤波器的电容值,单位 F。

实际上,电容器同时含有串接的电阻及电感。这种效应是由于电容器极板的电感、引线电感、板极电阻以及引线至极板的接触电阻引起的。由于电感效应,电容器会存在谐振效应,滤波器在谐振频率以下呈现容抗,而在谐振频率以上呈现感抗。这在实际工程必须引起足够的重视。

(2) 串联电感滤波器

电感与带有干扰的导线串联连接是低通滤波器的另一种简单形式,如图4-36所示,其插入损耗为:

$$IL(\text{dB})=10\lg\left[1+\left(\frac{\pi f L}{R}\right)^2\right] \tag{4-80}$$

式中,f 为频率,单位 Hz;R 为驱动电阻或终端电阻,单位 Ω;L 是滤波器的电感,单位 H。

实际的电感绕组中总是存在电阻和电容的,因此实际的电感可以等效为电感与电抗串联再与电容并联。

电感与寄生电容会产生并联谐振,电感器在谐振频率以下呈现感抗;在谐振频率以上电感会呈现伴随阻抗相应下降的容抗,因此,普通的电感滤波器在高频时滤波性能并不是很好。

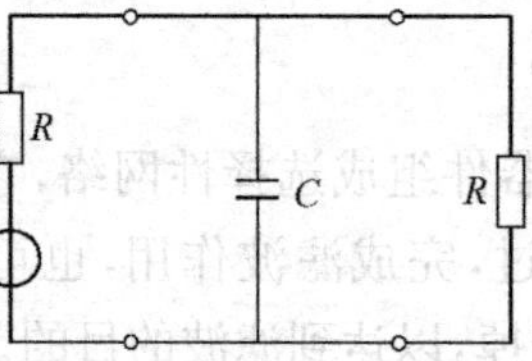

图 4-35 并联电容滤波器

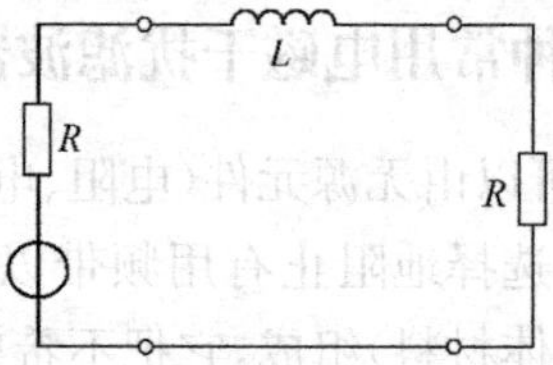

图 4-36 串联电感滤波器

(3) L型滤波器

L型滤波器的电路结构如图4-37所示。如果源阻抗与负载阻抗相等,L型滤波器的插入损耗与电容器的插入线路的方向无关。当源阻抗不等于负载阻抗时,通常将获得最大插入损耗。

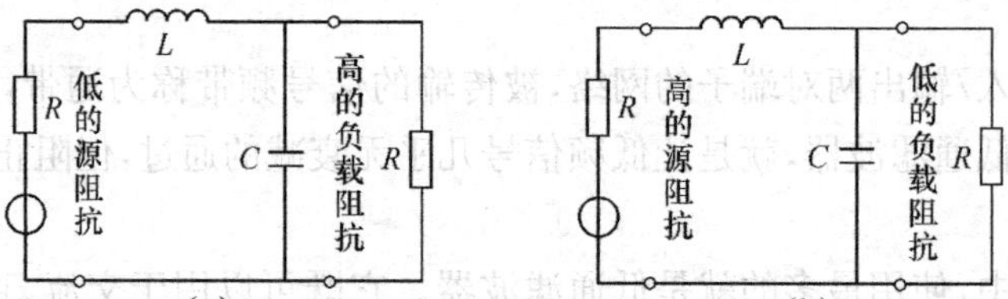

(a) (b)

图 4-37 L型滤波器

对于L型滤波器,源阻抗与负载阻抗相等时的插入损耗为:

$$IL(\mathrm{dB})=10\lg\left\{\frac{1}{4}\left[(2-\omega^2LC)^2+\left(\omega CR+\frac{\omega L}{R}\right)^2\right]\right. \tag{4-81}$$

(4) Π型滤波器

Π型滤波器的电路结构如图4-38所示,这种结构是实际中最常用的形式,它具有制造简单、宽带高插入损耗和适中的空间需求等优点。

Π型滤波器的插入损耗为:

$$IL(\mathrm{dB})=10\lg\left[(1-\omega^2LC)^2+\left(\frac{\omega L}{2R}-\frac{\omega^2LC^2R}{2}+\omega CR\right)^2\right] \tag{4-82}$$

Π型滤波器对瞬态干扰不是十分有效。可以采用金属壳体屏蔽滤波器的方法来改进这种滤波器的高频性能。Π型滤波器可用于很低频率需要大衰减的场所,例如屏蔽实电源线的滤波。

(5) T型滤波器

T型滤波器的结构如图4-39所示。T型滤波能够有效的抑制瞬态干扰。

T型滤波器的插入损耗为:

$$IL(\mathrm{dB})=10\lg\left[(1-\omega^2LC)^2+\left(\frac{\omega L}{R}-\frac{\omega^3L^2C}{2R}+\frac{\omega CR}{2}\right)^2\right] \tag{4-83}$$

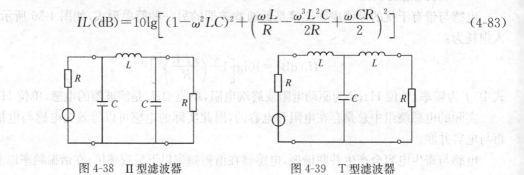

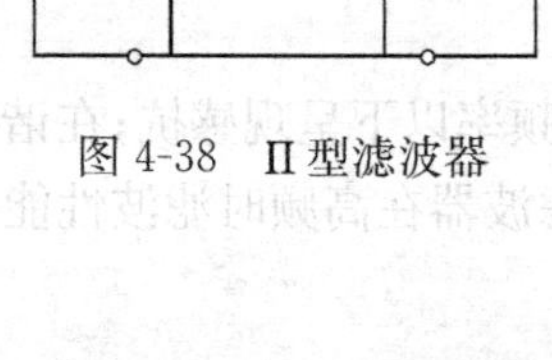

图 4-38 Π型滤波器

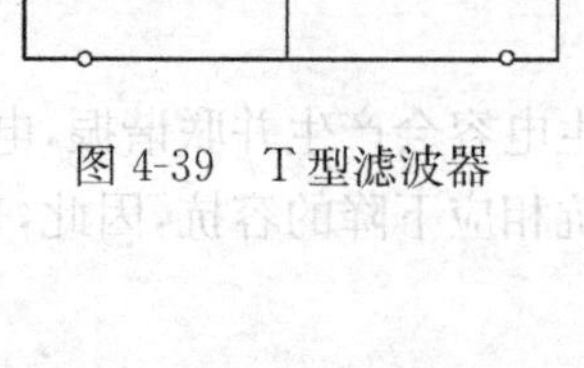

图 4-39 T型滤波器

2. 高通滤波器

高通滤波器主要用于从信号通道中排除交流电源以及其他低频外界干扰,高通滤波器的可由低通滤波器转换而成。当把低通滤波器换成具有相同终端和截止频率的高通频率时,其转换方法是:

(1) 把每个电感 L(H)转换成数值为$\frac{1}{L}$(F)的电容 C;

(2) 把每个电容 C(F)转换成数值为$\frac{1}{C}$(H)的电感 L。

图 4-40 中给出了一种由低通滤波器向高通滤波器转换的例子。

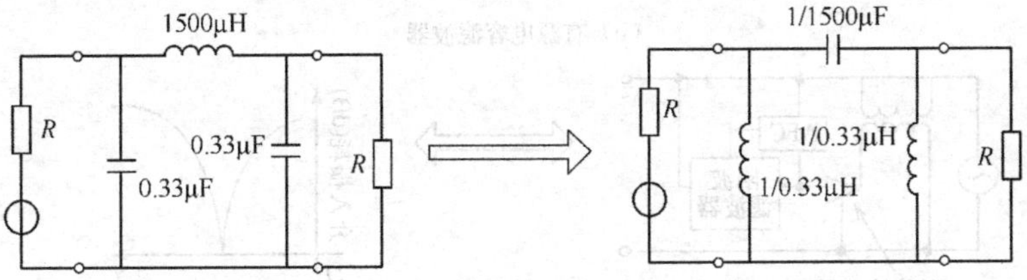

图 4-40 由低通滤波器向高通滤波器的转换

3. 带通滤波器与带阻滤波器

带通滤波器是对通带之外的高频干扰能量进行衰减,其基本构成方法是由低通滤波器经过转换而成为带通滤波器。

带阻滤波器是对特定的窄带内的干扰能量进行抑制,其通常是串联于干扰源与干扰对象之间,也可将一带通滤波器并接于干扰线与地之间来达到带阻滤波的作用。

4. 有源滤波器

用无源的集中参数元件制作的抗干扰滤波器,有时显得体积较大而笨重。采用电路技术模拟电感和电容的特性,可制成有源滤波器。这种有源滤波器的特点是功率大、体积和重量都非常小。此外,这种有源滤波器可以有效地工作于很低的阻抗量级(譬如低于 1Ω),所以,即使在电源频率附近仍具有较好的调整特性。例如,一个由有源元件构成的电源线路滤波器,可以做到只让电源频率附近一段很窄频带内的频率分量通过。即使在信号源内阻和负载电阻很低的情况下,这种滤波器的电压衰减仍可达 30dB 量级。如果级联成两级或多级滤波器,可得到更大衰减量。

有源滤波器通常有三种类型:

(1) 用有源元件模拟电感线圈的频率特性,对干扰信号形成一个高阻抗电路,称为有源电感滤波器。

(2) 用有源元件模拟电容器的频率特性,将干扰信号短路到地,称为有源电容滤波器。

(3) 一种能产生与干扰电流振幅相等、相位相反的电流,通过高增益反馈电路把电磁干扰抵消掉的电路,称为对消滤波器。图 4-41(c)表示一种根据相位抵消原理构成的有源滤波器,其工作原理是:输入功率通过调谐于电源频率的陷波滤波器,馈送到放大器。而被放大的干扰分量,再通过串接于电源线上的变压器,反相地回输到电源线上。这样一来,除了电源和基波频率外,其他所有的频率成分即将因反相回输的作用而被衰减。其衰减量的大小,取决于放大器的功率增益。AFC 电路可以在有限范围内调节陷波滤波器,以补偿陷波滤波器调整元件的任何可能变化,使其谐振频率始终保持在电源基频上。

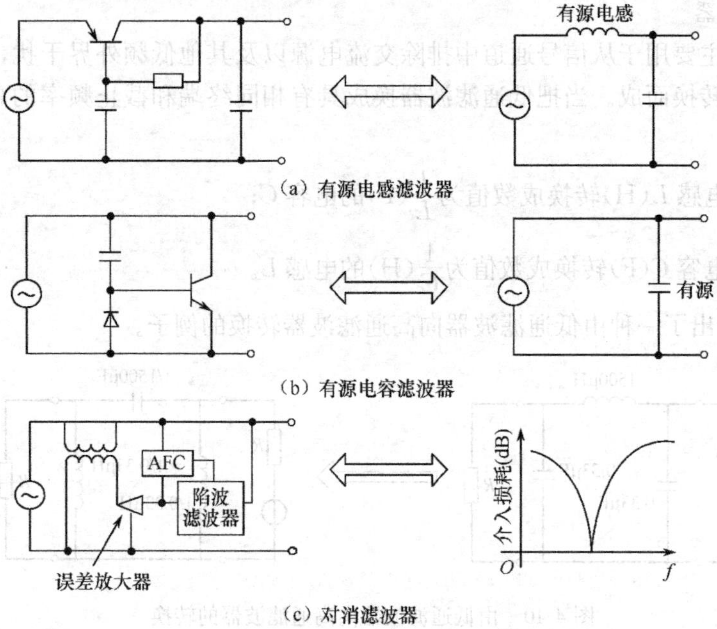

(a) 有源电感滤波器

(b) 有源电容滤波器

(c) 对消滤波器

图 4-41　有源电磁干扰滤波器

4.4.3.2　**吸收式滤波器**

前面讨论的LC滤波器属反射型滤波器,它的缺点是当它和信号不匹配时,一部分有用能量将被反射回信号源,从而导致干扰电平的增加。在这种情况下,可使用吸收型滤波器来抑制不需要的能量使之转化为热损耗,而仍保证有用信号顺利传输。

吸收型滤波器一般做成介质传输线形式,所用的介质可以是铁氧体材料,也可以是其他损耗材料。例如,电力系统常用的一种同轴型吸收滤波器,是以内外表面均涂有导电材料的铁氧体管制成的,如图 4-42 所示。如果把吸收型滤波器(譬如一段损耗电缆)与反射型滤波器串接起来,就可以更好地抑制高频干扰。

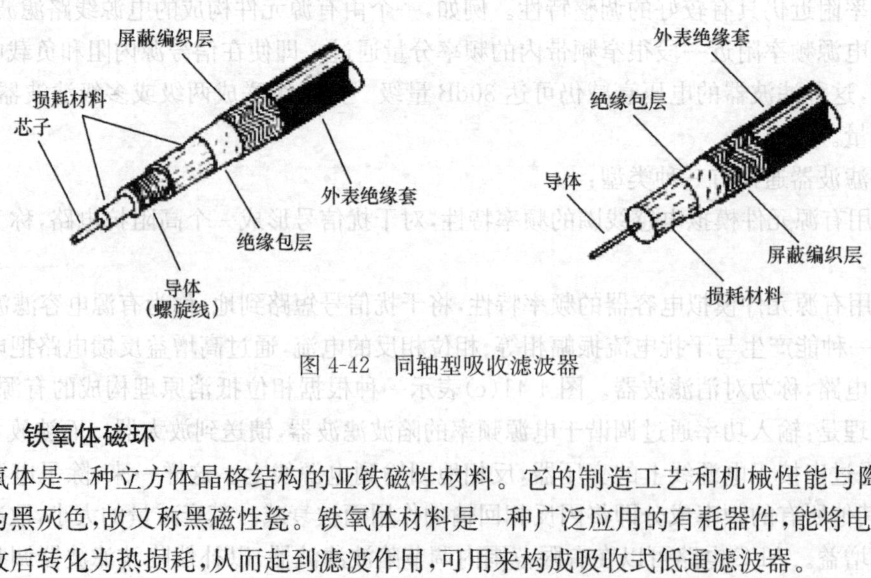

图 4-42　同轴型吸收滤波器

4.4.3.3　**铁氧体磁环**

铁氧体是一种立方体晶格结构的亚铁磁性材料。它的制造工艺和机械性能与陶瓷相似。但颜色为黑灰色,故又称黑磁性瓷。铁氧体材料是一种广泛应用的有耗器件,能将电磁骚扰的能量吸收后转化为热损耗,从而起到滤波作用,可用来构成吸收式低通滤波器。

在抑制电磁干扰(骚扰)应用方面,对铁氧体性能影响最大的是铁氧体材料的特性—磁导率,它直接与铁氧体芯的阻抗成正比。铁氧体一般通过三种方式来抑制无用的传导信号或辐射信号。

(1) 不太常用的是将铁氧体作为实际的屏蔽层来将导体、元器件或电路与环境中的散射电磁场隔离开。

(2) 将铁氧体用作电感器，以构成低通滤波器，在低频时提供感性-容性通路，而在高频时损耗较大。

(3) 最常用的方式是将铁氧体芯直接用于元器件的引线或线路板级电路上。在这种应用中，铁氧体芯能抑制任何寄生振荡和衰减感应或传输到元器件引线上或与之相连的电缆线中的高频无用信号。

在第(2)和第(3)种方式中，铁氧体芯通过消除或极大地衰减电磁干扰(骚扰)源的高频电流，来抑制传导骚扰。采用铁氧体，能提供足够高的高频阻抗来减小高频电流。从理论上讲，理想的铁氧体能在高频段提供高阻抗，而在所有其他频段上提供零阻抗。但实际上，铁氧体芯的阻抗是依赖于频率的，在频率低于1MHz时，其阻抗最低，对于不同的铁氧体材料，最高阻抗出现在10～500MHz之间。

铁氧体电磁干扰(骚扰)抑制元件有着各种各样的规格、尺寸、形状，如铁氧体磁环，铁氧体磁珠，多孔磁珠，表面贴装磁珠等。这里主要介绍铁氧体磁环的应用

管状铁氧体磁环提供了一种抑制通过导线的不需要的高频噪声或正弦成分(振荡)的既简便又经济的方法。当导线穿过磁环时，在磁环附近的一段导线将具有单匝扼流圈的特性，在低频时具有低阻抗。这个阻抗随着流过电流的频率升高而增大，在一个宽的高频带内，具有适中的高阻抗，以阻止高频电流的流通，因此可构成低通滤波器。

将磁环加长或把几个磁环同时穿入导线，则这段导线的等效电感和电阻值，将随磁环长度增大而增大，如果将导线绕上几圈，穿过磁环，则总电感和总电阻值将随圈数的平方而增大。不过，圈数的增加、匝间分布电容的存在和增大，使对高端频率的抑制作用随之下降，所以多匝线圈的应用只在相对低的频率上最有效。

上面是单根导线穿过磁环的情况，此时磁环虽然对高频干扰加以抑制，但对信号也有衰减作用。近来已出现用于导线对的大型磁环，如图4-43所示，图中的磁环既可抑制共模电流，又不影响有用信号。

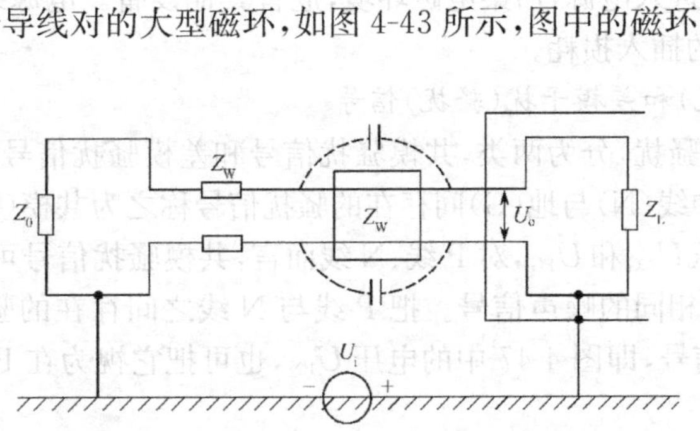

图4-43　用于导线对的共模磁环

磁环对共模干扰的插入损耗为：

$$L_{in}(dB)=20\lg\left|\frac{\dfrac{U_o}{U_i}(\text{无磁环})}{\dfrac{U_o}{U_i}(\text{有磁环})}\right|=20\lg\left|1+\frac{Z_F}{Z_L+Z_W+Z_G}\right| \tag{4-84}$$

式中，Z_L 为负载阻抗；Z_W 为传输线阻抗；Z_G 包括信号源的内阻及接地阻抗；Z_F 为铁氧环呈现的阻抗。由(4-84)可见，$|Z_F|$ 比回路阻抗 $|Z_L+Z_W+Z_G|$ 越大，铁氧体环对共模干扰的作用就

越强。

4.4.3.4 穿心电容滤波

穿心电容是用薄膜卷绕的短引线电容,如图 4-44 所示,由于普通的小型陶瓷电容器的引线电感及其自身电容在高频时产生谐振,使其不适用于高频情况,而穿心电容的物理结构,使其自谐振频率可达 1GHz 以上,因此可用于高频滤波。加之穿心电容安装方便,价格较低,因此在电磁兼容技术中应用很多,图 4-45 给出了穿心电容对高频共模干扰的旁路作用。

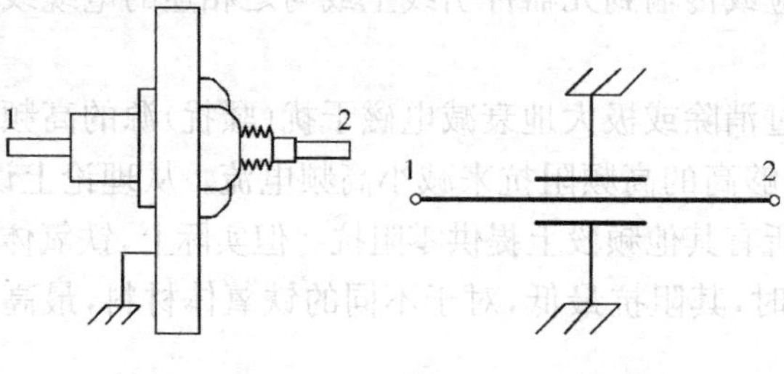

图 4-44 穿心电容

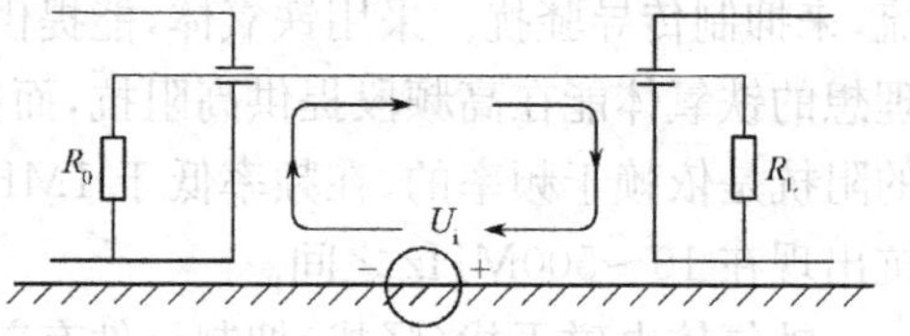

图 4-45 穿心电容对共模电流的旁路

穿心电容与磁环经常一起用于抑制高频干扰,例如,一电动机碳刷发出的高频干扰将向外辐射或通过接线端传导至低电平电路,解决该问题的措施是首先加屏蔽层防止辐射耦合,然后将磁环与穿心电容加于导线上,穿心电容安装在屏蔽层上,如图 4-46 所示。由穿心电容和磁环组成的高频滤波电路,将有效抑制干扰的高频耦合。

4.4.3.5 电源线滤波器

电源线 EMI 滤波器,又称为电源(网)噪声滤波器,进(在)线滤波器,噪声滤波器等。电源线 EMI 滤波器实际上是一种低通滤波器,它毫无衰减地把直流或低频电源功率传送到设备上去,却大大衰减经电源传入的骚扰信号,保护设备免受其害;同时,又能大大地抑制设备本身产生的骚扰信号,防止它进入电源,污染电磁环境,危害其他设备。电源线滤波器的重要指标是共模干扰和差模干扰的插入损耗。

1. 共模干扰(骚扰)和差模干扰(骚扰)信号

电源线电磁干扰(骚扰)分为两类,共模骚扰信号和差模骚扰信号,如图 4-47 所示。其中把相线(P)与地(G)、中线(N)与地(G)间存在的骚扰信号称之为共模(Common Mode)骚扰信号,即图 4-47 中的电压 U_{NG} 和 U_{PG},对 P 线、N 线而言,共模骚扰信号可视为在 P 线和 N 线上传输的电位相等,相位相同的噪声信号。把 P 线与 N 线之间存在的骚扰信号称作差模(Differential Mode)骚扰信号,即图 4-47 中的电压 U_{PN},也可把它视为在 P 线和 N 线上有 180°相位差的共模骚扰信号。

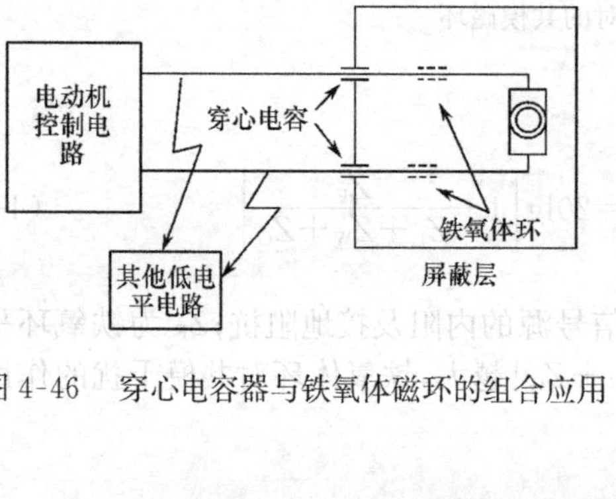

图 4-46 穿心电容器与铁氧体磁环的组合应用

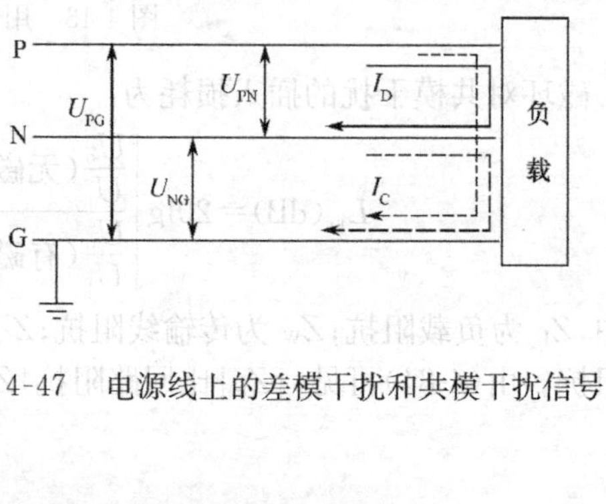

图 4-47 电源线上的差模干扰和共模干扰信号

对任何电源系统内的传导骚扰信号，都可用共模和差模骚扰信号来表示。并且可把 P-G 和 N-G 上的共模骚扰信号，P-N 上的差模骚扰信号看作独立的骚扰源，把 P-G、N-G 和 P-N 看作独立网络端口，以便分析和处理骚扰信号和有关的滤波网络。

2. 电源线滤波器的网络结构

如前所述，电源线上呈现的干扰有两部分：共模电流和差模电流。为了抑制中线-地线、相线-地线和相线-中线之间的共模骚扰和差模骚扰，电源线滤波器由许多 LC 低通网络构成，图 4-48显示了电源线 EMI 滤波器的基本网络结构。它是由集总参数元件构成的无源网络，该网络中有两个电感器，L_1 和 L_2；三个电容器：C_{Y1}、C_{Y2}和 C_X。

当把这个滤波器插入到被骚扰设备(负载)的供电电源入口处时，即把滤波器的(电源)端接电源的进线，滤波器的(负载)端接被骚扰设备。这样，L_1、C_{Y1}、L_2 和 C_{Y2}，分别构成 P-G 和 N-G 两对独立端口间的低通滤波器，用来抑制电源系统内存在的共模骚扰信号，C_{Y1}、C_{Y2} 也被称为共模电容。

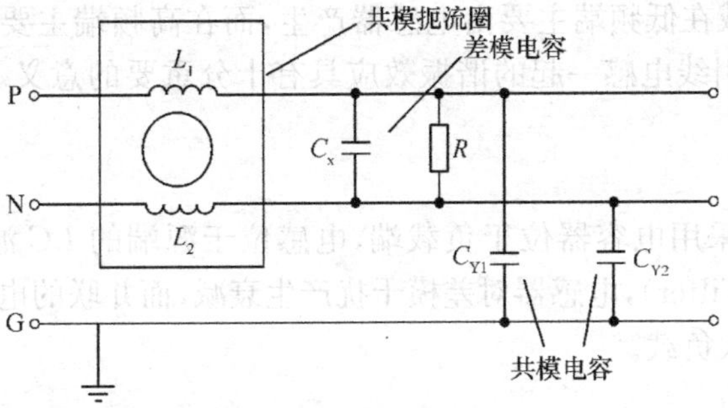

图 4-48 电源线滤波器的基本电路图

其中，L_1 和 L_2 是绕在同一磁环上的两只独立线圈，称为共模电感线圈或共模线圈或共模扼流圈。它们所绕圈数相同，线圈绕向相反，致使滤波器接入电路后，两线圈内电流产生的磁通在磁环内相互抵消，不会使磁环达到磁饱和状态，从而使两只线圈 L_1 和 L_2 的电感量值保持不变。但是，由于种种原因，如磁环的材料不可能做到绝对均匀，两只线圈的绕制也不可能完全对称等，使得 L_1 和 L_2 的电感量不相等。于是 L_1 和 L_2 之差(L_1-L_2)称为差模电感。它和 C_X 又组成 P-N 独立端口间的一只低通滤波器，用来抑制电源上存在的差模骚扰信号(C_X 也被称为差模电容)，从而实现对电源系统骚扰信号的抑制，保护电源系统内的设备不受影响。

图 4-48 的电路是无源网络，它具有互异性。当电源线 EMI 滤波器安装在电源内后，它既能有效地抑制电源系统内存在的骚扰信号(即电子设备外部骚扰信号)传入设备，又能大大衰减电子设备工作时本身产生的骚扰信号传向电源。

(1) 共模滤波器

通常，将 LC 滤波器的负载端接电容器，电源端接电感器，可以设计成低源阻抗且高负载阻抗的共模滤波器(Common-mode Filter)，其结构如图 4-49 所示。为了增大衰减，并实现理想的频率特性，可串联多个 LC 级。图中，电容器 C_Y 将共模电流旁路入地；电容器 C_X 将相线-中线上的共模电流旁路，阻止其到达负载。在需要低源阻抗及低负载阻抗时，可以采用 T 型低通滤波器。

由于高负载阻抗，相线对地的小电容以及相线对中线的大电容可有效地滤除共模干扰，然而这样的大电容会导致地线中出现高漏电电流，从而引起电位电击危害。因此，电气安全机构强行规定了相线—中线的电容最大限值,以及取决于不同电源线电压所能容许的最大漏电电流。

为了避免由放电电流引起的电击危害,相线—中线的电容 C_X 必须小于 0.5μF。另外,可增加一个泄流电阻,在冲击危害出现后,它可使交流插头两端的电压小于 34V。

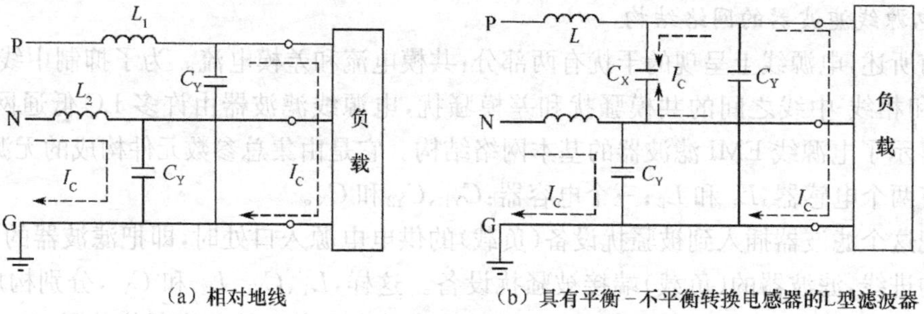

图 4-49 共模滤波器

共模滤波器的衰减在低频端主要由电感器产生,而在高频端主要由电容器 C_Y 实现。在高频时,电容器 C_Y 的引线电感一起的谐振效应具有十分重要的意义。采用陶瓷电容器可以降低引线电感。

(2) 差模滤波器

图 4-50 所示的是采用电容器位于负载端,电感位于源端的 LC 滤波器构成的差模滤波器(Differential-mode Filter),电感器对差模干扰产生衰减,而并联的电容器 C_X 则将差模干扰电流旁路以阻止其进入负载。

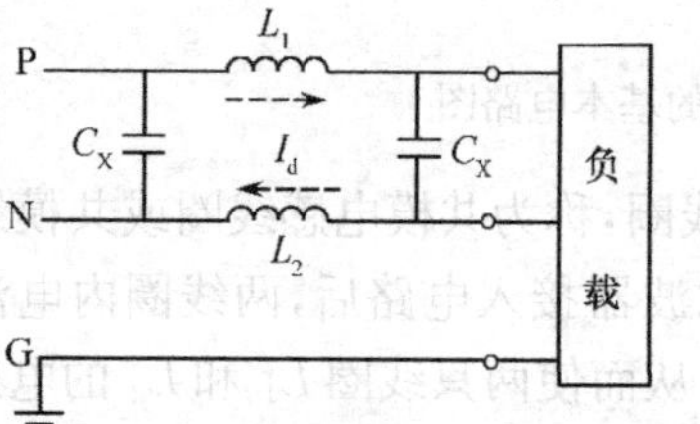

图 4-50 差模 L 型滤波器

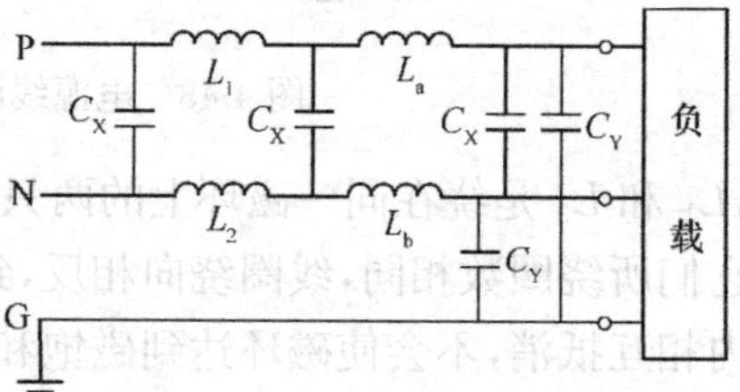

图 4-51 共模差模组合滤波器

(3) 共模差模组合滤波器

实际上,电源线上往往同时存在共模干扰和差模干扰,因此,实用的电源线滤波器是由共模滤波电路和差模滤波电路组合构成的滤波器。图 4-51 所示为共模差模组合滤波器的典型电路结构。其中,首先用 L 型滤波器滤除差模干扰,然后用带平衡—不平衡转换电感的 π 型滤波器滤除共模干扰。

图 4-51 中,电感器 L_1 和 L_2 有效地抑制差模干扰,而回波电流则通过电容器 C_X 流通。共模干扰分量则由电容 C_Y 及电感 L_a 和 L_b 旁路而得到衰减。电容器 C_X 和 C_Y 的数值应根据电气机构规定的最大容许漏电电流限值来确定。断开地线并将滤波器次级短路即可测出漏电电流。施加 110%的标称电压,可用电流表测出相线-地线之间的漏电电流及中线-地线之间的漏电电流。

4.4.4 滤波器的选择和使用

滤波器的设计或选择,主要依据是干扰特性和系统要求。因此,在设计或选择滤波器时,应该调查干扰的频率范围、估计干扰的大致量级、了解滤波器的使用环境，譬如使用电压、负载电流、环境温度、湿度、振动和冲击强度等环境条件。另外还需对滤波器在设备上的安装位置和允许的外形尺寸等因素有所考虑。根据这些条件和要求，选择或自行设计合适的滤波器。例如，屏蔽室用的电源滤波器的选择，应使其抑制频带与屏蔽室的防护频带相同，插入损耗应与屏蔽室的屏蔽效能有相同数量级。又如用于抑制工业干扰或消除电子设备向电网的干扰发射的滤波器，则应在工业干扰的频谱范围(数十兆赫)内保持一定的插入损耗值。目前已有为各种用途设计的不同类型的商品滤波器出售，因此我们可以十分方便地根据需要来选择使用。

除了选择合适的滤波器外，使用滤波器还需注意把滤波器正确地安装到设备上，这样才能获得预期的干扰衰减特性。安装滤波器应注意以下几点：

(1) 电源线路滤波器应安装在离设备电源入口尽量靠近的地方，不要让未经过滤波器的电源线在设备框体内迂回，滤波器应加屏蔽。

(2) 滤波器中的电容器引线应尽可能短，以免因引线感抗和容抗在较低频率上谐振。如穿心电容器就是一种为减少引线电感而设计的，它不需要专门的引线，因而引线电感很小，是一种常用的干扰抑制元件。

(3) 滤波器的接地导线上有很大的短路电流通过，会引起附加电磁辐射。故应对滤波器元件本身进行良好的屏蔽和接地处理。

(4) 滤波器的输入和输出线不能交叉，否则会因滤波器的输入-输出电容耦合通路引起串扰(这种串扰有时是显著的，可出现超过－60dB 的电磁干扰输入-输出耦合)，从而降低滤波特性。通常的办法是在输入端和输出端之间加隔板或加屏蔽层。

习题与思考题

一、简答题

1. 信号接地与安全接地有哪些不同?

2. 屏蔽一般分为哪几种?

3. 屏蔽效能由哪几部分组成?

4. 列举两种低通滤波器的结构并给出其幅频特性。

5. 滤波器安装有哪些注意事项?

二、下列判断是否正确，简要地说明理由。

6. 良好电气搭接的例子是使用周长大的导电金属扁带进行搭接。

7. 当不锈钢面与铝板面搭接时，在两金属之间加入铁的垫圈，可以达到更稳定的搭接效果。

8. 设计共模干扰滤波器应具有高源阻抗和低负载阻抗。

9. 电磁干扰滤波器在安装时应将滤波器壳和屏蔽罩在电气上相互隔离。

10. 一个简单的电感器在高频时就是一个好的电磁干扰滤波器。

三、计算题

11. 计算厚度为 0.02mm 的铜屏蔽体对频率为 1MHz 的入射平面波的屏蔽效能。

12. 计算厚度为 1mm 并以 2mm 空气隙隔开的双层铝屏蔽体，以及厚度为 2mm 的单层铝屏蔽体在 10MHz 时的总屏蔽效能。

第5章 电磁兼容设计

在研究开发新电子产品的过程中，仅按照理想情况进行目标功能和一般性能设计是不够的。这是因为各种电子、电气设备（或含有电子、电气设备的设备）都将实际工作在电磁环境中，所以必然受到外界的电磁干扰，同时它本身又作为干扰源可能干扰别的设备。电磁兼容设计就是针对电磁干扰来进行的，它与可靠性一样，要保证设备或系统在存在电磁干扰的情况下可靠地工作，就必须对其进行电磁兼容设计。

目前电子设备的发展呈现这样的趋势：模拟和数字电路混合的情况增多，不仅是在同一个电路板上有模拟和数字电路，甚至是同一块芯片内部也集成了模拟和数字电路；电路工作频率越来越高，工作速度越来越快；需要检测和处理的信号更为微弱。这些变化导致电路之间的电磁干扰更加严重，如果在电路设计过程中解决不好电磁兼容问题，必将导致电路指标和性能下降，甚至达不到相应的功能。

5.1 电路设计中的电磁兼容性问题

在 PCB 上有许多情况可以引起 EMI，这是因为元件在特定情况下都有其隐藏特性。如图 5-1所示，高频段里，一个电阻器相当于一个电感串联上一个电阻与电容的并联结构；一个电容相当于一个电感，电阻和电容器的串联；一个电感相当于一个电阻串上一个电感与电容的并联结构，而变压器则由电阻、电容和互感线圈的复杂组合构成。认识到元件的高频寄生特性，并在 PCB 设计阶段采取措施解决此类电磁兼容问题非常重要。

当 PCB 上的走线很长，并且频率很高，这时走线可能具有天线效应。PCB 导线可以像天线一样辐射或者接收电磁能量，这种辐射或者接收电磁能量的特性并不是设计的初衷。天线辐射或者接收电磁能量的能力可用天线效率来描述，天线效率是频率的函数，因此，是否要考虑寄生天线的危害，工作频率是首要的考虑的因素。元器件的引线和 PCB 上走线一样都有寄生电容和电感，这些寄生电容和电感影响着导线的阻抗并且对频率敏感。根据其寄生电感电容值和走线长度，可能会产生一个辐射电磁干扰信号的发射天线。一般设备的天线都设计成工作在固定频率，对应于波长的 1/4 或 1/2，成为有效的发射器，对走线来说要特别避免这种情况的发生。实际应用中 PCB 走线要求小于特定频率波长的 1/20，以免形成无意的发射源。

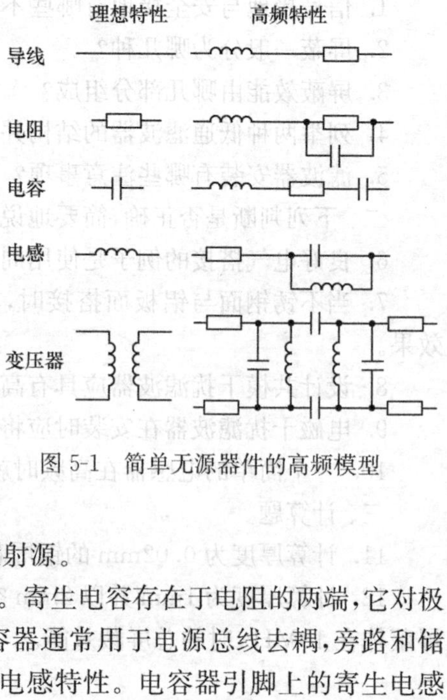

图 5-1 简单无源器件的高频模型

在纯数字电路中，电阻主要是限流作用和确定电平。寄生电容存在于电阻的两端，它对极高频设计有很大的破坏作用，尤其在 GHz 的范围。电容器通常用于电源总线去耦，旁路和储能作用。当电路上频率超过电容自谐振频率时，会出现电感特性。电容器引脚上的寄生电感将使电容器在其自身谐振频率以上时表现为电感特性而失去原有的功能。电感阻抗随着频率的增加而线性增加，当频率很高时，高频信号的传递就会受到影响。在解决高频时的电磁干扰问题时常使用磁珠（铁氧体作为内芯的电感），磁珠在抑制高频干扰时等效于一个纯电感和一个电阻的串联，除了具有电感的作用外，还可以吸收消耗掉一部分高频能量，所以具有比纯电感更好的抑制效果。

5.2 电路设计中的电磁兼容措施

完整的电路设计包含制定方案、选择器件、确定器件连接关系和印制线路板(Printed Circuit Board，PCB)设计。PCB是电子产品中电路元件和器件的支撑件，它提供电路元件和器件之间的电气连接，它是各种电子设备最基本的组成部分，它的性能直接关系到电子设备质量的好坏。从EMC角度来讲，PCB设计过程是电路设计的关键一步，因为干扰问题是否存在和超过限度，以及如何解决干扰问题都直接由PCB设计确定，并由相应的PCB设计技术来解决。另外，虽然电路工作在板级，但是板级部件之间也可能存在电磁兼容的问题。一个复杂的电路系统由若干板级部件构成，在特定的条件下，PCB内部电磁兼容问题可以演变成板级电磁兼容问题，而板级电磁兼容问题可以演变成系统级的电磁兼容问题。因此，谈及PCB中的电磁兼容问题时实际上要考虑两个层次上的问题：①PCB内部电磁兼容问题，②PCB外部电磁兼容问题。后者是前者的外在表现，很多时候外部电磁兼容问题是通过解决内部电磁兼容问题而得到解决的。电路电磁兼容性设计主要是在PCB设计阶段完成的，本节主要介绍电路电磁干扰的基本概念和PCB电磁兼容的主要措施。

5.2.1 电路方案设计

电路方案就是采用何种原理实现所要达到的电气功能，完整的电路方案包括具体器件的选择和所有器件的连接关系。从EMC的角度来看，不同的元件和电路表现出不同的特性，因此从电路方案设计开始就要选择有利于减小干扰、提高受扰能力的器件和电路。

5.2.1.1 常用元件选择

1. 元件组

有两种基本的电子元件组：有引脚的和无引脚的元件。有引脚线元件有寄生效果，尤其在高频时。该引脚形成一个小电感，大约是lnH/mm/引脚。引脚的末端也能产生一个小电容性的效应，大约有4pF。因此，引脚的长度应尽可能地短。与有引脚的元件相比. 无引脚且表面贴装的元件的寄生效果要小一些，其典型值为0.5nH的寄生电感和约0.3pF的终端电容。从电磁兼容性的观点看，表面贴装元件效果最好，其次是放射状引脚元件。最后是轴向平行引脚的元件。

2. 电阻

由于表面贴装元件具有低寄生参数的特点。因此，表面贴装电阻总是优于有引脚电阻。对于有引脚的电阻，应首选碳膜电阻，其次是金属膜电阻，最后是线绕电阻。

由于在相对低的工作频率下（约MHz数量级），金属膜电阻是主要的寄生元件，因此其适合用于高功率密度或高准确度的电路中。线绕电阻有很强的电感特性，因此在对频率敏感的应用中不能用它。它最适合用在低频、大功率的电路中。在放大器的设计中，电阻的选择非常重要。在高频环境下，电阻的阻抗会因为电阻的电感效应而增加。因此，增益控制电阻的位置应该尽可能地靠近放大器电路以减少PCB导线的电感。在有上拉/下拉电阻的电路中，晶体管或集成电路的快速切换会增加上升时间。为了减小这个影响，所有的偏置电阻必须尽可能靠近有源器件及它的电源和地。从而减少PCB连线的电感。在稳压(整流)或参考电路中，直流偏置电阻应尽可能地靠近有源器件以减轻去耦效应(即改善瞬态响应时间)。在RC滤波网络中，线绕电阻的寄生电感很容易引起本机振荡，所以必须考虑由电阻引起的电感效应。

3. 电容

由于电容种类繁多，性能各异，使用时需根据用途加以选择，合理的使用可以解决许多电磁兼容(EMC)问题。铝质电解电容通常是在绝缘薄层之间以螺旋状缠绕金属箔而制成，这样可在单位体积内得到较大的电容值，但也使得该部分的内部感抗增加。钽电容由一块带直扳和引脚连接点的绝缘体制成，其内部感抗低于铝电解电容。陶质电容的结构是在陶瓷绝缘体中包含多个平行的金属片，其主要寄生为片结构的感抗，并且通常将在低于MHz的区域造成阻抗。绝缘材料的不同频响特性意味着一种类型的电容会比另一种更适合于某种应用场合。铝电解电容和钽电解电容适用于低频终端，主要是存储器和低频滤波器领域。在中频范围内(从kHz到MHz)，陶质电容比较适合，常用于去耦电路和高频滤波。特殊的低损耗(通常价格比较昂贵)陶质电容和云母电容适合于甚高频应用和微波电路。

为得到更好的EMC特性，电容具有低的等效串联电阻值(Equivalent Series Resistance，ESR)是很重要的，具有较高ESR的电容会对信号造成大的衰减，特别是在应用频率接近电容谐振频率的场合。

(1) 旁路电容

旁路电容的主要功能是产生一个交流分路，从而消去进入易感区的那些不需要的能量。旁路电容一般作为高频旁路器件来减小对电源模块瞬态电流的需求。通常铝电解电容和钽电容比较适合作旁路电容，其电容值取决于PCB板上的瞬态电流的需求，一般在10～470μF范围内。若PCB板上有许多集成电路、高速开关电路和具有长引线的电源，则应选大容量的电容。

(2) 去耦电容

在直流电源回路中，负载的变化会引起电源噪声。例如，在数字电路中，当电路从一个状态转换为另一种状态时，就会在电源线上产生一个很大的尖峰电流，形成瞬变的噪声电压。局部去耦能够减少沿着电源干线的噪声传播。连接着电源输入口与PCB之间的大容量旁路电容起着一个低频骚扰滤波器的作用，同时作为一个电能贮存器以满足突发的功率需求。此外，在每个IC的电源和地之间都应当有去耦电容，这些去耦电容应该尽可能的接近IC引脚，这将有助于滤除IC的开关噪声。配置去耦电容可以抑制因负载变化而产生的噪声，是印制线路板的可靠性设计的一种常规做法，配置原则如下：电源输入端跨接10～100μF的电解电容器。如有可能，接100μF以上的更好。原则上每个集成电路芯片都应布置一个0.01μF的瓷片电容，如遇印制板空隙不够，可每4～8个芯片布置一个1～10μF的钽电容。这种器件的高频阻抗特别小，在500kHz～20MHz范围内阻抗小于1Ω，而且漏电流很小(0.5μA以下)。最好不用电解电容，电解电容是两层薄膜卷起来的，这种结构在高频时表现为电感。对于抗噪能力弱、关断时电源变化大的器件，如RAM、ROM存储器件，应在芯片的电源线和地线之间直接接入高频去耦电容。电容引线不能太长，尤其是高频旁路电容不能有引线。去耦电容值的选取并不严格，可按$C=1/f$计算，即：10MHz取0.1μF。对微控制器构成的系统，取0.1～0.01μF之间都可以，好的高频去耦电容可以去除高到1GHz的高频成份。陶瓷片电容或多层陶瓷电容的高频特性较好。

有源器件在开关时产生的高频开关噪声将沿着电源线传播。去耦电容的主要功能就是，提供一个局部的直流电源给有源器件，以减少开关噪声在板上的传播并将噪声引导到地。

实际上.旁路电容和去耦电容都应该尽可能放在靠近电源输入处以帮助滤除高频噪声。去耦电容的取值大约是旁路电容的 1/100～1/1000。为了得到更好的 EMC 特性，去耦电容还应尽可能地靠近每个集成电路，因为布线阻抗将减小去耦电容的效力。

陶瓷电容常被用来去耦。其值决定于最快信号的上升时间和下降时间。例如，对一个 33MHz 的时钟信号，可使用 4.7μF～100μF 的电容；对一个 100MHz 时钟信号，可使用 10μF 的电容。选择去耦电容时，除了考虑电容值外，ESR 也会影响去耦能力。为了去耦，应该选择 ESR 较小的电容。

(3) 电容谐振

如何根据谐振频率选择旁路电容和去耦电容的值。电容在低于谐振频率时呈现容性，而在其他情况下，电容将因为引线长度和布线自感呈现感性。

另一个影响去耦效力的因素是电容的绝缘材料(电介质)。去耦电容的制造中常使用钡钛酸盐陶瓷(Z5U)和锶钛酸盐(NPO)这两种材料。Z5U 具有较大的介电常数，谐振频率在 1～20MHz 之间。NPO 具有较低的介电常数，但谐振频率较高(大于 10MHz)。因此 Z5U 更适合用作低频去耦，而 NPO 用作 50MHz 以上频率的去耦。

常用的做法是将两个去耦电容并联，这样可以在更宽的频谱分布范围内降低电源网络产生的开关噪声。多个去耦电容的并联能提供 6dB 增益以抑制有源器件开关造成的射频电流。

多个去耦电容不仅能提供更宽的频谱范围，而且能提供更宽的布线以减小引线自感，因此也就能更有效的改善去耦能力。两个电容的取值应相差两个数量级以提供更有效的去耦(如 0.1μF 和 0.001μF 并联)。

需要注意的是数字电路的去耦，低的 ESR 值比谐振频率更为重要，因为低的 ESR 值可以提供更低阻抗的到地通路，这样当超过谐振频率的电容呈现感性时仍能提供足够的去耦能力。

4. 电感

电感是一种可以将磁场和电场联系起来的元件，其固有的、可以与磁场互相作用的能力使其潜在地比其他元件更为敏感。和电容类似，巧妙地使用电感也能解决许多 EMC 问题。有两种基本类型的电感：开环和闭环。它们的不同在于内部的磁场环。在开环设计中，磁场通过空气闭合；而闭环设计中，磁场通过磁芯完成磁路。开环电感的磁场穿过空气，这将引起辐射并带来电磁干扰(EMI)问题。在选择开环电感时，绕轴式比棒式或螺线管式更好，因为这样磁场将被控制在磁芯(即磁体内的局部磁场)。对闭环电感来说，磁场被完全控制在磁芯，因此在电路设计中这种类型的电感更理想，当然它们也比较昂贵。螺旋环状的闭环电感的一个优点是：它不仅将磁环控制在磁心，还可以自行消除所有外来的附带场辐射。电感比起电容和电阻而言的一个优点是它没有寄生感抗，因此其表面贴装类型和引线类型没有什么差别。

电感的磁芯材料主要有两种类型：铁和铁氧体。铁和铁氧体可作电感磁芯骨架，铁磁芯电感用于低频场合(几十 kHz)，而铁氧体磁芯电感用于高频场合(可达 MHz)。因此，铁氧体磁芯电感更适合于 EMC 应用。

在 DC-DC 变换中，电感必须能够承受高饱和电流，并且辐射要小。线轴式电感具有满足该应用要求的特性。在低阻抗的电源和高阻抗的数字电路之间，需要 LC 滤波器，以保证电源电路的阻抗匹配。

5. 二极管

二极极管是最简单的半导体器件。由于其独特的特性,某些二极管有助于解决并防止与EMC相关的问题。表5-1列出了典型的二极管及其特性,二极管有许多解决EMC问题的应用。许多电路为感性负载,在高速开关电流的作用下,系统中产生瞬态尖峰电流。二极管是抑制尖峰电压噪声源的最有效的器件之一。

表5-1 二极管特性

二极管类型	特 性	电磁兼容应用	注 释
整流二极管	大电流,慢响应,低功耗	无	电源
肖特基二极管	低正向压降;高电流密度;快速反向恢复时间	快速瞬态信号和尖脉冲保护	开关式电源
齐纳二极管	反向模式工作;快速反向电压过渡;用于嵌位正向电压;嵌位电压(5.1V±2%)	ESD保护;过电压保护;低电容高数据率信号保护	
发光二极管(LED)	正向,工作模式;不受EMC影响	无	当LED安装在远离PCB处的面板上作发光指示时会产生辐射
瞬态电压找抑制二极管(TVS)	类似齐纳二极管单工作于雪崩模式;宽嵌位电压(即5V意味着6~12V);嵌位正向和负向瞬态过渡电压	ESD激发瞬时高电压高瞬时尖脉冲保护	
变阻二极管(VDR:电压随电阻变化)(MOV:氧化金属变阻器)	覆盖金属的陶瓷粒(每颗粒子的作用如同高垫的肖特基二极管,主线保护;快速瞬态响应)	主线ESD保护;高压和高瞬时保护	可选齐纳二极管和TVS

5.2.1.2 常用电路设计

1. 集成电路

现代数字集成电路主要使用CMOS工艺制造。CMOS器件的静态功耗很低,但是在高速开关的情况下,CMOS器件需要电源提供瞬时功率,高速CMOS器件的动态功率要求超过同类双极性器件。因此必须对这些器件加去耦电容以满足瞬时功率要求。

集成电路有多种封装结构,对于分离元件,引脚越短,EMI问题越小。因为表贴器件有更小的安装面积和更低的安装位置,因此有更好的EMC性能,所以应首选表贴器件,甚至于直接在PCB板上安装裸片。

IC的引脚排列也会影响EMC性能。电源线从模块中心连到IC引脚越短,它的等效电感越少,因此VCC与GND之间的去耦电容越近越有效。

无论是集成电路、PCB板还是整个系统,时钟电路是影响EMC性能的主要因素。集成电路的大部分噪声都与时钟频率及其多次谐波有关。因此无论电路设计还是PCB设计都应该考虑时钟电路以减低噪声。合理的地线、适当的去耦电容和旁路电容都能减小辐射。用于时钟分配的高阻抗缓冲器也有助于减小时钟信号的反射和振荡。

对于使用TTL和CMOS器件的混合逻辑电路,由于其不同的开关/保持时间,会产生时钟、有用信号和电源的谐波。为避免这些潜在的问题,最好使用同系列的逻辑器件。由于

CMOS 器件的门限宽，现在大多数设计者选用 CMOS 器件。由于制造工艺是 CMOS 工艺，因此微处理器的接口电路也优选这种器件。需要特别注意的是，未使用的 CMOS 引脚应该接地线或电源。在 MCU 电路中，噪声来自源连线/终端的输入，以致 MCU 执行错误的代码。

因为微控制器是基于 CMOS 技术制造的，因此 CMOS 器件也应是设计微控制器接口的首选逻辑系列产品。关于 CMOS 设备，一个重要方面就是其不用的输入引脚要悬空或者接地。在 MCU 电路中，噪声环境可能引起这些输入端运行混乱，还导致 MCU 运行乱码。

2. 电压校准电路

对于典型的校准电路，适当的去耦电容应该尽可能近地放置在校准电路的输出位置，因为在跟踪过程中，距离在校准的输出和负荷之间将会产生电感影响，并引起校准电路的内部振荡。一个典型例子，在校准电路的输入和输出中，加上 0.1μF 的去耦电容可以避免可能的内在振荡和过滤高频噪声。除此之外，为了减少输出脉动，要加上一个相对大的旁路电容（通常大于 10μF）。电容要放到离校准装置尽可近的地方。

3. 线路的终端匹配连接

为了抑制出现在印制线终端的反射干扰，除了特殊需要之外，应尽可能缩短印制线的长度和采用慢速电路，必要时可加终端匹配。根据经验，对一般速度较快的 TTL 电路，其印制线条长于 10cm 以上时就应采用终端匹配措施。匹配电阻的阻值应根据集成电路的输出驱动电流及吸收电流的最大值来决定，时钟信号较多采用串联匹配。

当电路在高速运行时，在源和目的间的阻抗匹配非常重要，因为错误的匹配将会引起信号反馈和阻尼振荡。过量的射频能量将会辐射或影响到电路的其他部分，引起 EMI（电磁兼容性）问题。信号的端接有助于减少这些非预计的结果。信号端接不但能减少在源和目的之间匹配阻抗的信号反馈和振铃，而且也能减缓信号边沿的快速上升和下降。有很多种信号端接的方法，每种方法都有其利弊。

4. 保护与分流线路

在时钟电路中，局部去耦电容对于减少沿着电源干线的噪声传播有着非常重要的作用。但是时钟线同样需要保护以免受其他电磁干扰源的干扰，否则受扰时钟信号将在电路的其他地方引起问题。

设置分流和保护线路是对关键信号（比如：对在一个充满噪声的环境中的系统时钟信号）进行隔离和保护的非常有效的方法。PCB 内的分流或者保护线路是沿着关键信号的线路两边布放隔离保护线。保护线路不仅隔离了由其他信号线上产生的耦合磁通，而且也将关键信号从与其他信号线的耦合中隔离开来。图 5-2 为一种保护层设计示例。

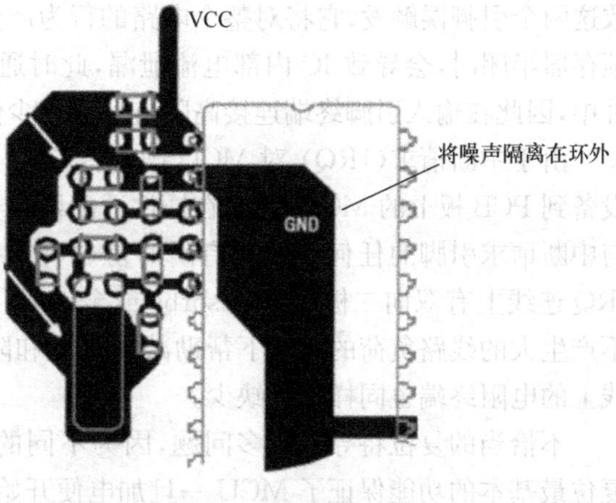

图 5-2　保护层设计示例

分流线路和保护线路之间的不同之处在于分流线路不必两端端接（与地连接），但是保护线路的两端都必须连接到地。为了进一步的减少耦合，多层 PCB 中的保护线路可以每隔一段就加上到地的通路。

5. 微控制器(MCU)

现在,许多IC制造业者不断地减小MCU的尺寸以达到在单位硅片上增加更多部件的目的。通常减小尺寸会使晶体管更快。这样一来,虽然MCU时钟速率无法增加,但是上升和下降速度会增加,从而谐波分量使得频率值上升。许多情况下,减小微控制器尺寸无法通

知给用户,这样最初时电路中的MCU是正常的,但以后在产品生命周期中的某个时间就可能出现EMC问题。对此最好的解决方法就是,在开始设计电路时就设计一个较稳健的电路。

许多实时应用方面都需要高速MCU,设计者一定要认真对待其电路设计和PCB布线以减少潜在的EMC问题。MCU需要的电源功率随着其处理功率的增加而增加。让供给电路(比如校准电路)靠近MCU是不难办到的,再用一个独立的电容就可以减少直流电源对其他电路的影响。

MCU通常有一个片上振荡器,它与自己的晶体或谐振器连接,从而避免使用其他时钟驱动电路的时钟。这个独立的时钟能更好地防止系统其他部份所产生的噪声辐射。在时钟频率方面,MCU通常是对功率要求最高的设备,这样让时钟靠近MCU就能保证对时钟频率仅有最小的驱动需求。

6. I/O口引脚

对于大多数MCU,引脚通常都是高阻输入或混合输入/输出(I/O)。高阻输入引脚易受噪声影响,并且在非正常终端时会引至寄存器锁存错误的电平。一个非内部终端的输入引脚需要有高阻抗连接每个引脚到地或者到供电电平,以便确保一个可知的逻辑状态。未连接的输入引脚通常浮动在供电电平的中间值周围,或者由于有内部泄漏通路而浮动在不确定的电压值。

对于中断或复位引脚(输入引脚)来说,其终端比普通I/O口引脚更为重要。如果噪声导致这两个引脚误触发,它将对整个电路的行为产生巨大的影响。当输入引脚未连接,同时输入锁存器半闭时,会导致IC内部电流泄漏,此时通常可以看到高电流消耗,尤其是在CMOS器件中,因此在输入引脚终端连接高阻抗可以减少供电电流。

由于中断请求(1RQ)对MCU操作有影响,因此它是元件中最敏感的引脚之一。从远端设备到PCB板上的MCU,甚至在插件适配器或子系统卡上,IRQ都可以被查询。因此,确保与中断请求引脚的任何连线都有瞬时静电释放保护是非常重要的。对于静电释放来说,在IRQ连线上有双向二极管、transorbs或金属氧化变阻器终端通常就足够了,而且它们还能在不产生大的线路负荷的情况下帮助减少过冲和阻尼震荡。即便是对价格很敏感的应用,IRQ线上的电阻终端也同样不可缺少。

不恰当的复位将导致许多问题,因为不同的应用利用了MCU启动和断电的不同条件。复位最基本的功能保证了MCU一旦加电便开始用可控制的方式执行代码。

加电时,电源上升到MCU的工作电压,在晶振稳定之前需要等一段时间,因此在复位引脚上要有时间延时。最简单的延时就是电阻—电容(RC)网络,在电流经过电阻时电容开始充电,一直到电平达到了能被MCU在逻辑1状态时复位电路检测到的值为止。

理想情况下没有严格规定电阻和电容的大小,但也有其他方面的考虑。复位引脚的内部泄漏电流通常规定不能超出1μA(针对MotorolaHC08MCU),这意味着电阻最大为100kΩ,电容不能是电解电容,以保持停止电流的最小值。推荐使用陶瓷电容,因为它结合了低价格、低泄漏、高频反应性能好的优点,复位引脚电容非常小(MotorolaHC08 MCU低于5pF)。对于

最小阻抗值也有限制，因为最大上拉电流大约为 5mA，1V。加上外部电容的低阻抗电压源，则确定了上拉电阻的最小值为 2kΩ。推荐用二极管来钳住复位引脚的电压，这一种做法能防止供电电压过度，并且能够在断电时令电容迅速放电。

7. 振荡电器

许多 MCU 合成了倒相放大器，用来与外部晶体或陶瓷共振器一起构成皮尔斯振荡器结构。振荡器往往是一个有效的干扰源，因此要避免敏感信号走线从振荡器电路附近经过，同时振荡器有时也是敏感电路，因此也要避免高速信号影响振荡器的工作。

5.2.2 PCB 设计

印制板上的电路虽然各式各样，但就布线和设计而言总是有些共同的原则应该遵守。在印制板布线时通常先确定元器件在板上的位置，然后布置地线、电源线，再安排高速信号线，最后考虑低速信号线。

1. PCB 设计信息

在设计 P CB 时，需要了解电路板的如下设计信息：

- 器件数量、器件大小、器件封装；
- 整体布局的要求、器件布局位置、有无大功率器件、芯片器件散热的特殊要求；
- 数字芯片的速率、PCB 是否分为低速中速高速区、哪些是接口输入输出区；
- 信号线的种类速率及传送方向、信号线的阻抗控制要求、总线速率走向及驱动情况、关键信号及保护措施；
- 电源种类、地的种类、对电源和地的噪声容限要求、电源和地平面的设置及分割；
- 时钟线的种类和速率、时钟线的来源和去向、时钟延时要求、最长走线要求。

2. PCB 分层

首先要确定在可以接受的成本范围内实现功能所需的布线层数和电源层数。电路板的层数是由详细的功能要求、抗扰度、信号总类的分离、器件密度、总线的布线等因数确定的。目前电路板已由单层、双层、四层板逐步向更多层电路板方向发展，多层印制板设计是达到电磁兼容标准的主要措施，具体要求如下：

- 分配单独的电源层和地层，可以很好的抑制固有共模干扰，并减小点源阻抗。
- 电源平面和接地平面尽量相互邻近，一般地平面在电源平面之上。
- 最好在不同层内对数字电路和模拟电路进行布局。
- 布线层最好与整块金属平面相邻。
- 时钟电路和高频电路是主要的干扰源，应单独处理。

3. 布局

印制板电磁兼容设计的关键是布局和布线，其好坏直接关系到电路板的性能。目前电路板布局的 EDA 自动化程度很低，需要大量的人工布置。在布局之前，必须确定尽量低的成本下满足功能的 PCB 大小。如果 PCB 尺寸过大，布局时器件分布分散，则传输线可能会很长，这样造成阻抗增加，抗噪声能力下降，成本也增加。如果器件集中放置，则散热不好，邻近走线容易产生耦合串扰。所以必须根据电路功能单元进行布局，同时考虑到电磁兼容、散热和接口等因素进行整体布局时应遵循一些原则。

电子设备中数字电路、模拟电路以及电源电路的元件布局和布线特点各不相同，它们产生的干扰以及抑制干扰的方法不相同；高频、低频电路由于频率不同，其干扰以及抑制干扰的方法也不相同。所以在元件布局时,应该将数字电路、模拟电路以及电源电路分别放置,将高频电路与低频电路分开。

因此有必要先按照电路功能和特点分块,然后有条件的应使之各自隔离或单独做成一块电路板。此外,布局中还应特别注意强、弱信号的器件分布及信号传输方向途径等问题。

在元器件布置方面与其它逻辑电路一样,应把相互有关的器件尽量放得靠近些,这样可以获得较好的抗噪声效果。元件在印刷线路板上排列的位置要充分考虑抗电磁干扰问题,原则之一是各部件之间的引线要尽量短。在布局上,要把模拟信号部分、高速数字电路部分、噪声源部分(如继电器,大电流开关等)这三部分合理地分开,使相互间的信号耦合为最小。

时钟发生器、晶振和CPU的时钟输入端都易产生噪声,要相互靠近些。易产生噪声的器件、小电流电路、大电流电路等应尽量远离逻辑电路,如有可能应另做电路板,这一点十分重要。

4. 特殊元件的布局规则

- 尽可能缩短高频元器件之间的连线,设法减少它们的分布参数和相互间的电磁干扰。易受干扰的元器件不能相互挨得太近,输入和输出元件应尽量远离。
- 某些元器件或导线之间可能有较高的电位差,应加大它们之间的距离,以免放电引出意外短路。带高电压的元器件应尽量布置在调试时手不易触及的地方。
- 重量超过15g的元器件、应当用支架加以固定,然后焊接。那些又大又重、发热量多的元器件,不宜装在印制板上,而应装在整机的机箱底板上,且应考虑散热问题。热敏元件应远离发热元件。
- 对于电位器、可调电感线圈、可变电容器、微动开关等可调元件的布局应考虑整机的结构要求。若是机内调节,应放在印制板上方便于调节的地方;若是机外调节,其位置要与调节旋钮在机箱面板上的位置相适应。
- 应留出印制板定位孔及固定支架所占用的位置。

5. 全局布局规则

- 按照信号的流程安排各个功能电路单元的位置,使布局便于信号流通,并使信号尽可能保持一致的方向。
- 以每个功能电路的核心元件为中心,围绕它来进行布局。元器件应均匀、整齐、紧凑地排列在PCB上,尽量减少和缩短各元器件之间的引线和连接。
- 在高频下工作的电路,要考虑元器件之间的分布参数。一般电路应尽可能使元器件平行排列。这样不但美观,而且装焊容易,易于批量生产。
- 位于电路板边缘的元器件,离电路板边缘一般不小于2mm。电路板的最佳形状为矩形。长宽比为3∶2或4∶3。电路板面尺寸大于200mm×150mm时,应考虑电路板所受的机械强度。

6. PCB元器件通用布局规则

- 电路元件和信号通路的布局必须最大限度地减少无用信号的相互耦合。
- 低电平信号通道不能靠近高电平信号通道和无滤波的电源线,包括能产生瞬态过程的电路。
- 将低电平的模拟电路和数字电路分开,避免模拟电路、数字电路和电源公共回线产生公共阻抗耦合。
- 高、中、低速逻辑电路在PCB上要用不同区域。

➢ 安排电路时要使得信号线长度最小。
➢ 保证相邻板之间、同一板相邻层面之间、同一层面相邻布线之间不能有过长的平行信号线。
➢ 电磁干扰(EMI)滤波器要尽可能靠近 EMI 源,并放在同一块线路板上。
➢ DC/DC 变换器、开关元件和整流器应尽可能靠近变压器放置,以使其导线长度最小。
➢ 尽可能靠近整流二极管放置调压元件和滤波电容器。
➢ 印制板按频率和电流开关特性分区,噪声元件与非噪声元件要距离再远一些。
➢ 对噪声敏感的布线不要与大电流,高速开关线平行。

7. 合理的层数

根据单板的电源、地的种类、信号密度、板级工作频率、有特殊布线要求的信号数量,以及综合单板的性能指标要求与成本承受能力,确定单板的层数:对于 EMC 指标要求苛刻而相对成本能承受的情况下,适当增加地平面乃是 PCB 的 EMC 设计的杀手锏之一。

单一电源供电的 PCB,一个电源平面足够了:对于多种电源,若互不交错,可考虑采取电源层分割(保证相邻层的关键信号布线不跨分割区):对于电源互相交错的单板,则必须考虑采用两个或以上的电源平面,每个电源平面的设置需满足以下条件:单一电源或多种互不交错的电源:相邻层的关键信号不跨分割区:地的层数除满足电源平面的要求外,还要考虑:元件面下面有相对完整的地平面。高频、高速、时钟等关键信号有一相邻地平面:关键电源有一对应地平面相邻。

8. 布线

在高频情况下,印刷线路板上的走线、过孔、电阻、电容、接插件的分布电感与电容等不可忽略。电容的分布电感不可忽略,电感的分布电容不可忽略。电阻会产生对高频信号的反射和吸收。走线的分布电容也会起作用。当走线长度大于噪声频率相应波长的 1/20 时,就产生天线效应,噪声通过走线向外发射。

印刷线路板的过孔大约引起 0.5pF 的电容。一个集成电路本身的封装材料引入 2～6pF 电容。一个线路板上的接插件,有 520nH 的分布电感。一个双列直插的 24 引脚集成电路插座,引入 4～18nH 的分布电感。

这些小的分布参数对于运行在较低频率下的微控制器系统是可以忽略不计的;而对于高速系统必须予以特别注意。如图 5-3 所示,对于时钟线、差分线对、复位线及其他高速强辐射或敏感线路,当线宽为 W 时,其与相邻线径的中心线距应大于 $3W$。

9. 电源线

根据印制线路板电流的大小,尽量加粗电源线宽度,减少环路电阻。同时使电源线、地线的走向和数据传递的方向一致,这样有助于增强抗噪声能力。在考虑安全条件下,电源线应尽可能靠近地线,以减小差模辐射的环面积,也有助于减小电路的交扰。

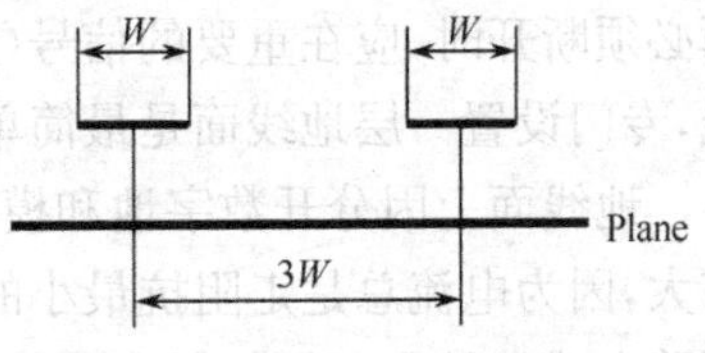

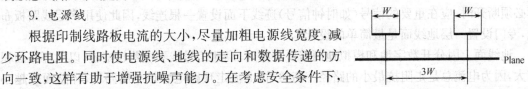

图 5-3 高速平行布线的 3W 准则

10. 一零、单面板和双面板几种地线的分析。

(1) 地线网格

平行地线概念的延伸是地线网格,这使信号可以回流的平行地线数目大幅度地增加,从而使地线电感对任何信号而言都保持最小。这种地线结构特别适用于数字电路。进行线路板布线时,应首先将地线网格布好,然后再进行信号线和电源线的布线。当进行双面板布线时,如果过孔的阻抗可以忽略,可以在线路板的一面走横线,另一面走竖线。高速信号线尽量靠近地线,以减小环路面积。

除了直流电源的地线要通过较大的电流,需要有一定的宽度外,地线网格中的其他导线并不需要很宽,即使只有一根很窄的导线,也比没有强。

地线网格的间距也不能太大,因为地线的一个重要作用是提供信号回流路径,若地线网格的间距过大,会形成较大的信号环路面积。大环面积会引起辐射和敏感度问题,另外信号回流实际走环路面积小的路径,其他地线并不起作用。

地线网格并不适合低频小信号模拟电路,因为这时要避免公共阻抗耦合。当电路的工作频带很窄时,地线上的高频骚扰并不是主要问题。为了降低对静电放电(ESD)的敏感性,一个低阻抗的地线网格是很重要的,但是必须与主参考地结构连接起来,这种连接可以是间接的(通过电容器),也可以是直接的。

在高速数字电路中,有一种地线方式是必须避免的,这就是"梳状"地线。这种地线结构使信号回流电流的环路很大,会增加辐射和敏感度,并且芯片之间的公共阻抗也可能造成电路的误操作。在梳齿之间加上横线,就很容易地将梳状地线结构变为地线网格了。

(2) 地线面

地线网格的极端形式是平行的导线无限多,构成了一个连续的导体平面,这个平面称为地线面。这在多层板中很容易实现,它能提供最小的电感。这种结构特别适合于射频电路和高速数字电路。通常的四层板中还专门设置一个电源面,它能够在高频时提供一个低的"源-地"阻抗。

值得注意的是,从EMC的角度看,地线面的主要作用是减小地线阻抗,从而减少地线骚扰。地线面和电源面的屏蔽作用是很小的,特别是当器件安装在线路板表面时,几乎没有屏蔽作用,将地线面和电源面布置在外层几乎没有什么好处,特别是考虑调试、维修和修改等因素时。

双层板上也可以使用地线面,这决不是简单地将没有用到的面积上布上铜箔然后连接到地线上,因为地线面的目的是提供一个低阻抗的地线,因此它必须位于需要这种低阻抗地线的信号线的下面(或上面)。在高频,回流信号并不一定走几何上最短的路径,而会走最靠近信号线的路径。这是因为这种路径与信号线之间的环路面积最小,因此具有最小电感和最小阻抗,所以地线面能够保证回流电流总是取最佳路径。

从以上讨论不难看出,地线面上的电流必须是连续的,这样才能取得预期的效果。当地线面必须断开时,应在重要的信号(如时钟信号)迹线下面设置一根连线,因此使用多层线路板布线,专门设置一层地线面是最简单的设计。

地线面上因分开数字地和模拟地而需要开槽时,高速信号线不应跨越槽缝,以免环路面积扩大,因为电流总是走阻抗最小的路径。高频时,电流走环路电感最小的路径,环路面积越小环路电感就越小。但如果高速信号线跨过槽缝,则回流线被迫绕过槽缝,使环路面积加大。必要时可以在槽上架"桥",例如,A/D变换器就可置于桥上,其"地"脚如果在模拟地一侧,数字信号的回流就可过"桥"回到地脚,从而保持环面积最小,此"桥"也可用电容器架设。

此外,还应避免将连接器安装在槽缝上,因为如果两侧存在较大的地电位差,就会通过外接电缆产生共模辐射。

地线面还能有效地控制串扰,这是一种系统内EMC问题。走线之间的串扰机理有电感耦合、电容耦合以及共阻抗耦合等3种。地线面可将公共地线阻抗减少40~70dB,地线面由于使不同的信号回路不在一个平面内，因此对减少电感耦合也有好处。

图5-4为某两层电路板照片，该电路为数字和模拟，高频和低频混合电路，电路板背面采用完整的覆铜作为地层，元件面布线的空白处覆铜并通过过孔连通到背面的地层。

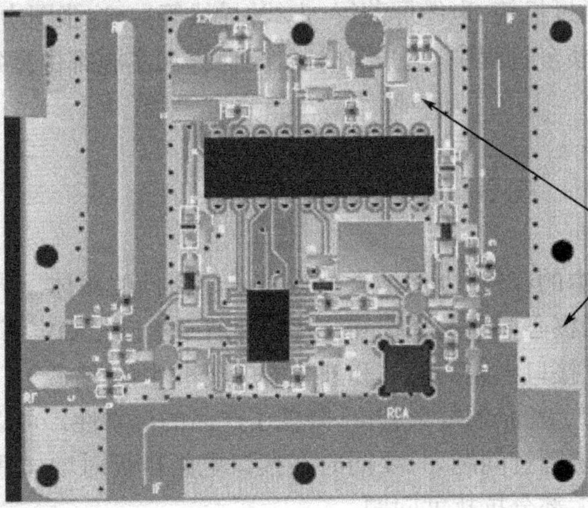

图5-4　某电路板地层的处理

(3) 环路面积

地线面的一个主要好处是能够使辐射的环路最小。这保证了PCB的最小差模辐射和对外界骚扰的敏感度。当不使用地线面时，为了达到同样的效果，必须在高频电路或敏感电路的邻近设置一根地线。表面安装技术能够有效地减小信号环路面积，但为了充分发挥表面安装技术的优点，应使用专门有一层地线面的多层板布线。在双层板上使用表面安装技术仅能获得有限的改进，因为在双层板中使用表面安装技术仅仅将整个板的尺寸减少了，也就是将走线减少了。而在多层板中，信号环路面积明显减少。

(4) 输入输出地的结构

前面已指出，为了减小电缆上的共模辐射，需要对电缆采取滤波和屏蔽技术。但不论滤波还是屏蔽都需要一个没有受到内部骚扰污染的干净地。当地线不干净时，滤波在高频时几乎没有作用，除非在布线时就考虑这个问题，一般这种干净地是不存在的。干净地既可以是PCB上的一个区域，也可以是一块金属板。所有输入输出线的滤波和屏蔽层必须连到干净地上。干净地与内部的地线只能在一点相连。这样可以避免内部信号电流流过干净地，造成污染。

为了达到ESD防护的目的，必须将电路地线连接到机壳上。当电路地与机壳需要直流隔离时，可以使用一个10～100μF的射频电容器连接。

绝对不要将数字电路的地线面与模拟电路地线面的区域重叠，因为这样会使数字电路骚扰耦合进模拟电路，数字地和模拟地可以在数—模转换器的部位单点连接。

直接与数字电路相连的接口应使用缓冲器，以避免直接连到数字电路的地线上，较理想的接口是光隔离器，当然这会增加成本。当不能提供隔离时，可以使用以输入输出地为参考点的缓冲芯片，或者使用电阻或扼流圈缓冲，并在线路板接口处使用电容滤波。

(5) 地线布线规则

由于对所有的信号线都实现最佳地线布线是不可能的，在设计时应重点考虑最重要的部分。从EMI的角度考虑，最重要的信号是高电流变化率信号，如时钟线、数据线、大功率方波振荡器等。从敏感度的角度考虑,最重要的信号是前后沿触发输入电路、时钟系统、小信号模拟放大器等。一旦将这些重要信号分离出来,就可以把设计的重点放在这些电路上。

在产品设计过程中,一个有效的工具是地线图。这是一张关于设备中所有地线连接的图,包括所有的地参考点和地路径(通过机箱、电缆屏蔽层、走线、导线等)。这张图中仅有地线,其他电路可以简化。在产品开发的整个过程中,这张图的制作、保存和实施都由指定的EMC设计师来执行。

5.3 小 结

印制线路板是电子产品最基本的部件,也是绝大部分电子元器件的载体。当一个产品的印制线路板设计完成后,可以说其核心电路的骚扰和抗扰特性就基本已经确定下来了,要想再提高其电磁兼容特性,就只能通过接口电路的滤波和外壳的屏蔽来"围追堵截"了,这样不但大大增加了产品的后续成本,也增加了产品的复杂程度,降低了产品的可靠性。可以说一个好的印制线路板可以解决大部分的电磁骚扰问题,只要同时在接口电路排板时增加适当瞬态抑制器件和滤波电路就可以同时解决大部分抗扰度问题。

习 题

一、简答题

1. 简述电容、电感在电路板电磁兼容设计中的作用。

2. 列举几种容易产生干扰的器件或者电路。

3. 从电磁兼容的角度,简述电路板设计的一般步骤。

二、下列判断是否正确,简要地说明理由。

1. 实际电路中的去耦电容应选择容量大的电容,比如时钟为10MHz的单片机电源的去耦电容应选择容量较大的电解电容。

2. 电路板上小信号走线应尽量避开时钟走线,以免后者对前者产生干扰。

三、分析题

图5-5是某芯片接电源和地的三种方式,从电磁兼容的角度分析三种方式的优劣。

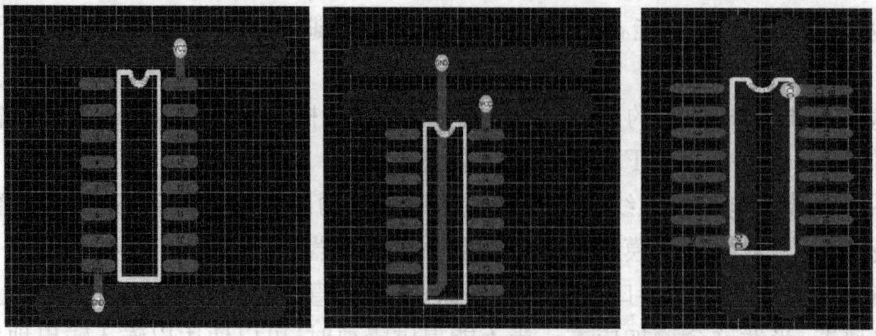

图5-5 分析题图

第6章　电磁兼容测量技术

电磁兼容测量技术在电磁兼容领域占据重要位置，它随着电磁兼容技术的发展而发展，并成为电磁兼容产业的支撑技术。通过学习电磁兼容测量原理、电磁兼容测量标准以及评估测量结果的方法来掌握电磁兼容测量技术。本章总的题目称作电磁兼容测量技术，它包容所有的电磁兼容测量和试验活动。

6.1　概　述

电磁兼容测量是指利用仪器与设施等手段对设备和系统的电磁兼容状态进行的测量。实践表明，电磁兼容技术研究是建立在大量的试验和实际测量的基础上的，测量是研究和设计不可缺少的手段。设备电磁兼容性的设计是否合理，采取的技术措施是否得当，系统之间是否存在潜在的电磁干扰都要通过电磁兼容测量来衡量，其是获取设备和系统电磁兼容性能数据的最直接手段，也是掌握设备和系统电磁兼容性能以及进行电磁兼容维护的基础。

6.1.1　电磁兼容测量在电磁兼容学科领域中的重要位置

电磁兼容学科是以测量和试验为基础的新型学科，电磁兼容测量技术是电磁兼容领域研究的重要课题。由于电磁兼容理论基础宽、工程实践综合性强、物理现象复杂，所以在观察与判断物理现象或解决实际问题时，测量和试验具有重要意义。正如电磁兼容领域的元老——美国肯塔基大学的 C. R. Paul 教授所说："对于最后的成功验证，也许没有其他任何领域像电磁兼容那样强烈地依赖于测量"。测量（Measurement）可理解为用一定的仪器和工具测定某一参数或指标，从某种意义上说电磁兼容标准测量的结果要给出定量的说法，而电磁兼容现场测量更多地关心的是相对变化。本书认为按照指定电磁兼容测量标准，在规范的电磁兼容实验室里，使用规范的测量设备，遵照标准的测量方法进行的电磁兼容试验属电磁兼容标准测量范畴。测量结果给出 EUT（Equipment Under Test，EUT）是否通过标准的结论，对于未通过标准的 EUT，要给出超标的具体数据。

电磁兼容测量技术除介绍标准的电磁兼容测量以外，还有整个系统的电磁兼容测量，它包括系统内的自兼容测量和系统的环境测量。虽然系统级电磁兼容标准制约了系统级电磁兼容测量，但这些标准都是原则性的。由于受经费和技术条件制约，一般很难建造昂贵的实验室和引进成套的测量设备进行系统测量，而到规范实验室测量则费用高，加之时间条件不允许，另外被测系统还受到复杂工作状态等多种因素影响，因此系统测量很难得到准确的量值关系，测量目的一般不追求严格的定量关系，注重的是兼容与否的技术状态。还应指出，诸如滤波器的安全性能，电缆间的耦合，天线间隔离度，发射机和接收机频谱分析等，它们与电磁兼容性能直接相关，其测量方法与标准电磁兼容测量方法有着密切关系，但目前还未形成相应的测量标准。

电磁兼容测量有不同于一般的电性能测量的特点。这是因为电磁兼容设计远没有电性能设计那样成熟，不仅是由于它是新的学科，更多的是由于它自身的复杂性。因为电磁干扰有时是多变的、随机的,电磁干扰的时域波形不太规则,电磁干扰的频谱比较复杂。电路分析中的许多分布参数不容忽视。电磁干扰是与结构、布局、工艺等众多因素相关的电磁现象,靠数学仿真、理论计算进行设计有一定困难。电磁干扰频率可以从几赫兹到几十吉赫兹,幅度可能是从几微伏到几伏、几十伏,甚至上百伏。与其相配套的电磁兼容测量设备要求具有灵敏度高、稳定性好、频谱宽、动态范围大等特点。为了模拟各种电磁干扰,发达国家不惜人力、财力研究各种干扰(自然的、人为的)性质,将它们仿真出来,并制造出模拟干扰波形的仪器设备,以提供测量使用,如突发脉冲串、浪涌、快速瞬态、静电放电波形等。面对大型电子系统,即使有了好的测量设备,也不是一次测量结果就能说明问题,有时要靠多次测量或多种状态的测量。至今在电磁兼容领域对大多数情况仍认为主要靠测量,并运用统计概率借用大量试验数据作为分析判断的依据。

综上所述,电磁兼容测量技术在电磁兼容领域有着特殊重要的地位,发挥着其他手段无法替代的重要作用。

6.1.2 电磁兼容测量技术的发展

早期的电磁兼容测量处于电磁干扰诊断阶段。当时的电子系统工程,一般是先进行设计、加工、总装调试,有些问题往往在系统联试中才能发现。测量手段通常使用通用电子仪器设备,如早期生产的示波器和频谱分析仪等。称这个阶段的电磁兼容技术处在发现问题、解决问题的初级阶段。

科学实践使人们认识到:要使一些电子、电气设备共存于一个有限空间,并能正常运行,实现各自的功能,必须事先对这些设备进行某种约定,即确定电磁兼容指标和相应的测量办法。于是,人们在实践中花费大量精力研究、制定了各种电磁兼容标准。这些标准规定了测量方法,也规定了电磁干扰的极限值。这一阶段电磁兼容技术已进入标准规范法阶段。此阶段配套的测量仪器和设备得到了进一步发展。

第二次世界大战后,美国各军兵种为各自的需要,对属于该领域的设备制定各自的电磁兼容要求。需要研制的设备是多种多样的,与之相关的电磁兼容标准规定的极限值差别比较大,要求的测量方法不尽相同,配备的测量设备也不一样。有时发现按某一电磁兼容标准要求设计的设备,不一定能满足另一标准的要求。因此,常常出现欠设计或过设计。这就给制定标准的人提出了一个非常现实的问题,即制定一些新标准来统一名目繁多的标准,供三军使用。

国际无线电干扰特别委员会(International Special Committee on Radio Interference, CISPR)和国际电工委员会(International Electro technical Commission, IEC)等组织也先后制定了一系列电磁兼容标准,对测量场地、测量设备、测量方法等做了具体规定,并针对各种电子、电气产品制定了相应比较详细的标准要求。这些要求既是产品设计师进行设计的指南,也是电磁兼容测量人员进行电磁兼容测量,并用来判断产品是否合格的依据,有些标准直接用于指导测量。如CISPR－11关于"工业、科学、医疗射频设备的无线电干扰极限值和干扰特性测量方法",CISPR－22关于"信息技术设备的无线电干扰的测量方法和极限值"等,又如IEC61000－4系列关于测量与测量技术等。在多年测量经验的基础上,这些标准经多次修订已经比较成熟。为了使各个国家、各个实验室的测量结果有可比性,还专门制定了关于电磁兼容测量仪器设备的标准,对测量仪器设备的技术指标作了较为详细的统一定义和规定。

国际上具有权威的世界贸易组织(The World Trade Organization, WTO)在WTO/TBT协议中规定了签字国必须依照国际标准或其中有关部分制定自己的技术法规和标准,但涉及国家安全需要、对欺骗性作法的防范、对人类健康、安全和动植物生命健康以及环境保护除外。各国可以规定这五个方面的技术法规。

WTO/TBT 协议(《世界贸易组织贸易技术壁垒协议》,Agreement on Technical Barriers to Trade of The World Trade Organization)规定了"认证制度",即所有贸易产品均应经过获得认证资格的规范实验室测量。我国的电磁兼容实验室认证工作正在开展,CNACL《实验室认可准则》关于电磁兼容检测领域认可的补充规定(CNACL201—7—99),对电磁兼容实验室设施、试验设备、测量人员技术水平等做出具体规定,并进行了详细说明。我国的电磁兼容测量技术队伍在不断成长壮大。在电磁兼容测量领域与国际接轨的可能性正在并即将变成现实。

随着测量技术的发展以及测量对象的细分,电磁兼容测量也越来越有与产品功能测量融为一体的趋势。在产品的电磁兼容测量过程中必须随时监测被测设备 EUT 的工作情况。作为未来发展中逐步完善的电磁兼容测量系统应该包括 EUT 监测设备和具备对 EUT 进行功能性测量的设备。以移动电话的辐射敏感度测量为例,为确定 EUT 对施加电磁干扰的抗扰度,必须同时监测 EUT 的工作情况。ETS 300－342－1(GSM 系统)和 ETS300－329(DECT 系统)标准规定在电磁敏感度测量中必须为 EUT 建立呼叫,这个呼叫可以通过有线或者无线方式与基站模拟器建立。利用相应的测量软件,可以在电磁敏感度测量中随时监测手机和基站的链路参数(如 RXQUAL,BER 等)。为了监测射频特性,要能够建立上行(手机到基站)和下行链路(基站到手机)。这样,测量人员可以通过基站模拟器随时通过信号参数监测手机的工作情况。基站模拟器和手机建立一个呼叫,手机接受到基站模拟器通过发射天线发出的呼叫信号,并把它转换为语音信号,通过特定的检测设备(音频分析仪)监测话音质量,如图 6-1 所示。

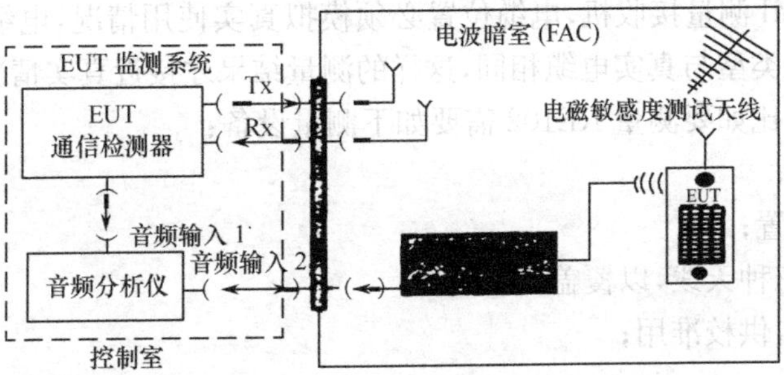

图 6-1　手机辐射敏感度测量示意框图

实际上,在手机这种特定的产品电磁兼容测量中,由于产品较为相似,功能相对固定,完整的监测系统完全可以满足 EUT 自身的功能性测量的要求,也就是说,完全可以把功能性测量和电磁兼容测量结合起来进行。

总之,电磁兼容测量技术在不断发展。虚拟仪器技术使得测量系统引入人工智能。内装自检技术的应用实现了被测系统的自动检测和故障诊断。展望未来,随着测量技术向多媒体化、网络化的迈进,新的测量体系会逐步建立起来,到那时对电子产品的测量和检验将是全方位、完全自动化的。

6.1.3　电磁兼容测量标准

在电磁兼容领域的所有标准中,有关电磁兼容测量的标准占了相当大的比重。显而易见,电磁兼容测量的主线是测量标准。

电磁兼容测量标准是进行电磁兼容测量的技术依据。认真学习这些标准文件，了解它的物理意义，严格按照标准规定的办法操作，才能够保证测量结果的正确性。这就要求人们必须解决测量过程中许多人为因素影响的技术问题。

1. 电磁兼容测量标准很多

作为测量技术人员要弄清 EUT 属于哪类产品，它应执行哪个标准，测量前应该了解该测量标准的技术内涵，产品设计师也应该了解自己开发的产品应该按着哪个标准进行检测。例如，一台肾结石粉碎机要进行电磁兼容检测，应按 GB4824—1996《工业、科学和医疗(ISM)射频设备电磁干扰特性的测量方法和限值》进行测量；新研制的电动玩具准备推向市场，必须按照 GB4343—1995《家用或类似用途电动、电热器具、电动工具及类似电器无线电干扰特性测量方法和允许值》进行测量；一台雷达发射机在装车之前，必须严格按照 GJBl52A—1997《军用设备、分系统电磁发射和电磁敏感度测量》进行测量等。

2. 每个电磁兼容测量标准都包括许多测量项目

具体 EUT 应该执行电磁兼容测量标准的哪些测量项目，它的物理含义是什么，是测量前应该弄清楚的。以雷达发射机为例，依据 GJB151A—1997 的提示或依据雷达技术指标，一般要进行以下项目的测量，如 CE102 10 kHz～10 MHz 电源线传导发射测量，CS101 25 Hz～50 kHz 电源线传导敏感度测量，CS114 10 kHz～400 MHz 电缆束注入传导敏感度测量，RE102 10 kHz～18 GHz 壳体和所有电缆的辐射发射测量，其他项目依专业技术条件和具体情况而定。

3. 电磁兼容测量标准规定的测量方法

实际工作中要严格按照规定操作。以 RE102 为例，在对雷达发射机摆放时，要注意将所有互连电缆朝向 EMI 测量接收机，电缆位置必须模拟真实使用情况，电缆应该是工程用的真实电缆，至少参试件类型与真实电缆相同，这样的测量结果才接近真实情况。测量标准中对测量设备有具体描述，比如要测量 RE102 需要如下测量设备：

① 测量接收机；

② 数据记录装置；

③ 天线：包括三种天线，以覆盖所需频段；

④ 信号发生器，供校准用；

⑤ 短棒辐射器；

⑥ 电容器 10 pF；

⑦ LISN (电源阻抗稳定网络)。

标准中给出了校准连接图、测量天线接地示意图和测量连接示意图。图中地网提供了良好的接地。在屏蔽暗室测量时，将拉杆天线地网与测量用接地平台，通过金属带搭接，搭接电阻小于 2.5 mΩ 直接搭接到测量接地平台上。如果在外场测量，则接地网与大地接地点连接。天线应距测量配置边界 1 m。这是军标统一规定的距离。一般情况下分频段测量，几副天线置换，以确保测量天线的 3 dB 波束宽度对应着被测设备辐射发射干扰的主要来源。在标准中作了这样详尽的描述，对 200 MHz～1 GHz 频段的测量，要求被测设备的电缆有 350 mm 暴露在测量天线的主瓣接收范围内，对于 1 GHz 以上的被测设备，则要求电缆长 70mm。这是因为电缆长短直接影响测量结果，所以必须按标准执行。具体测量方法操作如下：

操作 1：测量系统自检；

操作 2:检测背景环境电平;

操作 3:被测设备通电加热,使其达到稳定工作状态。按规定的测量带宽和最小测量时间,让测量接收机在规定的频带内扫描。因为测量带宽、测量时间的选取对测量结果构成影响,必须按标准执行。

为了更进一步了解测量标准,再举出一些实例。

(1) 在诸多国际电磁兼容标准中,CISPR 标准中有关电磁兼容测量的标准需要仔细阅读,以 CISPR16—1《无线电干扰和抗扰度测量设备和测量方法规范》为例,第一部分无线电干扰和抗扰度测量设备规范,介绍了四种类型的测量接收机(准峰值测量接收机,峰值测量接收机,平均值测量接收机,均方根值测量接收机)的输入阻抗、基本特性、过载系数等,对正弦波电压精确度、脉冲响应、选择性、互调效应、接收机噪声等作了详细规定。频谱分析仪和扫描接收机在 9 kHz～1GHz 频率范围内,与测量接收机要求基本一致。对 1GHz～18GHz 频谱分析仪的带宽、屏效、乱真响应等项指标作了具体规定。对干扰测量需求的音频电压表的基本特性作了约定。作 CISPR 标准电磁兼容测量需要电源阻抗稳定网络、电流探头和电压探头、功率吸收钳等辅助设备。标准中对其性能要求也给出了详细规定。对用于开关操作引起的干扰的幅度、发生率和持续时间进行自动评定的干扰分析仪和用于无线电辐射干扰测量的各种天线(以及用于传导电流抗扰度测量的耦合单元)作了具体规定。

(2) IEC61000 系列标准涉及电磁环境、发射、抗扰度、试验程序和测量技术等规范,其中第四部分 IEC61000—4 系列主要是关于测量技术的内容:

IEC61000—4—3《辐射(射频)电磁场抗扰度试验》

IEC61000—4—4《电快速瞬变/脉冲群抗扰度试验》

IEC61000—4—5《浪涌(冲击)抗扰度试验》

IEC61000—4—6《对射频场感应的传导干扰抗扰度试验》

IEC61000—4—7《供电系统及所连设备谐波和谐间波的测量和仪表通用指南》

IEC61000—4—8《工频抗扰度试验》

IEC61000—4—9《脉冲磁场抗扰度试验》

IEC61000—4—10《阻尼振荡抗扰度试验》

IEC61000—4—11《电压暂降、短期中断和电压变化抗扰度试验》

IEC61000—4—12《振荡波抗扰度试验》

IEC61000—4—15《闪烁仪的功能和设计规范》

IEC61000—4—16《传导共模干扰抗扰度试验方法》

(3) 我国标准化组织已将上述标准等同或等效制定为国家标准:

GB3907“工业无线电干扰基本测量方法”;

GB4343“电动工具、家用电器和类似器具的无线电干扰特性测量方法和允许值”;

GB4824.2“工业、科学和医疗设备无线电干扰特性测量方法”;

GB4859“电气设备的抗干扰特性测量方法”;

GB6114“广播接收机干扰特性测量方法”;

GB6279“车辆、机动船和火花点火发动机驱动装置无线电干扰特性的测量方法和允许值”;

GB7343“10kHz～30MHz 无源无线电干扰滤波器和抑制组件抑制特性的测量方法”;

GB7349“高压架空输电线、变电站无线电干扰测量方法”;

GB9254“信息技术设备的无线电干扰极限值和测量方法”；

GBl2190“高性能屏蔽室屏蔽效能测量方法”。

电磁兼容测量标准的贯彻执行，对于电子产品的电磁兼容性指标的检测，对于各行各业建设电磁兼容检测机构，对于推动电磁兼容市场监督等相关工作，都发挥了很好的作用。

6.1.4 电磁兼容测量结果评价

测量数据给出许多信息，我们要学会依据标准判断EUT是否通过指定的电磁兼容标准，要学会判断两台同样通过标准的产品哪个电磁兼容裕量更大，学会判断两台同样未通过标准的产品反映的问题轻重是否一样，问题的本质是否有差异等。电磁兼容测量结果能够给出EUT是否通过某电磁兼容标准，对于那些没有达标的EUT，给出了具体的超标频点及超标量值。通过研究分析电磁兼容测量结果有助于查明电磁兼容受到破坏的原因，查明不希望有的电磁干扰对各种敏感设备作用的途径，评价敏感设备在各种工作状态下受影响的程度，评价研制过程中所采用的组织措施、技术措施的有效性。

(1) 对于具有发射性能的产品(包括各种发射机和接收机的本振发射)，必须检验它的多余发射(有用信号之外的发射)，即由产品自身产生的、于信息传输有害的电磁噪声和无用信号。在国家标准GB/IL4365中称为电磁骚扰，在国军标GJB—72中称为电磁干扰。产品不产生任何电磁干扰是不现实的，科学的方法是对干扰进行约束，这就是电磁兼容标准中规定的极限值。极限值用限制线将规定的或允许的电磁干扰在频域中表述。严格地讲，干扰发射极限值是指对应于规定标准测量方法的最大电磁干扰允许电平，如图6-2所示的曲线 B 所示。

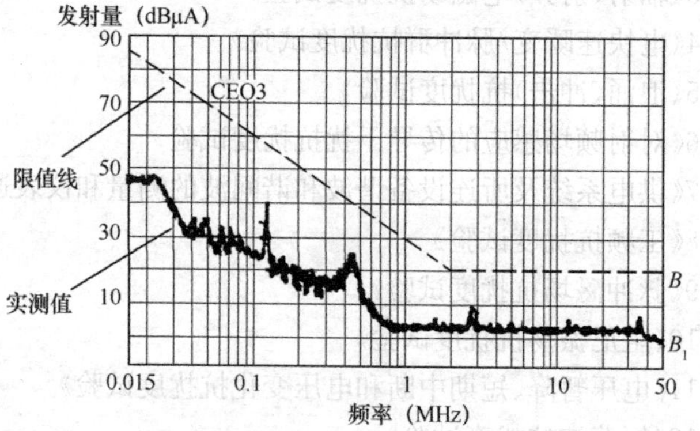

图6-2 标准极限值限制线示意图

如果用规定方法测得产品所有规定频率上电磁发射干扰电平低于限制线，如图6-2曲线 B_1，则称此产品通过电磁兼容的某个项目。不同频率点上产品的发射电平低于发射限值不一样，它们是频率的函数，称此差值为电磁干扰发射裕量。如果测得某些频率点上的发射电平高于限制线，则称该产品未通过电磁兼容标准某些项目。这种发射可能是单个或多个频点上的杂散发射，也可能有调制过程引起的带外发射。具体情况具体分析，并且必须对症下药，实施电磁兼容加固。

(2) 对于具有敏感电路的产品必须检测它的抗电磁干扰能力，即产品面临电磁干扰不降低运行性能的能力。在国家标准GB/T—4365中用抗扰性来描述。在国军标GJB—72中用敏感度来描述，即设备、分系统或系统暴露在电磁辐射下所呈现的不希望有的响应程度。敏感性越高，抗干扰能力越低。电磁干扰的种类很多，从波形分有瞬态、脉冲、尖峰、冲激脉冲、喀呖声等，总之，不同干扰要用相应的模拟干扰源来生成，通过标准规定的方法施加给 EUT。这些电磁干扰的量值可用干扰电压、干扰场强、干扰功率来量度。试验中量值的掌握是至关重要的。

电磁兼容测量报告中注明敏感度限值或抗干扰限值。它是指对产品抗干扰能力的基本要求，在标准或专业技术条件中可以查到。如按 GJBl5lA 标准的辐射敏感度 RSl03，其限值为 20 V/m，用 A 曲线表示。实际测量是这样操作的：一般情况下，可以直接按标准规定的敏感度极限值施加干扰量，检测 EUT 的反应。如果产品工作正常，则认为该产品通过 GJBl5lA 的 RSl03 项测量。如果想知道产品的敏感度设计裕量，可以对达标的产品加大干扰量，求出最大允许的性能降低的电磁干扰（实测敏感度阈值或称敏感度门限）用曲线 A_1 表示。对应于曲线 A_1 的产品满足标准要求，工程上称 A_1 与 A 的差值为电磁敏感度裕量。若 EUT 在某些频率点上或某个频带内出现异常，称其未通过该标准。在未通过标准的 EUT 上，对上述频率范围内逐步降低干扰幅值，当降到某个量值时，EUT 工作恢复正常。记录此时的实测 EUT 敏感度阈值，用曲线 A_2 表示。显然，对应于曲线 A_2 的产品没有达到标准要求。这些量值的关系可以由图 6-3 曲线示意。

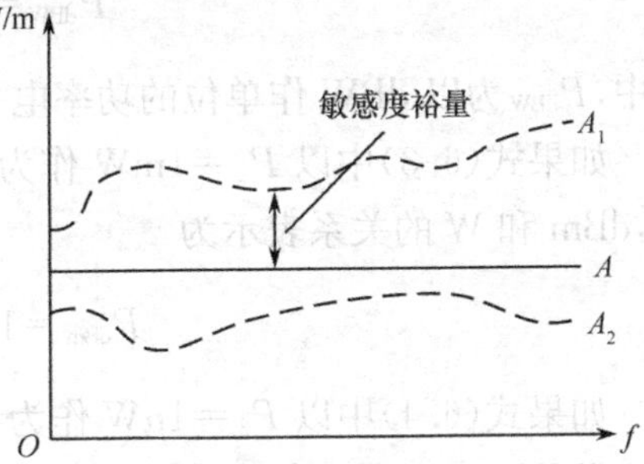

图 6-3　敏感度测量结果示意图

综上所述，电磁兼容测量可以给出 EUT 是否通过标准规定的结论，可以定量地给出哪个频率上有超标的干扰存在，干扰性质、超标多少；同时也可以给出 EUT 在按标准施加敏感度限值的干扰时，EUT 工作是否正常，还能给出 EUT 敏感度阈值与敏感度限值的差值，对电磁兼容系统测量结果的评估。

6.1.5　电磁兼容的测量单位及换算

6.1.5.1　电磁干扰场强的基本单位

电磁干扰场强有 3 种基本单位：电场强度 V/m、磁场强度 A/m 和功率密度 W/m^2。在测量电场时，若仪器的表头刻度用的是电场强度单位，则用 V/m 单位表示，当干扰场强小于 1V/m 时，可用 mV/m、μV/m 单位；当使用环天线等磁性天线等来测量磁场，且仪器的表头刻度采用磁场强度单位 A/m 刻度时，则可用 A/m、mA/m 和 μA/m 等单位表示；当电磁场频率高至微波段时，由于对电场、磁场的单独测量在技术上有一定困难，用功率密度测量比电场、磁场测量要方便，所以可采用功率密度测量，功率密度的单位为 W/m^2。国外生产的全向宽带场强仪、辐射危险计，因其工作频率范围极宽，测量电路中实现 $|\boldsymbol{E}|^2$、$|\boldsymbol{H}|^2$ 较为方便。因此，大多采用功率密度测量，并以 mW/cm^2 为表头刻度单位。

场强仪测得的功率通量密度值是矢量模的时间平均值，即代表电磁场的强度。它的单位 W/m^2 和电场强度单位 V/m、磁场强度单位 A/m 同为电磁干扰场强的基本单位。它们的地位是等同的。

6.1.5.2　电磁干扰场强的分贝制单位

在电磁干扰场强的测量中，往往会遇到量值相差非常悬殊（甚至达千百万倍的信号）。为了便于表达、叙述和运算（变乘除为加减），常采用对数单位，分贝（dB）。分贝表示两个参量的倍率关系，通常用来表示变化范围很大的数值关系。

两个功率电平比值的分贝(dB)为

$$A=10\lg\left(\frac{P_1}{P_2}\right) \tag{6-1}$$

式中,P_1为某一功率电平;P_2为比较的基准功率电平。鉴于 $P=\frac{U^2}{R}=I^2R$,因此上述表达式

$$A=20\lg\left(\frac{U_1}{U_2}\right)=20\lg\left(\frac{I_1}{I_2}\right) \tag{6-2}$$

亦被接受为 dB 的定义,但这针对的是同一阻抗。如果以 $P_2=1\text{W}$ 作为基准功率,式(6-1)的分贝值就表示 P_1功率相对于 1 W 的倍率,用符号 dBW 表示,它可以用来作为功率的单位,称为瓦分贝。功率单位 W 和 dBW 的关系表示为

$$P_{\text{dBW}}=10\lg\left(\frac{P_{\text{W}}}{1}\right)=10\lg(P_{\text{W}}) \tag{6-3}$$

式中,P_{dBW}为以 dBW 作单位的功率电平;P_{W}为以 W 作单位的功率电平。

如果式(6.3)中以 $P_2=1\text{mW}$ 作为参考基准功率,P_1的分贝值就用 dBm 表示,称为毫瓦分贝,dBm 和 W 的关系表示为

$$P_{\text{dBm}}=10\lg\left(\frac{P_{\text{W}}}{10^{-3}}\right)=30+10\lg P_{\text{W}} \tag{6-4}$$

如果式(6.4)中以 $P_2=1\mu\text{W}$ 作为参考基准功率,P_1的分贝值就用 dBμ 表示,称为微瓦分贝。dBW、dBm、dBμ 和 W 的换算关系表示为

$$P_{\text{dBW}}=10\lg P_{\text{W}}(\text{dBW})$$
$$P_{\text{dBm}}=30+10\lg P_{\text{W}}(\text{dBm})$$
$$P_{\text{dB}\mu}=60+10\lg P_{\text{W}}(\text{dB}\mu) \tag{6-5}$$

P_2还可以 nW 和 pW 作为参考基准功率,分别用 dBn(纳瓦分贝)和 dBp(皮瓦分贝)表示。这些单位的定义可用表 6-1 说明。

表 6-1 单位定义表

单位简写	单位正写	参考电平	功率表达式
dBm	dBmW	$0\text{dBm}=1\text{mW}=1\times10^{-3}\text{W}$	P (dBm)$=10\lg P$ (mW)
dBμ	dBμW	$0\text{dB}\mu=1\mu\text{W}=1\times10^{-6}\text{W}$	P (dBμ)$=10\lg P$ (μW)
dBn	dBnW	$0\text{dBn}=1\text{nW}=1\times10^{-9}\text{W}$	P (dBn)$=10\lg P$ (nW)
dBp	dBpW	$0\text{dBp}=1\text{pW}=1\times10^{-12}\text{W}$	P (dBp)$=10\lg P$ (pW)

在电磁兼容工程中除了功率用分贝单位表示以外,电压、电流和场强也常用分贝单位表示。

电压的分贝单位为:

$$[\text{dB}]=20\lg\left(\frac{V_1}{V_2}\right) \tag{6-6}$$

式中 V_2为基准电压。分贝值表示 V_1相对于 V_2的比值的对数函数,反映 V_1、V_2和两个电压的倍率关系。如果令 $V_2=1\text{V}$ 为基准,则得到 V_1相对于 1 V 的比值对数。用 dBV 为单位表示,称为伏分贝。在这样的条件下可以用 dBV 作单位表示电压 V_1的数值。如果 V_2用 1mV 作基准电压,则 V_1电压分贝值的单位表示为 dBmV1,称为毫伏分贝。若 V_2用 $1\mu\text{V}$ 作基准电压,则 V_1电压分贝值的单位表示为 dBμV。

电压用 V 作单位和用 dBV、dBm 及 dBμV 作单位的换算关系如下

$$V_{dBV}=20\lg\left(\frac{V_1}{1}\right)=20\lg V(dBV)$$
$$V_{dBmV}=20\lg\left(\frac{V_1}{10^{-3}}\right)=60+10\lg V(dBmV)$$
$$V_{dB\mu V}=20\lg\left(\frac{V_1}{10^{-6}}\right)=120+10\lg V(dB\mu V) \tag{6-7}$$

例如，当 $V=10V$，用 dBV 单位表示，等于 20dBV；用 dBmV 单位表示，等于 80dBmV；用 dBμV 单位表示，等于 140dBμV。

同理，电流的分贝单位定义为

$$[dB]=20\lg\left(\frac{I_1}{I_2}\right) \tag{6-8}$$

当 I_2 为 1A 时，I_1 可用 dBA 单位表示；当 I_2 为 1mA 时，I_1 可用 dBmA 单位表示；当 I_2 为 1μA 时，I_1 可用 dBμA 单位表示。电流用 A 作单位和用 dBA，dBmA，dBμA 作单位的换算关系为：

$$I_{dBV}=20\lg\left(\frac{I_1}{1}\right)=20\lg I(dBA)$$
$$I_{dBmA}=20\lg\left(\frac{I_1}{10^{-3}}\right)=60+10\lg I(dBmA)$$
$$I_{dB\mu A}=20\lg\left(\frac{I_1}{10^{-6}}\right)=120+10\lg I(dB\mu A) \tag{6-9}$$

例如，有 $I=100mA$，用 dBA 单位表示，等于 −20dBA；用 dBmA 单位表示，等于 40dBmA；用 dBμA 单位表示，等于 100dBμA。即 100mA =−20dBA=40dBmA=100dBμA

电场强度 E 常用微伏每米分贝(dBμV/m)作分贝单位，它是以 1μV/m 为基准的电场强度分贝数。有时也用 dBmV/m，dBV/m 为单位，它们的关系为：1V/m=0dBV/m=60dBmV/m=120dBμV/m。

磁场强度 H 分贝单位用安每米分贝(dBA/m)，也可用 dBmA/m 和 dBμA/m。

功率密度 P_d 的分贝单位常用 dBmW/m²(读做毫瓦每平方米分贝)，表 6-2 列出了电场强度 E、磁场强度 H 和功率密度 P_d 的分贝单位换算表。

表 6-2　电场强度、磁场强度和功率密度的分贝单位换算表

电场强度 E		磁场强度 H		功率密度 P_d		
dBμV/m	V/m	dBμA/m	A/m	dBW/m²	dBm/m²	mW/m²
260	1e7	208.5	2.65e4	114.3	144.3	2.67e10
240	1e6	188.5	2.65e3	94.3	124.3	2.67e8
220	1e5	168.5	265	74.3	104.3	2.67e6
200	1e4	148.5	26.5	54.3	84.3	2.67e4
180	1e3	128.5	2.65	34.3	64.3	267
160	100	108.5	0.265	14.3	44.3	2.67
140	10	88.5	0.0265	−5.7	24.3	0.0267
120	1	68.5	2.65e−3	−25.7	4.3	2.67e−4
100	0.1	48.5	2.65e−4	−55.7	−15.7	2.67e−6
80	0.01	28.5	2.65e−5	−75.7	−35.7	2.67e−8

续表

电场强度 E		磁场强度 H		功率密度 P_d		
dBμV/m	V/m	dBμA/m	A/m	dBW/m²	dBm/m²	mW/m²
60	1e−3	8.5	2.65e−6	−95.7	−55.7	2.67e−10
40	1e−4	−11.5	2.65e−7	−105.7	−75.7	2.67e−12
20	1e−5	−31.5	2.65e−8	−125.7	−95.7	2.67e−14
0	1e−6	−51.5	2.65e−9	−145.7	−115.7	2.67e−16
−20	1e−7	−71.5	2.65e−10	−165.7	−135.7	2.67e−18
−40	1e−8	−91.5	2.65e−11	−185.7	−155.7	2.67e−20
−60	1e−9	−111.5	2.65e−12	−205.7	−175.7	2.67e−22

应当指出，在电磁干扰场强的计量测量中，引入分贝制单位后，把乘除变为加减，大大方便了表达、叙述和运算。但是，有些分贝制单位是不能直接相加减的，这并不是因为相位关系。下面举例说明：

例如：40dBμV ＋ 40dBμV ≠ 80 dBμV，为什么？

因为 40dBμV ＝ 100μV，40dBμV ＋ 40dBμV ＝ 200μV

而 20lg200(μV) ＝ 46dBμV ≠80 dBμV。

再例如：0dBmW ＋ 0dBmW ≠ 0dBmW，为什么？

因为 0 dBmV ＝ 1mW，0dBmW＋ 0dBmW＝2mW

而 10lg2(mW)＝ 3 dBmW ≠ 0dBmW。

6.1.5.3 电磁干扰场强单位间的相互换算

近年来，频谱分析仪和信号发生器在电磁兼容测量中广泛使用，频谱分析仪常用功率电平来显示被测信号的强度，信号发生器常用功率电平来显示所产生的信号强度。频谱分析仪和信号发生器常用 dBm 作为功率电平的单位，在电磁兼容标准中，干扰电压常用的单位是 dBμV，干扰场强常用的单位是 dBμV/m，(注：在用接收天线和场强仪测量场强 E 时，场强 E (dBμV/m)＝u(dBμV)＋K(dB)，即所测场强等于场强仪读出的分贝微伏与接收天线校准系数 K 的分贝数之和)，辐射功率常用的单位是 dBp，亦有用 dBm 和 dBn 的，因此，dBm、dBp、dBn 和 dBμV 之间常要进行换算。由换算公式可知 dBμ、dBp 和 dBn 间的关系，因为 1mW＝1×10^6nW＝1×10^9pW，所以 0 dBm＝60 dBn＝90 dBp，从而 N (dBm)＝60＋N (dBn)＝90＋N (dBp)。例如：2 dBm＝62 dBn＝92 dBp，又如：−3 dBm＝57 dBn＝87 dBp

再看 dBm(分贝毫瓦)和 dBμV 的换算关系表示，对阻抗为 R 的信号发生器而言，当其输出功率为 P(1mW＝10^{-3}W)时，其端电压输出为

$$U_{\mu V} = \sqrt{RP} \times 10^6 \tag{6-10}$$

将 $P(W)$代入可得

$$U_{\mu V} = \sqrt{RP \times 10^{-3}} \times 10^6 = 31622.7766\sqrt{RP}$$

$$U_{dB\mu V} = 20\lg 31622.7766\sqrt{RP} \approx 90 + 20\lg\sqrt{RP} = 90 + 10\lg R + 10\lg P = 90 + 10\lg R + P_{dBm}$$

$$P_{dBm} = U_{dB\mu V} - 90 - 10\lg R \tag{6-11}$$

由式(6-11)可得 dBm 与 dBμV 的换算如表 6-3 所示。

表 6-3 dBm 与 dBμV 的换算表

阻抗	换算公式
50Ω	$U_{dB\mu V}=P_{dBm}+107dB$
75Ω	$U_{dB\mu V}=P_{dBm}+108.8dB$
300Ω	$U_{dB\mu V}=P_{dBm}+114.8dB$

例:用频谱仪测得干扰电压－87dBm,它等于多少?

答:－87＋107＝20dBμV,即 10μV。

同理可推导出 dBn、dBp 与 dBμV 的换算公式。dBn 与 dBμV 的换算如表 6-4 所示,dBp 与 dBμV 的换算如 dBp 与 dBμV 的换算表所示。

表 6-4 dBn 与 dBμV 的换算表

阻抗	换算公式
50Ω	$U_{dB\mu V}=P_{dBn}+137dB$
75Ω	$U_{dB\mu V}=P_{dBn}+138.8dB$
300Ω	$U_{dB\mu V}=P_{dBn}+144.8dB$

表 6-5 dBp 与 dBμV 的换算表

阻抗	换算公式
50Ω	$U_{dB\mu V}=P_{dBp}+197dB$
75Ω	$U_{dB\mu V}=P_{dBp}+198.8dB$
300Ω	$U_{dB\mu V}=P_{dBp}+204.8dB$

6.2 电磁兼容测量设备及场地

6.2.1 测量仪器及设备

6.2.1.1 电磁发射测量仪器

1. EMI 测量接收机

EMI 接收机也叫电磁干扰测量仪,是测量干扰发射的一个主要仪器,是电磁兼容性测量中应用最广、最基本的测量仪器。它实质上是一种选频测量仪,它能将由传感器输入的干扰信号中预先设定的频率分量以一定通频带选择出来,连续改变设定频率便能得到该信号的频谱并予以记录。可以把 EMI 接收机看作是一个可调谐的、可改变频率的、可精密测量幅度的电压计。

如图 6-4 所示,EMI 接收机测量信号时,先将仪器调谐于某个测量频率 f_i,该频率经高频衰减器和高频放大器后进入混频器,与本地振荡器的频率 f_1混频,产生很多混频信号。经过

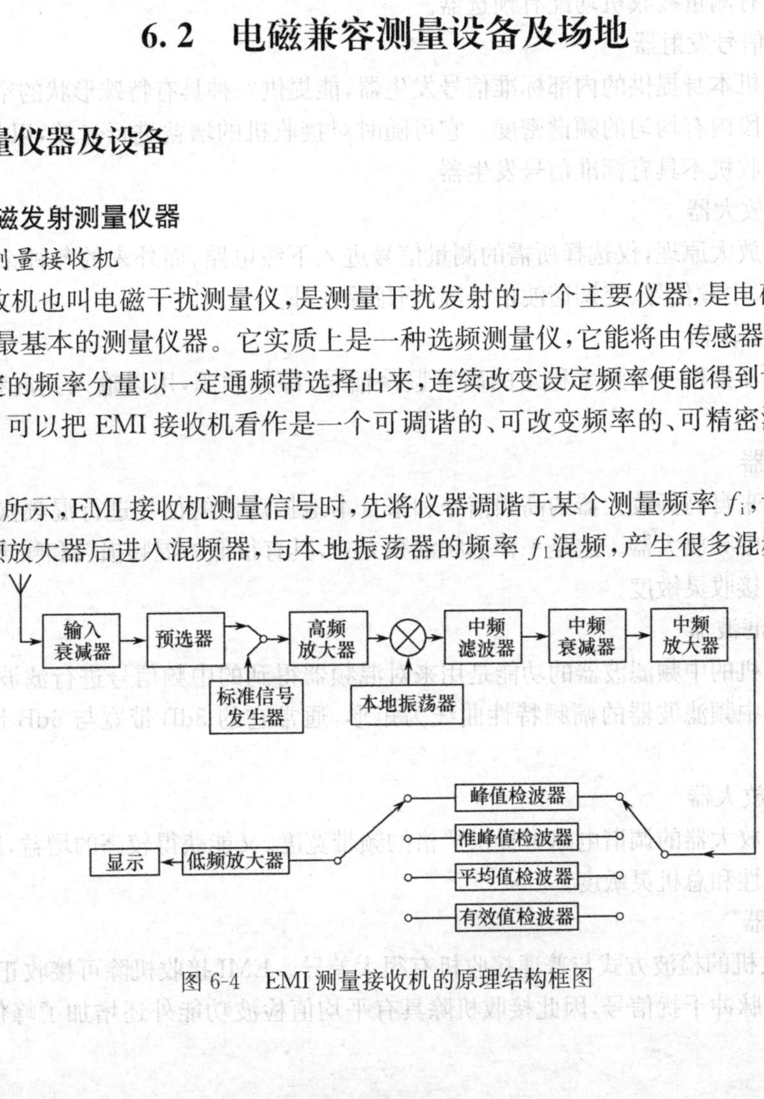

图 6-4 EMI 测量接收机的原理结构框图

中频滤波器后仅得到中频 $f_0=f_1-f_i$。中频信号经中频衰减器、中频放大器后由包络检波器进行检波,滤去中频,得到低频信号。对该低频信号再进一步进行加权检波,根据需要选择检波器,得到信号的峰值、有效值、平均值或准峰值。这些值经低频放大后可推动电表指示或在屏幕显示出来。EMI接收机测量的是输入到其端口的信号电压,为测场强或干扰电流需借助一个换能器,在其转换系数的帮助下,将测到的端口电压变换成场强(单位 μV/m 或 dBV/m)、电流(单位 A,dBμA)或功率(单位 W,dBmW)。换能器依测量对象的不同可以是天线、电流探头、功率吸收钳或电源阻抗稳定网络等。

(1) 输入衰减器

输入衰减器可将外部进来的过大的信号或干扰电平衰减,调节衰减量大小,保证输入电平在测量可测范围之内,同时也可避免过电压或过电流造成测量接收机的损坏。电磁干扰测量仪无自动增益控制功能,用宽带衰减器改变量程,它的目的是客观的测定和反映其输入端信号的大小。

(2) 预选器

预选器就是输入衰减器后面的一个带通滤波器,它的主要作用是滤除带外信号噪声,即将测试频率范围以外的信号滤除,同时抑制镜像干扰和互调干扰,改善接收机的信噪比,提高总机灵敏度。所有测量接收机均配有预选器。

(3) 标准信号发射器

测量接收机本身提供的内部标准信号发生器,能提供一种具有特殊形状的窄脉冲,保证在干扰仪工作频段内有均匀的频谱密度。它可随时对接收机的增益进行自校,以保证测量值的准确。普通接收机不具有标准信号发生器。

(4) 高频放大器

利用选频放大原理,仅选择所需的测量信号进入下级电路,而外来的各种杂散信号(包括镜像频率信号、中频信号、交调谐波信号等)均排除在外。

(5) 本地振荡器

本地振荡器提供一个频率稳定的高频振荡信号,即扫频源,用以输入到混频器进行混频操作。

(6) 混频器

混频器将来自高频放大器的高频信号和来自本地振荡器的信号进行混频操作,产生一个差频信号输入中频放大器。这是一种基频混频方式,具有很低的混频损耗和噪声系数,因而有利于提高总体接收灵敏度。

(7) 中频滤波器

测量接收机的中频滤波器的功能是用来对混频器得到的中频信号进行滤波,以获得有用的中频信号。中频滤波器的幅频特性曲线为矩形,通常它的3dB带宽与6dB带宽的比值为1:2。

(8) 中频放大器

由于中频放大器的调谐电路可提供严格的频带宽度,又能获得较高的增益,所以可保证接收机的总选择性和总机灵敏度。

(9) 检波器

EMI接收机的检波方式与普通接收机有很大差异。EMI接收机除可接收正弦波信号外,更常用于接收脉冲干扰信号,因此接收机除具有平均值检波功能外还增加了峰值检波和准峰值检波功能。

(10) 显示

早期接收机采用表头指示电磁干扰电平，并用扬声器播放于扰信号的声响。现在以广泛采用液晶数字显示代替表头指示，具备程控接口，使测量数据可存储在计算机中进行处理或打印出来供查阅。

2. 示波器

示波器是用量最多，用途最广的电子测量仪器之一，成为观察和测量电子波形不可缺少的工具。除了直接测量电信号外，通过传感器的转换，示波器也能测量非电量信号。无论是电信号还是非电量信号，都可分为周期性重复信号、非周期重复信号和不可重复的单次信号。

随着科学技术的飞速发展，单次信号的捕捉、测量和研究，越来越受到人们的关注与重视。在核物理学、材料力学、激光、爆炸、电力、机械、冶金、化工、生物工程等各个领域，数字存储示波器(Digital Oscilloscope，DSO)得到更加广泛的应用；在信息领域，高速计算机、高速数据通讯和高速数字集成电路及其系统内，面临着硬件、软件，以及软硬件共同作用而产生的偶发性故障、软故障等复杂问题的困扰，迫切需要更高速的DSO能得心应手地解决这些难题。所有这些，为DSO的快速发展提供了最为广阔的市场。

与传统的模拟示波器相比，DSO具有许多优点，主要表现在：

(1) 容易进行单次和低重复速率信号的存储测量和更有效的分析研究；

(2) 容易获得触发前或触发后的信息；

(3) 通过软件实现自动参数测量，并且测量精度高，不受人为因素影响；

(4) 灵活多样的触发和显示，增加了捕捉和测量能力；

(5) 容易进行波形存储、比较和后处理；

(6) 容易实现硬拷贝输出；

(7) 容易组成自动测量系统或远地控制等。

示波器的主要生产厂商主要有美国TEK公司、美国Agilent公司和美国LeCory公司、美国Pomona、美国福禄克、clock-link、OWON、VELLEMAN、韩国LG-EZ、韩国森美特、日本健伍、日本日立、日本岩崎、英国泰普等；国内主要有绿扬、普源精电、安泰信、41所、北京飞腾三环、北京金三航、扬中光电、扬中科泰、麦创、台湾固纬、杭州精测等。从总的示波器销售额来看，泰克(TEK)名列全球第一，安捷伦(Agilent)科技排第二，力科(LeCory)排第三。目前模拟示波器已成为过时技术，由于数字示波器在功能上、经济上和频带宽度都是模拟示波器难以比拟的，因此数字示波器已完全取代模拟示波器，并且数字示波器的发展正方兴未艾，数字示波器已有大于10GHz的产品，数字取样示波器的频带宽度已达到80GHz。

泰克公司DPO/DSA70000D系列示波器于2011年8月推出，在全4个通道上提供了高达33GHz的带宽，并且可以有效降低芯片组中存在的噪声，完全满足对更准确检定超过10Gb/s高速串行数据特性的需求。此外，增强的100GbE光调制分析能力、双通道上实现高达100GS/s的实时采样率等特性为当前的多个通道间的最快电信号提供了高水平的测量精确度。除了提供高精确度的测量通道外，该系列示波器还能支持一些前瞻性的应用设计，包括高速光纤、射频(RF)和超过20Gb/s数据率的串行数据测量等需要仪器具备高敏感度的、低噪音测量的能力。例如，随着目前光纤速度达到100Gb/s甚至更高速度，正尝试精确地验证光调制技术，以实现高效的光纤传输。DPO/DSA70000D提供4个高精确度的通道以满足PM-QPSK调制分析，并协同泰克相干光波信号分析仪以实现光纤PM-QPSK、QAM16以及其他复杂的调制信号的可视化与测量。

力科(LeCroy)公司的示波器实时带宽近日刚刚推出最新 LabMaster 10 Zi 系列示波器,结合使用力科的数字通道复用(DBI)专利技术以及通道同步(ChannelSync)结构专利等技术以及领先的芯片技术,实现实时带宽 60GHz。

3. 频谱分析仪

频谱分析仪是研究电信号频谱结构的仪器,用于信号失真度、调制度、谱纯度、频率稳定度和交调失真等信号参数的测量,可用以测量放大器和滤波器等电路系统的某些参数,是一种多用途的电子测量仪器。它又可称为频域示波器、跟踪示波器、分析示波器、谐波分析器、频率特性分析仪或傅里叶分析仪等。现代频谱分析仪能以模拟方式或数字方式显示分析结果,能分析 1Hz 以下的甚低频到亚毫米波段的全部无线电频段的电信号。仪器内部若采用数字电路和微处理器,具有存储和运算功能;配置标准接口,就容易构成自动测量系统。

(1) 超外差式频谱分析仪

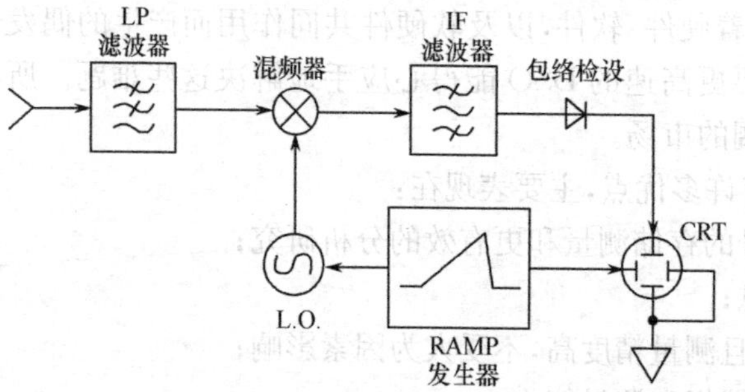

图 6-5 超外差式频谱分析仪原理框图

图 6-5 是一个非常简单的超外差频谱仪原理框图。"外差"的意思是频谱搬移;"超"是 SUPER,指的是 SUPER-AUDIO(超音频),或者说音频范围以上的频率。如图 6-5 所示的原理框图中,一个信号通过低通滤波器进入混频器,与一个来自本地振荡器(LO)的信号进行混频。由于混频器是非线性器件,它的输出中除了包含有两个输入信号外,还包含有它们的谐波分量、两个输入信号频率相加和相减所得的信号以及它们的谐波分量。如果有任何混频后输出的信号的频率落在中频滤波器的带通范围内,那么该信号将通过中频滤波器以及后续处理(比如放大、取对数),经过包络检波器的调整,数字化(目前大部分频谱仪都有这步),最后作用在阴极射线管 CRT 的垂直平面上,在显示器上产生垂直偏转。一个锯齿波发生器(扫描发生器,SWEEP GENERATOR)是偏转 CRT 电子束,使之水平地从屏幕的左边扫描到右边。扫描发生器同时也控制本振 LO,以便频率变化与锯齿波电压成正比。

频谱仪的输出是以 X-Y 形式在 CRT 屏幕上显示的,显示器屏幕是栅格状的,水平方向分为 10 个主等分,垂直方向一般分为 8 或 10 个主等分。水平轴的刻度是频率,从左到右线性增大。设置频率通常要做两个步骤,首先是利用中心频率控制按键,调整中心频率使之到网格图的中心线,然后是利用频率范围控制按键,调整跨越 10 个网格的频率范围(SPAN)。这些操作是独立的,因此当改变中心频率的时候,不改变频率宽度 SPAN。一些频谱仪允许设置起点频率和终点频率,作为设置中心频率和 SPAN 之外的另一种选择。无论是哪种情况,都可以确定信号的绝对频率以及两个信号之间的差别。垂直轴的刻度是幅度,一般所有的频谱仪都提供两种显示方式供选择,一种是刻度为伏特(V)的线性刻度形式,另一种是刻度为 dB 的对数刻度形式。(一些频谱仪还提供一种刻度为功率的线性形式。)对数刻度形式比线性形式使用更多,这是因为对数形式具有更大的使用范围。对数形式允许信号比高于 70~100dB(相当于电压比 3100~1e6,功率比 1e7~1e10)还能同时显示出来。另一方面,线性形式适合于相差不超过 20~30dB(电压比 10~30)的信号。不管是哪种情况,通过校准技术(calibration technique)，给网格图的最上面那条水平线(也就是参考电平)定一个绝对值，并以此为基准，利用缩放比例/每格来依次分配确定其他位置网格线的值。因此，可以测量信号的绝对值或两个信号的幅度差别。

影响信号反应的重要部份为滤波器频宽，滤波器之特性为高斯滤波器(Gaussian-Shaped Filter)，影响的功能就是量测时常见到的解析频宽(RBW，Resolution Bandwidth)。RBW 代表两个不同频率的信号能够被清楚的分辨出来的最低频宽差异，两个不同频率的信号频宽如低于频谱分析仪的 RBW，此时该两信号将重叠，难以分辨，较低的 RBW 固然有助于不同频率信号的分辨与测量，低的 RBW 将滤除较高频率的信号成分，导致信号显示时产生失真，失真值与设定的 RBW 密切相关，较高的 RBW 固然有助于宽带带信号的侦测，将增加噪声底层值(Noise Floor)，降低测量灵敏度，对于侦测低强度的信号易产生阻碍，因此适当的 RBW 宽度是正确使用频谱分析仪重要的概念。

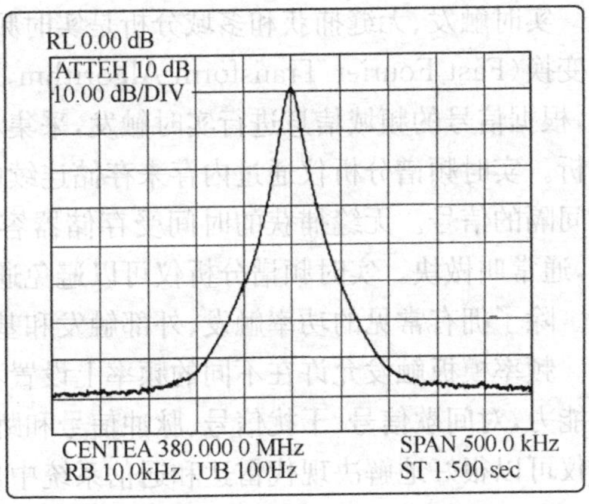

图 6-6 典型频谱仪显示

另外的视频频宽(VBW，Video Bandwidth)代表单一信号显示在屏幕所需的最低频宽。如前所说明，测量信号时，视频频宽过与不及均非适宜，都将造成测量的困扰，如何调整必须加以了解。通常 RBW 的频宽大于等于 VBW，调整 RBW 而信号振幅并无产生明显的变化，此时之 RBW 频宽即可加以采用。测量 RF 视频载波时，信号经设备内部的混波器降频后再加以放大、滤波(RBW 决定)及检波显示等流程，若扫描太快，RBW 滤波器将无法完全充电到信号的振幅峰值，因此必须维持足够的扫描时间，而 RBW 的宽度与扫描时间呈互动关系，RBW 较大，扫描时间也较快，反之亦然，RBW 适当宽度的选择因而显现其重要性。较宽的 RBW 较能充分地反应输入信号的波形与振幅，但较低的 RBW 将能区别不同频率的信号。如使用于 6MHz 频宽视讯频道的测量，经验得知，RBW 为 300kHz 与 3MHz 时，载波振幅峰值并不产生显著变化，测量 6MHz 的视频信号通常选用 300kHz 的 RBW 以降低噪声。天线信号测量时，频谱分析仪的展频(Span)使用 100MHz，获得较宽广的信号频谱需求，RBW 使用 3MHz。这些的测量参数并非一成不变，将会依现场状况及过去测量的经验加以调整。

(2) 实时频谱分析仪(Real-time spectrum analyzer，RSA)

近几年，市场上出现了实时频谱分析仪，与扫频式频谱相比，实时频谱仪的显著优势在于：具有更高的数据处理速度和信号分析带宽，触发方式多样，适合频率快速变化的瞬态系统测量，实时频谱仪与现代扫频式频谱仪的硬件结构几乎完全相同，其区别主要体现在以下两方面。

实时频谱仪的中频处理具有“实时处理”的特征。扫频式频谱仪采用“频谱扫描”方式获得信号频谱，一次频谱扫描只能获取整个扫频宽度中的一部分频谱数据，两次扫描之间允许存在一定的时间间隔，对于两次扫描之间，信号的变化，扫频式频谱仪是检测不到的。实时频谱仪采用“实时信号处理”的方式获得信号频谱，一次频谱扫描即可获得整个扫频宽度中频谱数据，其优秀的数据处理能力与灵活的触发方式相结合，可以连续捕获输入信号的瞬变信息。

实时频谱仪的“实时处理带宽”更宽。为适应宽带快速变化信号的捕捉与分析，实时频谱仪的"实时处理带宽",达到80～110MHz,并可以对整个带宽内的信号进行实时分析。扫频式频谱仪的处理带宽(中频带宽)一般在40MHz以下,而且允许两次频谱扫描之间存在一定的时间间隔,因此,实频谱仪对硬件性能的要求比扫频式频谱仪高的多。

实时触发、无缝捕获和多域分析是实时频谱分析仪的几个主要特点。采用实时快速傅里叶变换(Fast Fourier Transform Algorithm,FFT)处理器对宽带数字信号进行实时的时频变换,根据信号的频域信息进行实时触发,采集和存储时域或频域的数据并进行各种需要的信号分析。实时频谱分析仪通过内存来存储连续的时域或频域信号,因此能够无缝地捕获没有时间间隔的信号。无缝捕获的时间受存储器容量的限制,一次无缝捕获的长度为FFT的若干帧,通常叫做块。实时频谱分析仪可以避免通常的扫频分析仪经常漏掉重要的瞬时事件的现象。除了拥有常见的功率触发、外部触发和基于电平触发外,还有一种独特的频率模板触发方式。频率模板触发允许在不同的频率上设置不同的触发功率,这种存在强信号时触发弱信号的能力,对间歇信号、干扰信号、脉冲信号和跳频信号等检测室非常重要的。当前实时频谱分析仪可以很好地解决现代雷达和通信系统中出现脉冲压缩、捷变频、直扩、跳频码分多址和自适应调制等复杂信号的测量需求。

实时频谱分析主要用于射频信号有关的测量。实时频谱分析的基本概念是能够触发RF信号,把信号无缝地捕获到内存中,并在多个域中分析信号。能可靠地检测和检定随时间变化的RF信号。实时频谱仪是第三代无线信号分析仪,它源自于扫频仪和矢量信号分析仪但又在综合能力方面超越它们。实时频谱仪可以做频谱分析、数字解调分析,同时还具备了瞬态信号捕获和分析所需的一切功能。

现代实时频谱分析仪可以采集分析仪输入频率范围内任何地方的传输频带或跨度。这一功能的核心是射频下变频器,后面跟有一个宽带中间频率(IF)段。用模数转换器(Analog to Digital Converter,ADC)数字化IF信号,系统以数字方式执行所有进一步的步骤。FFT实现时域到频域变换,后续分析生成频谱图、码域图等显示画面。图6-7是简化的RSA方框图。

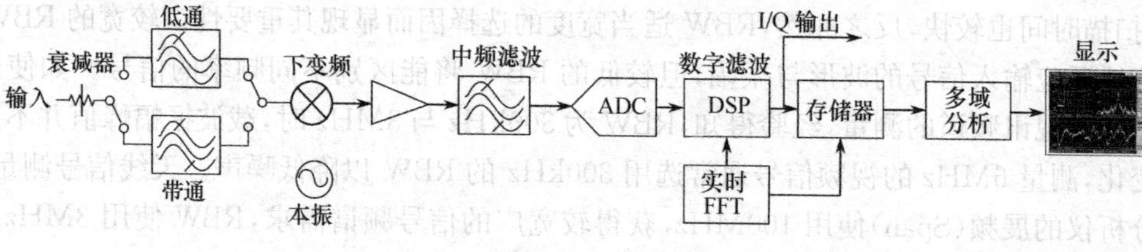

图6-7 实时频谱仪原理框图

可以看到,实时频谱仪和矢量信号分析仪基本原理几乎是一样的。同样是射频信号下变频到中频,然后ADC数字化宽带IF信号,下变频、滤波和检测均以数字方式进行。时域到频域转换使用FFT算法完成。其中关键的区别就在于数字信号处理部分。在实时频谱仪中增加了实时FFT专门的硬件设备,这个设备提供实时FFT处理和频域摸板触发功能。其处理能力远远高于软件FFT处理,能够实时地处理采集到的数据。时域采集的信号通过FFT变换转变到频域,当处理速度足够快时就可以做到实时处理。实时频谱仪采用了有效的触发技术,除了普通的IF电平触发和外部触发,还有独一无二的频率摸板触发,即直接在频域上发现瞬态信号然后触发,这样在没有瞬态信号时可能会丢失一些帧的数据,但当瞬态信号出现时就可以触发捕获,保证了百分百地捕获率。

可以通过多个关键特点区分实时结构是否成功:

① ADC系统能够数字化整个实时带宽,并具有足够的保真度,支持希望的测量;

② 集成信号分析系统，对被测信号提供多个分析视图，并在时间上相关；

③ 足够的捕获内存和数字信号处理(Digital Signal Procersor，DSP)能力，在希望的时间测量周期上实现连续实时采集；

④ DSP处理能力，在频域中实现实时触发。

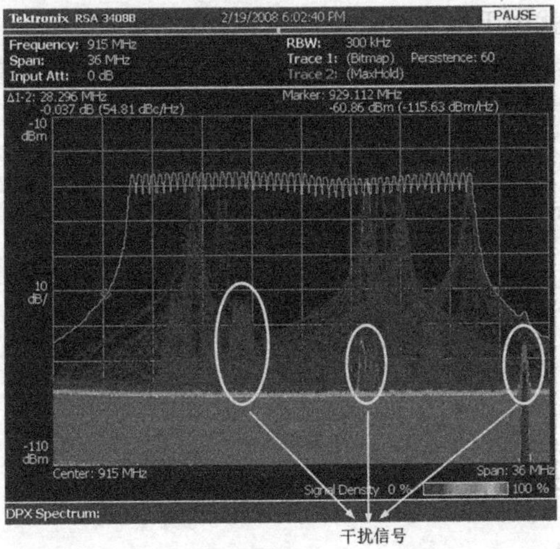

图 6-8　实施频谱仪查找干扰信号

6.2.1.2　电磁敏感度测量仪器

用于电磁抗扰度或电磁敏感度测量的设备由三部分组成：一是干扰信号产生器和功率放大器类设备，二是天线、传感器等干扰信号辐射与注入设备，三是场强和功率监测设备。

1. 模拟干扰源

(1) 信号源

信号源在电磁兼容试验中有两个用途：一是做系统校准的信号产生器；二是用于敏感度试验中推动功率放大器产生连续波模拟干扰信号。电磁兼容试验对信号源的型号未做具体规定，性能不一定是高精度、高稳定度的，只要它能提供敏感度试验所需要的已调制或未调制的功率，输出幅度稳定，并满足以下要求即可。

➢ 频率精度：不低于±2%；

➢ 谐波分量：谐波和寄生输出应低于基波 30 dB；

➢ 调制方式：具备调幅、调频功能，并且对调制类型、调制度、调制频率、调制波形可选择和控制。

(2) 尖峰信号产生器

尖峰信号产生器是对设备或分系统电源线进行瞬变尖峰传导敏感度实验必备的信号产生器，其测量对象是所有从外部给被测件供电的不接地的交流或直流电源线，模拟被测件工作时开关闭合或故障引起的瞬变尖峰干扰。

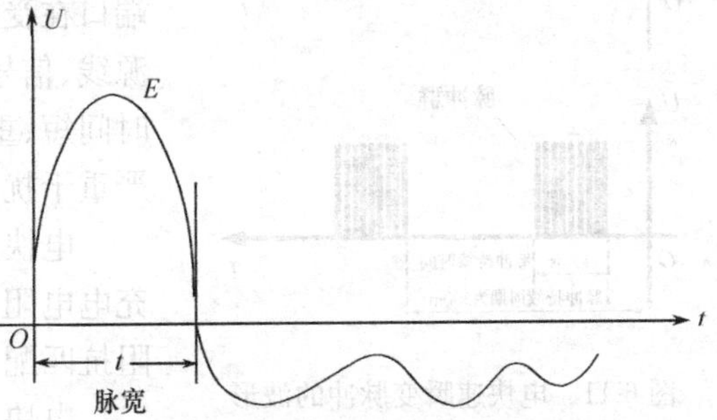

图 6-9　国军标要求的尖峰信号波形

测量标准对尖峰信号产生器的输出波形做了规定，GJB151A 规定的波形、幅值如图 6-9 所示，其中波形上升沿小于等于 1μs，下降时间约 10μs。标准波形在 50Ω 校准电阻上产生，接入测量电路之后，实际波形将由于负载的影响而发生变化。

(3) 浪涌模拟器

在电网中进行开关操作及直接或间接的雷击引起的瞬变过电压都会对设备产生单极性瞬变干扰，雷击浪涌测量仪就用于检验设备抵抗单极性浪涌的能力。

模拟单极性瞬态脉冲的浪涌模拟器主要组成有两部分：组合波信号发生器和耦合/去耦网络。其技术指标如下：

- 电压范围：500～4000V
- 电压波形：1.2/50ms(或 10/700ms)
- 电流峰值：2000A
- 电流波形：8/20ms
- 极性：正、负
- 相位：0～360°
- 耦合方式：L-N，L-PE，N-PE，L+N-PE

组合波信号发生器开路电压波形如图 6-10 所示。

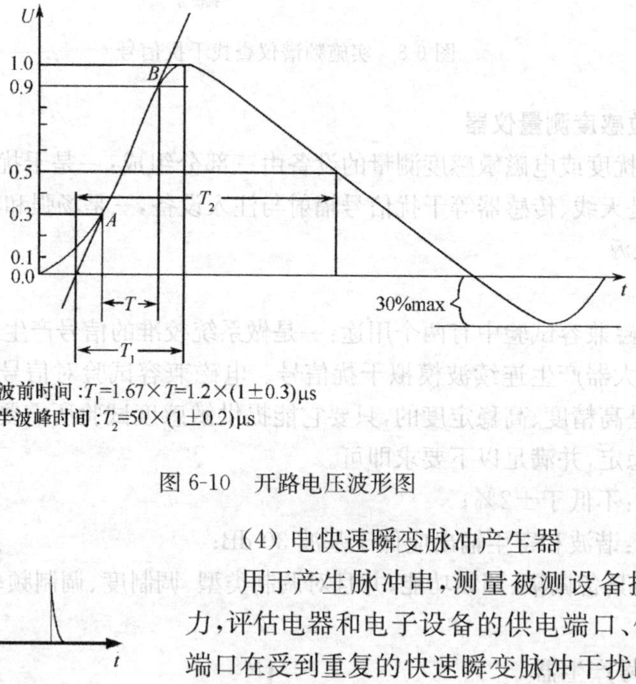

图 6-10 开路电压波形图

(4) 电快速瞬变脉冲产生器

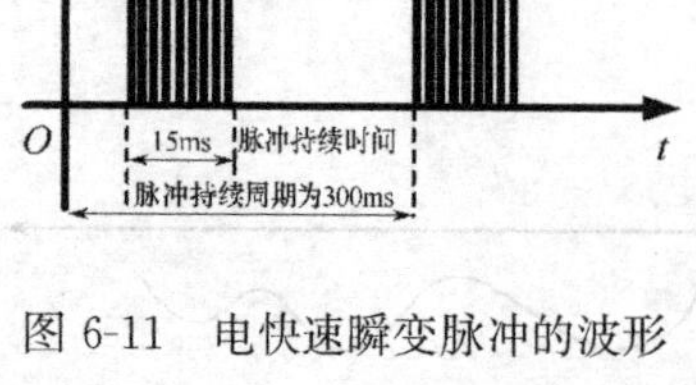

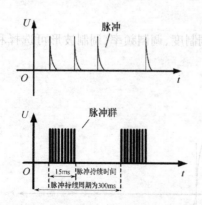

图 6-11 电快速瞬变脉冲的波形

用于产生脉冲串，测量被测设备抗脉冲干扰的能力，评估电器和电子设备的供电端口、信号端口和控制端口在受到重复的快速瞬变脉冲干扰时的性能。在电源线、信号线和控制线上出现的脉冲群干扰常具有上升时间短、重复频率高、能量低的特点，会对电子设备产生严重干扰。

电快速瞬变脉冲发生器的主要元器件有：高压源、充电电阻、储能电容器、放电器、脉冲持续时间成形器、阻抗匹配负载和隔直电容。

电快速瞬变脉冲的波形如图 6-11 所示。其中上图中的每个脉冲实际为一串脉冲，展开后如下图所示。

电快速瞬变脉冲发生器技术指标如下：

- 测量电压：220～8000V
- 波形：上升时间 5ns
- 脉冲串宽度：50ns
- 脉冲串重复频率：0.1kHz～1MHz

(5) 静电放电模拟器

静电放电模拟器可模拟自然产生的静电，用于考核电子、电气设备遭受静电放电时的性能。模拟试验在设备的输入、输出连接器、机壳(不接地的)、键盘、开关、按钮、指示灯等操作者易于接近的区域进行。静电放电模拟器由高压产生器和放电头组成，如图 6-12 所示。

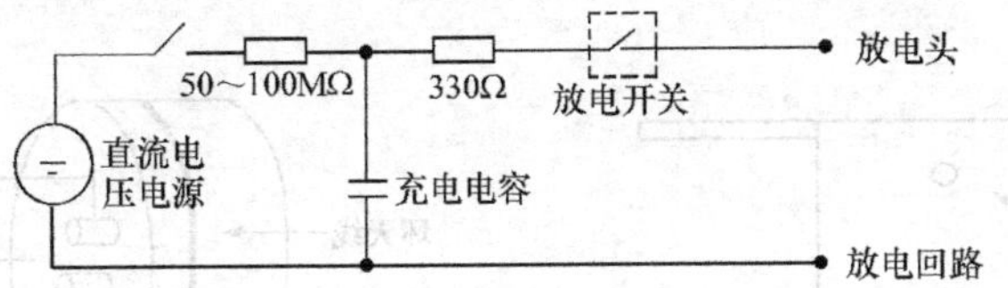

图 6-12　静电放电模拟器电路原理图

静电放电模拟器的主要指标如下：

- 放电电压：空气放电 200V～16.5kV；接触放电 200V～9kV
- 保持时间：>5s
- 放电模式：空气、接触放电
- 极性：正、负
- 操作模式：单次、连续放电

2. 功率放大器

在电磁敏感度测量中，功率放大器是必不可少的设备，对于连续波及脉冲干扰的模拟，仅靠信号源或信号发生器往往难以达到所需的功率以及宽的测量频段，即使有些功率源能够输出 200W 的功率，但覆盖的频段很有限，且输出阻抗要求很小才能得到高的功率。用功率放大器来提升信号功率是一个很好的办法，并且可根据需要分频段将功放增益做得很高，以达到高的辐射场强或在线上注入强干扰电流的目的。

电磁兼容测量用功放一般为 50Ω 输入输出阻抗，与传感器是匹配的；只有音频放大器输出阻抗为 2Ω，4Ω 或 8Ω，通常与耦合变压器或环天线相连。

放大器因器件特性的限制，单台不可能覆盖全部测量频段，如在 10 kHz～18GHz 的测量频率范围内，需 5～6 台覆盖。1GHz 以下用固态放大器，而 1GHz 以上需采用行波管放大器。行波管放大器是有使用寿命的，一般为 4000 小时左右，平均无故障时间为 8000～10000 小时。

功率放大器对负载端的驻波极为敏感，负载匹配良好是得到较大输出功率的基本条件。

3. 大功率定向耦合器

定向耦合器是功率测量的常用部件，它是一种无耗的三端/四端网络，有一个耦合端的称单定向耦合器，有两个则称双定向耦合器。当输入端接功率源，输出端接负载后，两个耦合端分别接功率计或频谱仪，由靠近输入端的耦合端测量前向功率，由靠近负载端的耦合端测量反向功率。小功率定向耦合器的输入、输出端是互易的。

4. 敏感度测量天线

(1) 平行单元天线

平行单元天线为电场发射天线，由 4 根天线杆及阻抗匹配单元组成。其产生电场的原理与平板电容器相似，上下两排天线杆构成电容的上下两个极板，中间产生线极化、垂直的均匀电场，用于 10kHz ~30MHz 频段的辐射敏感度测量。由于工作频率较低，天线尺寸远小于工作波长，因而要求的驱动功率较大，如要在天线 1m 处产生 20V/m 的场强需 1000W 的功率放大器支持。平行单元天线示意图见图 6-13。

② 磁环天线

磁场发射环产生 20 Hz~50 kHz 的磁场，用于 EMC 的磁场敏感度试验。测量时，磁环天线串联 1Ω 的限流电阻，并与信号源相连以产生期望的驱动电流，由电流探头和测量接收机监测流过天线回路的电流，计算磁环天线发射的磁通密度。磁环发射天线示意图如图 6-14 所示。

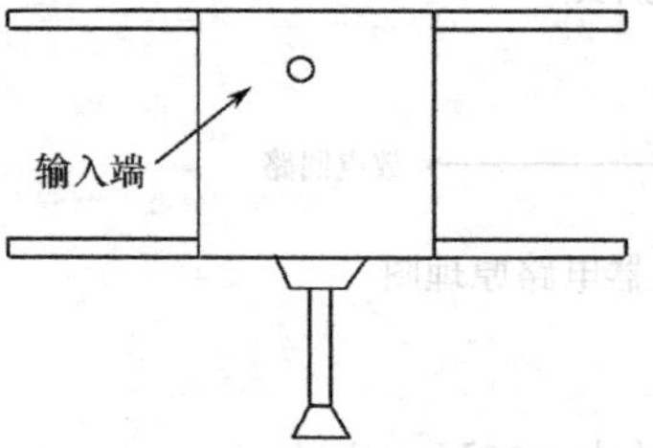

图 6-13 平行单元天线示意图

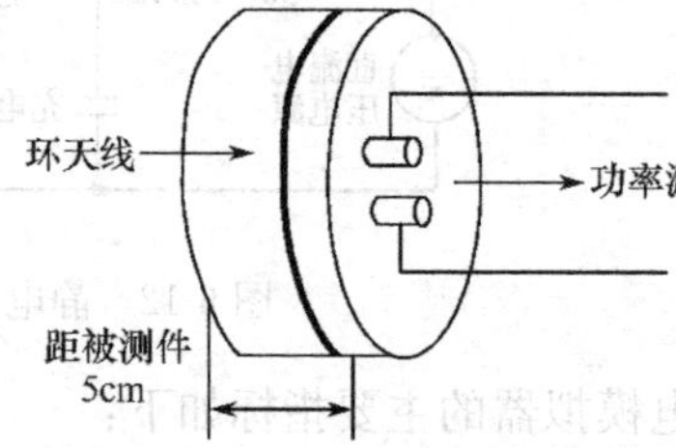

图 6-14 磁环发射天线示意图

6.2.1.3 测量天线

在实际电磁兼容测量过程中，场强和辐射干扰的测量系统都离不开天线，测量天线是进行电磁兼容测量的一种重要设备。在实际测量中，需要根据测量的需要来选择不同的测量天线和型号，同时根据测量的频段来选择不同的测量天线，常用的天线为宽带天线，便于自动化扫频测量。

天线的主要参数如下。

输入阻抗(Z_A)：天线在馈电点的电压 U(V)与电流 I(A)之比，表达式为

$$Z_A=\frac{U}{I}(\Omega) \tag{6-12}$$

天线系数(AF)：接收点的场强 E(V/m)与此场强在该天线输出端生成的电压 U(V)之比，表达式为

$$AF=\frac{E}{U}(\mathrm{m}^{-1}) \tag{6-13}$$

天线增益(G)：指在观察点获得相同辐射功率密度时，方向性天线的输入功率小于均匀辐射天线的输入功率的倍数。天线增益除包含天线的方向性特征外，还包含天线由输入功率转化为场强的转换效率。

天线方向图：即用极坐标形式表示不同角度下天线方向性的相对值。其最大方向的轴线又称为前视轴。天线最大辐射方向与半功率点(−3dB)之间的夹角 θ 又称天线波瓣的夹角。

电压驻波比(VSWR)：根据传输理论，在传输线阻抗与负载阻抗不匹配的情况下，必然引起输入波的反射。驻波比是表征失配程度的系数，表达式为

$$\mathrm{VSWR}=\frac{1+\rho}{1-\rho} \tag{6-14}$$

式中，ρ 为反射系数。天线增益与天线系数的转换

$$C_{\mathrm{dB}}=20\lg f_{\mathrm{MHz}}-AF_{\mathrm{dB}}(\mathrm{m}^{-1})-29.79 \tag{6-15}$$

场强与发射功率转换公式(远区场)

$$E_{\mathrm{V/m}}=\frac{\sqrt{30P_{\mathrm{t}}G_{\mathrm{t}}}}{r} \tag{6-16}$$

式中；P_t 为发射功率(W)；G_t 为发射天线增益；r 为远离发射点距离(m)。

对于常用的环天线，设接收环天线的面积为 S，匝数为 n，当它置于平面波场中且天线平面与磁场方向垂直时，环天线的感应电压为

$$e=2\pi f\mu_0 SnH \tag{6-17}$$

式中：e 为天线感应电压(V)；f 为被测磁场频率(Hz)；μ_0 为真空磁导率，$4\pi\times10^{-7}$ H/m；S 为天线环面积(m^2)；n 为环天线匝数；H 为磁场强度(A/m)。

1．电场天线

电场天线用于接收被测设备工作时泄漏的电场、环境电磁场及测量屏蔽室(体)的电场屏蔽效能，测量频段为 10kHz～40GHz。如图 6-15 所示，下面介绍几种常用的电场天线。

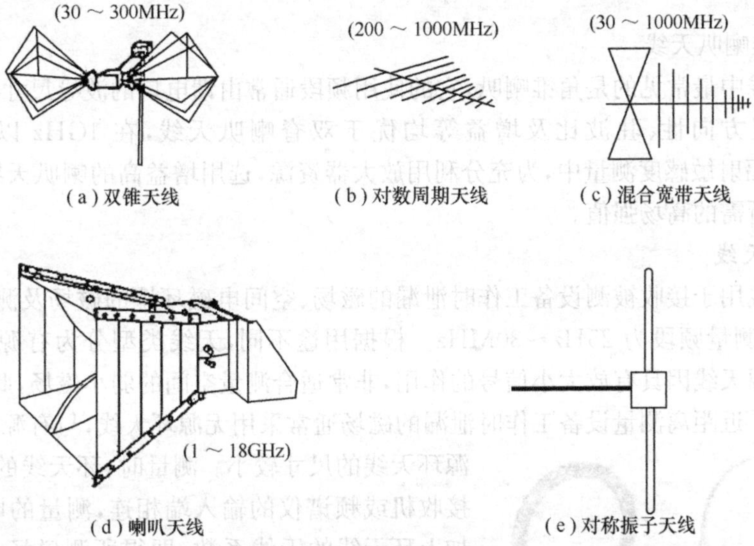

图 6-15　EMI 测量用的天线

(1) 杆天线

天线杆长 1m，用于测量 10kHz～30MHz 频段的电磁场，形状为垂直的单极子天线，由对称振子中间插入地网演变而来，所以测量时一定要按天线的使用要求安装接地网(板)。杆天线分为无源杆天线和有源杆天线，区别在于测量的灵敏度不同。无源杆天线通过调谐回路分频段实现 50Ω 输出阻抗，而有源杆天线则通过前置放大器实现耦合和匹配，同时提高了天线的探测灵敏度。

(2) 双锥天线

双锥天线的形状与偶极子天线十分接近，它的两个振子分别为六根金属杆组成的圆锥形天线通过传输线平衡变换器将端口的阻抗变为 50Ω。双锥天线的方向图与偶极子天线类似，测量的频段比偶极子天线宽，且无须调谐，适合与接收机配合，组成自动测量，系统进行扫频测量。

(3) 半波振子天线

半波振子天线主要由一对天线振子、平衡/不平衡变换器及输出端口组成。天线振子根据所测信号频率对应的波长，将天线振子的长度调到半波长，同时调节平衡/不平衡阻抗变换器(75→50Ω)，使天线的输出端具有小的电压驻波比。

(4) 对数周期天线

结构类似八木天线，它上下有两组振子，从长到短交错排列，最长的振子与最低的使用频率相对应，最短的振子与最高的使用频率相对应。对数周期天线有很强的方向性，其最大接收/辐射方向在锥底到锥顶的轴线方向。对数周期天线为线极化天线，测量中可根据需要调节极化方向，以接收最大的发射值。它还具有高增益、低驻波比和宽频带等特点，适用于电磁干扰和电磁敏感度测量。

(5) 双脊喇叭天线

双脊喇叭天线的上下两块喇叭板为铝板，铝板中间位置是扩展频段用的弧形凸状条，两侧为环氧玻璃纤维的覆铜板，并刻蚀成细条状，连接上下铝板。双脊喇叭天线为线极化天线，测量时通过调整托架改变极化方向，因其测量频段较宽，可用于 0.5～18GHz 辐射发射和辐射敏感度侧试。

(6) 角锥喇叭天线

喇叭天线中最常见的是角锥喇叭，它的使用频段通常由馈电口的波导尺寸决定，比双脊喇叭窄很多，但方向性、驻波比及增益等均优于双脊喇叭天线，在 1GHz 以上高场强(如 200V/m)的辐射敏感度测量中，为充分利用放大器资源，选用增益高的喇叭天线做发射天线，较容易达到所需的高场强值。

2. *磁场天线*

磁场天线用于接收被测设备工作时泄漏的磁场、空间电磁环境的磁场及测量屏蔽室的磁场屏蔽效能，测量频段为 25Hz～30MHz。根据用途不同，天线类型分为有源天线和无源天线。通常有源天线因具有放大小信号的作用，非常适合测量空间的弱小磁场，此类天线有带屏蔽的环天线。近距离测量设备工作时泄漏的磁场通常采用无源环天线，与有源环天线相比，无源环天线的尺寸较小。测量时，环天线的输出端与测量接收机或频谱仪的输入端相连，测量的电压值(dBμV)加上环天线的天线系数，即得所测磁场(dBpT)。环天线的天线系数是预先校准出来的，通过它才能将测量设备的端口电压转换成所测磁场。如图 6-16 所示，磁环天线可用在低频段(20Hz～50kHz)检测磁场，而铁氧体杆状天线也用在低频检测磁场，但是后者有高的磁导率和更好的天线系数，用在磁场计中时频率可低至 0.1Hz。另外，典型的磁场环天线可用在 L～H 频段，即 9kHz～30MHz。作为 EMI 试验用的天线，测量磁场强度的典型环直径是 635mm。用做磁场探头时，其典型直径为 76.2mm。用它测量磁场的泄露时，其频率范围为 500kHz～30MHz。

图 6-16　磁环天线

6.2.1.4　电流探头

电流探头是测量线上非对称干扰电流的卡式电流传感器，测量时不需与被测的电源导线导电接触，也不用改变电路的结构。它可在不打乱正常工作或正常布置的状态下，对复杂的导线系统、电子线路等的干扰进行测量。

电流探头为圆环形卡式结构，能方便地卡住被测异线。其核心部分是一个分成两半的环形高磁导率磁芯，磁芯上绕有 N 匝导线。当电流探头卡在被测导线上时，被测导线充当一匝的初级线圈，次级线圈则包含在电流探头中。

6.2.1.5　电源阻抗稳定网络

电源阻抗稳定网络（也称人工电源网络）在射频范围内向被测设备提供一个稳定的阻抗，并将被测设备与电网上的高频干扰隔离开，然后将干扰电压耦合到接收机上。

电源阻抗稳定网络对每根电源线提供 3 个端口，分别为供电电源输入端、到被测设备的电源输出端和连接测量设备的干扰输出端。示意图如图 6-17 所示。

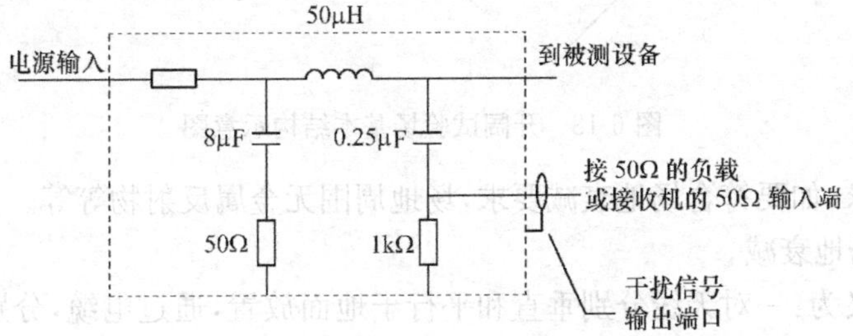

图 6-17　电源阻抗稳定网络结构示意图

电源阻抗稳定网络的阻抗是指干扰信号输出端接 50Ω 负载阻抗时，在设备端测得的相对于参考地的阻抗模。当干扰输出端没有与测量接收机相连时，该输出端应接 50Ω 负载阻抗。图 6-17 为 50Ω/50μH 的 V 形电源阻抗稳定网络示意图，适用频段 0.15～30MHz（民用标准）或 0.01～10MHz（军用标准），电源阻抗稳定网络还有其他的类型，如 50Ω/5μH 等，适用于不同标准要求。

除阻抗参数外，电容修正系数也是其重要参数，用于将接收机测量的端口电压，转换成被漪电源线上的于扰电压。

6.2.2　测量场地

电磁兼容测量所需场地主要包括开阔场、电波暗室（anechoic chamber）、屏蔽室等。

6.2.2.1　开阔试验场

开阔试验场的基本结构应是周围空旷，无反射物体，地面为平坦而导电率均匀的金属接地表面。场地按椭圆形设计，如图 6-18 所示。

场地长度不小于椭圆焦点之间距离的 2 倍，宽度不小于椭圆焦点之间距离的 1.73 倍，具体尺寸的大小一般视测量频率下限的波长而定。如测量频率下限为 30 MHz，波长是 10m，则选择椭圆焦点之间距离为 10m。实际电磁辐射干扰测量时，EUT 和接收天线分别置于椭圆场地的两个焦点位置。考虑到开阔试验场（屏蔽暗室也是一样）的建造成本和环境的限制，国内外电磁兼容标准将 EUT 到接收天线的距离定为 3m、10m，俗称 3m 法、10m 法。如满足 3m 法测量，场地长度不小于 6m 距离，宽度不小于 5.2m 距离；如满足 10m 法测量，场地长度不小于 20m 距离，宽度不小于 17.3m 距离。我国现有标准大多数规定 3m 法测量，美国的 FCC 标准、英国的 VDE 标准有 10m 法测量的要求。

试验场地应设有转台和天线升降塔，便于全方位的辐射发射及天线升降测量，关于开阔场

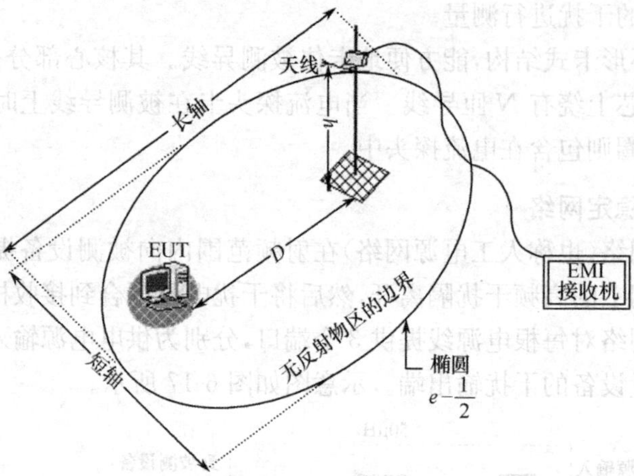

图 6-18 开阔试验场基本结构示意图

还有一些具体要求,如要符合场地衰减要求,场地周围无金属反射物等等。

(1) 归一化场地衰减

场地衰减定义为:一对天线分别垂直和平行于地面放置,通过电缆,分别与发射源和接收机连接,则发射天线源电压 U_T(dB)与接收天线终端测得的接收电压 U_R(dB)之差称为开阔试验场的场地衰减(dB);然后,再用场地衰减(dB)减去两个天线的天线系数 AF_T(dB)和 AF_R(dB),所得结果称为归一化场地衰减。

归一化场地衰减通常定义为

$$A_N = U_T - U_R - AF_T - AF_R \tag{6-18}$$

式中,U_T为发射天线输入电压(dBμV),U_R为接收天线输出电压(dBμV),AFT 为发射天线系数(dB),AF_R为接收天线系数(dB)。

场地衰减不仅与场地本身特性(材料、平坦性、结构、布置)以及收、发天线的距离、高度有关,还与收、发天线本身的特性有关。而归一化场地衰减只与场地特性和测量点几何位置有关,与收、发天线本身特性无关。

(2) 开阔试验场的应用

开阔试验场在电磁兼容领域主要用于 30MHz~1000MHz 频率范围对 EUT 进行电磁辐射干扰测量,并可适用于较大型 EUT 的测量。理想的开阔试验场可作为最终判定测量结果的标准测量场地,其造价低于屏蔽半暗室。开阔试验场也可用于电磁辐射敏感度(抗扰度)的测量,但不宜施加过大的场强,以免对外造成电磁环境干扰。在计量测量领域,开阔试验场占有重要地位,如天线系数的校准,国际间的比对测量均要求在标准开阔试验场中进行。

6.2.2.2 电波暗室

电波暗室(anechoic chamber):主要是模拟开阔场的功能,通常所说的电波暗室在结构上大都由屏蔽室和吸波材料两部分组成。在工程应用中又分全电波暗室(fully anechoic chamber)(六面装有吸波材料)和半电波暗室(semi anechoic chamber)(地面为金属反射面)。全电波暗室可充当标准天线的校准场地,半电波暗室可作为 EMC 试验场地。电波暗室主要用于辐射无线电干扰(EMI)和辐射敏感度(EMS)测量,电波暗室的尺寸和射频吸波材料的选用主要由 EUT(EUT)的外行尺寸和测量要求确定,分 1m 法、3m 法或 10m 法。根据具体使用要求还可定制各种非标暗室。

电波暗室的主要性能指标有“静区”、“工作频率范围”等 6 个指标(静区是指射频吸波室内受反射干扰最弱的区域)。但建造电波暗室的成本、难度均相当高,因为暗室的工作频率的下限取决于暗室的宽度和吸收材料的高度、上限取决于暗室的长度和所充许的静区的最小截面积,所以在建造上有较大的难度。

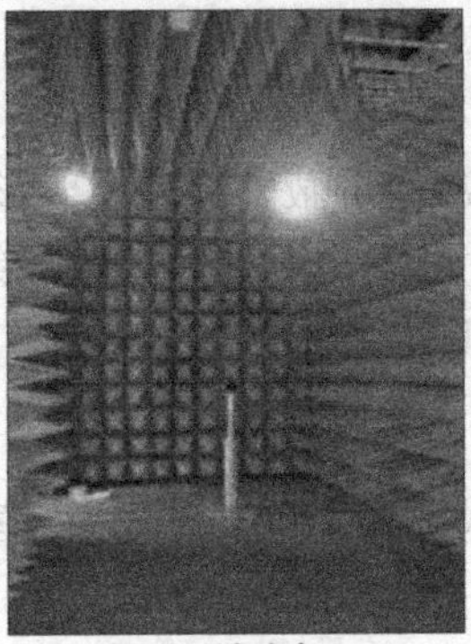

3m 法暗室

10m 法暗室

图 6-19 电磁兼容测量暗室

6.2.2.3 屏蔽室

屏蔽室(Screen Room):在电磁测量中,屏蔽室能提供环境电平低而恒定的电磁环境,它为测量精度的提高,测量的可靠性和重复性的改善带来了较大的益处。目前国内生产的屏蔽室的屏蔽效能在 10kHz～10GHz 频率范围内一般能大于 100dB。

1. 屏蔽室的用途

屏蔽室是实现电磁环境控制的重要手段。其主要用途是:

① 防止外界电磁干扰,保障室内低电平测量工作正常进行。

② 防止室内电子设备或系统散发的电磁辐射信号泄漏到室外形成干扰源,对周围电子设备造成干扰。

③ 防止室内信息技术设备的信息泄漏。

④ 作为核脉冲加固,防止室内电气和电子设备受核电磁脉冲和电磁脉冲破坏。

⑤ 作为电波辐射防护,保护室内工作人员免受高场强电磁辐射伤害。

屏蔽室的主要技术性能是:屏蔽效能和屏蔽室的适用频率范围。

根据网络理论和电磁空间的对偶性,屏蔽室可分为无源屏蔽和有源屏蔽两类。

2. 无源屏蔽

无源屏蔽是指干扰源在室外,屏蔽的目的是防止干扰波侵入到屏蔽室内部。

3. 有源屏蔽

有源屏蔽是指干扰源在室内,屏蔽的目的是使干扰波不传播到屏蔽室外部。

4. 屏蔽室的谐振

屏蔽室是用导电体构成封闭六面体,等效于一个大的矩形谐振腔。因此,屏蔽室在一定激励条件下,将按空腔谐振器的谐振规律产生谐振。

屏蔽室谐振是有害的,它不仅会降低屏蔽室的屏蔽效能,而且还会在屏蔽室内产生驻波,造成测量误差。对无源屏蔽,这种影响小些;但对有源屏蔽,则影响很大。因此应尽可能采取措施,减小谐振现象的影响。

5. 屏蔽室的反射

屏蔽室壁板(包括顶板和地板)的反射,会给测量结果造成误差。例如,在屏蔽室进行电磁辐射测量,由于EUT的机壳在各个面都可能存在泄漏并向外辐射电磁波,因此测量天线除了接收来自设备受测面的直射波和经地面的反射波外,还会接收到来自设备其他面从屏蔽壁板的反射波。这种反射波可以是一次反射,也可以是多次反射,从而给测量引入误差。

为了减少屏蔽室反射对测量结果的影响,可采取以下措施:

① 增大屏蔽室尺寸,增加受测设备与屏蔽壁的距离,以减小屏蔽壁板的反射影响。

② 在给定的屏蔽室尺寸和测量位置情况下,经计算,对可能构成到达接收天线的一次和多次反射的部分屏蔽壁板(包括顶板),铺设吸收材料,以减少反射。

6.2.2.4 屏蔽半暗室

屏蔽半暗室也属电波暗室,是电波暗室的一种特定型式。表6-6为屏蔽半暗室与电波暗室的比较。

表6-6 屏蔽半暗室与电波暗室比较

比较项目名称	屏蔽半暗室	电波暗室
屏蔽体	六面均有	六面均有
电波吸收材料	顶板和四周壁板有,地面没有	六面均有
对应空间	2π空间	4π空间
性能评价指标	"场地衰减"	"静区"

屏蔽室尺寸(长×宽×高)应为试验场地尺寸(长×宽×高)加上所采用的吸收材料长度l(长和宽方向应加$2l$,高度方向加l)。

$$L=\frac{\lambda_{\max}}{3}+d+B$$

$$W=\frac{\lambda_{\max}}{2}+0.5$$

$$H=\frac{\lambda_{\max}}{4}+4.25 \tag{6-19}$$

式中,L、W、H表示试验场地长、宽、高(m);$\lambda_{\max}$为最低工作频率的波长(m);d为受测设备与测量天线距离(m);B为受测设备沿长度方向的最大尺寸(m)。

6.2.2.5 GTEM横电磁波传输室

吉赫兹横电磁波(GTEM)传输装置是国外20世纪80年代末期问世的标准电磁场装置。吉赫横电磁波传输装置综合了横电磁波传输装置、开阔场地测量、屏蔽室、微波暗室的优点,克服了各种方法的局限性,其反射和谐振最小,能最有效地使用空间,加工及维修成本费用最低。工作频率宽,模拟入射平面波,可以产生强的场强,而对周围的人员或设备没有危害或干扰。装置易于使用,便于进行几乎全部辐射敏感度及发射试验,以及精密测量。可用于进行时域、核电磁脉冲、雷电、其他脉冲波及连续波测量。

如图6-20所示,GTEM小室是一个50Ω的锥状矩形同轴传输线,内部有一个偏置的中心导体(隔板)。矩形段的一端与50Ω同轴导体耦合,中心导体的截面由平、宽的带状结构逐渐过渡到圆形,从非对称的矩形截面到50Ω同轴线的过渡需要精密加工。锥形段的远端接了由吸波材料构成的分布式匹配负载。矩形传输线的导体也端接由几百个碳质电阻构成的50Ω

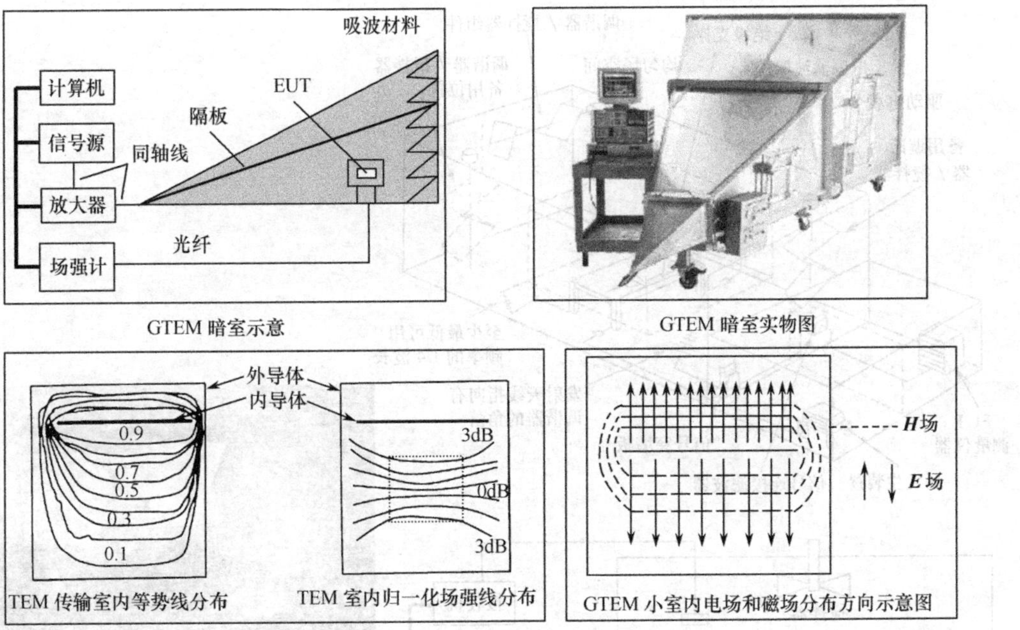

图 6-20　GTEM 横电磁波暗室及其场分布

负载，电阻值的分布与中心导体上的电流分布是匹配的。中心导体端接的阻抗负载作用等同于让电流终止，锥形段端接的分布式负载也是为空间传播的电磁波端接匹配负载。所以 GTEM 小室在从直流到数吉赫兹的频率范围内可以提供宽带终端。锥形段的张角一般比较小(比如 15°)，这样可以保证传播的 TEM 电磁波建立的场的方向图具有较大半径的球对称性。对于实际测量，GTEM 小室中传播的电磁波可以近似认为是平面波。锥形段的长度决定了可用于的测量空间尺寸。GTEM 小室中的场强与输入功率有关，也与纵轴的位置和隔板的高度有关。

目前，GTEM 装置除用于产生标准电磁场及作为场强计的校准场外，也用于进行电磁辐射敏感度试验和辐射发射试验。国际电工委员会(CISPR)和国家军标 GJB152—86 均推荐使用 GTEM 装置进行 EMC 辐射敏感度测量。

6.2.2.6　混响室

1. 混响室定义

混响室通常是装备机械调谐器/搅拌器以改变(搅拌)内部电磁场结构分布的屏蔽室。混响室内的试验要以描述为机械调谐器/搅拌器“搅拌”屏蔽室内部谐振模式的随机过程。该室还称为搅拌模式室、模式搅拌室或模式调谐室，如图 6-21 所示。

一般来说，混响室是根据矩形金属谐振腔特性，利用其高 Q 值、多模态的性质，在一个较大的金属壳体内获得具有统计规律上的均匀场，并用该场来等效实际环境来进行电磁兼容测量工作，如进行设备的辐射敏感度测量、屏蔽效能测量等。

混响室的优点：

① 能很好地将混响室内外的电磁场进行隔离，不形成电磁环境污染；

② 在大的体积空间范围内获得高电平的电磁场，而不需要太大的射频能量；

③ 在一定的试验周期内，在试验区内的每个位置都能产生比较一致的各向同性的最大场强值，从而形成统计意义上的各向同性电磁场；

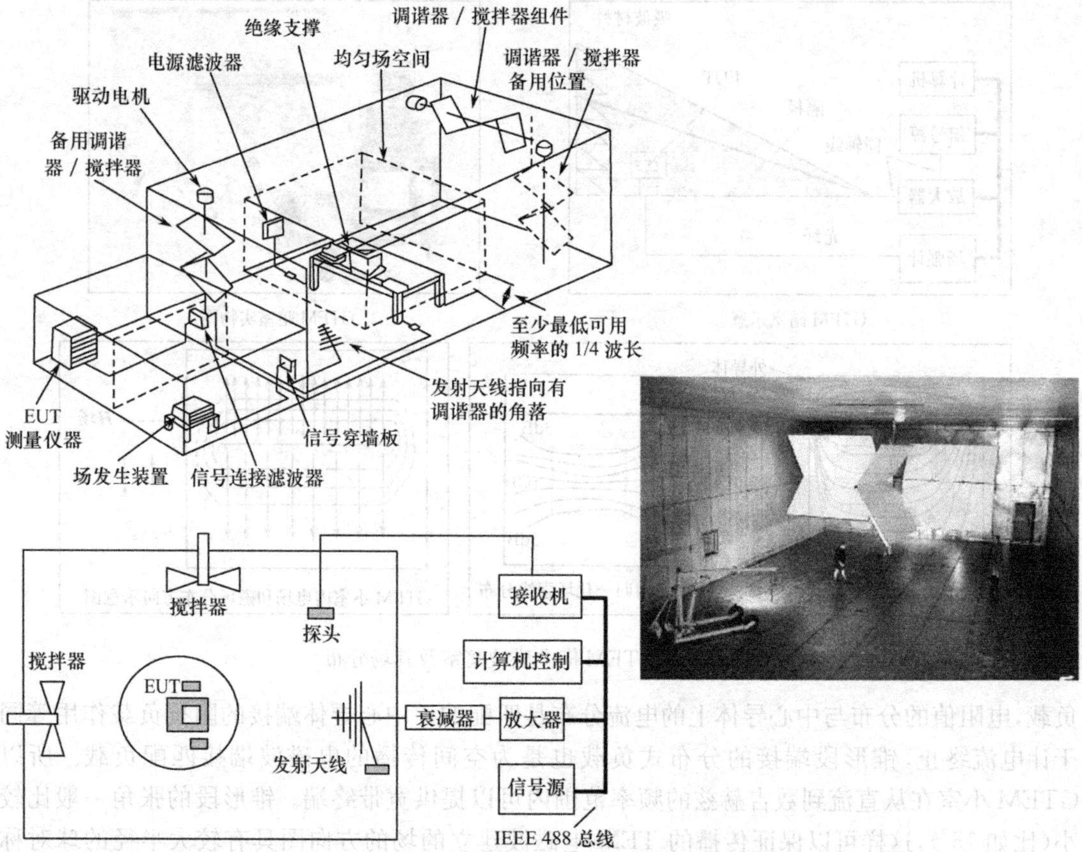

图 6-21 混响室布置示意图

④ 在进行电磁兼容试验或其他试验时,不需要 EUT 在空间旋转。

2. 混响室的主要特性

(1) 混响室的谐振频率

混响室的谐振频率与谐振腔的谐振频率基本相同,对于尺寸为 $a\times b\times l$ 的矩形谐振腔来说,其谐振频率为

$$f_{\mathrm{mnp}}=150\sqrt{\left(\frac{m}{a}\right)^2+\left(\frac{n}{b}\right)^2+\left(\frac{p}{l}\right)^2} \tag{6-20}$$

其中,m、n、p 为整数,且不能两个同时为零,分别表示在该谐振频率下,谐振腔内部的场沿 a、b、l 方向分布的半驻波个数,每一组 m、n、p 对应着矩形谐振腔内电磁场的一个模;a、b、l 分别为矩形谐振腔的宽、长和高,单位为米;f_{mnp} 表示对应的谐振频率(MHz)。

(2) 混响室的最低使用频率

f_{101} 为矩形谐振腔的最低谐振频率,(对于一个 10.8 m×5.2m×3.9m 的混响室来说,其最低振荡频率为 32.0156MHz)其对应的振荡模为 TE_{101} 模,为最低振荡模或主模,该模的电场只有 b 向分量,在腔体中央最强,磁场有 a 向和 l 向分量,在腔壁附近最强,腔中央为零。

低于混响室的最低谐振频率时,在混响室内无法振荡,不能储存能量;当用最低谐振频率激励时,在混响室内只能产生一种模态(主模)的场分布,分布很不均匀,不能满足使用要求。一般来说,混响室的最低使用频率要选在能产生至少 60～100 个模以上的频率,这个频率一般要高于最低谐振频率的 3 倍以上。按照 RTCA DO—160 的衡量标准,混响室的最低可用频

率取决于混响室内的场均匀性特性。混响室的尺寸、调谐器/搅拌器的效率和混响室的品质因数决定了混响室的最低可用频率。

(3) 谐振腔内存在的模数

对一个矩形谐振腔来说，内部谐振可能存在的最多模的数量与矩形谐振腔的尺寸、频率有关，可以用下式进行估算：

$$N(f)=\frac{8\pi}{3}a\times b\times l\left(\frac{f}{c}\right)^3-(a+b+l)\frac{f}{c}+\frac{1}{2} \tag{6-21}$$

式中：$a\times b\times l$ 为混响室的体积(m^3)；f 是工作频率(Hz)；c 是电磁波传播速度(3×10^8m/s)。

(4) 混响室的品质因数

对于一个空载的混响室来说，其品质因数与工作频率、振荡模的形式有关，每一个模都有自己的 Q 值，当混响室内加入 EUT 后，又会因加载而使 Q 值下降。

混响室的 Q 值还可以按下式进行测量和计算：

$$Q'=\frac{16\pi^2V}{\eta_{\mathrm{Tx}}\eta_{\mathrm{Rx}}\lambda^3}\left\langle\frac{P_{\mathrm{AveRec}}}{P_{\mathrm{input}}}\right\rangle \tag{6-22}$$

式中：V 为混响室体积(m^3)；λ 为工作频率波长(m)；$\left\langle\frac{P_{\mathrm{AveRec}}}{P_{\mathrm{input}}}\right\rangle$表示在一个完整的调谐器/搅拌器周期内，平均接收功率与输入功率之比，⟨⟩表示算术平均值；η_{Tx}和 η_{Rx}分别为发射天线和接收天线的天线效率。如果天线出厂时没有这个数据，则对数周期天线的效率可近似取 0.75，喇叭天线的效率可近似取 0.9。

(5) 混响室的品质因数带宽(BW_Q)

混响室的品质因数带宽 BW_Q是混响室中相关模式频带宽度的量度。混响室的可用下式进行计算：

$$BW_Q=f/Q \tag{6-23}$$

式中 f 为工作频率；Q 为混响室的品质因数。

(6) 混响室的工作区域

混响室的工作区域是指混响室内这样一个区域：在搅拌器/调谐器完成一个周期的所有步位过程后，区域内的任一点处的电磁场强都可以达到相同的最大场强值，也就是说这个区域内的电磁场强是统计“均匀的、各向同性”的场。一般来说，工作区域定义在最低工作频率时离混响室墙壁、任一天线、调谐器或其他物体 $\lambda/4$ 距离的空间。对于工作在 100MHz 以上的混响室，这距离是 0.75m。

(7) 混响室的搅拌模式

① 机械搅拌模式：逐步增加搅拌器的转动角度，在每一个转动位置处进行净输入功率、参考天线接收功率的测量，同时记录场强探头测量的场强、被试件的响应等。每圈中必须具有的搅拌器转动位置数与频率和 Q 值有关，样本数量要不小于 200，搅拌器在每一个位置处停留的时间可控。

② 离散频率搅拌模式：采用连续或步进旋转搅拌器的方式，此时的采样速率远大于转速。样本的数量可很多，达到 9999 个，典型的转动周期为 1～12 分钟。

③ 与离散频率搅拌模式相类似的连续频率搅拌模式，快转速如 0.5 秒/转，频谱仪处于最大保持状态，RBW 宽如 1～3MHz，扫频速率快如 20～50ms/次。

3. 混响室的其他配置

包括：自动场监测系统，双定向耦合器，大功率收、发射天线，信号源，功率放大器，功率计，接收机或频谱仪,搅拌器的驱动和控制器等。

4. 混响室内开展的各种试验和测量

目前利用混响室从事的试验和研究主要有:设备的辐射敏感性试验,电缆的屏蔽效能试验,机箱的屏蔽效能试验,屏蔽衬垫等屏蔽效能测量,设备的辐射发射试验,天线效率测量等。

6.3 发射测量

电磁干扰(Electromagnetic Interference,EMI)发射特性测量包括辐射发射(Radiated emission,RE)测量和传导发射(Conduction emission,CE)测量。辐射发射测量是测量EUT通过空间传播的辐射场强。传导发射测量是测量EUT通过电源线或信号线向外发射的电压和电流。

6.3.1 辐射发射测量

辐射发射测量检测设备通过空间传播的干扰的辐射场强,测量时通常将EUT置于正常工作状态,通过天线接收EUT的辐射发射场,通过预选放大器输送到骚扰接收机进行实时分析显示,在每个频点记录最大的发射值。在9kHz～30MHz频率段,测量电磁干扰的磁场强度。如果EUT较小,则将其放在大磁环天线(Large loop antenna, LLA)中,测量干扰磁场的感应电流。如果EUT较大,则采用远天线法,用单小环在规定距离测量干扰的磁场强度。在30MHz～18GHz频率段,测量电磁干扰的电场强度。1GHz以下使用开阔场地或半电波暗室,模拟半自由空间;1GHz以上使用全电波暗室,模拟自由空间。如采用替代法测量,则测量场地可用开阔场地、半电波暗室或全电波暗室,测量结果用发射功率表示。

6.3.1.1 9kHz～30MHz磁场辐射发射测量

9kHz～30MHz频段用环形天线测量EUT辐射的磁场分量。测量方法有两种:一种是大环天线法,如图6-22所示;另一种是远天线法。采用何种方法主要是由EUT的尺寸决定。例如,对于工科医(ISM)设备,国标GB4824规定,直径为2m的LLA可测量的最大设备其对角线尺寸不应超过1.6m。大环天线法比较好,因为EUT的3个正交磁偶极距的磁场分量都可以测量,3个环上都有电流探头,测量结果用大环上的磁感应电流dB(μA)表示。大环的标准直径为2m,也可用1m、1.5m、3m和4m直径的大环,但结果都应转换到2m大环上,以便和标准规定的限值比较。大环天线(LLA)测量系统应使用规定的标准天线进行校准,所以大环法也可以视做某种替代法,即EUT的磁场辐射强度等效于标准天线的辐射强度。

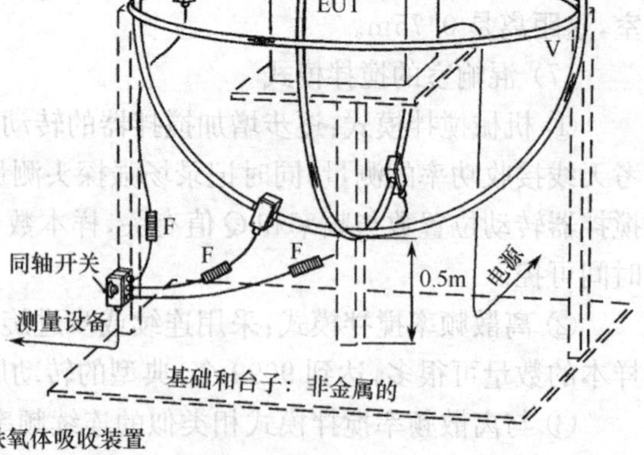

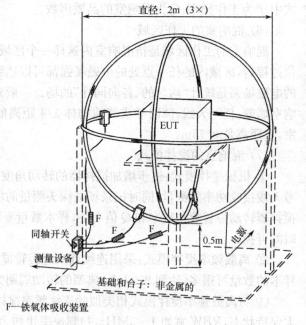

图6-22 大环天线(LLA)法测量EUT辐射的磁场分量

如果 EUT 太大无法使用 LLA 法，则应采用远天线法。例如，国标 GB4824 规定，尺寸超过 1.6m 的家用感应炊具的辐射磁场测量，使用直径 0.6m 的单小环天线，测量距离 3m。单小环天线垂直地面放置，最低部高于地面 1m（典型值），所以测量得到的是环天线处的磁场的水平分量，但是由于测量处于近场条件，地面又有反射，所以测量所得的值仍然反映了 EUT 的水平和垂直偶极距的情况。图 6-23 根据 GJB152A—97《军用设备和分系统电磁发射和敏感度测量》中对应的磁场测量项目 RE101：25Hz～100kHz 磁场辐射发射的测量场景，图中是对电脑显示器及其主机的磁场发射测量，详细测量布置可参见 GJB152A—97。测量结果如图 6-24 所示，其中干扰的幅度的单位意见转换为 dBpT。

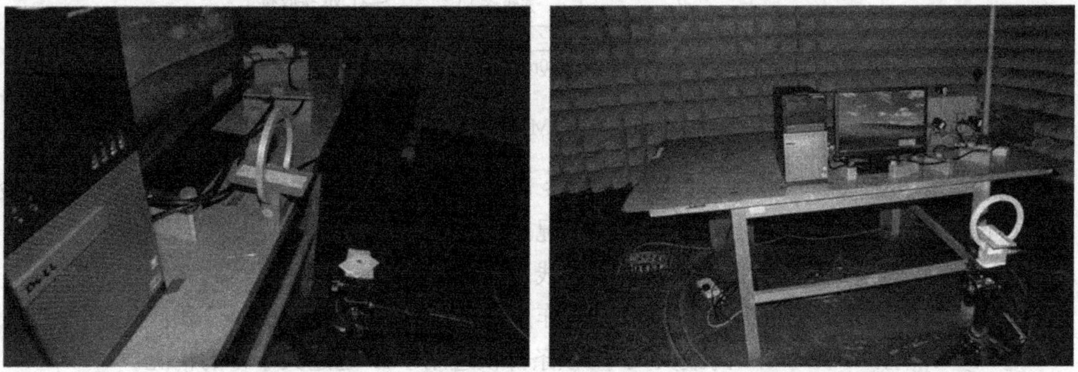

测量环天线距离 EUT70mm　　　　测量环天线距离 EUT500mm

图 6-23　RE101 测量场景

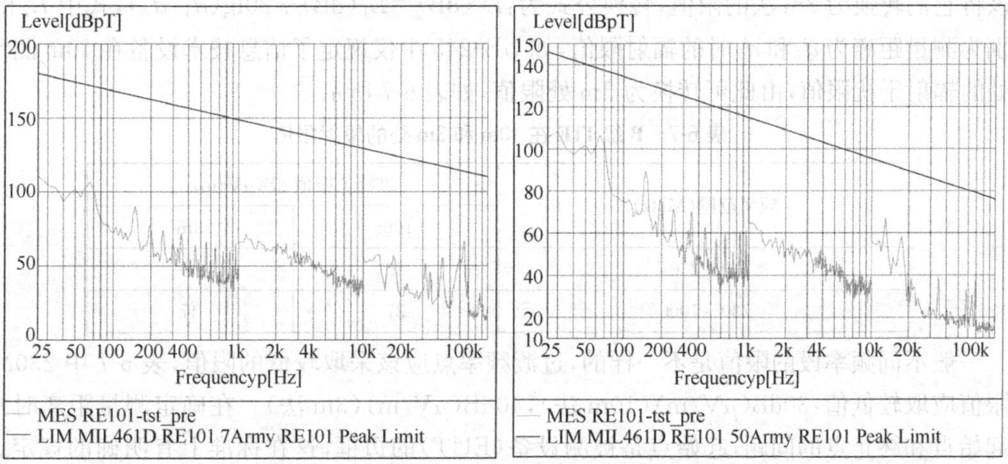

距离 EUT70mm 的限值线和测量结果　　　　距离 EUT500mm 的限值线和测量结果

图 6-24　RE101 测量结果

6.3.1.2　30MHz～1000MHz 辐射发射测量

标准要求测量在开阔场地或半电波暗室内进行，场地必须符合 NSA（归一化场地衰减）的要求。测量布置如图 6-25 所示。测量天线和 EUT（EUT）之间的距离应符合远场条件，标准规定为 3m、10m 或 30m。远场的场结构比较简单，电场方向、磁场方向和电波传播方向三者互相垂直，波阻抗即电场强度与磁场强度之比为 377Ω，场强随距离一次方衰减。近场的场结构比较复杂，在电波传播方向存在电场或磁场的分量，三者不一定互相垂直，波阻抗不为常数而是随距离变化，场强随距离平方或三次方衰减。

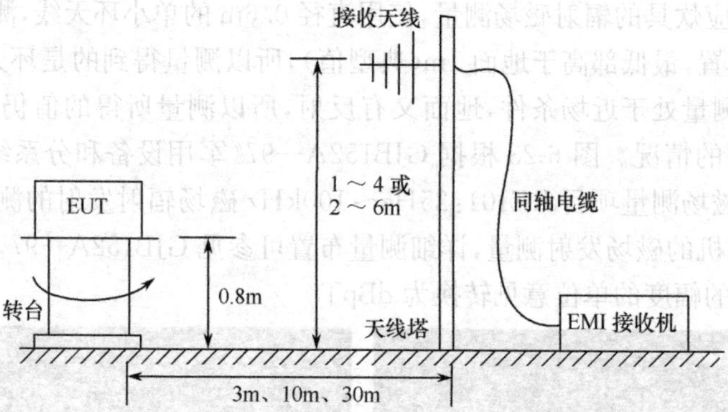

图 6-25　30MHz～1000MHz辐射发射测量的布置

比较近场和远场的特性可知，在远场条件下测量场强一致性和重复性较好，测量误差较小。在远场条件下测量距离 d 应满足下列情况：

① $d \geqslant \lambda/2\pi$，若 EUT 被看作是偶极子天线，则误差为 3dB。

② $d \geqslant \lambda$，可看作是平面波，若 EUT 被看作是偶极子天线，则误差为 0.5dB。

③ $d \geqslant 2D^2/\lambda$，D 为 EUT 的最大尺寸，该条件仅适用于 D 远远大于 λ 的情况。

在 30～1000MHz 频率段，λ 为 0.3～10m，d＝3m、10m、30m 时都符合上述远场条件。国内暗室绝大部分只能进行 3m 法测量，而标准上给出的限值很多都是针对 10m 法测量的，所以应该将它们转换为 3m 法的限值，转换公式为：$L_2(\text{dB}) = L_1(\text{dB}) + 20\lg(d_1/d_2)$，式中 L_1 和 L_2 分别为测量距离为 d_1 和 d_2 时的辐射限值，如 GB9245 中仅规定了信息技术设备在 10m 测量距离处的辐射干扰限值，由此可转换为 3m 处限值，如表 6-7 所示。

表 6-7　B 级 ITE 在 10m 和 3m 处的辐射限值

频率范围(MHz)	准峰值限值 dB(μV/m)	
	10m	3m
30～230	30	40
230～1000	37	47

一般不同频率段的限值是不一样的，过渡频率点应该采取较低的限值，表 6-7 中 230MHz 的限值应取较低值：30dB(μV/m)(10m 法)，40dB(μV/m)(3m 法)。在确定测量距离时常遇到起始点和终止点的问题，起始点是被测设备(EUT)的边框，这在标准上有明确的规定。终止点应该在天线的什么部位？当天线是对称振子天线或双锥天线时，终止点在天线的中间部位。当天线是喇叭天线时，终止点应为喇叭口。但当天线是对数周期天线和混合宽带天线时，终止点就不好确定，标准中也没有明确规定。对数周期天线，根据其工作原理，在频率较高时是短振子起作用，频率较低时是长振子起作用。如果把终止点定在对数天线的顶端，则高频测量时距离约为 3m，而低频测量时距离偏移较大。由于天线接收的场强 $E \propto f/d$，而由距离引起的测量误差为 $\Delta E \propto f\Delta d/d^2$，显然对于同样的距离偏移，频率越高，产生的场的测量误差就越高，所以笔者认为终止点放在对数周期天线的顶端比较合适。如果天线上已有天线中心的标记，则终止点放在天线中心的标记处。

由于达标测量是测量 EUT 可能辐射的最大值，所以 EUT 应放在转台上(可 360°旋转)以便寻找 EUT 的最大干扰辐射方向。台式 EUT 离地面高度通常为 0.8m，立式 EUT 则直接放置地面，接触点与地面应绝缘。接收天线的高度应该在 1～4m(如测量距离为 3m 或 10m)或 2～6m(如测量距离为 30m)内扫描，记录最大辐射场强。

EUT 的辐射电磁波到达天线有两条途径，如图 6-26 所示。一条是直达波 $\boldsymbol{E}_A$，一条是通过地面的反射波 $\boldsymbol{E}_B$，天线接收到的总场强为直达波和反射波的矢量和，即 $\boldsymbol{E}=\boldsymbol{E}_A+\boldsymbol{E}_B$，由于二条路径长度不同，电磁波到达天线所需时间不同，因此 $\boldsymbol{E}_A$ 和 $\boldsymbol{E}_B$ 有一定相位差 $\Delta\phi$，总场强与 $\Delta\phi$ 有关。如果 $\boldsymbol{E}_A$ 和 $\boldsymbol{E}_B$ 同相，则两者相加，总场强最大；如果 $\boldsymbol{E}_A$ 和 $\boldsymbol{E}_B$ 反相，则两图 5.2 辐射电磁波的直达波和反射波二者相减，总场强最小。$\Delta\phi$ 与天线高度有关，当接收天线在 1～4m 之间移动时，接收到的场强也以驻波方式变化，波峰和波谷间的高度差约为 $\lambda/4$，因此可以保证在 30MHz 仍能找到最大场强。

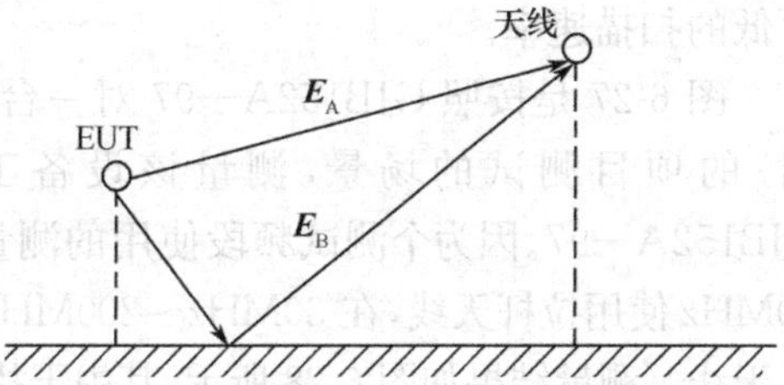

图 6-26 辐射电磁波直达波和反射波

由于干扰场强的水平极化分量和垂直极化分量是不同的，所以测量时应把天线水平放置测水平极化分量，垂直放置测垂直极化分量。垂直放置时天线的最低端离地应大于 25cm，以免影响天线的性能。整个测量系统是同轴传输系统，应该保持阻抗匹配，即天线的阻扰、同轴电缆的特性阻抗和干扰测量仪的输入阻抗都应相等，一般为 50Ω。阻抗不匹配将引起反射，从而影响读数的准确性。目前自动化的 EMI 测量系统已普遍使用，测量仪、天线塔、转台都用 GPIB(IEEE-488)接口连接，由计算机控制，进行自动测量、数据处理和报告生成。

6.3.1.3 1GHz～18GHz 辐射发射测量

1～18GHz 频率段的辐射发射测量一般使用全电波暗室，现以工科医(ISM)设备为例说明。由于试验场地是自由空间，只有直达波，没有反射波，所以接收天线可以设置在与 EUT 同一高度上，不必上下移动。但是转台仍需 360°转动，以获得最大值。测量距离为 3m。天线应采用小口径定向天线，水平和垂直二种状态都要测量。测量采用频谱分析仪，并设在最大保持方式和对数 dB 显示方式。测量结果用电场强度的峰值或平均值表示(不用准峰值)。带宽和测量时间。

表 6-8

频率范围	6dB 带宽	驻留时间(s)	模拟接收机最小测量时间
30Hz～1kHz	10Hz	0.15	0.015s/Hz
1～10kHz	100Hz	0.015	0.015s/kHz
10～250kHz	1kHz	0.015	0.015s/kHz
250kHz～30MHz	10kHz	0.015	1.5s/MHz
30MHz～1GHz	100kHz	0.015	0.15s/MHz
>1GHz	1MHz	0.015	15s/GHz

发射测量应采用表 6-8 中列出的测量接收机带宽。该带宽是接收机总选择性曲线 6dB 带宽。不应使用视频滤波器限制接收机响应。如果接收机有可控的视频带宽，则应将它调到最大值。若测量接收机没有表 6-8 规定的带宽，测量时使用与表 6-8 尽量接近的带宽，并对测量数据加以分析说明，不得使用理论上的带宽修正系数。对发射测量，应对每个适用的试验在整

个频率范围内进行扫描。在进行发射测量时，模拟式测量接收机的最小测量时间应如表 6-8 所示。数字式接收机扫频步长应小于或等于半个带宽，且驻留时间应符合表 6-8 规定。如表 6-8 规定不足以捕捉 EUT 最大发射幅度和满足频率分辨率要求，则应采用更长的测量时间和更低的扫描速率。

图 6-27 是按照 GJB152A—97 对一台商用设备进行 RE102(10kHz～18GHz 电场辐射发射)的项目测试的场景，测量该设备工作时的辐射发射情况，详细测量布置可参见 GJB152A—97。因为个测试频段使用的测量天线不同，所以测量分三个频段进行，在 10kHz～30MHz 使用拉杆天线，在 30MHz～200MHz 使用双锥天线，而在 200MHz～18GHz 使用双脊喇叭天线。测量结果如图 6-28 所示，其中干扰的幅度的单位已经转换为 dBμV/m，转换公式为：

$$E(\mathrm{dB\mu V/m})=V(\mathrm{dB\mu V})+F(\mathrm{dB/m})+A(\mathrm{dB})$$

式中：E 是外部骚扰场强；F 是天线因子；A 是电缆衰减；V 是测量设备上得到的电压。在 100MHz 处，该设备存在辐射超标点。

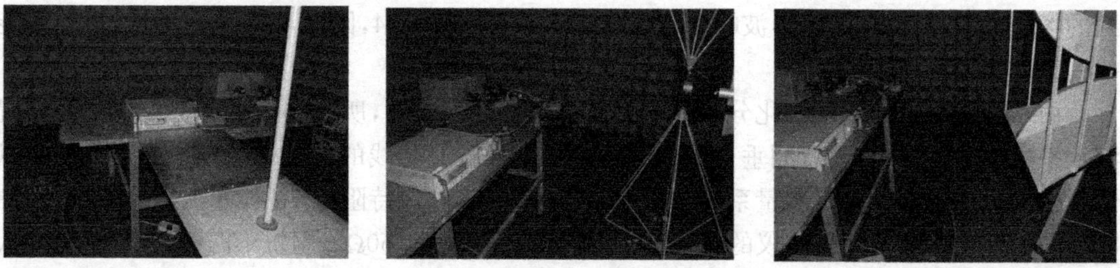

RE102 10kHz ～ 30kHz　　RE102 30kHz ～ 200kHz　　RE102 200MHz ～ 18GHz

图 6-27　RE102 测量场景

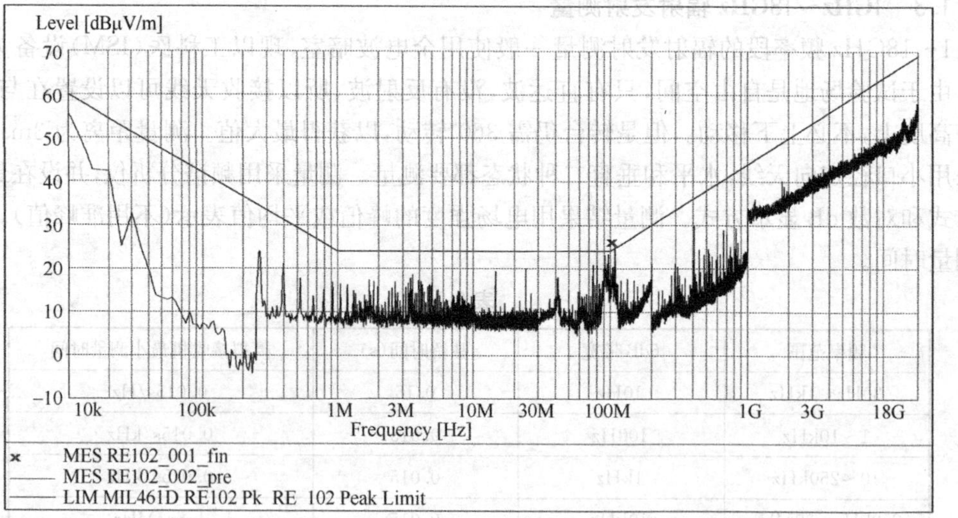

图 6-28　RE102 的标准限值和测量结果

6.3.1.4　30MHz～18GHz 辐射发射替代法测量

辐射发射测量时，测量天线接收到的干扰强场包括两个部分：一部分是 EUT 内部的导线和电路直接通过机箱壳体的缝隙向外的辐射，称壳体辐射；另一部分是由外接电缆引出的共模电流辐射。替代法测量的目的是仅仅测量 EUT 的壳体辐射，所以要求拆除所有可以拆卸的电缆，不能拆卸的电缆上要加铁氧体磁环，并放在不会影响测量结果的位置上。

图 6-29 所示为替代法测量的方法和布置。首先用半波振子天线 A 和测量接收机测量出 EUT 的最大干扰值，然后用半波振子天线 B 替代 EUT。调节信号发生器输出功率，直至测量接收机达到同样的值。记录替代天线 B 的输入端功率，即为 EUT 的壳体辐射功率。由于采用替代法，所以对试验场地的要求比较宽松，只要求替代天线 B 在各方向上移动 ±10cm，测量值变化不超过 ±1.5dB 既可。合格的开阔场地、半波暗室和全电波暗室都符合上述要求，都可以进行替代法测量。测量天线 A 的高度 h 应和 EUT 中心的高度相同，只要求 $h>1$m，测量天线 A 也不需上下移动。但要求 EUT 在常规放置位置和 90°翻转位置上分别旋转翻 360°，以便寻找 EUT 的最大干扰值。测量距离 d 虽然没有明确要求，但最好还应符合远场条件。d 的起始点为 EUT 的几何中心，终止点为测量天线 A 的天线中心。替代试验和校准试验时，替代天线 B 应置于 EUT 的几何中心。对天线的要求：在 30MHz～1GHz 频段，测量天线 A 可采用半波振子天线，也可采用宽带天线，但替代天线 B 则必须用半波振子天线。1GHz～18GHz 都用线性极化的喇叭天线。

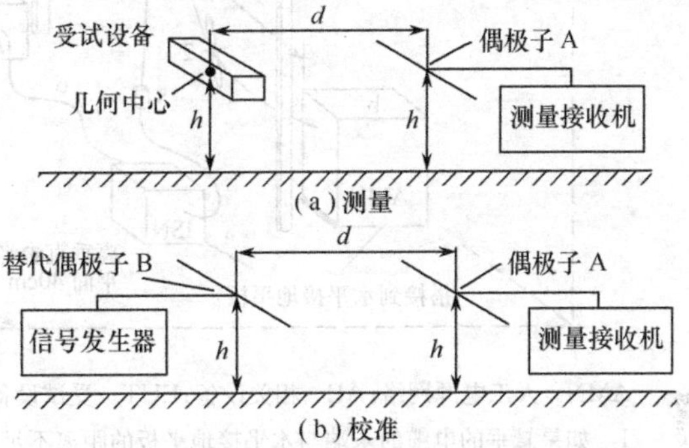

图 6-29　辐射发射替代测量法

替代法的校准很重要。一般水平极化和垂直极化状态都要进行校准。校准时发射天线 B 与测量天线 A 平行放置，对于每个频率点，都要记录发射天线的输入功率和测量接收机的接收电压的关系曲线，找出校准系数 $K(f)$。以后测量时就可以直接将测到的最大干扰电压加入校准系数 $K(f)$后得到壳体辐射功率，不必再做替代试验。

6.3.2　传导发射测量

传导发射测量的对象可以是连续骚扰电压及骚扰电流，也可以是尖峰骚扰信号，或是由电源线或信号线向周围辐射的高频电磁能量。传导发射测量可以分为两大类：

(1) 连续骚扰电压和骚扰电流测量。测量 EUT 沿电源线或信号线向电网发射的骚扰电压和骚扰电流。测量频率小于 30MHz，测量在屏蔽室进行。

(2) 连续骚扰的功率测量。当频率升高到 30MHz 以上时，沿线的电磁骚扰将以电磁波的形式向线路周围的空间辐射电磁能量，测量在屏蔽室进行。

6.3.2.1　连续骚扰电压测量

连续骚扰电压测量主要测量 EUT 沿着电源线向电网发射的干扰电压，测量频率为 150kHz～30MHz。测量一般在屏蔽室内进行。测量时需要在电网和 EUT 之间插入一个人工电源网络（LISN 或 AMN），如图 6-30 所示。

AMN 的作用是隔离电网和 EUT，使测到的干扰电压不会有电网的干扰混入，都是由 EUT 发射。另一作用是为测量提供一个稳定的阻抗，因为电网的阻抗是不确定的，阻抗不一样 EUT 的干扰电压值也不相同，所以要规定一个统一的阻抗，通常为 50Ω。AMN 实际上是个双向低通滤波器，电网中的干扰由 50μH 和 1.0μF 的滤波器滤掉，不能进人干扰测量仪，而 EUT 发射的干扰由于 50μH 滤波器的阻挡不能进人电网，只能通过 0.1μF 电容进入干扰测量仪。测量仪的输入阻抗是 50Ω，所以 EUT 干扰的负载阻抗约等于 50Ω。对于 50Hz 的工频电源，仍然可以通过 AMN 向 EUT 供电。

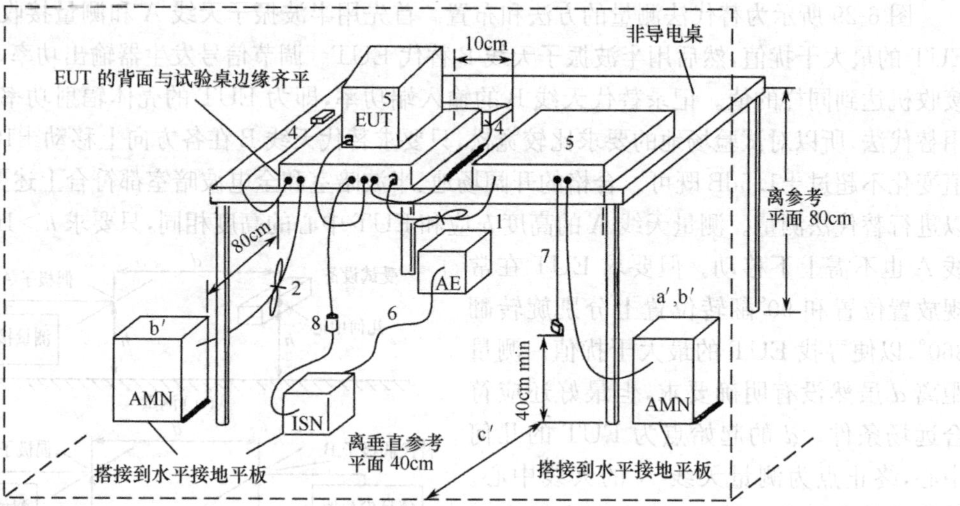

AMN—人工电源网络；AE—相关设备；EUT—受试设备；ISN—阻抗稳定网络

1　如果悬垂的电缆的末端与水平接地平板的距离不足 40cm、又不能缩短至适宜的长度，那么超长的部分应来回折叠成长 30～40cm 的线束。

2　电源线的超长部分应在其中心折叠成线束或缩短至适宜的长度。

3　EUT 与一个 AMN 相连。所有的 AMN 和 ISN 也可与垂直接地平板或金属侧壁相连。

a) 系统中所有其他的单元均通过另外一个 AMN 供电。多插座的电源板可供多个电源线使用；

b) AMN 和 ISN 与 EUT 之间的距离应为 80cm，AMN 与其他的单元和其他金属平面之间的距离至少为 80cm。

c) 电源线和信号电缆的整体应尽量放在离垂直接地平板 40cm 的位置。

4　手动操作的装置(如键盘、鼠标等)应按正常使用时的位置放置。

5　除了监视器，其他外设和控制器之间的距离应为 10cm，如果条件允许，监视器可直接放置在控制器上。

6　用于外部连接的 I/O 信号电缆。

7　如需要，可以使用适当的终端阻抗端接那些不与 AE 相连的 I/O 电缆。

8　如果使用电流探头，应将电流探头放在离 ISN 0.1m 远处。

图 6-30　典型台式设备的传导干扰测量布置图

6.3.2.2　连续干扰的功率测量

当测量频率升高到 30MHz 以上时，人工电源网络 AMN 内的电感、电容器分布参数影响加大，使其不能起到良好的隔离和滤波作用；所以应采用功率吸收钳进行测量。

功率吸钳的结构如图 6-31(a)所示。其中 C 是电流探头，包括铁氧体环和探测线圈，作用是测量电源线上的骚扰共模电流。D 是铁氧体环组，作为骚扰共模电流的稳定负载，吸收骚扰功率，并用于隔离 EUT 和电网。如果在 50MHz 以下铁氧体环组 D 不能充分起到射频隔离作用，则应在电网端再加一个辅助吸收钳 F，它也是由铁氧体环组成。E 也是铁氧体环组，用于吸收外场在电流探头引出电缆上产生的共模电流，以免影响测量结果。测量布置如图 6-31(b)所示，测量应在屏蔽室内进行，电源线长度应大于 6m，即大于 30MHz 的半波长加上吸收钳的长度。对于每一个测量频率点，吸收钳都应沿着电源线移动，找出最大值，因为共模电流在导线上是以驻波形式出现的。功率吸收钳测量系统应事前进行校准，得到修正因子—频率曲线。

校准布置如图 6-32 所示，校准时先把校准信号直接输入测量接收机，记录读数 a'，然后把

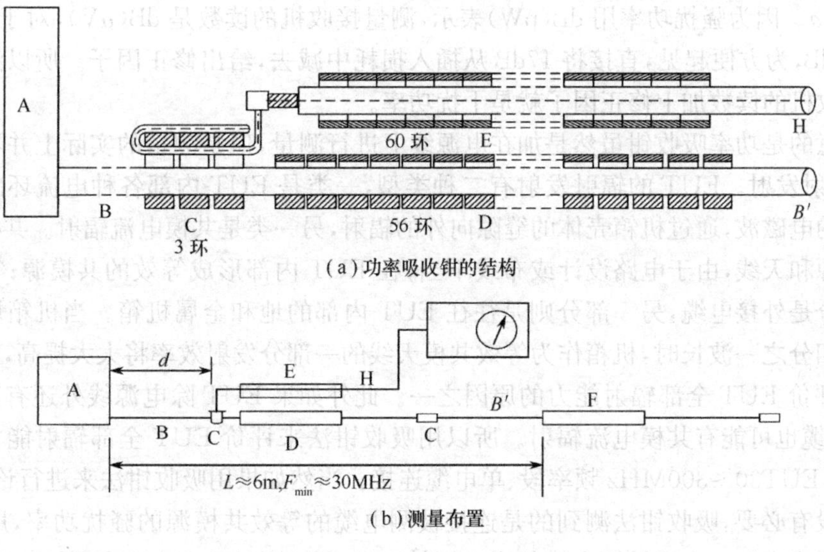

图 6-31　30～300MHz 连续骚扰的功率测量

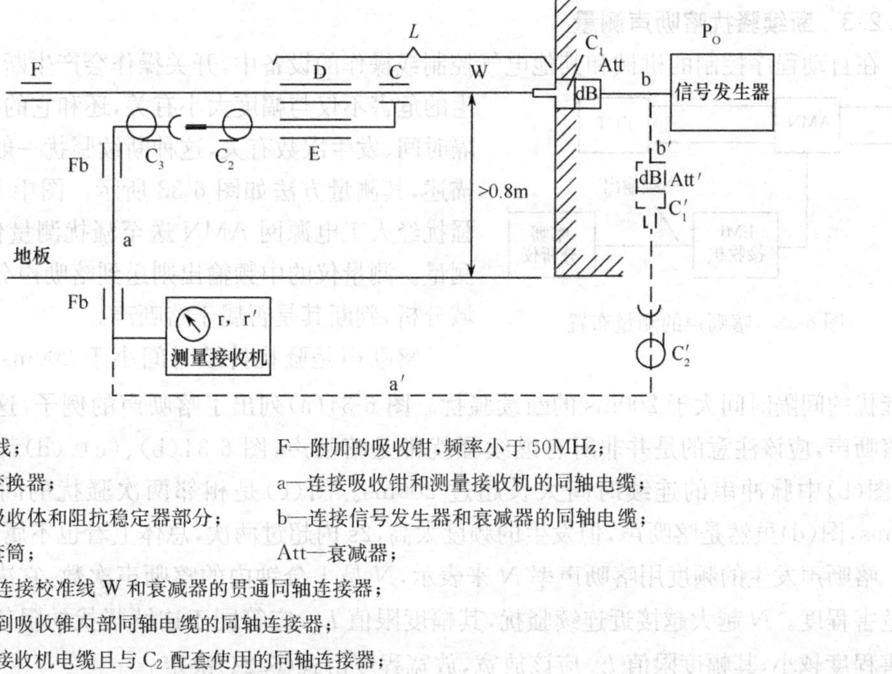

W—校准线；　F—附加的吸收钳，频率小于 50MHz；

C—电流变换器；　a—连接吸收钳和测量接收机的同轴电缆；

D—功率吸收体和阻抗稳定器部分；　b—连接信号发生器和衰减器的同轴电缆；

E—吸收套筒；　Att—衰减器；

C_1—用于连接校准线 W 和衰减器的贯通同轴连接器；

C_2—连接到吸收锥内部同轴电缆的同轴连接器；

C_3—连接接收机电缆且与 C_2 配套使用的同轴连接器；

C'_1、C'_2、a′、b′、Att′—分别代表放在虚线位置上的 C_1、C_2、a、b 和 Att，此时信号发生器和测量接收机直接连接，测量接收机的读数只包括衰减器和同轴电缆上的衰减；

L—此位置上仪表指示最大，吸收钳连同被测导线在内的插入损耗；

P_a—信号发生器携带 50Ω 负载时的恒定输出；

r—连接吸收钳后，测量接收机的最大指示；

r′—仅通过衰减器和同轴电缆(按虚线)连接信号发生器时，测量接收机的指示；

Fb—多个铁氧体吸收环，即套管

图 6-32　功率吸收钳的校准布置

校准信号输入到校准线上，移动功率吸收钳，找出第一个最大值，记录读数 a，于是得到插入损

耗 $L=a'-a$。因为骚扰功率用 dB(pW)表示,测量接收机的读数是 dB(μV),对于 50Ω 系统,二者差 17dB,为方便起见,直接将 17dB 从插入损耗中减去,给出修正因子。所以测量时只要将测量接收机的读数加上修正因子就是干扰功率。

应注意的是功率吸收钳虽然是加在电源线上进行测量,但是测量的实际上并不是传导发射,而是辐射发射。EUT 的辐射发射有二种类型,一类是 EUT 内部各种电流环路中的差模电流产生的电磁波,通过机箱壳体的缝隙向外的辐射,另一类是共模电流辐射。共模电流辐射需要共模源和天线,由于电路设计或布线不当,在 EUT 内部形成等效的共模源;等效共模天线的一部分是外接电缆,另一部分则是往往 EUT 内部的地和金属机箱。当机箱尺寸接近被测频率的四分之一波长时,机箱作为等效共模天线的一部分发射效率将大大提高,这是吸收钳法不适合评价 EUT 全部辐射能力的原因之一。此外如果 EUT 除电源线外还有其他外接电缆,这些电缆也可能有共模电流辐射。所以用吸收钳法来评价 EUT 全部辐射能力的限制条件是:小型 EUT30～300MHz 频率段、单电缆连接。当然如果用吸收钳法来进行诊断测量,上述限制就没有必要,吸收钳法测到的是连接被测电缆的等效共模源的骚扰功率,用 50Ω 标准信号源的功率表示。由于被测电缆相当于辐射天线,所以测量时人应远离测量装置,吸收钳和测量接收机之间的连接电缆最好也套上磁环。

6.3.2.3　断续骚扰喀呖声测量

在自动程序控制的机械和其他电气控制或操作的设备中,开关操作会产生断续骚扰,它产生的危害不仅与幅度大小有关,还和它的持续时间、间隔时间、发生次数有关,这种断续骚扰一般用喀呖声来描述,其测量方法如图 6-33 所示。图中 EUT 发出的骚扰经人工电源网 AMN 送至骚扰测量仪,进行幅度测量。测量仪的中频输出则送到喀呖声分析仪进行时域分析,判断其是否属于喀呖声。

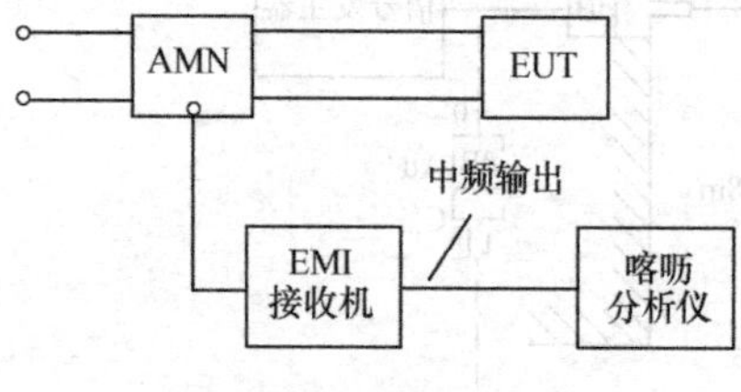

图 6-33　喀呖声的测量布置

喀呖声是骚扰持续时间小于 200ms 而相邻两个个骚扰的间隔时间大于 200ms 的断续骚扰。图 6-34(a)列出了喀呖声的例子,这里包括了二次喀呖声,应该注意的是并非所有继续骚扰都是喀呖声,图 6-34(b)、(c)、(d)都不能算喀呖声,图(b)中脉冲串的连续时间太长超过 200ms。图(c)是相邻两次骚扰的间隔时间小于 200ms,图(d)虽然是喀呖声,但发生的频度太高,2s 内超过两次,总体上看也不属于喀呖声。

喀呖声发生的频度用喀呖声率 N 来表示,N 是 1 分钟内的喀呖声次数,它决定了喀呖声的危害程度。N 越大越接近连续骚扰,其幅度限值 L_g,应等同于连续骚扰的限值 L。N 越小危害程度越小,其幅度限值 L_g 应该放宽,放宽程度由式(6.24)决定

$$L_g(\text{dB})=\begin{cases}L+44 & (\text{dB})\\ L+20\lg\left(\dfrac{30}{N}\right) & (\text{dB})\\ L & (\text{dB})\end{cases} \tag{6-24}$$

EUT 产生的喀呖声骚扰是否合格,应按"上四分位法"来确定,即在观察时间内记录的喀呖声如有 1/4 以上其幅度超过喀呖声限值 L_g,则判断产品不合格。

6.3.2.4　谐波测量

主要测量 EUT 工作时注入到电网中的谐波,测量电路如图 6-35 所示。EUT 的供电电源

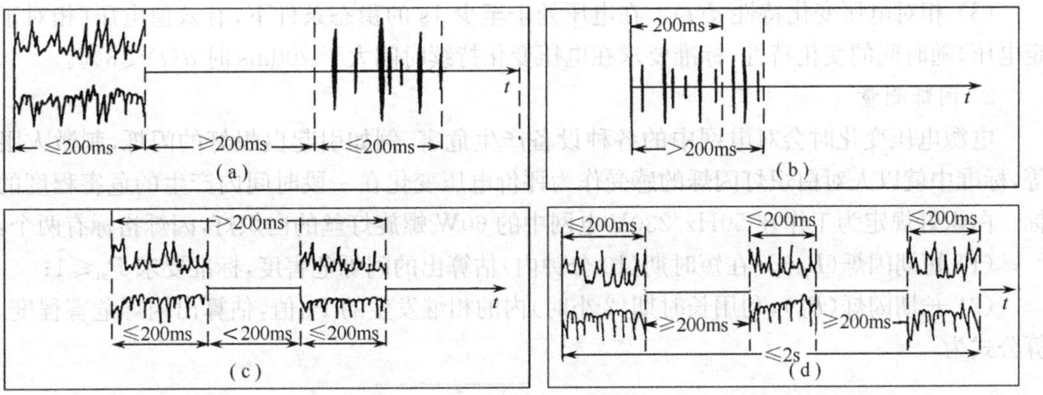

图 6-34　喀呖声的例子

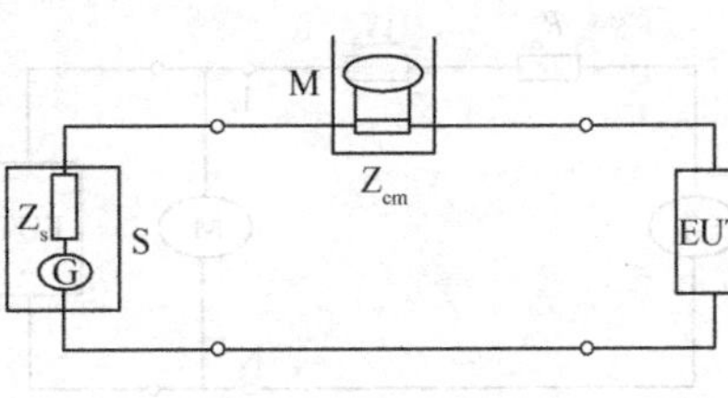

图 6-35　谐波测量布置

S要求为纯净电源，频率稳定、幅度稳定，不会产生额外的谐波。EUT产生的谐波电流由分流器 Z_m 取样，送入谐波分析仪M进行测量。当谐波电流小于5mA或小于输入电流的0.6%时可不予考虑。当谐波次数大于19次时可考虑其总的频谱，如果总频谱的包络线随谐波次数增加而单调下降则测量最多只要测到第19次谐波。EUT开关电源瞬时(10s)之内产生的谐波可不作考虑。对其他瞬态谐波电流的限值应等同于稳态谐波电流限值，但如果谐波瞬态仅发生在2.5min观察周期的10%以内，则限值可放宽为稳态电流的1.5倍。

6.3.2.5　电压波动和闪烁的测量

主要测量EUT引起的电网电压的变化。电压变化产生的干扰影响不仅仅取决于电压变化的幅度，还取决于它发生的频度，电压变化通常用二类指标来评价，即电压波动和闪烁。电压波动指标反映了突然的较大的电压变化程度，而闪烁指标则反映了一段时间内连续的电压变化情况。

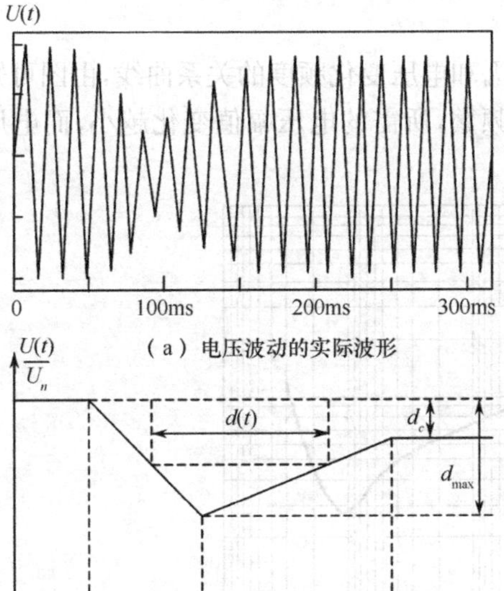

(a) 电压波动的实际波形

(b) 电压波动的指标规定

图 6-36　电压波动的指标

1. 电压波动测量

图6-36(a)是电源电压突然发生变化的情况，针对这种情况可以画出图6-36(b)，图中横轴是时间，纵轴是 $U(t)/U_n$，为变动电压的有效值 $U(t)$ 和额定电源电压有效值 U_n 的比值，电压波动的三个指标是：

(1) 最大相对电压变化特性 d_{max}。电压变化的最大值和最小值之差相对于额定电压有效值 U_n 的百分率，标准要求 $d_{max} \leqslant 4\%$；

(2) 相对稳态电压变化特性 d_c。两个相邻的稳态电压差对额定电压的百分率，标准要求 $d_c \leqslant 3\%$；

(3) 相对电压变化特性 $d(t)$。在电压处于至少1s的稳态条件下，有效值电压(相对于额定电压)随时间的变化特性，标准要求在电压变化持续时间大于200ms时 $d(t)\leqslant 3\%$。

2. 闪烁测量

电源电压变化时会对电网中的各种设备产生危害，例如引起白炽灯的闪烁，刺激人眼等等，标准中就以人对白炽灯闪烁的感受作为评价电压变化在一段时间内产生的危害程度的指标。白炽灯规定为工作在50Hz/230V电网中的60W螺旋灯丝的白炽灯，闪烁指标有两个：

(1) 短期闪烁(P_{st})。在短时期(10分钟内)估算出的闪烁危害度，标准要求 $P_{st}\leqslant 1$；

(2) 长期闪烁(P_{lt})，利用长时期(2小时)内的相继发生的 P_{st} 值，估算出闪烁危害程度，估算公式为

$$P_{lt}=\sqrt[3]{\sum_{i=1}^{N}(P_{st})_i^3/N} \tag{6-25}$$

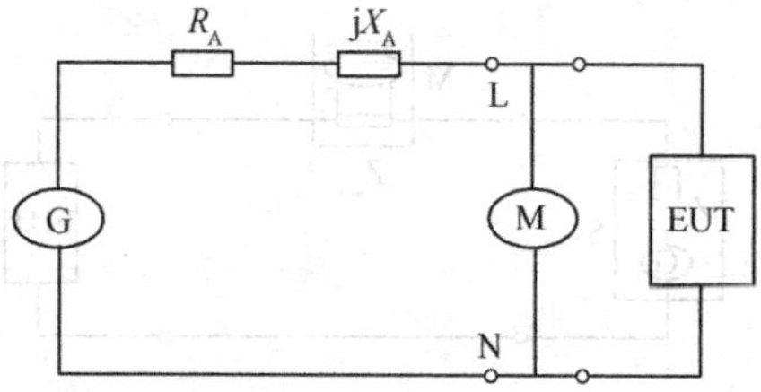

图 6-37 电压波动和闪烁测量布置

2小时包括12个 P_{st} 的观察周期(10分钟)，所以 $N=12$，标准要求 $P_{lt}\leqslant 0.65$。电压波动和闪烁的测量方法如图6-37所示。

首先需要一个高质量的交流电源G给EUT供电，额定电压输出应为230V，要求幅度稳定(±2.0%)，频率稳定(50±0.5%Hz)电压总谐波失真≤3%，短期闪烁 $P_{st}<0.4$。电源线路阻抗也要求统一，应为

$$R_A+jX_A=0.4+j0.25 \quad (\Omega) \tag{6-26}$$

图6-37中M为电压波动和闪烁测量仪，它实际上是一台专用的幅度调制信号分析仪，它把电源频率上调制的电压变化波形解调出来进行分析，得到电压波动的3个指标。测量闪烁时该调制信号送入“白炽灯—人眼—人脑对电压变化的响应”模拟网络，然后再对模拟网络的输出进行概率统计处理，求得 P_{st} 和 P_{lt}。

图6-38给出了 $P_{st}=1$ 时电压相对变化 $U(t)/U_n$ 和电压变化频度的关系曲线，由图可知在闪烁危害程度不变($P_{st}=1$)的情况下，电压变化越频繁，所需的电压幅值变化越小，而电压变化不太频繁情况下则允许较高的电压变化。

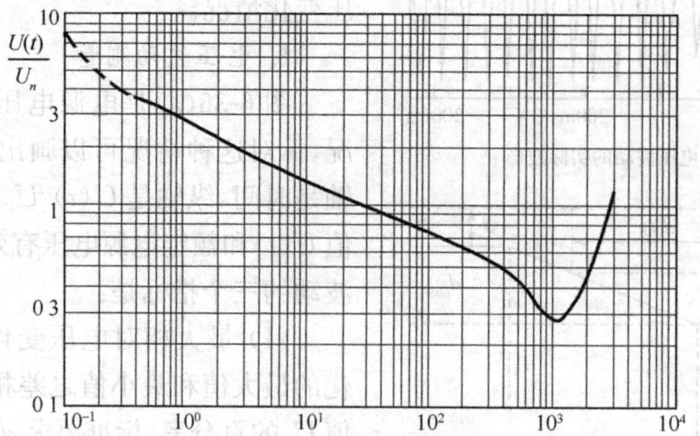

图 6-38 短期闪烁 $P_{st}=1$ 的曲线

在电压波动和闪烁测量时，对一次运行时间超过30分钟的设备需对 P_{lt} 进行评估。对紧

急开关或紧急中断，限值不适用，当电压变动是由人为开关引起的，或发生率小于 1 次/小时，不考虑 P_{st} 和 P_{lt}，电压变动的限值可放宽上述限值的 1.33 倍。

在 GJB152A—97 中，关于传导发射有如下四个项目：CE101：25Hz～10kHz 电源线传导发射、CE102：10kHz～10MHz 电源线传导发射、CE106：10kHz～40GHz 电源线传导发射和 CE107：电源尖峰信号传导发射，其中 CE101 和 CE102 用于测量 EUT 输入电源线（包括回线）上的传导发射；CE106 用于测量天线端子的传导发射；CE107 适用于可能产生尖峰信号的设备和分系统，在时域内测量尖峰信号的幅度。

图 6-39 是按照 GJB152A—97 中 CE101 和 CE102 要求对某电脑机箱进行测量，CE101 中电流探头到 LISN 的距离是 5cm，而在 CE102 中，直接由 LISN 的信号输出端获取到电源线上的干扰。图 6-40 是测量结果，CE101 和 CE102 中干扰幅度的单位分别是 dBμA 和 dBμV。

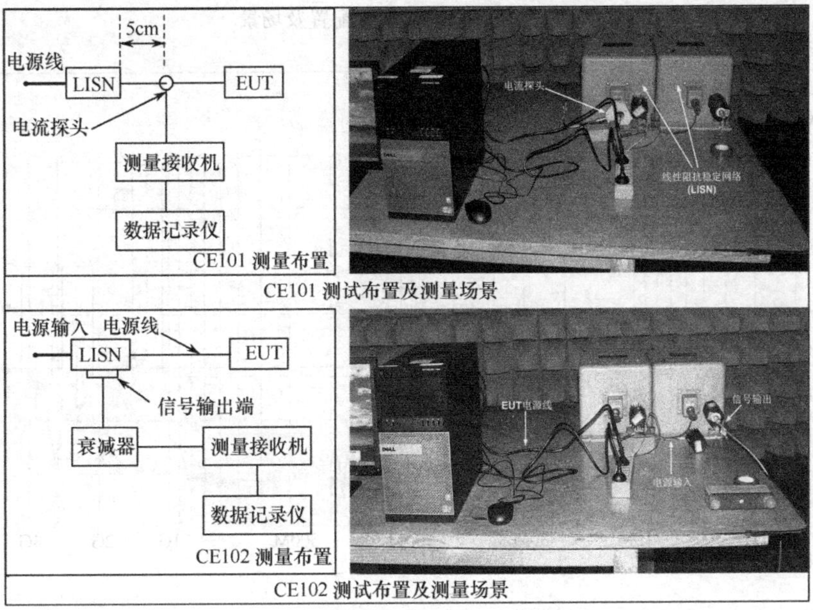

图 6-39　CE101 和 CE102 测量配置及测量场景

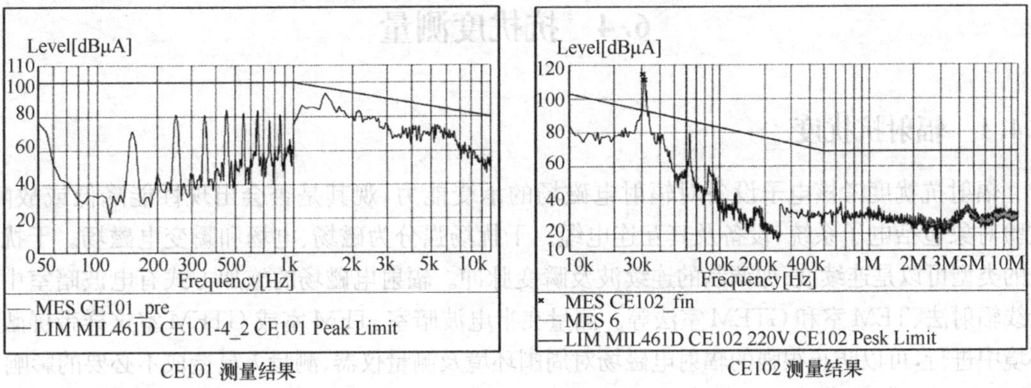

图 6-40　CE101 和 CE102 测量结果

图 6-41 是按照 GJB152A—97 中 CE106 要求对某设备的天线端口进行测量，其中抑制网络的作用是抑制强的邻近频道发射或用于宽带放大器中的带阻滤波器或陷波器。图 6-42 是

测量结果,由于接收机测量频段有限,改项目测量的频段为 1MHz~18GHz。

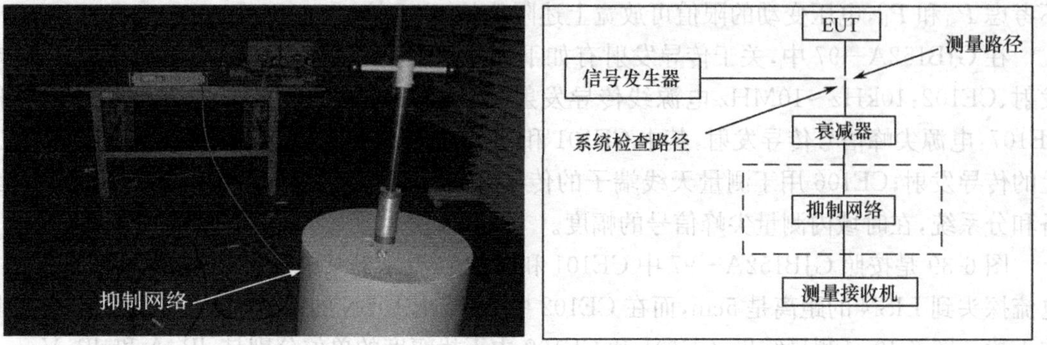

图 6-41　CE106 测量配置及场景

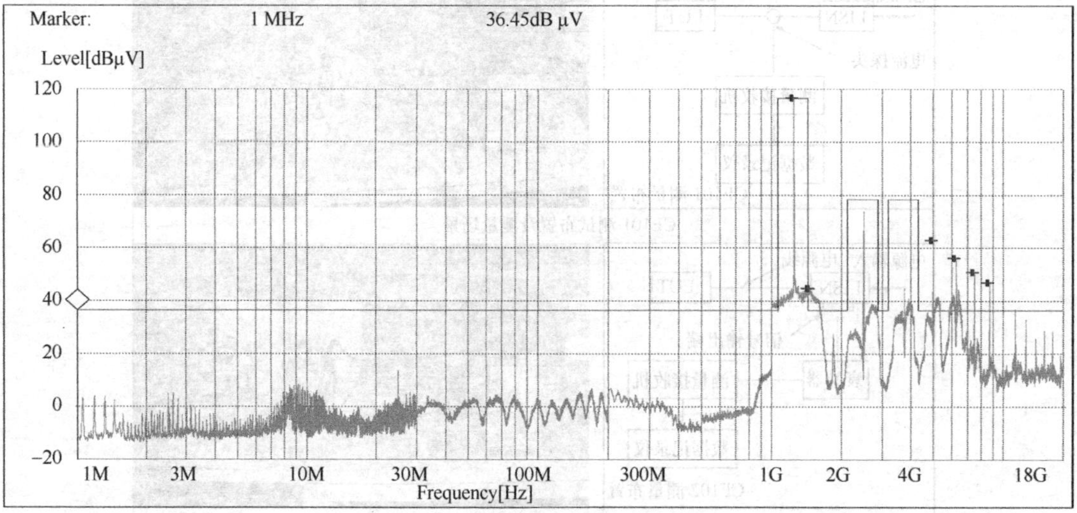

图 6-42　CE106 测量结果

6.4　抗扰度测量

6.4.1　辐射抗扰度

辐射抗扰度考核电子设备对辐射电磁场的承受能力,观其是否会出现性能降低或故障。试验对象包括电子系统、设备及其互连电缆。干扰场强分为磁场、电场和瞬变电磁场。干扰信号的类型可以是连续波、加调制的连续波及瞬变脉冲。辐射电磁场的施加方式有电波暗室中的天线辐射法、TEM 室和 GTEM 室法等。测量在半电波暗室、TEM 室或 GTEM 室这样带屏蔽的环境中进行,可以防止很强的辐射电磁场对周围环境及测量仪器、测量人员造成不必要的影响。

6.4.1.1　用天线法进行辐射抗扰度测量的方法

在半电波暗室中进行天线法辐射抗扰度测量时,标准规定电场发射天线距被测件 1 m,磁场天线距被测件表面 5cm 发射的干扰电磁场应对着被测件最敏感的部位照射,如有接缝的板面、电缆连接处、通风窗、显示面板等处。天线法辐射抗扰度测量示意图如图 6-43 所示。

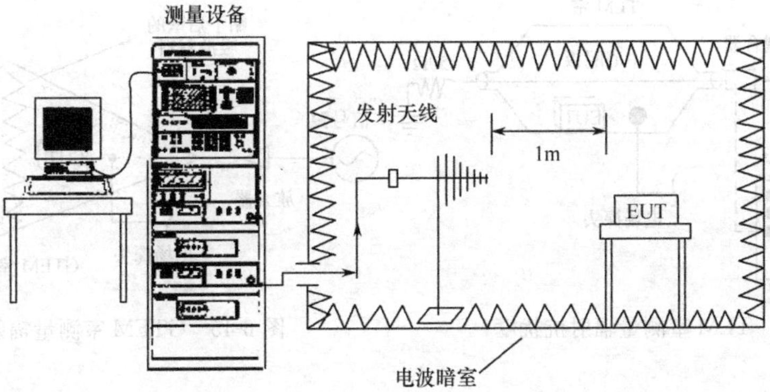

图 6-43 天线法测量辐射抗扰度

用于抗扰度测量的发射天线通常是宽带天线,可承受大功率。一般 25 Hz～100 kHz 磁场辐射抗扰度采用小环天线;电场辐射抗扰度 10 kHz～30 MHz 用平行单元天线,30～200 MHz 用双锥天线,200～1000 MHz 用对数周期天线,1 GHz 以上采用双脊喇叭或角锥喇叭天线。

辐射场强所需的宽带功率放大器的最大输出功率由辐射的场强来确定,一般 10 kHz～200 MHz 需 1000 W 功率的放大器,200～1000 MHz 需 75 W 即可。因为在低频段,发射天线的尺寸远小于工作波长,辐射效率很低,必须用大功率推动,才能达到要求的场强值。

测量通常由自动测量系统及测量软件来完成,通过软件可以控制和调节测量仪器,处理测量数据,如通过电场探头监测被测设备处的场强大小,并调节信号源使之达到标准要求的值等。试验在测量软件控制下,以一定的步长进行辐射场的频率扫描,由监测设备或视频监视器观测被测件在辐射电磁场中的工作情况。

6.4.1.2 TEM 室和 GTEM 室辐射抗扰度测量方法

对于预兼容测量,可在传输室中进行。此装置是扩展的 50Ω 传输线,它的中心导体展平成一块宽板,称为中心隔板。当放大的信号注入到传输室的一端,就能在隔板和上下板之间形成很强的均匀电磁场,此场强可通过放人一个电场探头来监测,也可通过测量入射的净功率由公式计算得到。

使用 TEM 室的好处是可以不必占用大的试验空间,并且用较小的功率放大器即可得到所需强度的场强。缺点是被测件的尺寸受均匀场大小的限制,不能超过隔板和底板之间距离的 1/3,TEM 室的尺寸也决定了测量的上限频率,TEM 室尺寸越大,最高使用频率就越低。在 TEM 室内测量辐射抗扰度示意图如图 6-44 所示。

GTEM 室是在 TEM 室的基础上发展起来的。与 TIEM 室一样,GTEM 室是一个扩展了的传输线,其中心导体展平为隔板,其后壁用锥形吸波材料覆盖,隔板和分布式电阻器端接在一起,成为无反射终端。产生均匀场强的测量区域在隔板和底板之间,测量时,被测件置于均匀场中,被测件尺寸的最大值限制是小于内部隔板和底板之间距离的 1/3。GTEM 室的优点与 TEM 室相似,且使用频率上限有所扩展,可达几个 GHz。GTEM 室内场强计算公式见本书有关章节。测量示意图如图 6-45 所示。

在 TEM 室和 GTEM 室内进行辐射敏感度测量,同样可采用自动测量系统及测量软件完成。通过电场探头监测被测件处场强,或由计算公式得到的输入功率值,直接调节信号源使之达到要求的场强。测量软件控制信号源以一定的步长进行辐射场的频率扫描,由监测设备或视频监视器观测被测件在干扰场辐射下的工作情况。

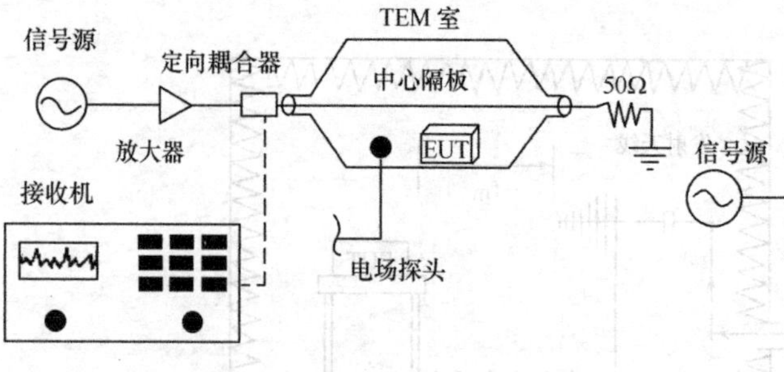

图 6-44　TEM 室测量辐射抗扰度

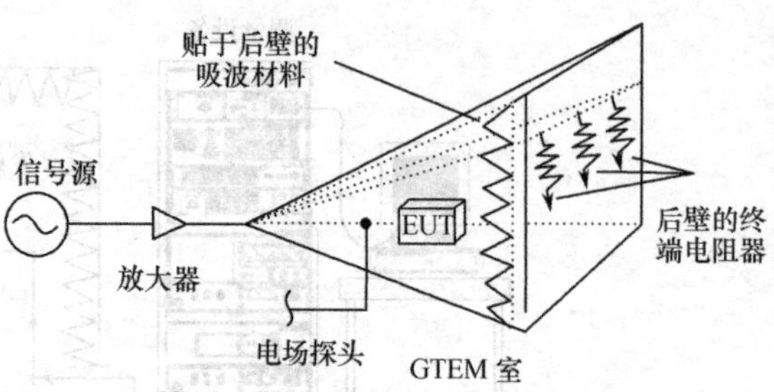

图 6-45　GTEM 室测量辐射抗扰度

6.4.2　传导抗扰度测量

传导抗扰度测量是将各种信号直接加载到设备的电源线或者信号线上，或通过耦合装置耦合到电源线活着信号线上，观察 EUT 的工作状态，测量时其他与 EUT 相连的线路都要采用 ISN 或者去耦网络来隔离。施加的干扰信号类型主要有连续波干扰和脉冲类干扰，其中连续波为正弦波。所加干扰信号为 50kHz 以下时，主要考核来自电源的高次谐波传导敏感度，而所加干扰信号在 10kHz～400MHz 范围时，则考核电缆束对电磁场感应电流的传导敏感度。

传导抗扰度测量项目很多，根据 IEC 推荐的测量标准，主要测量项目包括静电放电抗扰度测试（IEC61000-4-2），电快速瞬变脉冲群抗扰度测量（IEC61000-4-4），浪涌抗扰度测量（IEC61000-4-5），工频磁场抗扰度测量（IEC61000-4-8），电压跌落、暂降和变化抗扰的测量（IEC61000-4-11），衰减振荡波抗扰度测量（IEC61000-4-12），射频传导抗扰度测量（IEC61000-4-6）等。传导抗扰度测量一般在屏蔽室内进行，射频传导抗扰度需要在电波暗室或者开阔场进行。测量的主要设备有信号发生器（（静电放电发生器、电快速瞬变/脉冲发生器、浪涌发生器、工频磁场发生器、电压暂降/短期中断/变化发生器）、功率放大器、各种不同频段的接收天线、电场探头、双向功率耦合器、功率测量探头等。

6.4.2.1　静电放电抗扰度测量

用于评估 EUT 在遭受静电放电（ESD）时的抗扰度。放电部位应是 EUT 上人体能经常接触的地方，如面板、键盘等，但应注意不能对接插座的端子实施放电，这样会损坏设备。

静电放电有两种形式：接触放电和空气放电。接触放电指放电器的电极直接与 EUT 保持接触，然后用放电器内部的放电开关控制放电，接触放电一般用在对 EUT 的导电表面和耦合板的放电中。空气放电是放电器的放电开关已处于开启状态，把放电器的电极逐渐移近 EUT，从而产生火花放电。空气放电一般用在 EUT 的孔、缝和绝缘面处。

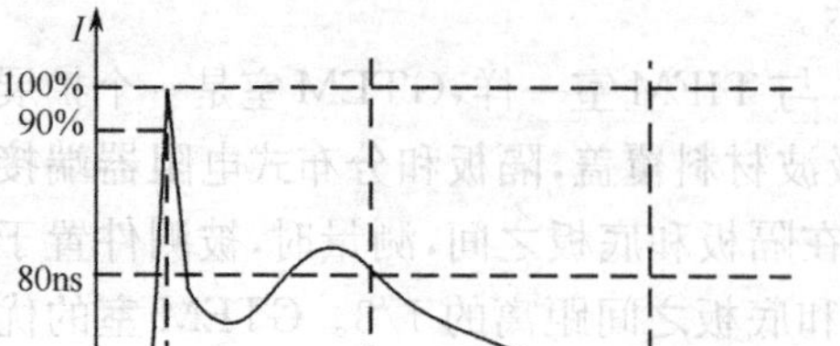

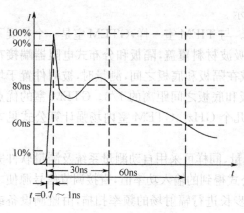

图 6-46　静电放电电流波形

放电电流波形如图 6-46 所示，静电放电试验的布置如图 6-47 所示。静电放电试验分在实验室进行型式试验和现场进行的设备安装后试验。优先采用实验室进行试验。地面放置一块最小 1m×1m、厚度≥0.25mm 的铜板或铝板，如果用其他金属材料，厚度需≥0.65mm，接地平面的每边至少伸出 EUT0.5m，并且用安全接地系统连接；EUT 与实验室墙壁和其他金属结构之间距离至少 1m；EUT 按制造厂家安装说明书布置，EUT 接地按设备技术条件接地，不允许附加接地；电源与信号电缆的布置要反映实际安装条件。与接地参考平面连接的接地线和所有节点均为低阻抗；空气放电的耦合板与接地参考平面用相同金属材料和厚度，每块耦合板两端各设置 470kΩ 电阻的电缆与接地参考平面相连。

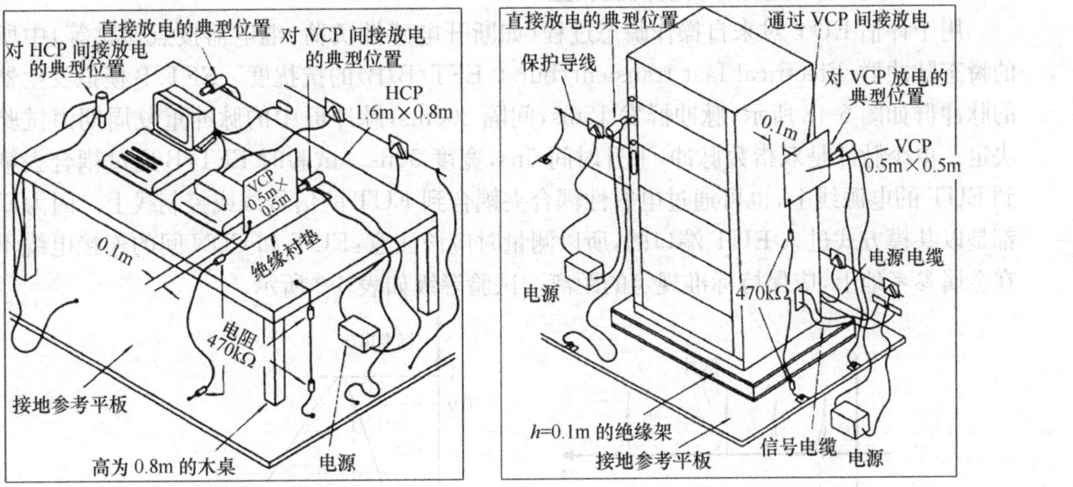

(a) 台式设备试验布置　　(b) 落地式设备试验布置

图 6-47　静电放电抗扰度试验布置

抗扰度性能判别标准主要在产品标准中规定，不同的产品对静电放电性能的要求差异较大，对一些使用环境中静电非常容易产生或要求可靠性较高的场合，产品测量要求的严酷等级一般要达到 4 级，如电能表、人体生理参数监护仪等，试验等级见表 6-9。

静电放电的直接放电是对 EUT 放电，间接放电是对 EUT 附近的水平和垂直金属放电板放电。静电放电试验与环境温度、湿度、操作方式有关，做高试验等级的试验应从低试验等级一步步往上做。静电放电试验的结果对判断 PCB 板是否设计合理是很有用的，因为放电时瞬间电磁场非常强，频谱也很宽。

表 6-8　静电放电抗扰度试验等级

试验等级			
接触放电		空气放电	
等级	试验电压(kV)	等级	试验电压(kV)
1	2	1	2
2	4	2	4
3	6	3	8
4	8	4	15
×	特殊	待定	特殊
"×"是开放等级，该等级依据专用设备的规范，当规定了高于表格中的电压时，则需要专用的实验仪器			

试验时，被试设备处在正常工作状态。试验正式开始前，试验人员对试品表面以 20 次/s 的放电速率快速扫视一遍，以便寻找试品的敏感部位。一般可考虑的试验点为：操作人员可能触及的金属点、开关、按键、按钮以及其他操作人员易接近的区域、指示器、发光二极管(LED)、缝隙、栅格、连接罩、更换电池的电池夹和 IC 卡的插缝等。对有镀漆的机壳，如制造厂未说明是做绝缘的，试验时使用放电枪的尖端刺破漆膜对试品进行放电。如厂家说明是做绝缘使用时，则该用气隙放电。对气隙放电采用半圆头形的电机，在每次放电前，应先将放电枪从试品表面移开，然后再将放电枪慢慢靠近试品，直到放电发生为止。

静电放电发生器的放电电极应保持与 EUT 表面垂直。空气放电时，放电头应尽可能接近并触及 EUT。每次放电后,放电电极从 EUT 移开,然后重新触发静电放电发生器,进行新一次单次发电。试验电压要由低到高逐渐增加到规定值。正式试验时,放电以 1 次/s 的速率进行,以便让试品来得及做出响应。通常对每一个选定点上放电 20 次(其中 10 次是正的,10 次是负的)。

6.4.2.2 电快速瞬变脉冲群抗扰度测量

用于评估 EUT 对来自操作瞬态过程(如断开电感性负荷、继电器接点弹跳等)中所产生的瞬态脉冲群(Electrical fast transient/burst,EFT/B/B)的抗扰度。EFT/B 模拟发生器产生的脉冲群如图 6-48 所示,脉冲群发 15ms,间隔 300ms,脉冲群中的脉冲重复周期由试验等级决定。单个脉冲是双指数脉冲,上升时间 5ns,宽度 50ns。试验时 EFT/B 通过耦合去耦器加到 EUT 的电源线上,也可通过电容性耦合夹耦合到 EUT 的信号线或控制线上。因为EFT/B 都是以共模方式进入 EUT 端口的,所以测量时应该注意:EUT 和 CDN 间的连接电缆不能放在金属参考地上,应保持标准规定的距离。试验等级如表 6-9 所示。

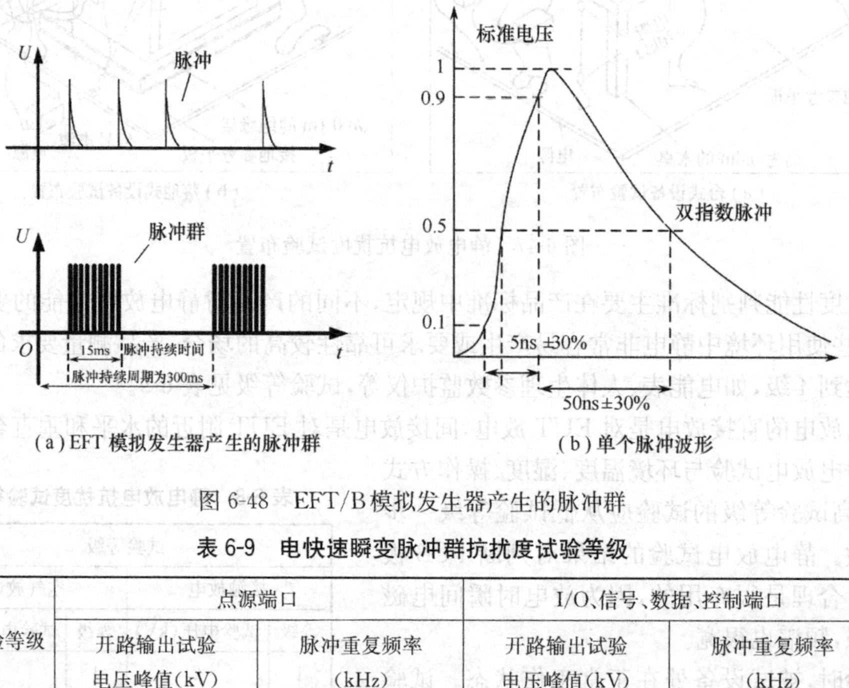

图 6-48 EFT/B 模拟发生器产生的脉冲群

表 6-9 电快速瞬变脉冲群抗扰度试验等级

试验等级	点源端口		I/O、信号、数据、控制端口	
	开路输出试验电压峰值(kV)	脉冲重复频率(kHz)	开路输出试验电压峰值(kV)	脉冲重复频率(kHz)
1	0.5	5	0.25	5
2	1	5	0.5	5
3	2	5	1	5
4	4	2.5	2	5
×	特定	特定	特定	特定

如图 6-49 所示,试验在实验室中央进行,EUT 应该放在接地参考平面上,并用厚度为 0.1m±0.01m 的绝缘支座与之隔开;若 EUT 为台式设备,则 EUT 应放置在接地参考平面上方 0.8m±0.08m 处;接地参考平面应为一块厚度不小于 0.25mm 的金属板,也可以使用其他的金属材料,但它们的厚度至少应为 0.65mm;接地平面的最小尺寸为 1m×1m,其实际尺寸取决于 EUT 的尺寸;接地参考平面的各边至少应比 EUT 超过 0.1m;接地参考平面应与保护地相连接;除了位于 EUT 下方的接地参考平面外,EUT 和所有其他导电性结构之间的最小

距离应大于 0.5m；应使用耦合装置施加试验电压，试验电压应耦合到 EUT 和去耦网络之间的线路上或与试验试验有关的两个设备之间的线路上；在使用耦合夹时，除了位于耦合夹和 EUT 下方的接地平面外，耦合板和所有其他导电性结构之间的最小距离是 0.5m；耦合装置和受度设备之间的信号线和电源线的长度应不大于 1m。

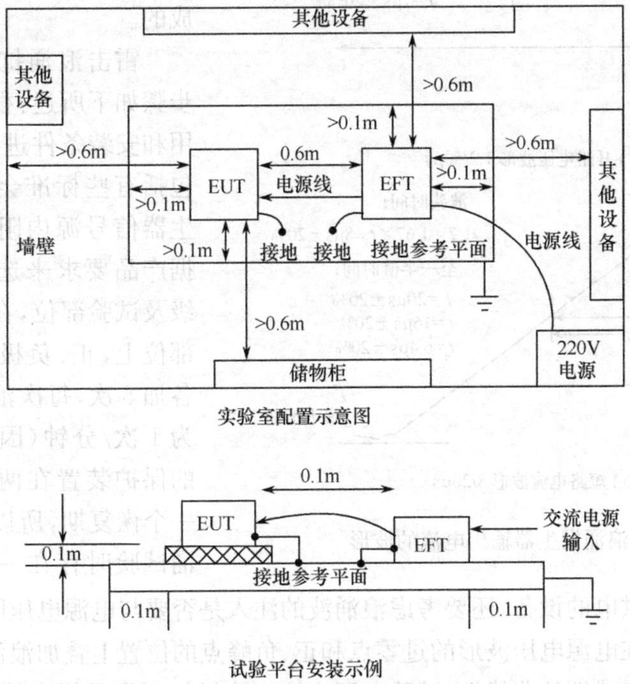

图 6-49　电快速瞬变脉冲群抗扰度试验布置

对电源线的试验(包括交流和直流)，通过耦合与去耦网络，用共模方式，在每个电源端子与最近的保护接地点之间，或与参考接地板之间加试验电压。对控制线、信号线及通信设备，用共模方式，通过电容耦合夹子来施加试验电压。对于设备的保护接地端子，试验电压加在端子与参考接地之间。试验每次至少要进行 1min，而且正/负极性都属必须。依次对受试设备各端口或对同属于两个以上电路的电缆等施加试验电压的顺序根据试验计划进行试验，包括：要进行的试验的类型；试验等级；试验电压的极性；内部或外部发生器激励；待试验的受试设备端口。

6.4.2.3　浪涌(冲击)抗扰度试验

用于评估 EUT 对大能 量的浪涌(冲击)骚扰的抗扰度，例如电力系统的操作瞬态、雷击(不包括直击雷)、瞬态系统故障等。浪涌模拟器的输出波形如图 6-50 所示。浪涌可以通过不同的耦合去耦器加到电源线和信号线上，可以以共模形式(线-地)，也可以差模形式(线-线)作用到 EUT 的端口上。试验等级如表 6-10 所示。

表 6-10　浪涌试验严酷等级

等级	线-线(kV)	线-地(kV)
1	—	0.5
2	0.5	1.0
3	1.0	2.0
4	2.0	4.0
X		待定

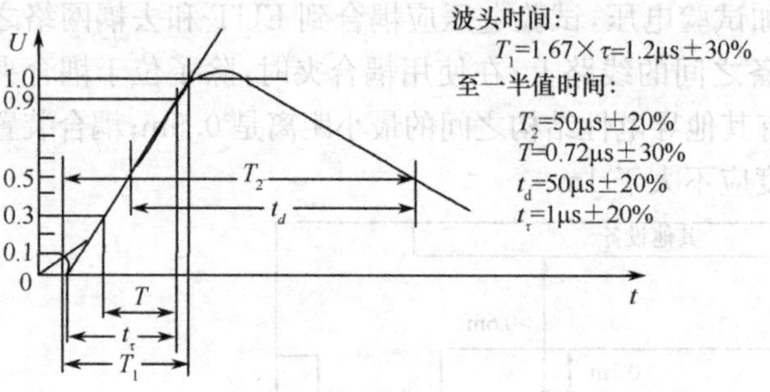

(a) 开路电压波形 1.2/50μs

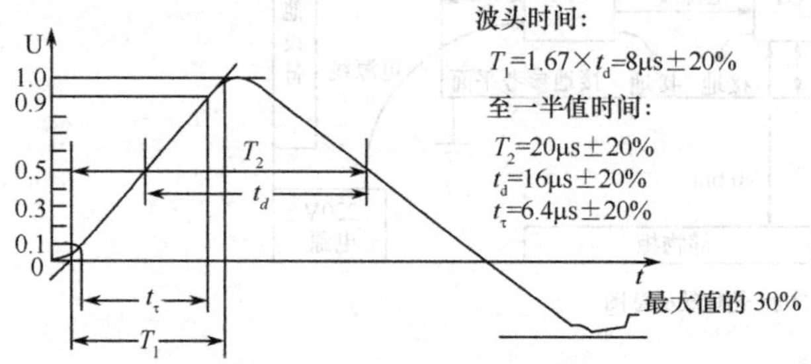

(b) 短路电流波形 8/20μs

图 6-50 浪涌发生器输出电流的波形

由于浪涌试验的电压和电流波形相对较缓,因此对试验室的配置比较简单。对于电源线上的试验,都是通过耦合/去耦网络来完成的。

雷击浪涌抗扰度试验方法和步骤如下所述:根据试品的实际使用和安装条件进行布局和配置(也包括有些标准会改变体现波形发生器信号源内阻的附加电阻);根据产品要求来选定试验电压的等级及试验部位,在每个选定的试验部位上,正、负极性的干扰至少要各加 5 次,每次浪涌的最大重复率为 1 次/分钟(因为大多数系统用的保护装置在两次浪涌之间要有一个恢复期,所以设备在做雷击浪涌试验时存在一个最大重复率的问题)。对于由交流供电的设备,还要考虑浪涌波的注入是否要与电源电压同步的问题。如无特殊规定,通常要求在电源电压波形的过零点和正、负峰点的位置上叠加浪涌信号。考虑到被试设备电压、电流转换特性的非线性,试验电压应该逐步增加到产品标准的规定值,以避免试验中可能出现的假象(在高试验电压时,因为被试设备中可能有某个薄弱器件击穿,旁路了试验电压,致使试验得以通过。然而在低试验电压时,由于薄弱器件未被击穿,因此试验电压以全电压加在试验设备上,反而使试验无法通过)。浪涌要加在线—线或线—地之间。如果要进行的是线—地试验,且无特殊规定,则试验电压要依次加在每一根线与地之间。但要注意,有时出现标准要求将干扰同时叠加在 2 根或多根线对地的情况,这时脉冲的持续时间允许减小一些。

由于试验可能是破坏性的,所以决不要使试验电压超过规定值。试验中应注意以下几点:

① 试验前务必按照制造商的要求加接保护措施。

② 试验速率每分种 1 次,不宜太快,以便给保护器件有一个性能恢复的过程。事实上,自然界的雷击现象和开关站大型开关的切换也不可能有非常高的重复率现象存在。

③ 试验一般正/负极性各做 5 次。

④ 试验电压要由低到高逐渐升高,避免试品由于伏安非线性特性出现的假象。另外,要注意试验电压不要超出产品标准的要求,以免带来不必要的损坏。

6.4.2.4 电压暂降、短时中断和电压变化的抗扰度试验

EUT 由电源试验发生器供电,发生器的电压可按试验等级要求进行变化。电压暂降和短时中断的试验等级见表 6-11,电压渐变的试验等级见表 6-12。表中试验等级为 40%U_T时发生器的输出电压,起始时为正常电压 U_T,然后在相位为 0 或 π 时突然下降 60%U_T,即实际输出变成 40%U_T,持续 10 或 25 或 50 个周期后又上升到正常电压 U_T。表中其他等级与此类似。

表 6-11　电压暂降和短时中断的试验等级

试验等级	电压暂降和短时中断(%)	持续时间（周期）
0% UT	100	0.5,1,5,
40% UT	60	10,25,50
70% UT	30	X

表 6-12　电压渐变的试验等级

试验等级	下降时间	保持时间	上升时间
40% UT	T2s±20%	1s±20%	2s±20%
0% UT	T2s±20%	1s±20%	2s±20%

电压暂降、短时中断和电压渐变抗扰度的试验方法如下所述：仪器选择主要取决于负载电流、峰值启动电流的能力。输出电压精度为±5%。根据产品标准上规定的电压暂降或中断要求进行试验。试验一般做 3 次，每次间隔 10s。试验要在试品的典型工作状态下进行。如果要选特定角度进行试验，应优先选择在 45°、90°、135°、180°、225°、270°和 315°上进行试验。但一般选择 0°和 180°做试验已足够。对三相系统，一般是一相、一相地进行试验。特殊情况下才对三相同时做试验，这时要求三套仪器要同步进行试验。

6.4.2.5　由射频场感应的传导骚扰抗扰度试验

该试验可评估 EUT 对来自空间的，频率为 150kHz～80MHz 的电磁场的抗扰度。当频率较低，波长大于大于机箱上的孔缝长度时，空间的电磁波难以穿过金属机箱上的孔缝，侵入设备内部。但设备的外接电缆（电源线、信号线、控制线、地线）作为等效电场天线可以接收空间的电磁波，感应出骚扰电压或电流，以传导方式作用到设备的敏感部分。本试验没有采用天线发射空间电磁场的方法，而是把骚扰直接注入到 EUT 的外接电缆上。因为电缆在低频时电长度小，如要在电缆上感应出足够的骚扰电流，则需要很大的场强，这是很不经济的。本试验的布置如图 6-51 所示。

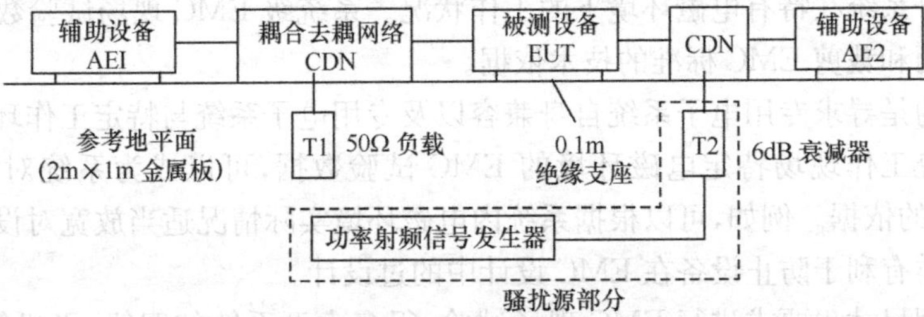

图 6-51　射频场感应的传导骚扰抗扰度试验布置

图 6-51 中功率信号发生器为 EUT 提供所要求的限值电平的骚扰信号，载波频率为 150kHz～80MHz，幅度调制信号为 1kHz 正弦波或方波，调幅度 80%。图中衰减器 T2 起隔离和衰减作用，同时减小由于阻抗不匹配带来的影响。受试设备 EUT 应放在 0.1m 高的绝缘支座上，测量系统的参考地平面为 2m×1m 的金属板。辅助设备(AE)是为保证 EUT 正常工作而提供所需信号、负载、控制等的设备。CDN 是耦合去耦网络，其中的耦合部分是把骚扰信号以共模方式耦合到 EUT 的被测端口上，去耦部分是抑制骚扰信号耦合到辅助设备上。CDN 有很多不同的类型，应根据 EUT 和 AE 之间的连接电缆类型来确定，例如同轴电缆、屏蔽电缆、非屏蔽平衡电缆和不平衡电缆等等，CDN 还包括直接注入装置和夹钳注入装置（电流夹钳、电磁夹钳）。如果是屏蔽电缆则骚扰电流注入到电缆的屏蔽层上，如果是非屏蔽电缆，骚扰信号直接注入到各条线上。标准规定 CDN 由 EUT 端口视入的共模阻抗应为 150Ω。试验系统校准时应按图 6-52 进行电平调整，输入无调制载波信号，把 CDN 的 EUT 端口的共模点

电平,调整到要求的限值,记录输入信号电压值。测量时输入信号仍然使用该值,但是由于EUT 的共模阻抗不一定为 150Ω,因此实际加入到 EUT 的共模电平可能会有变化,这是允许的。测量时应该注意:EUT 和 CDN 间的连接电缆不能放在金属参考地上,应保持标准规定的距离,因为骚扰信号是以共模方式加在电缆和地之间的,距离不同,二者间的分布参数也不同,进入 EUT 的骚扰量也不同。

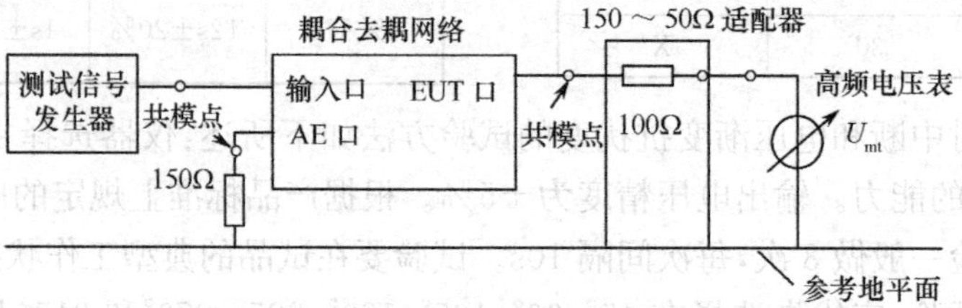

图 6-52　电平调整装置图

6.5　电磁兼容现场测量

大量实践证明,设备和分系统通过了规定标准的 EMC 测量,一般情况下能够保证它们组成系统后实现系统的自兼容。但是也有例外,因为随着电子技术迅猛发展,电子系统性能指标要求越来越高,功能也越来越复杂,系统所处电磁环境也越来越恶劣,潜在的电磁干扰大大增加。另外,复杂电子系统常常采用多种工作模式,在设备和分系统实现时很难考虑周全。因此,为了保证复杂的电子系统能够正常有效地工作,系统级 EMC 现场试验是有必要的。系统级 EMC 现场试验的目的是验证系统运行在各种典型工作方式下系统自身的电磁兼容性,以及与其运行的各种电磁环境是否兼容。系统级 EMC 现场试验可以模拟真实的工作模式,真实反映设备和分系统在特有电磁环境下的工作状况。系统级 EMC 现场试验数据对所研究的系统给出了选用和裁剪 EMC 标准的技术依据。

我们的目的是寻求专用电子系统自身兼容以及专用电子系统与特定工作环境实现兼容的方法。研究系统工作现场特定电磁环境的 EMC 试验数据,可以成为系统对设备和分系统 EMC 指标验收的依据。例如,可以根据系统内电磁环境实际情况适当放宽对设备和分系统的 EMC 要求,这样有利于防止设备在 EMC 设计中的过设计。

系统的物理尺寸也要求进行 EMC 现场试验,很多大型系统如舰船、飞机等,无法在实验室按照基础标准的规定进行测量,那么唯一有效的方法就是在现场非标准的测量环境下对设备进行电磁兼容测量和评估,以确定其是否满足保护电磁环境的要求。

总之,进行有效的系统级 EMC 现场试验已经成为非常重要和迫切的需求,特别是由于复杂电子设备使潜在的敏感和干扰状况大大增加,简单的定量检测和功能试验已经不能验证这种复杂状况,必须对这种复杂系统有一个规定得十分明确的技术要求,即对于系统失效有一定量的安全系数。通过系统级 EMC 现场试验,可以掌握系统内及系统与其环境的 EMC 试验数据,使所研制的系统和同类系统在选择 EMC 标准上有了参考依据。必要时可以对所选用的 EMC 标准进行裁剪甚至制定符合现场环境的新的 EMC 标准,并以专业技术文件表述清楚,这种做法不仅是实事求是的,也是非常科学的。

6.5.1　系统级 EMC 现场测量项目

系统级电磁兼容性现场测量项目应该包括以下几个方面:

① 系统内部电磁兼容性验证测量；
② 安全裕度(安全系数)的测量；
③ 系统对外部射频电磁环境的适应能力测量；
④ 系统平台电磁环境控制测量；
⑤ 系统平台天线端口耦合测量；
⑥ 系统屏蔽效能测量。

6.5.1.1 系统平台内部电磁兼容性测量

在系统内，各个分系统和设备能够与要求协同工作的其他分系统和设备保持各自的工作性能，是一个最基本的要求，并且系统内的设备和分系统产生的电磁干扰不能影响到整个平台的性能。平台内部的电磁兼容现场试验，主要目的是检查系统平台内部各种电子设备能否兼容工作。系统平台内部电磁兼容性测量就是要针对系统平台的多样性、功能的复杂性等方面，查找电子设备之间的相互干扰。

首先，要确定平台上作为干扰源的电子设备的工作模式、工作状态、发射频率等，再确定要进行检查的电子设备，检查其对被查设备的干扰情况，在检查中要充分考虑系统平台上电子设备工作模式的多样性和发射频率。

第二，进行用电设备之间的“多对一”或“多对多”的相互干扰排查。即首先针对发射设备进行辐射特性测量，再针对接收设备进行敏感度测量，接着选择一个干扰源和一个敏感器，列出可能存在的所有耦合途径，然后基于辐射源和敏感设备的测量数据对每个耦合途径建立预测分析方程。在此基础上考虑所有辐射源和敏感设备，完成对整个系统的预测分析。

第三，使用平台真实动力下的测量。重点是考察系统平台的动力装置对平台上电子、电气设备的影响。由于工作的动力装置本身也是一个大的干扰源，而发动机开关状态受时间、经费的限制，进行此项检查时，电子设备的工作模式或工作频点需要进行挑选。另外，在发动机发动状态下的一些燃油、液压等系统的电磁阀动作可以实现，可以检查到电磁阀动作时所产生的瞬态干扰是否对平台上的电子设备构成影响。

6.5.1.2 安全裕度(安全系数或干扰余量)测量

在 GJB72—85《电磁干扰和电磁兼容性名词术语》中对电磁干扰安全系数定义为“敏感度门限与出现在关键试验点或信号线上的干扰之比”。在 GB/T4365—1995《电磁兼容术语》中定义为“抗扰性电平与干扰源的发射限值之间的差值”。美国军用标准 MIL—STD—464 中定义为“分系统和设备的抗电磁影响的电平与分系统和设备由系统级的电磁耦合引起的应力水平之间的差”。

由于各种因素的存在，系统硬件存在易变性。如电缆束敷设线路和装配的不同，屏蔽端口的恰当程度；电搭接用表面保护层(表层)的导电性，电子设备机箱中部件的不同，以及与老化和维护相关的性能降低等，还有检测方法的局限性和环境模拟的限制等不确定性，使得为了保障系统的可靠性，在工程上一般将电磁发射干扰测量值和实测的敏感度阈值之差定义为实测安全系数。

系统安全系数测量，可以分传导安全系数和辐射安全系数两方面进行。提出安全系数本意是认为制造中存在可变性和不可靠性，安全系数保证了系统满足设计要求，而不是恰好某一个经受检测的单一系统满足要求。如果有更完善的手段和检测技术，那么适当地减小安全系数也是可以的。安全系数的目的不是要增加要求，而是希望系统的可靠性程度更好。

6.5.1.3 系统对外部射频电磁环境的适应能力测量

(1) 系统辐射敏感度测量

模拟系统平台在执行任务条件下可能遇到的电磁环境场(地面、机载、舰载雷达系统,通信系统、电子对抗系统等产生的电磁环境),同时还要测量电磁辐射对人员、军械和燃油的危害。

(2) 系统传导敏感度测量

主要模拟系统平台上天线发射所产生的电磁场对平台上电缆感应形成的电流的影响。测量通过电流探头注入方法进行,与设备和分系统级电磁兼容试验相比,由于在平台上是真实的电源、负载情况、设备安装情况、电缆敷设情况,所以对关键的电子设备和分系统进行传导敏感度的测量,可以真实有效的反映系统平台的电磁兼容状况,找到真正的薄弱环节。

6.5.1.4 系统平台电磁环境测量

(1) 系统环境电平测量

当系统平台上的电子设备工作时(有发射能力的电子设备处于发射状态),测量一定频率范围内的外部各个部位和各个设备舱内电磁干扰的强度。测量时,系统平台上的电子设备应当工作在典型工作方式。此项测量的目的是了解系统平台工作时其周围电磁场的分布情况。通过对平台外部或内部电磁场分布情况的了解,可以充分了解系统的电磁辐射强度,特别是重点区域和部位,以便进行相应的控制和防护。

(2) 关键设备互连线传导发射测量

当系统平台上电子设备工作时(有发射能力的电子设备处于发射状态),测量一定频率范围内的关键设备互连线上的传导发射大小,控制电子设备感应电流量值。成束电缆的感应电流反映了设备通过电缆向外泄漏的泄漏情况,它通常直接影响着平台上接收机系统的工作。

6.5.1.5 系统平台天线端口耦合测量

对于平台上的天线端口或称为射频端口,其电磁兼容性直接影响到系统的性能,对于带有天线的设备和分系统,可能由于天线的原因而未能正确接收到预期的信号或者是通过天线接收到其他天线发射的不期望信号而造成系统的性能下降,影响效能的发挥。所以在系统级电磁兼容性现场测量中要针对系统平台的射频端口验证其天线布局、天线隔离度和天线端口的耦合电平等指标。

(1) 隔离度测量

测量系统平台上各天线之间的隔离度。验证天线布局的合理性。此项试验应该在前期理论计算的基础上,选择所关心的天线在系统平台上进行验证。

(2) 天线耦合电平测量

当系统平台上的电子设备工作时(有发射能力的电子设备处于发射状态),测量在接收天线的工作频带内和带外所接收到的干扰电平的量化指标并针对接收机的灵敏度进行考核。

(3) 阻抗测量

测量天线的射频阻抗,验证其阻抗匹配性能。

(4) 方向图和增益测量

由于系统平台的外形复杂性和天线实际安装效果的不同,在系统平台上进行天线方向图和增益的测量,以获取其实际数据。

6.5.1.6 系统屏蔽效能测量

系统平台自身的屏蔽效能会有效的阻隔外界电磁场,但是由于整个系统外形并不是一个绝对密闭的舱体，其机体上开有各种口盖，从而形成缝隙，降低了整个系统的屏蔽效能。由于新材料例如非金属复合材料的应用，带来系统平台屏蔽效果的降低。在系统级电磁兼容试验中对屏蔽效能进行验证，可以有效了解系统自身壳体屏蔽外界电磁信号的能力，从而对于内部的设备和分系统抵御外界干扰的量值进行评估、剪裁，避免设备和分系统电磁兼容的“过设计”或“欠设计”，为下一步电磁兼容设计工作提供数据。

系统屏蔽效能测量研究应侧重于如何在测量中避免采用普通电缆伸到设备舱内来引入干扰，破坏原有的屏蔽性能。

总之，由于系统性质和构成以及任务的千变万化，其电磁兼容性的系统测量也有着各种各样的形式、内容和方法。如何确定相应的测量内容、测量手段，如何具有代表性，具备以点代面的效果，使得测量方法具有可操作性，是亟待解决的问题。但最终目的就是要通过系统级现场EMC试验，检验系统的电磁兼容性设计水平，解决系统的自扰、互扰问题。

6.5.2　基于舰船平台的系统级电磁兼容现场测量

大型水面舰艇的系统复杂性远远高于其他装备。例如，一艘航母拥有多部雷达系统、通信系统、电子战系统和数量众多的计算机。根据相关资料，现代航母拥有各种发射机80部、接收机大约50部，各类天线近百个，工作频率多，几乎覆盖超长波到毫米波频段，这些电子系统承担着航母及其编队目标探测、指挥引导、火控导航、舰艇控制等功能，堪称航母的神经系统。一旦这些系统出现问题，航母及其编队就会立即失去战斗力。此外，大量舰艇均配备有相控阵雷达，而为了传递大容量的数据，如图像、视频等，新一代战术数据链采用了更高的频率，已经接近雷达的波段，这些都会影响舰船编队的电磁兼容性能。电子战与雷达、通信系统之间的干扰，特别是主动干扰机，它通过施放大功率连续波干扰噪声，对来袭反舰导弹雷达导引头进行压制和干扰，这样在干扰对方雷达导引头的同时，也会干扰自己的舰载设备。当两部以上的雷达选择在同频率工作的时候，有可能产生同频干扰，另外无线电通信系统多采用连续波体制，收、发机工作频率产窄，因此也容易产生相互之间的干扰。所以舰艇的电磁兼容问题比其他军用装备更加复杂，难度也更大。因此，必须对舰船在恶劣电磁环境下的电磁兼容性能进行大量系统试验，对电子系统进行排查和诊断，发现和解决电磁自扰互扰问题。

本节以整舰电磁兼容特性测量为例，详细说明系统级电磁兼容现场试验的一般流程和方法，以及依据测量得到的数据完成的整舰电磁兼容性能分析结果。

6.5.2.1　试验准备

系统级EMC现场试验的重点，一是检测被测系统自身的电磁辐射发射，看其对被测系统内敏感设备以及与之相关的周围环境的影响；二是检测被测系统在按照要求施加某种干扰的情况下，被测系统自身工作是否正常，性能是否有下降。考虑到电磁干扰的随机性及大型电子系统的复杂性，进行系统级EMC测量本身就是一项非常重要的工程任务，系统级EMC测量属于大型试验，有一定风险，试验前一定要做好各种准备。

试验前必须编写EMC测量大纲和测量细则，EMC测量大纲是根据EMC大纲的原则编写的。EMC测试大纲应包括以下几个内容：

① 指定选用的EMC标准和应执行的相关技术文件，系统工程中对选用标准进行适当剪裁的具体内容在专业技术文件注明；

② 关键设备列表和无线收发设备列表；

③ 系统级EMC测量保证条件；

④ 系统级EMC试验目的、要求及具体内容；

⑤ 测量设备的配置要求，被测系统的布局和参试工作模式确定；

⑥ 系统级EMC测量过程中发生不正常响应的判别准则；

⑦ 系统级EMC试验内容和方法；

⑧ 测量数据分析和测量报告要求。

EMC测量细则是在EMC测量大纲指导下完成的，它是更具体的测量技术文件，一般要求具有可操作性，在编写时包括以下内容：

① 试验前准备，包括EMC测量设备和一些与系统EMC测量有关辅助设备的硬件到位，与EMC测量有关的技术文件准备齐全，被测系统与其环境界面事先约定等；

② 系统内与系统间电磁兼容性测量项目；

③ 根据标准要求出具测量报告；

④ 参试单位及分工；

⑤ 技术安全措施及有关问题说明。

由于电子系统种类繁多，功能各异，不可能形成通用标准，或者说已经存在的系统级EMC标准可操作性差，因此，特别要求组织好测量技术队伍，编写好的技术文件实施测量内容。

完成系统级的EMC试验，要从所研究的被测系统情况出发，一般除基本的EMC测量设备之外，还需要根据具体情况配备一些系统级EMC试验所必须的专用设备、设施。

6.5.2.2 发射特性测量

1. 测量流程

发射特性的测量流程如图6-53所示，在进行测量前首先进行测量仪器的选取和连接，并进行仪器自检工作；随后根据测量任务对测量仪器进行设置，主要有预选通道设置，接收机测量参数等；随后EUT的发射机打开，并调谐到试验频率；调整测量天线的俯仰与方位以及天线的高度，当接收到的信号达到最大以后，固定测量天线，并记录系统天线视轴与测量天线之间位置关系；之后在规定的整个频率范围内进行扫频，调谐接收机的灵敏度，测出所有发射。

2. 环境干扰抑制

测量现场的广播、电视、手机以及其他潜在辐射源发出信号的电平常超出电磁兼容极限值30～40dB，这种环境干扰电平淹没EUT(Equipment Under Tset)发射信号的情况，导致测量时间长、测量误差大、将环境干扰误认为是EUT信号等不良后果，无法准确测量出EUT的电磁辐射，造成诊断错误。利用暗室或屏蔽室测量可消除这些影响，但一些装备过于庞大，不能将其置于暗室或运输到标准开阔场进行测量，只能进行现场测量。因此，需要研究有效的现场测量和处理技术，即使EUT工作在有极大环境干扰的情况下，也能将环境中的干扰滤除，在现场实现对EUT电磁辐射的精确测量。

(1) 分时测量方法

早期环境干扰抑制方法是利用分时测量，其方法具体为：首先，在t_1时刻关闭EUT，使用接收机或频谱仪测量得到信号的功率谱为$S_{t_1}(\omega)$，即测得环境干扰功率谱$P_{n(t_1)}(\omega)$；然后，在t_2时刻打开EUT，此时测得信号功率谱为$S_{t_2}(\omega)$，其由环境干扰功率谱$P_{n(t_2)}(\omega)$和EUT辐射信号功率谱$P_{\mathrm{EUT}(t_2)}(\omega)$组成，即

$$S_{t_2}(\omega)=P_{n(t_2)}(\omega)+P_{\mathrm{EUT}(t_2)}(\omega) \tag{6-27}$$

将两次测得的结果“相减”，就可以抵消环境干扰，获得EUT辐射信号功率谱

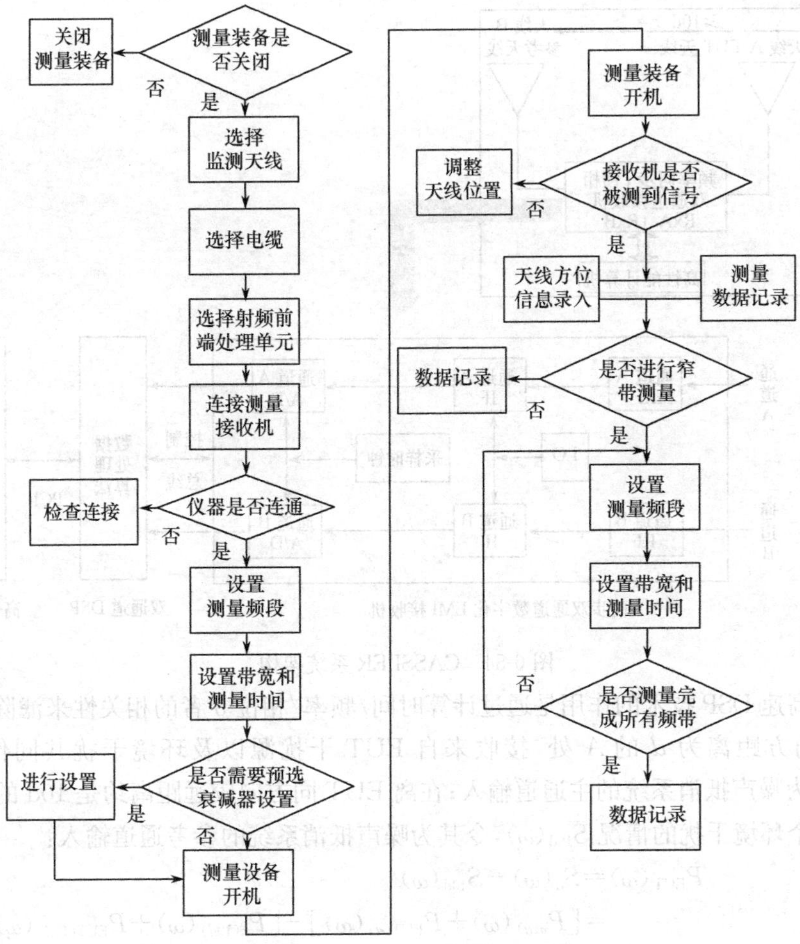

图 6-53　发射特性测量流程

$$
\begin{aligned}
P_{\mathrm{EUT}}(\omega) &= S_{t_2}(\omega) - S_{t_1}(\omega) \\
&= P_{n(t_2)}(\omega) + P_{\mathrm{EUT}(t_2)}(\omega) - P_{n(t_1)}(\omega) \\
&= P_{\mathrm{EUT}(t_2)}(\omega)
\end{aligned} \tag{6-28}
$$

显然，这种方法的前提是 EUT 开机和关机的时刻两次测量的环境干扰功率谱都近乎相同，即 $P_{n(t_2)}(\omega) \approx P_{n(t_1)}(\omega)$，也就是说环境干扰属于时间平稳信号。事实上，很多时候普通环境下的干扰功率具有间歇性和幅值波动的特点，例如当被测环境中存在短时突发信号[功率谱为 $P_{\mathrm{shot\ time}}(\omega)$]时，EUT 关机时测量的环境干扰信号[功率谱为 $P_{n(t_1)}(\omega)$]和 EUT 开机时测量的环境干扰信号[功率谱为 $P_{n(t_2)}(\omega)$]就不能有效的抵消。

(2) 虚拟暗室测量技术

自适应噪声抵消原理提出后，各种环境干扰抑制方法陆续提出。Marino. J 提出了虚拟暗室的概念并于 2005 年获得了虚拟暗室的专利技术。该专利基于自适应噪声抵消技术，明确了以双通道的方式克服单通道分布测量时带来的时间差问题，从而提高测量精度和应用范围。采用虚拟暗室测量系统，可滤除那些不属于系统本身的外来电磁辐射，在恶劣的电磁场环境中进行较准确的电磁兼容测量。图 6-54 美国军方采购了根据该专利设计实现的测量系统 CASSPER。

CASSPER 系统基于自适应噪声抵消的原理，使用两套时间与频率都同步的通道同时去

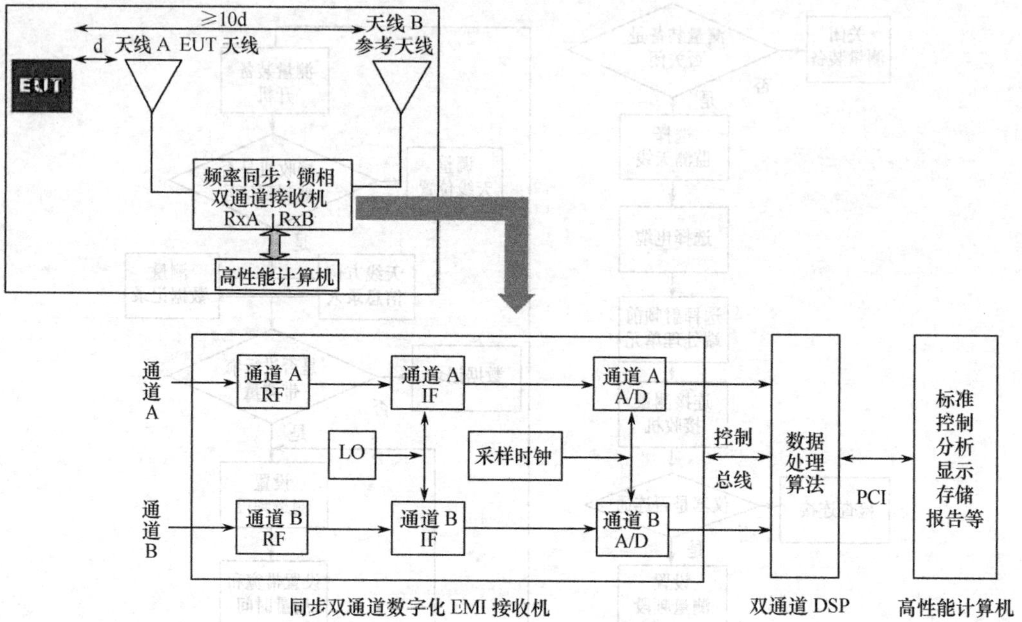

图 6-54 CASSPER 系统架构

接收信号。高速DSP技术的作用是通过计算时间/频率/相位3者的相关性来滤除环境干扰。在EUT的前方距离为d的A处，接收来自EUT干扰源以及环境干扰共同作用的信号$S_{\mathrm{d}}(\omega)$，令其为噪声抵消系统的主通道输入；在离EUT同方向较远距离约是10d的B处，测量同一时刻整个环境干扰的情况$S_{10\mathrm{d}}(\omega)$，令其为噪声抵消系统的参考通道输入：

$$\begin{aligned}P_{\mathrm{EUT}}(\omega)&=S_{\mathrm{d}}(\omega)-S_{10\mathrm{d}}(\omega)\\&=[P_{n(d)}(\omega)+P_{\mathrm{EUT}(d)}(\omega)]-[P_{n(10d)}(\omega)+P_{\mathrm{EUT}(10d)}(\omega)]\\&\approx[1-(1/100d^2)]\cdot P_{\mathrm{EUT}(d)}(\omega)\\&\approx P_{\mathrm{EUT}(d)}(\omega),[P_{n(d)}(\omega)\approx P_{n(10d)}(\omega)]\end{aligned}\tag{6-29}$$

如果测量场地的环境干扰是“均匀”的，此时，B处接收到的EUT干扰信号比A处接收到的EUT干扰信号至少低20dB，而A、B两处测得的环境干扰基本无差异可以保证满足噪声抵消的应用前提。图6-55是利用CASSPER恢复出的EUT信号。

(3) 基于阵列信号处理的环境干扰抑制技术

事实上，基于噪声抵消的虚拟暗室方法用于电磁辐射发射现场测量时效果并不理想。首先，为了避免参考通道接收到EUT信号，双通道中两个接收天线彼此距离较远，所处的位置环境干扰往往不一致；而天线之间的距离减小后，EUT信号会泄露到参考通道，导致信号相关性增强，降低干扰抑制效果；当环境中存在与EUT辐射信号同频且强度很大的分量时，干扰抑制效果不明显。针对现场干扰信号易突发、难预见等特点，根据空域滤波的原理，本书给出了一种具有环境干扰抑制效果的且无需先验信息和参考信息的EMI现场测量的新方法。如图6-56所示，在辐射源周围放置一套天线接收阵列，每个天线单元均可接收到由EUT辐射信号和背景干扰信号所组成的混合信号，可以利用多重信号分类算法(Multiple Signal Classification，MUSIC)空间谱估计技术获取各个信号的波达方向(Direction of arrival，DOA)。根据信号的空间谱估计结果，利用最小方差无失真响应(Minimum Variance Distortionless Response，MVDR)准则，对各阵元接收信号作最优加权，在保证EUT辐射信号不失真的前提

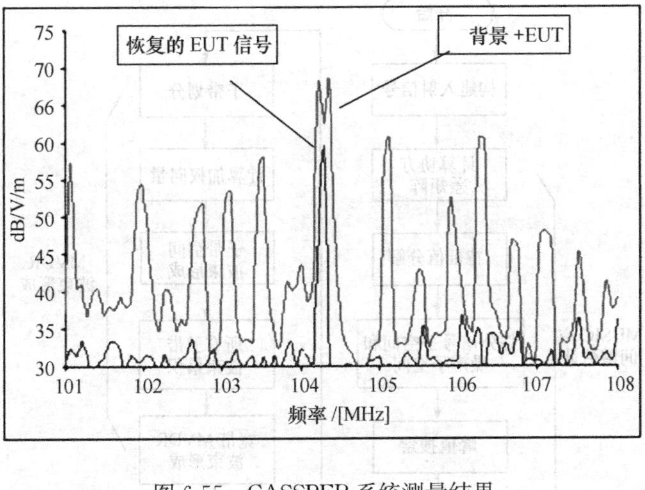

图 6-55　CASSPER 系统测量结果

下，使阵列波束在干扰信号的来波方向形成“零陷”，实现对干扰信号的空域滤波，较为准确的反映出 EUT 真实辐射特性。

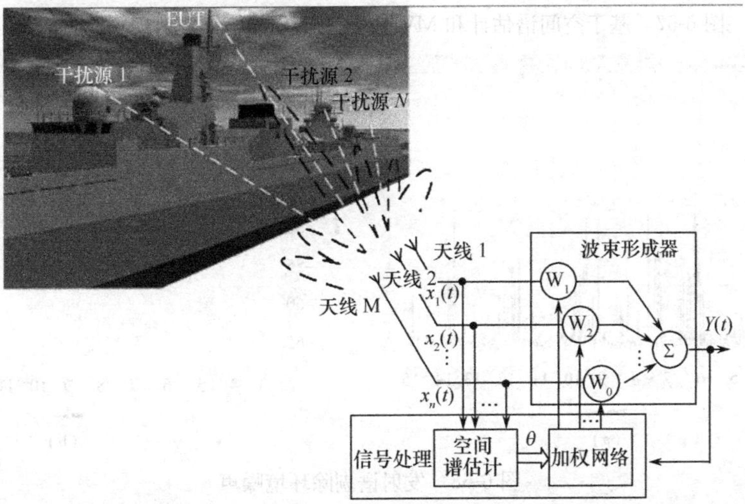

图 6-56　基于空间谱估计和波束形成技术的辐射发射现场测量原理示意图

MUSIC 具有较高的 DOA 估计精度和空间分辨性能，可以在辐射源先验信息缺失的情况下对 EUT 辐射信号和其他干扰信号进行空间谱估计以获取各个信号的 DOA。采用 MVDR 准则的波束形成算法，使得阵列主波束指向 EUT 辐射信号的方向，而在干扰信号的来向形成“零陷”，既能减少 EUT 辐射信号的失真，又能抑制干扰信号。测量算法的具体流程如图 6-57 所示。

图 6-58(a)中实线表示未经任何处理所测得的发射谱数据，虚线表示环境数据；图 6-58(b)表示经过本文方法处理以后的获得的发射谱，可见环境干扰和噪声被很好地滤除掉了。将 MUSIC 空间谱估计方法和 MVDR 自适应波束形成技术引入到电磁兼容测量领域，可有效抑制现场辐射发射测量中的环境干扰，是一种新的虚拟暗室技术。相比 Marino. Jr 设计的虚拟暗室测量方法，该测量方法有如下独特之处：

① 克服了天线远距离分立放置的缺陷。在 Marino. Jr 设计的虚拟暗室测量方法中，为了使其中一个天线不接收 EUT 辐射信号，需要将其设置在远离 EUT 的位置，但当 EUT 辐射信

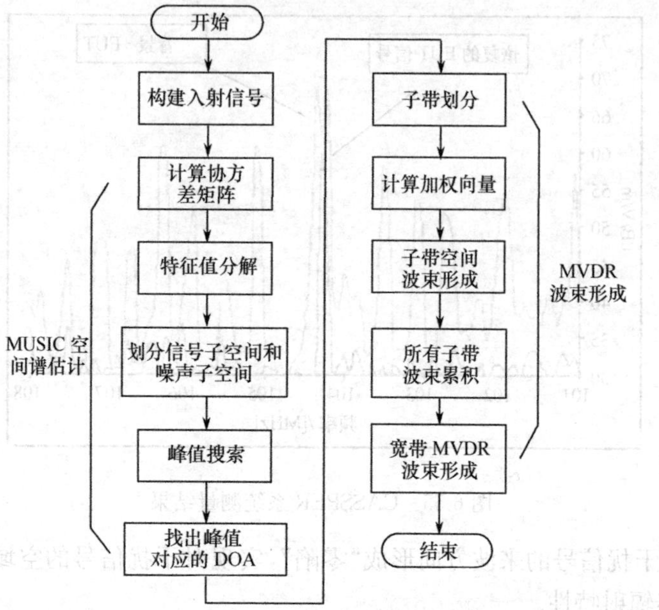

图 6-57　基于空间谱估计和 MVDR 波束形成的辐射发射现场测量流程

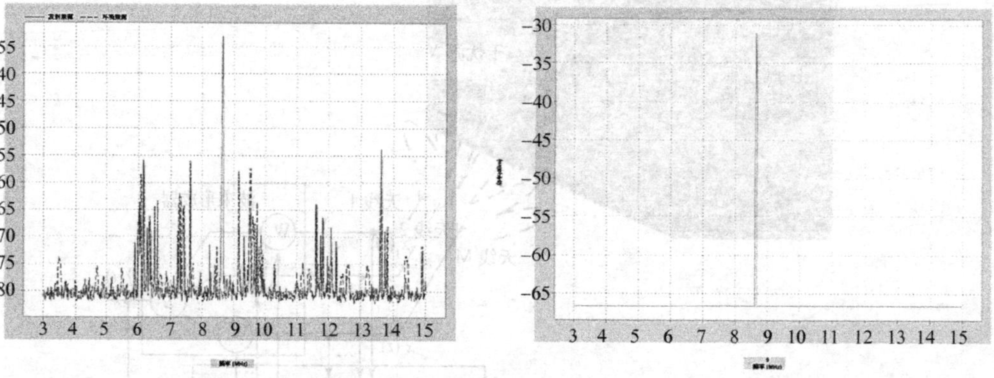

(a)　　(b)

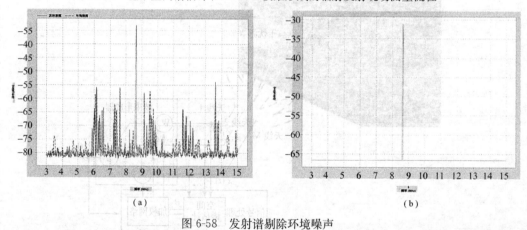

图 6-58　发射谱剔除环境噪声

号功率较大时,距离将达到上千米甚至几十千米,此时背景噪声显然不是一致的,而且对现场测量来说远距离测量也是不可行的。本文的方法仅需在 EUT 周围设置紧凑的天线阵列即可,大大增加了适用性和易操作性;

② 精度更高。相对于大型平台,天线阵列的尺寸几乎可以忽略,在测量位置上各个天线阵元接收到的信号不会出现背景噪声和干扰不一致的情况,因而有助于提高测量精度;

③ 同频干扰抑制效果更佳。Marino. Jr 设计的虚拟暗室测量方法的局限性导致其无法处理同频干扰。而利用本文的方法,只要干扰信号与 EUT 辐射信号的 DOA 不一致,就可以有效抑制同频干扰;

④ 测量时间更短。本文的方法是基于时域信号测量的方式,因此仅需要在现场测量时对一定时间内的信号进行采样后做数字信号处理即可,不需要进行长时间的频域测量,因而可以大大提升测量速度。

3. 时域测量

面临现场信号大带宽、大动态以及瞬态猝发等新体制的挑战,辐射发射的现场测量需要采用先进技术，要在信号捕获、实时分析以及信号特征呈现等方面采取有效的手段，以便尽可能不漏掉感兴趣信号，特别是瞬态信号、弱信号和混叠信号。使用普通的测量手段如EMI测量接收机、扫频频谱分析仪(Spectrum Analyzer)和矢量信号分析仪(Vector Spectrum Analyzer)等基于超外差接收的测量体制，其缺点是测量时间过长，带来较大的弊端：一是受试系统长时间开机导致测量成本高昂；二是长时间开机测量会导致敌方的侦察设备获取到充分的信息；三是长时间的测量过程中容易受到其他辐射源的影响，测量结果不可靠。因此必须寻求能够缩短测量时间的现场发射特性测量方法。

2002年，德国的Russer P团队提出了EMI时域测量的概念，之后不断对其改进和完善，最终形成了比较完整的符合CISPR 16-1-1的电磁干扰时域测量体系。Russer P提出的时域信号测试与分析采用实时FFT处理器对宽带数字信号进行实时时频变换，根据信号的信息进行实时触发，借助高速信号处理和数据采集技术，分析规定频率范围内的所有频率分量，而且保持信号间的时间关系(即相位关系)，不仅能测量周期信号和随机信号，而且还能测量瞬时信号，显示相位关系，实现各种需要的信号分析。时域EMI测量体系与传统EMI接收机最大的不同在于其采用实时FFT处理器对宽带信号进行实时的时频变换，通过实时触发对信号进行捕获，从而获取到各种需要的信息，避免了扫描式EMI接收机经常漏掉瞬时事件的现象。

图6-59所示是一种时频结合测量接收机，信号经过模拟下变频后经射频处理分成两路，一路是宽带中频信号，输送至高速A/D采样板，在FPGA(Field Programmable Gata Array)控制下完成信号离散、量化、存储和读取，经数字下变频后产生基带I/Q数据，通过PCI(Peripheral Component Interconnect)控制芯片将IQ数据送至计算机进行数字信号分析，完成时域测量；另一路信号是窄带中频信号，经过数字下变频、抽取滤波、中频检波、视频处理和计算，完成频域测量。使用该体系做的好处可以利用窄带频域处理的信息触发时域采集，从而完成宽带信号的时域测量。

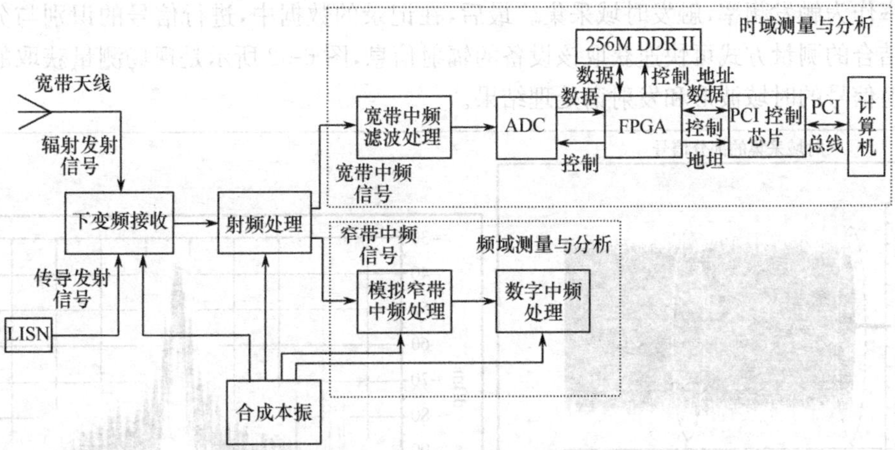

图6-59 时频结合接收机体系

利用时频混合测量接收机对某舰载设备进行了辐射发射测量，图6-60是采集到的时域信号，图6-61给出了时域和频域测得的谱结果，时域观测时间为5ms，频域扫频步进值为10kHz，从图中可以看出，时域和频域测量的幅度谱基本匹配，此时频域测量时间完成一次扫描需要1500ms，且需要维持在最大保持模式，经过多次重复扫描，才能最终得到比较稳定的结果。

当现场EMI信号中包含尖峰信号、突发信号和其他瞬态现象时，时域测量具有较大优势。

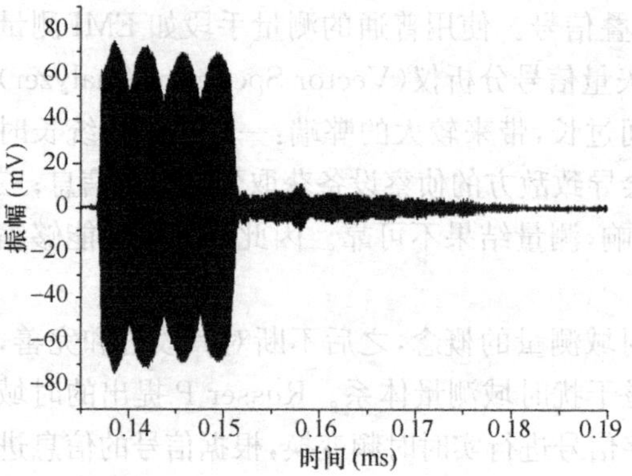

图 6-60 辐射信号的时域波形

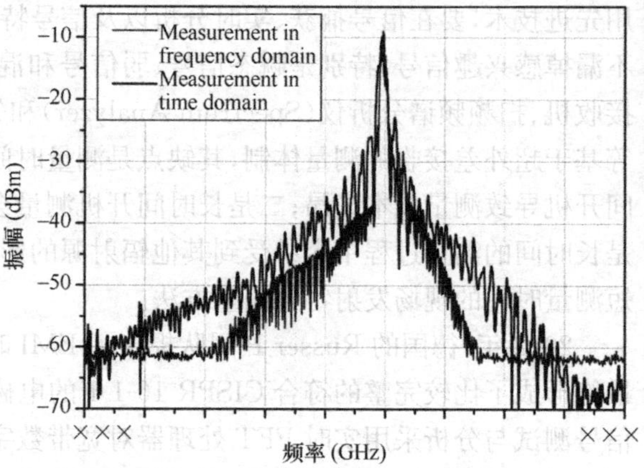

图 6-61 时域测量与频域测量的频谱对比

频域测量严重依赖驻留时间，而时域测量则需要事先设定触发条件，根据触发条件自动对瞬态信号做出反应。某舰载设备至少每隔 1 分钟发射一次，采用扫频方式时，为了获得足够的精度和动态范围，设置扫频带宽为 200MHz，频率分辨率为 1kHz，则最小扫描时间为 300s，而设备辐射时间极短，辐射频点经常不在当前扫描频点上，因此在短时间内无法获取该设备的辐射信息。下面具体讨论在缺乏先验信息的条件下，如何使用时频结合快速测量的方式对该舰载设备进行发射特性测量。

首先利用门限功能，采集当前信号背景作为门限。即采取频域快速扫描的方式，进行信号普查，配置相应的扫描规则和检测门限，当信号电平超过该门限值时会作为被探测能量记录下来。对搜索到的结果进行处理时只保存捕获率大于一定值的信号；其次，进行快速扫描，在已有信号超出触发告警的判决门限或者有新增信号的情况下，发出告警；再次，以该新增信号的中心频率作为触发频率，触发时域采集。最后，在记录的数据中，进行信号的识别与分选。采用时频结合的测量方式可快速获取该设备的辐射信息，图 6-62 所示是现场测量获取的某舰载设备发射信号的时域波形和发射谱处理结果。

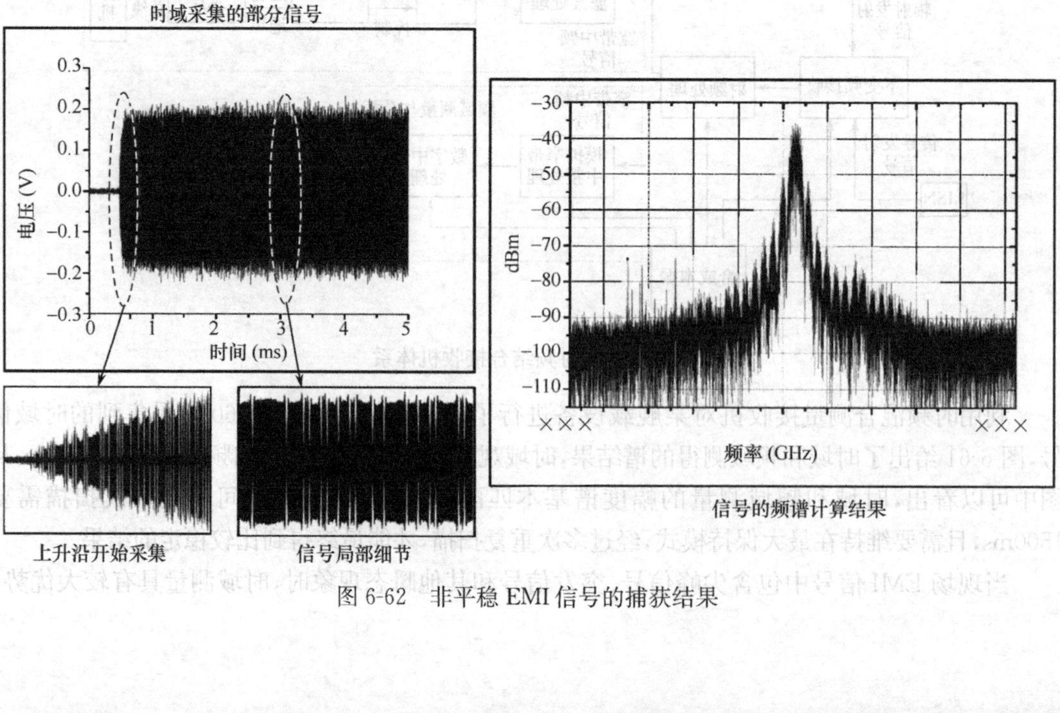

图 6-62 非平稳 EMI 信号的捕获结果

6.5.2.3　敏感特性测量

敏感度测量是模拟EUT在其工作环境下可能遇到的最严重情况以及考核设备最易敏感的部位是否受干扰。与标准测量不同的是，由于很多设备的接收通道是封闭的，因此敏感度测量信号只能通过设备的天线进入，而设备的敏感响应只能通过设备终端的反映来定性评判。

1. 测量流程

敏感度特性现场测量的基本流程如图6-63所示，首先被测设备开机预热，测量天线和系统天线之间的距离视现场情况调节，原则上是干扰现象尽可能明显，设置信号源的调制方式，采用适当的放大器和测量发射天线，在测量起始频率点上产生场强，逐渐增加输入的功率电平，如EUT出现敏感，则要确定敏感度门限电平（在该电平下，EUT刚好不出现不希望有的响应），直至测到理想的敏感度数据。

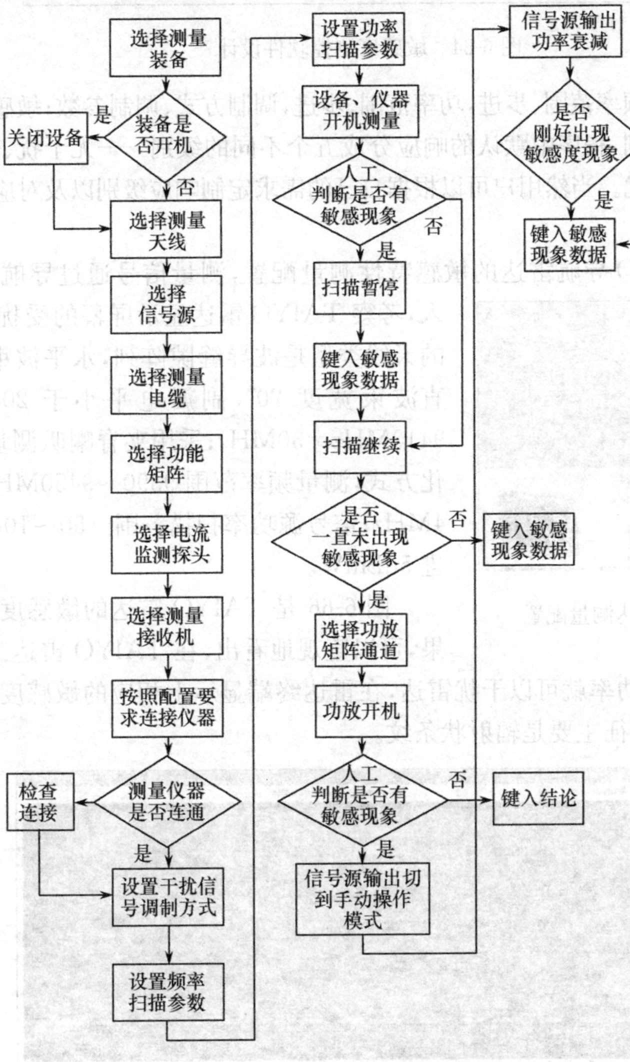

图6-63　辐照敏感度测量流程

图6-64为敏感特性测量的软件设计，包括数据显示区、扫描控制区、扫描模式区、信号源参数设置区、敏感特征描述区。其中数据显示区用于测量数据的显示，横轴为频率扫描的范围，纵轴为功率扫描的范围；扫描控制区提供用户设置扫描的方式以及扫描的时间步进，信号源参数

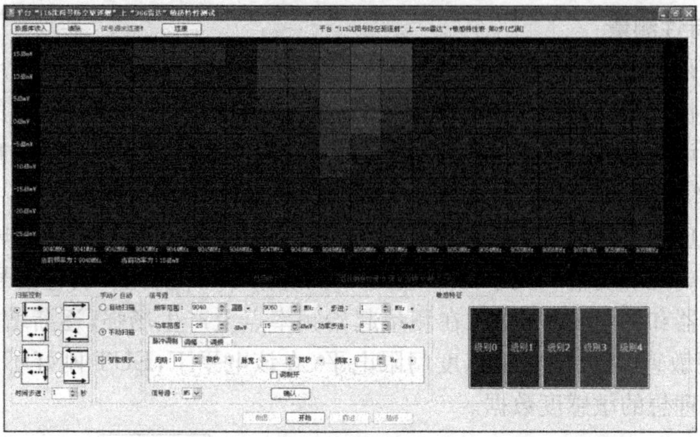

图 6-64 敏感度测控软件设计

设置区用于设置扫描的频率范围、步进，功率范围、步进，调制方式、调制参数；敏感特征描述区用于定义敏感特性表征级别，程序中默认的响应分成五个不同的级别——无干扰、轻微干扰、中度干扰、严重干扰、压制干扰。当然用户可以根据自己的需求定制响应级别以及对应的名称。

2. 测量案例

图 6-65 是对 TAIYO 导航雷达的敏感特性测量配置，测量信号通过导航雷达的天线进入，考察 TAIYO 雷达显示屏幕的受扰情况。该雷达的天线类型是波导缝隙阵列，水平波束宽度 2.1°，垂直波束宽度 20°，副瓣电平小于 20dB，发射频率 9410MHz±30MHz；采用夹脊喇叭测量天线，垂直极化方式，测量频率范围 9390～9450MHz，频率步进为 4MHz；信号源功率扫描范围 −50～10dBmW，功率步进 5dBmW。

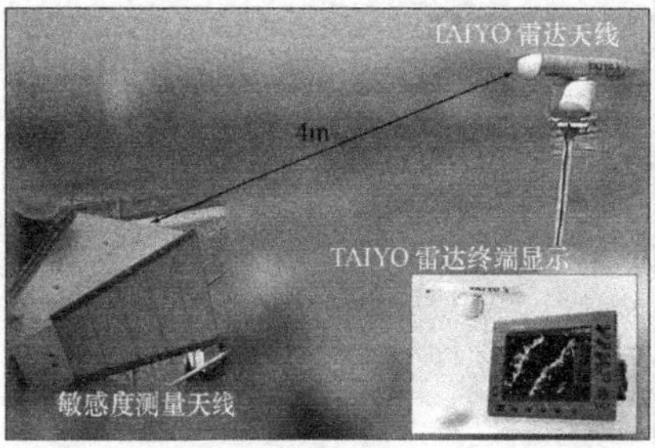

图 6-65 TAIYO 雷达测量配置

图 6-66 是 TAIYO 雷达的敏感度响应的测量结果，可以直观地看出，在 TAIYO 雷达工作频率附近，干扰信号不需要很大的功率就可以干扰雷达，在雷达终端显示上相应的敏感度表征如图 6-67 所示，该雷达受干扰的特征主要是辐射状条纹。

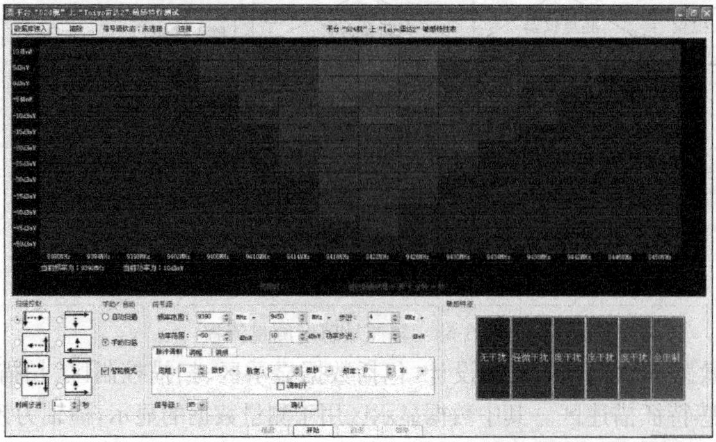

图 6-66 TAIYO 雷达敏感特性测量结果

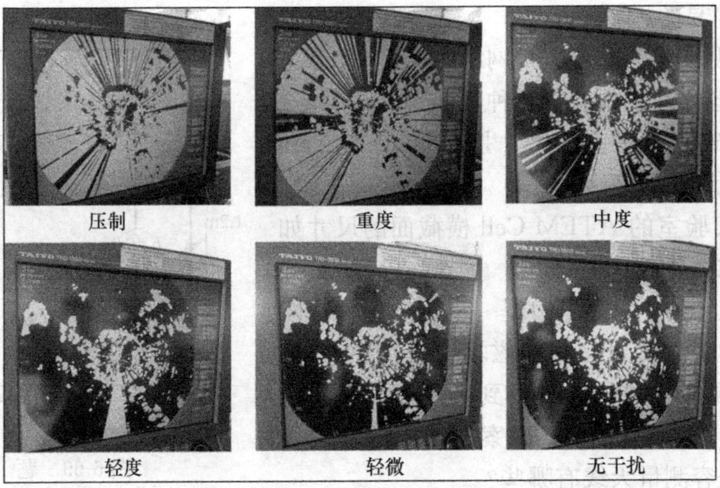

图 6-67　TAIYO 雷达敏感度表征

图 6-68 是 TAIYO 雷达敏感度测量数据提取分析计算后的曲线，可以看出，TAIYO 雷达易受同频干扰，而在中心工作频点，雷达的功率敏感度门限为－45dBmW。

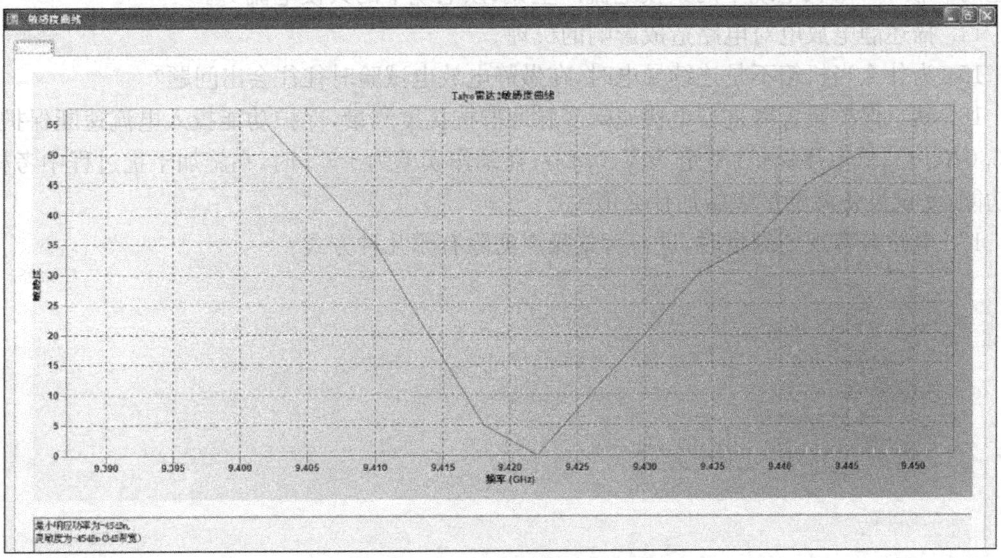

图 6-68　TAIYO 雷达敏感度测量数据提取

习　题

1. 欧盟电磁兼容认证方式有哪些？
2. 在电磁兼容领域，为什么总是用分贝(dB)的单位描述？10μV 是多少 dBμV？
3. 试计算 P＝100W 折算为 dBmW 为多少；100dBmW 折算为多少 W？
4. 频谱分析仪和 EMI 接收机有什么区别？
5. 为什么频谱分析仪不能观测静电放电等瞬态干扰？
6. 在现场进行电磁干扰问题诊断时，往往需要使用近场探头和频谱分析仪，怎样用同轴电缆制作一个简易的近场探头?

7. 人工电源网络和耦合去耦网络的作用是什么?

8. 电磁兼容测量场地有哪几种?

9. 一个电磁兼容暗室的尺寸是 19.6m×12.4m×7.5m,求最低谐振频率。

10. EMC 实验室的 ATEM Cell 横截面的尺寸如图 6-69 所示,求截止频率。

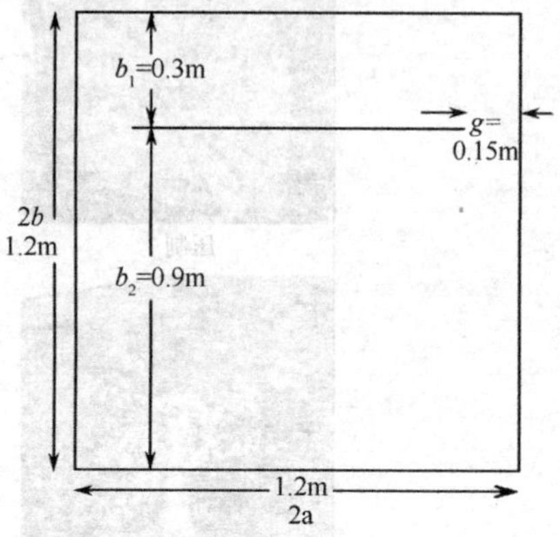

图 6-69 题 10 图

11. 测量人体的生物磁信息是一种新的医疗诊断方法,这种生物磁的测量必须在磁场屏蔽室中进行,这个屏蔽室必须能屏蔽从静磁场到 1GHz 的交变电磁场,请提出这个屏蔽室的设计方案。

12. 电磁兼容测量天线有哪些?

13. 用天线、电缆和测量接收机在电波暗室中测量一个小型电子设备产生的电磁骚扰。在 100MHz 时测得接收机的端口电压是 40dBμV。已知接收天线的天线系数是 20dB/m,测量距离为 3m。求:(1)在天线的位置出的电场强度;(2)假设测得的辐射发射是由与该电子设备相连的一根 0.5m 长电缆中的共模电流产生,求该电缆中的共模电流 I_c。

14. 描述静电放电对电路造成影响的机理。

15. 为什么当机箱不是连续导电时,在做静电放电试验时往往会出问题?

16. 某一保护装置需进行电快速瞬变脉冲群抗扰度测量,保护功能投入电流速断保护(整定 5.0A、0s)、低电压保护(整定 50V、0.1s),在动作误差为±3%时,在施加干扰过程中考核保护功能,受试设备激励量应施加什么值?

17. 电磁兼容现场测量时,进行背景噪声滤除有哪几种方式?

第7章　电磁频谱管理

7.1　电磁频谱管理概念

电磁频谱是指按照电磁波频率的高低或者波长的长短排列起来所形成的谱系，是一种有限的、无形的、不可再生的特殊战略资源。电磁频谱广泛应用于国民经济和国防建设各领域，在军事领域主要应用于预警探测、情报侦察、指挥通信、导航定位、电子对抗、武器控制、气象测绘等领域。随着信息化装备的不断装备应用，频谱资源日益贫乏，争夺电磁频谱的使用权和控制权，将是未来战争的主要形态之一。

7.1.1　电磁频谱管理的定义及内涵

随着通信与信息技术的飞速发展，对电磁频谱资源的需求越来越旺盛，资源的有限性和需求不断增长的矛盾日益突出。为提高无线电资源的使用效率，保障国家经济建设、国防建设和军事行动的需要，必须对电磁频谱资源从国家层面实施统一的管理。电磁频谱管理是一种特定的军事行动，在《中国人民解放军电磁频谱管理条例》中电磁频谱管理的定义是：军队领导机关和电磁频谱管理机构制定电磁频谱管理政策、制度、划分、规划、分配、指配频率和航天器轨道资源，以及采用行政手段和技术手段对频率和轨道资源的使用情况进行监督、检查、协调、处理的活动。

电磁频谱管理呈现出许多崭新的特点：

(1) 无线业务种类繁多，管理组织十分复杂。现代信息化条件下的战争是诸军兵种的联合作战，参战军兵种在有限的作战空间内，展开大量的通信，雷达等电子设备和信息化武器装备，这些装备分属不同的业务，用途各不相同，性能千差万别，虽然在空间上相互分离，但其辐射的电磁波却共处在一个共同的空间，相互交融，天地一体。电磁频谱管理机构既要组织管理诸军兵种通信、电子设备的频率，又要组织管理诸军兵种信息化武器系统的频率，还要组织管理军用非作战类频率，管理组织非常复杂。海湾战争中，多过部队每天200～800页，有是多达2000页的空中作战指令中，关于作战频率的区分与管理占了很大篇幅，成为作战指挥工作中的重要一环。

(2) 电子装备高度密集，管理控制异常困难。在未来战场上，电子装备高度密集。一个集团军的作战地域内，敌我双方的无线电通信设备达万余部，再加上导航、雷达、制导、电子对抗团的无线电装备和民用通信设备，其配置密度通常在梅平方公里40～50个，在重要的作战方向。地区和时节，电磁发射源有时高达每平方公里130～140个，电磁频谱管理控制将异常困难。

(3) 电磁频谱争夺激烈，管理任务极为艰巨。未来信息化战争电磁斗争空前激烈。交战双方围绕电磁频谱的使用权和控制权，大量投入军事信息化电子装备，抢占电子频谱领域里的“制高点”，同时大量投入军事高科技电子战装备，将“软杀伤”、“硬摧毁”贯穿于作战全过程，破坏对方对电磁频谱的正常使用。目前，敌我双方陆海空军中均编有相当规模的电子战部队，作为一支重要的作战力量将用于现代战争,向着自动探测搜索、捕捉分析、跟踪压制、实体摧毁一体化方向发展,且干扰频谱覆盖面更宽、功率更大,干扰方式更为灵活。电磁频谱管理既要保证我方各种用频装备(系统)的正常工作,又要防止我方电子攻击对己方用频用频装备(系统)产生的有害干扰,还要掌握地方电磁频谱的配置情况,引导我方电子干扰压制地方通信,任务是极其艰巨的。

(4) 电磁频谱军民交融,管理协调尤为繁重。改革开放起来,我国信息产业得到了超常规的发展,仅通信设备的、数量每年就以30%以上的速度增加,广播电视,名用移动通信,无线电寻呼以及航空、公安、交通等特殊行业开展的40余种无线电通信业务,使无线电信号几乎覆盖了全国各个角落。

7.1.2 电磁频谱管理的地位和作用

电磁频谱管理事关国家电磁空间和建设信息化军队、打赢战争的战略目标的实现,地位和作用十分重要,主要体现在以下三个方面:

(1) 电磁频谱管理是确保电磁空间安全的重要支撑。世界各国把电磁空间作为"第五维战场",积极采取措施,以抢占这一新的"制高点"。电磁频谱管理发挥着维护国家电磁空间秩序的"电子警察"作用,其职能覆盖到国家的政治、经济、社会、文化等各个领域,已成为维护国家电磁空间安全乃至国家安全的重要支撑和保证。

(2) 电磁频谱管理是军队信息化建设的重要基础。对军队而言,频谱资源是极为重要的,它是武器装备形成作战能力的主要依托,目前我军大力推进军队建设转型,从军事信息系统、信息化武器系统到信息化环境建设都离不开频谱资源和频谱管理这个基础。

(3) 电磁频谱管理是信息化战争制胜的重要因素。信息化战争和机械化战争最显著的区别就是制信息权,制电磁权是制信息权的核心。联合作战,就是在信息化条件下夺取制空权、制海权、制太空权。如果缺乏有效的电磁频谱管理,各类武器系统装备就难以发挥功能,生存受到严重威胁。

进入21世纪,世界各国在电磁空间领域里的角逐日渐激烈,都在想办法去抢占电磁频谱建设,从信息化战争看,电磁频谱使用和管理得好坏直接影响到武器装备效能的发挥乃至战争的成败。

再从平时信息化建设来看,电磁频谱资源更是国家重要的战略资源,是国家信息化建设和经济发展的重要支撑和基础保证。世界一些国家在制定信息化发展战略时,明确提出"谱重于缆"的观念,意思是频谱资源的地位远重于光缆,因为光缆有形,可维护、可控制,资源不足还可以再建设,而频谱无形,资源有限,不好控制,因此对电磁频谱资源的利用相对更为重要。

我军目前正大力推进军队信息化建设,从军事信息系统到信息化武器装备研制,各方面都离不开电磁频谱资源这个基础;科学地使用电磁频谱、有效地管理电磁频谱,是实现我军建设信息化军队,打赢信息化战争这一战略目标必须解决的基础工程。因此,我们应从国家发展战略高度和打赢信息化战争高度来认识电磁频谱管理的地位和作用。

7.1.3 电磁频谱管理的原则与任务

1. 电磁频谱管理的原则

军队电磁频谱管理,应当遵循以下原则:

(1) 三军一体原则。就是海军、陆军、空军和第二炮兵,在频谱资源的规划、分配和指配,一体筹划、一体建设、一体组织、一体训练、一体运用和管理，使三军在电磁频谱管理上形成整体作战能力。

(2) 统一管理原则。就是坚持从作战的实际需要出发，统一规划、统一调配、统一管理和分类保障；频管力量的统一编组、统一运用和管理；频管网系统的统一组织、统一运用和管理；频管行动的统一指挥、统一协调。

(3) 平战结合原则。就是坚持由平时管理为主向平战结合、以战为主转型，按照"打赢"要求，平时，搞好电磁频谱管理为战时全频谱、全过程的电磁频谱管控奠定坚定的基础。

(4) 分级负责原则。就是在坚持集中统管的前提下，采用分级管理与业务主管部门管理相结合。

(5) 军民联管原则。就是坚持军民结合，依托国家雄厚的无线电管理设施和人才等资源，建立和完善军民协调发展、国防动员和联合管控机制，实现战时军民频管力量联合编成、频管网系统中和运用、频管行动融为一体，提高战时电磁频谱军民联合管控能力。

(6) 资源共享原则。就是在频谱资源、频管设施、技术支撑、频管数据和人才队伍等方面，充分发挥军队和地方各自的频管优势，建立和健全频管资源共享机制，加强相互合作与支援，有效地减少重复建设，实现优势互补。

2. 电磁频谱管理的基本任务

电磁频谱管理的基本任务是维护空中电波秩序，有效利用电磁频谱资源，避免频谱使用相互冲突，减少相互干扰，确保平时和战时各种用频装备(系统)正常工作和用频武器效能的发挥。根据《中国人民解放军电磁频谱管理条例》的规定，电磁频谱管理的任务主要包括以下几个方面：

(1) 科学利用频谱资源。电磁频谱管理的基础是频谱资源管理。电磁频谱管理的首要任务是对电磁资源进行科学划分、规划、分配与指配等。科学利用频谱资源，提高频谱资源的使用效率，使之更好地为军队作战和经济建设服务，是电磁频谱管理的一项重要任务。

(2) 严格管理用频装备设备和台站(阵地)。主要包括用频装备设备频谱管理，用频台站(阵地)管理，卫星频率和轨道管理等。各种用频装备和台站(阵地)是靠发射和接受不同频率的电磁波来进行工作的，具有使用频率、发射频率、辐射区域、工作时间等频谱参数，使用不当就会造成相互干扰而影响正常工作，所以必须坚持对用频装备设备和台站(阵地)的设置、使用、实施科学严格的管理，以确保用频装备设备和台站(阵地)工作的正常、稳定、可靠。

(3) 加强电磁频谱使用监督检查与协调。无线电业务已经得到极大的发展，设备种类多，数量大，用频范围广，占用频带宽，因此加强电磁频谱使用的管理任务十分重要，主要包括：协调和申报卫星频率和轨道、电磁频谱监测，组织实施平时重大军事活动和战时联合作战的电磁频谱管理及无线电管制，协调处理地方和军队之间有点电磁频谱冲突事宜等。

7.2 日常电磁频谱管理

7.2.1 频率管理

频率管理就是在全频谱范围内对各种无线电业务和无线电设备用频进行整体设计和科学配置。包括无线电频率的划分、规划、分配和指配。频谱管理是电磁频谱管理工作的核心的基础，是确保用频装备设备具有良好电磁兼容性能的关键。

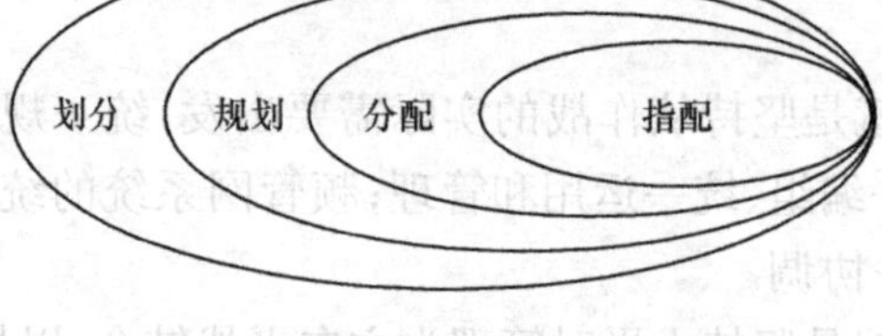

图 7-1　划分、规划、分配和指配的关系

1. 无线电频率划分

无线电频率划分，是将无线电频谱分割为若干频段，再将每一频段指定给一种或多种无线电业务在规定条件下使用的活动。频率划分主要根据各频段电波的传播特性、各种业务的要求、无线电技术的发展水平以及各国的具体情况，由具有行政权力的大会讨论确定。国际、国家无线电管理机构和军队电磁频谱管理机构分别组织不同范围的频率划分。频率划分的结果，以无线电频率划分表的形式进行发布，具有法规效力，是无线电频率规划、无线电频率分配、无线电频率指配的依据。

国际上，无线电频率的划分由国际电信联盟将全球分为三个区域进行频率划分：第一区包括欧洲、非洲和部分亚洲国家；第二区包括南美洲、北美洲；第三区包括大部分亚洲国家和大洋洲，我国属于第三区。在国际电信联盟的《无线电规则》中，将从 9kHz～275GHz 范围内的频谱，针对不同的区域，进行频率划分，第一区划分为 467 个频段，第二区划分为 471 个频段，第三区划分为 463 个频段，并分别指定给 43 种无线电通信业务和射电天文业务在规定的条件下使用。

国家无线电频率划分，在遵循国际上无线电频率划分规定的基础上，依据我国无线电业务分类及频率使用需求进行。无线电业务划分是无线电频率划分的前提，《中华人民共和国无线电频率划分规定》经中华人民共和国国家标准 CJB/T13622—92 确认，将我国无线电业务分为 43 种。无线电业务划分如图 7-2 所示，其中地面业务的划分，如图 7-3 所示。我国现行无线电频率划分的法规性文件，是中华人民共和国工业与信息化部和中国人民解放军总参谋部于 2006 年 4 月共同颁发的《中华人民共和国无线电频率划分规定》。中华人民共和国以国际电信联盟《无线电规则》中第三区的频率划分表为基础，结合我国实际情况，制定了《中华人民共和国无线电频率划分规定》，将 9kHz～275GHz 的无线电频谱划分为 501 个频段，规定了各频段的无线电业务及其使用条件。

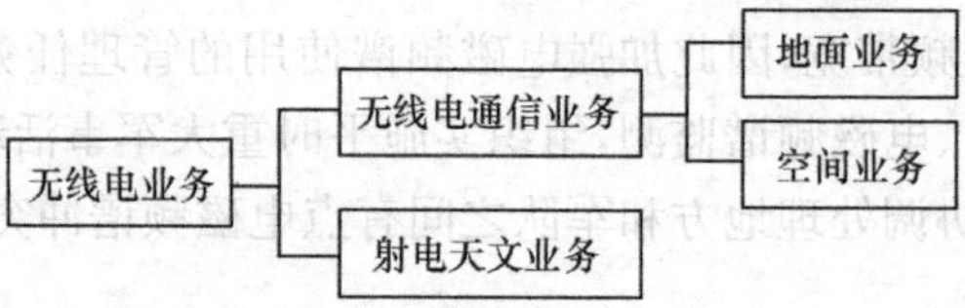

图 7-2　无线电业务划分

军队无线电频率划分，是指为适应军队使用无线电频率的特殊需要，在遵循国际、国家无线电频率划分规定的基础上，将整个军用无线电频谱分频段指定给某一种或若干种军队无线电业务使用。军队现行无线电频率划分的法规性文件，是中国人民解放军总参谋部于 2002 年 7 月 5 日颁发的《中国人民解放军无线电频率划分使用规定》。中国人民解放军电磁频谱管理委员会负责组织军队的无线电频率划分。军队无线电业务划分是军用无线电频率划分

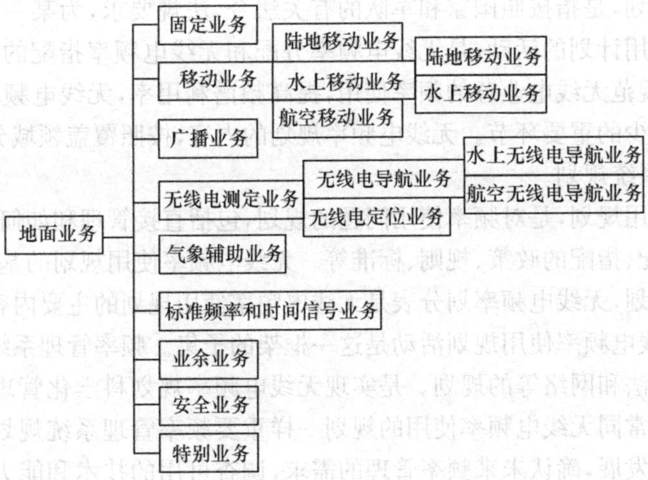

图 7-3　地面业务的划分

的前提。军队无线电业务与国家无线电业务大体相同，军队无线电业务划分可参见国家无线电业务的划分，目前上军队无线电业务已达 37 种。军队无线电频率划分，在总体上要与国际、国家无线电频率划分接轨、主动协调、趋同一致，但同时更要突出军队属性、把握特点、满足需要。《军用无线电频率划分表》是在国家无线电频谱细划分基础上，对某些小频段进行了再细划，以更好地满足军队无线电频率使用的特殊需要。图 7-4 是军队无线电频谱划分的流程图。

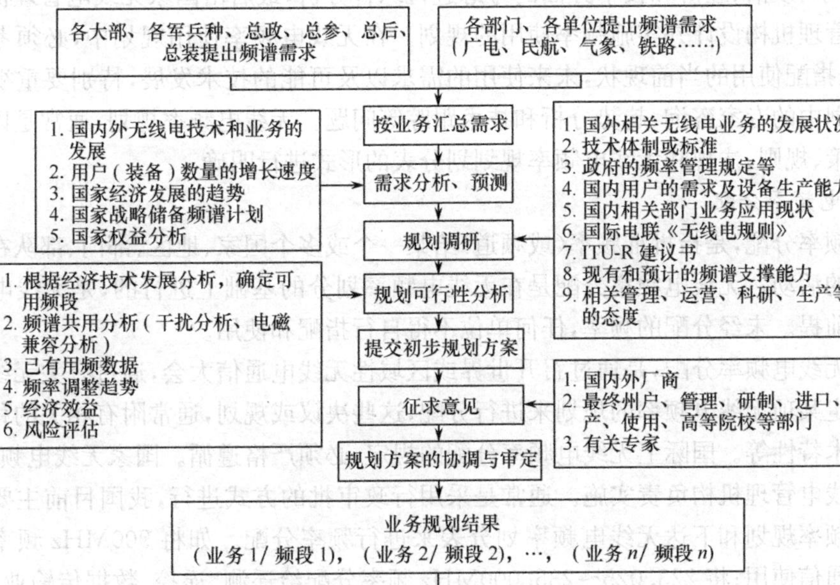

图 7-4　军队无线电频谱划分的流程图

2. 无线电频率规划

无线电频率规划，是指按照国家和军队的有关法令、法规要求，为某一频段内的某种无线电业务制定频率使用计划的活动，是无线电频率分配和无线电频率指配的依据。其目的是科学利用频率资源，规范无线电业务的频率使用，提高频谱利用率，无线电频率规划是电磁频谱管理中一个不可缺少的重要环节。无线电频率规划的内容，按照覆盖领域分为：无线电频率使用规划、频率管理系统规划。

无线电频率使用规划，是对频率使用问题的规划，包括直接管理和如何使用频率的行动决策，无线电频率分配、指配的政策、规则、标准等。无线电频率使用规划的基本内容有信道规划和频率使用需求规划，无线电频率划分表是无线电频率使用规划的主要内容，也是频率使用的主要规划，其他无线电频率使用规划活动是这一框架的子集。频率管理系统规划，是指对频率管理技术、手段、方法和网络等的规划。是实现无线电频率规划科学化管理的重要基础，频率管理系统的规划常常同无线电频率使用的规划一样重要频率管理系统规划中，应当认真跟踪无线电频率使用的发展，确认未来频率管理的需求，调查可用的技术和能力等，注重按照统筹规划、逐步完善、加快建设、边建边用的原则进行。

无线电频率规划可分为短期规划、中期规划和长期规划。短期无线电频率规划，通常是指在5年内需要解决的无线电频率分配、指配等问题方案或实施系统的规划；中期无线电频率规划，通常是指在10年内需要解决的无线电频率分配、指配等问题方案或实施系统的规划；长期无线电频率规划，通常是指在20年内需要解决的无线电频率分配、指配等问题方案或实施系统的规划。

无线电频率规划，首先应确定一个特定规划的范围，然后再将作为规划基础的信息收集在一起，根据军事、政治、经济和技术方面的考虑进行综合分析，最后由国家无线电管理机构和军队电磁频谱管理机构设计并实施频率使用的规划。在无线电频率使用规划中，必须考虑无线电频率分配、指配使用的当前现状，未来使用的需求以及可能的技术发展，特别要重视无线电频率使用规划中的专家咨询、趋势分析和技术跟踪等问题。无线电频率规划，通常是以新的无线电频率政策、规则、法规和无线电频率规划划分表的形式进行明确。

3. 无线电频率分配

无线电频率分配，是指批准频率(或频道)给某一个或多个国家、地区、部门、部队在规定的条件下使用的活动。无线电频率分配是在无线电频率划分的基础上进行的，是无线电频率指配和使用的前提。未经分配的频率，任何单位不得自行指配和使用。

国际上无线电频率分配，是通过召开世界或区域性无线电通信大会，通过有关无线电频率的决议或制定某项无线电频率的规划来进行分配，这些决议或规划，通常附有相关的程序和各项无线电技术特性等。国际上无线电频率分配的规定，必须严格遵循。国家无线电频率分配，是由国家无线电管理机构负责实施。通常是采用行政审批的方式进行，我国目前主要是通过制定无线电频率规划和下达无线电频率划分表来进行频率分配。如将900MHz频率分配给无线电移动通信使用；将223.025～235.000MHz频率分配给遥测、遥控、数据传输业务使用。军队无线电频率分配，是由全军电磁频谱管理委员会办公室，在国家无线电频率规划和分配的基础上，结合军队自身的特点和需求，统一计划、逐级分配或指配、按规定实施。如中、长波频段分配给军队水上移动业务和水上无线电导航业务使用，由海军分配、指配；将3～30MHz频段分配给军队短波通信使用，由军队相关单位按规定分配、指配。

无线电频率分配目前主要有基于无线电频谱特性的频率分配法和依据用频对象需求的频

率分配法。无线电频谱特性的频率分配法，是指遵循无线电频谱的划分规定，针对无线电波空间传播特性而进行的频率分配。用频对象需求的频率分配法，是指按照军队用频对象的属性，针对用频需求的不同而进行的频率分配。特别是军队无线电频率分配有其十分特殊的一面，无论平时还是战时，军用无线电设备和系统密集程度高，无线电业务种类多，电磁环境十分复杂。同时，无线电频率的使用还与其作战任务、作战阶段、作战地区等因素密切相关，需采取依据用频对象需求的频率分配法。

4. 无线电频率指配

无线电频率指配，是指根据设台(站)审批权限，批准无线电台(站)在规定的条件下使用某一(或某组)无线电频率的活动。通常在无线电台执照的核发过程中或在无线电联络规定的拟制、下发过程中实施。频率指配的结果记录在无线电台执照或无线电联络规定中，使用单位无权擅自更改。

电磁频谱管理机构必须根据无线电业务种类、容量要求、电磁环境及不同频段电波传播特性等因素，选择指配合适的工作频段，选择指配合适的工作频点，选择控制工作频点的数量，并根据频谱的多维特性，利用频率、时间、空间分割技术的办法，来指配和使用工作频率，是提高频谱复用率或信道容量的重要途径。

无线电频率指配一是要遵守国家和军队对无线电频率划分和分配的规定，按照规定权限指配和使用频率；二是要遵循无线电频率指配和使用规定，未经指配的频率，不得擅自使用，率一经指配，不得擅自变动，频率使用期满，按时收回，保护国家规定的安全、遇险频率，任何单位和个人不得任意占用。

7.2.2 用频设备管理

用频装备设备管理，是指对专门用于发射、接收电磁波的装备设备，以及其他含有发射、接收电磁波装置的装备设备的用频管理。主要包括对装备设备的使用频率资源、用频技术指标、设置和使用的管理。用频装备设备管理的范围，涉及到军队预警探测、侦察情报、指挥通信、导航定位、电子对抗、武器控制、遥测遥控等领域。通常包括地面和空间发射、接收电磁波的装备设备，以及其他含有发射、接收电磁波装置的装备设备等。关系到用频装备设备的科研、生产、引进、采购和技术革新等诸多方面。用频装备设备管理主要包括科研管理、生产管理、引进管理、采购管理和技术革新管理等方面。

1. 用频装备设备的科研管理

用频装备设备预研立项前，分管有关装备的部门和授权的单位，应当将预研装备的频率范围、占用带宽、频率容限、发射功率、带外杂散发射等电磁频谱技术参数，报无线电频谱管理委员会审批，未经无线电频谱管理委员会审批电磁频谱技术参数的用频装备设备，装备设备研制审批机关不得批准研制立项。用频装备设备设计定型前，有关装备设备主管单位应当按照无线电频谱管理委员会审批核准的电磁频谱技术参数和有关电磁频谱检测标准，对用频装备进行检测，检测合格的，报无线电频谱管理委员会核准；未经电磁频谱技术参数检测、核准的用频装备设备，装备设备定型机构不得批准设计定型。用频装备设备研制过程中需要改变电磁频谱技术参数的，必须重新办理审批手续。用频装备设备研制项目被撤销的，项目主管部门应当及时报无线电频谱管理委员会备案。

2. 用频装备设备的生产管理

用频装备设备生产过程中，应当加强对其电磁频谱技术参数的监督检查，用频装备设备出厂前,应当按照批准的用频装备战术技术指标和相关技术标准以及装备检验、验收有关规定,对拟出厂的用频装备的频率范围、占用带宽、频率容限、发射功率、带外杂散发射等电磁频谱技术参数进行检测,合格的方可交付使用。

3. 用频装备设备的引进管理

引进用频装备设备或者散件、构成整机特征的关键部件,在引进用频装备设备立项时,负责引进项目的主管部门应当将拟引进的用频装备设备的电磁频谱技术参数,报无线电频谱管理委员会审批,由无线电频谱管理委员会组织电磁频谱技术参数检测,检测合格的方可使用。负责审批装备设备引进的单位,对未经电磁频谱技术参数审批的引进项目,不得批准引进。

4. 用频装备设备的采购管理

在国内市场采购用频装备,负责采购的部门,必须将拟采购的用频装备的型号和电磁频谱技术参数报无线电频谱管理委员会审批,未经审批或者审核不合格的,不得采购。

5. 用频装备设备的技术革新管理

对用频装备设备进行技术革新时,不得改变其电磁频谱技术参数;确需改变的,必须报无线电频谱管理委员会审批。制定用频装备设备的技术标准,涉及电磁频谱技术指标的,应当征求无线电频谱管理委员会的意见。

7.2.3 台站(阵地)管理

用频台站(阵地)管理,是指对固定设置或者机动使用的用频装备设备,以及部署用频装备设备的预警探测、侦察情报、指挥通信、导航定位、电子对抗、导弹发射、跟踪测控等阵地的管理。通常包括用频台站(阵地)设置管理、使用管理和用频台站(阵地)资料管理。用频台站(阵地)管理是我军电磁频谱管理的重要任务。

7.2.3.1 用频台站(阵地)设置管理

用频台站(阵地)设置,应该符合军事斗争工作的总体要求和国家、军队有关技术标准。其设置的基本条件主要考虑以下因素:尽量远离变电站、电气化铁路、机场、车站等人为无线电噪声源;满足台站间保护距离的要求,以避免各类用频台站辐射的信号相互间直接或间接产生的电磁干扰;防止电磁辐射污染对环境形成公害,如大功率短波电台,必须根据城市总体规划按照收发信分区设台,天线环境符合要求,如超短波电台附近的建筑物不能高过天线高度,微波站和地球站天线主波束附近的树木、烟囱、水塔、高压线、金属反射物、建筑物等不能对天线电气性能造成不良影响等。用频台站(阵地)选址对周边电磁环境的要求,根据国家无线电管理标准,用频台站(阵地)一般需距离电气化铁路不小于2km;离高速公路或运输繁忙的公路不小于1km(主要是防汽车电子火花);距离电压110kV的空中输电线路不小于1km,距离电压110kV以上的空中输电线路不小于2km;距离架空通信线路不小于1km等。

用频台站(阵地)设置管理的审批,是指电磁频谱管理机构,为提高用频台站(阵地)设置的科学性和合理性,依据相关法律、规定和标准,对提出设置用频台站(阵地)的申请,进行行政审查、技术审查、设备检测、试运行验收、行政审批和核发电台执照等手续的过程。申请设置用频台站(阵地)的单位,应当将拟设台站(阵地)的位置、使用频率、发射功率等参数等设置台站(阵地)的申请文件以及拟设台站(阵地)位置的电磁环境测量报告,上报相关无线电频谱管理委员会审批。电磁环境测量应当由有相应资质的单位实施。用频台站(阵地)撤销,台站(阵地)的主管部门或者单位应当及时报告原批准设台的无线电频谱管理委员会办理相关手续,并书面报告其用频台站设备的处理情况。未经批准,不得重新启用已撤销的用频台站(阵地)。

7.2.3.2 用频台站(阵地)使用管理

用频台站(阵地)使用管理,是指空中电磁信号的监测、台站设备技术指标的监测、各种工作制度和安全保密情况的定期监督检查,设台单位对用频台站(阵地)设备所进行的操作、使用、维护,共同维护空中无线电波的良好秩序,确保各种合法用频台站(阵地)效能的发挥,杜绝各种失泄密事故的发生,及时发现和查处非法设置、违规使用的各类用频台站(阵地)、设备的活动过程。主要包括以下几个方面。

1. 监测空中电磁信号

监测空中电磁信号,是用频台站(阵地)使用管理的基本保证。通过对空中电磁信号的监测、分析和数据处理等,可及时发现空中电磁信号的异常情况。一方面叫加强对相应用频台站(阵地)使用单位设备检测、技术指标调整的指导,避免各种有害干扰的影响,使其处于正常良好工作状态;另一方面,可及时发现并确定异常或不明的电磁信号发射源,查处有害干扰、净化电磁环境,为保证合法用频台站(阵地)的正常工作,维护空中电磁信号的良好秩序提供保障。

2. 检测用频台站(阵地)的频谱技术参数

对用频台站(阵地)的频潜技术参数进行定期或不定期的检测,是用频台站(阵地)使用管理的重要环节,也是确保正常开展无线电业务的主要方法。使用中的用频台站(阵地)设备,随着时间的推移、元器件的老化、工作环境的变化等因素,各项频谱技术参数也会程度不同的发生变化。而部分用频台站(阵地)设置单位缺乏相应的检测手段,不能及时发现和解决存在的问题,导致空中电磁信号异常变化,有时甚至会产生有害干扰。因此,采取强制性的规定,定期对各种用频台站(阵地)频谱技术参数进行抽测或普测,可及时发现问题、分析原因、找出症结和制定对策,使用频台站(阵地)始终按核定的频谱技术参数工作,把问题隐患消灭在萌芽状态。

3. 监督检查各项工作制度的落实情况

用频台站(阵地)的使用管理水平,除了设备频谱技术参数始终保持应有的质量标准之外,加强用频台站(阵地)各项工作制度的落实,也是重要条件。因此,电磁频谱管理机构和用频台站(阵地)设置单位,都应加强用频台站(阵地)相关工作制度的监督检查和落实。如用频台站(阵地)设备操作规范、无线电设备维护制度、技术测量制度、值班制度、值勤检查制度、报表资料管理制度和奖惩制度等。同时,对用频台站(阵地)各类人员的业务职责,也应以制度的形式作出详细、具体、严格的规定。

4. 监督检查安全保密情况

用频台站(阵地)的安全保密,是用频台站(阵地)使用管理的重要内容。军队用频台站(阵地)的部署和设置,涉及到战略和战役企图,关系到军队建设和作战行动,窃获用频台站(阵地)相关信息,已成为侦察与反侦察、干扰与反干扰、对抗与反对抗,争夺制电磁频谱权的重要前提。因此,除加强用频台站(阵地)安全保密措施外,还必须加强对用频台站(阵地)安全保密情况的监督、检查、纠察,及时发现苗头,查处纠正违规违纪行为,加大对安全保密的奖惩力度等,综合采取有效措施,加强用频台站(阵地)的安全保密。

7.2.4 频谱监测

采用技术手段或设施对空中电磁信号的频谱特征参数进行测量。是电磁频谱管理了解、掌握无线电频谱使用情况的基本手段。电磁频谱监测的内容主要包括:工作频率和发射带宽,信号场强和频谱,调制和信号解调,无线电频谱利用的监测,未登记的不明电台的监测、测向和查处等。按电磁频谱监测的任务，可分为常规监测、电磁环境监测和特种监测等，主要包括短波监测、超短波监测、微波监测、卫星频段监测等。

1. 常规监测

常规监测，是指对电磁频谱日常工作中的各项监测活动。主要包括以下几个方面：

(1) 无线电台发射电波质量的监测。如使用频率、发射带宽、信号场强、频率偏差、杂散发射、调制方式及调制度等。

(2) 无线电频谱利用的监测。如对某一频率或频段进行长时间的占用度统计监测，对某些电台实际工作时间的统计监测等。

(3) 未登记的不明信号的监测、测向和查找。如私用频率、偷用他人频率及其他非法活动等。

(4) 通信保密情况的监测。如私自使用明话通信、乱用呼号等。

常规监测，通常按频率指配表中已核准的用频装备设备的有关参数进行监测，监测的所有数据要建档存库，并应坚持长年持续不断的实施。

2. 电磁环境监测

电磁环境监测，是指按照电磁频谱管理机构的要求，对指定区域的电磁环境进行的监测活动。也称为电磁环境测量。主要包括以下几个方面：

(1) 无线电台站址选择的电磁环境监测。

(2) 工、科、医及其他电气设备的电磁辐射的监测。

(3) 城市电磁背景噪声的监测。

(4) 有害干扰的查找监测。

电磁环境监测的监测标准、工作程序、实施方法等，也应参照常规监测的要求进行实施。

3. 特种监测

特种监测，是指根据国家或军队的重大任务进行的监测活动。主要包括以下几个方面：

(1) 国家、军队重大科学实验和无线电管制的监测。

(2) 各类突发事件中的电磁信号监测。

(3) 局部战争战场电磁频谱监测等。

特种监测的监测标准、工作程序、实施方法等，也应参照常规监测的要求进行实施。

7.2.5 有害干扰查处

有害干扰，是指在电磁频谱 9kHz～3000GHz 频段内，可能对有用信号造成损害的信号或电磁骚扰。随着无线电事业的不断发展，产生电磁辐射的辐射电磁波的非用频设备越来越大量使用，加之有些无线电设备技术指标的降低以及某些不正确设置或使用，电磁环境将日益复杂甚至直接对正常无线电业务造成有害干扰产生有害干扰的原因通常有两种。由于无线电设备的技术指标发生畸变，性能质量下降，从而产生有害干扰。如坏的信号发射质量、频率偏差超过允许值、谐波杂散寄生成分超出等；由于各种无线电台猛增，频率用量过大，电台高度密集，频率十分拥挤，加上电台设置的某些不科学不合理，使之出现同频、邻频、互调等而引起相互干扰。这类有害干扰的发生，将会产生严重影响，如性能下降、误码或信息丢失。这种干扰危害无线电导航、或其它安全业务的正常进行，或严重地损害、阻碍或一再阻断按规定正常开展的无线电业务等，不仅直接影响了军队正常无线电通信的顺畅，还在一定程度上对部队生活环境及人员身体健康产生威胁。因此，重视和加强对无线电有害下扰处理，改善电磁环境，建立良好的无线电波秩序，是日常电磁频谱管理很重要的一项工作。

在协调处理和排除无线电频率相互干扰时，通常要遵循下列原则：

①带外业务让带内业务。带外业务和带内业务就是符合国家、军队频率划分表规定的业务种类使用频率的无线电业务称带内业务，反之为带外业务。

②次要业务让主要业务。次要业务让主要业务，即国家、军队在划分表中划分某一频段为几种业务共用，并明确规定其中某种业务为主要业务，其余为次要业务。

③后用业务让先用业务。

④无规划业务让有规划业务。

⑤一般业务让重点业务。

⑥作战指挥优先使用。

作战指挥优先使用，即执行作战任务，保障作战指挥的电台优先使用，其他电台不得影响其使用。此外，国家无线电管理机构协调处理和排除相互干扰的原则：后用让先用（在同种业务前提下），即早先批准使用的电台为先用电台，后来批准或准备批准使用的电台为后用电台；无规划让有规划，即在使用频率上和网络建设上有规划的电台优先考虑，反之为无规划。在特殊情况下，要视实际问题的情况，着眼于全局和大局，灵活变通运用，但必须慎重而行，必要上级赋予的监测任务，加强对重要业务、重要任务、重要区域的电磁频谱监测。各级电磁频谱管理部（分）队，应当根据上级下达的电磁频谱监测任务，组织实施监测。及时处理监测数据、报告监测情况。

有害干扰查处，应当根据国家无线电管理和军队电磁频谱管理的相关规定执行。经批准设置、使用的用频台站（阵地）受到有害干扰时，其使用单位应当及时查明情况，采取措施消除有害干扰；无法处理的，应当及时报告批准设置台站（阵地）的电磁频谱管理机构。各级电磁频谱管理机构，应当按照“带外业务让带内业务、次要业务让主要业务、后用业务让先用业务、无规划业务让有规划业务、一般业务让重点业务、作战指挥优先”的原则，组织对有害干扰进行查处。各级电磁频谱管理机构组织查处有害干扰时，相关单位应当予以协助；干扰和被干扰双方应当服从电磁频谱管理机构的协调处理。军地用频台站间产生干扰查处。军队用频台站（阵地）与地方无线电台站之间发生的有害干扰，由全军电磁频谱管理机构或者相应电磁频谱管理机构会同国家无线电管理部门或者地方无线电管理部门协调处理；涉及军兵种的，军兵种电磁频谱管理机构应当参与相关协调处理工作；必要时，军队用频台站（阵地）的设置使用单位可以按照有关规定直接提请地方无线电管理部门协调处理，同时上报全军电磁频谱管理机构或者相应电磁频谱管理机构。

7.3 战时频谱管理

战场电磁环境如同战场自然环境、社会环境和作战形态环境一样，对作战有重大影响。一是影响用频武器装备作战效能的发挥。信息化条件下的联合作战，从预警探测、情报侦察、指挥控制、通信导航、电子对抗系统，到武器制导和武器系统等，无一不与电磁频谱息息相关。用频武器装备效能的发挥有赖于电磁频谱的科学运用，而电磁频谱的运用又与战场环境密切相关。二是影响部队的联合作战行动。信息化条件下的联合作战，敌对双方将在陆、海、空、天、电等多维领域，展开一系列的情报战、电子战、网络战、心理战、精确作战和信息欺骗、作战保密等行动。战场电磁环境作为诸军兵种联合作战的依托和支撑，对战役作战指挥、协同、保障等行动的进程和结局将产生重大影响。基于这两个影响必须进行战时频谱管理。

7.3.1 战时电磁频谱管理的内容与原则

7.3.1.1 战时电磁频谱管理的内容

所谓战时频谱管理,就是在作战行动中,根据作战企图、首长指示和电磁频谱管理任务,在部署展开电磁频谱管理力量和建立电磁频潜管理网系的基础上,对电磁频谱资源进行管理和管控。战时频谱管理的主要内容有以下方面。

1. 掌握电磁态势

针对战场敌我双方和自然电磁频谱变化情况,周密实施电磁频谱监测,及时掌握战场电磁态势,实时发布电磁态势信息,及时通报相关作战部队。

2. 协调作战频率使用

重点掌控主要方向、重要阵地、关键时节和主战武器装备的电磁频谱情况,周密实施电磁兼容分析,及时协调处理各种用频台站(阵地)之间、作战行动之间的频率使用,避免相互干扰。

3. 进行干扰查处

战场电磁频谱情况的注重对全程、全时、全域监控,及时发现作战用频中各类违规行为,认真查处有害干扰,严格战场频率管理,确保作战行动的顺利进行。

4. 实施无线电管制

根据作战需要,会同地方无线电管理机构实施战场无线电管制,管制过程中,应当严密掌握管制实施情况,采取各种有效措施,及时发现和处置各种情况,确保管制效果。

7.3.1.2 战时电磁频谱管理的原则

战时电磁频谱管理应遵循以下原则。

1. 保障重点

联合作战电磁频谱管理指挥机构应根据首长决心和指挥重心,在频谱资源的保障上,重点保障主战武器和主要作战部队的频谱使用;在战场电磁环境的监控上,重点关注主战武器阵地和主要作战方向、重要作战行动的电磁环境,及时查处有害干扰。

2. 关照全局

按照联合作战的要求,在频谱资源的分配和电磁频谱管理行动上,应着眼战役全局,处理好主战武器与一般武器、战役主要方向与次要方向、战役主要行动与次要行动的关系。

3. 把握关键环节

根据联合作战不同阶段的关键环节和主要作战行动,重点把握联合火力突击、局部封锁、突击上陆、反空袭作战,以及战役阶段转换等关键时节的频谱资源使用和电磁态势的掌控。

4. 统一协调

联合作战各级指挥机构,应围绕主要作战行动,统一组织和协调电磁频谱管理行动与兵力和火力行动的协同、电磁频谱管理与技术侦察和电子对抗的协同。同时,电磁频谱管理指挥机构,应统一组织和协调军民间、各部队间以及电磁频谱管理专业保障部(分)队间的作战行动协同。

7.3.1.3 战时电磁频谱管理的计划

战时各级电磁频谱管理指挥机构应当根据本级首长决心和指示,迅速调整电磁频谱管理预(方)案,拟制电磁频谱管理相关计划。主要计划及其内容如下。

1. 电磁频谱管理计划

主要内容包括:电磁频谱管理情况判断结论;上级电磁频谱管理企图和本部队电磁频谱管理任务;电磁频谱管理部队编成、配置及任务;频率分配和禁用保护频率;电磁频谱管理网络与系统的组织;各阶段电磁频谱管理情况预想及处置;电磁频谱管理保障措施;电磁频谱管理指挥的组织;完成电磁频谱管理作战准备的时限等。

2. 电磁频谱管理协同计划

主要内容包括:各阶段敌人信息攻击和精确打击可能的行动;各军兵种电磁频谱管理与情报侦察、电子进攻、火力突击以及电磁频谱管理部队的任务、行动程序和方法;电磁频谱管理协同的关系、内容和要求;保障电磁频谱管理协同的手段和措施;电磁频谱管理协同遭破坏时的恢复措施等。

3. 无线电管理国防动员需求计划

主要内容包括:无线电管理国防动员的时机;动员的内容(无线电管理人员、无线电管理系统设备、频谱资源、无线电管理信息、无线电管理科技成果等的类别、数量);动员的交接方式、地点和时限;有关保障和要求等。

4. 无线电管制计划

主要内容包括:无线电管制的目的;无线电管制的内容(时间、地点、频段);无线电管制机构的编成与任务区分;无线电管制力量的编成与任务区分;无线电管制的实施与情况处置;无线电管制的保障与要求等。

7.3.1.4 战时电磁频谱管理力量的任务

战时,电磁频谱管理力量由所属、配属、支援和动员的电磁频谱管理力量统一编成。根据战时电磁频谱管理任务,联合指挥部和各作战集团通常编为电磁频谱管理群(队),下设电磁频谱监测分群(队)、电磁频谱探测分群(队)、电磁频谱管理技术保障分群(队)和电磁频谱管理预备队等。各作战集群和军级作战部队可视情编为电磁频谱管理队。其主要任务如下。

(1) 建立与维护电磁频谱管理指挥控制系统,短波、超短波、卫星监测网,短波探测网,用频装备设备检测系统和数据库系统。

(2) 实时监测战场电磁环境和用频武器装备频谱使用情况,分析、处理、上报监测数据,实时发布战场电磁态势和相关信息

(3) 实时探测主要作战地区电离层特征参数,分析、处理、上报探测数据,以及最佳使用的短波频率。

(4) 提供频谱资源规划、分配和调整使用等技术支持以及电磁频谱管理相关情况报告。

(5) 及时查处有害干扰,并上报。

(6) 加强主要作战地区、方向、部队和关键作战时节的电磁频谱管理力量,接替或补充毁损严重的电磁频谱管理要素。

(7) 组织安全防护和相关保障等。

7.3.2 战时电磁频谱管理的组织指挥

7.3.2.1 战时电磁频谱管理指挥机构的任务

战时各级联合作战指挥机构内应当建立电磁频谱管理指挥机构,负责统一组织实施联合作战的电磁频谱管理。作战部队应当建立电磁频谱管理指挥机构或者指定专门人员,负责组

织实施本部队的电磁频谱管理。其主要任务如下:

(1) 组织搜集、分析和处理联合作战电磁频谱管理相关情况,谋划并提出电磁频谱管理决心建议,拟制电磁频谱管理方案、计划和指示。

(2) 参与各种作战、保障计划与电磁频谱管理相关内容的拟制和审核。

(3) 组织和调配军队以及动员的电磁频谱管理力量与资源。

(4) 组织电磁频谱监测网、短波探测网和电磁频谱管理指挥控制系统、检测系统、数据库系统。

(5) 组织电磁环境监测,查处有害干扰,发布战场电磁态势和相关信息。

(6) 组织指导用频装备的频谱参数核查,协调主要武器装备的频率使用,指导与审核重要用频装备台站(阵地)的部署定点。

(7) 协调有关力量,组织实施无线电管制。

7.3.2.2 战时电磁频谱管理的指挥流程

1. 临战准备阶段

联合作战电磁频谱管理指挥流程是:组织电磁频谱管理部(分)队进行战备等级转换,下达电磁频谱管理预先号令,搜集掌握电磁频谱管理情况,谋划和提出电磁频谱管理决心建议,组织计划电磁频谱管理,下达电磁频谱管理指示,传达作战命令和部署电磁频谱管理任务,组织建立电磁频谱管理指挥机构和指挥控制系统,完善战场电磁频谱管理设施,组织建立频管网系,组织电磁频谱管理保障,组织指导临战电磁频谱管理训练,检查电磁频谱管理作战准备等。如图 7-5 所示。

2. 作战实施阶段

联合作战电磁频谱管理指挥流程是:实时掌握战场情况的发展变化,组织指挥电磁频谱管理部(分)队展开、完成部署和实施管理行动,协调部队电磁频谱管理作战行动,提出修正电磁频谱管理决心建议,下达电磁频谱管理补充指示,组织结束电磁频谱管理作战行动等。如图 7-6 所示。

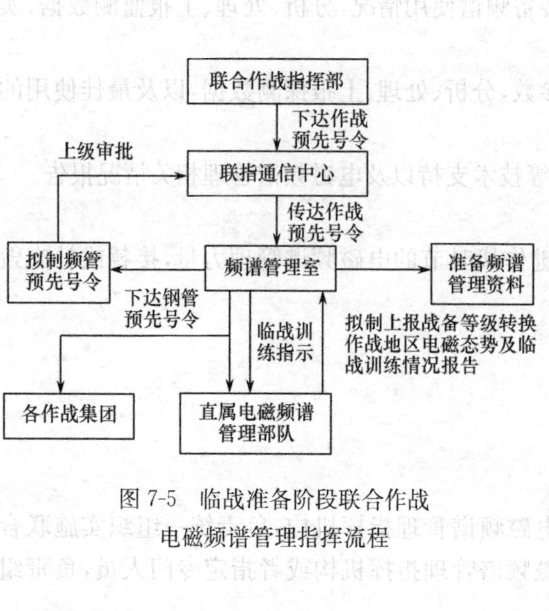

图 7-5 临战准备阶段联合作战电磁频谱管理指挥流程

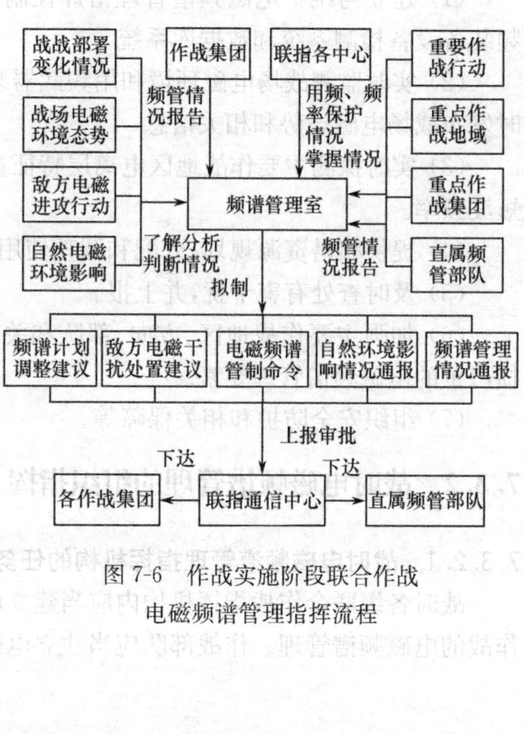

图 7-6 作战实施阶段联合作战电磁频谱管理指挥流程

7.4 频谱划分

7.4.1 频谱分配和使用的规定

频率划分时提到，无线频谱的管理并不只限于国家的边界，因此需要全球性的频率规范和标准制定机构。在国际上，国际电信联盟(International Telecommunication Union，ITU-R)定义了各个频段的使用和频率划分。定期举办的世界无线电行政大会(World Administration Radio Conference，WARC)会讨论无线电服务中发射机、接收机和天线的技术特性等因素对频谱利用率的影响，为新的无线电业务(如陆地或空间无线电通信服务)分配工作频段，使得在频谱使用上达到在国际范围内的一致。ITU 将各个频段的使用规定以频率表的形式公布。根据 ITU－R 的规定，各个成员国应当保证：

- 各种频率指配与 ITU 公布的频率分配表以及其他应用规则相一致，同时新的指配不得产生有害的干扰，特别是对其他国家的无线电业务。
- 应用最新发展的技术来最小化必不可少的频率个数和频谱空间。

基于频带分配的目的，ITU 将世界划分为三个区域，如图 7-7 所示，对于某些特定的频段或信道，各地区之间的使用可能会有所不同，在区域划分的框架下，各个频段的频率分配由各个国家有关频谱管理机构给出，我国负责无线电频谱资源管理的机构是国家无线电频谱管理委员会。表 7-1 给出了电磁波频段的划分和用途。作为一个频段划分使用的实例，表 7-2 给出了我国对短波波段 1.6M～30MHz 频率使用的规定。作为一个无线电业务频率分配的实例，表 7-3 给出了 VHF 波段以上我国给陆地移动无线电通信业务所分配的频段。

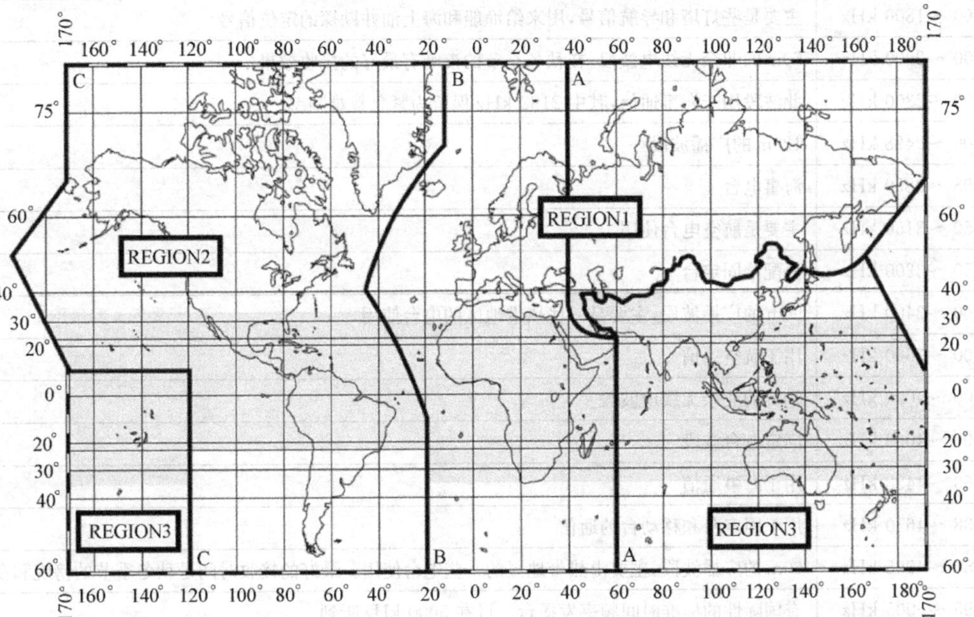

图 7-7 为了频率分配的目的在 ITU 文件中所划分的三个区域

除了 ITU 和各国政府行政机构外，各相关行业协会也对无线发射机辐射信号频谱做出相关的规定,对无线设备的功率特性,带外辐射特性做出约定,以达到节省频谱资源减小相互干扰的目的,也是频谱管理机构重要的补充部分。

表 7-1 电磁波频段划分及其主要用途

名称	符号	频率	波长	波段	传播特性	主要用途
甚低频	ELF/VLF	3～30kHz	1000～100km	超长波	地波为主	海岸潜艇通信;远距离通信;超远距离导航
低频	LF	30～300kHz	10～1km	长波	地波为主	越洋通信;中距离通信;地下岩层通信;远距离导航
中频	MF	0.3～3MHz	1km～100m	中波	地波与天波	船用通信;业余无线电通信;移动通信;中距离导航
高频	HF	3～30MHz	100～10m	短波	天波与地波	远距离短波通信;国际定点通信
甚高频	VHF	30～300MHz	10～1m	米波	空间波	电离层散射(30～60MHz);流星余迹通信;人造电离层通信(30～144MHz);对空间飞行体通信;移动通信
特高频	UHF	0.3～3GHz	1～0.1m	分米波	空间波	小容量微波中继通信;(352～420MHz);对流层散射通信(700～10000MHz);中容量微波通信(1700～2400MHz)
超高频	SHF	3～30GHz	10～1cm	厘米波	空间波	大容量微波中继通信(3600～4200MHz);大容量微波中继通信(5850～8500MHz);数字通信;卫星通信;国际海事卫星通信(1500～1600MHz)
极高频	EHF	30～300GHz	10～1mm	毫米波	空间波	再入大气层时的通信;波导通信

表 7-2 短波频段通信功能划分

1600 ～1800 kHz	主要是些灯塔和导航信号,用来给渔船和海上油井勘探的定位信号
1800 ～2000 kHz	60m 的业余无线电波段,在秋冬季节的夜晚有最好的接收效果
2000 ～2300 kHz	此波段用于海事通信,其中 2182 kHz 保留为紧急救难频率
2300 ～2498 kHz	120m 的广播波段
2498 ～2850 kHz	海事电台
2850 ～3150 kHz	主要是航空电台使用
3150 ～3200 kHz	分配给固定台
3200 ～3400 kHz	90m 的广播波段,主要是一些热带地区的电台使用
3400 ～3500 kHz	用于航空通信
3500 ～4000 kHz	80m 的业余无线电波段
4000 ～4063 kHz	固定电台波段
4063 ～4438 kHz	用于海事通信
4438 ～4650 kHz	用于固定台和移动台的通信
4750 ～4995 kHz	60m 的广播波段,主要由热带地区的一些电台使用。最好的接收时间是秋冬季节的傍晚和夜晚
4995 ～5005 kHz	有国际性的标准时间频率发播台。可在 5000 kHz 听到
5005 ～5450 kHz	低端有些广播电台,还有固定台和移动台
5450 ～5730 kHz	航空波段
5730 ～5950 kHz	此波段被某些固定台占用,这里也可以找到几个广播电台

续表

5950 ～6200 kHz	49m 的广播波段
6200 ～6525 kHz	海事通信波段
6525 ～6765 kHz	航空通信波段
6765 ～7000 kHz	由固定台使用
7000 ～7300 kHz	全世界的业余无线电波段，偶尔有些广播也会在这里出现
7300 ～8195 kHz	主要由固定台使用，也有些广播电台在这里播音
8195 ～8815 kHz	海事通信频段
8815 ～9040 kHz	航空通信波段，还可以听到一些航空气象预报电台
9040 ～9500 kHz	固定电台使用，也有些国际广播电台的信号
9500 ～9900 kHz	31m 的国际广播波段
9900 ～9995 kHz	有些国际广播电台和固定台使用
9995 ～10005 kHz	标准时间标准频率发播台。可在 10000 kHz 听到
10005 ～10100 kHz	用于航空通信
10100 ～10150 kHz	30m 的业余无线电波段
10150 ～11175 kHz	固定台使用这个频段
11175 ～11400 kHz	用于航空通信
11400 ～11650 kHz	主要是固定电台使用，但是也有些国际广播电台的信号
11650 ～11975 kHz	25m 的国际广播波段，整天可以听到有电台播音
11975 ～12330 kHz	主要是由一些固定电台使用，但是也有些国际广播电台的信号
12330 ～13200 kHz	海事通信波段
13200 ～13360 kHz	航空通信波段
13360 ～13600 kHz	主要是由一些固定电台使用
13600 ～13800 kHz	22m 的国际广播波段
13800 ～14000 kHz	由固定台使用
14000 ～14350 kHz	20m 的业余无线电波段
14350 ～14490 kHz	主要是由一些固定电台使用
14990 ～15010 kHz	标准时间标准频率发播台。可在 15000 kHz 听到
15010 ～15100 kHz	用于航空通信，也可以找到一些国际广播电台
15100 ～15600 kHz	19m 的国际广播波段，整天可以听到有电台播音
15600 ～16460 kHz	主要是由固定电台使用
16460 ～17360 kHz	由海事电台和固定电台共享
17360 ～17550 kHz	由航空电台和固定电台共享
17550 ～17900 kHz	16m 的国际广播波段，最佳的接收时间是在白天
17900 ～18030 kHz	用于航空通信
18030 ～18068 kHz	主要是由固定电台使用
18068 ～18168 kHz	17m 的业余无线电波段
18168 ～19990 kHz	用于固定电台，也有一部分海事电台
19990 ～20010 kHz	标准时间标准频率发播台，可在 20000 kHz 听到，接收的最佳时间在白天

续表

20010 ~21000 kHz	主要用于固定台,也有些航空电台
21000 ~21450 kHz	15m 的业余无线电波段
21850 ~22000 kHz	由航空电台和固定电台共享
22000 ~22855 kHz	主要是由一些海事电台使用
22855 ~23200 kHz	主要是由一些固定电台使用
23200 ~23350 kHz	由航空台使用
23350 ~24890 kHz	主要是由一些固定电台使用
24890 ~24990 kHz	15m 的业余无线电波段
24990 ~25010 kHz	用于标准时间标准频率发播台,目前还没有电台在这个频段上操作
21450 ~21850 kHz	13m 的国际广播波段,最佳的接收时间是在白天
25010 ~25550 kHz	用于固定、移动、海事电台
25550 ~25670 kHz	此频段保留给天文广播,目前还没有电台
25670 ~26100 kHz	13m 的国际广播波段
26100 ~28000 kHz	用于固定、移动、海事电台
28000 ~29700 kHz	10m 的业余无线电波段
29700 ~30000 kHz	固定和移动台使用此波段

表 7-3　我国关于陆地无线电移动通信系统频段的安排

频段	主要用途及该频段内的主要陆地移动通信系统
29.7~48.5MHz	
64.6~72.5MHz	广播为主,与广播业务公用
72.6~74.6MHz	
75.4~76MHz	
137~144MHz	无线寻呼、航空通信、无线电对讲机
146~149.9MHz	无线寻呼、航空通信、无线电对讲机
150.06~156.7625MHz	
156.8376~167MHz	水上通信业务
167~223MHz	以广播业务为主,固定、移动业务为次
223~235MHz	
335.4~399.9MHz	公共安全使用的集群通信系统在此频段范围内
406.1~420MHz	向公众开放的 409MHz 内的 20 个频点常规对讲机频点在此范围内
450.6~453.5MHz	
460.6~463.5MHz	
566~606MHz	
798~960MHz	商用模拟和数字移动通信系统、数字集群通信系统、接力机,ETACS、GSM/GPRS(900M)、CDMA1/1X、Motorola SmartNet,iDEN、Harmony、Tetra、CT-2 等系统在此频段范围内
1427~1535MHz	
1668.4~2690MHz	3G 移动通信(包括 W-CDMA、TD-SCDMA、CDMA2000),GSM/GPRS(1800M)、PCS
4400~5000MHz	

7.4.2 典型移动通信系统中的频率划分

7.4.2.1 TACS 系统对于频率使用划分

蜂窝移动通信是典型的多址系统，为减小干扰，将许多无干扰的信道组合在一起形成共基站的信道组，分配给每个蜂窝小区，为提高频谱使用效率，这些信道组可以在间隔一定的距离后进行信道重用。频点就代表每个信道或频道的工作频率，为方便管理使用，通常还对各个频点进行相应编号，对于 900MHz TACS 模拟蜂窝移动通信系统（我国采用的模拟制移动通信系统，目前该系统已于 2001 年关闭），其上行工作频率范围为 890～905MHz（移动台发），下行工作频率范围为 935～950MHz（基站发），每个频道带宽为 25kHz，900MHz 频段内共有 600 个频点。频道序号 n 和频点之间的对应关系为：

$$f_{n,up}=890.0125+0.025(n-1),(\text{MHz})\text{移动台发(上行)}$$
$$f_{n,down}=935.0125+0.025(n-1),(\text{MHz})\text{基站发(下行)} \quad (7\text{-}1)$$

式中频道序号为 1～600，每对频点上下行频率间隔为 45MHz。900MHz TACS 频段分为 A、B 两段，分别分配给两个不同的电信运营商，以鼓励行业内部的竞争。其中 A 频段的上行工作频率范围为 890～897.5MHz，下行工作频率范围为 935～942.5MHz，对应频道序号为 1～300，其中频道序号 23～43 为控制信道，其余为话音信道。B 频段上行工作频率范围为 897.5～905MHz，下行工作频率范围为 942.5～950MHz，对应频道序号为 301～600，其中频道序号 323～343 为控制信道，其余为话音信道。

为减小和控制信号之间的干扰，TACS 系统对所有频点进行了分组，在此不再详述。

7.4.2.2 900M GSM 系统中频率使用划分

对于 900M GSM 移动通信系统，采用频分双工工作方式，其上行工作频率范围为 890～915MHz，下行工作频率为 935～960MHz，每个频道带宽为 200kHz，单个频道上的信息传输速率为 270kbps，频道序号与频点之间的关系为：

$$f_{n,up}=890.200+0.200(n-1),(\text{MHz})\text{移动台发(上行)}$$
$$f_{n,down}=935.200+0.200(n-1),(\text{MHz})\text{基站发(下行)} \quad (7\text{-}2)$$

式中下角标 m 为频道序号，n 为 1～124。上下行频率间隔为 45MHz。GSM 的频道分组方案有两种方式，如表 7-4 和表 7-5 所示。

表 7-4 900M GSM 数字移动通信网的频道分组 1

频道组编号	1	2	3	4	5	6	7	8	9	10	11	12
各频道组内的频道序号										1	2	3
	4	5	6	7	8	9	10	11	12	13	14	15
	16	17	18	19	20	21	22	23	24	25	26	27
	…											
	112	113	114	115	116	117	118	119	120	121	122	123
	124											

表 7-5　900M GSM 数字移动通信网的频道分组 2

频道组编号	1	2	3	4	5	6	7	8	9
各频道组内的频道序号							1	2	3
	4	5	6	7	8	9	10	11	12
	13	14	15	16	17	18	19	20	21
	103	104	105	106	107	108	109	110	111
	112	113	114	115	116	117	118	119	120
	121	122	123	124					

7.4.2.3　IS-95 CDMA 系统中频率使用划分

IS-95 CDMA 系统是第二代数字移动通信系统标准中唯一采用 CDMA 多址方式的通信系统标准。其上行工频段范围为 824～849MHz(移动台发)，下行工作频率范围为 869～894MHz(基站发)，上下行频率间隔为 45MHz。IS-95 CDMA 工作频段的划分如下图 7-8 所示。

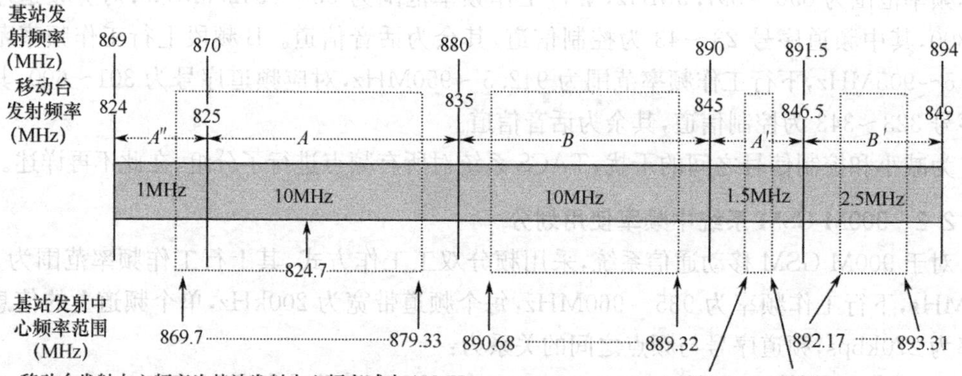

注：移动台发射中心频率为基站发射中心频率减去 45 MHz。

图 7-8　IS-95 CDMA 系统的频率配置

与采用 FDMA 的蜂窝移动通信系统不同，CDMA 系统不需要用蜂窝“簇”来提高同频蜂窝之间的频率重用距离，也不需要通过对信道进行分组来控制信道之间的干扰，相反，邻近的 CDMA 蜂窝小区可以工作在同样的频率上，利用扩频增益来克服相邻同频小区信号之间的干扰。

IS-95 CDMA 的频带范围仍然分为“A”和“B”两个频带，其目的是在一个给定的区域内能够同时容纳两个蜂窝通信系统运营商，以鼓励行业竞争(由于商业的原因，截至 2007 年，在中国境内提供 IS-95 CDMA 运营的只有中国联通公司一家)。分配给运营商的频段范围不连续是由于历史的原因，而非技术的原因，因为最早分配给两个运营商的频带都是连续的 10MHz，即图 7-8 中的 A 和 B 两个频带范围，后来又分别增加到 12.5MHz。IS-95 CDMA 信号的带宽为 1.25MHz，从图 7-8 可以看出，最小的一段连续带宽为 1.5MHz，这样的频率安排部分地归因于标准制定方希望能够在一个 1.5MHz 的频带内放下一个 CDMA 系统，同时还和其他信号之间保留足够的保护频谱间隔。

由于 IS-95 CDMA 信号的带宽相对比较宽，因此它的中心频率范围必须限制在图 7-8 所示的虚线矩形框内，例如基站发射信号的中心频率最低为 869.7MHz，这个中心频率距离 A

频带的低端还有近一半 CDMA 信号带宽的距离。这个限制使得 A 频段最多可以同时有 5 个不同中心频率的 CDMA 信号，而 B 频段最多可以有 6 个不同中心频率的 CDMA 信号，这主要取决于在相邻中心频率的 CDMA 信号之间的保护带有多大。

7.5 频率指配

频率规划是优化网络结构、提高频率利用效率、提高网络用户容量和减小干扰的十分有效的手段之一。目前无线发射机的频谱利用和许可管理是由国家无线电管理委员会管理和监督的。

频率指配问题又称作信道分配问题，最早在 20 世纪 60 年代提出，自 80 年代以来，特别是由于移动通信网络的飞速发展，频率指配问题被广泛地加以研究，并且有关的研究成果也被直接应用到蜂窝移动通信系统之中。虽然目前绝大部分的频率指配方法都是针对蜂窝移动通信系统而展开的，但是频率指配的基本方法和原理对于其他类型的网络（如军事通信网）都是通用的。

7.5.1 频率指配的数学模型

一个合适的频率指配方案必须是在一定意义上的优化的频率分配方案，对于一个通信运营商，希望频率指配方案在频率利用效率、网络用户容量或干扰指标等方面达到优化，为准确地描述频率指配问题进而实现优化分析，需要对频率指配问题建立相应的数学模型，这些数学模型是通过对干扰和约束条件的分析而建立起来的。

理论上可以在每一次迭代计算过程中对频率指配方案干扰分析，根据干扰分析对候选频率指配方案进行修正，这种做法在商用移动通信系统中是切实可行的，而且还有后期实际测量的结果作为分析的依据，但是这种分析方法所需的设备信息巨大，需要进行大量耗时的分析计算，因此在网络拓扑发生快速变化和需要动态频率分配的条件下（如军用通信网络），实现干扰意义上频率分配方案的最佳化无疑是十分困难的，而且事实上也很难反映快速变化的动态网络拓扑。在实际计算过程中，可以采用约束条件来模拟干扰，将设备之间的干扰转化为频率指配的约束条件，通过设置约束条件来避免在干扰的产生。根据对各种干扰的分析可以看出，各种类型干扰的产生需要一定的条件，可以将各种干扰产生的条件归类为由一系列等式或不等式表示的约束条件，在这些约束条件的限制之下搜索最优的频率指配方案。最后再采用干扰分析计算对最终频率指配方案的效果进行评价。

7.5.1.1 干扰和约束条件

（1）同频约束条件

通过对同频干扰的分析可以看出，只要同频工作的两个设备距离足够远，同频干扰的影响就可以近似忽略。如果 f_i 和 f_j 分别是分配给发射机 i 和 j 的频率，可以用下列形式的约束条件来描述：

$$f_i \neq f_j，\text{若发射机 } i,j \text{ 之间的距离小于 } D_{\mathrm{CCI}} \tag{7-8}$$

（2）邻频约束条件

近距离范围内的多个发射机工作在相近的频率时，仍然可能对接收机形成一定的邻道干扰，设定近距离的发射机的工作频率之差应当大于 m 个信道间隔，如对于 GSM 移动通信系统，信道间隔为 200kHz 的倍数。

$$|f_i - f_j| > m \tag{7-9}$$

式中，f_i、f_j 指的是频道的序号，通常情况下频道序号和频率值之间具有明确的对应关系，如式(7-1)和式(7-2)给出了 TACS 和 900M GSM 系统中频道序号和频率值之间的对应关系。

(3) 同小区频率间隔

有些情况下，需要对覆盖某一范围的小区分配多个频率，以提高该小区内的用户容量，对于移动通信系统，小区即指一个基站的覆盖区域。通常情况下，分配给同一个小区的频率之间必须要有一定的间隔，因此同小区频率约束条件为：

$$|f_i - f_j| > m \tag{7-10}$$

式中，f_i、f_j 指的是频道的编号，m 为同小区频率间隔数。

(4) 互调成分约束条件

当两个或多个信号作用于非线性电路时，会产生互调成分，同小区或近距离的发射机应当避免使用形成互调关系的频率，相应的约束条件是：

$$\begin{aligned} &2f_i - f_j \neq f_k\text{，两信号三阶互调} \\ &f_i + f_j - f_k \neq f_l\text{，三信号三阶互调} \\ &3f_i - 2f_j \neq f_k\text{，两信号五阶互调} \\ &2f_i + f_j - 2f_k \neq f_l\text{，三信号三阶互调} \end{aligned} \tag{7-11}$$

(5) 外部干扰源的约束条件

前面四种干扰源只是确定了相同通信体制的设备之间的约束条件，在实际应用环境中，还会存在其他无线设备，如雷达、微波链路、无线导航设备等等，需要综合考虑这些设备对所关心的无线通信网系频率指配的影响。可以用一定距离范围内禁用某些频率来表示这种约束关系，由于潜在的同频、邻道、互调、谐波、杂散等各种干扰的影响，使用这些频率可能会导致部分设备不能够正常工作，禁用频率只能根据具体的场景逐一列出，并给出禁用的范围，对每个发射机逐一列出其禁用频率。

(6) 需要特别的保护频率

在实际应用环境中，有些重要的设备所使用的频率及其附近的频点必须加以保护，以防止潜在的干扰使其不能够正常工作；另外在某些情况下，需要预留频点供紧急状态下使用，以保持最低限度的通信，需要特别保护的频率以禁用频率表的形式给出。

7.5.1.2 频率分配的数学模型

频率指配问题可以归纳为在以上条件的约束下，寻找使得总的干扰代价最小的频率指配方案。假设有 N 个发射机，从 $1 \sim N$ 编号，可用来指配的有 M 个频率，可以用可用频率集表示：

$$D = \{d_1, d_2, \cdots, d_M\} \tag{7-12}$$

需要指出的是，可用频率集中已经剔出了需要保护的频点。对于某个特定的发射机，考虑到外部干扰源的约束条件，可用频率集 $D = \{d_1, d_2, \cdots, d_M\}$ 中的部分频点对于该发射机是禁用的，因此对每个发射机 i，设定可用频率子集 $D_i \in D$：

$$D_i = \{d_1^{(i)}, d_2^{(i)}, \cdots, d_{M_i}^{(i)}\} \tag{7-13}$$

其中 M_i 是发射机 i 可用的频点总数目。

对于每一对发射机 (i, j)，$1 \leqslant i < j \leqslant N$，用一个大于等于零的数值 c_{ij} 表示发射机 i 和 j 之间的最小频率间隔，对于包含 N 个发射机的频率指配问题，我们可以将这些干扰约束条件用

$N\times N$的约束矩阵来表示。

频率指配问题就是从各个发射机的可用频率子集中分配频率，因此要确定 N 个值(f_1，$f_2,\cdots,f_N$)，$f_i\in D_i$，全部的 i，这些频率对于所有的(i,j)，$1\leqslant i,j\leqslant N$ 应当满足 $|f_i-f_j|\geqslant c_{ij}$，$c_{ij}$ 数值的选取就直接考虑了同频和邻频的约束条件，互调约束条件可以通过设定 c_{ij} 的数值和可用频率子集 D_i 来实现。

通过上面的分析可以看出，总共有 $\prod_{i=1}^{N} M_i$ 种可能的频率指配方案，实际工程中很难找到一种约束条件不被打破的分配方案，我们需要寻找一种使得总的代价 $E(f)$ 最小或次最小的频率指配方案。违约总数就是一种最简单的代价函数 $E(f)$ 的构造形式，实际中也可以取违约加权形式，比如给互调违约给予较大的权重，尽量减小互调违约的发生。

实现频率指配方案优化的方法有很多种，典型的优化算法包括：

- 图形标色算法
- 启发式搜索算法
- 爬山算法
- 神经网络算法
- 模拟退火算法(Simulated Annealing)
- 遗传算法(Genetic Algorithm)
- 禁忌搜索算法

本章中，我们将重点介绍图形标色算法及其在工程中的实际运用，在现代频率指配算法一节中，我们将对模拟退火算法和遗传算法在频率指配中的应用进行简单的介绍。

7.5.2 图形标色

可以采用类似于图形标色的方法进行频率指配，工作频率相同的发射机使用相同的“标色”。图形标色的过程首先需要根据台站的位置和网络拓扑确定一个网络图，然后根据“标色”方法完成频率的指配。

对于每一个发射机，我们可以将发射机看成是图 7-9 中的一个顶点。一个顶点类 T 代表需要进行频率指配的一组发射机及其所在位置，可以指配相同频率或相同标色的各个顶点之间不存在直接的“连线”，不能指配相同频率或相同标色的顶点之间使用“连线”连接，这些“连线”我们称之为图形的边，图中所有的边构成边类 F，这样频率指配关系图 G 就可以用顶点类和边类组成，即 $G=(T,F)$。

图 7-9 给出了一个用于图形标色的网络图。图中的顶点类和边类分别为：

$$T=\{a,b,c,d,e,f,g\}$$

$$F=\{ab,ac,bc,bd,cd,ce,ef,fg\}$$

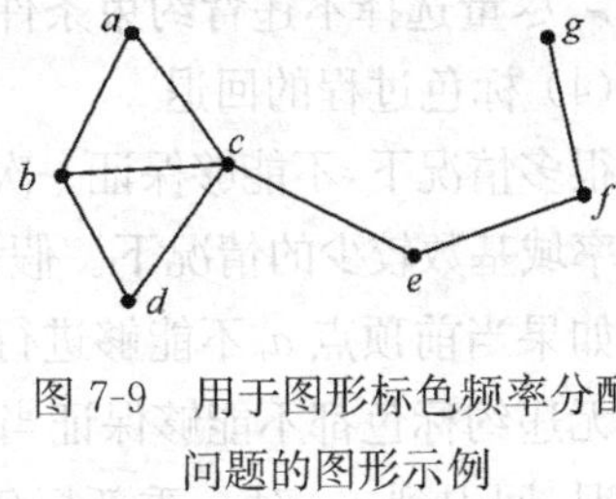

图 7-9　用于图形标色频率分配问题的图形示例

在图形表示中，相连的两个顶点之间不能分配相同的频率，如顶点 a 和顶点 c 不能使用相同的标色；没有相连的两个顶点可以分配相同的频率，如顶点 a 和顶点 g 可以采用相同的标色。在标色的过程中需要确定顶点标色的先后顺序，很显然某一个顶点的边越多，则受到的“约束”限制就越多，分配难度越大，应当优先予以标色；而顶点连接的边越少，由于可以与不相连的顶点采用相同的标色，因此标色顺序优先级较低。在图形标色过程中，我们可以简单地用顶点连接的边数来度量顶点标色的“难度”，当然也可以用与顶点相连边的加权值来表示顶点标色的难度。权重可以考虑以顶点之间的距离等因素作为度量。

顶点标色的“难度”还体现在该顶点可用于标色的颜色数量，实际上就是每个发射机的可用频率子集 D_i 中的频率总数，可用频率子集中的频点数量称为该发射机的频率域基数，用 $|D_i|$ 来表示。发射机或顶点的频率域基数越小，则该发射机的分配的难度越大。这种频率域基数的不同而导致的难度可以用 $x_i=|D|-|D_i|, i=1,\cdots,N$ 来衡量，其中 $D=\bigcup_{i=1}^{N} D_i$，即所有发射机的可用频率集。

顶点标色难度可以综合考虑边的数量和频率域基数，或者可以考虑在边数相同的顶点中优先对频率域基数低的顶点进行标色。

图形标色算法的实现包括4个步骤或计算模块。第一，顶点标色难度排序；第二，选择下一个标色顶点(发射机)；第三，对顶点标色，确定发射机信道；第四，标色过程的回退，在一次顺序标色的过程中，可能不能找到无违约的标色，此时需要已标色的顶点更改颜色，重新为当前顶点寻找无违约的标色。

(1) 初始顶点标色难度排序

可以采用三种难度准则。

- 最大难度优先准则1：将顶点按其难度进行降序排列，与已排序的顶点连接的边被全部考虑在内。
- 最大难度优先准则2：将顶点按其难度进行降序排序，与已排序的顶点连接的边被剔除在外。
- 最小难度最后原则：利用最小难度原则从标色图中按顺序移出顶点，再次计算未移出的所有顶点的难度。当所有顶点全部移出后，将顶点移出的顺序颠倒过来就得到了初始排序，即按照难度的降序排列。

(2) 选择下一个标色顶点

在难度降序排序的顶点列表中选择下一个未标色的顶点。

(3) 顶点标色(选择信道)

顶点标色的原则如下：

- 为尽可能减小干扰，应当保证不违背任何约束条件。
- 为保证尽可能占用最少的频率资源，尽可能与已标色的顶点的颜色相同，尽可能采用频率重用分配频率。
- 尽量选择不违背约束条件的最低编号的频率。

(4) 标色过程的回退

很多情况下，不能够保证一次顺序执行即能完成所有顶点的标色，特别是在顶点数量多而可用频率域基数较少的情况下。假设按照标色难度降序排列的顶点顺序为$\{a_1,a_2,a_3,\cdots,a_n,\cdots,a_N\}$，如果当前顶点 a_n 不能够进行无违约标色，则需要更改前一顶点 a_{n-1} 的颜色，如果 a_{n-1} 的所有无违约标色都不能够保证当前顶点 a_n 无违约标色，则继续回退到 a_{n-2} 的标色过程。最差的情况，回退到 a_1，对 a_1 重新标色。很显然，标色的过程实际上能够在所有无违约的解空间中执行穷尽搜索。

如果网络规模较小并且可用频率集基数较大时，使用图形标色可以迅速得到无违约的结果。但是当标色过程中出现大量的回退标色过程时，要达到无违约解需要执行穷尽搜索，将会需要很长时间才能够达到收敛，这是在实际算法设计过程中需要考虑的问题。如果能够允许部分约束条件被打破，虽然不能够实现最优解，但是会加快算法的收敛的过程。

7.5.3 蜂窝网络规划工程应用的频率分配算法

在实际工程应用中的频率分配算法实际上是图形标色算法的一种改进。在蜂窝网络规划过程中，电磁兼容设计是频率分配的关键因素，在工程应用中，往往直接把各种约束条件转化为各个发射机频道之间的频率间隔要求，以方便进行计算实现。

对于发射机 i 和发射机 j 之间的频率间隔 $\mathrm{Int}_{ij}\ (i\neq j)$，可以取 0～3 之间的整数值，分别代表不同的情况。

$$\mathrm{Int}_{ij}=\begin{cases}0, & \text{两蜂窝小区可以频率重用}\\ 1, & \text{频率重用距离内非相邻小区兼容频率间隔}\\ 2, & \text{相邻小区兼容容频率间隔}\\ 3, & \text{同一小区兼容频率间隔}\end{cases} \tag{7-14}$$

因此，可以用兼容矩阵的形式表达无线网络内各发射机间的电磁兼容关系：

$$\boldsymbol{CM}=\begin{bmatrix} m_{11} & m_{12} & \cdots & m_{1N_t}\\ m_{21} & m_{22} & \cdots & m_{2N_t}\\ \vdots & \vdots & & \vdots\\ m_{i1} & m_{i2} & \cdots & m_{iN_t}\\ \vdots & \vdots & & \vdots\\ m_{N_t1} & m_{N_t2} & \cdots & m_{N_tN_t}\end{bmatrix} \tag{7-15}$$

该矩阵称为发射机兼容矩阵或频率间隔矩阵，其中 m_{ij} 根据具体的蜂窝网络环境条件，取值为 Int_{ij} 中的 4 个数值之一，N_t 为无线网内总的发射机数量。

$$N_t=\sum_{k=1}^{K}\nu_k \tag{7-16}$$

式中 ν_k 为第 k 个小区的发射机数量，K 为无线网内小区数量。

如果令 c_{kl} 为第 k 个小区和第 l 个小区之间所要求的最小频率间隔。可以获得小区之间的频率间隔矩阵：

$$\boldsymbol{CC}=\begin{bmatrix} c_{11} & c_{12} & \cdots & c_{1K}\\ c_{21} & c_{22} & \cdots & c_{2K}\\ \vdots & \vdots & & \vdots\\ c_{k1} & c_{k2} & \cdots & c_{kK}\\ \vdots & \vdots & & \vdots\\ c_{K1} & c_{K2} & \cdots & c_{KK}\end{bmatrix} \tag{7-17}$$

式中 c_{ij} 根据具体的蜂窝网络环境条件取值。

1. 需求向量

在蜂窝移动通信系统中，根据各个区域话务量的不同，各个蜂窝小区分配的信道数量不同，如城市商业区附近的基站中的发射机数量较多，而郊区基站的发射机数量就少得多，在频率分配问题中，用需求向量来表示各个小区需要的信道数：

$$V=[v_1,v_2,\cdots,v_k,\cdots,v_K] \tag{7-18}$$

式中 ν_k 为第 k 个小区的发射机数量，K 为无线网内小区数量。

2. 频道排序

标色方法应用在实际系统中时，各个发射机分配频率的先后顺序对于频率分配的结果具有重要的影响，它直接关系到频率指配算法收敛的速度和频率指配的结果。如同在前面标色算法中的描述，对各个发射机频率分配顺序总的原则是先难后易。当 m_{ij} 和 c_{kl} 的取值较大时，对应发射机的频率分配难度就大。对于发射机 i，发射机兼容矩阵表征了该发射机与其他发射机之间应具有的总的频率间隔，因此取该数值作为发射机 i 的频率分配难度系数。

$$\mathrm{Di}f_i = \sum_{j=1}^{N_t} m_{ij}, \qquad i = 1,2,\cdots,N_t \tag{7-19}$$

在实际中可以采用最小难度最后原则对发射机分配难度排序，首先根据式(7-19)对发射机分配难度进行初始排序，把难度 $\mathrm{Di}f_{ij}$ 值最小的发射机移出，在剔出难度最小的发射机的影响后重新更新发射机分配难度，再去从中掉难度最小者，如此重复，直到将所有发射机移出为止，最后将发射机移出的顺序颠倒即获得按照难度降序排列发射机顺序。

令 $A^{(p)}=[a_1^{(p)},a_2^{(p)},\cdots,a_{N_t-(p-1)}^{(p)}]$，$p=1,2,\cdots,N_t$ 为第 p 次排序的结果，注意，参与第 p 次排序的发射机有 $N_t-(p-1)$ 个。用加注上标 p 的难度系数 $\mathrm{Di}f_i^{(p)}$，$i=1,\cdots,N_t-(p-1)$ 表示第 p 次计算的发射机 i 的难度系数。当 $p=1$ 时，计算所有发射机的难度系数：

$$\mathrm{Di}f_i^{(1)} = \sum_{j=1}^{N_t} m_{ij}, \qquad i = 1,2,\cdots,N_t \tag{7-20}$$

式中 m_{ij} 为 $\boldsymbol{CM}$ 矩阵中的元素。计算 $\mathrm{Di}f_i^{(1)}$，$i=1,\cdots,N_t$ 中难度系数最小者：

$$\mathrm{Di}f_{\min}^{(1)}=\min[\mathrm{Di}f_1^{(1)},\mathrm{Di}f_2^{(1)},\cdots,\mathrm{Di}f_i^{(1)},\cdots,\mathrm{Di}f_{N_t}^{(1)}] \tag{7-21}$$

取 h_p 为第 p 次排序中难度系数最小者发射机的编号，即对应于兼容矩阵 CM 的第 h_p 行。

$$h_1=\underset{i}{\operatorname{argmin}}[\mathrm{Di}f_1^{(1)},\mathrm{Di}f_2^{(1)},\cdots,\mathrm{Di}f_i^{(1)},\cdots,\mathrm{Di}f_{N_t}^{(1)}] \tag{7-22}$$

第一次难度系数最小者为发射机 h_1。对于第 p 次排序，首先要从难度系数中剔除 h_{p-1} 的影响，对于发射机 i，$i\neq h_1,h_2,\cdots,h_{p-1}$，更新其难度系数：

$$\mathrm{Di}f_i^{(p)}=\mathrm{Di}f_i^{(p-1)}-m_{i,h_{p-1}},\quad i\in[1,\cdots,N_t],i\neq h_1,h_2,\cdots,h_{p-1} \tag{7-23}$$

对 $\mathrm{Di}f_i^{(p)}$ 进行排序，求取其中最小者，及难度最小者对应的发射机编号：

$$\mathrm{Di}f_{\min}^{(p)}=\min[\mathrm{Di}f_1^{(p)},\mathrm{Di}f_2^{(p)},\cdots,\mathrm{Di}f_i^{(p)},\cdots,\mathrm{Di}f_{N_t}^{(p)}],\qquad i\in[1,\cdots,N_t];i\neq h_1,h_2,\cdots,h_{p-1} \tag{7-24}$$

$$h_p=\underset{i}{\operatorname{argmin}}[\mathrm{Di}f_1^{(p)},\mathrm{Dif}_2^{(p)},\cdots,\mathrm{Di}f_i^{(p)},\cdots,\mathrm{Di}f_{N_t}^{(p)}],\qquad i\in[1,\cdots,N_t];i\neq h_1,h_2,\cdots,h_{p-1} \tag{7-25}$$

最后获得按照难度系数降序排列的发射机序号为 $[h_{N_t},h_{N_t-1},\cdots,h_2,h_1]$，频率指配依照该顺序对发射机分配频率。

3. 频率指配

定义了发射机兼容矩阵、需求向量以及对发射机进行排序之后，下一步为每个发射机分配频率。首先需要确定选择频率的原则：

- 可供分配的最低频率分配给难度系数最大的发射机 h_1；
- 满足发射机兼容矩阵条件下，优先选择频率重用的方式给发射机分配频率；
- 满足发射机兼容矩阵条件下，使用最低可用频率依序分配给后续的发射机。

4. 频率自动指配程序模块框架

蜂窝网络规划的自动频率分配算法框图如图 7-7 所示。其中需求向量来源于对蜂窝小区话务量分析预测的结果，可分配的频率必须是经过无线电管理部门批准的频点，发射机兼容矩阵依据发射机之间的距离、地形、同小区/邻近小区等条件得出。

在图7-10中，还加入了"回退分配"功能，调整难度较大的发射机的频率，使得难度较小的发射机能够搜索到无违约的分配结果。另外在频率分配结束后，需要对频率分配的结果进行干扰分析评估，对频率分配方案的干扰情况进行验证和确认。

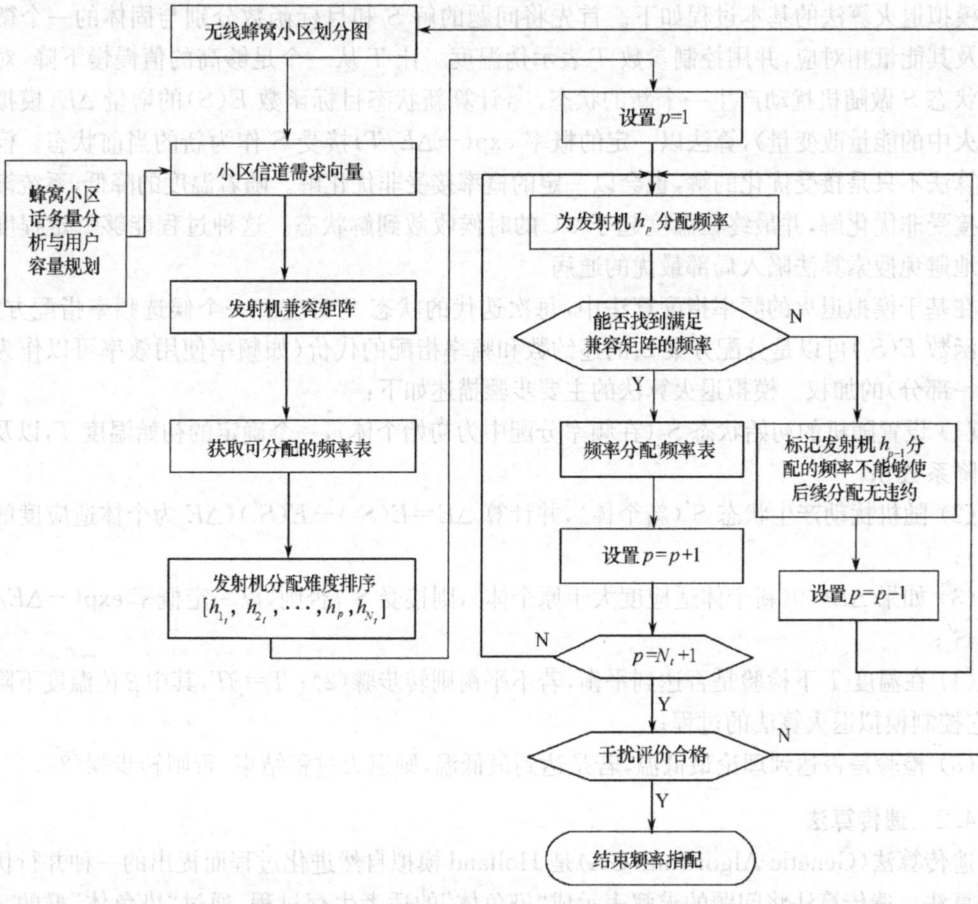

图7-10 工程应用频率分配算法流程图

7.5.4 现代频率指配算法简介

所有的频率指配问题都可以归结为不违背约束条件的频率指配最佳方案的搜索问题，此处的最佳含义是指无违约或违约数最少意义上的最佳频率指配。很多种优化搜索方法都可以应用到频率指配问题中去，模拟退火算法和遗传算法是近年来频率指配问题中集中研究的算法，这些算法在工程中已经得到了实际应用。

7.5.4.1 模拟退火算法

模拟退火(Simulated Annealing，SA)算法在1982年由Kirkpatrick等人首次提出，模拟退火算法实际上是模拟热力学上退火的过程，如果一个高温金属液体徐徐冷却，液体分子之间的热运动将会受到限制，原子通常排列起来，最终形成完全规则的纯晶体。这种纯晶体处于最小能量状态，即对应数学上最优化问题的最优解。然而，当液态金属迅速冷却，即淬火时，就不能够达到能量最小状态，而是一个稍高的能量状态，在数学上对应于通过迭代改善或爬山寻找次优化解。

模拟退火算法的关键在于三个要素的设计和选取。一是问题解空间的描述，对于频率指配问题，问题解空间就是可能的频率指配方案；二是目标函数的选择，对于频率指配问题，它应当与约束条件密切相关；三是温度控制参数，如果模拟温度下降太快，则可能只会达到次优解。

模拟退火算法的基本过程如下。首先将问题的解 S_i 和目标函数分别与固体的一个微观状态及其能量相对应，并用控制参数 T 表示伪温度。让 T 从一个足够高的值慢慢下降，对于当前状态 S 做随机扰动产生一个新的状态 S'，计算新状态目标函数 $E(S)$ 的增量 ΔE（模拟固体退火中的能量改变量），算法以一定的概率 $\exp(-\Delta E/T)$ 接受 S' 作为新的当前状态。模拟退火算法不只是接受优化的解，也会以一定的概率接受非优化解。随着温度的降低，系统渐渐地不接受非优化解，并最终在温度趋于0℃的时候收敛到解状态。这种过程能够一定程度上有效地避免搜索算法陷入局部最优的通病。

在基于模拟退火的频率指配算法中，每次迭代的状态 S_i 对应着一个候选频率指配方案。目标函数 $E(S_i)$ 可以是分配方案 S_i 的违约数和频率指配的代价（如频率使用效率可以作为代价的一部分）的加权。模拟退火算法的主要步骤描述如下：

(1) 设置随机的初始状态 S_0（在频率分配中为初始个体），一个确定的初始温度 T，以及温度下降系数 β；

(2) 随机扰动产生状态 S'（新个体），并计算 $\Delta E=E(S_0)-E(S')$（ΔE 为个体适应度的改变量）；

(3) 如果 $\Delta E<0$（新个体适应度大于原个体），则接受 S'，否则，以一定概率 $\exp(-\Delta E/T)$ 接受 S'；

(4) 在温度 T 下检验是否达到平衡，若不平衡则转步骤(2)；$T=\beta T$，其中 β 位温度下降系数，它控制模拟退火算法的过程；

(5) 检验是否达到理论最低温，若是达到最低温，则退火过程结束，否则转步骤(2)。

7.5.4.2 遗传算法

遗传算法(Genetic Algorithm,GA)是Holland模拟自然进化过程而提出的一种并行优化搜索算法。遗传算法将问题的求解表示成“染色体”的适者生存过程，通过“染色体”群的一代代不断进化，包括复制、交叉和变异等操作，最终收敛到“最适应环境”的个体，从而求得问题的最优解或满意解。

遗传算法是一类随机优化算法，但它不是简单的随机比较搜索，而是通过对染色体的评价和对染色体中基因的作用，有效地利用已有信息来指导搜索有希望改善优化质量的状态。标准遗传算法的主要步骤要描述如下：

(1) 随机产生一组初始个体构成初始种群，并评价每一个体的适配值(fitness value)。

(2) 判断算法收敛准则是否满足。若满足则输出搜索结果；否则执行以下步骤。

(3) 根据适配值大小以一定方式执行复制操作。

(4) 按交叉概率 P_c 执行交叉操作。

(5) 按变异概率 P_m 执行变异操作。

(6) 返回步骤(2)。

上述算法中，适配值是对染色体（个体）进行评价的一种指标，是GA进行优化所用的主要信息，它与个体的目标值存在一种对应关系；复制操作通常采用比例复制，即复制概率正比于个体的适配值，如此意味着适配值高的个体在下一代中复制自身的概率大，从而提高了种群的平均适配值；交叉操作通过交换两个父代个体的部分信息构成后代个体，使得后代继承父代的有效模式，从而有助于产生优良个体；变异操作通过随机改变个体中某些基因而产生新个体，有助于增加种群的多样性，避免早熟收敛。

遗传算法利用生物进化和遗传的思想实现优化，它区别于传统优化算法，具有以下特点：

- GA 将问题参数编码成“染色体”后进行进化操作，而不是针对参数本身，这使得 GA 不受函数约束条件的限制，如连续性、可导性等。
- GA 的搜索过程是从问题解的一个集合开始的，而不是从单个个体开始的，这种固有的并行搜索特性，大大减小了陷入局部极小的可能。
- GA 使用的遗传操作均是随机操作，同时 GA 根据个体的适配值信息进行搜索，无需其他信息，如导数信息等。

遗传算法的优越性主要表现在：

- 算法进行全空间并行搜索，并将搜索重点集中于性能高的部分，从而能够提高效率且不易陷入局部极小。
- 算法具有固有的并行性，通过对种群的遗传处理可处理大量的模式，并且容易并行实现。

基于遗传算法的频率指配实现框图如图 7-11 所示。候选解群体由一定数目的个体组成，在频率指配问题求解中，一个染色体个体即为一种频率指配方案的编码表示，个体可采用二进制、浮点数、符号编码等多种编码方法，通常一个个体的编码由一个符号串组成。选择机制是根据适配值的大小来进行的，频率指配问题中适配值的选择与约束条件有关，违约数越少，则该染色体的适配值越大，频率优化的目的就是选择总违约数最小的频率指配方案。

(1) 频率指配方案的染色体表示

每个染色体个体的长度为 N，这相当于需要指配频率的发射机的数量，每个染色体就对应了一种可能的频率指配候选方案。染色体中的每个元素的值可以为一个整数，对应一个可用的频率：

f_1	f_2	f_3	…	f_N

例如，对于一个有 5 个发射机的频率指配候选方案，5 个发射机使用的频率序号分别为 11、13、14、15 和 13，则染色体表示的频率指配为(11,13,14,15,13)。

(2) 初始群体

初始染色体群体构成频率指配方案的候选解，染色体的初始群体是随机建立的，虽然可以以完全随机方式产生初始群体，但是经过筛选后具有“广泛代表性”的初始群体可以加快 GA 算法的收敛。

(3) 遗传算子：交叉和变异

所谓交叉把两个父代染色体的部分结构加以替换重组而生成新染色体的操作，通过交叉，遗传算法的搜索能力可以得到飞速的提高，交叉可以分为一点交叉和多点交叉。

在图 7-12 中，已经将染色体个体采用二进制编码表示，从一点交叉的过程可以看出，父代染色体中的对应位置的“基因片段”进行互换操作，产生了新的个体，多点交叉则是多个对应位置的“基因片段”进行互换操作。

变异则是以随机方式在基因片段上进行“改写”操作产生新的个体。在遗传算法中，交叉

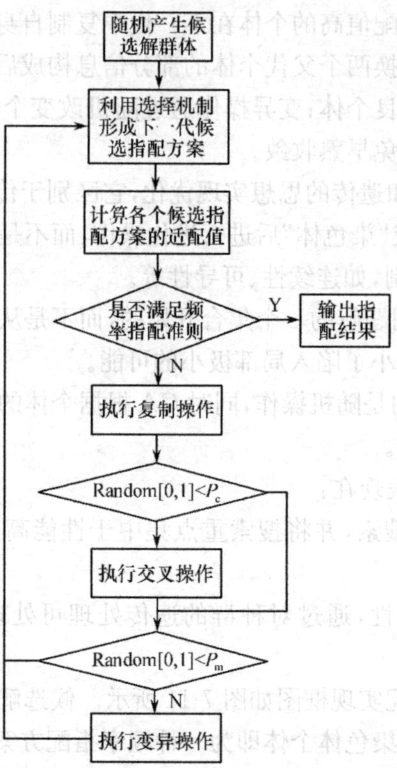

图 7-11 基于遗传算法的频率分配实现方法框图

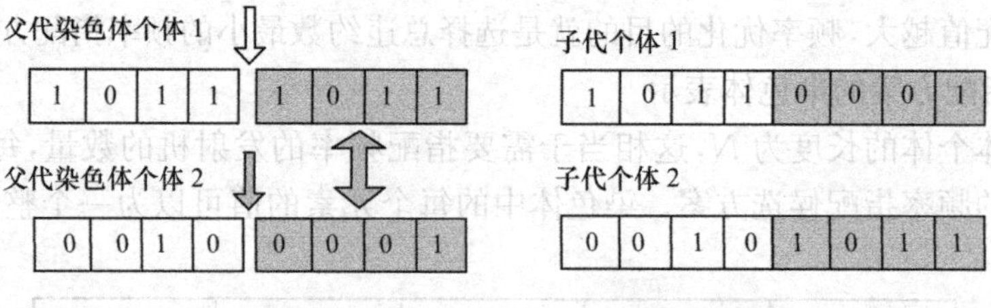

图 7-12 遗传算子:一点交叉操作示意图

和变异是产生新个体(搜寻新的频率分配方案)的基本操作。通常交叉可以将两个个体对应位置的符号进行互换操作,而变异则以随机的方式改变特定个体字符串中特定位置的符号。频率管理中可以采用在不同遗传代数选取不同交叉、变异函数的方法对算法进行优化。图 7-11 中 P_c为交叉概率,P_m为变异概率,它们分别表明个体发生交叉或变异的概率。两者可以为固定值,但如果交叉概率和变异概率随代数进行合理调整将对遗传算法的效果改进会有很大帮助。因为随着代数的增加,群体逐渐趋于稳定,频繁的交叉和变异反而会改变个体的优良特性。

习 题

1. 什么是电磁频谱管理,频率划分、频率规划、频率分配、频率指配的含义是什么?
2. 电磁频谱管理的主要目标是什么?
3. 日常频谱管理的主要内容是什么?

4. 战时频谱管理的主要内容是什么？

5. 电磁频谱管理与电磁环境的关系是什么？

6. GSM和IS-95 CDMA移动通信系统的每个频点的带宽是多少，900M GSM共有多少个频点，给出频点编号和中心频率的对应关系。

7. 衡量频率指配效果有哪些指标

8. 无线设备间的主要干扰类型有哪些，写出频率指配的干扰约束条件。

9. 工程中减少邻道干扰和互调干扰的主要技术途径有哪些？

10. 简述常用的频率指配方案优化的方法？

11. 给出标色算法的基本思路和流程

12. 以同频约束条件和邻道约束条件为基础，编程实现标色算法

第8章 电磁兼容应用

8.1 雷电防护

8.1.1 雷电危害及常用防护措施

1. 雷电危害

雷电是雷云对地或者雷云之间剧烈放电现象，具有电流的一切效应，其电压可达百万伏特、电流可达百万安培，电流变化率高，一次放电时间约数微秒。雷电破坏主要分为直击雷和感应雷两种形式。

带电云层与大地上某一点之间发生的迅猛放电现象，叫做直击雷。直击雷只有发生在雷云对地闪击时才会对地面造成灾害，直击雷的发生几率较低、且发生时一次只能袭击小范围的目标。但是由于放电发生过程迅猛，被直接击中的目标放电电流大，造成的损坏程度较大。直击雷主要会造成建筑物的损坏和室外人员伤亡，所以把防直击雷的系统称为外部防雷系统。

雷云之间放电或雷云对地放电时，会在附近的传输线路、电力线、设备连接线等物体上产生电磁感应，并可能损害串联在线路间或终端的电子设备，或这种放电现象叫做感应雷二次雷。感应雷虽然没有直击雷猛烈，但发生几率比直击雷大得多。感应雷不论雷云对地闪击还是雷云对雷云之间闪击，都可能发生并造成灾害。此外一次雷闪击可以在较大范围内使多个电子设备同时产生感应雷过电压现象，这种感应高压可以通过基站供电线和信号中继线等传输到很远，致使雷害范围扩大。感应雷发生时一般对室内的用电设备和电子元器件起到破坏作用，因此把防止感应雷和雷电电磁脉冲波(LEMP)破坏的系统称为内部防雷系统。

2. 雷电的常用防护措施

直击雷的防护通常采用避雷针、带、线、网作为接闪器，把雷电流接收下来，然后通过良好的接地装置迅速而安全把它送到大地。各类避雷针只能防直击雷，对雷击电磁脉冲则无能为力。雷击电磁脉冲的防护可以通过等电位连接、屏蔽、合理布线、可靠接地和安装各类电涌保护器件来进行有效防护。现代防雷强调外部防雷装置和内部防雷装置的统一，其保护框架如图 8-1 所示。

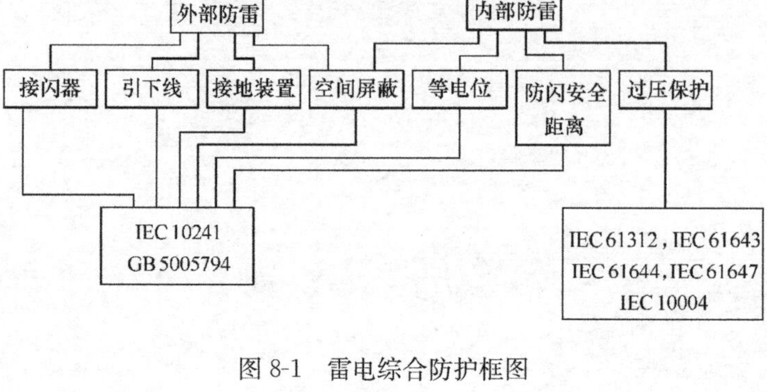

图 8-1 雷电综合防护框图

雷电流选取最易导电的路径，因此雷击具有选择性。所以凡是空气中导电微粒较多、地面有高耸物、地面和地下电阻率较低的地带易遭雷击。

8.1.2　雷电对电子设备的影响

当建筑物遭受雷击后，雷电放电对周围的电子设备与系统造成严重的电磁干扰。研究显示雷电产生的大电流会危及电子设备的绝缘性，在其周围产生很强的暂态电磁场，从而影响设备的正常使用。在雷电落点周围 2 千米范围都有可能产生过电压，危及区域内的电子设备。

统计数据显示，对电子设备的损坏已经成为雷击的最主要的危害，如图 8-2 所示，基于这种情况，国际电工委员会已将雷电灾害称之为“电子时代的一大公害”。由图 8-3 知雷击对电子设备的损坏还呈逐年上升趋势。

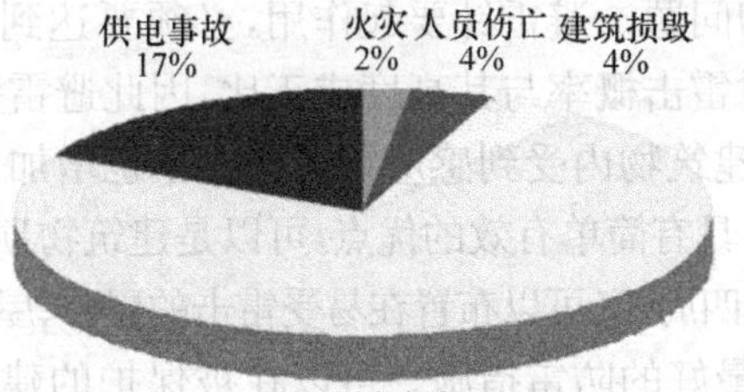

图 8-2　沿海某省 2009 年雷击损害事件的比例分布图

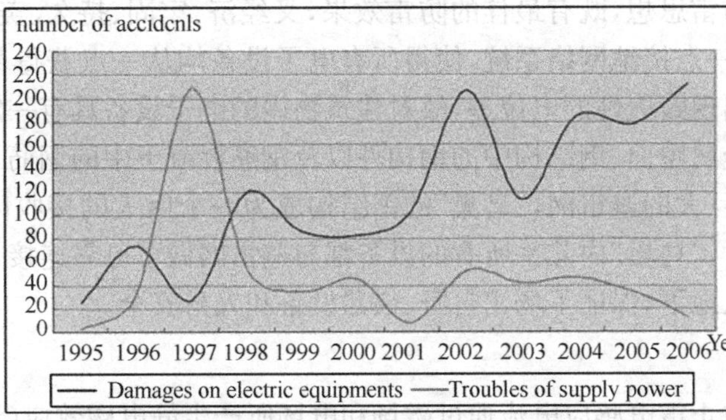

图 8-3　某省雷击事件对电子设备和供电线路损坏趋势图

目前各种电子设备和系统，如计算机系统、通信系统和控制系统等，已进入社会生活各方面，而且现代电子信息设备集计算机和微电子技术于一身，信号电压低、功耗小，因而耐过电压、过电流能力差，在雷电环境下的易损性较高，系统的可靠性较差，受功率极大的雷电电磁脉冲造成的破坏就更加严重。研究雷击防护，保护电子设备免受雷电危害，具有重要意义。

8.1.3　典型防雷措施

按照是否直接作用于物体，雷击分为直击雷击和间接雷击。直接雷击是雷电直接击中建筑物、输电线和电气设备等。间接雷击是指雷电在目标物体上产生感应电压，因此又称为感应雷击。按照雷击的分类不同，应对其采用不同的防护措施。

8.1.3.1　外部防雷

外部防雷保护的主要措施是在建筑物上安装避雷针、避雷网、避雷带，其中避雷针最为普遍,在高压输电线路上方安装避雷线。一套完整的防雷装置包括接闪器、引下线和接地装置。上述的针、线、网、带实际上都只是接闪器。

接闪器利用其高出被保护物的突出地位,把雷电引向自身,然后通过引下线和接地装置把雷电流泻入大地,以此使被保护物免遭雷击。如果引下线断裂或接地装置接触电阻太大,避雷器不仅起不到防雷作用,还会吸引雷电,增加建筑物遭雷击的机会。因此,引下线应满足机械强度、耐腐蚀和热稳定的要求,取最短途径,尽量避免弯曲,且不要用铝线做防雷引下线。

防雷装置承受雷击时,其接闪器、引下线和接地装置都呈现很高的冲击电压,如果击穿与邻近导体之间的绝缘,会发生剧烈放电,称之为反击。反击可能酿成火灾、爆炸或人身事故。为了防止反击,必须保证接闪器、引下线和接地装置与邻近的导体之间有5~10cm的安全距离。为了防止电压伤人,接地装置距建筑物的出入口和人行道的距离应不小于3m。

避雷针并不能解决一切问题。避雷针要起作用,必须要达到一定高度才能够保护建筑物免受直接雷打击。但是同时雷击概率与其高度成正比,因此避雷针不但是引雷的,还会大大增加被雷击的概率,从而使得建筑物内受到感应雷击的概率也增加。

避雷带作为一种接闪器,具有简单有效的优点,可以是建筑物顶上四周的金属杆,也可以是扁平的金属带;既可以在房檐的四周,又可以布置在易受雷击的屋脊、屋角,还可以布设在屋顶上方。

避雷网作为接闪器,是最好的防雷措施。可以在被保护的建筑物上方单独制作金属网架设,也可以利用建筑物本身屋顶上的混凝土楼板构件内的钢筋网。这种设计能够充分利用现代大楼建筑物本身的结构,把避雷装置与建筑物本身完美的结合为一个整体,实现了麦克斯韦所倡议的法拉第笼防雷思想,既有最佳的防雷效果,又经济、牢固、持久、美观。因其具有均压设计,采用严格的的一点接地网络系统,使得所有电子设备均从一点获得基准零电位,各个地线之间不会也不会出现毁灭性的电位差,故对建筑物内的电子设备具有一定的保护效果。

北京“鸟巢”将金属屋面、钢结构中的钢构件以及钢筋混凝土中的钢筋,通过焊接方式进行有效连接,形成一个巨大的避雷网,“鸟巢”的钢结构成为一个巨大的接收闪电装置,能把闪电迅速导入地下。同时,“鸟巢”内几乎所有的设备都与避雷网做了可靠连接,保证雷击瞬间能顺利地将巨大电流导入地下,保证了场馆自身、仪器设备和人身安全。

8.1.3.2 内部防雷

内部防雷就是防止雷电感应电流通过磁场和电场所产生静电磁效应(浪涌)对设备形成干扰。雷击浪涌电压主要是通过设备电源线、信号线、通信线、天线等可能与外界连接的引线和端口进入设备内部。以舰船为例,舰船上包含多种电子设备和自动化控制系统,如通信、导航、机舱控制、电气监控等,如果船舶设备系统遭受过电压、特别是雷电过电压损坏的几率大大增加,感应雷击产生的浪涌电压可能通过电源线或信号线进入电子设备、自动化控制系统,使传输数据产生误码,影响数据传输准确性和速度,造成主机停车、异常报警等严重后果。

最常见和有效的防护方法是在耦合路径上施加雷击浪涌抑制器件,从而进一步抑制和降低雷击电压的幅值和能量。浪涌器件使用方法就是直接与被保护的设备并联,对超过预定电压的情况进行限幅或能量转移。常用的浪涌保护器件是瞬变干扰吸收器,如气体放电管、金属氧化物压敏电阻、硅瞬变电压吸收二极管和固体放电管及其组合。

气体放电管有很强的浪涌电流吸收能力和承受大能量冲击的能力。正常使用时,放电管与被保护设备并联连接于电源线上。它在起弧之前有很高的绝缘电阻和很小的寄生电容,只要放电管两端的电压低于击穿电压,放电管将没有电流流过,因此不会影响设备的正常工作。但在具体使用时,由于气体放电管在放电时残压极低,近似于短路状态,因此不能单独在电源避雷器中使用。气体放电管对高速浪涌干扰的响应速递较低,浪涌波上升速率越高,气体放电管的响应能力越低。基于气体放电管有吸收能力强和响应速度低的特点,比较适合于在多级保护电路中作第一级的粗保护使用。

压敏电阻是一种其电阻值随外加电压而变化的非线性元件,是限压型保护器件,没有脉冲电压时呈现高阻状态,一旦响应脉冲电压,立即将电压限制到一定值,其阻抗突变为低阻状态,从高阻到低阻的过渡可达纳秒级,耐流能力较大,但这期间漏电会逐渐增加,极间电容较大,使用时应加以考虑。压敏电阻的使用原则是在其接入被保护设备后,不能影响设备的正常运行,又能有效地对设备实施保护。与气体放电管比较,它最大的优点是当它吸收脉冲电压时,因残压高于工作电压,不会造成瞬间短路,也不会产生续流。描述压敏电阻最主要的参数是压敏电压和对浪涌电流的吸收能力。在实际选择时要考虑压敏电压的选择和所能通过的最大电流峰值。压敏电阻动作延时很小,具有高速响应的特点,压敏电阻的响应时间比气体放电管快。但是由于其固有寄生电容的影响,不适合高频的情况,比较适合在工频系统中使用。

硅瞬变电压吸收二极管具有极快的响应速度和比较高的浪涌电流吸收能力,有着更为优越的保护特性,可用于敏感电路的保护。硅瞬变电压吸收二极管通流能力强,可吸收较大的暂态功率,但在高频下使用受到限制。实际使用中要根据可能出现的暂态过电压极性选用单向极性管或是双向极性管,注意最大钳位电压和可能吸收的最大功率的数值。与气体放电管、压敏电阻和固体放电管相比,硅瞬变电压吸收二极管的吸收能力相对较弱,成本较高。

尽管各种瞬变电压吸收器件功能相似,但性能上仍有较大的差异,可以根据其特点组合使用,以达到更好的保护效果。

1. 电源防雷保护

根据规定电源进线为LPZA防雷区或LPZB防雷区或LPZ1防雷区交界处应安装通过一级分类试验的浪涌保护器(SPD)作为第一级保护,LPZ1防雷区之后的各级防雷区(含LPZ1)交界处应安装限压型浪涌保护器作为第二级、第三级保护。使用直流电源的设备,视其工作电压要求,安装适配的直流电源浪涌保护器。浪涌保护器连接导线应平直,其长度不宜大于0.5m,主要是为了减小连接导线上的压降,降低保护残压,从而提高浪涌保护器保护的可靠性。

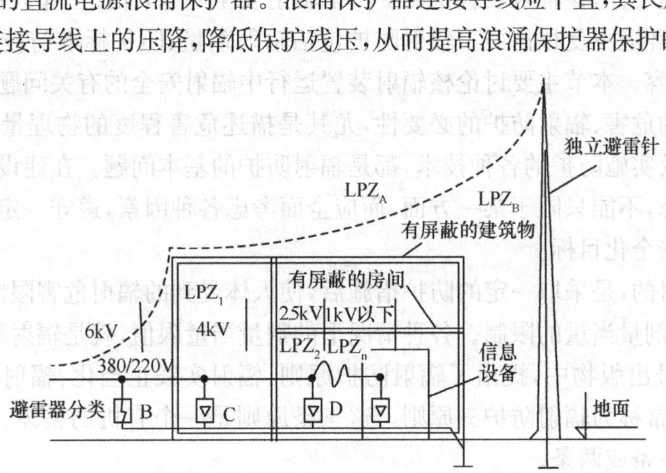

图8.4 电子信息系统的防雷区划分

浪涌保护器选型一定要根据需要有针对性的进行。必须满足泄流、无放电火花喷出、能切断工频后续电流、不受海拔高度、环境湿度影响、不受盐雾腐蚀等要求。

安装多级浪涌保护器保护的主要目的是为了分级泄流,避免单级保护时出现过大的雷击电流产生高残压和高损坏率,不能实现有效的保护。通过多级保护,实现级间能量配合,达到有效保护的目的。

2. 信号防雷保护

信号线路传输的信号电平很低,只有几伏到几十伏,信号电源也很弱属微安至毫安级,所以信号接口电路的工作电压同样很低。因此,信号电路、接口电路很容易受到各种高低频干扰和雷达电磁脉冲的袭击,影响信息设备的正常工作。为此做好信号线路的屏蔽接地、等电位连接与适配的浪涌保护器配套保护时信号防雷保护的重要环节。

信号线路的防雷应采用信号浪涌保护器。信号线路及信号设备的工作性质及性能是由许多电参数决定的,如工作频率、传输介质、传输速率、传输带宽、工作电压、特性阻抗及接口插损、功率等,为了预防雷击电磁脉冲的侵袭而安装的信号浪涌保护器就必须具备与信号线路相同的特性。

3. 天馈防雷保护

无线电通信设备都有高架天线,一般都置于铁塔或建筑物楼顶,即区 LPZA 内。置于 LPZA 区的天馈线不仅易遭直接雷击,而且易遭到感应雷击的危害。为了预防直接雷击,天线必须置于 LPZB 区内,使之受到直击雷保护。同时为了预防 LEMP 的危害,还必须在天馈线中安装适配的天馈浪涌保护器,用于抑制天馈线路上感应脉冲过电压袭击,保护信息设备免遭雷害。

天馈浪涌保护器的性能必须与被保护设备的性能相适配,主要参数有工作频率、平均输出功率、连接器的接口型式及特性阻抗等,浪涌保护器性能参数必须配套,并且浪涌保护器本身的插损、电压驻波比越小越好,避免由于插损和驻波系数影响使通信设备性能降低。

8.2 核辐射防护

与任何核设施一样,核辐射装置也需要考虑辐射安全问题,保证工作人员和一般居民不受或少受辐射危害,环境不受核污染。辐射防护包括辐射剂量、防护标准与技术、防护监测与评价、防护管理等内容。本节主要讨论核辐射装置运行中辐射安全的有关问题。

辐射对人体的危害、辐射防护的必要性,尤其是描述危害程度的物理量、根据危害作用建立的防护标准以及实施防护的各种技术,都是辐射防护的基本问题。在建设任何核设施时,对于防护问题的考虑,不能只限于某一方面,而应全面考虑各种因素,遵守一定的防护原则,实施辐射防护的本质安全化目标。

辐射防护的目的,是采取一定的防护措施后,使人体受到的辐射危害限制在可以接受的水平,这就要求给出剂量当量的限制。各种情况下的剂量当量限值,就是辐射防护的标准。

ICRP 在 26 号出版物中,提出了辐射防护原则:辐射实践正当化、辐射防护最优化、个人剂量当量限值,通常称为辐射防护三原则。这三条原则是一个有机的整体,实施辐射防护时,不能只考虑其听一条或两条。

8.2.1 核辐射防护基本措施

1. 时间防护

时间防护就是以减少工作人员受照射时间为手段的一种防护方法。很容易理解,工作人员在辐射场停留的时间越长，他所受的总剂量也必然越大，反之就越小。人员受照时间应越短越好，在正常情况下，这并没有多大实际意义，但在特定条件下，时间防护却显得非常重要。例如，因排除事故需要人员进入强辐射区时，就得考虑如何使操作时间最短、如何分配人员之间的剂量负担。前一个问题，通常用模拟试验来训练，直到操作技术十分娴熟后，才进入强辐射区工作。后一个问题，则进行剂量估算，以确定进入人员的数目和每个人的工作时间。按规定，工作人员接受超剂量当量限值的照射，一个不得超过有关的年剂量当量限值的两倍，一生中则不得超过五倍。

减少受照实践的方法有：提高操作技术的熟练程度，采用机械化、自动化操作，严格遵守规章制度以及减少在辐射场的不必要的停留等。为此，在操作放射性物质的工作中，对于每项新的操作，必须先反复作模拟试验，并证明切实可行之后才能正式进行。对位于辐射场剂量较强处的操作，特别是像钴 60 辐射源或治疗机倒源或检修等，必须选择操作技术熟练的人员去完成。当操作遇到意外情况，需要研究对策或做准备工作时，必须及时离开辐射场，以减少不必要的照射。

2. 距离防护

对于点状辐射源，照射量率同距离的平方成反比。非点状源时，照射量率虽然不再与距离成简单的平方反比，但也总是随着距离的增加而减小。在实际工作中，采用机械操作或长期使用长柄的工具操作等，就是距离防护的具体应用。为了使操作正确无误，又能尽量缩短操作时间，这些工具的柄也不能过长，否则就不灵活。使用这些工具的人，应经过适当的训练后才能正式操作。用机械化和自动化代替手工操作，自然是更有效的距离防护方式，所以在实际工作中应不断开展技术革新和技术改造。

对于核辐射装置，操作都是在屏障墙之外进行，主控室不可能采用这种防护方法。迷道却不然，利用反平方规律来达到防护目的。距离防护主要用于操作开放性源。

时间防护和距离防护虽然是最经济的，但毕竟是有限的，因为有时空间没有这样大，或操作时必须接近辐射源等，因而屏蔽防护是最常用的防护方法。

3. 屏蔽防护

屏蔽防护是在辐射源和工作人员之间设置由一种或数种能减弱射线的材料构成的物体，从而使穿透屏蔽物入射到工作人员的射线减少，以达到降低工作人员所受剂量的目的。屏蔽防护中的主要技术问题是屏蔽材料的选择、屏蔽物厚度的计算和屏蔽体结构的确定。

各种射线在物质中的相互作用形式是有区别的，所以选择这些屏蔽材料时也要注意这些差别。材料选择不当，不但在经济上造成浪费，有时还会在屏蔽效果上适得其反。例如，要屏蔽 β 射线，必须先用轻材料，然后视情况再加重物质防护。如将其次序颠倒，因 β 射线在重物质中比在轻物质中能产生更多的辐射，就会形成一个相当大的 X 辐射场。

选择和使用屏蔽材料时，除了应考虑达到屏蔽目的外，还必须注意到其他一些因素，例如材料的经济价值和易得程度，屏蔽体积容许占的空间大小、支持物能否承受、屏蔽材料的结构强度，以及吸收辐射后是否会产生放射性或其他毒性物质。

人们接触辐射源的实际情况是非常复杂的。因此，时间、距离和屏蔽这三种防护方法应视具体情况而定，可以单独使用，也可以结合使用。

屏蔽防护时，屏蔽材料特性、屏蔽物厚度往往结合起来考虑。如钴 60 装置的防护墙，要选用高原子序数的材料，而快中子的屏蔽却应选低原子序数的材料（如石蜡）。

8.2.2 核辐射源安全防护

8.2.2.1 密封源

1. 密封源选择和设计原则

用以产生辐射场的密封源必须密封在具有足够强度的包壳或容器中,在设计的使用条件和正常磨损情况下,不会有放射性物质泄漏出来,此外还要具有防腐、抗热性能。

放射源的活度应尽可能小,辐射的穿透能量只要满足要求即可,不必选很大,以便减少工作人员受到的总的照射。放射源的材料应选择毒性低的核素,其物和化学形式应很稳定,在容器破损时扩散小,摄入体内的积存量较少。

密封源需加明显标记,使人易于辨认和了解源的性质和含量。密封源及其容器应定期检验是否有沾污或泄漏(可以用擦拭法或静电收集法进行检验)。检查周期取决于源的特性。发生机械损坏和或腐蚀的源不能再使用,要把它们放在密封的容器内,而且只能在适当的设备内由有专门技术的人员检修。

2. 密封源安全使用方法

放射源应放在固定的位置,放射源清单应妥善保存。在使用密封源时,应按照辐射防护的基本原则,采用屏蔽防护、距离防护或限制工作时间等综合防护措施,使工作人员受到照射减少到可以合理达到的尽量低的水平。操作放射源应当避免对所有的人造成危害,这不仅包括直接操作的人,也包括不从事放射性工作的邻近的工作人员,特别要注意操作房间楼上或楼下的人员。受到高水平照射的区域应有明显的标记,不能手拿放射源,因为此时剂量率可能很高,应当使用适当的工具,如长柄轻便的钳子、镊子,如需要也可用从动机械手。密封源应当在一个密闭的房间内使用,在照射期间,所有的人应离开该房间。

3. 屏蔽

操作密封源应有足够的屏蔽防护,屏蔽层厚度取决于放射源强度,屏蔽材料及操作位置的剂量率限值。除对初级辐射要注意屏蔽外,还要对开花板、地板乃至空气的散射辐射进行必要的屏蔽。屏蔽辐射源的砖应当交选搭叠,避免辐射从缝隙泄露,屏蔽层要尽量靠近放射源。

8.2.2.2 非密封源

1. 一般原则

前述有关密封源的一些辐射防护原则和要求,也适用于非密封源。使用或操作非密封源时,放射性核素有可能向工作环境扩散,使工作场所和周围环境造成污染,这种操作称开放型辐射源操作。而此种操作只能在具有一定条件和设备,满足一定防护要求的开放型辐射源工作场所内进行。

操作非密封源时特别要注意防止内照射危害,防护对策取决于操作性质、总活度、比活度、毒性,有些情况下还取决于化学组成、化学毒性以及其他理化性质。要以摄入危害作为实验室或工作场所设计标准的基础。由于源的扩散可能引起设备、地面、工作服和人体皮肤沾污,从而导致外照射危害或放射性物质经皮肤渗透、吸入、食入等途径转移到体内,引起内照射危害。为控制污染的扩散,限制工作人员受照剂量,各类表面沾污水平不得超过表 8-1 所列控制水平。

表 8-1 表面放射性物质污染控制水平

表面类型		α 放射性物质(Bq/cm^2)		β 放射性物质(Bq/cm^2)
		极毒组	其他	
工作台，设备，墙壁和地面	控制区 监督区	4	4×10	4×10
	非限制区	4×10^{-1}	7	4
工作服手套工作鞋	控制区 监督区	4×10^{-1}	4×10^{-1}	4
	非限制区	4×10^{-1}		
手、皮肤、内衣、工作袜		4×10^{-2}	4×10^{-2}	4×10^{-1}

表 8-1 所列数值是指表面上固定污染与松散污染的总和；手、皮肤、内衣污染时，应及时清洗，尽可能清洗到本底水平。其他表面超过表中所列数值时，应当采取去污措施。设备地面、墙壁的沾污在采取了适当的措施之后仍超过表中所列数值，可视为固定污染，经防护部门检查同意，可适当提高控制水平，但不能超过表中所列数值的 5 倍。对于 β 粒子最大能量小于 0.3MeV 的 β 放射性物质的污染，表面沾污控制水平可放宽 5 倍，而氚和氚化水表面污染控制水平可放宽 10 倍。

表面污染水平可按一定面积上的平均值计算：皮肤和工作服取 $10cm^2$，设备取 $300cm^2$，地面取 $1000cm^2$。不能随便把物品或设备从非放射性工作区转移到放射性工作区，也不能任意将在工作场所玷污的设备或物品携出工作区。在工作场所的设备与用品，经去污使其污染水平降低到表 8-1 中设备类控制区数值的 1/50 时，经辐射防护部门测量并许可后，可以移出工作场所，当作一般物件的使用。

采用新的操作技术时，首先应由负责此项工作的人员用非放射性物质或低活度物质做模拟实验，证明可靠后方可进行。与操作密封源情况类似，操作非密封源时也应采用适当的设备，防止危害，并且应在一个盘子或双重容器内进行，以减少溅出的可能性。

2. 放射性物质和操作方式的选择原则

应当尽量选择毒性低和比活度低的放射性核素，用量要尽量少。

操作方式应当避免形成气溶胶，气体蒸气或灰尘。所以湿式操作比干式操作好。此外应当尽量避免经常转移。

3. 工作场所设计

开放型放射性甲级工作场所一般不宜设在城市市区。特殊必要时，经辐射防护部门审查批准的除外。

甲级工作场所按污染程度分为三区，应按三区布置原则进行设计。危险程度高的区域依次被危险程度低的区域包围起来。第一区为直接操作放射性物质的区域，第三区为工作人员经常逗留的操纵区，由二区在中间把它们严格隔离开。由二区到三区需经卫生通过间，工作人员在此更换防护衣具，检查体表污染并淋浴去污。进入时应依次从一区到二区再到三区，出来时则相反。

开放型工场所应有良好的通风，并合理地组织气流，以保证有足够的换气次数。设置进风口和排风口时要注意防止排出气体循环。进入工作场所的空气，应当经粗过滤器的过滤，而释放到大气中的含有放射性物质的气体一般要经高效过滤器过滤。对过滤器的要求取决于操作性质、排风口位置和对邻近地区潜在的危害程度。产生放射性气体、气溶胶或粉尘的工作场所,应根据工作性质配备必要的操作箱(手套箱)或通风柜。甲级工作场所及产生放射性气体、气溶胶或粉尘较多的工作场所,应当采用光滑不易污染、耐辐射、耐腐蚀、耐热的材料装修地面、墙面和天花板。在铺设时每块板之间要密合。地面与墙壁连接处翻转到墙上 20cm 以上,墙面与天花板交接处做成圆角,天花板和墙壁应全部涂漆以便于去污。所有工作台面应铺以耐酸碱、易去污的材料。

要有良好的防火设备,以防失火造成严重的污染扩散。开放型工作场所要装有供水设备,最好采用瓷水槽,开关用长臂肘动或脚踏开关。工作场所应有足够的照度,要有应急备用电源。在工作人员逗留或通过的地方,设置辐射监测仪表和报警装置。工作场所要设有脚踏开关的污染桶,收集固体废物,应有临时存放和包装固体废物的场所。

4. 个人防护用具

在从事开放型放射性工作中,应用个人防护用品的目的是防止放射性物质进入体内。对个人防护用品的要求是:满足防护性能要求,易去污,耐腐蚀,使用方便,价格便宜,穿着舒适,不妨碍正常操作。一般情况下经常穿着的防护衣具称为基本个人防护用品,如各类工作服、工作手套、口罩和工作鞋等;而附加个人防护用品是指在特殊情况下,出于防护的需要而备用的衣具,如围裙、防护眼镜、气盔、面盾和气衣等。在工作中根据使用放射性物质的种类、数量、性状和操作方式,选择适当的个人防护衣具。

在开放型放射性工作场所穿着的工作服,在结构上要很简单,接缝、扣子和口袋尽量少。棉布外套最好后开口,工作服袖口和裤角口有松紧带。布工作服通气性能好,穿着舒适,但不耐酸碱,在操作化学腐蚀剂或在严重沾污条件下工作时,应再配用附加塑料薄膜工作服或合成纤维工作服。合成纤维比较牢固,耐酸碱,耐磨。薄膜工作服是用聚乙烯基薄膜材料制成,对放射性物质吸着力小,放射物质不能透过,耐酸碱,易去污。

在开放型放射性工作场所必须穿工作鞋。对工作鞋的要求是结构简单,接缝少,不带衬里,用同一种材料制作,外表光滑,易去污,耐腐蚀,穿脱方便,穿着舒适。常用的有人造革鞋、不带衬里的胶鞋等。在污染的房间内工作,在一般工作鞋外还加穿用聚聚氯乙烯等塑料制作的鞋套。

操作非密封源手部最易被玷污,操作时应戴手套。要求手套有一定的密封性、耐磨性和柔软性。根据操作性质可以选用不同的手套。如精细操作时可戴乳胶手套,对精度要求不高或笨重的操作可以戴较厚的手套,而操作 γ 放射性物质可戴铅橡胶手套。手套应标明外面、里面。里面与皮肤接触应保持清洁,摘戴时要防止里面受到污染,手套用后要及时清洗。

在开放型放射性工作场所应佩带口罩,以防止放射性气溶胶经由呼吸道进入体内,口罩应当具有过滤效率高、阻力小、有害空间小等特点,并且要轻便,佩带时不影响视野,不影响工作。此外口罩要与面部接触严密无侧漏。

在空气被放射性污染较严重的环境中工作时,工作人员必须采用隔离式防护衣具,如气衣和供气面罩(亦称气盔)。所谓气衣就是可以向衣服内输送送鲜空气或氧气的带有软管的隔离服。头盔前观察窗和连接管用有机玻璃制成。清洁空气经软管送入气衣头盔上部,充满衣内整个空间,由裤腿部活瓣流出。气衣内的气压要比外面气压略高些,以防止在气衣破损时污染的空气进入气衣内。气衣内的气压要比外面气压略高些,以防止在气衣破损时污染的空气进入气衣内。工作完毕后先在更换室淋洗气衣,初步去污后再脱衣以减少工作人员被污染的可能性,气盔就是供气面罩。在短时间进入修理区或观看污染区设备时,工作服污染的可能性较小,而又必须对呼吸器官进行防护,因此用气盔比较方便。

8.2.2.3　非密封源的安全操作

在开放型放射性工作场所，一般都配备有良好的安全设施或设备，但是如果不遵守安全操作规程仍达不到安全防护的目的，乃至造成超剂量或严重污染事故。安全操作规程应根据现场条件和实际操作情况来制定，一般应包括如下的内容：

- 操作前应制定周密计划并做好充分准备，检查通风是否良好，监测仪表和工作仪器是否正常，防护用品是否完善。
- 非经考核或允许的人不得进行操作。
- 采用新方法、新技术时，事前必须熟悉操作内容和程序，了解放射性物质的特性，制定事故的应急措施。对于难度较大的操作，要进行模拟实验。
- 对于发射操作或产生放射性气体、气溶胶的操作，必须在通风橱或操作箱内进行。
- 放射性液体应当在铺有吸水纸的瓷盘内或双层容器内进行。
- 凡装有放射性物质的容器，均应贴上标签，注明放射性核素的名称、比活度、总量及日期。
- 对人体和工作环境的污染状况要及时监测，发现污染及时去污处理。
- 放射性物质必须由专人妥善保管和定期检查，防止泄漏或丢失。

8.2.2.4　操作非密封源时个人卫生措施

在进入开放型放射性工作场之前，应当根据操作性质和现场情况穿戴好合适的个人防护衣具。个人防护用品应妥为保管，避免沾污，用毕及时清洗去污。

工作场所严禁吸烟、进食、饮水或存放食品、饮料。

严格执行卫生通过间制度，工作完毕要更衣，洗手，淋浴，检测合格后方可离去。

避免使用易伤皮肤的容器和玻璃器具，工作人员皮肤暴露部位有伤口时应很好地包扎处理，防止放射性污染物经伤口进入体内。并根据具体情况确定是否适用从事放射性操作工作。

工作场所内设备、防护用具用完后要及时清洗，严禁将污染的设备、防护用具和清扫用具带出放射性工作场所。对于不能再使用的污染设备、用具不得随意乱放，应集中处理。

8.2.3　加速器辐射安全

8.2.3.1　加速器防护设施及其设计要求

1. 基本原则

加速器辐射防护设施，必须与主体工程同时设计、同时施工、同时投入使用。在设计阶段，必须对防护设施的内容和要求给予充分的考虑，其中包括辐射屏蔽，防护设备，运行安全系统，通风系统，实验室和人员编制等。加速器的设计要充分考虑今后运行可能会加大束流，提高能量和扩大应用等情况，对辐射防护设施应留有余地。

2. 辐射屏蔽

屏蔽厚度和屏蔽材料应根据加速粒子及其次级辐射的能量、种类和束流强度等综合考虑，按最大输出量进行设计，使相邻区域群体的集体剂量当量保持在可以合理达到的尽量低的水平，并保证个人所受剂量当量不超过国家标准规定的相应的剂量当量限值。在计算屏蔽厚度时需给予两倍的安全系数。

3. 辐射安全系统

加速器厅和靶厅的门必须配装安全联锁装置,只有门关闭后才能产生辐射。

产生辐射的控制系统应该用开关钥匙控制。

在加速器厅、靶厅内工作人员易到达的地点,应设置紧急停机或断束开关。这种开关应有醒目的标志。

在通经辐射区的通路上,出入口和控制台上须安装工作状态指示类,而在加速器厅和靶厅内人员易看到的地方装闪光式或旋转式红色警告灯及音响装置。

在辐射区应安装遥控制辐射监测系统,当辐射超过预定的水平时,该系统可发出音响或(和)灯光信号。

加速器必须配备适当的辐射监测装置,如可携式监测仪,气体监测仪,个人剂量计等。

4. 通风系统

加速器设施内必须设有通风装置,用以排除有害气体(如臭氧)和气载放射性物质。通风系统的排风速率应根据可能产生的有害气体的数量和工作需要而定。通风系统的进气口应避免受到排出气的污染。必须保证穿过屏蔽的通风管道不会明显减弱屏蔽效果。

8.2.3.2 加速器的安全运行

安全运行要求有以下几点:

- 在加速器设施竣工后应对辐射防护设施进行验收,其中包括辐射屏蔽,联锁和警告系统,辐射监测系统,通风系统以及辐射防护用的实验室或设施。符合设计要求并经当地辐射防护主管部门发给许可证后方可投入运行。
- 运行人员工作前必须接受辐射防护基础知识的训练,掌握本加速器的辐射安全系统和监测仪表的使用方法,考核合格后才能成为正式运行人员。
- 必须同时满足下列条件才能开机:加速粒子的种类、加速电压与预定值一致;控制台上的显示装置、联锁和警告系统能正常工作;加速器厅、靶厅不得有人停留,靶厅的门都已关闭。
- 开机和停机必须用控制台上的控制开关操作,除紧急情况外,不得用切断联锁的办法停机。用切断联锁办法停机,切断部分必须人工复位后,在控制台上用主控开关重新启动加速器。
- 未经值班人员和辐射安全负责人的批准不得旁路联锁系统,因工作需要旁路联锁系统时在控制台上要有显示,并做记录。还要采取其他辅助安全措施,争取尽快恢复。
- 加速器停机后,工作人员进入有气载放射性的区域之前应先开通风机,使用浓度低于国家标准。
- 操作放射性材料(如换靶,处理活化部件等)时应在指定场所进行,应严格遵守操作程序,并做好相应的辐射监测。

8.2.4 同位素辐照装置安全

从统计的结果来看,核工业有较好的安全记录,表8-2所列数据表明,核工业的事故死亡率远远小于一般工业,职业病死亡率也不比一般工业高。这一记录的得来,最根本的原因,是核能开发利用过程中,人们一直高度重视安全防护问题。

表 8-2　核工业与一般工业引起的死亡率比较

类别	一般工业	核工业
事故年平均死亡率(%)	0.06	$(0.08\sim0.68)\times10^{-3}$
职业病年平均死亡率(%)	0.011	0.002～0.018

技术上，如果采取了严格的屏蔽措施、合理的迷道和防护门结构、集中的控制系统、高度可靠的报警联锁装置，安全问题看起来是万无一失了。事实则不然，各种各样的不安全因素仍然存在，如违章操作、控制或联锁失灵、人员误入等。根据该辐射装置所出事故的调查，安全管理工作质量的低劣，多数情况下是造成事故的直接原因，这从表 8-3 所列的事故情况，可以得到证实。

如前所述，中子具有极强的穿透力，可引起严重的外照射危害，因而对中子防护要求非常严格。另一方面，中子源的伴随 γ(或 X)辐射、α 核素泄漏危险、生物效应与中子能量的密切关系以及活化产物等因素，又使防护工作变得相当复杂。由于物质被子活化需要一定的条件，因而可设法使活化产物尽可能少，例如选用活化截面小的材料作屏蔽材料。对于同位素中子源来说，活化危害不太严重，加速器中子源则不然，本身就具有比较强的活化辐射。

表 8-3　国外 γ 辐射装置的几起重大事故

国别	事故情况	剂量(Gy)	临床反应
美国	30PBq 钴源辐射时，操作员进入	全身：1.27 右手：2～12	呕吐，血象抑制，右手指、手掌疼痛
美国	操作员认为源已下井， 进入辐射室(^{60}Co，4PBq)	全身：1.65～4	呕吐，造血系统受抑制
意大利	工人受农用钴装置照射	全身：10	死亡
美国	联锁失灵、工作人员进入^{60}Co 辐射室(20PBq)	全身：2	恶心、脱发、轻度红斑，造血系统受抑制
印度	^{60}Co 远距治疗机源被卡， 操作员用于插手(戴手套)	皮肤：80	一只手烧伤起水泡
墨西哥	钴源运输中被盗当废金属进入市场， 最后进入钢铁厂	约 200 人受照，其中 儿人剂量达 1.5～2	

加速器反应靶的靶衬、靶架等材料，往往产生很强的活动。表 8-4 给出了铝、铜两种材料在下列条件下的感生放射性：中子发射率 2.5×10^{11}/s；开机后一小时距靶 10cm 处测量。可以看出，感生放射性强度相当大，但半衰期不太长。对此情况，事先应该进行预估，以确定停机后的进入延迟时间。对于被照样品，也要事先分析是否被活化。如果活化，需确定具体情况如何，便于采取相应措施。

表 8-4　铝、铅材料活化后产生的放射性

活化反应	衰变类型	半衰期	活化产额(μCi/kg・h)	照射率(mR/h)
^{27}Al(n,p)^{27}Mg	β^-	9.45min	52	200
^{27}Al(n,α)^{27}Na	β^-	15.0h	7.7	30
^{63}Al(n,2n)^{62}Cu	β^+	9.74min	15	60
^{65}Al(n,2n)^{64}Cu	β^-(19.6)，ε(41,1)	12.71h	15	50

8.2.5 辐射环境安全

1. 环境辐射源

构成环境辐射的主要射线源有以下几个方面：

- 宇宙射线，包括从宇宙空间进入地球大气的高能辐射——初级宇宙射线，及初级宇宙射线和大气中的原子核相互作用产生的次级粒子和电磁辐射——次级宇宙射线。
- 地球表面(岩石、土壤、水体)、大气及建筑材料等所含有的天然放射性核素。其中，铀、钍、镭、钾40和氡是比较常见的天然放射性核素。
- 因人类活动而散布到环境中的天然放射性物质，包括煤电厂运行和含放射性物质的各种金属、非金属矿(如磷酸盐矿)开采产生的含天然放射性核素的气体、液体排放物及固体废物。
- 核燃料循环过程中各核设施及工业、农业、医学等部门的同位素应用设施向大气和水环境释放的放射性物质及储存的放射性固体废物。
- 大气层核爆炸产生的放射性落下灰。
- 因工作不慎而散落于环境中的放射性物质。
- 使用封闭型辐射源因屏蔽不好造成的环境外照射辐射场。

2. 环境辐射对公众照射的主要途径

环境辐射对公众的照射可能来自:封闭型辐射源的直接照射;地表、建筑物表面的β内外照射;浸没于空气和水中的外照射;沉积于皮肤和衣服表面的放射性物质的外照射;吸入含放射性物质的空气产生的内照射;食入含放射物质的食物和水引起的内照射;因地面放射性沉积悬浮于空气中产生的浸没外照射和吸入内照射。

3. 辐射环境质量评价

辐射环境质量评价是对辐射环境质量优劣的定量描述，该工作是保证辐射环境安全的一项重要措施。

辐射环境质量评价的基本评价指标是环境辐射造成的公众的最大个人有效剂量当量和集体有效剂量当量。其基本任务则是确定各种主要环境介质(大气、水、土壤、生物样品等)的辐射水平，进而估算公众成员接受年有效剂量当量和群体接受的集体有效剂量当量，以及在单次事件或一系列事件中发生的事故排放保证公众安全和保护环境的措施。辐射环境质量评价的评价半径一般为80km。其评价方法，可以是利用辐射工作单位的流出物排放资料，用环境迁移和剂量估算模工计算公众可能接受的辐射剂量;也可以借助环境放射性监测数据，结合模式估算加以评价。

8.3 强电磁防护

随着微电子技术和脉冲功率技术的发展，信息化条件下的军事、商业电子系统面临着更加严峻的电磁威胁。一方面，电子设备朝着体积微型化、功能多样化的方向发展，集成度大幅增加，频率日益提升，功耗不断降低，导致系统微波敏感度阈值的下降;另一方面，静电放电(ESD)、雷电脉冲(LEMP)、高空核爆电磁脉冲(HEMP)、高功率微波(HPM)及超宽带(UWB)等电磁脉冲构成的强电磁环境，严重威胁了电子系统的安全。

8.3.1 强电磁脉冲源及强脉冲作用

电磁脉冲是短暂瞬变的电磁现象，它以空间辐射传播形式，通过电磁波可对电子、信息、电力、光电、微波等设施造成破坏，可将电子设备半导体绝缘层或集成电路烧毁，甚至使设备失效或永久损坏，针对武器装备中电子系统防强电磁辐射的相对脆弱性，电磁脉冲技术受到了高度重视，军事大国开始大力发展电磁脉冲武器。

所谓电磁脉冲武器，是指由核爆炸或用电子学方法，依靠特定技术产生电磁脉冲，在一定地区或目标周围空间造成瞬间的强大破坏性电磁场，毁伤敌方电子设备的新概念武器，在西方，电磁脉冲武器被列入大规模电子破坏性武器，被形象的称为“第二原子弹”。静电放电、雷电脉冲等自然形成的电磁辐射和电磁脉冲武器形成电磁辐射只是能量大小不同，原理都是一致的，本质区别在于：一个是自然形成，一个是人为产生。目前按照产生电磁脉冲的原理划分，电磁脉冲武器分为核电磁脉冲武器和常规电磁脉冲武器两种武器。

核电磁脉冲武器是一种利用核爆炸产生高强度电磁脉冲对目标电子线路和元器件实时破坏的电磁脉冲武器。核爆炸时，除产生冲击波、光热辐射、贯穿辐射和放射性辐射之外，还有电磁脉冲效应，这种电磁脉冲可以在暴露的导线、导体和电路板内产生上千伏的耦合电压，瞬间造成雷达迷盲、通信中断、计算机失控，使武器装备的电子系统遭到极大破坏。核爆炸产生的核电磁脉冲具有作用范围大、场强高、破坏力大、频谱宽、作用时间短和穿透能力强等特点。

核电磁脉冲的场强，取决于核爆炸的当量、高度和距离等，场强可达几万至几十万伏/米，比雷电强 1000 多倍。核电磁脉冲的电磁能量很强，近地核爆炸释放的电磁能量达百万焦耳，高空核爆炸释放的电磁能量达百亿焦耳。通常 1 焦耳能量可使电气设备造成永久或临时性破坏，百分之几甚至千分之几焦耳能量，就可使计算机等电子设备造成永久或临时性破坏。例如，1962 年 7 月 9 日，美国在约翰斯顿岛上空 40km 处爆炸了一枚 140 万吨的核弹，这次爆炸引起了许多民用电力系统的失效：距爆区 1300km 的夏威夷的瓦胡岛上 30 条街灯支路同时发生故障，瓦胡岛上的照明变压器被烧坏，檀香山有几百个防盗报警器鸣响，电力线路中许多断路器跳闸，檀香山与威克岛的远距离短波通信中断，夏威夷群岛上美军的电子通信监视指挥系统全部失去控制和调节能力，警戒雷达故障丛生，荧光屏上发生无数的回波和亮点，电子战储存程序出现严重误差等。

核电磁脉冲的作用时间很短，一般只有几十微秒，总持续时间不超过 1 秒。核电磁脉冲作用的特点是在极短时间内（微秒量级）达到最大值后，电场强度在几十微秒内下降，并变得非常小。虽然其作用时间很短，但却携带着相当大的能量并集中在极短的时间内冲击电气、电子系统，能转变成强大的电流和很高的电压，给设备造成严重的损坏。

常规电磁脉冲武器又称非核电磁脉冲武器，由于利用核爆炸的方式产生高能电磁脉冲不仅代价太高，而且受到国际社会核不扩散条约的限制，因此，各军事强国普遍关注和重点研究的主要是非核电磁脉冲武器。非核电磁脉冲武器是利用炸药爆炸压缩磁通量的方法产生高功率电磁脉冲（HPM，UWB 等）的电磁脉冲武器，这是一项基于磁通压缩效应以获得强磁场或强电流的技术，实现该项技术的装置被称为磁通压缩发生器（MFCG）。美国的 Fowler. J. L（1944 年）和前苏联的 Caxarov. A. D（1951 年）分别提出了炸药驱动的 MFCG 概念，从那时起，前苏联、美、英等科技大国纷纷开展了这方面的研究。

1983 年，桑迪亚国家实验室成功试验了一种炸药爆炸磁通量压缩器，能产生 18MJ 的磁能脉冲，Lawrence Livermore 国家实验室曾产生过上升时间仅为 500ns、有效功率 4×10W 的高能炸药脉冲。据报道,洛斯．阿拉莫斯国家实验室研制过高能炸药驱动的电磁脉冲发生器,炸药爆炸压缩磁场产生了上升时间仅400ns、12~16MA的脉冲,有效功率达4GW持续时间非常短的高功率电磁脉冲。美国能源部核武器研究所研制了一种新型空投高功率爆炸磁压缩微波炸弹,这种炸弹可产生宽频带的高功率微波辐射。波音公司已研制出一种可用来破坏敌方武器电子设备的高功率微波炸弹。美国进行了一项称为Balboa的计划,该计划的中心项目是研制一种利用爆炸磁压缩发生器驱动的虚阴极振荡器,以产生很高功率的微波。现已试验了一个小尺寸的战斗部系统,证实了该方案的可行性。在1GHz的频率下,能产生几千焦耳的能量,电子束转换成微波能量的效率为20%。

在1991年的海湾战争中,美海军首次使用由战斧巡航导弹携带的电磁脉冲弹头,用于干扰、毁伤伊拉克的防空系统和指挥中心的电子系统。

在1999年3月24日北约对南联盟的轰炸中,美国使用了洛斯阿拉莫斯实验室研制的微波武器,使南联盟部分地区的各种通信设施瘫痪了3个多小时。

2003年伊拉克战争中,美英联军再次使用电磁武器干扰伊拉克的电子信号,巴格达所有电子信号被覆盖。据分析,这次使用的是微波弹,功率为2MW,杀伤半径为2.5km。

2004年美国开始对新一代电磁脉冲武器进行广泛测量,计划将目前造价昂贵的电磁脉冲武器的成本大幅度降低。

俄罗斯和美国的电磁脉冲技术水平大体相当,在某些微波辐射源技术方面,俄罗斯的水平要高于美国。据报道,俄罗斯已研制出电磁脉冲武器系列,用其电磁武器对山羊做过活动目标试验,距1km的山羊瞬间死亡,距2km的山羊顷刻瘫痪倒地。俄罗斯用于防空的陆基高功率武器样机系统的微波辐射峰值功率为1GW,杀伤距离为1~10km,照射在1km远的目标上的功率密度达400Wcm^2,10km远的标上的功率密度达4W每平方厘米。系统质量约3t,分装在3辆越野载重车上,并进行过外场试验。该系统主要用于保护重要的指挥中心和军事设施,它不仅能使敌方的电子设备失效还具有抗辐射的能力。

另外,据美国陆军导弹防御与航天技术中心专家说,俄罗斯已经研制出一种电磁脉冲炸弹,应用的是小型强电子加速器原理。它有一个定向天线,用12V充电电池供电可将爆炸的化学能转换为强大的脉冲电能,激发出激光、X射线、宽带无线电波和电磁脉冲,破坏导弹和炸弹的电子解保装置和点火引信电路或使车辆的发动机熄火。使用时,一次释放出10GW的高功率脉冲和100MJ的能量,相当于10个标准核电机组的功率。其体积比手提箱还小,质量只有8kg,可用于攻击导弹、飞机、核电站和C3I系统的电子及计算机设备,对北约的指挥通信系统威胁极大。

信息化战争是在复杂多变的电磁环境中展开的。这种电磁环境在为信息化武器装备提供效能充分发挥的电磁平台的同时,也带来了遭受电磁脉冲攻击而导致电磁灾害的巨大隐患。全球每年因雷电等自然电磁脉冲导致信息系统瘫痪等事件频繁发生而专门设计用来摧毁电子设备的高能电磁脉冲武器的大量使用,无疑将使信息化战场上的卫星通信、导航乃至计算机网络等信息系统笼罩在更大的威胁之中。

从打击目标上看,电磁脉冲武器与传统原子弹有很大不同。它的攻击目标主要是三类:一是军用和民用电子通信和金融中心,如指挥部、军舰、通信大楼和政府要地等;二是防空预警系统;三是各类导弹和导弹防护系统。

从杀伤原理上看,电磁脉冲武器对电子设备有着独特的破坏力。以摧毁1枚反舰导弹为例,使用每片质量大于1g的弹片每平方米需要100000J的能量,使冲击波每平方米也需要

50000J，而使 1μm 宽度的电磁脉冲每平方米只需要 5J。显然，使用电磁脉冲武器摧毁电设备所用的能量要比利用冲击波和弹片摧毁目标所需的能量小数万倍。

电磁脉冲武器还是隐形武器的“克星”。除了造型上的独特设计之外，隐形武器的主要秘密在于靠吸波材料吸收电磁波，从而减少电磁波的反射和被发现的概率。而电磁脉冲武器的脉冲能量密度极大，瞬间就能使吸波材料的温度上升，从而对其造成破坏并使隐形武器“原形毕露”。

透过电磁脉冲武器的杀伤特性可以看出，对于在作战行动上越来越依赖于电子设备和信息化系统的信息化军队来说，电磁脉冲武器无疑正巧戳中了其“软肋”。

8.3.2 强电磁脉冲耦合途径

强电磁脉冲对电子系统的破坏效应主要包括收集、耦合和破坏三个过程。强电磁能量是由起接收天线作用的各种类型的集流环（金属导体）收集的，如大型天线、天线馈线、天线支架和分支线；飞机、导弹等金属表面；高架式输电线、电话线、金属支柱；建筑物各种金属布线、电线、金属导管等；金属结构桁架、加强筋、金属柱、金属栅；埋设的电线、金属管子、金属导管；铁道等。由于它们结构各异，对于电磁波的吸收是非常复杂的，收集能量的大小取决于集流环的尺寸、形状、相对于脉冲源的位置以及脉冲的频谱特性等因素。通常来说，集流环的尺寸越大，收集到的能量也越大。强电磁脉冲能够通过“前门耦合”和“后门耦合”进入电子系统。

1. 天线耦合

任何暴露于电磁场的金属导体均可认为是天线，包括真正的无线电接收天线、金属导线、引线、连接棒，甚至机壳、回路、传输电缆等。高频电磁波在很短的天线上就能产生很大电压，这些电压或电流可以从系统的输入端或输出端引入。雷达天线、通信天线作为一个接收能量的通道，几乎是直接暴露于电磁脉冲的威胁之下。雷达天线接收到电磁脉冲弹辐射的电磁波后，将形成上百安培的瞬时脉冲电流和上万伏的瞬时脉冲电压，进入雷达接收机内部将其击毁。

2. 电缆及连接处的耦合

暴露于电磁波下的屏蔽线缆会在屏蔽层表面产生电流。在强电磁脉冲作用下，保护处理不彻底的电源电缆、信号电缆以及设备连接处都会产生感应电流。据资料显示，距离高功率电磁波 1km 处，其场强仍能达到 2～30kV/m，会在电缆上产生很高的感应电压。

3. 孔洞或缝隙耦合

对于电磁波的防护一般可以采取屏蔽，但是由于高功率微波的波长在厘米至毫米量级，因此孔洞或者缝隙的尺寸很容易大于半波长，从而电磁波可以进入屏蔽壳内。雷达工作方舱、电站方舱上均存在门窗、排风口、电缆输入输出孔等缝隙，强电磁脉冲通过后将在其中产生驻波。导弹、卫星、飞机均存在孔洞或者缝隙，地面设施孔洞缝隙更多，因而功率越高时，泄露也更严重。

4. 回路耦合

由麦克斯韦方程可知，电磁波或者大电流经过任何回路时都会产生电磁场耦合。这里的回路不同于我们通常意义上的工程设计的回路，周围空气及大地均可构成干扰回路。特别是当大电流注入大地时会产生高电位，通过地回路又将影响到其它设备或者系统。

5. 导电介质的穿透

电磁波在导电介质中有一定的穿透能力，即使是地下的电子设备也可能遭受破坏。穿透能力的大小与电磁波的功率、频谱、极化方式以及目标的尺寸、部件连接情况等有关系。

8.3.3 强电磁脉冲毁伤效应

强电磁脉冲毁伤效应是指强电磁脉冲作用在各种物体和系统上产生的效果。就其物理机制来讲,可以有以下3种效应,即电效应、热效应和生物效应。

电效应是指当微波射向目标时,其瞬变磁场会在目标的金属表面或导线上产生高电压或大电流,而且感应电压或电流的强度会随着微波强度的增加而增强。当使用0.011μW每平方厘米功率密度的微波波束照射目标时,能干扰相应频段上的雷达、通信设备和导航系统,使其无法正常工作。当功率密度达到0.01～1W每平方厘米时,可导致雷达、通信设备和导航系统的器件性能下降或失效,还会使小型计算机系统的芯片失效或烧毁。当使用功率密度为10～100W每平方厘米的强微波波束照射目标时,其辐射形成的电磁场可以在金属目标的表面产生感应电流,通过天线、导线、金属开口或缝隙进入导弹、飞机、卫星、坦克等系统内电子设备的电路中。若感应电流较大,会使电路功能紊乱、出现误码、中断数据或信息传输,抹掉计算机存储或记忆信息等。如果感应电流很大时,则会烧毁电路中的元器件,使军用装备和武器系统失效。当使用功率密度为1～10kW每平方厘米的强微波波束照射目标时,能在瞬间摧毁目标,引爆导弹、炸弹、核弹等武器。

热效应是指将电磁能转化为热量。当强电磁波反复作用于物体时,可使物体的极性分子随着电磁波周期以每秒几十亿次的惊人速度来回摆动、摩擦,从而产生高热,使被照射物体的温度升高。实验证明,当微波照射的能量密度增加到10～100W每平方厘米时,可以破坏工作在任何波段的电子器件,导致半导体器件的结烧蚀、连线熔断等。

生物效应又可以分为热效应和非热效应。热效应是指当用高功率电磁波照射人和动物时,可以加热机体组织,烧伤和破坏机体与神经的细胞,使人昏迷,神经混乱、失明、甚至死亡。对于射频单脉冲,死亡阈值约为每平方厘米200J。而对于10GHz以上的微波,单脉冲的死亡阈值约为每平方厘米20J。非热效应是指当电磁波照射强度较弱时,被照射的人和动物会出现一系列反常的症状,美国和前苏联分别进行的实验表明,当人员受到功率密度为3～13mW每平方厘米的微波波束照射时,会产生神经混乱、行为错误。接收微波功率密度达到10～50mW每平方厘米时,若频率在10GHz,人员会发生痉挛或失去知觉。若达到100mW每平方厘米时,人的心肺功能将会衰弱。

按照毁伤等级划分,强电磁脉冲对电子系统的影响分为扰乱、降级、损坏和摧毁,这主要取决于电磁脉冲所产生的功率,与目标之间的距离以及电磁脉冲辐射的特性(频率、脉冲速度、脉冲持续时间等),还有目标的防护能力。

毫无疑问,电磁空间角逐日渐激烈,面对电磁脉冲武器强大的攻击优势,未来战争如何保护己方电子设备安全运转并有效发挥功能,已成为争夺制电磁权进而达成制信息权的重中之重。

8.3.4 强电磁防护技术

近20年以来,美国、俄罗斯等军事强国在研究和发展电磁脉冲武器同时,十分重视武器装备电磁环境效应和防护加固技术的研究。早在1979年,美国总统卡特发布的第59号指令中,就强调核电磁脉冲对美国的严重威胁,要求国防部在开发每一种武器时,必须考虑电磁脉冲防护能力。1986年,美军完成了电子元器件易损性与加固测量。进入20世纪90年代后,美军已把各种电磁危害源的作用归纳为武器系统在现代战争中遇到的电磁环境效应问题，并于1993年完成了“强电磁干扰和高功率微波辐射下集成电路的防护方法”研究，目前美军已将对电磁脉冲的防护能力列入其军标和国标中。俄罗斯也在1993年完成了电磁脉冲对微电子电路的效应实验和防护技术研究，其武器系统一般都有电磁兼容性、抗静电和抗电磁脉冲的技术指标。

英国、德国研究人员最近完成了强电磁脉冲辐射下计算机系统、片上器件和系统的失效和电、热击穿破坏实验。实验研究表明，在L、S波段，HPM辐射幅度达数百V/m时，通信系统中的信号不完整性问题变得非常严重；当HPM辐射强度进一步增加到15～25kV/m时，通信设备即使不处于工作状态也将被永久击穿。

8.3.4.1 防护技术

1. 电磁自适应防护技术

在电磁故障诊断基础上进行武器装备电磁自适应防护是电磁防护的重要发展方向。国内外探索了采用新材料和新结构对系统复杂电磁环境进行有效调节和控制的方法，利用冗余技术、容错技术、标志技术以及数字滤波等软件设计技术和拦截、屏蔽、均压、分流、接地和滤波等多种硬件防护措施，在武器装备系统中预制电磁兼容与电磁防护的软、硬件自适应手段，降低了系统之间的电磁干扰，增强了抵抗高功率EMP的攻击能力。

2. 多功能射频系统(Multi-Functions RF Systems，MRFS)

是将雷达、电子战、通信等多个波束同时经由一个公共射频口径发射的射频系统，它可以减少武器装备尤其是舰船的天线数量，解决射频设备之间的电磁干扰，同时又提高雷达的隐蔽性。该系统集通信、雷达、电子战天线于一个具有低RCS特性的组合天线中，如美国洛克希德·马丁公司的高频多功能接收天线阵、雷通公司的低频段多功能接收天线阵、诺思厄普·格鲁曼公司的高频段多功能发射天线阵。这种系统的雷达因其高信号密度和多参数，使敌方难以从这种复杂波束中分辨出雷达的发射信号。

3. 自适应电磁干扰对消技术

20世纪80年代初，英国和瑞典海军就已经装备了UHF波段的干扰消除系统，主要用于雷达系统的干扰消除，该系统具有双通道功能，能够同时消除来自两个干扰源的电磁干扰。90年代，干扰消除系统的工作频段又扩展到了VHF和HF两个频段，主要用于通信系统的干扰消除。2004年美国陆军购买的干扰消除系统正是基于有源对消技术的新型产品。该系统用于UHF频段，具有四通道功能，能够同时消除来自4个干扰源的电磁干扰，同时该系统的体积只有以前系统的三分之一左右。近年来，欧美等国家已经将自适应电磁干扰对消技术的运用范围大大扩展，其干扰消除系统不但能够解决作战平台内部的电磁干扰问题，还可以消除来自外部的电磁干扰，在电子战中能够保护己方电子设备或系统免受来自敌方的电磁攻击。近年来，随着射频技术和计算机技术的发展，探测雷达信号的幅度和相位成为可能。目标可在此基础上发射与敌方雷达信号幅度相近、相位相反的电磁波，两者能量对消，从而使敌方雷达系统无法发现自身目标。美国的B-2隐身轰炸机所装备的ZSR-63电子战设备就是一种主动发射电磁波的对消系统，这说明美国已经将自适应干扰对消技术成功地应用于雷达波隐身。

4. 旁瓣匿影技术

旁瓣匿影技术用于消除同场地其它雷达副瓣干扰，该技术利用一个低增益的各向同性天线与主天线同时配合工作，两天线收到的信号分别馈至分开的各自接收机，然后比较两者的输出电平幅值，当低增益信道的功率电平较大时，停止输出，反之输出。旁瓣减小技术可以降低旁瓣电平,减小旁瓣对同场地其它设备的照射电平。该技术采用附加档板或吸波材料降低雷达天线的旁瓣和后瓣电平,减小对其它设备的影响,提高同场地设备之间的电磁兼容性。

5. 演化硬件技术

在硬件电路设计中引入演化计算,在可编程逻辑器件上通过对基本电路元器件进行演化而自动生成人工不可能设计出的电路结构,称为演化硬件设计。自从1992年演化硬件提出以来,在国际上掀起了演化硬件的研究热潮,受到各国政府和众多学科的科学家们的重视。全世界有大约40个研究机构在进行硬件演化技术的研究并取得了一定的成绩,主要集中在美国、英国、德国、日本。1995年10月在瑞士洛桑召开了第一次演化硬件国际研讨会,以后每年召开一次。日本、美国、英国和瑞士等都成立了相应的研究中心,主要研究基于演化硬件的自动化电子设计方法与技术,称为离线演化技术或外演化技术,以及演化硬件的自修复和自主配置技术,称为在线演化技术或内演化技术。演化硬件技术将成为2020年后硬件设计的基本技术之一。可配置或可编程功能器件是演化硬件的基础,可演化的硬件具有自我重配置和可进化功能,为电磁防护开辟了新的研究领域。演化硬件研究的发展趋势主要有4个:①注重与应用实践相结合;②由于EDA技术的发展,大量研究借助于EDA技术;③与其他专业领域的知识相结合;④多功能硬件和综合性硬件的演化设计。

8.3.4.2 防护器件与装置

电磁防护器件包括两方面的研究内容:一是在保证各种电子元器件技术性能的前提下,提高其电磁脉冲损伤电压等级,增强电磁元器件本身的电磁防护能力;二是研究响应速度快、通流能力强的电磁防护器件,为电磁敏感电子元器件提供电磁脉冲保护。目前,电子元器件的种类不同,其电磁脉冲损伤电压差别很大,从数十伏到数千伏不等,电磁防护器件的响应时间已达到纳米量级。

1. 射频前端保护单元

随着高功率和超宽带电磁脉冲等新概念武器不断涌现,未来战争初期将是以破坏敌方指控和通信探测系统为主要目的的电磁战。一旦战争爆发,信息系统将成为强电磁脉冲武器攻击的主要目标。强电磁脉冲武器以其瞬间释放的高强度、超宽谱的电磁脉冲能量破坏敏感电子设备和系统,成为信息系统的头号杀手。高功率电磁脉冲耦合进入系统后,直接导致内部射频微波前端模块中半导体器件和电路的电击穿、热熔断或热应力破坏。

受制于原理和器件性能,目前能够用于射频电缆防护的技术和产品都存在响应时间不够快的问题。为解决防护模块响应时间的问题,提出了一种极快响应防护模块的模型,该模块巧妙的运用慢波结构,理论上可实现超前响应。电磁能量输入保护电路后,经通过耦合器后分成两部分,一部分进入检波电路,另一部分进入延时单元,当电磁能量超过设定门限时,检波电路输出驱动信号使得连接在延时单元输出口的限幅器动作,切断延时单元的输出,阻隔电磁能量进入被保护的射频电路。

2. ps级电磁脉冲抑制器件

2003年超宽带(Ultra-Wideband,UWB)电磁脉冲上升沿减为0.1ns,窄带源输出峰值电平增加到6MV,未来的电磁脉冲武器上升沿更小、功率更大,但是目前电磁危害防护领域使用的防护器件不仅响应时间较长(最快的瞬态抑制二极管相应时间为纳秒级),对上升时间在亚纳秒量级的快上升沿电磁脉冲则无防护作用,而且能够抑制的功率有限。美军标MIL-STD-461F系列对瞬态脉冲的抑制能力要求更高,为适应电磁脉冲防护需要,必须研制快速反应、大功率脉冲吸收的新型ps级抑制器件。

3. 电磁斗篷

2006 年，在国际权威刊物《Science》上连续刊登了 3 篇文章，介绍了一种全新的电磁斗蓬概念，主要思想是“使电磁波弯曲，绕过要保护的区域，然后再弯回来沿原方向传播”。三篇文章的作者之一 Pendry 给这种电磁结构取名字叫 cloaking，直译即“斗篷”的意思。在这个方法中，弯曲电磁波路径不是利用广义相对论的重力场方法，而是利用一种特殊的人工合成的电磁介质结构来实现。简单地说，这个方法有两步要走：第一步是计算出使电磁波弯曲需要什么样的介质结构，第二步是制作这种结构。电磁斗篷模型一提出，立即引起国内外科学家的密切关注。基于准周期亚波长结构人工形成的左手或异向介质结构，Smith 和 Pendry 等人借助电磁理论中麦克斯韦方程组在坐标变换下的形式不变性，直接给出预想结构所需的电磁参数空间分布，用来指导斗篷的具体实现。Smith 研究小组于 2006 年在《Science》上发表的 X 波段窄带电磁斗篷结构如图 8-5 所示。

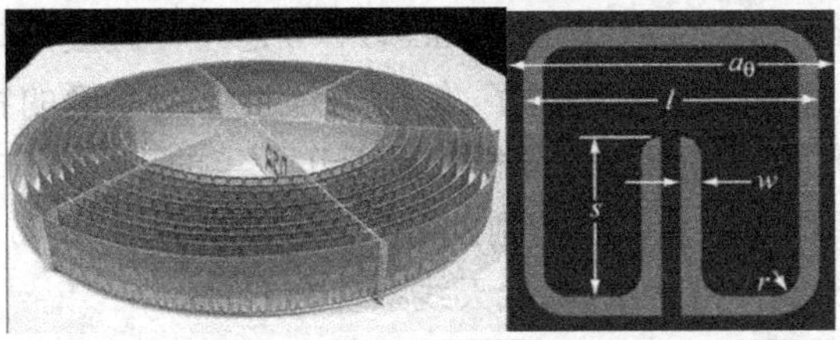

图 8-5　电磁斗篷结构图和其中的亚波长结构单元

图 8-6 显示的是一个开口波导平面波辐照时截面图，中间放置的是被照射或受防护和遮掩的目标，上方安装一个测量天线，用来测量电场的相位和幅度，通过步进方式移动下面的平板（沿黑色箭头方向）可以得到目标周围电场的相位和幅度，如图 8-7 所示。电磁斗篷的防护或遮掩效果是指电磁波经过这个斗篷区域时，斗篷应该无反射、无透射，并且绕过去的场保持其原来的传播状态，也就是让电磁波传播的时候绕过受防护区域。为达到此目标，让电磁波在防护区域前打一个漂亮的“香蕉球”曲线绕过并传播。这就要求斗篷结构介电常数和磁导率张量是空间坐标的渐变函数，即让斗篷结构必须满足特定的本构参数渐变规律，就可以让入射电磁波按照我们要求的方式沿既定曲线路径传播。通过坐标变换与数值计算，可以得到一组渐变的电磁结构参数要求，以达到电磁斗篷的电磁防护效果。

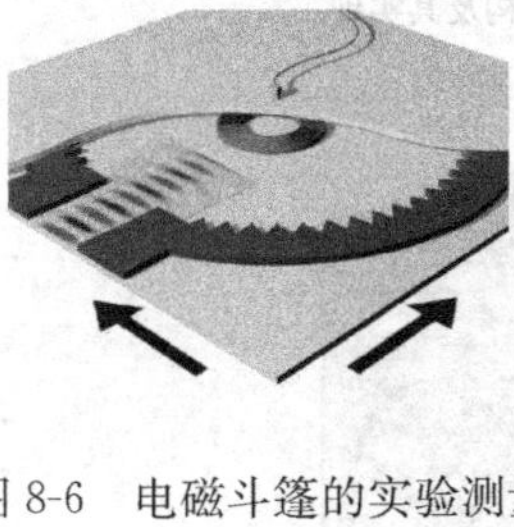

图 8-6　电磁斗篷的实验测量

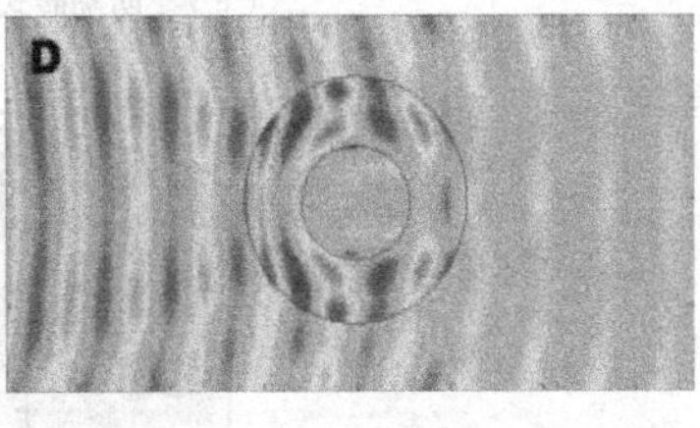

图 8-7　电磁斗篷周围的电场分布

基于电磁斗篷设计理念，近来分别应用解析法、FEM 法、FDTD 法和 TLM 法研究圆柱、椭圆柱和其他形状的电磁斗篷模型，其典型结构如图 8-8 所示，其中右图是中科院上海微系统所最新设计的结构。美国加州大学伯克利分校华裔科学家张翔教授研究组在美国 DARPA 等国防基金联合资助下，率先开展了光学斗篷（Optical Cloaking）原理的探索研究。图 8-9 是散射光学元素斗篷（SOE Cloaking）结构示意图，在入射光传播的结构中心轴线上电场强度可为零。美国能源部洛斯阿拉莫斯国家实验室还设计出另一种可见光斗篷模型。英国政府资助了一项为期 3 年的异向介质与结构设计软件的开发项目,该项目由计算机辅助设计软件公司“矢量场”(CAD Firm Vector Fields)主持,并由牛津大学提供技术支持。目前该软件已经有了第一个发行版,首个发行版用于设计制作新型天线材料和结构。

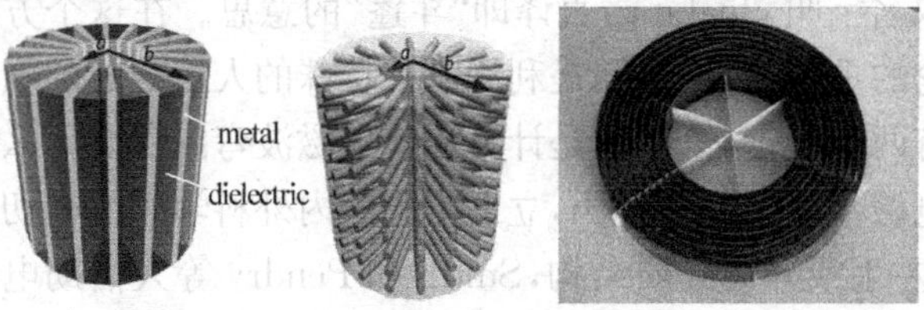

图 8-8　其他电磁斗篷模型

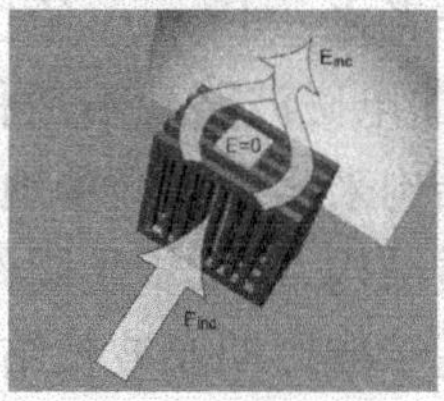

图 8-9　散射光学元素斗篷

4. 频率选择表面

频率选择表面(Frequency Selective Surface,FSS)是一种微波周期结构,应用十分广泛。人们认识和利用 FSS 已经有很长的历史了,但由于难于建立准确的物理模型以及分析的复杂,对于 FSS 的系统研究和严格的数值分析却是近几十年的事。例如,为了提高对发射面天线的利用效率,FSS 常用作发射面天线的副发射器。在微波领域,FSS 的另一个重要的应用是用作雷达罩,通过用 FSS 设计雷达罩,降低天线系统的 RCS。

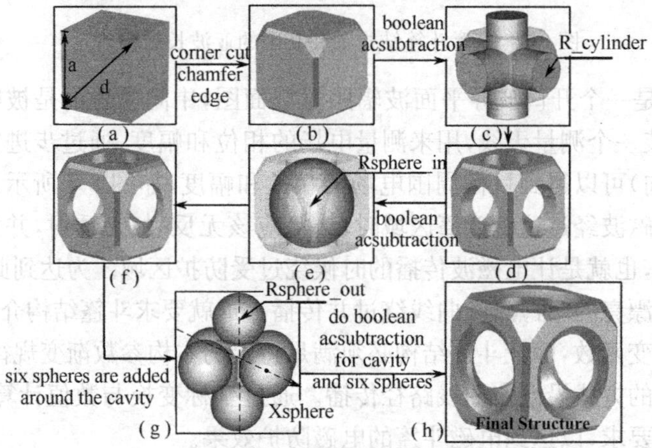

(a)“防潮砖式”频率选择结构及其实现

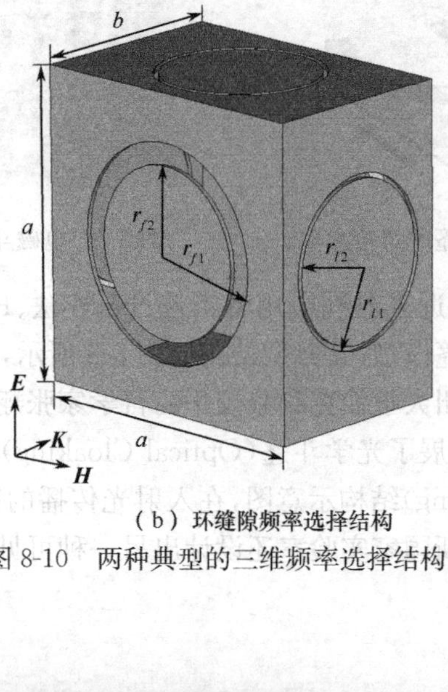

(b)环缝隙频率选择结构

图 8-10　两种典型的三维频率选择结构

2012 年国内设计了“防潮砖式”和环缝隙腔两种典型三维频率选择结构。仿真分析了频率选择特性与结构几何参数的关系。结果表明,“防潮砖式”结构具有宽通带和多谐振的特性,而环缝隙式结构的通带带宽几乎达到 30%,且其频选特性高度类似于椭圆滤波器德特性。所提出的概念和设计对频率选择结构设计具有丰富和深远的参考价值。

5. 嵌入式电源与滤波器

美国帕沃思公司研制出通流特性和抗毁能力更强的嵌入式电源。电源板内置有符合美军标的功率适配器和电磁干扰滤波器、瞬态防护装置,能够满足 1275 标准规定的军品级防浪涌和过压保护要求。其直流输入范围为 18～36V,无需额外调节功率或电磁干扰滤波器,且尺寸小,可抗高冲击和振动,适用于各种军用地面车辆和军用飞机。

电磁干扰/射频干扰滤波器生产商费尔-卷材公司宣布推出其 1200A 三相电磁脉冲/高空电磁脉冲滤波器,可抵挡 MIL-STD-188-125-1 测量中使用的电磁脉冲。该高空电磁脉冲滤波器具备 277/480V 交流额定电压,工作频率为 50～60Hz,电介质耐压值为 2500VDC。新型过滤器可承受 140%的过载,过载时间可达 15 分钟,14kHz～1GHz 的插入损耗大于 100dB。

8.4 电磁信息泄漏与防护

8.4.1 电磁泄漏概念及危害

信息设备与系统存在大量瞬变电流信号并产生电磁波,发射强度与电流的强度和变化率成正比,这类电磁信号会通过不同路径进行传播。目前信息设备中大部分是数字信号,数字信号电平的大小和沿的陡峭程度(越陡峭意味着电流变化越快),决定了发射强度的高低。当系统工作时,伴随着这些信号的输入、传输、存储、处理、输出等过程,处理的信号会通过寄生信号向外辐射,同时信息系统及其外部设备在工作时能够通过地线、信号线、电源线、寄生电磁信号或谐波将有用信号辐射出去,这就是电磁泄漏。

电磁泄漏造成计算机处理的涉密信息泄漏。任何一台电子设备工作时都会产生电磁辐射。计算机是靠高频脉冲电路工作的,由于电磁场的变化,必然要向外辐射电磁波。而这种电磁波,在有效距离内,可用普通电视机或相同型号的计算机直接接收。1985 年,在法国召开的一次国际计算机安全会议上,年轻的荷兰人范·艾克当着各国代表的面,做了一个实验,公开了他窃取微机信息的技术。他用价值仅几百美元的器件对普通电视机进行改造,然后安装在汽车里,这样就从楼下的街道上,接收到了放置在 8 层楼上的计算机电磁波的信息,并显示出计算机屏幕上显示的图像。他的演示清楚地表明了电磁波辐射造成的严重泄密问题,引起世界对此问题的高度关注。美国实验表明,银行计算机显示的密码在马路上就能轻易地被截获。通常窃视这种微弱电磁辐射的方法是:用定向天线对准作为窃视目标的微机所在的方向,搜索信号,然后依靠特殊的办法清除掉无用信号,将所需的图像信号放大,这样微机荧屏上的图像即可重现。电磁泄漏的直接危害是将绝密、机密、秘密信息外泄,使敌方或竞争方掌握重要情报。

电磁泄漏对周围的电子设备形成电磁干扰。在局部狭小的舱室空间范围内,系统电子设备产生的高功率电磁信号会通过大开口或孔缝等路径辐射出去,作用到周围其他电磁感应设备上,从而产生电磁干扰。某型潜艇短波通信电台发射的大功率信号经过天线馈线上的孔缝泄漏,耦合到指控台的敏感接收机上,严重干扰了内部通话系统工作。

电磁泄漏对信息系统的战场指挥构成威胁。信息系统各要素间的联络,更多的采用短波通信方式,而这种短波通信发射功率大,其辐射出去的电磁波非常容易被敌电子侦察分队或反辐射武器侦测到,进而暴露信源位置,遭敌电子干扰或火力摧毁。如某部进行红、蓝对抗演习时,红方的新型车载指挥方舱由于开窗导致电磁泄露,暴露目标,被蓝军跟踪并摧毁,造成演习失利。

8.4.2 电磁泄漏防护

信息电磁泄露的防护方法主要包括基本方法与辅助方法两类。基本方法主要是电磁兼容的低辐射技术方法,包括辐射控制法、屏蔽滤波法、红黑隔离技术等;辅助方法主要是针对泄露窃取而采取的技术方法,如噪声干扰法。

1. 辐射控制法

辐射控制是将己方有关设备的电磁辐射时间、强度和范围控制在完成任务所需的最低限度,以防止或减少敌对我电磁设备侦察和使用反辐射武器的摧毁,主要包括:严格控制电磁信息的传递,控制发信时机;合理使用电子设备,如使用窄波束天线来缩小电波辐射空间;改进系统内部部件结构,降低电磁泄露源的发射强度,对设备内部产生和运行串行数据信息的部件、线路和区域采取电磁辐射发射抑制措施和传导发射滤波措施,并视需要采取整体屏蔽措施,减小全部或部分频段的传导和辐射发射。对电源线和信号线则采取借口滤波和线路屏蔽等技术,最大限度地抑制源的泄漏。

2. 电磁屏蔽法

使用导电性能良好的金属网或金属板造成的屏蔽室或屏蔽笼,将产生电磁辐射的信息系统设备包围起来并良好接地,抑制和阻挡电磁波传播。

整体屏蔽,利用金属壳将整个设备或系统屏蔽起来,以达到一定的屏蔽效果,必要时可采取多重屏蔽。

防泄漏外套管,用于系统各要素之间连线的屏蔽,对电磁辐射、电磁干扰、周围环境实现密封,可实现100dB甚至更高的屏蔽效果。

导电涂层,通过金属化涂敷的方法在非导电材料表面上构成一层完整的导电层,以达到对电磁波的吸收和屏蔽。

3. 红黑隔离技术

信息技术设备中可能危及信息安全的泄漏发射成为红信号,一般的电磁辐射称为黑信号。所谓分区隔离就是根据防护要求的级别不同将电磁发射源进行物理的分隔,并分别采取不同的防护措施。具体方法有:用隔离仓将红区与黑区隔离;减小红信号环路面积,减少线路走线和元器件引线长度;合理布线,尽量减少红区与黑区的耦合。

4. 数据压缩技术

为了减小信息设备间传输线的电磁辐射,应尽可能减少传输线的数量。为此可使用数据压缩技术,把本需要若干线路传输的数据信息经压缩后在一条或少数几条线路上传输。

5. 噪声干扰法

噪声干扰是在传输信道上增加噪声,通过降低接收系统的信噪比,达到干扰信息还原的目的。噪声源的选择可利用相关原理,通过不同技术途径实现与计算机视频终端设备的信息相关、谱相关、同步相关,并产生宽带干扰信号,不仅从信噪比,而且从信号相关性上有效的防止信息泄漏。

白噪声干扰器。能发出频带较宽、幅度较大的白噪声,将电磁辐射信号在幅度和频谱上淹没，从而使接收方接收到的信噪比大大降低，起到阻碍和干扰接收的作用。

行频相关干扰器。干扰信号是伪随机信号，它提取系统的行频信号用于控制伪随机序列发生器的某些因素。伪随机信号的性质与白噪声很接近，其本质也是噪声，这种方法增加了提取计算机视频信息的难度。

8.5 生物电磁效应

电磁辐射使生物系统产生的与生命现象有关的响应称为生物电磁效应。电磁辐射的生物效应与电磁波的场强、频率、波长、波形、功率密度和作用时间等因素有关。目前人们的研究热点集中极低频电磁场，特别是工频电磁场的作用，以及微波、毫米波和脉冲波的生物效应研究。在作用机制上，生物电磁效应通常可以分为热效应和非热效应。电磁辐射作用于生物组织而产生的加热变化叫做热效应。非热效应是指生物体吸收电磁能量后，组织或者系统产生的作用与热没有直接关系的变化。当前电磁辐射生物效应的热效应已经获得普遍接受，但是对电磁辐射生物效应的非热效应的认识还不统一，还有待于进一步研究和证实。

8.5.1 生物电磁效应现象

1. 热效应

当微波和射频波的波长大于 30cm 或小于 10cm 时，约 40%的能量被机体吸收并转化为热能。波长在 10～30cm 时，其能量吸收的变化较大。这种加热对组织有直接效果。在受热后可导致血管扩张，引起血流、毛细血管压力和细胞膜通透性的增加，使局部白细胞和抗体的浓度提高，加快了毒素、细菌和代谢和废物排除体外的速度，还可使局部肌肉痉挛缓解和疼痛消除等。

采用 5.8MHz 的射频波感应加热铁小丸，将小丸若干粒埋入人体肿瘤周围，可用来间接加热肿瘤，并可将加热温度准确滴控制在 42℃的高温范围内。

利用微波加热效应可对冷藏器官储藏的血浆进行解冻，效果既快又好。用强脉冲功率的微波照射实验动物的脑部，使温度达到 42℃以上，以便在数秒内杀死动物，并使脑中的酶系统同时全部均匀灭活，迅速终止生物化学反应，使脑内的耐热活性物质保持原来的成分和很好的化学特性与功能。

2. 非热效应

磁感应强度为 0.4～1.0T，旋转频率为 8Hz 的旋转磁场在临床中应用能够产生止痛、活血化瘀，提高免疫力、调节分泌、改善骨质疏松等效果。

超低频脉冲梯度磁场不仅抑制鼠 S-180 肉瘤生长，而且能提高免疫细胞的功能，加强免疫细胞的溶癌作用。

用频率为 2450MHz 功率为 80～800W 的微波辐射黑霉木聚糖酶处理，并用低温热分散法消除微波的热效应，从而获得遗传性状十分稳定的高产菌。用微波照射大鼠，会改变其空间识别和学习认知能力。

在用脉冲电磁场将酿酒酵母(54. s. CerevisiaeDC5)或质粒完整转入到酵母细胞及其原生质体中的工作中发现，经过 20min 的照射，就成功地促进了大分子质粒转入到完整酵母细胞及其原生质体中。这表明可利用电磁脉冲使外源基因通过膜的穿孔进入细胞，或插入细胞的基因组，以建立合适的遗传转化系统。

8.5.2 生物电磁效应机理

8.5.2.1 电磁波在生物组织中的传播

1. 生物组织电特性

微波与生物组织的相互作用,也就是微波与细胞的相互作用。电磁场对生物组织的相互作用是非常复杂的,如果比分子尺寸大得多而比生物体尺寸小得多的体积内,电磁场的强度可以用平均值表示。生物体作为一种介质,电特性可用复介电常数和电导率表示。研究表明,生物组织的介电常数、导电率不仅在不同组织中各不相同,而且也与电磁场频率相关。

➢ 含水量高的组织(肌肉和各种内脏器官)比含水量低的组织(脂肪和骨髓)介电常数高出一个数量级。

➢ 随着频率的升高,人体各种组织的介电常数随之减小。电导率增大。组织的介电常数和电导率随温度变化而变化,但在微波范围内的变化不大。

人体组织的这两种电特性决定了微波在两种不同组织的分界面上反射、透射和在组织中的吸收。所以组织的电特性参数在微波生物学效应中起着极其重要的作用。

2. 微波在生物组织中的传播

当微波被照射到组织时,会引起组织的变化,同时,也必然会产生反射、折射和衰减。

(1) 微波在均匀组织中的传播

假定生物组织是无限大的均匀组织,微波为均匀平面波,微波进入组织后由于电磁能转化为热能,将引起组织温度的升高。从而造成微波的电磁能量随着深度的增加而减少即衰减,衰减的快慢与组织的电特性有关。

➢ 微波穿过穿透深度后,虽然损失86.5%的能量,但剩下的13.5%能量将进人更深组织。

➢ 能量进人更深组织后,按指数规律衰减,在传播方向能量并不均匀分布。

在临床上经常使用透热深度的概念。透热深度是指当微波局部加热时,在表皮能忍受的条件下,深部组织能达到的治疗温度。穿透深度与透热深度有关联,但也有差异,要特别注意。组织被加热是由于吸收能量的结果或能量转化为热能的结果。如果没有使深部组织达到一定的量,当然组织也不会升温,从这点上,两者一致的。但两者有差异:

➢ 透热深度与组织的热传导有关,热传导率越大,透热深度也越大;而穿透深度与组织的热传导无关。

➢ 透热深度与微波的照射功率大小有关,如果照射功率太小,组织没有明显升温;而穿透深度与之无关。

在临床微波应用中,要增加透热深度,可以采用表面降温的办法来进行,而穿透深度不变。例如微波对较深部位的肿瘤治疗时,经常采用周围组织降温技术。

(2) 微波在分层媒质中的传播

生物组织可以看成由从皮肤、脂肪、肌肉、骨骼等多层不同组织构成,研究起来十分困难。为了研究方便,假设生物组织为无限大的均匀组织,各组织又分成平面分层,且每层是均匀的。每层组织的性能是相同的,但层之间是不同的。当微波传输到层与层之间时,在分界面上必然存在反射和透射,反射波的大小和位相与分界面的性质有关。由于在分界面上存在反射,由于组织中的入射波和反射波,导致形成波,从而造成在组织中能量分布的最大值与最小值。最大值处温度升高,出现热点。在微波热疗时的局部烧伤就发生在这些能量分布的最大值所处的位置上。计算表明:

- 当微波从空气垂直入射到肌肉时，在1～10MHz的频段内，大约40%的能量传入肌肉层。当频率低于500MHz时，仅有一小部分进入肌肉层。因此微波治疗时，必须选择适当的频率。
- 当平面波从脂肪层垂直入射到肌肉层时，在肌肉和脂肪边界两边的吸收功率不连续，出现一个突变点，肌肉一侧吸收功率大于脂肪一侧。所以当频率升高时，脂肪层易造成灼伤，所以热疗中的微波频率不宜太高。
- 峰值功率经常出现在皮肤中，当入射功率密度大到因热而损伤组织时，伴随着疼痛，可作为热疗极限功率的指示。
- 骨骼对微波具有强烈的反射现象。因此传输到骨质中的功率很小，透过骨质层到肌肉层所收的功率就更小，这一点在使用微波时要引起注意。

8.5.2.2 热效应的作用原理

在生物体中水分子占生物质量的70%～80%。水分子是一种极性分子，它既能吸收包括低频电磁场、射频波和微波在内的整个电磁波的能量。当受到微波照射时，水分子随射频波或微波频率而发生转动或振动或摆动，以这种形式从电磁波吸收到的能量可转变为它的无规则热运动的动能，从而使自己的温度升高。由于水在生物体是以游离水、水合离子和亲水与疏水等形式存在，它的温度升高必然使与它相关的生物大分子及生物组织的温度升高和状态发生变化，产生生物热效应。此外，射频波和微波在机体中传播时会产生极化和弛豫现象，造成趋肤效应，引起在生物介质表层的能量损耗，这部分能量损耗通过介质的焦耳热—楞次热释放出来，引起组织温度上升。

8.5.2.3 非热效应的作用原理

微波和射频波通过它具有的电磁场力引起了生物组织的介质极化，从而使分子中的原子与原子集团之间的距离等改变，于是也改变了组织的介电常数、磁导率等电磁特性。同时，以一定频率做整体固有或本征振动的蛋白质和脂类分子等生物大分子以及作量子转动的氨基酸等生物小分子通过频率共振的方式，从微波和射频波中将所携带的能量吸收过来。从而导致了它们自身的结构、构象、构型的改变，于是它的功能与机能变化，导致出现了不同的生物效应。在耗散了吸收的微波和射频波的能量后也使其偶极矩、介电常数和磁导率等随频率强烈变化。另外，射频波和微波与生物作用的第二个作用位点是细胞膜，它可使膜上电荷分布和离子通道和离子电流如神经系统中的纳和钾电流，视觉系统中的暗电流和明视电流等改变，从而引起脑电波、心电率、肌电波的改变。射频波和微波的第三个作用位点是线粒体，光合作用系统和视觉系统及蛋白质分子中的传导质子和电子的流动产生的电流。它可以引起这些质子和电子电流的改变，从而改变这些系统的电磁特性和生物机能。

8.5.2.4 电磁波波长的影响

当电磁波的波长小于100nm时，电磁波处在电磁辐射的电离区。有机物质具有分层的结构，不管结构如何复杂最终还是由分子和原子组成，当电磁波携带的能量足够强时，就会使有机分子中的共价键遭到破坏，将电子从原子中拉出来，这就发生了电离现象，有机物遭到破坏。

当电磁波的波长大于103nm时，不管电磁波强度多么大，都不会使生物分子电离。当电磁波的波长处在100nm～1mm时，电磁波表现为光波，可分为紫外线(100nm～1mm)波段、可见光(400nm～780nm)和红外线(780nm～1mm)波段。在光学区，由于电磁波的透入深度很小，光波甚至不能穿透人体皮肤。其主要的生物效应是皮肤烧伤和眼睛灼伤。当电磁波频率为300GHz～1MHz时,电磁波对生物体主要以辐射方式进行的。特别当电磁波辐射的频率为300GHz～100MHz时,电磁波辐射的生物效应最强,其短期生物学效应主要为热效应。电磁波将在人体组织内引起电磁场分布和感应电流,人体组织内的分子和离子因此发生振荡和取向运动,由于人体组织有介质损耗,该能量被人体组织吸收并转变为热能使生物体温度升高。电磁波辐射的长期生物学效应和非热效应是正在研究的课题。

电磁波对生物体的作用可以分为4个典型区间:

- 第一区为频率低于30MHz的区间,称为准静态区。在准静态区人体对平面波的吸收SAR值的增长正比于频率的平方,比吸收率SAR必须对电场和磁场分别定义和规定。
- 第二区为频率处于30～300MHz的区间,称为共振区。在这个频率范围内,人体(如果按1.8m高度考虑)相当于立在大地上的偶级子天线,大约与70～80MHz电磁波作用下发生谐振,此时人体吸收电磁波最多。此后,人体对电磁波的吸收将逐渐下降。
- 在上述两个区域中电磁波可以穿过皮肤和肌肉深入到身体内脏并引起内脏发热,由于内脏热感觉迟钝加之内脏散热困难,就使电磁辐射的生物效应最为危险。
- 第三区为频率处于300MHz～2GHz的区间,称为局部共振区。该区可能发生局部电磁共振,有些部位对电磁波能量的吸收可能增加,但人体总的吸收电磁波的比吸收率随频率的增高成反比规律下降。尽管如此,由于电磁辐射可能汇聚在一个很小的区域,人体局部器官对电磁波能量的吸收可能会很大。
- 第四区为频率高于2GHz的区间,称为准光学区。该区人体对平面波的吸收SAR值接近于常数值。在这个区域中,可以把人体肌肉、脂肪组织、骨骼、神经等简化为平面模型。在此区内,电磁波的透入深度大大减少。在2.45GHz时,透入深度大约只有几厘米,当频率达到10GHz时,透入深度大约小于1cm。但是,该频段对大脑、眼睛和睾丸等部位仍然十分危险。

低频电磁波区域中,甚低频段(约在几赫兹到几十赫兹)电磁波对生物体的作用是电磁辐射生物效应研究的重点。在1MHz以下时,感应电流和电场可以直接刺激神经和肌肉并引起神经和肌肉的痉挛和颤动,但并不发热。神经和肌肉的紧张状态主要由磁场引起,电场造成的感应电荷放电会引起电极刺激并引发连带危险。当人体直接遭受电击时,大约30mA的电流流过人的心脏时就会导致心跳失去节律,此时心脏将失去运血功能。运血停止后,大脑细胞得不到供氧4min就要开始死亡,如果侥幸生还,大脑也要遭受永久性的损失。非接触性的低频电磁场效应,特别是低频强电磁场的长期效应是人们正在研究的重点。

8.5.3 电磁环境卫生标准

1. 微波辐射卫生标准

使用微波必须有其卫生标准,分为两类:居民环境标准和职业标准,按关注对象分为两类:人员接触标准和微波设备泄漏标准。把微波功率强度与照射时间的乘积称之为剂量。提出标准的目的,在于保证微波操作人员不受伤害和居民环境不受污染。

作为微波设备总离不开部件、馈线和外壳。由于各种原因都会造成微波信号的泄漏,造成主传输通道能量的减少和对环境的污染,对工作人员造成额外辐射,对身体造成危害。1968年,美国辐射卫生局颁布的《卫生安全辐射监督法规》,"凡1971年10月6日以后生产的微波设备,最大允许漏能,出厂时在距设备外壳2英寸时,其强度为1mW/cm²,在使用期间不得超

过 $5mW/cm^2$"。尽管这个法规是针对高功率微波设备泄漏制定的，但对医疗、通信民用等设备仍具有指导意义。在临床中使用的医疗治疗仪，其功率远远小于工业微波，但在同轴电缆断裂时，所泄漏的微波功率密度也可能超过 $5mW/cm^2$，这一点要引起注意。我国规定，微波设备出厂鉴定时距设备 5cm 处外泄强度不得超过 $1mW/cm^2$。

职业照射标准是针对微波职业的操作人员或经常接触微波设备及易遭受辐射的人员而制定的卫生标准。

早期美国标准是根据斯开文(Schwan)提出的数据而定为 $10mW/cm^2$。20 世纪 70 年代后根据热效应的吸收率理论和共振现象的发现，美国又重新拟定了职业标准，认为引起人体温度改变的吸收比为 1～4W/kg，考虑到共振现象，加大了安全系数，最终决定安全系数为 10。并且在不同的频段规定了不同的限值，频率在 300～1500MHz 时，$300mW/cm^2$；高于 1500MHz 约为 $5mW/cm^2$。可以看出这个规定比原来更加严格，显然已经考虑到了非热效应研究。

我国规定微波的卫生标准始于 1975 年，并在 GB 10436－89 文件中提出我国作业场所对微波辐射卫生标准。作业人员操作容许微量微波辐射的平均功率密度符合以下规定：

(1) 连续波

一日 8h 暴露的平均功率密度(mW/cm^2)以下式计算：

$$\text{容许辐射平均功率密度 Pd}=\text{容许最大日剂量}(400\mu W/cm^2)/\text{受辐射时间(h)} \quad (8\text{-}1)$$

(2) 脉冲波

一日 8h 暴露的平均功率密度为 $25\mu W/cm^2$，对于小于或者大于 8h 暴露的平均功率密度以下式计算：

$$P_d=\text{容许最大日剂量}(200\mu W/cm^2)/\text{受辐射时间(h)} \quad (8\text{-}2)$$

当脉冲波辐射为非固定辐射时，容许的功率密度与连续波相同。

2. 肢体局部辐射标准

一日 8h 暴露的平均功率密度为 $500\mu W/cm^2$，对于小于或者大于 8h 暴露的平均功率密度以下式计算：

$$P_d=\text{容许最大日剂量}(400\mu W/cm^2)/\text{受辐射时间(h)} \quad (8\text{-}3)$$

当需要在大于 $1mW/cm^2$ 的辐射强度的环境中工作时，除按日剂量容许强度计划暴露时间外，还要使用个人防护，但操作最大辐射强度不得大于 $5mW/cm^2$。

3. 居住环境标准

随着微波使用越来越广泛，空间的微波辐射也随之增加，尤其在城市，由于通信设备、工业微波等造成的污染更加严重，对人类的健康和生活危害也越大，所以联合国环境会议已将射频和微波辐射作为"造成公害的主要污染之一"。

世界上技术发达国家制定的保护居民环境的卫生标准，其域值强度一般为职业辐射的 1/3～1/10。美国规定在频率大于 1500MHz 以后，职业辐射标准为 $5mW/cm^2$，但居民安全标准为 $0.5mW/cm^2$。

我国规定在微波频段不得超过 $10mW/cm^2$，并在环境保护法中也强调了对电脑辐射的管理与防护。

8.5.4　电磁环境影响防护

人体所处环境的电磁辐射强度超过一定限度时，会对人体健康产生不良影响。在热效应和非热效应作用于人体后，如果人体对于电磁带来的伤害尚未来得及自我修复便再次受到电磁脉冲辐射的话,其伤害程度就会发生累积效应,神经系统和运动系统等就会造成紊乱,久而久之会成为永久性病态,从而影响生命。

预防和减少电磁辐射的危害,主要措施包括屏蔽和吸收,达到消除或减弱人体所在位置的电磁场强度。将屏蔽材料和吸收材料叠加共同使用,既可以防止电磁辐射的定向传播,又可以进行吸收以免造成反射二次污染,大大降低电磁辐射的能量,起到了很好的防护作用。

有效解决电磁波辐射的方法很多,最直接的方法是从源头抓起,开发电磁防护织物或服装,提高产品的电磁波辐射防护指标。目前,构成电磁防护服的电磁辐射纺织物主要分为金属丝与常规纤维混编织物、金属镀层织物、金属纤维混纺织物、金属化纤物和导电纤维织物等。电磁防护服可以是单层服装,也可以是双层或三层服装,由金属织物和金属屏蔽丝缝合而成,根据电磁辐射场值的实际情况,可以做适当的设计。在缝隙或领口的地方要附加有电磁辐射防护的内围延或外围延,以保证有效的电磁防护,电磁防护服逐渐变成应对电磁辐射的有利武器

1. 远距离控制和作业

根据射频电磁场场强随距离的加大而迅速衰减的原理,可实行远距离控制或实现自化。例如,对高频熔炼设备的一部分进行改造,将控制部分移到屏蔽室内,实行远距离控制;对批量加工的塑料热合机进行改革,变手工操作为机械操作,实现自动化或半自动化生产。

2. 个人防护

实行微波作业的工作人员必须采取个人防护措施。个人防护用品主要有金属屏蔽服、屏蔽头盔和防护眼镜等。

我国航天医学工程研究所等单位曾成功研制微波辐射防护服,此防护服由绝缘外罩、防护层和衬里3层组成,穿着柔软舒适,可以有效地防止微波辐射对人体的危害。

3. 现场工作注意事项

高频源可按下列步骤采取有效措施进行防护。

- 对人们工作地区单位面积的高频辐射能量进行测量计算,确保工作在电磁辐射安全的区域。
- 在适当地方设置告警信号可以提醒人们注意。
- 在危险区周围安置围墙。
- 在维修设备时或需在危险区内工作时先关闭高频源。
- 如高频源不能关闭时,则可穿屏蔽衣或将高频源的输出降至安全水平,为了轻便有时可着屏蔽裙及屏蔽头盔,以保护躯体主要部分的安全,至于眼部,则可戴防护眼镜。
- 在有可能的地方,采用屏蔽措施,以减少辐射。
- 有可能时就进行相关的试验。
- 对处在频场作用下的工作人员进行医疗保健,定期检查观测并做记录。

4. 微波辐射的医疗防护

微波辐射对病人的患部能起到治疗作用,但对医护人员也是有害的辐射源。医疗防护包括两个方面,即微波设备防护和医疗人员的医疗防护。

(1) 微波设备的防护

微波作为一种不可视、无色无味的电磁辐射,人们很容易轻视,一旦产生后果,则又后悔莫及。为此,必须对微波有关操作人员进行培训,使之了解微波物理特性及根本防护措施等。只要了解了微波的特性,医护人员完全可以得到保护。

在设备的安装与使用过程中,应遵循以下原则,以避免设备高压电击和微波辐射导致的人

体损伤。

① 安装：在生产厂方的指导下，配合医院的微波工程技术人员进行。

- 认真阅读说明书、电路、结构和安装注意事项。
- 结合对设备的内部部件检查，熟悉电路、工作原理及使用方法和注意事项。
- 保证设备安全接地，以维护设备和人身安全。
- 安装完毕，进行试机和漏能检查。最后在计划过程中，对其性能进行测量。

② 使用与维护：操作人员在使用前，严格遵守操作规定、维护设备记录规定之外，还应当做到以下几点。

- 在使用过程中，注意设备的异常情况；
- 在出现异常情况时，请微波技术人员处理；
- 定期检查设备，包括设备外的馈线、连接头、辐射器的漏能辐射。
- 在微波治疗时，患者治疗区域及其邻近区域不得有金属或其他导电物品。对人体内含有金属物而又必须施加微波辐射时，只能采用低强度，避免灼伤，对不需要治疗的部位，采用微波吸收材料加以保护。

(2) 微波辐射的医疗防护

强化医务人员对微波的物理概念、生物效应以及自我保护的认识。

对于既往有中枢神经系统疾病、神经衰弱、癔病、癫痫、精神病史；器质性心脏血管病史、血压异常；血液系统疾病或者造血功能障碍；白内障、视神经疾病者均不宜从事微波工作。

对从事微波照射的医务人员，做到每年一次预防性体检，检查白细胞、血小板、脑电图、心电图、眼球晶状体、眼疾、视力、血压等。如已发现微波引起的早期症状，应及时治疗，并对微波的辐射强度和个人防护予以调整。

从事微波职业的医护人员，应注意个人防护，要特别注意大剂量或大强度时，要穿戴微波防护服、围裙、罩衫、头盔、眼镜、手套、鞋、袜等，并尽量不要连续五六个小时工作。

从事微波职业的医护人员，应加强营养，注意锻炼身体，以提高对微波照射的抵抗力。

参考文献

[1] (美)Clayton R. Paul. 闻映红等译. 电磁兼容导论(第 2 版)[M]. 北京:人民邮电出版社,2007

[2] 陈穷. 电磁兼容性工程设计手册[M]. 北京:国防工业出版社,1993

[3] Kodali V P. 陈淑凤等译. 工程电磁兼容原理、测试、技术工艺及计算机模型[M]. 北京:人民邮电出版社,2006

[4] 陈淑凤. 航天器电磁兼容技术[M]. 北京:中国科学技术出版社,2007

[5] (美)大卫 A. 韦斯顿著. 王守三,杨自佑译. 电磁兼容原理与应用[M]. 北京:机械工业出版社,2006

[6] 中华人民共和国国家军用标准. GJB151A—97. 军用设备和分系统电磁发射和敏感度要求. 1997

[7] 中华人民共和国国家军用标准. GJB72A—2002. 电磁干扰和电磁兼容性术语. 2003

[8] 中华人民共和国国家军用标准. GJB1389—2005. 系统电磁兼容性要求. 2006

[9] 覃宇建. 复杂系统电磁兼容性分析方法研究[D]. 长沙:国防科学技术大学,2009

[10] 王为. 复杂传输线网络耦合建模与分析方法研究[D]. 长沙:国防科学技术大学,2013

[11] 谢拥军,刘莹等. HFSS 原理与工程应用[M]. 北京:科学出版社,2011

[12] Tesche F M, et al. *EMC Analysis Methods and Computational Models*[M]. John Wiley and Sons, New York, 1997

[13] (美)Eric Bogatin. 李玉山,李丽平等译. 信号完整性分析[M]. 北京:电子工业出版社,2005

[14] Harrington R F. *Filed computation by moment method* [M]. Marlabar: FL: Krieger, 1982

[15] 任猛. 时域边界积分方程及其快速算法的研究与应用[D]. 长沙:国防科技大学,2008

[16] 白同云. 电磁兼容设计[M]. 北京:北京邮电大学出版社,2011

[17] 沙斐. 机电一体化系统的电磁兼容技术[M]. 北京:国防工业出版社,1993

[18] 陈淑凤. 航天器电磁兼容技术[M]. 北京:中国科学技术出版社, 2007

[19] 李立功. 现代电子测量技术: 信息化武器装备的质量卫士[M]. 北京:国防工业出版社, 2008

[20] Lu Z, Liu J, Liu P. *A Novel Method of Ambient Interferences Suppressing for In Situ Electromagnetic Radiated Emission Test*[J]. IEEE Transactions on Electromagnetic Compatibility. Volume: 54 , Issue: 6 ,Page(s): 1205-1215,2012

[21] 王永良,陈辉,彭应宁,万群. 空间谱估计理论与算法[M]. 北京:清华大学出版社,2010